TRAITÉ

DE

ZOOLOGIE

PAR

EDMOND PERRIER

MEMBRE DE L'ACADÉMIE DES SCIENCES ET DE L'ACADÉMIE DE MÉDECINE
DIRECTEUR DU MUSÉUM D'HISTOIRE NATURELLE DE PARIS

FASCICULE VI

POISSONS

AVEC 206 FIGURES

PARIS

MASSON ET Cⁱᵉ, ÉDITEURS

LIBRAIRES DE L'ACADÉMIE DE MÉDECINE

120, BOULEVARD SAINT-GERMAIN

1903

III. EMBRANCHEMENT

VERTÉBRÉS

Phanérocordes à corde dorsale bien développée chez l'embryon, sur presque toute la longueur du corps, le plus souvent remplacée chez l'adulte par une colonne vertébrale formée soit de cartilages, soit d'os fondamentalement semblables entre eux et métamériquement disposés. Moelle épinière dorsale terminée en avant par un renflement cérébral, protégé par une enveloppe cartilagineuse ou osseuse, le crâne. Ordinairement deux paires de membres ; jamais davantage. Un cœur ventral, divisé au moins en deux cavités.

Généralités. — Affinités des Vertébrés. — Sous la forme des VERTÉBRÉS l'organisation animale atteint sa plus grande puissance. Les Vertébrés les plus inférieurs présentent déjà une telle complication organique qu'on ne peut songer à voir en eux des formes primitives, et qu'on est conduit à rechercher leur origine parmi les formes si nombreuses qui constituent ce que Lamarck appelait les *Invertébrés* ou les *Animaux sans vertèbres*. On a longtemps admis qu'un hiatus profond les séparait de ces animaux. Depuis 1866, date à laquelle Kowalevsky révéla leurs affinités inattendues avec les Tuniciers, on a cherché leurs ancêtres un peu parmi tous les groupes d'Invertébrés. Tandis que quelques-uns voyaient dans les Tuniciers un terme généalogique entre les Mollusques et les Vertébrés, dont ils sont en réalité les descendants dégradés (p. 2171), Hæckel imaginait un groupe hypothétique de Vers, les *Scolieeda*, qui aurait donné simultanément naissance aux Vertébrés et aux Tuniciers ; Semper et Balfour découvraient simultanément l'étrange ressemblance de l'appareil rénal des embryons de Sélaciens avec les néphridies des Vers annelés, et fondaient ainsi la *théorie annélidienne* des Vertébrés adoptée, entre autres, par Dohrn et Segdwick Minot[1] ; Albert Gaudry se montrait frappé des ressemblances des Poissons primaires tels que les *Pterichthys* avec les Mérostomés, leurs contemporains ; Cope assimilait, au contraire, ces *Pterichthys* à certains Tuniciers à tégument couvert de plaques, tels que les *Chelyosoma* ; un peu plus tard Bateson s'efforçait de retrouver dans les *Balanoglossus* des traits d'organisation susceptibles de les rapprocher des Vertébrés (p. 1928) ; puis Hubrecht réclamait pour les Némertes la qualité ancestrale ; Patten, en 1891, développait la thèse que les Vertébrés avaient pour ancêtres des Arachnides[2], au moment et dans le recueil même où Gaskell tenait pour les Crustacés ; enfin, persuadé que les animaux primitifs étaient tous pélagiques, Brooks[3], suivi par Willey[4], croit trouver dans quelque animal apparenté aux Appendiculaires l'ancêtre tant cherché. Si l'on s'en tient rigoureusement aux lois universellement acceptées et

[1] Voir EDMOND PERRIER, *Les colonies animales*, 1881, où cette thèse est également défendue.
[2] *Quarterly Journal of microscopical Science.*
[3] BROOKS, *The genus Salpa.*
[4] WILLEY, *Amphioxus and the ancestry of Vertebrata.*

qu'admettent les auteurs mêmes de ces théories si diverses, il est possible de faire entre ces dernières un choix décisif.

Tout d'abord, il ne saurait, d'après ces lois, exister aucune parenté entre les Vertébrés et un groupe quelconque d'Arthropodes. Les Arthropodes sont, en effet, caractérisés par la faculté que possèdent leurs épithéliums exodermiques de transformer en chitine la paroi périphérique de leurs éléments. Cette transformation a été la cause déterminante du sens dans lequel les Arthropodes ont évolué; elle se manifeste déjà chez les *nauplius*; il s'agit donc ici d'une propriété primitive qui s'oppose à ce qu'on puisse admettre qu'un Arthropode quelconque à partir du *nauplius* ait pu se transformer en un animal originairement cilié tel que le Vertébré. Les Mérostomés, les Arachnides et les Insectes sont ainsi éliminés.

Le corps des Vertébrés est nettement métaméridé et nous avons vu p. 2160 que sa métaméridation est exactement de même nature que celle des Vers annelés. *Comme la métaméridation est un phénomène précocement réalisé, correspondant à un mode déterminé de formation de l'embryon*, il serait tout à fait contraire à la loi de patrogénie de considérer comme pouvant être les ancêtres des Vertébrés des animaux qui ne seraient pas nettement métaméridés à l'état adulte. Si de tels animaux présentaient quelque parenté avec les Vertébrés, ils n'en pourraient être que des descendants simplifiés. Cela élimine les Némertiens, les Balanoglosses et les Appendiculaires dont nous avons déjà discuté les rapports avec les Vertébrés, p. 1919 et 2171. C'est donc seulement du côté des Vers annelés qu'on peut espérer trouver les formes ancestrales. Ces animaux présentent, comme les Vertébrés, des cils vibratiles, un corps métaméridé, un appareil vasculaire clos, des néphridies s'ouvrant par un pavillon cilié dans la cavité du corps et évacuant à l'extérieur des produits variés; dans les deux groupes, si l'on prend le système nerveux comme point de repère, le tube digestif et les centres circulatoires sont semblablement placés; l'histoire de l'*Amphioxus* nous a fait connaître comment s'était constituée la corde dorsale, et par quels changements successifs l'attitude des Vertébrés actuels, inverse de celle des Vers, avait été préparée puis réalisée (p. 2163). Les développements dans lesquels nous sommes entrés montrent d'ailleurs que la dissymétrie de l'*Amphioxus* n'est pas nécessairement un signe de dégradation, mais simplement un caractère transitionnel qui a été remplacé chez les Vertébrés proprement dits par une symétrie presque parfaite. Il n'est pas davantage nécessaire d'admettre que les Vertébrés primitifs avaient un cerveau très développé; leurs organes des sens devaient être très réduits, comme ceux des Vers annelés, et le développement du cerveau a dû suivre celui de ces organes. L'*Amphioxus* n'est donc pas aussi éloigné des Vertébroïdes ancestraux qu'on a pu le croire. Il est vraisemblable cependant qu'il en diffère par une certaine réduction des organes des sens et du cerveau, un grand développement du sac branchial et de ses fentes, et par la constitution d'une cavité péribranchiale. Ces deux derniers caractères sont liés à l'existence sédentaire de l'animal; il s'en est développé, pour les mêmes causes, de presque semblables chez les Tuniciers quoique probablement d'une manière indépendante.

Il y a encore une grande lacune entre l'*Amphioxus* et les plus infimes des Vertébrés proprement dits, les Poissons marsipobranches, dont la Lamproie est le type; mais cette lacune n'est pas beaucoup plus grande que celle qui sépare les Poissons marsipobranches des Poissons élasmobranches, tels que les Requins, ou ceux-ci des Poissons cténobranches. On pourrait donc à la rigueur comprendre l'*Amphioxus* dans l'embranchement des Vertébrés, s'il n'était nécessaire de l'isoler, comme apparenté de très près aux progéniteurs communs des Tuniciers, inintelligibles sans lui, et des Vertébrés proprement dits. Les Vertébrés se distinguent surtout de l'*Amphioxus* par le développement des organes des sens, par une nette différenciation du cerveau et de la moelle épinière; par l'épaississement des membranes conjonctives en lames plus ou moins puissantes, susceptibles de se transformer partiellement en *cartilages* et en *os*, et constituant ainsi le *squelette*, appareil de protection du cerveau et des organes des sens, appareil de soutien des parois de la bouche, des parois du corps et des membres; par la localisation de la contractilité du vaisseau ventral dans un organe musculaire nettement défini, le *cœur*; par le transfert du système rénal et du système génital dans la région abdominale du corps; par une accélération du développement telle que le jeune animal ne quitte jamais les enveloppes de l'œuf qu'après avoir acquis tous les segments de son corps, et d'ordinaire même après avoir réalisé à peu près complètement sa forme définitive.

Division de l'embranchement des Vertébrés en classes. — D'après leur habitat, les Vertébrés sont habituellement répartis en deux sous-embranchements : les ANALLANTOÏDIENS, ou Vertébrés se développant dans l'eau, et les ALLANTOÏDIENS, ou Vertébrés se développant à l'air libre.

Les premiers pondent dans l'eau des œufs relativement petits, dans lesquels l'embryon se développe sans autre protection que la coque de l'œuf.

Les seconds pondent à l'air libre de gros œufs, ou conservent dans une dépendance de leurs conduits génitaux de petits œufs qui y accomplissent leur développement. Dans les deux cas, dès le début de l'évolution de l'embryon, celui-ci s'enferme dans deux poches qui viennent doubler les enveloppes de l'œuf : l'*amnios* et l'*allantoïde*. Un liquide remplit ces poches, isole le jeune animal du milieu extérieur et le protège contre la dessiccation. En même temps la paroi de ces poches s'organise de manière à régler les échanges de l'embryon soit avec l'air extérieur, soit avec l'organisme maternel.

Même lorsqu'ils mènent une existence aérienne, à l'état adulte, presque tous les Vertébrés anallantoïdiens, obligés de revenir à l'eau pour pondre, s'éloignent peu des eaux ou des marécages; on doit les considérer, en somme, comme des VERTÉBRÉS AQUATIQUES. Les Vertébrés allantoïdiens sont au contraire affranchis de l'obligation de se tenir auprès des eaux pour se reproduire; ce sont les véritables VERTÉBRÉS AÉRIENS.

Il n'existe aujourd'hui aucune transition entre les deux sous-embranchements des Vertébrés, mais à la fin de la période carbonifère vivaient assez de formes intermédiaires pour qu'il ne puisse guère rester de doute sur le fait que les allantoïdiens sont graduellement sortis des anallantoïdiens et ne sont que des anallantoïdiens aptes à la marche dont le développement a été affecté de tachygénèse. Les allantoïdiens ébauchent, en effet, dans l'œuf et perdent, avant d'éclore ou transforment en vue de nouvelles fonctions, les organes qui servent à la respiration aquatique des Vertébrés anallantoïdiens; l'aptitude de leurs jeunes à vivre dans l'eau est par cela même supprimée; ces jeunes sont voués à une existence exclusivement aérienne. Il y a de ce fait une séparation très nette entre les deux sous-embranchements. A la vérité, l'accélération embryogénique s'exerçant dans un sens différent de celui qui a abouti aux Vertébrés allantoïdiens peut amener, chez quelques anallantoïdiens actuels, la suppression de la phase aquatique de leur existence : notre Salamandre terrestre perd ses branchies très peu de temps après son éclosion ; la Salamandre noire des Pyrénées éclôt dans l'oviducte maternel et y perd ses branchies avant d'être mise en liberté ; les Batraciens serpentiformes (*Cæcilia*, *Epicrium*), une Rainette de la Martinique (*Hylodes martinicensis*) éclosent sous leur forme définitive et pourvus seulement d'organes de respiration aérienne ; mais ces animaux n'ont pas pour cela d'enveloppes embryonnaires et leur mode de développement diffère peu de celui des Batraciens ordinaires.

Si importantes que paraissent ces différences entre les Vertébrés anallantoïdiens et les Vertébrés allantoïdiens, elles sont d'ordre purement embryogénique, et la conservation de ces deux sous-embranchements risquerait de masquer la véritable nature des liens qui existent entre les diverses classes de Vertébrés. En fait, les Batraciens se sont séparés de très bonne heure des Poissons ; les seuls avec qui ils présentent une ressemblance d'ailleurs assez lointaine sont les Dipnés qui malgré leurs poumons et leur cœur à trois cavités ont conservé une structure très primitive. Tandis qu'à partir de ces formes primordiales, les Poissons s'adaptaient de plus en plus à la natation, les Batraciens s'adaptaient au contraire à la marche et passaient graduellement aux Reptiles. Les Vertébrés nageurs et les Vertébrés marcheurs forment donc deux séries naturelles divergentes, dans chacune desquelles les formes sont liées généalogiquement, tandis que les Batraciens et les Poissons ont sans doute une origine commune, mais ont évolué en deux sens tout à fait différents.

On est convenu de n'admettre, dans le sous-embranchement des Vertébrés nageurs, qu'une seule classe, celle des Poissons, bien qu'entre les Marsipobranches, les Élasmobranches et les Cténobranches, il y ait certainement des différences aussi importantes que celles qui séparent les diverses classes de Vertébrés marcheurs. Les Poissons peuvent être définis des Vertébrés essentiellement aquatiques, conservant toute leur vie les branchies, organes de respiration aquatique, et se déplaçant dans l'eau à l'aide de lames cutanées soutenues par des rayons cartilagineux ou osseux et qu'on nomme des *nageoires*.

Le sous-embranchement des Vertébrés marcheurs comprend, au contraire, quatre classes : les Batraciens, les Reptiles, les Oiseaux et les Mammifères.

Les Batraciens vivent dans l'eau durant les premières phases de leur existence, mais peuvent ensuite perdre leurs branchies et acquièrent toujours des organes de respiration aérienne, les *poumons*. Dépourvus à leur naissance de nageoires paires, ils présentent, par la suite, des *pattes* divisées en trois segments et leur permettant de *marcher* sur un sol ferme. Ces poumons et ces membres en font des animaux capables de vivre à l'air libre.

Les Reptiles ont aussi les téguments nus, mais leur épiderme s'épaissit au-dessus des papilles du derme, prend une consistance cornée et se divise en aires souvent délimitées avec une grande régularité, et qu'on appelle improprement des *écailles*. Ils se meuvent, en général, à l'aide de quatre *pattes* analogues à celles des Batraciens. Leurs poumons sont de simples sacs, plus ou moins cloisonnés, dans lesquels l'air et le sang ne sont en contact que le long des parois ou des cloisons de l'organe ; leur sang veineux se mélange toujours au sang artériel ;

leur température n'est élevée que d'un petit nombre de degrés au-dessus de la température ambiante.

Les Oiseaux peuvent être définis comme des Reptiles couverts de plumes, à membres antérieurs adaptés au vol, à membres postérieurs adaptés au saut. Leurs poumons, auxquels sont annexés de vastes sacs aériens, sont construits de telle façon que l'air et le sang soient mis en contact en tous les points de leur épaisseur; leur sang artériel et leur sang veineux demeurent complètement séparés; leur température intérieure est constante.

Les classes des Reptiles et des Oiseaux ont entre elles des liens plus intimes qu'avec la quatrième; aussi Huxley appliquait-il à leur ensemble la dénomination de Sauropsidés. Les Sauropsidés ont une peau sèche, pourvue de glandes seulement en des régions très limitées, et leur épiderme très épais prend, au moins sur quelques régions du corps, une consistance cornée. Ils produisent de très gros œufs qui, dans un petit nombre de cas (*Anguis*, *Vipera*) éclosent dans l'oviducte de la mère, mais sont, en général, pondus; ces œufs sont protégés par une coque calcaire plus ou moins résistante.

Les Mammifères ont conservé une peau humide, à la surface de laquelle viennent s'ouvrir d'innombrables glandes, presque uniformément réparties; ils sont couverts de *poils* et des glandes cutanées spéciales sont annexées à leurs poils. Seuls, parmi eux, les Monotrèmes pondent des œufs semblables à ceux des Sauropsidés; tous les autres ne produisent que de petits œufs qui se développent dans une dilatation spéciale des oviductes maternels, la *matrice*. Les jeunes y acquièrent leur forme définitive et y éclosent, ce qui fait dire que les Mammifères sont *vivipares*. Après leur naissance, ces jeunes se nourrissent en suçant le *lait* que produisent des glandes cutanées qui prennent momentanément, après la parturition, un grand développement et qu'on nomme les *mamelles*. Ces glandes existent chez les Monotrèmes aussi bien que chez les Mammifères vivipares; elles fournissent donc un caractère s'étendant à la classe tout entière qui en a tiré son nom.

I. SOUS-EMBRANCHEMENT

VERTÉBRÉS NAGEURS

Vertébrés produisant généralement des œufs petits, se développant dans l'eau, sans former autour de l'embryon de membranes protectrices, passant dans l'eau toute leur existence; respirant toute leur vie à l'aide de branchies, et dont les membres pairs, quand ils existent, ont la forme de lames membraneuses, soutenues par des rayons plus ou moins nombreux. Corps le plus souvent protégé par des écailles osseuses, développées dans l'épaisseur du derme.

CLASSE UNIQUE

POISSONS

Morphologie externe. — Le corps des Poissons, malgré la configuration bizarre qu'il revêt quelquefois, ne s'écarte, en réalité, que fort peu d'une forme fondamentale très simple. Cette forme, très nette surtout chez les bons nageurs, est celle d'un ovoïde plus ou moins allongé à extrémité large dirigée en avant. Dans cet ovoïde on doit distinguer trois régions : la *région céphalo-branchiale*, la *région abdominale* et la *région caudale*.

La *région céphalo-branchiale* est celle qui porte la bouche, les narines, les yeux et les branchies; elle est très étendue chez les MARSIPOBRANCHES ou CYCLOSTOMES, se raccourcit déjà chez les ÉLASMOBRANCHES ou PLAGIOSTOMES et arrive à son maximum de condensation chez les CTÉNOBRANCHES ou TÉLÉOSTOMES; elle est ici nettement séparée du reste du corps par une fente dite *fente branchiale*; en avant de cette fente se trouvent les branchies, recouvertes par une lame osseuse, l'*opercule*, dont le bord libre limite antérieurement la fente branchiale. On donne habituellement le nom de *tête* à la région céphalo-branchiale, ainsi délimitée, des Cténobranches.

La *région abdominale* contient les viscères; elle suit immédiatement la région céphalo-branchiale et elle est limitée postérieurement par l'*anus*. Immédiatement après cet orifice commence la *région caudale*, dont le tégument ne recouvre guère que des muscles et des os; c'est, par conséquent, une région essentiellement locomotrice. A l'inverse de la région céphalique, elle tend à prendre de plus en plus

Fig. 1646. — *Myxine glutinosa* (Grande édition du Règne animal de Cuvier).

d'importance, refoulant devant elle la région abdominale, à mesure que le poisson fait, pour la natation, un plus grand usage des ondulations de la région postérieure de son corps. Relativement courte chez les MARSIPOBRANCHES, elle ne représente guère que la moitié de la longueur du corps chez les ÉLASMOBRANCHES et les CTÉNOBRANCHES qui en sont les moins éloignés (GANOÏDES, TÉLÉOSTÉENS PHYSOSTOMES); elle forme au contraire la plus grande partie de la longueur du corps chez les PHYSOCLISTES, qui sont ainsi caractérisés comme les plus vigoureux nageurs, mais n'en sont pas moins susceptibles de genres de vie très variés.

La région abdominale et la région caudale portent les organes de locomotion proprement dits, les *nageoires*. On doit distinguer les *nageoires impaires* et les *nageoires paires*. Dans leur forme primitive les nageoires impaires sont constituées, comme chez l'*Amphioxus* (fig. 1548, p. 2139), par un repli membraneux qui s'élève comme une crête tout le long de la ligne médiane dorsale, depuis la partie postérieure de la région céphalo-branchiale, jusqu'à l'extrémité de la queue, contourne celle-ci et se continue, le long de la ligne médiane ventrale, jusqu'à l'anus. Lorsque la membrane médiane entoure ainsi complètement la queue, qui semble la diviser en deux moitiés symétriques, l'une dorsale et l'autre ventrale, on dit que le poisson est *diphycerque* (*Myxine*, fig. 1646). Mais le plus souvent, même chez les Cyclostomes, la nageoire impaire est discontinue. Il commence d'abord par s'en détacher un lobe dorsal situé vers la région moyenne du corps, puis un second lobe également dorsal se sépare de plus en plus de la région qui entoure immédiatement l'extrémité de la queue (*Petromyzon*, fig. 1647; *Mordacia*); cette région s'isole elle-même en dessous du reste de la région ventrale; de sorte que l'on peut distinguer une ou plusieurs *nageoires dorsales*, une *nageoire caudale* et une ou plusieurs *nageoires anales* situées sur la ligne médiane ventrale entre l'anus et la caudale. Chez les Élasmobranches (fig. 1648) et la plupart des Ganoïdes (fig. 1649), la région inférieure de la caudale se dilate du côté ventral, en un lobe puissant, dont l'action sur la propulsion de l'animal est rendue plus directe par suite du relève-

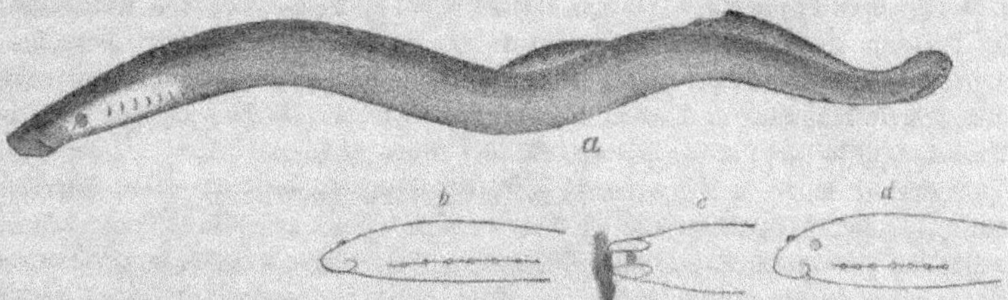

Fig. 1647. — *a*, *Petromyzon fluviatilis* (Lamproie de rivière) adulte; *b*, extrémité antérieure d'une larve encore aveugle (*Ammocœtes branchialis*) de *Petromyzon Planeri*, vue latéralement; *c*, la même vue par la face ventrale; *d*, profil d'une larve plus âgée et pourvu d'yeux (d'après Haeckel et Kner).

ment vers le haut de l'extrémité postérieure du corps; cette extrémité, devenue oblique, semble diviser la nageoire caudale en deux moitiés dissymétriques; les poissons à caudale dissymétrique sont dits *hétérocerques*. Cette disposition se

Fig. 1648. — *Squalus vulgaris* (Aiguillat), Élasmobranche hétérocerque. — *Spl*, érent; *Kz*, fentes branchiales.

Fig. 1649. — *Acipenser sturio* (Esturgeon), Ganoïde hétérocerque (d'après Haeckel et Kner).

modifie chez les autres Poissons par la transformation de l'extrémité redressée de la colonne vertébrale en une pièce osseuse unique, l'*urostyle*, et par la régularisation de la nageoire caudale qui reprend une forme symétrique par rapport à l'axe longitudinal du corps; les poissons qui ont ainsi rétabli la symétrie de leur caudale sont dits *homocerques* (fig. 1650). Chez divers groupes de Poissons homocerques, les nageoires dorsales conservent leur continuité (fig. 1651), s'allongent ainsi que l'anale jusqu'à la caudale et se fusionnent avec elle, après qu'elle s'est plus ou moins atrophiée; ces poissons reviennent ainsi, par un chemin détourné, à une disposition identique, en apparence, à la disposition diphycerque, mais qu'au point de vue de la phylogénie il en faut soigneusement distinguer; on les désigne sous le nom de *géphyrocerques*[1]. On peut considérer les *Monomitra* géphyrocerques comme dérivant ainsi des *Careproctus* homocerques, les *Lycodes* de formes analogues aux *Anarrhicas*, les BROTULIDÆ ordinaires des *Barathrodemus* par les *Barathronus* et les *Nematonus*; les *Macrurus* des *Phycis*, les *Aphoristia* des autres Pleuronectes. L'état géphyrocerque (fig. 1651) caractérise surtout les Poissons de fond, notamment les Poissons abyssaux, qui demeurent au ras du sol, à la façon des Anguilles, dont le corps, soutenu dans toutes ses parties par le fond qu'il avoisine, peut prendre une grande longueur et dont le déplacement s'effectue dès lors par des ondulations de tout le corps et non par de brusques coups de queue.

Ce dernier mode de déplacement provoque l'apparition de pressions latérales qui s'exercent inégalement sur les diverses parties de la nageoire impaire. Afin de maintenir son équilibre vertical, le Poisson est donc amené à raidir, en contractant les muscles de ses rayons, certaines parties de sa nageoire, à en laisser fléchir certaines autres qui laissent passer l'eau refoulée par le coup de queue. A mesure

Fig. 1650. — *Salmo salar* (Saumon), Téléostéen homocerque, physostome,
à 2ᵉ dorsale (adipeuse) en voie d'avortement.

que la natation devient plus habituelle les phénomènes de contraction et de relâchement deviennent plus fréquents et déterminent le développement des parties de la nageoire impaire les plus actives, l'avortement des autres. La nageoire impaire primitivement continue a donc été nécessairement amenée à se diviser en plusieurs lobes. Elle présente déjà cet état chez les Poissons les plus anciens.

Les mêmes considérations s'appliquent aux nageoires paires. Il sera établi par l'étude du développement embryogénique des membres pairs (p. 2576) que ces membres étaient primitivement constitués, comme les nageoires impaires, par deux replis tégumentaires latéraux dont les métapleures de l'*Amphioxus* représentent peut-être la forme originelle et qui s'étendaient d'un point indéterminé de la région céphalo-branchiale jusqu'à la nageoire anale. Ces nageoires latérales continues ou *patagium*, se développent encore entièrement sur l'embryon des Torpilles (*Torpedo*) et probablement de toutes les Raies; elles sont plus ou moins nettement indiquées chez les autres Élasmobranches[2], et sont soutenues par deux

[1] Louis DOLLO, *Sur la phylogénie des Dipneustes*, Bulletin de la Société belge de géologie, t. IX, 1895.
[2] MOLLIER, *Zur Entwickelung der Selachier Extremitäten*, Anatomische Anzeiger, t. VII, 1892. — ID., *Die paarigen Extremitäten der Wierbelthiere*, Anatomische Hefte, 1893. — ID., *Ueber die Entwickelung der fünfzehigen Extremität*, Sitzungsberichte der Gesellschaft für Morphologie und Physiologie, München, 1894 (juill. 1895).

fois autant de rayons cartilagineux que la région du corps sur laquelle elles s'étendent contient de métamérides; à chaque métaméride correspondent deux rayons. De même que les nageoires impaires, d'abord continues, se scindent en plusieurs autres, sans doute pour des raisons analogues, la région moyenne du *patagium* disparaît toujours et il ne reste de chaque côté que deux nageoires, correspondant à ses deux extrémités.

Les nageoires paires font défaut aux Marsipobranches; elles sont toujours au nombre de quatre chez les Elasmobranches (fig. 1648) et les Ganoïdes (fig. 1649). Deux d'entre elles sont situées immédiatement en arrière de la région céphalo-

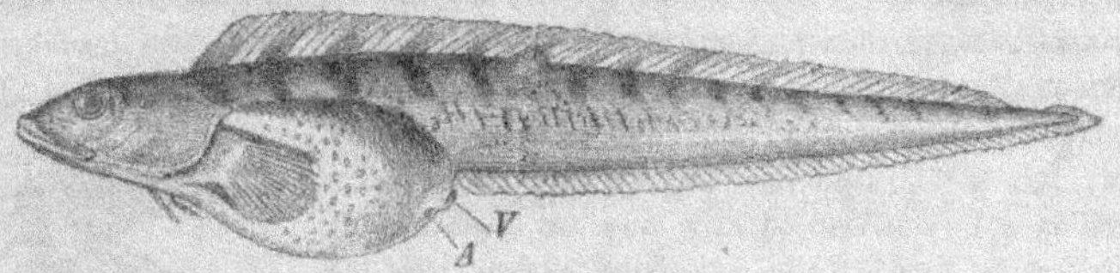

Fig. 1651. — *Zoarces viviparus*, Téléostéen géphyrocerque, physocliste anacanthmien. — *A*, anus; *V*, orifice génito-urinaire.

branchiale, sur laquelle elles peuvent même empiéter en apparence chez quelques Elasmobranches (Raies); on les nomme *nageoires pectorales*; les deux autres sont situées au voisinage et en avant de l'anus : ce sont les *nageoires ventrales*[1]. Les nageoires pectorales et les nageoires ventrales occupent ainsi les deux

Fig. 1652. — *Perca fluviatilis* (Perche), Téléostéen homocerque, physocliste, acanthoptère (Règne animal).

extrémités du tronc ou de l'abdomen, comme les membres de tous les Vertébrés terrestres; lorsque les nageoires ventrales sont ainsi placées, on dit qu'elles occupent une position *abdominale* ou simplement qu'elles sont abdominales. Cette position relative des nageoires paires est conservée dans le groupe des Poissons osseux, que Cuvier appelait les MALACOPTÉRYGIENS ABDOMINAUX et qui ont été depuis appelés par Müller les PHYSOSTOMES (fig. 1650); mais, en raison du développement de plus en plus grand de la région caudale chez les autres Poissons osseux, les nageoires ventrales se rapprochent peu à peu des pectorales, et peuvent venir alors se placer au-dessous d'elles ou même en avant, mais en demeurant toujours insérées plus près de la ligne médiane ventrale: elles demeu-

---

[1] Par abréviation on désignera souvent les diverses nageoires par leur qualificatif : *dorsales, caudale, anale, ventrales, pectorales,* en supprimant le mot nageoire.

rent bien par conséquent des ventrales. Suivant qu'elles occupent une position plus
ou moins rapprochée de la région céphalo-branchiale, on dit qu'elles sont *thoraciques* ou *jugulaires*. Les Poissons à nageoires paires rapprochées sont les PHYSO-
CLISTES de Müller, comprenant les MALACOPTÉRYGIENS SUBBRACHIENS (fig. 1651) et
les ACANTHOPTÉRYGIENS de Cuvier (fig. 1652). Ainsi subordonnées aux pectorales,
étant donnée surtout la puissance locomotrice de la région caudale, elles ne jouent
plus qu'un rôle secondaire dans la locomotion; aussi se réduisent-elles chez beaucoup de PHYSOCLISTES (TRACHYPTERIDÆ, REGALECIDÆ, la plupart des BROTULIDÆ,
Lophotes, LEPIDOPINÆ, beaucoup de BLENNIIDÆ, BATRACHIDÆ, BALISTIDÆ, fig. 1653)
ou disparaissent-elles entièrement (STYLEPHORIDÆ, CYNOGLOSSINÆ, GYMNELINÆ,
Ammodytes, TRICHIURIDÆ, APHANOPINÆ, *Centrolophus*,
ACROTIDÆ, *Cryptacanthodes*, *Patæcus*, *Anarrhicas*, MASTA-
CEMBELIDÆ, TETRODONTIDÆ, ORTHAGORISCIDÆ, SYNGNA-
THIDÆ, fig. 1654). Toutefois cette réduction ou cette
disparition est relativement rare chez les formes dont
la natation est rapide; elle se produit surtout chez les
Poissons de fond, chez les Poissons flottants comme
les BALISTIDÆ, chez les Poissons sédentaires comme les
SYNGNATHIDÆ et les parasites comme les *Fierasfer*.

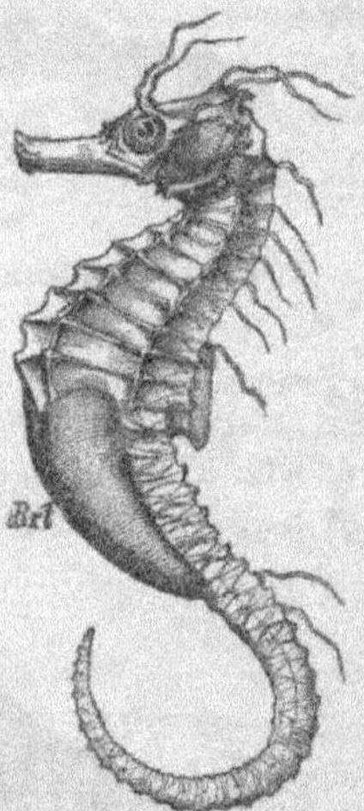

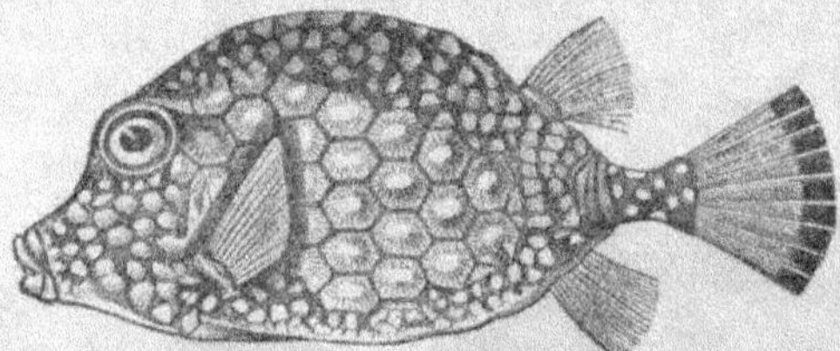

Fig. 1653. — *Ostracion triqueter* (Coffre), Plectognathe à ventrales
rudimentaires (d'après le Règne animal).

Fig. 1654. — *Hippocampus antiquorum*, mâle, Lophobranche.
— *Brf*, sa poche sous-ventrale
ovifère.

La forme générale du corps, à la détermination de laquelle les nageoires prennent
d'ailleurs une part importante, est liée dans une mesure assez étroite au genre de
vie de l'animal. Les Poissons franchement nageurs, qui vivent presque exclusivement entre deux eaux, ont un corps fusiforme, de longueur moyenne, plus ou moins
comprimé (fig. 1650, 1652). Chez les meilleurs nageurs la dorsale est nettement
divisée en deux parties, dont la postérieure tend fréquemment à avorter; la caudale est limitée postérieurement par un bord concave et souvent même est fourchue
(SILURIDÆ PROTEROPTERÆ, SCOPELIDÆ, SALMONIDÆ, fig. 1650, CLUPEIDÆ, ESOCIDÆ,
BERYCIDÆ, beaucoup de PERCIDÆ, fig. 1652, et de CARANGIDÆ, CORYPHÆNIDÆ,
NOMEIDÆ, SCOMBERIDÆ); les pectorales sont longues et souvent falciformes. La compression du corps devient quelquefois extrême; la longueur peut alors demeurer
assez grande (PTERACLIDÆ, ACROTIDÆ, GRAMMICOLEPIDÆ), ou le corps s'élever au
point qu'il n'y a qu'une faible différence entre les plus grandes dimensions verticales
et longitudinales (PSETTIDÆ, CYTTIDÆ, CAPROIDÆ, CHÆTODONTIDÆ, POMACENTRIDÆ,

Balistes, Orthagoriscus); cette forme est surtout fréquente parmi les Poissons des récifs madréporiques (CHÆTODONTIDÆ, POMACENTRIDÆ) et ceux qui vivent de Crustacés ou de Mollusques dont ils brisent les coquilles (*Balistes*). Une telle forme prédispose les Poissons qui la présentent à se laisser tomber sur le côté, comme on le voit faire souvent aux *Labrus* lorsqu'ils viennent à gagner le fond; c'est le genre de vie qu'ont adopté les PLEURONECTIDÆ, dont la forme générale et la disposition des nageoires rappelle exactement ce qu'on voit chez les PTERACLIDÆ et les ACROTIDÆ; mais les PLEURONECTIDÆ, vivant constamment couchés sur un de leurs côtés, ont tordu leur tête, comme les formes ancestrales de l'*Amphioxus* avaient tordu leur région branchiale (p. 2165) de manière que l'œil qui correspond au côté tourné vers le sol soit ramené sur le côté opposé; la bouche et la fente operculaire participent plus ou moins à cette torsion; le côté aveugle du corps prend d'ailleurs la colo-

Fig. 1655. — *Idiacanthus ferox* (d'après Günther). Mêmes lettres que dans les figures précédentes.

ration pâle, habituelle à la face ventrale, non exposée à la lumière, des autres Poissons, tandis que le côté sur lequel se sont portés les yeux est plus ou moins coloré.

Le corps est encore comprimé, mais s'allonge, au contraire, énormément chez un grand nombre de formes d'origine d'ailleurs différente, qui vivent près du sol,

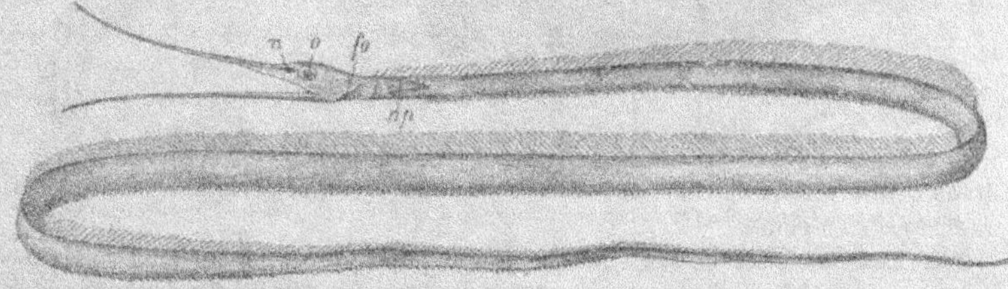

Fig. 1656. — *Nemichthys scolopaceus* (d'après Todd).

s'insinuent dans les interstices des rochers, entre les algues ou se bornent à circuler à la façon des Serpents à la surface de la vase. Chez toutes ces formes, les nageoires impaires s'allongent, et tendent à devenir continues, la caudale s'amoindrit et se confond avec les deux autres impaires et les ventrales tendent à avorter. Quand la caudale persiste, elle peut, malgré sa petitesse, conserver une forme caractéristique qui permet de présumer l'origine des formes dont le corps s'est ainsi allongé; par exemple, la caudale fourchue et les impaires soutenues par des aiguillons des LEPIDOPIDÆ conduit à les considérer soit comme des SCOMBRIDÆ, soit comme des CORYPHÆNIDÆ modifiés, tandis que la caudale arrondie des *Lophotes* (fig. 1717, p. 2422) et la différenciation de la région antérieure de leur dorsale permet de les relier ainsi que les *Trachypterus* et les *Regalecus* (fig. 1716, p. 2422) aux BLENNIDÆ, où l'on trouve déjà des formes rubannées, comme les *Centronotus* (Gonelles).

Le corps s'allonge également, s'effile à son extrémité postérieure, la caudale et les deux impaires se fusionnent, tandis que les ventrales se réduisent et disparaissent chez les Poissons des fonds vaseux. Ces modifications caractérisent déjà de la façon la plus nette les ANGUILLIDÆ, les MURÆNIDÆ et les GYMNOTIDÆ des eaux marines peu profondes ou des eaux douces, dont en raison de l'absence des ventrales, Cuvier faisait ses MALACOPTÉRYGIENS APODES, mais elles se retrouvent avec une variété extrême chez les Poissons des grands fonds océaniques, dont la faune ichthyologique a été fournie, en grande partie, par des Malacoptérygiens de tous les types : SALMONIFORMES (*Chauliodus*), ESOCIFORMES (STOMIATIDÆ, fig. 1655), CLUPÉIFORMES (HALOSAURIDÆ), ANGUILLIFORMES (SYNAPHOBRANCHIDÆ, NEMICHTHYIDÆ, fig. 1656, etc.), GADIFORMES (MACRURIDÆ, etc.). Chaque forme abyssale garde la physionomie générale et la disposition des nageoires du type littoral auquel elle correspond; c'est ainsi que les dérivés des ANGUILLIDÆ ont un corps cylindroïde remarquablement allongé, tandis que ceux des GADIDÆ présentent derrière un

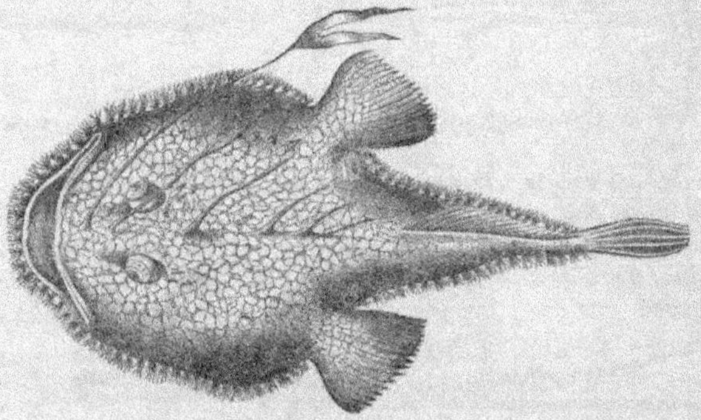

Fig. 1657. — *Lophius piscatorius* (Baudroie, d'après Cuvier et Valenciennes).

tronc court, mais relativement volumineux, une queue comprimée qui s'amincit rapidement en pointe.

Tout autre est l'aspect des Poissons littoraux qui vivent sur un fond solide de roches ou de sable. Leur corps peut être très large et très déprimé comme celui des Raies; mais le plus souvent la région céphalique seule, devenue relativement volumineuse, s'élargit et se déprime, la région caudale demeurant comprimée. C'est ce qu'on observe à des degrés divers chez les SCORPÆNIDÆ, les COTTIDÆ, les TRACHINIDÆ, les BATRACHIDÆ, les GOBIIDÆ, les GOBIESOCIDÆ, les LOPHIIDÆ. Dans un assez grand nombre de types, les yeux se transportent sur la face dorsale de la tête (URANOSCOPINÆ) et de nombreux appendices tactiles se développent en divers points du corps (*Scorpæna, Synanchia, Chorismodactylus,* beaucoup de LOPHIIDÆ, fig. 1657). D'autres fois les nageoires paires présentent des modifications particulières; quelques rayons des pectorales des *Apistus,* surtout des *Trigla* et de divers BLENNIIDÆ sont libres; l'animal peut s'en servir pour marcher. Ces mêmes pectorales chez les *Periophthalmus,* les pectorales et les ventrales chez les LOPHIIDÆ ont une base allongée avec laquelle le reste de la nageoire peut faire un coude; le membre tout entier fonctionne comme une véritable patte à l'aide de laquelle l'animal rampe sur le sol, ou progresse parmi les algues (*Antennarius*). Enfin chez les

Gobius, les *Periophthalmus*, les LIPARIDÆ, les GOBIESOCIDÆ, les ventrales se transforment en un disque adhésif au moyen duquel le Poisson peut se fixer sous les pierres (fig. 1744, p. 2443).

Structure du tégument. — Le tégument des Poissons comprend toujours un *épiderme* et un *derme* ou *corium*. Chez les très jeunes *Ammocætes* l'épiderme est formé d'éléments de formes diverses, bien distincts les uns des autres au contact du derme, où ils forment la *matrice épidermique*, mais dont les limites s'effacent dans la région superficielle qui forme une *couche protectrice*, à noyaux nombreux; cette couche est limitée par une mince cuticule. Le *derme* consiste en une lame transparente limitée vers la cavité générale par une assise de cellules conjonctives aplaties. Plus tard les cellules épidermiques, bien distinctes, se superposent irrégulièrement en plusieurs assises, et la couche dermique transparente s'épaissit. Le tégument se présente d'ailleurs chez les adultes avec divers degrés de différenciation. Chez les *Bdellostoma* (fig. 1658), sous une mince cuticule, percée de canalicules, on observe, une assise à peu près régulière des cellules presque rectangulaires, suivie d'une couche épaisse de *cellules muqueuses* à contenu transparent, à noyau basilaire, et dont les plus superficielles sont caliciformes. Parmi elles sont des cellules beaucoup plus grandes, ellipsoïdales, à noyau entouré d'une masse protoplasmique étoilée; puis viennent des cellules indifférenciées, reposant sur une membrane basale.

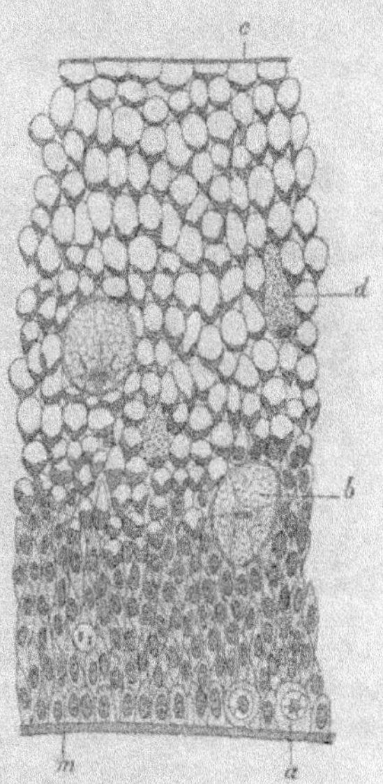

Fig. 1658. — Coupe dans l'épiderme dorsal d'un *Bdellostoma*. — *c*, cuticule; *d*, cellule granuleuse; *b*, cellule muqueuse; *a*, jeune cellule muqueuse; *m*, membrane basilaire (d'après Maurer).

Chez les *Myxine* (fig. 1659) les cellules muqueuses sont encore très nombreuses;

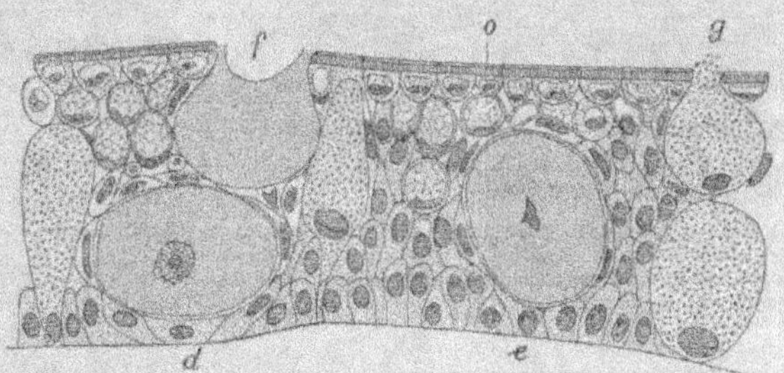

Fig. 1659. — Coupe de l'épiderme ventral d'une Myxine. — *d, e, f*, cellules muqueuses à des états différents de développement; *o*, cuticule; *g*, cellules granuleuses (d'après Maurer).

elles sont éparses chez les *Petromyzon* (fig. 1660). Parmi elles se trouvent chez les *Myxine* de grandes *cellules à filaments*, sécrétant une substance qui s'allonge en filaments enroulés. A leur place on observe chez les *Petromyzon* de très grandes *cellules claviformes* et de grandes *cellules granuleuses*. Les *cellules claviformes* (fig. 1660, *k*) dérivent directement de la matrice ou couche formatrice de l'épiderme, avec laquelle elles demeurent en rapport, tout en pénétrant très avant dans ses couches superficielles; ces cellules contiennent d'abondants produits de sécrétion.

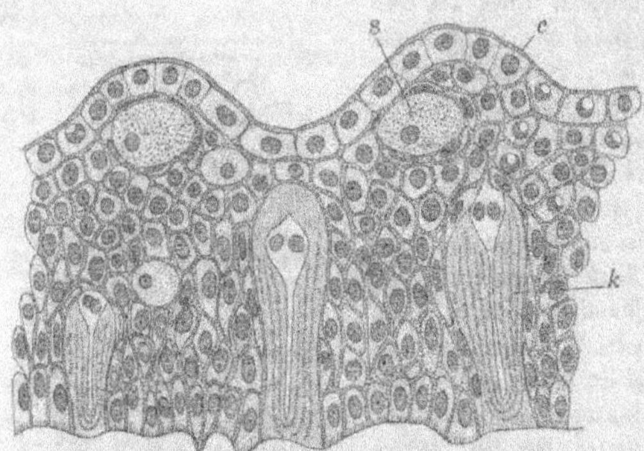

Fig. 1660. — Coupe verticale dans l'épiderme dorsal d'un *Petromyzon*. — *c*, cuticule; *s*, cellules granuleuses; *k*, cellule en massue (d'après Maurer).

Les *cellules granuleuses* (s) sont grandes, arrondies et remplies de granulations brillantes; de leur intérieur partent deux ou trois longs prolongements qui vont se perdre parmi les cellules de la matrice épidermique.

Chez les Sélaciens (fig. 1661), l'épiderme peut aussi se diviser en une matrice et une couche protectrice; il ne contient de cellules muqueuses que dans ses couches profondes; ses couches superficielles sont exclusivement formées de cellules polygonales, aplaties, toutes semblables entre elles. L'épiderme disparaît au-dessus des pièces solides qui se forment dans le tégument et ne persiste que dans leurs intervalles. Les cellules épidermiques sont peu différentes les unes des autres chez les Dipnés; on reconnaît cependant parmi elles des cellules muqueuses à leur noyau basilaire et au bouchon muqueux qu'elles contiennent; ces cellules sont souvent fusiformes ou lagéniformes chez les *Ceratodus*; il existe, d'autre part, de grosses cellules arrondies chez le *Protopterus*, où l'épiderme est recouvert d'une cuticule

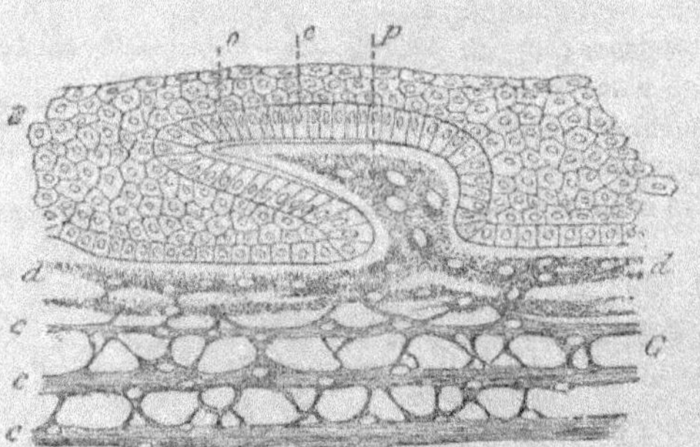

Fig. 1661. — Coupe verticale de la peau d'un embryon de Squale. — *C*, derme; *c, c, c*, couches du derme; *d*, la plus superficielle de ces couches; *p*, papille; *E*, épiderme; *e*, couche de cellules cylindriques de l'épiderme; *o*, couche de l'émail (d'après Hertwig).

remplacée chez les *Ceratodus* par une couche homogène. L'épiderme des Ganoïdes et des Téléostéens (fig. 1662) est formé de cellules stratifiées dont les plus superficielles, recouvertes par une cuticule, sont aplaties, les plus profondes cylindriques. Dans la moitié externe de l'épiderme se trouvent de grandes cellules muqueuses, claires, sphéroïdales, qui deviennent caliciformes en se rapprochant de la périphérie; plus profondément de nombreuses cellules claviformes allongent leur extrémité amincie parmi les cellules cylindriques de la matrice épidermique et viennent s'insérer sur la membrane basilaire, comme chez les Cyclostomes; il existe des formes de passage entre les deux sortes de cellules. Enfin un réseau de cellules lymphatiques indifférentes, parfois isolées, court parmi les cellules glandulaires de la couche profonde. A la base des cellules de la matrice une sécrétion particulière forme à la surface de la membrane basale une fine denticulation ou des bâtonnets serrés qui contribuent à donner à la peau un éclat métallique [1].

Le derme sous-jacent à l'épiderme est formé de faisceaux fibreux, obliques par rapport à l'axe du corps et formant des assises successives assez régulières; les faisceaux d'une assise croisent ceux des assises entre lesquelles elle est comprise; d'autres faisceaux verticaux, plus ou moins régulièrement disposée traversent plusieurs de ces assises et les relient entre elles, en même temps qu'ils servent de véhicules aux vaisseaux et aux nerfs. Les couches conjonctives voisines de l'épiderme sont plus lâches que les autres et plus riches en cellules. Le derme tout entier est dépourvu de muscles et de glandes, mais il contient souvent soit dans sa partie superficielle, soit dans sa partie profonde, de très nombreuses cellules pigmentées. Ces cellules sont étoilées, à prolongements nombreux, susceptibles d'émerger jusque dans les régions les plus superficielles de l'épiderme; mais elles viennent toujours du derme. Grâce au jeu de ces *chromatophores*, l'animal peut changer de couleur et s'adapter à la couleur du fond sur lequel il vit [2]. Les chromatophores sont souvent en rapport avec des terminaisons nerveuses et c'est par l'intermédiaire de l'œil que la couleur du fond réagit sur celle de l'animal qui la reproduit presque exactement.

Squelette dermique; écailles. — Les Marsipobranches et un assez grand nombre de Téléostéens (Siluridæ, Malacosteidæ, beaucoup de Stomiatidæ, Congeridæ, Gymnotidæ, divers Brotulidæ, Acrotidæ, etc.) ont la peau entièrement nue ou soutenue par des plaques osseuses. Chez la plupart des Poissons, elle produit cependant des formations spéciales, les *écailles.* Les formes les plus simples d'écailles se rencontrent chez les Sélaciens. Elles consistent en papilles tégumentaires, inclinées en arrière (fig. 1662), dont la partie interne fournie par le derme se transforme en *ivoire*, tandis que la couche profonde de l'épiderme qui la recouvre produit une substance particulière de revêtement, l'*émail*. Nous appellerons *protolépide* l'écaille ainsi réduite. Par l'ossification de la partie du derme voisine de la papille, la formation se complète et devient une *écaille placoïde*. Telles sont les nombreuses petites écailles, à base souvent rhomboïdale (*Centrophorus*), qui forment un revêtement continu aux Sélaciens et qui, chez les Raies, deviennent moins nombreuses, plus grandes, se distribuent suivant certaines lignes et constituent ainsi les *boucles* de ces animaux. Chez les Requins, ces organes peuvent constituer en avant des nageoires impaires de puissants *aiguillons* protecteurs (fig. 1648) qui représentent à eux seuls ces nageoires chez certaines Raies (*Trygon*, *Myliobates*) et peuvent même à leur tour disparaître (*Torpedo*). Les aiguillons se forment plus profondément que les boucles ordinaires. On doit en rapprocher les organes dentiformes disposés de chaque côté du rostre des *Pristis* et qui ont valu à ces animaux le nom de *Scies*.

[1] F. Maurer, *Die Epidermis.*
[2] Pouchet, *Journal d'anatomie et de physiologie*, t. VIII.

Les écailles des Ganoïdes sont déjà assez différentes de celles des Sélaciens. Dans les types les plus anciens, elles se montrent sous la forme de petites plaques intra-

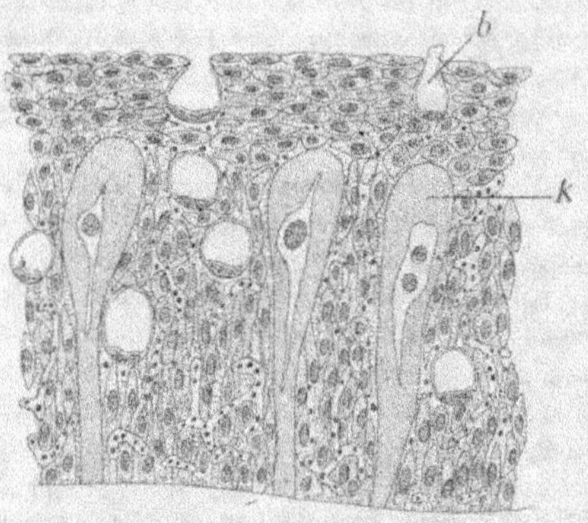

Fig. 1662. — Coupe dans l'épiderme d'une écaille de Bar- beau. — b, cellules muqueuses; K, cellule en massue (d'après Maurer).

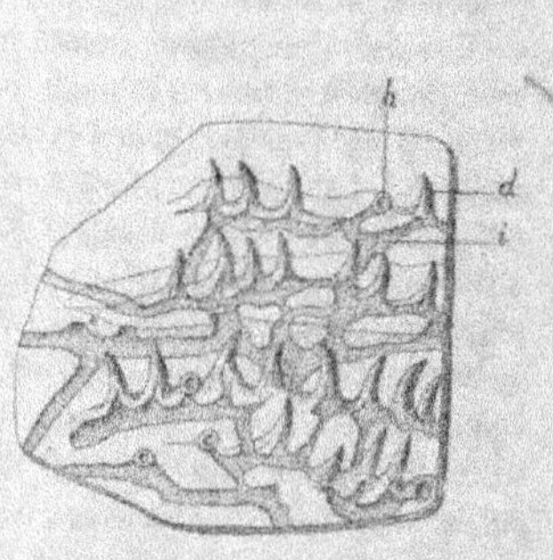

Fig. 1663. — Portion d'une plaque osseuse dentifère du revêtement de la nageoire pectorale d'un *Polypterus*. — Mêmes lettres (d'après O. Hertwig).

dermiques, quadrangulaires (*Acanthodes*) le plus souvent rhomboïdales (*Lepidosteus*), mais pouvant acquérir chez diverses formes fossiles de grandes dimensions et

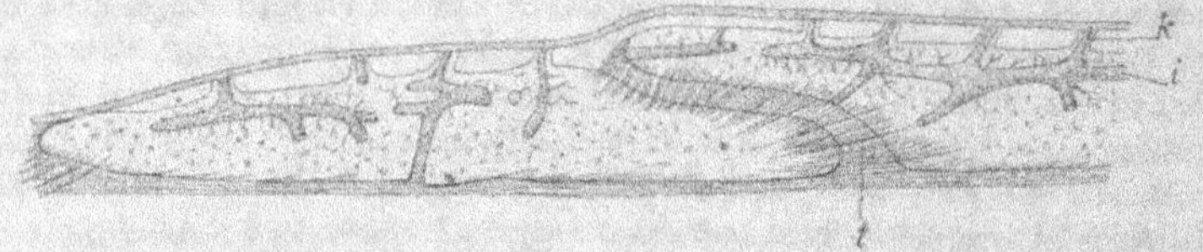

Fig. 1664. — Coupe à travers deux écailles calcifiées de *Polypterus*. — i, canaux de Havers; k, leurs orifices à la surface de l'écaille; t, ligament entre les écailles (d'après Hertwig).

former ainsi une véritable carapace (CEPHALASPIDÆ, PTERICHTHYDÆ). Chez les *Acipenser*, de grandes plaques présentant une saillie médiane forment une série

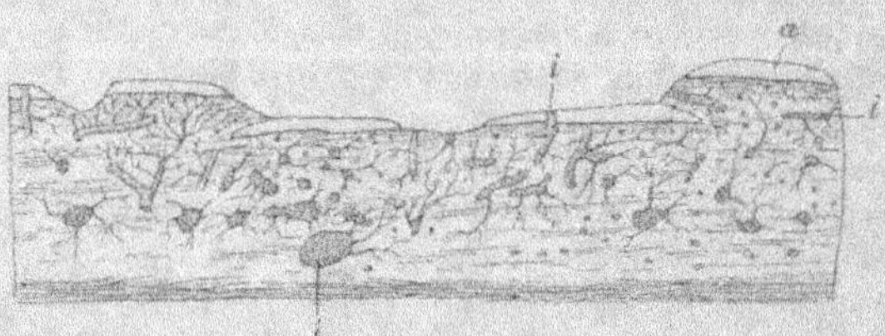

Fig. 1665. — Section d'un os de revêtement émaillé de la ceinture scapulaire du *Polypterus*. — a, émail; i, canaux de Havers (d'après O. Hertwig).

dorsale et des séries latérales dont les intervalles sont remplis par des écailles rhombiques petites, arrangées régulièrement en séries obliques vers la queue;

c'est à des écailles de ce genre que se réduit l'armature dermique des *Spatularia*.

Il n'y a pas de délimitation précise entre les écailles contiguës de ces Poissons; mais il se forme dans la région antérieure des plaques un épaississement qui s'avance au-dessus de la plaque voisine, de sorte que toutes les plaques paraissent imbriquées; chez quelques fossiles, elles présentent même une sorte d'articulation. Dans chaque plaque il peut exister soit un canal unique, soit un petit nombre de canaux (*Lepidosteus*), soit un réseau de canalicules (*Polypterus*, fig. 1663 et 1664). La substance fondamentale de l'écaille est de la substance osseuse; elle se constitue la première, formant une plaque basilaire qui se couvre d'abord de nombreux protolépides analogues à ceux des Sélaciens (fig. 1666); ces protolépides se fusionnent et leur ivoire forme à la plaque osseuse un revêtement d'une substance nettement différente de l'émail, la *ganoine*[1].

Le bord postérieur des écailles commence à se séparer nettement du bord antérieur des écailles environnantes chez les *Polypterus* (fig. 1664); l'écaille s'individualise ainsi, se développe régulièrement sur tout son pourtour et abandonne la forme plus ou moins rhom-

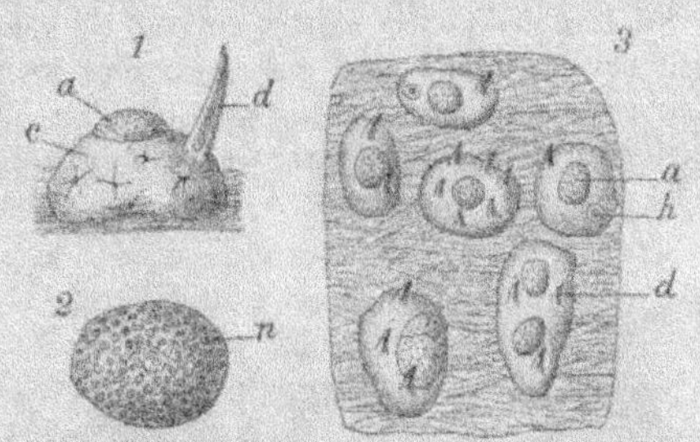

Fig. 1666. — *Lepidosteus osseus*. — 1. Petite plaque osseuse de la peau de la face inférieure de la tête. — 2. Bouton d'émail de cette plaque. — 3. Peau de la face inférieure de la tête avec plaques osseuses. — *d*, dent cutanée; *a*, émail; *n*, crochets de sa surface; *h*, anneau d'insertion d'une dent résorbée; *c*, plaque basale (d'après O. Hertwig).

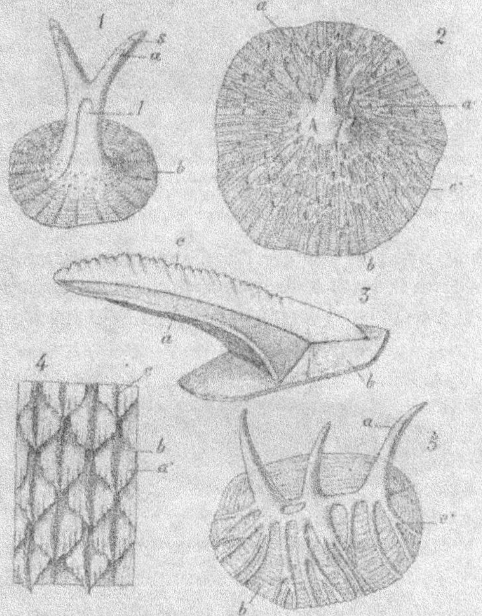

Fig. 1667. — Pièces du squelette dermique des Poissons. — 1. Ossification dermique de la face ventrale de l'*Antennarius hispidus*. — 2. Ossification dermique de la face inférieure de la mandibule du *Malthe vespertilio*. — 3. Os dermique d'un petit *Dactylopterus volitans*, vu latéralement. — 4. Portion de peau du même. — 5. Ossification dermique de *Balistes capriscus*. — *a*, aiguillon principal; *s*, lignes de clivage (Schichtung); *l*, cavité dans l'aiguillon; *a*, aiguillons accessoires; *c*, peigne principal; *c'*, bandelettes de la plaque basale (d'après Hertwig).

[1] O. Hertwig, *Ueber der Hautskelet der Fische*, Morpholog. Jahrbuch, Bd. II et V; — H. Klaatsch, *Zur Morphologie der Fischschuppen*, ibid., Bd. XVI; — Id., *Ueber die Herkunft der Scleroblasten*, ibid., Bd. XI.

bique pour la forme *cycloïde*. Chez tous les Crossoptérygiens d'ailleurs, la ganoïne se réduit à des saillies variées suivant les genres, et la plaque basilaire, purement osseuse, prend ainsi une importance prédominante; elle est déjà caractérisée comme unité morphologique chez les *Lepidosteus* par l'existence à son intérieur d'un canal unique. Ce canal existe aussi dans les écailles d'*Amia* (Stéphan), mais il demeure à l'état rudimentaire. Les écailles *cycloïdes* des Téléostéens ont une partie *libre* et une partie *couverte*. Sur la partie libre persistent des protolépides, chez les Siluridæ cuirassés (Hypostomatinæ), où les petites écailles peuvent même garder par place l'arrangement caractéristique des Ganoïdes (gorge des *Hypostoma*); mais au lieu de se fusionner comme chez les *Lepidosteus*, les protolépides demeurent indépendants, et chacun d'eux est mobile sur un petit tubercule osseux de la plaque basale. Chez les autres Téléostéens les protolépides

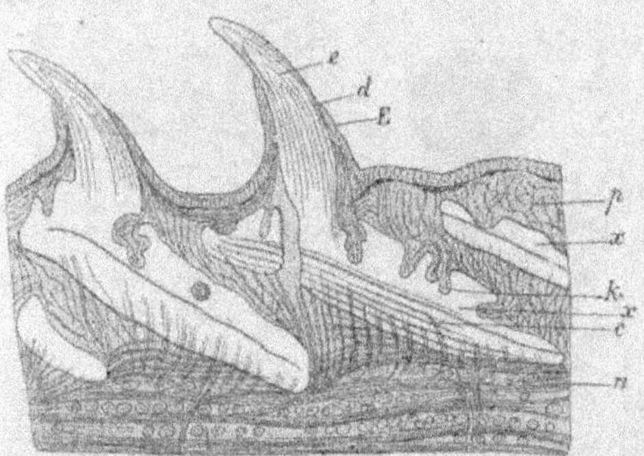

Fig. 1668. — Coupe longitudinale à travers un lambeau de tégument intéressant deux écailles de *Monacanthus chinensis*. — *e*, lignes de clivage; *d*, aiguillon principal; *E*, épiderme; *p*, tissu conjonctif sous-épithélial; *x*, substance osseuse homogène de l'écaille; *k*, fossettes à la surface de la plaque basale; *c*, plaque basale; *n*, corium (d'après O. Hertwig).

font défaut, et bien que l'écaille résulte de la transformation des mêmes tissus que chez les Poissons étudiés jusqu'ici, elle prend une structure nouvelle déjà réalisée chez les *Amia*. Elle est désormais formée de deux couches superposées : une couche superficielle marquée de bandelettes saillantes et contenant des corpuscules osseux ; une couche profonde formée de plusieurs lames de tissu conjonctif calcifié (fig. 1668) dont les plus inférieures contiennent seules des corpuscules osseux. De même que chez les Sélaciens des écailles

Fig. 1669. — *Gasterosteus aculeatus* ou Épinoche (d'après Hæckel et Kner).

nouvelles se forment entre les anciennes; leurs ébauches sont situées dans la couche la plus superficielle du derme, et naissent chacune dans une poche spéciale sous forme d'une plaque cellulaire dont l'assise superficielle forme la couche supérieure osseuse de l'écaille et l'assise profonde la couche inférieure fibreuse et simplement calcifiée.

Dans plusieurs familles les écailles de certaines régions du corps ou même des écailles isolées (*Carpe miroir*) peuvent prendre un développement exceptionnel; on observe ainsi de chaque côté quatre rangées d'écailles rhomboïdales chez les Agonidæ, une seule chez les *Gasterosteus* (fig. 1669). Les écailles agrandies forment chez les *Ostracion* (fig. 1653) une mosaïque de plaques polygonales, et des rangées latérales de plaques osseuses chez les Lophobranches (fig. 1654, p. 2366).

Les écailles des DIPNÉS sont des écailles cycloïdes modifiées. Leur couche externe est formée de bandelettes disposées en un réseau sur les nœuds desquels s'élèvent des aiguillons confluents au centre de la plaque. La couche fibreuse profonde est aussi inégalement calcifiée. La couche superficielle peut se résoudre en plaquettes presque indépendantes et mobiles sur la couche profonde.

Les écailles normales des TÉLÉOSTÉENS présentent les formes et les arrangements les plus variés. Elles peuvent être très petites, très minces, distantes les unes des autres et parfois très fugaces, ou former, au contraire, un revêtement continu, en s'imbriquant les unes sur les autres de manière à dessiner des rangées transversales presque régulières. De chaque côté du corps, elles présentent d'habitude quelques modifications caractéristiques (p. 2307) le long d'une ligne longitudinale, souvent courbe en avant, parfois incomplète en arrière, qu'on nomme la *ligne latérale* (fig. 1652, p. 2365). Les dimensions relatives des écailles sont un élément important de caractéristique. On indique d'habitude ces dimensions par deux données numériques ; 1° le nombre des écailles contenues dans la ligne latérale et qui est à peu près égal au nombre des rangées transversales d'écailles; 2° le nombre des écailles contenues dans la rangée transversale la plus longue, ordinairement celle qui s'étend de la naissance de la nageoire dorsale au milieu de l'abdomen, souvent indiqué soit par l'anus, soit par l'extrémité postérieure de la ligne d'insertion des nageoires ventrales. Le choix de cette ligne est d'ailleurs arbitraire.

La surface des écailles est marquée de fines stries concentriques, parallèles à leur bord. D'un certain point plus ou moins voisin de leur centre, parfois presque marginal (*Gobius ommaturus*), des stries plus profondes rayonnent vers leur bord antérieur, qui est masqué par les écailles qui précèdent. Leur bord postérieur ou bord libre peut être entier, comme dans l'écaille *cycloïde* proprement dite (*Amia*, MALACOPTÉRYGIENS, un certain nombre d'ACANTHOPTÉRIGIENS); ce bord peut être aussi denté et l'écaille est alors *cténoïde* (la plupart des ACANTHOPTÉRIGIENS); la denticulation du bord libre n'est souvent que la dernière des séries d'épines qui couvrent toute la surface libre de l'écaille. Ces épines sont de dimensions très variables (fig. 1667) et peuvent s'affiner au point de prendre l'aspect de simples soies; l'écaille est dite alors *sétacée*. Si la surface de l'écaille est épineuse et son bord libre entier, on dit que l'écaille est *spinoïde*; mais entre ces diverses formes on trouve tous les intermédiaires non seulement sur les espèces d'un même genre mais sur le même individu.

La répartition des écailles n'est pas absolument constante; la tête et surtout les joues en sont souvent dépourvues, mais il peut en exister même sur les joues. Les nageoires sont aussi le plus souvent nues, mais il se développe quelquefois des écailles sur une partie plus ou moins grande de leur surface et notamment à leur base (SQUAMMIPENNES).

Locomotion. — Le principal organe de mouvement des Poissons est leur queue terminée par la nageoire caudale. Lorsque l'animal veut progresser rapidement, il imprime à ces organes une énergique et brusque flexion alternativement à droite et à gauche; lorsqu'il avance lentement, il se borne à faire onduler les lobes de sa queue; pour tourner à droite, il donne un coup de queue à gauche, et réciproquement; il recule, mais assez difficilement, par un vif mouvement en avant des nageoires pectorales. Les nageoires paires ou impaires sont surtout des organes d'équilibre; lorsque les nageoires paires d'un côté, ou seulement la pectorale, sont enlevées, le poisson tombe du côté opposé; l'ablation des pectorales le fait tomber la tête en bas; la suppression de la dorsale et de l'anale s'oppose à tout mouvement rectiligne, et à la suite de l'amputation de toutes les nageoires le poisson flotte le ventre en l'air comme s'il était mort.

Les Pleuronectes nagent en gardant tournée vers le sol leur face aveugle et en faisant onduler leurs nageoires dorsale et anale. C'est aussi par une ondulation des bords de leurs immenses pectorales que se déplacent les Raies. Les Syngnathidæ se meuvent uniquement grâce à une ondulation rapide de leur dorsale.

Chez quelques Poissons, souvent appelés pour cette raison *Poissons volants*, les pectorales sont assez développées pour servir de parachute à l'animal et lui per-

Fig. 1670. — *Exocœtus Rondeletii*, Téléostéen homocerque, à ventrales distantes des pectorales, à 2ᵉ dorsale opposée à l'anale, à caudale fourchue (d'après Cuvier et Valenciennes).

mettre de parcourir une certaine étendue dans l'air lorsqu'il s'élance hors de l'eau (*Exocœtus*, fig. 1670; *Dactylopterus*); mais ce vol est de courte durée, et il n'est pas certain que l'animal puisse prolonger son séjour dans l'air par une vibration de ses ailes; il semble plutôt reprendre son élan en fouettant l'eau d'un vigoureux coup de queue au moment où il arrive à la toucher; encore cette manœuvre n'est-elle pas habituelle.

Constitution générale du squelette des Poissons. — Le corps des Poissons, comme celui de tous les Vertébrés, est soutenu par des pièces solides internes qui constituent le *squelette*. Chez les Marsipobranches, ces pièces sont exclusivement cartilagineuses; à partir des Elasmobranches elles sont remplacées par un nombre de plus en plus grand de pièces osseuses; la presque totalité du squelette s'ossifie chez les Ganoïdes, à l'exception des Esturgeons, chez les Dipnés et chez les Poissons qui forment la vaste sous-classe des Téléostéens. On doit distinguer dans le squelette trois ordres de pièces constituant respectivement : 1° le *squelette céphalo-branchial*; 2° le *squelette du tronc*, dont le squelette de la queue n'est que le prolongement; 3° le *squelette des membres*. Le *squelette céphalo-branchial* se développe autour de la cavité buccale, des organes des sens spéciaux, du cerveau et des branchies. Le *squelette du tronc* se développe au-dessous de la moelle épinière, autour d'elle et dans les parois du corps. Le *squelette des membres* présente pour chaque paire de membres une région basilaire ou *ceinture* engagée dans le tronc et une région périphérique.

Le squelette du tronc et celui de la queue sont d'abord exclusivement représentés par une *corde dorsale* indivise, située sous la moelle épinière et dont l'origine est la même que celle de l'*Amphioxus* et des Tuniciers. Lorsque l'ossification envahit le squelette, c'est, en général, autour de cette corde dorsale qu'elle se produit d'abord, et elle donne naissance à une série de pièces semblables entre elles, les *vertèbres*, métamériquement disposées, correspondant respectivement aux myocommes. Les vertèbres servent chacune de support à trois séries de pièces osseuses, disposées en trois arcs : l'*arc neural*, qui entoure la moelle épinière; l'*arc hémal*, qui embrasse l'aorte; l'*arc pleural*, formé par les *côtes* et le *sternum* et qui soutient les parois du corps. Le squelette du tronc est donc métaméridé dans toutes ses parties. Oken, Gœthe et après eux de nombreux anatomistes se sont demandé si le squelette céphalique *osseux* n'était pas une simple modification de celui du tronc, s'il n'était pas possible de le décomposer en un nombre déterminé de vertèbres pourvues de leurs arcs habituels. L'étude comparative du squelette dans la classe des Poissons, où on le voit en quelque sorte se constituer graduellement, montre que ce problème est de ceux que l'anatomie comparée actuelle n'a pas à se poser. Il sera établi plus tard que la région céphalo-branchiale des Vertébrés est composée nettement d'au moins dix métamérides. A quelque réduction près, ces métamérides demeurent distincts dans la région branchiale proprement dite, chez tous les Poissons, et on en retrouve au moins des traces chez les embryons de tous les Vertébrés; mais dans la région céphalique qui précède la région branchiale, les métamérides se confondent avant que le squelette se soit constitué; le squelette céphalique apparaît d'emblée sous forme d'une capsule cartilagineuse continue; il n'y a pas de raison pour que le squelette osseux qui évolue autour de cette capsule reproduise une métaméridation qui a déjà disparu quand elle se forme elle-même. Il est donc illusoire de rechercher des vertèbres et des arcs vertébraux dans le squelette céphalique; *le problème de la constitution vertébrale du crâne n'existe pas.* Toutefois, ainsi qu'on le verra (pages 2536 et 2583 à 2590), les organes des sens et les nerfs issus du cerveau ont gardé dans une certaine mesure une disposition métamérique; ils imposent secondairement cette disposition aux pièces osseuses qui se développent après eux et autour d'eux; c'est cette apparence métamérique secondaire qui a donné quelque fondement aux études et surtout un inépuisable aliment aux discussions qui ont eu pour objet la détermination des vertèbres crâniennes.

Squelette céphalo-branchial cartilagineux des Marsipobranches. — Le squelette céphalo-branchial des MARSIPOBRANCHES comprend un *squelette péribuccal*, un *squelette neural* ou *crâne* proprement dit et un *squelette branchial*. Ces parties sont notablement différentes dans les différents genres. Chez les *Myxine*, où la bouche est entourée de huit tentacules, chaque tentacule contient un petit cartilage et les cartilages sont eux-mêmes reliés entre eux par un cercle mi-partie fibreux, mi-partie cartilagineux (*Bdellostoma*), ou entièrement cartilagineux (fig. 1671, *t*); le *ruban maxillaire* (*anneau labial* des auteurs). A la région médiane de l'anneau maxillaire est fixée une plaque cartilagineuse médiane (*e*), la *plaque palatine antérieure* (*ethmoïde* de quelques auteurs), à laquelle fait suite le *canal nasal* qui fait communiquer la cavité buccale avec la capsule olfactive et qui rappelle le canal hyponeural des Ascidies simples. Ce canal repose un peu plus loin sur une deuxième plaque cartilagineuse (*p*), la *plaque palatine postérieure* (*vomer* des anciens auteurs), que deux branches antérieures (*ps*) relient au ruban maxillaire et qui se divise en arrière en deux lames (*pq*) circonscrivant un espace vide. Ces lames sont fenestrées; après s'être soudées à la capsule crânienne (*c*) elles se prolongent en arrière de manière à constituer le treillis squelettique branchial. La capsule crânienne n'est qu'une dilatation de la partie de l'étui fibreux de la corde qui contient la moelle épinière; cette capsule se renfle en avant pour constituer la vésicule olfactive dorsale et médiane (*r*); en arrière, elle présente deux renflements (*a*) qui sont les capsules auditives; la région médiane de

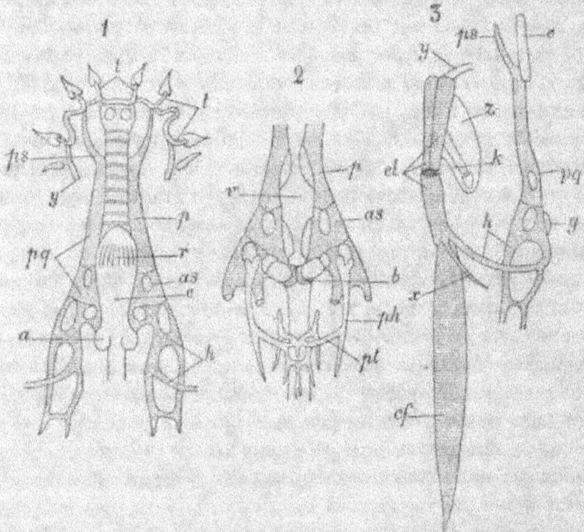

Fig. 1671. — 1. Squelette branchio-céphalique de *Myxine glutinosa*, vu en dessus. — *t*, ruban maxillaire et cartilages tentaculaires; *p*, plaque palatine postérieure; *ps*, ses processus antérieurs; *pq*, ses branches postérieures; *as*, arc sous-oculaire; *h*, arc hyoïdien; *a*, capsules auditives; *c*, capsule cérébrale; *r*, capsule olfactive; *y*, ligament unissant le canal tentaculaire à la lamelle copulaire. — 2. Squelette branchiocéphalique de *Myxine glutinosa*, vu en dessous. — *v*, vomer; *p*, palatin; *as*, arc sous-oculaire se continuant en arrière avec le carré; *b*, partie basilaire du crâne; *ph*, support du pharynx; *pt*, sa partie transversale. — 3. Squelette céphalique de *Myxine*, vu de côté. Mêmes lettres; en plus: *e*, ethmoïde; *g*, capsule auditive; *cl*, lamelle copulaire; *x*, son prolongement postérieur; *z*, *k*, *cl*, *cf*, cartilages linguaux (d'après Fürbringer).

sa face ventrale et toute sa face dorsale demeurent entièrement membraneuses[1]. Le treillis squelettique branchial qui fait suite de chaque côté aux deux branches de la seconde plaque palatine est formé d'arcs cartilagineux qui vont de la face dorsale à la face ventrale en passant chacun derrière un conduit branchial. Le premier de ces arcs, dit *arc hyoïde*, se comporte un peu autrement que les autres, il va s'attacher à une plaque cartilagineuse ventrale, comprise entre deux autres cartilages impairs, longitudinaux, styliformes, qu'elle supporte, et qui sont les *cartilages linguaux* (*z*, *k*, *cl*, *cf*).

[1] FÜRBRINGER, *Zur vergleichende Anatomie der Muskulatur der Kopfskelet der Cyclostomen.* Jenaische Zeitschrift für Anat., Bd IX.

La région précrânienne de la tête se raccourcit relativement et le squelette péribuccal se complique chez les *Petromyzon*. Le *ruban maxillaire* devient un épais *anneau maxillaire* (fig. 1672, L, et fig. 1673, *m*) qui se couvre de dents cornées sur tout son pourtour. A sa région latéro-inférieure sont attachées deux paires de pièces cartilagineuses styliformes, les *cartilages labiaux* (M; *el*)[1]. Les deux plaques palatines (K, J; *a*, *e*) sont larges et presque égales; la plaque antérieure se rapproche de la postérieure et s'engage même en partie au-dessous d'elle; celle-ci n'a plus de connexions avec l'anneau maxillaire; le canal nasal a disparu; il s'est développé à sa place un long diverticule terminé en cæcum, de la vésicule nasale; ce diverticule (Gr) traverse les cartilages crâniens en se dirigeant en arrière vers la bouche, mais sans s'ouvrir à son intérieur. Deux plaques cartilagineuses rhomboïdales paires (H), les *plaques quadratines*, se relient l'une à droite, l'autre à gauche, aux plaques palatines dans leur région de contact. Le crâne des *Petromyzon* demeure en grande partie membraneux. Les faces ventrale et latérale sont seules incomplètement formées par du cartilage. Le cartilage ventral présente une large fenêtre centrale autour de l'hypophyse; les plaques cartilagineuses latérales sont largement fenestrées; elles se relient en avant (fig. 1672) à la capsule olfactive (G'*n*), qui repose d'autre part sur le deuxième cartilage palatin; elles se soudent en arrière aux capsules auditives (*au*). La capsule olfactive s'ouvre sur la face dorsale du crâne et elle se prolonge au-dessous de lui et en arrière en une ampoule en forme de bouteille (Gr). Cette ampoule se dirige bien vers la cavité buccale, mais, contrairement à ce qui a lieu chez les *Myxine*, ne s'ouvre pas à son intérieur. Vers le bas, les cartilages latéraux (*cartilages trabéculaires, trabécules, c*) donnent naissance chacun à trois expansions cartilagineuses, presque issues du même point; ceux de la première paire, dirigés en avant, consti-

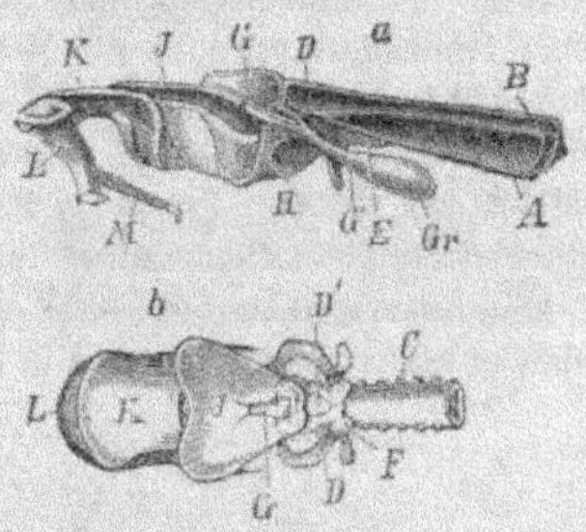

Fig. 1672. — Crâne et partie antérieure de la corde dorsale du *Petromyzon marinus*. — N° 1, coupe verticale. — N° 2, vue de la face dorsale. — L, anneau maxillaire; M, un des cartilages labiaux; K, 1ᵉʳ cartilage palatin; J, 2ᵉ cartilage palatin; G, capsule nasale; D, partie cartilagineuse, et D', voûte membraneuse de la capsule crânienne; B, canal rachidien; A, corde dorsale; G', Gr, canal naso-labial terminé en cul-de-sac; E, base du crâne; H, palato-carré; C, arcs neuraux (d'après J. Müller).

tuent le *cartilage palato-carré* (*n*); ceux de la deuxième s'unissent en avant aux cartilages palatins et forment l'*arc sous-orbitaire* (*so*); la troisième constitue l'*arc hyoïde* (*et*);

---

[1] Les cirres buccaux de l'*Amphioxus*, les tentacules des Myxinoïdes, la couronne péribuccale de tentacules du *Palæospondylus*, les barbillons si fréquents chez tant de Poissons des groupes les plus variés et si constants chez le SILURUS, les organes de fixation préoraux constants chez les larves d'Ascidies dont ils ont déterminé la transformation en Tuniciers et encore si communs chez les jeunes des Poissons primitifs paraissent pouvoir être considérés comme représentant, avec des degrés divers de transformation et des adaptations multiples, un appareil tentaculaire préoral ou péribuccal commun aux ancêtres des Vertébrés. La comparaison des *Myxine* et des *Petromyzon* indique que les soutiens cartilagineux de cet appareil ont été l'origine des cartilages labiaux et de l'arc maxillaire, qui ont à leur tour donné naissance à tout le squelette péribuccal, des Poissons et des Vertébrés. On s'explique ainsi l'importance taxonomique que tous les ichthyologistes ont attribuée aux barbillons. (POLLARD, *The oral cirri of Siluroids and the origin of the head of Vertebrates*, Morpholog. Jahrb., Bd. VIII).

elle est divisée en deux parties, une branche verticale qui peut recevoir le nom d'*épihyal*; une branche horizontale supportée en son milieu par la première et qui est le *cératohyal*. Entre les deux pièces cératohyales viennent se placer les *cartilages linguaux* ou *basihyaux* qui jouent un rôle important dans le mécanisme de la succion. L'arc hyoïde n'est que le premier d'une série de neuf arcs latéraux (*b*) reliés les uns aux autres par six bandelettes cartilagineuses longitudinales, une dorsale, quatre latérales, symétriques deux à deux, et une ventrale, et constituant ainsi un treillis cartilagineux placé immédiatement sous l'épiderme et qui n'est autre chose que le *squelette branchial*. Les bandelettes longitudinales divisent chaque arc branchial en trois segments : un *segment épibranchial*, un *opisthobranchial* et un *hypobranchial*; deux segments opisthobranchiaux successifs forment avec les parties des bandelettes longitudinales qui les unissent une sorte de cadre dans lequel est situé un orifice branchial. Il n'y a pas d'orifice entre l'arc hyoïde et le premier arc branchial, pas plus qu'entre celui-ci et le second. Le nombre des orifices branchiaux est donc réduit à sept. Des trabécules longitudinaux irréguliers unissent le dernier arc branchial à une capsule cartilagineuse hémisphérique (*ce*) à ouverture dirigée en avant et dans laquelle est situé le cœur. Cette capsule fait défaut aux *Myxine*. En revanche, il existe chez elles aussi bien que chez les *Bdellostoma* un cartilage au voisinage du canal œsophagien interne.

Squelette céphalo-branchial cartilagineux des Élasmobranches. — On peut appeler région précrânienne de la tête la région comprise chez les Marsipobranches

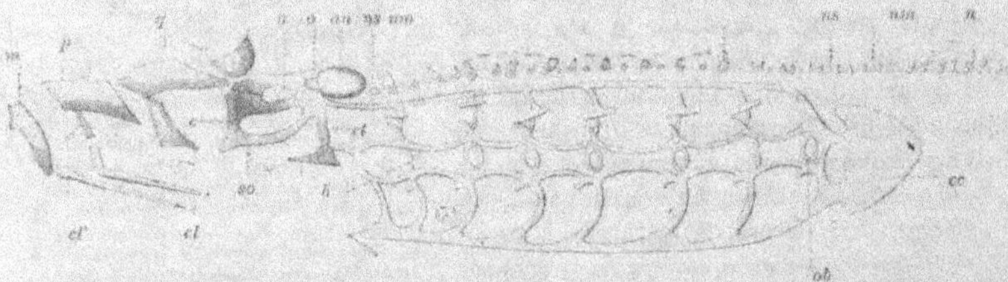

Fig. 1673. — Squelette céphalo-branchial de Lamproie (*Petromyzon fluviatilis*). — *m*, anneau maxillaire ; *cl*, cartilages labiaux ; *p*, 1ᵉ, *q*, 2ᵉ plaques palatines ; *n*, capsule nasale ; *o*, orifice pour le nerf optique ; *a*, capsule auditive ; *c*, trabécules ; *py*, ruban sous-oculaire ; *et*, épihyal supportant le cératohyal ; *b*, arcs branchiaux ; *ce*, corbeille cardiaque ; *ob*, orifices branchiaux ; *t*, cartilage trabéculaire, *ns*, cartilages correspondant aux nerfs sensitifs ; *nm*, cartilages correspondant aux nerfs moteurs (d'après Schneider).

entre le bord supérieur et antérieur de l'orifice externe de la capsule nasale et le crâne. Cette région précrânienne présente son maximum de longueur chez les *Myxine*; elle se raccourcit déjà chez les *Petromyzon*. Chez les premiers Élasmobranches non seulement elle semble ne plus exister, mais le bord supérieur et antérieur de la bouche est placé au-dessous du crâne et en arrière des orifices des capsules nasales, qui sont maintenant au nombre de deux, comme si l'unique capsule nasale primitive s'était dédoublée. Il est clair que l'anneau maxillaire a reculé au point de glisser au-dessous du crâne. Il n'y a pas de raison d'admettre *a priori* que les pièces cartilagineuses palatines et hyoïdiennes qui le suivaient aient disparu; il est tout naturel au contraire de penser qu'elles ont suivi son mouvement de recul et glissé avec lui au-dessous du crâne, comme la première plaque palatine éloignée de la seconde chez les *Myxine* a glissé en partie sous elle chez les *Petromyzon*. Dès lors le squelette précrânien des Marsipobranches doit se retrouver au-dessous du crâne chez les Élasmobranches et être tout d'abord à peu près indépendant de lui. C'est

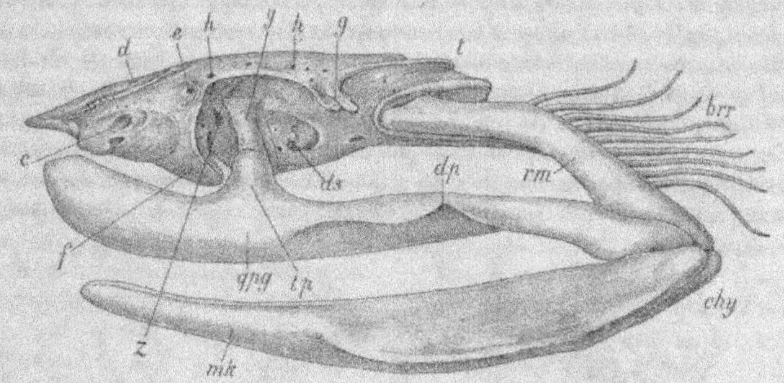

Fig. 1674. — Crâne de *Chlamydoselachus anguineus*, vu du côté gauche. — *c*, narines; *d*, capsule nasale; *e*, canal préorbitaire; *h*, pores supraorbitaires; *y*, ligament attachant au crâne le processus trabéculaire; *g*, processus postorbitaire; *t*, processus épiotique; *f*, processus préorbitaire; *z*, *ds*, processus oculaire; *rm*, hyomandibulaire; *brr*, rayons branchiostèges; *chy*, cératohyal; *mk*, cartilage de Meckel; *qpg*, cartilage palato-carré; *tp*, processus trabéculaire; *dp*, portion quadratique du palato-carré (d'après Garman).

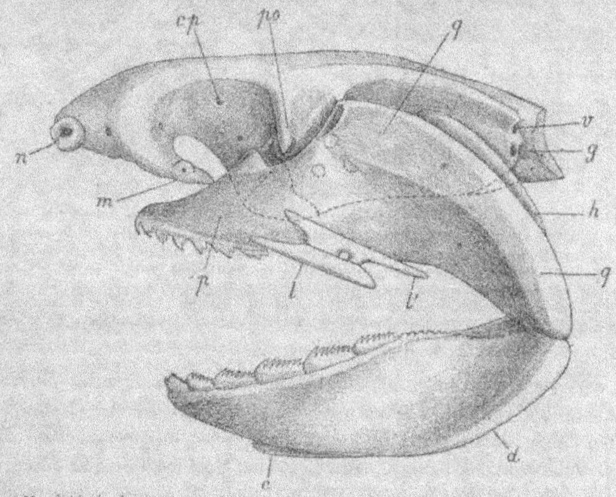

Fig. 1675. — Vue latérale du squelette céphalique d'un *Hexanchus*. — *a*, capsule nasale; *cp*, orifice orbitaire du canal préorbitaire; *po*, processus post-orbitaire; *Gp*, orifice du glosso-pharyngien; *v*, tronc de sortie des nerfs vagues; *g*, orifice pour le nerf glosso-pharyngien; *h*, hyomandibulaire; *m*, processus latéral de la région ethmoidale; *p*, portion palatine; *q*, portion quadratique du palato-carré; *l*, *l*, cartilages labiaux; *C*, copule; *d*, mandibule (d'après Gegenbaur).

en effet, ce que montrent les Élasmobranches primitifs (CHLAMYDOSELACHIDÆ, fig. 1674, et NOTIDANIDÆ, fig. 1675)[1]. Ici, la bouche est également entourée d'un

[1] Le recul de la région précrânienne s'explique parfaitement, suivant les principes de Lamarck, par la différence du genre de vie des Cyclostomes et des autres Pois-

anneau cartilagineux dentifère ; mais cet anneau est partagé en deux moitiés mobiles l'une sur l'autre et dont l'inférieure constitue la *mandibule* ou *mâchoire inférieure*. La supérieure porte encore latéralement les deux cartilages labiaux des Marsipobranches (fig. 1675, *l*, *l'*) ; elle doit être considérée comme représentant l'ensemble des cartilages palatins et de la moitié supérieure de l'anneau maxillaire de ces Poissons ; on la désigne sous le nom de *cartilage palato-carré* et on peut y distinguer virtuellement deux régions, une *région palatine* antérieure et médiane, et une *région articulaire* ou *région quadratine*, postérieure, formée par les parties latérales et symétriques qui s'articulent avec la mandibule et qui est représentée chez les Lamproies par les *plaques quadratines*, également paires et latérales. L'ensemble du

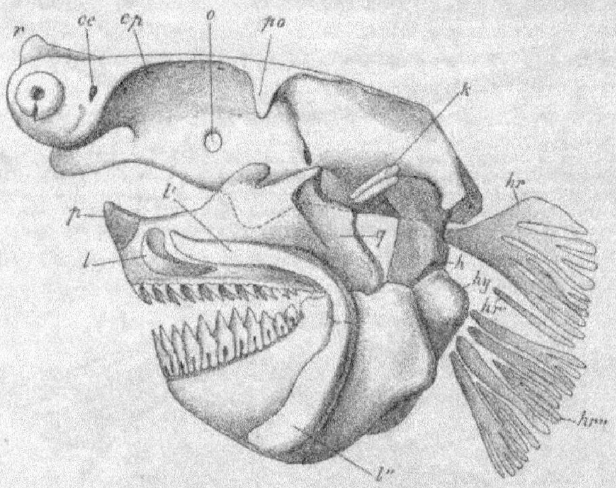

Fig. 1676. — Vue latérale d'un squelette céphalique du *Scymnorhinus*. — *r*, rostre ; *ce*, ouverture supérieure du canal ethmoïdal ; *cp*, orifice orbitaire du canal préorbitaire traversé par le rameau ophthalmique ; *o*, orifice du nerf optique ; *po*, processus postorbitaire ; *k*, cartilage de l'évent ; *br*, *br'*, *br"*, rayons branchiostèges ; *h*, pièce supérieure de l'arc hyoïdien (cartilage hyomandibulaire) ; *hy*, pièce inférieure de l'arc hyoïdien (cartilage hyoïdien proprement dit) ; *p*, portion palatine ; *q*, portion quadratique du cartilage palato-carré ; *l*, *l'*, *l"*, cartilages labiaux ; *M*, cartilage mandibulaire (cartilage de Meckel ; d'après Gegenbaur).

cartilage palato-carré et de la mandibule constitue l'*arc maxillaire*, qui présente la même constitution, à quelques détails près, chez tous les Sélaciens et toutes les Raies. Chez aucun de ces Poissons cet arc ne contracte de soudure avec le crâne. La région carrée est seulement en contact avec la région post-orbitaire du crâne chez les Notidanidæ ; elle s'articule toutefois avec elle chez les *Hexanchus*. Il se développe

sons. Les Cyclostomes s'arrêtent pour manger ; ils s'accrochent par leur ventouse buccale à l'animal dont ils sucent le sang, et se laissent emporter par lui ; leur corps est alors en quelque sorte étiré en arrière de la bouche par la résistance du milieu ambiant ; il en est de même lorsqu'une Lamproie fixée à un caillou par la bouche se laisse aller au fil de l'eau, comme cela arrive si souvent. Au contraire, chez un Poisson qui nage, cette même résistance du liquide ambiant tend à entraîner en arrière la région précrânienne, moins résistante que le crâne ; les chocs et les réactions qu'ils provoquent de la part de l'animal agissent de même ; les muscles des mâchoires fixés au crâne ne peuvent à leur tour se contracter sans tendre à ramener en arrière tout l'appareil maxillaire.

déjà sur le cartilage palatin de ces Requins, immédiatement en avant de la saillie post-orbitaire (fig. 1675), une saillie cartilagineuse verticale par laquelle se produit chez les *Scymnorhinus* une nouvelle liaison mobile avec le crâne (fig. 1676). Cette liaison se transporte dans la région préorbitaire chez la plupart des autres Sélaciens (*Squatina*, etc.); on appelle *amphistylie* (Huxley) ce mode de liaison par articulation de l'arc mandibulaire avec le crâne; mais c'est, en général, par de simples ligaments que s'établit la suspension au crâne de la région palatine et de la région quadratine du cartilage palato-carré, et il y a alors *hyostylie* (*Chlamydoselachus*, fig. 1674, *y*; *Centrophorus*, fig. 1678). Dans les deux cas, en effet, la mandibule entre, de son côté, en connexion avec le crâne par l'intermédiaire de l'*arc hyoïde* qui fait suite à l'*arc maxillaire*, et cette connexion devient naturellement la plus importante lorsque l'articulation cartilagineuse fait défaut.

L'*arc hyoïde* n'est que le premier des arcs branchiaux modifié d'une manière

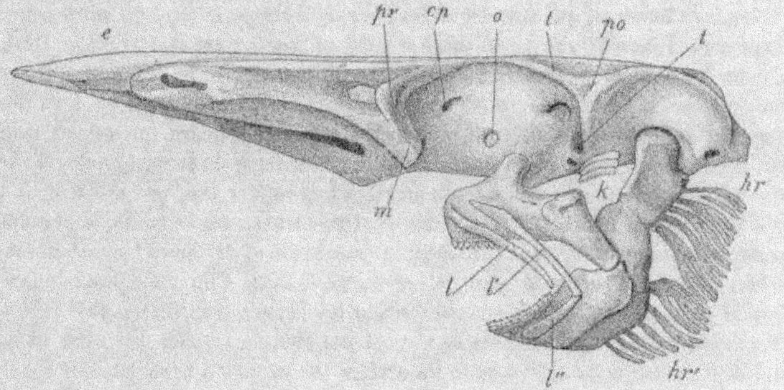

Fig. 1677. — Vue latérale du crâne d'un *Centrophorus calceus*. — Mêmes lettres que dans la figure 1676, en plus *t*, trous du trijumeau.

particulière. Chez les NOTIDANIDÆ où il présente sa forme la plus simple, il est constitué par un arc cartilagineux appliqué contre la face interne de la région quadratine et de la région mandibulaire, dont il suit le contour. Cet arc, dont le sommet est tourné vers celui de la mandibule, est composé de cinq pièces : quatre symétriques deux à deux et une impaire occupant le sommet de l'arc dont elle unit les deux moitiés; toutes ses parties sont de même dimension transversale. Les quatre pièces symétriques sont les deux *hyomandibulaires*, qui forment la partie supérieure des branches de l'arc, et les deux *hyoïdes*, qui, réunis sur la ligne médiane par la pièce impaire, forment la partie inférieure de cet arc. Cette pièce impaire, que nous retrouverons chez tous les ÉLASMOBRANCHES, est la *copule hyoïdienne* ou *basihyal*. Les deux hyomandibulaires sont réunis à la région auditive du crâne par des ligaments. L'arc hyoïde ainsi relié au crâne d'une part, en rapport étroit, d'autre part, avec l'arc maxillaire et notamment avec la mandibule, renforce évidemment l'union de celle-ci (fig. 1676, *h*) avec le crâne; il s'oriente de plus en plus vers cette fonction chez les autres Poissons. Chez les Sélaciens à cinq fentes branchiales l'hyomandibulaire devient deux fois plus large que l'hyoïde (*hy*), qui demeure suspendu à son angle inféro-postérieur tandis que son angle antéro-inférieur s'allonge en avant en une forte saillie de forme variée, le *processus symplectique*. Ces dispositions s'exagèrent chez les Torpilles, où l'hyoïde se divise en deux segments; enfin chez les Raies, tandis que l'hyomandibulaire conserve ses rapports avec le crâne et se spécialise complètement comme *suspenseur de la mâchoire inférieure*, l'hyoïde, repoussé derrière lui, s'allonge en arrière de son bord postérieur en un arc semblable aux arcs branchiaux qui suivent et se divise en quatre segments.

Les cartilages labiaux se modifient à leur tour d'une manière indépendante; ceux de la première paire ou *cartilages prémaxillaires* demeurent, en général petits; ceux de la deuxième paire, les *cartilages maxillaires* s'allongent chez les Requins (*Scymnorhinus*, fig. 1676, *l*, etc.) de manière à empiéter sur la mandibule, et ils sont suivis d'un autre cartilage qui s'applique latéralement sur la mandibule et forme avec eux une sorte d'arc; l'arc de droite est d'ailleurs complètement séparé de l'arc de gauche. Ces cartilages demeurent réduits ou avortent en partie chez les Raies.

Chez les Chimères, qui sont devenues pour cette raison le type du sous-ordre des Holocephala, le cartilage palato-carré se confond absolument avec le crâne. Réalisée ici pour la première fois, cette union intime du palais avec le crâne se retrouvera chez les Dipnés. Les cartilages labiaux subsistent; le 2ᵉ est partagé en deux pièces et se relie seulement par un ligament au cartilage mandibulaire, qui s'étend, comme chez les *Scymnus*, jusqu'au voisinage de la ligne médiane de la mandibule. Il atteint cette ligne chez les *Callorhynchus*, de manière à se souder avec son symétrique. Par suite de la fusion complète des cartilages palato-carrés avec le crâne, la mandibule paraît s'articuler directement avec celui-ci (*autostylie*) et dès lors l'hyomandibulaire, n'ayant plus à lui servir de support, se réduit à l'état d'un simple appendice de l'hyoïde dont la signification est attestée par les rayons branchiaux qu'il porte.

Le crâne de Marsipobranches ne s'étend pas jusqu'à l'orifice des nerfs vagues; celui des Élasmobranches empiète en arrière sur la région branchiale de manière que l'origine des nerfs vagues est comprise dans son intérieur. Il en résulte pour les rapports des diverses parties quelques modifications importantes. Chez les Raies, le *nerf vague* qui innerve les branchies est le dernier nerf qui prenne son origine dans le crâne; il en est de même chez les *Cestracions*; jusqu'à six paires nerveuses prennent leur origine dans son intérieur chez les *Heptanchus*; les trous par lesquels elles sortent forment une rangée qui passe au-dessous du trou du nerf vague et se prolonge en avant de ce trou; mais, chez les autres Requins, le crâne envahit une portion de la colonne vertébrale. Aussi, tandis que le crâne s'articule nettement par deux condyles avec la colonne vertébrale chez les Raies et chez les Chimères, il est impossible de tracer chez les Notidanidæ aucune limite entre ces régions du squelette. La corde dorsale s'engage ici dans la base du crâne, puis s'amincit brusquement et se prolonge en un grêle tractus qui se recourbe vers le haut et vient se terminer sur la paroi même de la cavité crânienne. Ce filament fait défaut chez les autres Requins.

Dans la capsule crânienne on distingue immédiatement une *région nasale*, une *région orbitaire* et une *région auditive*; la région orbitaire constitue une sorte d'excavation pratiquée entre les deux autres dont elle est séparée par deux saillies, la *saillie préorbitaire* (fig. 1674, *f*) et la *saillie post-orbitaire* (fig. 1674, *m*; fig. 1675 et 1676, *po*). La région nasale porte deux *capsules olfactives* symétriques dont l'orifice est placé sur la face ventrale du crâne. Sur la région médiane de chaque orifice nasal s'étend d'avant en arrière un processus cartilagineux qui le divise en deux orifices secondaires, servant l'un à l'entrée, l'autre à la sortie de l'eau.

Entre les deux capsules nasales, le crâne se prolonge en avant pour constituer le *rostre*. Ce rostre est réduit chez les *Heptanchus*; un peu moins chez les *Hexanchus* et les *Scymnorhinus* (fig. 1676, *r*). Chez les *Squalus* (fig. 1680), c'est un prolongement antérieur du crâne (fig. 1675), excavé en dessus, en forme de cuilleron, logeant sa concavité dans un organe sensitif. Il peut se creuser de lacunes, et chez les *Pristiurus*, *Scyllium*, *Mustelus*, *Galeus*, *Carcharius*, il est constitué par trois lames cartilagineuses, une ventrale, deux dorso-latérales, qui convergent comme les trois arêtes d'un tétraèdre. Les arêtes latérales deviennent en partie ligamenteuses chez les *Centrophorus* (fig. 1676); elles disparaissent entièrement chez les Raies dont le rostre, très développé (fig. 1678), se trouve ainsi uniquement constitué par l'arête médiane du rostre des *Galeus*. Ce rostre fait défaut chez les *Trygon*, *Myliobatus*, etc.; il prend, au contraire, un développement énorme chez les *Pristis*, où des écailles placoïdes se développent en forme de dents lancéolées, régulièrement disposées normalement à ses deux bords et constituent ainsi la *scie* préfrontale dont ces

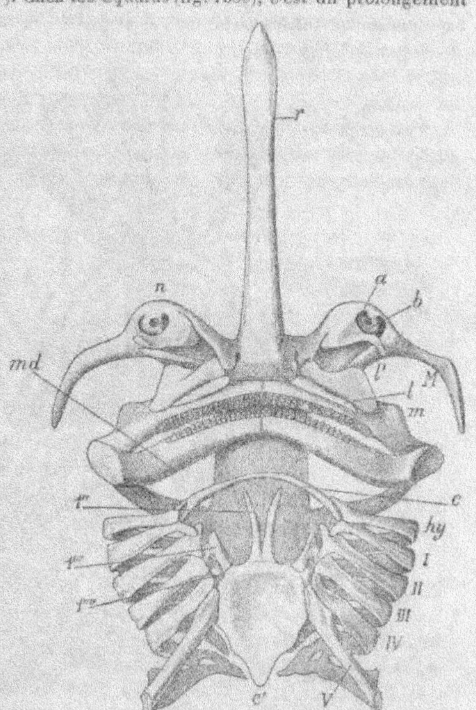

Fig. 1678. — Squelette céphalo-branchial de Raie, vu du côté ventral. — Mêmes lettres que dans la figure 1676; en plus, *hr*, *a'*, *b'*, cartilages de l'évent; *D'*, pièce préfrontale (d'après Gegenbaur).

poissons sont armés. Chez les Torpilles (*Torpedo*, fig. 1679), c'est l'arête médiane qui fait défaut; les arêtes latérales (*r*) sont légèrement divergentes, s'élargissent à leur bord libre et se divisent en rayons qui contribuent avec ceux des nageoires à soutenir le bord céphalique. Par suite du grand développement de la région préfrontale du crâne, qui s'avance elle-même entre les deux nageoires pectorales, les deux appendices rostraux sont courts chez les *Narcine*.

Immédiatement en arrière du rostre la capsule crânienne présente toujours, comme chez les Cyclostomes, une région membraneuse; c'est la *fontanelle préfrontale* qui arrive jusqu'au bord même du crâne chez les *Heptanchus*, tandis qu'elle est dépassée en avant par le rostre chez les *Hexanchus* et les autres Sélaciens.

La saillie préorbitaire qui sépare la région nasale du crâne de la région oculaire peut contribuer pour sa part à modifier le contour de la région céphalique. Déjà chez les Notidanidæ, elle porte un appendice dirigé en bas et en arrière et plus individualisé chez les *Hexanchus* (fig. 1675, p. 2381, *m*) que chez les *Heptanchus*. Cet appendice cartilagineux se dirige en avant chez les Raies, où il prend un grand développement et où il s'unit par des ligaments aux pectorales, qui se trouvent par cela même reliées au crâne; il acquiert son maximum d'importance chez les

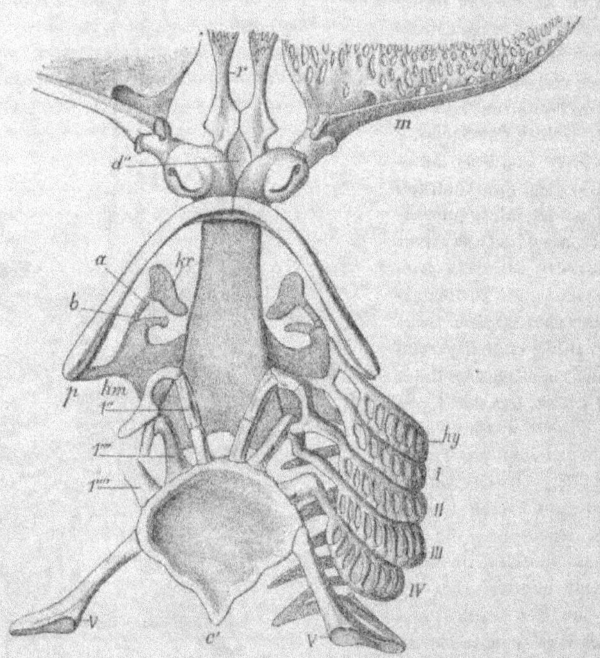

Fig. 1679. — Squelette céphalobranchial de Torpille, vu du côté ventral. — Mêmes lettres; en outre *r*, rostre; *n*, capsule nasale; *l*, cartilage prémaxillaire; *l'*, cartilage maxillaire; *md*, cartilage mandibulaire; *M*, prolongement latéral de la région ethmoïdienne; α, β, canaux semi-circulaires (d'après Gegenbaur).

Torpilles, où il est porté par un puissant pédoncule et présente l'aspect d'une lame cartilagineuse effrangée ou fenestrée (*Torpedo*, fig. 1679, *m*); des cartilages accessoires s'intercalent encore chez les *Narcine* entre le cartilage principal et le crâne. Les cartilages préorbitaires contribuent avec les capsules olfactives à donner à la tête des *Zygæna* sa singulière forme de marteau. Les capsules nasales s'allongent ici transversalement de chaque côté du rostre, qui est normal; elles entraînent avec elles les saillies préorbitaires qui s'allongent latéralement en demi-cercle et viennent s'appuyer chacune contre le bord postérieur de l'extrémité de la capsule nasale correspondante; la saillie postorbitaire s'allonge de même, et les yeux se trouvent transportés à l'extrémité des deux cornes ainsi formées.

Outre ses deux condyles occipitaux le crâne des Chimères présente quelques particularités importantes. Il est prolongé en avant par un rostre analogue à celui des *Mustelus*, *Carcharias* et autres, mais ici l'arête impaire est supérieure et non inférieure; elle est bifurquée et l'une de ses branches soutient un organe tactile. Un pareil appendice terminé par un bouquet de crochets se trouve au-dessus de l'orbite chez les mâles; le fond de l'orbite est *membraneux* et constitue le septum interorbitaire; les canaux semi-circulaires sont saillants dans la région auditive.

Entre la région quadratine de la mâchoire supérieure et l'hyomandibulaire est, en général, percé un orifice petit chez les NOTIDANIDÆ, plus développé chez les SQUALIDÆ et surtout chez les Raies; c'est l'*évent* qui doit être considéré comme un premier orifice branchial. En rapport avec l'arc maxillaire se développent au voisinage de cet orifice les *cartilages de l'évent* au nombre de un, deux (*Scymnorhinus*, fig. 1676, *k*, *Squalus*) ou trois (*Centrophorus*, fig. 1678, *k*). Ces cartilages sont par-

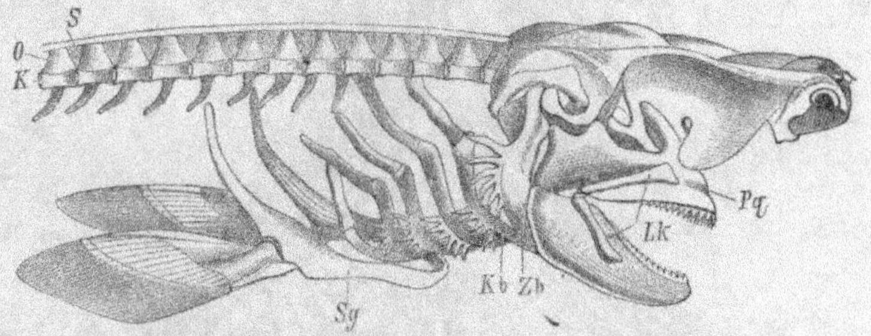

Fig. 1680. — Squelette céphalo-branchial de *Squalus*. — *Pq*, palato-carré; *Lk*, cartilages labiaux; *Zb*, arc hyoïdien; *Kb*, arcs branchiaux; *Sg*, ceinture scapulaire; *K*, corps des vertèbres; *O*, arcs supérieurs; *S*, pièces intercalaires (d'après Owen).

ticulièrement développés chez les Raies où ils soutiennent une sorte de valvule membraneuse; chez les Torpilles, le plus grand d'entre eux est relié à l'hyomandibulaire par les deux autres, formant un étroit pédoncule. L'hyomandibulaire développe au-dessus d'eux une apophyse séparée par une suture du corps du cartilage.

Des formations cartilagineuses plus développées, disposées en rayons, apparaissent sur le bord postérieur de l'arc hyoïdien, ce sont des *rayons branchiaux* identiques à ceux que portent les arcs branchiaux qui suivent l'arc hyoïdien; toutes ces formations peuvent donc être rattachées au squelette branchial. Elles se développent chez les SELACHOÏDEA (fig. 1674, 1676 et 1678, *hr*, *hr'*) et les HOLOCEPHALA, aussi bien sur l'hyomandibulaire que sur l'hyoïde; mais chez les BATOÏDEA, même chez les Torpilles, elles sont exclusivement localisées sur ce dernier cartilage.

Le *squelette branchial* est composé, chez les ÉLASMOBRANCHES, d'une série d'arcs cartilagineux qui suivent l'arc hyoïde, mais dont cet arc ne diffère pas lui-même essentiellement. Le raccourcissement graduel de la région céphalobranchiale qui se poursuit des Cyclostomes aux Vertébrés aériens présente chez les Élasmobranches de remarquables gradations. Les arcs branchiaux, encore au nombre de sept chez les *Heptanchus*, tombent à six chez les *Hexanchus* et les *Chlamydoselachus*; ils sont, dans ces formes primitives, grêles et divisés seulement en deux segments, comme l'hyoïde qui leur ressemble beaucoup. La réduction des arcs branchiaux, au nombre de cinq, était déjà réalisée chez les PLEURACANTHIDÆ de la période primaire, à qui l'on a souvent attribué cependant sept arcs branchiaux; elle est la règle non seulement chez les Sélaciens, les Raies, les Chimères, mais aussi chez les Ganoïdes et la très grande majorité des Poissons osseux. Les arcs branchiaux se divisent généralement en quatre segments, dont les deux médians sont plus longs que les ter-

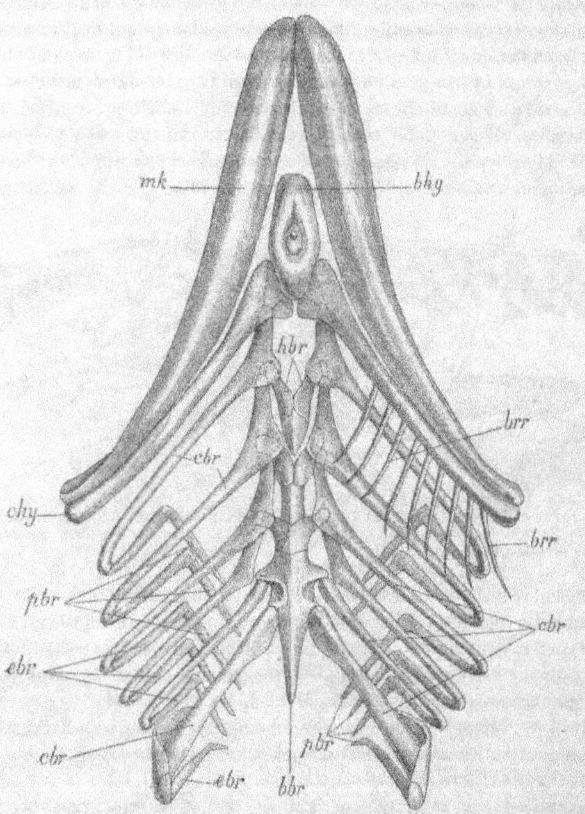

Fig. 1681. — Squelette branchio-mandibulaire de *Chlamydoselachus*, vu en dessous. — *mk*, cartilage mandibulaire ou de Meckel; *chy*, cératohyal; *pbr*, pharyngo-branchiaux; *ebr*, épibranchiaux; *cbr*, cératobranchiaux; *bbr*, basi-branchiaux; *br*, rayons branchiostèges; *bhy*, basihyal (d'après Garman).

minaux (fig. 1679 et 1680); ces quatre segments ont reçu du côté dorsal au côté ventral les noms de *pharyngobranchial, épibranchial, cératobranchial* et *hypobranchial* ou *copulaire*. Les pharyngobranchiaux sont ordinairement dirigés en arrière. Quel que soit le nombre total des arcs, le dernier est souvent réduit; il peut, par exemple (*Heptanchus*), venir se souder au pharyngobranchial de l'arc précédent et en manquer lui-même; son hypobranchial fait généralement défaut, ainsi que celui de l'avant-dernier (*Chlamydoselachus*, Sélaciens à cinq fentes branchiales). Les

deux arcs médians peuvent eux-mêmes n'être représentés que par une pièce
unique. Il suit de là que les Sélaciens à cinq paires d'arcs branchiaux n'ont, en
général, que trois paires d'hypobranchiaux. C'est aussi le nombre que l'on trouve
chez les Raies où ces pièces ont subi des modifications très diverses; le premier
hypobranchial est, chez les Torpilles, divisé en trois segments mais conserve ses
connexions avec le 2ᵉ arc branchial auquel il correspond; les deux suivants sont
normaux. Chez les *Rhynchobatus*, le 1ᵉʳ hypobranchial est en forme de croissant et

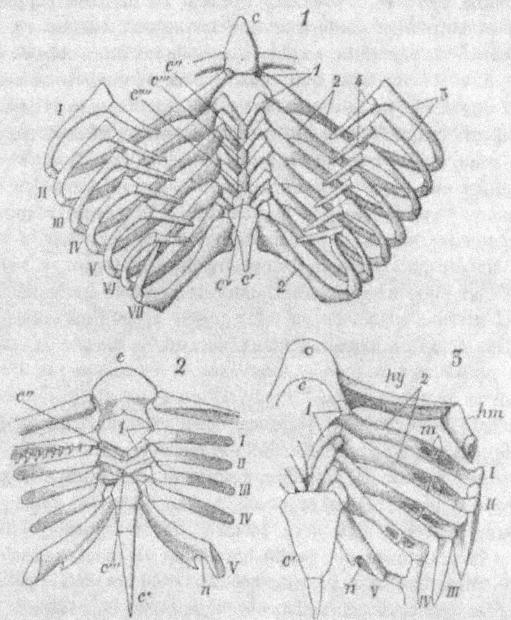

Fig. 1682. — Nᵒ 1, squelette branchial d'*Heptanchus*, vu en dessus. — *C*, copule; *hy*, segment inférieur
de l'arc hyoïdien; *c'*, *c"*, *c'"*, *c""*, copules des arcs branchiaux; *C*, plaque copulaire ou dernière copule. —
I à *VII*, arcs branchiaux; 1 à 4, les quatre segments des arcs branchiaux (d'après Gegenbaur). —
Nᵒ 2, squelette branchial de *Prionodon glaucus*, vu en dessus. Mêmes lettres que figure 1678 (d'après
Gegenbaur). — Nᵒ 3, squelette branchial de *Scylliorhinus catulus*, vu en dessus. Mêmes lettres que
figure 1678 (d'après Gegenbaur).

s'unit à son symétrique sur la ligne médiane; le 2ᵉ, en forme d'arc, à convexité
latérale, se place dans l'espace circonscrit par ce croissant; le 3ᵉ est rudimentaire;
il en est de même chez les Raies, où le deuxième hypobranchial est normal, tandis
que les premiers se séparent de leur arc pour se souder à une pièce cartilagineuse
médiane, dont l'origine sera indiquée tout à l'heure. Ils forment en avant de cette
pièce deux cornes qui s'allongent quelquefois jusqu'à la copule hyoïdienne transformée en une étroite et longue bande cartilagineuse transversale. Une fourche
semblable se trouve sur la copule cardio-branchiale des *Trygon*. Il est fréquent
d'ailleurs, dans les autres genres, que plusieurs hypobranchiaux successifs se confondent en pièces cartilagineuses qui peuvent demeurer indépendantes ou s'unir à

la pièce cardio-branchiale et modifier aussi sa forme de façons très diverses; il arrive aussi que le 1er arc branchial s'unisse à la copule hyoïdienne.

Les arcs branchiaux étaient libres chez les Pleuracanthidæ de la période primaire. Mais chez tous les Élasmobranches actuels, les hypobranchiaux de la même paire se soudent au cours du développement et la partie commune se sépare ensuite en une pièce cartilagineuse impaire, le *basibranchial* ou *copule*, à laquelle les deux arcs symétriques semblent se rattacher; il existe, nous l'avons vu, une semblable copule entre les deux arcs hyoïdes. La dernière copule est toujours plus grande et autrement conformée que les autres; elle est en rapport étroit avec le péricarde et, par suite, semble correspondre à la corbeille cardiaque des Cyclostomes; aussi le distingue-t-on sous le nom de *cardiobranchiale*. Conformément à leur qualité de formes primitives, les Notidanidæ possèdent autant de copules que d'arcs branchiaux moins un; leur copule hyoïdienne (fig. 1682, n° 5, c) est allongée, triangulaire, pointue en avant et son extrémité antérieure se sépare assez souvent en une pièce cartilagineuse libre, qui est peut-être le reste d'une pièce d'union de l'hyoïde et de la mandibule; la 1re copule branchiale est aussi plus grande que les autres; à la dernière viennent s'attacher le 6e et le 7e arcs branchiaux. Mais le plus souvent, le nombre de ces copules se réduit. Les *Chlamydoselachus* (fig. 1681) n'en ont que quatre, la première fait défaut; la deuxième a conservé la division originelle en deux pièces symétriques; elle est située en arrière de l'arc dont les hypobranchiaux doivent se diriger en arrière pour la rejoindre; il en est de même de la troisième qui est entière; le 3e arc branchial, bien que pourvu de sa copule, est tout près de s'unir aussi à la copule cardio-branchiale à laquelle s'attachent les deux derniers arcs. Il n'y a plus que deux copules, une petite et une grande cardio-branchiale, chez les *Cestracion*, *Scymnorhinus*, *Squalus*, *Spinax*; la première, assez petite, est intercalée entre les arcs branchiaux de la 1re paire; elle est précédée chez les *Cestracion* d'une pièce impaire, isolée, analogue peut-être à la pièce détachée de la copule hyoïdienne chez les *Heptanchus*; à la grande copule cardio-branchiale viennent s'attacher les quatre autres paires d'arcs branchiaux; cette copule cardio-branchiale persiste seule et supporte tous les arcs branchiaux chez les *Scylliorhinus* (fig. 1679, n° 3), les *Galeus* et les Batoïdea.

Le 5e arc branchial, toujours modifié chez les Batoïdea en raison de ses rapports avec la ceinture scapulaire, se soude chez les *Pristis* avec la pièce cardio-branchiale, ainsi que d'autres pièces résultant de la fusion des hypobranchiaux, et tout cet ensemble forme une chambre cartilagineuse dans laquelle sont logés le cœur et le bulbe artériel.

Chez les Chimères toutes les copules sont conservées, mais réduites et indépendantes les unes des autres, ce qui suppose que les Chimères descendent des premiers représentants du type des Requins à cinq branchies; les capsules sont cependant dans des rapports tout à fait anormaux avec les arcs branchiaux qui leur correspondent. La première est un disque cartilagineux, placé entre les hypobranchiaux de l'arc dont elle demeure indépendante, tandis que ces pièces vont s'appuyer sur le basibyal. Des ligaments unissent à la 2e copule, les hypobranchiaux du 2e ou du 3e arc; mais la 3e copule est représentée par deux nodules cartilagineux, en contact avec les hypobranchiaux de ce dernier arc. Ces nodules sont reliés par des ligaments à la 4ᵉ copule, qui a passé en avant des hypobranchiaux du 4ᵉ arc, qui s'appuient sur la copule cardio-branchiale que rejoignent aussi les cérato-branchiaux du 5ᵉ arc.

Les arcs branchiaux supportent les *rayons branchiaux* (fig. 1680, *Kb*) qui s'engagent dans les parois des poches branchiales et les soutiennent, sans se souder d'ailleurs aux arcs eux-mêmes. Il en existe déjà, nous l'avons vu, de plus ou moins modifiés sur l'arc maxillaire; ils soutiennent la branchie de l'évent. Mais ils sont nettement caractérisés sur l'arc hyoïde et portés par ses deux segments chez les Selachoidea; ce sont encore de simples bâtonnets chez les Notidanidæ; chez les *Scymnorhinus* ils ont la forme de lames digitées dont les ramifications peuvent se multiplier depuis une jusqu'à une dizaine; des bâtonnets simples sont souvent intercalés entre les plaques ramifiées principalement sur l'hyoïde; assez souvent une plaque cartilagineuse spéciale est en rapport avec un certain nombre de rayons

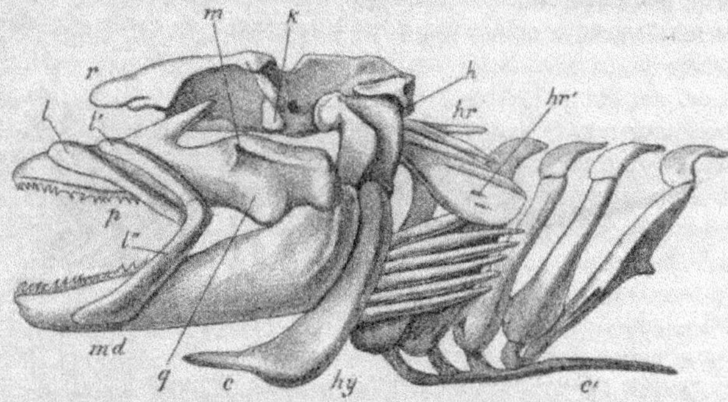

Fig. 1683. — Vue latérale du squelette céphalo-branchial de la *Squatina angelus*. Mêmes lettres que dans les figures précédentes; en plus *C*, copule; *C'*, plaque copulaire (d'après Gegenbaur).

de l'hyomandibulaire, et semble avoir pour origine une ramification de ces rayons (*Squatina*, fig. 1683, *br*); c'est là première indication des pièces qui deviendront l'*opercule* des Poissons osseux.

Les arcs branchiaux proprement dits ne portent de rayons que sur leurs deux segments moyens. Ces rayons sont simples; il y en a toujours un, et c'est le plus grand, à la suture des deux segments moyens; les autres vont en diminuant à mesure qu'ils s'éloignent de lui; ils se rassemblent à sa base chez beaucoup de Requins, s'unissent à lui chez les *Rynchobatus* et les *Pristis* et finissent quelquefois par s'insérer sur lui, en se disposant en barbes de plumes; plusieurs rayons peuvent aussi porter des rayons secondaires chez les *Trygon*. Les rayons sont compris chez les Selachoidea entre deux grands arcs cartilagineux qu'on peut considérer comme des rayons modifiés et dont l'un est ventral, l'autre dorsal. Ces arcs, dont un seul peut exister, courent superficiellement dans l'épaisseur de la membrane de séparation de deux poches branchiales consécutives, et constituent le *squelette branchial superficiel*. Il y a de 3 à 5 rayons branchiaux chez les *Scymnorhinus*, de 8 à 12 chez les *Scylliorhinus*; le cinquième arc en est toujours dépourvu; mais porte quelquefois un certain nombre d'appendices cartilagineux qui peuvent en être

des rudiments; ces appendices sont quelquefois remplacés par une bande cartilagineuse qui a été interprétée comme un reste du 6e arc (*Spinax*, *Cestracion*, etc).
Le nombre des rayons augmente chez les Raies; ces rayons se terminent en pointe chez les *Trygon*, *Myliobatis*, *Rynchobatis*, *Pristis*, s'élargissent à leur extrémité, sauf le médian, et se divisent en deux lobes inégaux chez les *Raja* et *Torpedo*; ces lobes s'allongent et s'adossent dans ce dernier genre (fig. 1677, *hy*), de manière à former pour la branchie un appareil superficiel de soutien analogue à celui formé par les grands rayons courbes des Requins. Sur le côté interne des arcs branchiaux de ces derniers, immédiatement au-dessous de la muqueuse pharyngienne se trouvent encore de petits cartilages, les *rayons pharyngiens*; ils manquent chez les *Squalus*, ne dépassant pas le nombre de 3 chez les *Heptanchus* et sont, au contraire, nombreux et bisériés chez d'autres Requins.

Squelette céphalobranchial des Cténobranches. — 1° *Squelette péribuccal.* — Comme celui des Chimères, le cartilage palato-carré des Dipnés est fusionné avec la capsule cartilagineuse crânienne; il est accompagné de cartilages labiaux qui

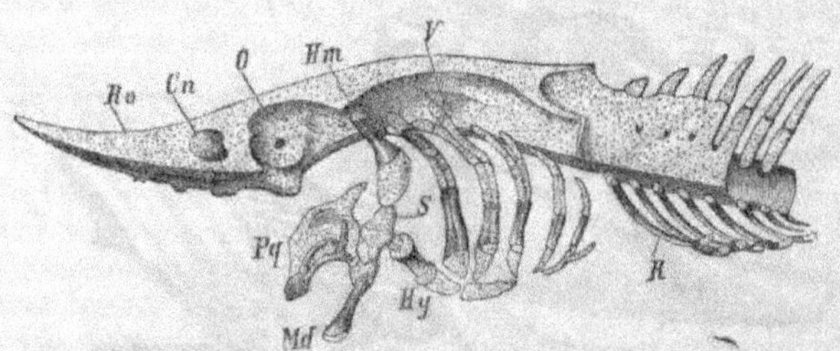

Fig. 1681. — Squelette céphalo-branchial de l'Esturgeon. — *Ro*, rostre; *Cn*, fosse nasale; *O*, orbite; *Hm*, hyomandibulaire; *S*, symplectique; *Pq*, palato-carré; *Md*, mandibule; *Hy*, hyoïde; *V*, trou de sortie du nerf vague; *R*, côtes (d'après Wiedersheim).

sont dans la région des narines chez les *Ceratodus*, dans la partie postérieure de la région ethmoïdale chez les *Protopterus*. Chez ces derniers, le cartilage palato-carré se recouvre de chaque côté d'une épaisse lamelle osseuse; les deux lamelles se rejoignent en avant des narines et peuvent se fusionner; elles forment dans cette région un angle saillant, tranchant comme une lame de couteau et recouvert d'une couche d'émail qui s'étend aussi latéralement en formant des rayons divergents; en arrière de ce point elles se soudent latéralement au parasphénoïde et laissent ensuite paraître à nu la base du crâne conformée en carène. La mâchoire inférieure, pourvue d'une grande apophyse coronoïde, est recouverte de trois fortes lames osseuses constituant un os *articulaire*, un os *angulaire* et un os *dentaire* peu étendu, laissant apparaître, en avant, le cartilage mandibulaire. Les deux branches de ce dernier comprennent entre elles une plaque osseuse médiane avec laquelle elles se fusionnent insensiblement; comme la région ethmoïdienne, la mâchoire inférieure porte des angles émaillés. L'arc hyoïdien paraît représenté par deux pièces comme chez les Sélaciens : ces pièces sont toutes deux partiellement ossifiées, la première a les mêmes connexions que l'hyomandibulaire des Sélaciens et porte aussi un rayon branchial, comme elle ossifié; on le considère habituellement, mais sans preuve, comme un os carré [1]; la seconde qui est indivise et qui porte aussi un rayon osseux dirigé en arrière, est l'*hyoïde* proprement dit. Par tous ces caractères, le squelette péribuccal des Dipnés est à peine plus élevé que celui des Elasmobranches; il n'en diffère que par l'ossification de quelques-unes de ses parties. Ces caractères d'infériorité se retrouveront dans d'autres parties de leur structure; c'est notamment parmi eux seulement que l'on trouve des formes possédant comme les Notidanidæ plus de cinq arcs branchiaux (*Protopterus*).

Le squelette péribuccal cartilagineux primitif des Ganoïdes chondrostéens (*Spatularia*, *Acipenser*, fig. 1684), reproduit non plus celui des Chimères, mais celui des Sélaciens proprement dits. Dans ses premiers états, il en diffère à peine chez les Esturgeons; mais peu à peu ses proportions relatives diminuent; l'hyomandibulaire (fig. 1684, Hm) ne relie plus directement la mandibule avec le crâne; le processus symplectique qu'il portait chez les Requins forme désormais une pièce distincte (S) qui sépare son extrémité inférieure de l'articulation de la mandibule avec le cartilage palato-carré et unit en même temps les deux moitiés de l'arc maxillaire à l'extrémité antérieure de l'hyoïde; cette pièce, conservant les mêmes rapports, ne cessera plus de faire partie du squelette céphalique des Poissons. Les rayons cartilagineux de l'hyomandibulaire des Requins sont remplacés par une pièce osseuse d'origine tégumentaire, l'*opercule*, qui présente les mêmes connexions. Le cartilage palato-carré présente encore chez les *Spatularia* un certain degré d'union avec la base du crâne; il est entièrement libre chez les *Acipenser*. Sur ces pièces sont, en des places déterminées, appliquées des lames osseuses, et le squelette osseux des formes supérieures se constituera simplement par l'addition de plaques ou de formations nouvelles à ces plaques primitives. Les deux cartilages maxillaires des *Spatularia* sont respectivement revêtus d'une plaque osseuse qui porte une rangée de dents dans sa région antérieure. La plaque osseuse supérieure n'est pas directement appliquée sur le palato-carré, mais sur une lame cartilagineuse qui la dépasse en arrière comme une bordure et qui correspond vraisemblablement au cartilage labial supérieur et postérieur des Requins; entre cette lame cartilagineuse labiale et le palato-carré s'étend, en effet, le muscle adducteur de la mandibule. Celle-ci porte souvent, de son côté, sur la région postérieure de son bord supérieur une seconde lame osseuse allongée. Sur la face inférieure du palato-carré se développent, en outre deux paires de plaques osseuses : en arrière, au voisinage de l'articulation, les *ptérygoïdes*, et en avant les *palatins*, plus petits et armés de dents. Tous ces os semblent dérivés de la muqueuse buccale. En arrière du ptérygoïde, le cartilage palato-carré (fig. 1684, Py), se divise en sept à neuf plaques dont une médiane; leur signification n'est pas établie. Chez les Esturgeons (*Acipenser*), le segment dorsal de l'arc hyoïdien demeure cartilagineux à ses deux extrémités; il est continu; le segment ventral ou *hyoïde* proprement dit (Hy) est divisé en trois parties, dont la médiane est seule osseuse; il relie le symplectique (S) de chaque côté à la pièce médiane des arcs branchiaux. Chez les *Spa-*

---

[1] Dans cette interprétation évidemment suggérée par l'idée d'une parenté étroite entre les Dipnés et les Batraciens, il faut admettre que l'*hyomandibulaire* et le *symplectique*, qui seuls se développent chez tous les autres Poissons, ont avorté, et le rayon osseux porté par le prétendu carré ne peut plus trouver d'équivalent que dans les cartilages de l'évent des Sélaciens, tout autrement orientés d'ailleurs.

tularia, l'*hyoïde* proprement dit, au lieu de se rattacher aux arcs branchiaux, est indépendant et dirigé en avant; il est toujours pluriarticulé.

Chez les Ganoïdes osseux (fig. 1685) et les Téléostéens (fig. 1687) le crâne cartilagineux primitif s'éloigne moins de celui des Sélaciens, en ce sens que la région la plus antérieure du cartilage palato-carré s'unit à la région antérieure du crâne tout en demeurant libre dans le reste de son étendue. La mâchoire supérieure est constituée par deux paires de pièces osseuses, généralement munies de dents et correspondant aux deux paires de cartilages labiaux des Sélaciens; ce sont les *intermaxillaires* et les *maxillaires*. Chez les Siluridæ, Myctophidæ, Percopsidæ, Haplochitonidæ, Malacosteidæ, que d'autres caractères semblent signaler comme des formes primitives des Téléostéens physostomes, les intermaxillaires (fig. 1687, *pmx*) forment seuls le bord des mâchoires supérieures, par suite de l'extrême réduction des maxillaires. Cependant les maxillaires intervenaient déjà dans la constitution de ce bord chez les Ganoïdes osseux; cette dernière disposition se retrouve chez les Salmonidæ et les Stomiatidæ, elle devient ensuite générale chez les Téléostéens physostomes. Chez les Acanthoptères à bouche protractile, les intermaxillaires redeviennent les os principaux; ils sont munis d'apophyses postérieures, qui peuvent aussi se développer sur les maxillaires, les éloignent du reste du squelette et leur permettent de glisser en avant ou de revenir en arrière. Dans cette sorte de bouche, les intermaxillaires placés en avant des maxillaires portent seuls des dents; ils se soudent quelquefois en un os impair (*Diodon*, *Mormyrus*); en s'allongeant démesurément, ils forment le bec caractéristique des *Xiphias* et des *Belone*. Chez les Murænidæ, ils s'atrophient, se soudent entre eux et avec les vomers, tandis que les maxillaires se développent de manière à former à eux seuls le bord de la mâchoire supérieure.

En même temps que ces os remplacent les cartilages labiaux, d'autres lames osseuses se développent, chez les Ganoïdes holostéens et chez les Téléostéens, autour du cartilage palato-carré. Ces lames sont en avant les *lames palatines*, en arrière, les *lames ptérygoïdiennes*. Les lames palatines sont chez l'*Amia* (fig. 1685), au nombre de deux paires : les *dermo-palatines* [1] ou *vomers* (*dp*) occupant la région antérieure de la voûte buccale; les *auto-palatines* (*ap*) situées au-dessus d'elles sur la face externe du cartilage; derrière ces plaques viennent latéralement, sur la face buccale, les *ectoptérygoïdes* (*ec*) qui portent aussi des dents; au-dessus et latéralement, séparé par une bande de cartilage, l'*entoptérygoïde* (*en*); enfin sur la face dorsale et postérieure du cartilage, le *métaptérygoïde* (*mp*), auquel font suite latéralement les deux os *carrés*. Les pièces palatines peuvent se souder entre elles de manière à former seulement deux os palatins; à cela près, toutes ces pièces de la voûte buccale se retrouvent chez les *Lepidosteus*, les *Polypterus* et chez les Téléostéens.

Le cartilage mandibulaire est toujours conservé, au moins, en grande partie, chez les Ganoïdes osseux (fig. 1685, *m*, *mm*) et les Téléostéens; il constitue le *cartilage de Meckel*, souvent pourvu en arrière d'une grande apophyse montante, l'*apophyse coronoïde*. Des lames osseuses se développent autour de ce cartilage; ces

---

[1] Allis, *The cranial muscles and cranial and first spinal nerves of Amia*, Journal of Morphology, t. XII, 1897.

lames se réduisent à une seule, constituant l'os *dentaire* chez les Chondrostéens. Elles sont beaucoup plus nombreuses chez les Ganoïdes osseux. Le dentaire ne s'étend pas sur la face interne du cartilage chez l'*Amia*; cette face est recouverte par trois lames osseuses, disposées l'une derrière l'autre et portant des dents : les *lames operculaires* ou *spléniales*. Le dentaire est suivi, comme chez les Dipnés, d'un *os articulaire*, et son extrémité postérieure est protégée par une petite pièce osseuse l'*os angulaire*; l'apophyse coronoïde est couverte extérieurement par l'os *supra-angulaire* qui existe aussi chez les *Lepidosteus*; en outre de petites plaques osseuses se trouvent dans l'angle de jonction antérieur du cartilage mandibulaire et de l'apophyse coronoïde; ainsi qu'en avant de la tête cartilagineuse qui s'articule avec le symplectique. Le *dentaire*, l'*articulaire* et l'*angulaire* demeurent les os fonda-

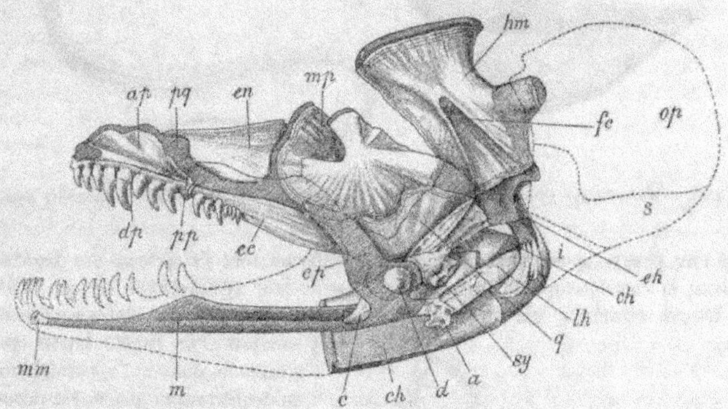

Fig. 1685. — Vue latérale du squelette péribuccal et hyoïdien de l'*Amia calva*. — *ap*, autopalatin; *en*, entoptérygoïde; *mp*, métaptérygoïde; *hm*, hyomandibulaire; *eh*, épihyal; *ch*, cératohyal; *q*, carré; *sy*, symplectique; *a, c, d*, ossicules de Bridge; *mm*, ossification mentomeckelienne; *cp*, processus coronoïde; *ec*, ectoptérygoïde; *dp*, dermo-palatin; *op*, opercule; *s*, sous-opercule; *c*, interopercule; *pq*, portion cartilagineuse du palato-carré; *fc*, canal pour le facial; *lh*, ligament mandibulo-hyoïdien; *m*, cartilage de Meckel, enfermé dans les os de la mandibule dont le contour est pointillé et dont les os sont représentés figure 1692 (d'après Phelp Allis).

mentaux de la mandibule des Téléostéens. Chez les *Scarus* le dentaire est mobile sur l'articulaire.

La mâchoire inférieure est simplement rattachée au crâne par l'intermédiaire de l'*hyomandibulaire* chez les *Polypterus* et les Siluridæ. Chez le *Lepidosteus*, l'*Amia* et les Téléostéens, comme chez l'Esturgeon, une autre pièce osseuse, le *symplectique* (fig. 1684, *sy*), dérivée du processus symplectique des cartilages hyomandibulaires des Sélaciens, est simultanément en rapport avec l'hyomandibulaire, l'os carré et la mandibule; elle relie par conséquent l'arc hyoïdien aux deux moitiés de l'arc maxillaire.

C'est au grand développement des maxillaires qu'il faut attribuer l'énorme bouche des *Eurypharynx* (fig. 1686).

L'*hyomandibulaire* (*temporal*, Cuvier; *carré*, Hoffmann) toujours bien développé (fig. 1684, 1685, *hm*), a une forme quadrilatère presque constante; il ne s'articule plus, comme chez les Sélaciens, avec la base du crâne, mais s'insère latéralement entre le squamosal et le postfrontal en s'étendant assez souvent jusqu'au prootique ; il développe généralement une apophyse postérieure qui porte l'*opercule*.

Le *symplectique* (fig. 1684, S ; fig. 1685 et 1687, *sy*) est en général un os grêle, souvent effilé à son extrémité inférieure, qui s'unit à la région moyenne du carré et

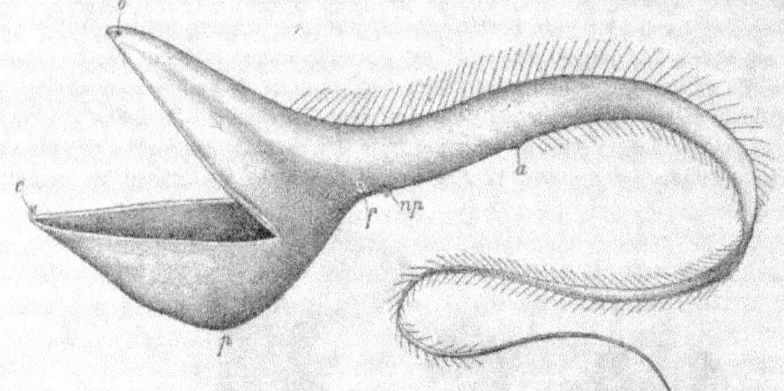

Fig. 1686. — *Eurypharynx pelecanoïdes*. — *o*, œil ; *f*, fente operculaire ; *c*, canines ; *np*, nageoire pectorale ; *a*, anus (d'après L. Vaillant).

peut être plus ou moins enveloppé par lui. L'allongement du museau des *Lepidosteus* est la conséquence de la transformation de leur symplectique en une sorte de longue columelle qui repousse en avant tout l'appareil maxillaire supérieur, y compris l'os carré, tandis que l'hyomandibulaire et l'appareil hyoïdien demeurent en place. En raison de l'élongation du symplectique, les métaptérygoïdiens se trouvant chez les *Lepidosteus* éloignés de l'hyomandibulaire, peuvent s'allonger en arrière et au-dessous en une apophyse qui va s'articuler avec la base du crâne de chaque côté du parasphénoïde.

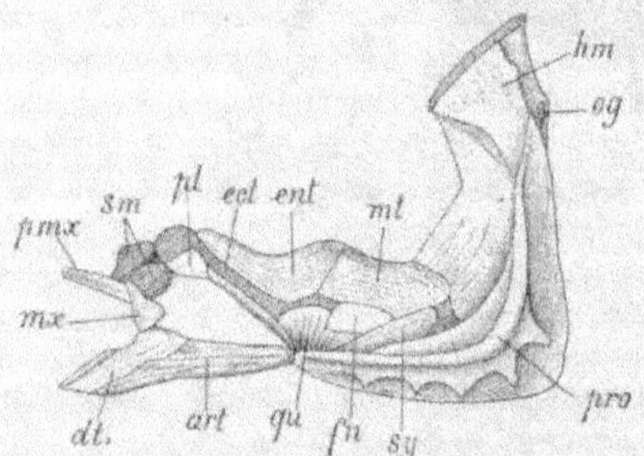

Fig. 1687. — Appareil suspenseur des mâchoires et mâchoires des *Citharinus*. — *hm*, hyomandibulaire ; *og*, tête articulaire par l'opercule ; *pro*, préopercule ; *sy*, symplectique ; *fn*, espace vide ; *qu*, carré ; *art*, articulaire ; *dt*, dentaire ; *mx*, maxillaire ; *pmx*, intermaxillaire ; *pl*, palatin ; *ect*, ectoptérygoïde ; *ent*, entoptérygoïde ; *mt*, métaptérygoïde ; *sm*, cartilages sous-maxillaires (d'après Sagemehl).

Le segment inférieur de l'arc hyoïde se différencie de plus en plus nettement de l'hyomandibulaire supérieur chez les Ganoïdes osseux et constitue l'*hyoïde* proprement dit, divisé en plusieurs pièces cartilagineuses ou osseuses : l'*hypohyal*, le *cératohyal* et l'*épihyal*. Cette dernière pièce s'unit largement encore à l'hyomandibulaire chez les Ganoïdes osseux ; la division de l'hyoïde en quatre segments devient presque générale chez les Téléostéens et son union avec l'hyomandibulaire ne s'établit plus que par une pièce styliforme, le *stylohyal*.

Avec l'arc hyoïde sont en rapport chez tous les Cténobranches des pièces osseuses qui recouvrent ou remplacent en partie les rayons cartilagineux portés chez les Élasmobranches par l'hyomandibulaire et l'hyoïde, mais ces pièces, qui constituent le *squelette operculaire*, font partie du même système des plaques osseuses que celles qui recouvrent le crâne, et leur étude ne peut en être séparée (p. 2404).

Chez les *Spatularia*, l'*Amia*, l'hyoïde porte en arrière une pièce osseuse digitée dans le premier genre, simple dans le second; c'est une première indication des *rayons branchiostèges* qui sont en nombre variable chez les *Lepidosteus* et les Téléostéens. Dans ce dernier groupe ils sont portés par le cératohyal et l'épihyal, dirigés

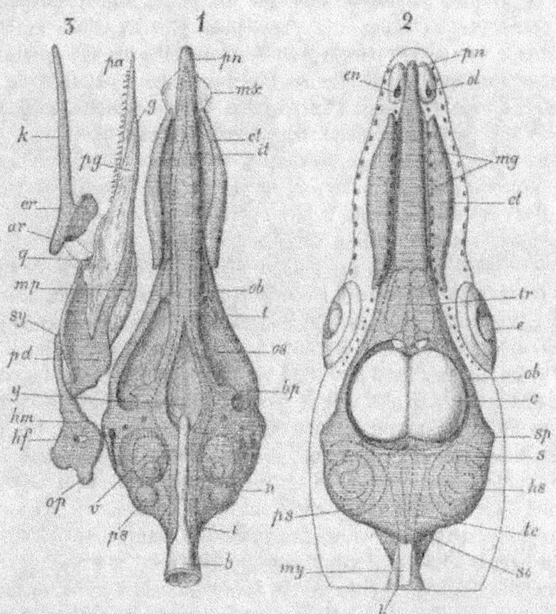

Fig. 1688. — N° 1, Crâne cartilagineux d'un embryon de *Lepidosteus*, vu en dessous. — N° 2, tête et crâne cartilagineux, vus en dessus. — N° 3, Squelette péribuccal du même, vu du côté gauche. — *pn*, pointe rostrale; *mx*, maxillaire; *ol*, capsule olfactive; *ct*, cornes des trabécules; *it*, intertrabécules; *ob*, cartilage supraorbitaire; *mg*, glandes muqueuses; *te*, *tr*, tegmen cranii; *e*, œil; *t*, trabécules; *os*, fenêtre orbitosphénoïdale; *C*, cerveau moyen; *spo*, sphénotique; *bp*, basiptérygoïde; *pg*, espace pituitaire; *s*, canal semi-circulaire antérieur; *hs*, canal semi-circulaire horizontal; *v*, vestibule; *ps*, canal semi-circulaire postérieur; *my*, moelle; *b*, basioccipital; *t*, masse de revêtement de la notocorde; *mk*, cartilage de Meckel; *or*, cartilage coronoïde; *ar*, cartilage articulaire; *q*, carré; *pa*, palatin superficiel; *g*, palatoptérygoïde; *pg*, ptérygoïde; *mp*, mésoptérygoïde; *pd*, pédicule; *sy*, symplectique; *hm*, hyomandibulaire; *hf*, fenêtre du hyomandibulaire; *op*, processus operculaire (d'après Parker).

en arrière et leur nombre est important pour la caractéristique. On en compte souvent 7 (Bramidæ, *Nealotus*, Bathyclupeidæ, nombreux Berycidæ) ou 8 (*Plectromus, Melamphaës, Anoplogaster, Caulolepis*, Trachyichthyidæ, etc.).

2° *Squelette péricrânien*. — Chez le *Ceratodus*, parmi les Dipnés, les Chondrostéens, les *Lepidosteus*, les *Amia*, parmi les Ganoïdes, il se développe un crâne cartilagineux complet, comme chez les Élasmobranches, et qui persiste toute la vie. Il en est à peu près ainsi des *Salmo* et des *Esox*. La cavité qu'il délimite peut se prolonger jusque dans la région antérieure, ou être interrompue dans la région de l'orbite (*Acipenser*, *Salmo*, etc.). Dans le premier cas, l'orbite tout entier est cartilagineux; dans le second, un simple septum membraneux sépare les deux orbites (*Amia*, *Osteoglossum*, etc.). La corde dorsale pénètre plus ou moins dans le crâne chez les Dipnés et les Chondrostéens. La capsule crânienne cartilagineuse se trouve à partir de ces poissons comprise entre deux systèmes de pièces osseuses : au-dessous d'elle, les os de recouvrement du cartilage palato-carré qui appartiennent au *squelette péribuccal*; au-dessus d'elle, des pièces osseuses formées dans le tégument et constituant la *carapace céphalique*. Bien que ces pièces soient indépendantes, en réalité, du crâne cartilagineux, elles s'appliquent plus ou moins exactement sur lui, et le cartilage est souvent remplacé au-dessous d'elles par une simple lame membraneuse; c'est ainsi qu'il existe chez les *Protopterus*, les *Lepidosteus* (fig. 1686), etc. deux fontanelles membraneuses, l'une dorsale, l'autre ventrale, et qu'il y a toujours chez les Téléostéens au moins deux fontanelles pariétales.

A la surface même du cartilage, en contact intime avec lui, se développent les *os crâniens* proprement dits. Ils sont peu nombreux chez les Dipnés et les Chondrostéens. Dans ces deux groupes la face inférieure ou base du crâne est converte par deux plaques osseuses qui se succèdent d'arrière en avant, le *vomer* et le *parasphénoïde*. Le *vomer* est le revêtement particulier du rostre chez les Chondrostéens; il recouvre de son bord postérieur, le bord antérieur du parasphénoïde, et dans cette région les deux os sont enfouis dans le cartilage. Le *parasphénoïde* s'enfonce aussi en avant dans le cartilage; latéralement, il s'étend jusqu'à la saillie postorbitaire; en arrière, aussi bien chez les Dipnés que chez les Chondrostéens, il atteint la région de l'occipital qui se confond avec la colonne vertébrale. Chez les Dipnés, il ne se forme sur la face dorsale du cartilage, que des pièces peu nombreuses, deux *occipitaux latéraux* et deux pièces qui occupent la presque totalité de la voûte crânienne et qu'on assimile, vraisemblablement à tort, aux *frontaux* d'origine différente que nous signalerons tout à l'heure.

Sur les régions latérales du crâne primordial des Esturgeons, il se produit déjà plusieurs formations osseuses irrégulièrement disposées. Ces pièces se régularisent chez les Ganoïdes osseux, *elles semblent se développer tout d'abord sur les parties les plus exposées aux pressions et aux chocs*, c'est-à-dire sur les saillies et tout au fond des excavations de la capsule crânienne [1]. C'est ainsi que chez l'*Amia calva*, autour de la capsule crânienne primitive (fig. 1689), on compte six groupes de pièces osseuses que l'on peut considérer comme typiques chez les Téléostéens, à savoir : 1° deux pièces symétriques (*s*) constituant le *septum maxillaire*, en avant des capsules olfactives; 2° deux pièces symétriques (*pr*), les *préfrontaux* ou *préorbitaires*, sur la saillie préorbitaire; 3° un groupe de pièces situées au fond de l'orbite et qui sont : l'*orbitosphénoïde* (*o*) en avant ou au fond de l'orbite; les *alisphénoïdes* (*as*)

---

[1] Ce sont aussi forcément des régions d'élection pour l'insertion des muscles et peut-être pourrait-on expliquer aussi que les pièces osseuses du crâne paraissent se développer de préférence autour des trous de sortie, des nerfs, comme le remarquent nombre de morphologistes. Présenter ainsi cette remarque est déconcertant, car dans l'état actuel de nos connaissances physiologiques, il est bien difficile de comprendre comment le passage d'un nerf à travers un cartilage pourrait y provoquer la formation d'un os; et dire que l'os se développe *pour* protéger le nerf, c'est, en réalité, ne rien dire.

en haut et en arrière; 4° sur la saillie postorbitaire, les *postorbitaires, postfrontaux*
ou *sphénotiques* (*ps*); 5° dans la région des capsules auditives, à la face inférieure
du crâne, le *pétreux* ou *prootique* (*pe*) et en arrière de lui, à l'extrémité de la
face inférieure du crâne, l'*intercalaire* ou *opisthotique* (*ic*); 6° dans la région occipitale, de bas en haut, un *basioccipital* (*bo*), deux *occipitaux latéraux* symétriques (*ol*),
et sur les saillies postérieures du crâne cartilagineux deux *exoccipitaux* ou *épiotiques* (*eo*). L'occipital basilaire se fusionne en arrière avec les corps d'un certain
nombre de vertèbres dont les arcs supérieurs, au nombre de deux, demeurent

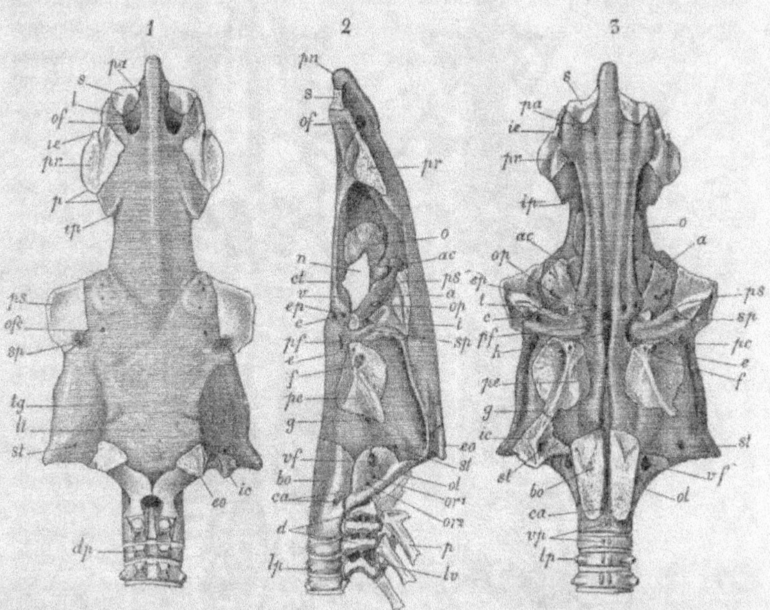

Fig. 1689. — Crâne cartilagineux d'*Amia*, dépouillé de la carapace céphalique; les surfaces osseuses sont
pointillées, les surfaces cartilagineuses indiquées par des hachures. — N° 1, face supérieure. — N° 2, profil
gauche. — N° 3, face inférieure. — *s*, septomaxillaire; *pr*, préfrontal ou antéorbitaire; *ps*, postfrontal,
postorbitaire ou sphénotique; *eu*, exoccipital, occipital externe ou épiotique; *ic*, intercalaire ou opisthotique; *o*, orbitosphénoïde; *as*, alisphénoïde; *pe*, pétreux; *bo*, occipital basilaire ou basioccipital; *ol*, occi-
pital latéral ou exoccipital; *p*, apophyses épineuses; *d*, arcs dorsaux de l'occipital et des vertèbres;
pn, processus prénasal; *pa*, trou du rameau palatin antérieur du facial; *l*, fosse olfactive; *of*, trou
olfactif; *p*, processus préorbitaire; *ip*, incision préorbitaire; *ofc*, canal du rameau otique du facial;
spc, canal spiraculaire; *tgr*, fosse temporale; *lt*, trou du rameau latéral du trijumeau (branche du
vague chez l'*Amia*); *dp*, apophyses dorsales des vertèbres (d'après Phelp Allis).

nettement distincts. Chez les Téléostéens (fig. 1690 et 1691), dont la cavité intra-
crânienne ne se prolonge pas entre les orbites, l'*alisphénoïde* et l'*orbitosphénoïde* peuvent s'atrophier et être remplacées par une simple cloison membraneuse
(*Perca*, etc.).

Le *prootique* contient le trou de sortie du nerf trijumeau ou bien le borde en
arrière; il sépare du parasphénoïde le postfrontal et le squamosal qui fait partie
de la carapace céphalique, s'étend jusqu'à la base du crâne et peut s'unir à son

symétrique à l'intérieur de la cavité crânienne. L'*épiotique* est compris entre les occipitaux latéraux, l'occipital supérieur et les pariétaux; ces derniers font partie de la carapace céphalique, comme le squamosal. L'*opisthotique* se place sur les côtés du crâne, en avant de l'occipital latéral et au-dessous de l'épiotique; il est extrêmement variable et, en général, n'est pas en rapport avec les canaux semi-

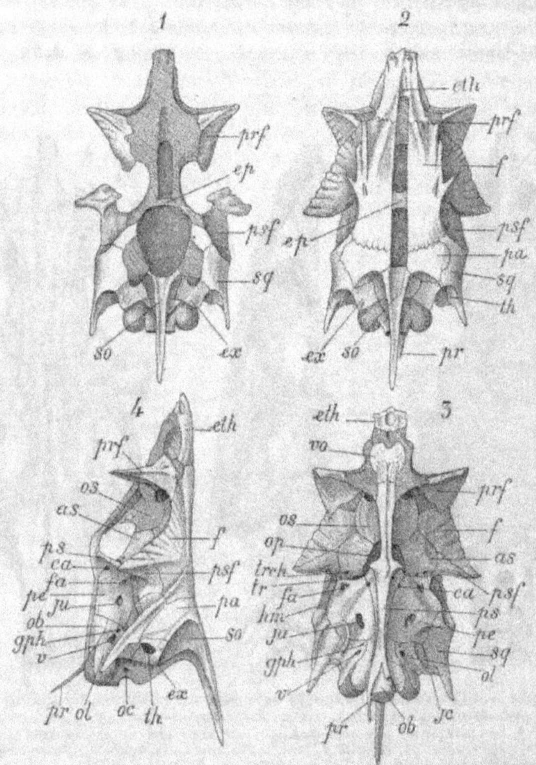

Fig. 1690. — Crâne de *Citharinus Geoffroyi*. — 1. Vu de dos après l'ablation de la carapace céphalique. — 2. Avec les os de la carapace. — 3. Vu du côté ventral. — 4. Vu de profil. Les hachures indiquent les parties cartilagineuses. — Os crâniens; *prf*, préfrontaux; *psf*, postfrontaux; *ol*, occipital latéral; *ex*, exoccipitaux; *ob*, occipital basilaire; *so*, occipital supérieur; *asi*, orbite sphénoïde; *as*, alisphénoïde; *jc*, intercalaire; *pe*, pétreux; *vo*, vomer; *ps*, parasphénoïde. — Carapace céphalique: *eth*, ethmoïde; *f*, frontal; *pa*, pariétal; *sq*, squamosal. — Orifices pour: *ca*, la carotide; *fa*, le facial; *ju*, la veine jugulaire; *gph*, le glossopharyngien; *v*, le vague (d'après Sagemehl).

circulaires qui, en revanche, se logent assez fréquemment, en partie, dans les occipitaux latéraux.

L'*occipital basilaire*, contigu avec le corps de la 1re vertèbre, est creusé sur sa face postérieure d'une cavité qui s'oppose à une cavité semblable de la face antérieure de cette vertèbre; il en résulte un espace rempli par un reste de la corde. L'occipital basilaire porte chez la plupart des genres de CYPRINIDÆ, un prolongement dirigé en bas et en arrière, le *processus pharyngien*, que traverse l'aorte et qui peut lui former un appareil de soutien. Cet appareil est réduit à son état le plus simple chez les *Cobitis*, *Acanthophthalmus*, etc.; mais dans les formes plus élevées, chez qui des dents puissantes se sont développées sur le 5ᵉ arc branchial, il sert de soutien à cet arc après que les épibranchiaux des arcs précédents ont perdu cette fonction par suite du développement de l'organe connu sous le nom d'*organe pharyngien contractile*. A l'occipital basilaire s'ajoutent souvent les corps d'un certain nombre de vertèbres, trois chez l'*Amia*, un chez les *Lepidosteus* et beaucoup de Téléostéens. L'*occipital supérieur* résulte de la formation d'une gaine osseuse autour des arcs neuraux d'une ou deux de ces vertèbres, dont le corps peut toutefois demeurer distinct (*Gadus*). De chaque côté, au-dessus de l'occipital basilaire, se développent les *occipitaux latéraux* qui forment la plus grande partie ou la totalité du contour du *trou occipital*. Ces os présentent souvent chez les CHARACINIDÆ et les CYPRINIDÆ une fontanelle dont l'existence a pour effet d'amortir les chocs dangereux pour l'encéphale.

3° *Carapace céphalique.* — Chez les DIPNÉS anciens toute la région céphalique est protégée par des plaques osseuses petites, sensiblement égales entre elles, régulièrement disposées en mosaïque (*Dipterus*), développées dans les téguments et qui couvrent une surface beaucoup plus grande que celle qui correspond au cartilage crânien. On peut désigner l'ensemble de ces pièces sous le nom de *carapace céphalique*. Il existe une carapace analogue chez les GANOÏDES et les TÉLÉOSTÉENS actuels, mais elle est formée, en général, d'un nombre restreint de grands os plats, occupant les uns par rapport aux autres des positions définies. Ces os ont commencé à se différencier par leur taille des os voisins, dont un certain nombre peuvent encore coexister avec eux. La carapace céphalique des DIPNÉS actuels est en voie de réduction. Chez le *Ceratodus Forsteri*, elle comprend une pièce antérieure impaire, le *supraethmoïde*, et une rangée transversale de cinq grandes plaques. Le *supraethmoïde* subsiste chez le *Lepidosiren*, mais il n'est suivi que de deux languettes osseuses, latérales et symétriques dites *supraorbitaires*.

Les plaques de la carapace céphalique forment chez les GANOÏDES une mosaïque dans laquelle se distinguent par leurs dimensions des *plaques fondamentales* qui se retrouvent avec leurs connexions chez tous les autres Poissons et des *plaques inter-*

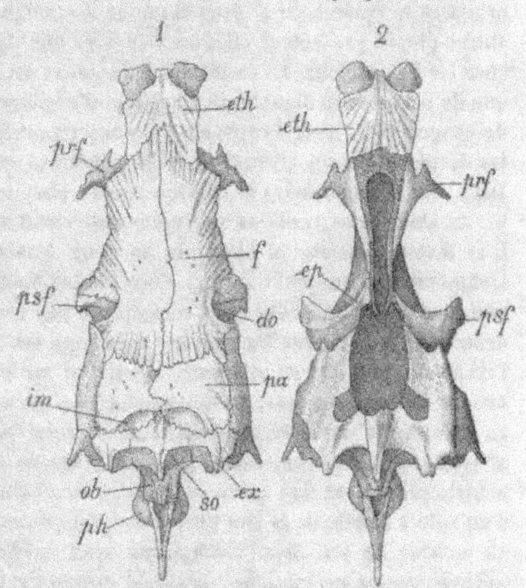

Fig. 1691. — Crâne de *Barbus fluviatilis*, vu de dos; dans la figure 2, les os de la carapace céphalique ont été enlevés, sauf l'ethmoïde. Mêmes lettres que dans la figure 1690 (d'après Sagemehl).

calaires dont le nombre et la position sont variables d'un type à l'autre. On peut distinguer d'ailleurs dans la carapace trois régions : la *région supracrânienne*, la *région périorbitaire* et la *région operculaire*.

Les pièces de la *région supracrânienne* s'intercalent peu à peu parmi celles qui se sont développées sur le cartilage crânien. Dès lors le cartilage disparait, il est remplacé par de la substance osseuse suivant le procédé décrit p. 222; mais il en subsiste toujours quelque trace. Le crâne osseux s'enfonce lui-même sous les téguments, et il peut se constituer au-dessus de lui un nouveau revêtement écailleux parfois presque complet. Les plaques fondamentales de la région supracrânienne sont, de chaque côté de la ligne médiane (fig. 1690 et 1691) : 1° dans la région orbitaire, le *frontal* (f); 2° dans la région acoustique, le *pariétal* et le *squamosal*. Les autres pièces présentent chez les Ganoïdes une disposition variable, mais se fixent chez les Téléostéens. Le rostre des Esturgeons est, en effet, couvert par une mosaïque de plaques, au nombre de vingt-sept d'ordinaire, qui sont dites *plaques rostrales*; de chaque côté, trois d'entre elles circonscrivent les narines, et sur la ligne médiane les dernières de ces plaques rostrales pénètrent entre les frontaux et les séparent. Déjà chez les *Spatularia* le nombre de ces plaques rostrales se réduit beaucoup et les frontaux sont contigus sur toute leur étendue, disposition qui devient ensuite tout à fait générale; si bien que les deux frontaux peuvent se souder en un os frontal médian unique (GADIDÆ). Chez les *Lepidosteus*, *Amia*, *Polypterus*, les plaques rostrales des Esturgeons sont remplacées par des plaques peu nombreuses et qui demeurent à peu près les mêmes chez tous les Téléostéens; ce sont (fig. 1691) : l'*ethmoïde*, tout à fait antérieur, unique et médian (*et*); les deux *os nasaux*, en arrière des narines (*na*); les deux *antéorbitaires* ou *préorbitaires* (*at*), situés chacun en dehors du nasal correspondant et arrivant jusqu'au bord de la mâchoire. En arrière des pariétaux, entre les deux régions operculaires, tous les Ganoïdes actuels présentent une mosaïque de *plaques occipitales*, en nombre variable, parfois d'un côté à l'autre de la tête (*Acipenser*, *Polypterus*). Ces plaques sont généralement au nombre de six chez l'Esturgeon : deux médianes; l'*occipitale supérieure* et la *nuchale*; quatre latérales, les *occipitales externes* et les *supra-claviculaires*. Le nombre de ces plaques s'élève à une trentaine chez les *Polypterus*; chez l'*Amia* (fig. 1693) il tombe au contraire à six, qui ont reçu des noms particuliers, les *supractaviculaires*, les *extraclaviculaires* et les *extrascapulaires*, *supratemporales* ou *occipitales externes* (e). Ces plaques occipitales disparaissent chez les Téléostéens et sont remplacées par un os impair, l'*occipital supérieur*, qui souvent s'introduit entre les pariétaux (*Salmo*, *Gadus*, etc.), peut les absorber complètement (SILURIDÆ) et parfois recouvre la plus grande partie de la cavité crânienne (*Thynnus*). L'occipital supérieur parait un os de nouvelle formation qui se constitue sur les apophyses épineuses des vertèbres fusionnées avec l'occipital basilaire, après la disparition des plaques occipitales.

La région supracrânienne est séparée chez les *Polypterus* de la région orbitaire et de la région operculaire par une rangée continue de petites pièces osseuses qui part du bord postérieur de chaque orbite et s'étend jusqu'au bord postérieur de la carapace céphalique; l'orbite elle-même est limitée en dessous par le maxillaire. Au contraire chez l'*Amia* et chez tous les Téléostéens, des os nombreux occupent la région périorbitaire, tandis que les os de la région operculaire sont immédiatement en contact avec ceux de la région supracrânienne. Les *plaques périorbitaires* sont principalement et d'ailleurs très inégalement développées au-dessous de l'orbite; elles y forment une sorte d'arcade presque semi-circulaire, l'*arcade sous-orbitaire*. Chez les *Lépidosteus*, entre cette arcade et les pièces de la région operculaire se trouve une véritable mosaïque de pièces osseuses (fig. 1692, *o*). Ces pièces manquent chez l'*Amia* (fig. 1693), où les pièces de l'arcade sous-orbitaire sont elles-

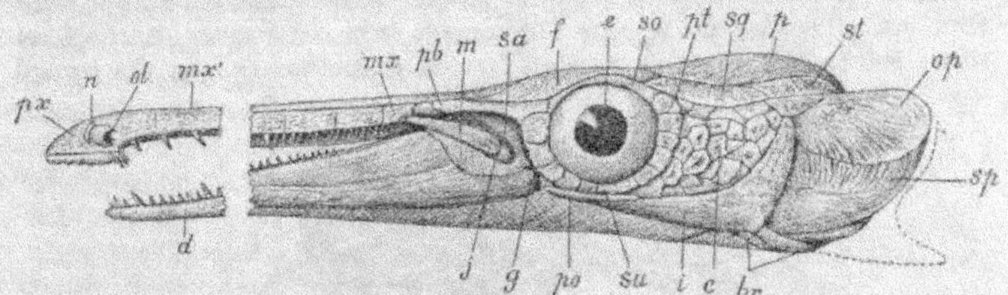

Fig. 1692. — Crâne de jeune Lépidostée, muni de sa carapace céphalique. — *px*, prémaxillaire; *n*, nasal; *ol*, capsule olfactive; *mx'*, *m*, maxillaire; *pb*, préorbitaire; *sa*, supraangulaire; *f*, frontal; *e*, œil; *pt*, postorbitaire; *sq*, squamosal; *p*, pariétal; *st*, supratemporal; *op*, opercule; *sp*, sous-opercule; *br*, basibranchiaux; *i*, interopercule; *su*, sous-orbitaires; *c*, restes des pièces en mosaïque de la carapace céphalique; *po*, préopercule; *g*, angulaire; *j*, jugal; *d*, dentaire (d'après Parker).

mêmes très inégales; deux d'entre elles (*po₁*, *po₂*), très longues, triangulaires, sont situées immédiatement en arrière de l'orbite; elles sont séparées des pariétaux et des

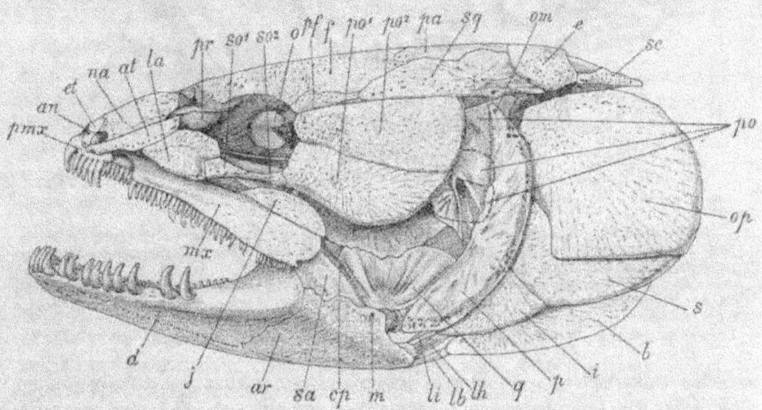

Fig. 1693. — Tête osseuse d'*Amia calva*, vue de profil avec les os de la carapace céphalique en place. — *pmx*, prémaxillaire; *na*, nasal; *at*, préorbitaire; *la*, lacrymal; *pr*, antéorbitaire ou préfrontal; *so1*, *so2*, sous-orbitaire; *o*, orbitosphénoïde; *f*, frontal; *pf*, postfrontal; *po1*, *po2*, postorbitaire; *sq*, squamosal; *pa*, pariétal; *e*, supratemporal; *sc*, suprascapulaire; *op*, opercule; *s*, sous-opercule; *b*, branchiostège; *i*, interopercule; *p*, préopercule; *q*, carré; *cp*, processus coronoïde; *sa*, supraangulaire; *ar*, articulaire; *j*, jugal; *d*, dentaire; *mx*, maxillaire; *an*, ouverture nasale antérieure; *om*, canal latéral operculo-mandibulaire; *lb*, *lh*, *li*, ligaments; *m*, canal latéral mandibulaire (d'après P. Allis).

frontaux par des plaques elliptiques très allongées; du préopercule par une rangée verticale de trois petites plaques carrées, tandis qu'entre les sous-orbitaires proprement dits et le maxillaire s'étend une pièce en triangle très allongé, l'*admaxillaire*. Cet os persiste chez beaucoup de Téléostéens, notamment des PHYSOSTOMES

où il recouvre en partie les maxillaires. L'inégalité des os sous-orbitaires se
retrouve, parmi les Poissons physostomes, chez les *Osteoglossum*, où tout l'espace
compris entre le préopercule et le bord postérieur de l'orbite est occupé par deux
grandes plaques osseuses; il existe quelque chose d'analogue chez les AGONIDÆ,
mais en général les plaques de l'arcade sous-orbitaire n'ont pas des dimensions très
différentes et persistent seules parmi les plaques tégumentaires latérales (SALMO-
NIDÆ, etc.). Il semble que la cause déterminante de la conservation de ces pièces
puisse être cherchée dans les rapports qu'elles présentent soit avec des organes

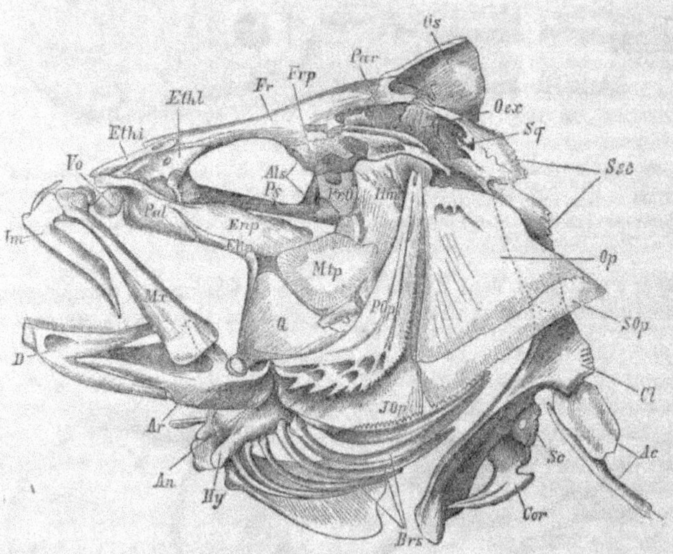

Fig. 1694. — Crâne de *Perca fluviatilis*. — *Jm*, intermaxillaire; *Mx*, maxillaire; *D*, dentaire; *Ar*, articulaire; *An*, angulaire; *Q*, carré; *S*, symplectique; *Hm*, hyomandibulaire; *Mtp*, métaptérygoïde; *Ekp*, ectoptérygoïde; *Enp*, entoptérygoïde; *Pal*, palatin; *V*, vomer; *Ethi*, ethmoïde impair; *Ethl*, ethmoïdes latéraux; *Fr*, frontal; *Frp*, postfrontal; *Par*, pariétal; *PrO*, prootique; *Oex*, épiotique; *Sq*, squamosal;
Os, occipital supérieur; *Als*, alisphénoïde; *Ps*, parasphénoïde; *Hy*, hyoïde; *Brs*, rayons branchiostèges;
POp, préopercule; *Op*, opercule; *JOp*, interopercule; *SOp*, sous-opercule; *Ssc*, supra-claviculaires;
Cl, para-claviculaire; *Sc*, omoplate; *Cor*, claviculaire; *Ac*, accessoire (Règne animal).

sensitifs tégumentaires, soit avec des insertions musculaires; les grandes plaques
des *Amia*, des *Osteoglossum*, des AGONIDÆ se trouvent, en effet, dans la région
d'insertion des muscles adducteurs de la mâchoire inférieure; d'autre part, chez
les SILURIDÆ, les *Alepocephalus*, etc., les plaques latérales se réduisent à ce qui
est strictement nécessaire pour protéger les organes sensitifs qui paraissent ainsi
enveloppés dans un étui osseux.

Dans les familles des SCORPÆNIDÆ, COTTIDÆ, AGONIDÆ, une plaque osseuse très
constante unit l'arcade sous-orbitaire avec la région moyenne du préopercule; ces
familles étaient considérées par Cuvier comme formant un groupe naturel, celui des
JOUES CUIRASSÉES.

Les pièces de la *région operculaire* constituant le *squelette operculaire*, sont généralement en rapport avec l'arc hyoïdien. Très réduites chez les Dipnés, elles se montrent successivement chez les Ganoïdes.

La plus grande des *pièces operculaires*, l'*opercule*, apparaît la première chez les Pycnodontes, tous fossiles, et les Esturgeons; c'est probablement un os dermique formé sur la base des rayons cartilagineux primitifs, et par conséquent relié d'emblée à l'hyomandibulaire. L'opercule est la seule pièce operculaire que porte également l'hyomandibulaire chez les SILURIDÆ. Chez les *Lepidosteus* (fig. 1692), les *Polypterus* et les *Amia* (fig. 1693), il en porte une seconde, le *sous-opercule* (cs), placé au-dessous de l'opercule et soutenu, dans les deux derniers genres, par une apophyse spéciale. Une troisième pièce, l'*interopercule*, absente chez les *Polypterus*, se développe chez les *Lepidosteus*, l'*Amia* (fig. 1693, i) et la plupart des Téléostéens (fig. 1694, *Iop*) où elle se relie à l'os angulaire. Une plaque analogue, mais indépendante de ce dernier os, comme de l'hyomandibulaire, existe chez les SILURIDÆ, dont l'opercule, au point de vue du nombre de pièces sinon de leurs rapports, ressemble à celui des *Polypterus*. Dans la très grande majorité des Téléostéens (fig. 1694, *Iop*) l'interopercule prend un développement plus grand que le sous-opercule, le refoule en arrière de l'opercule et supprime ses connexions primitives avec le suspenseur de la mâchoire; si bien que, chez beaucoup d'Acanthoptères, cet os n'est plus que faiblement relié à l'appareil operculaire. L'interopercule est uni à l'os angulaire chez les Téléostéens; il porte chez les *Amia* une pièce accessoire en qui l'on peut voir un reste de rayon branchial.

Il n'y a qu'un seul os operculaire chez les LOPHOBRANCHES.

Chez les Ganoïdes anciens de nombreuses plaques tégumentaires revêtent les faces latérales comme la face supérieure du crâne. Ces pièces sont représentées chez les Poissons actuels par une pièce unique, le *préopercule*, situé en avant des autres pièces operculaires. Chez les Ganoïdes osseux, la forme du préopercule est très variable : irrégulièrement triangulaire et allongé dans le sens antéro-postérieur chez les *Polypterus*, il a au contraire chez l'*Amia* (fig. 1693, p) la forme d'un croissant vertical, étroit, à concavité antérieure. Quoique sa forme varie également beaucoup chez les Téléostéens, il présente le plus souvent cette même élongation dans le sens vertical (fig. 1694, *POp*). Chez les SILURIDÆ il est petit, presque séparé du reste de l'appareil operculaire et, au contraire, étroitement uni par son bord antérieur au bord postérieur de l'os carré, ainsi qu'à l'angle inféro-postérieur de l'hyomandibulaire sur lequel il n'empiète que fort peu; cette disposition spéciale est évidemment liée à l'absence du symplectique. L'interopercule et diverses autres pièces de l'appareil operculaire sont souvent dentées sur leur bord ou portent des épines.

4° *Squelette branchial*. — Chez tous les Poissons dits CTÉNOBRANCHES, les membranes qui relient les arcs branchiaux aux téguments et à l'œsophage ont disparu. Sauf à leurs deux extrémités, ces arcs sont libres et recouverts par l'appareil operculaire, de sorte qu'on n'aperçoit plus au dehors que la fente comprise entre cet appareil et la paroi du corps. Seul l'hyoïde est en partie ossifié chez les DIPNÉS; les arcs branchiaux proprement dits demeurent tout à fait cartilagineux : il y en a six chez le *Protopterus*, qui rappelle ainsi les *Hexanchus*; cinq chez le *Ceratodus*. Ce nombre cinq demeure ensuite constant chez les Ganoïdes et c'est le nombre maximum que l'on observe chez les Téléostéens, où il est d'ailleurs la règle. Chez les Esturgeons un revêtement osseux apparaît sur la plus grande partie de la longueur de ces arcs qui portent, en outre, de nombreux petits cartilages correspondant chacun à une lamelle branchiale.

Les quatre premiers arcs branchiaux de l'Esturgeon se divisent en une moitié dorsale et une ventrale; la moitié dorsale comprend un segment *pharyngo-branchial* et un *epibranchial*; la moitié ventrale comprend également un *cérato-branchial* et un *hypo-branchial*. Ce dernier est cartilagineux; l'extrémité inférieure du pharyngo-branchial des deux premiers arcs se bifurque, et l'une de ses branches va s'attacher au crâne; sur le troisième une simple dilatation remplace la bifurcation; le quatrième est simple; le cinquième est réduit à sa moitié ventrale; seule la région moyenne de cette moitié ventrale correspondant au cératohyal est revêtue d'un étui osseux; les deux extrémités sont cartilagineuses; l'ossification s'étend jusqu'aux deux extrémités ventrales des arcs de la cinquième paire qui s'affrontent l'un à l'autre sur une certaine longueur. Tous les GANOÏDES possèdent quatre arcs branchiaux semblablement divisés, mais où l'ossification a envahi les quatre segments, laissant apparaître le cartilage à leurs extrémités seulement; le cinquième arc est réduit à son cératohyal, comme chez l'*Acipenser*, chez le *Lepidosteus* et l'*Amia*; il est représenté chez les *Polypterus* par une sorte de plaque armée de dents. Les autres arcs branchiaux portent d'ailleurs une plaque analogue sur leur face tournée vers le pharynx.

Les TÉLÉOSTÉENS ont aussi presque toujours cinq arcs branchiaux divisés en quatre segments auxquels s'appliquent les dénominations adoptées pour les quatre segments correspondants des arcs branchiaux des Élasmobranches. Ces arcs ont un développement très variable; ils sont très petits, par exemple, chez les MURÆNIDÆ, les FISTULARIIDÆ, les MACRORAMPHOSIDÆ, etc. Ils se réduisent même à de grêles bâtonnets chez les *Murænophis*. Les quatre premiers arcs sont généralement à peu près semblables entre eux; le troisième et le quatrième ont souvent cependant, de chaque côté, un hypobranchial commun. Le cinquième arc est d'ordinaire réduit à son cératohyal, auquel on donne le nom d'*os pharyngien inférieur* (fig. 1695). Dans les familles des POMACENTRIDÆ, LABRIDÆ, EMBIOTOCIDÆ, CHROMIDÆ, les deux os pharyngiens inférieurs symétriques se soudent en une seule pièce; ces familles ont été considérées par Gunther comme formant le sous-ordre des PHARYNGOGNATHES.

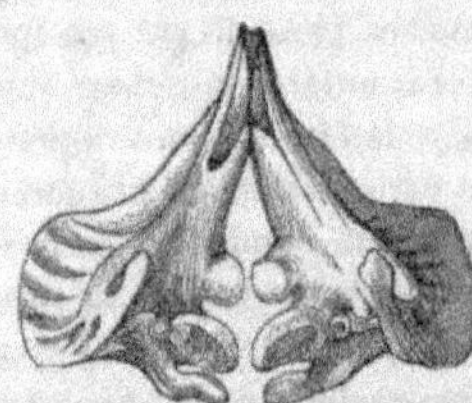

Fig. 1695. — Os pharyngiens inférieurs et dents pharyngiennes de la Carpe (d'après Hæckel et Knœr).

Les pharyngiens inférieurs sont fréquemment armés de dents (CYPRINIDÆ, fig. 1695; CYPRINODONTIDÆ, etc.). Dans des types d'ailleurs très différents (par exemple, *Bagrus*, de la famille des SILURIDÆ, *Pagrus* de celle des SPARIDÆ), les hypobranchiaux des trois premiers arcs se dilatent et forment au pharynx un plancher osseux.

Les pharyngo-branchiaux des arcs deux à quatre se dilatent souvent en plaques et s'unissent ainsi solidement entre eux; par l'union des parties symétriques, il peut alors se former sur la voûte buccale un revêtement osseux dont les parties constituantes ont été désignées sous le nom d'*os pharyngiens supérieurs*. Ces os se couvrent assez souvent de dents; ils sont mus par des muscles spéciaux, et, en s'opposant aux pharyngiens inférieurs, ils forment avec eux un puissant appareil mas-

ticateur. Dans les LABRIDÆ, ces pièces sont articulées avec l'occipital basilaire; mais
tandis que chez les *Labrus* cet os forme de chaque côté un condyle qui pénètre
dans une cavité correspondante des pharyngiens supérieurs, chez les *Scarus*, l'occipital présente une paire de longues fossettes dans lesquelles les condyles oblongs
des pharyngiens supérieurs viennent pénétrer. Chez les CLUPEIDÆ et les familles
voisines, le pharyngo-branchial du quatrième arc prend un développement anormal,
lié à la formation d'un organe respiratoire accessoire (*Melitta*, *Chætoessus*, *Lutodira*);
ce développement s'étend au cinquième arc chez les *Alosa*; le quatrième arc présente aussi une adaptation spéciale chez les *Alepocephalus*, et supporte chez les
Heterotus un organe enroulé en spirale. Chez
les LABYRINTHIBRANCHES (fig. 1696), qui vont
volontiers à terre et peuvent respirer l'air en
nature, les épibranchiaux des arcs de la première paire se dilatent aussi et portent à leur
face inférieure des lamelles contournées dont la
complication croit avec l'âge. Ces lamelles[1],
recouvertes par la muqueuse, constituent un
organe propre à retenir une quantité d'eau suffi-
sante pour humecter les branchies pendant un
certain temps.

Fig. 1696. — Tête de l'*Anabas scandens*,
dont l'opercule a été enlevé pour montrer
les branchies et les lames labyrinthiformes
des pharyngiens supérieurs.

Chez les jeunes Esturgeons l'extrémité inférieure des arcs branchiaux vient se souder à
des copules qui sont au nombre de quatre; l'arc
hyoïde et les trois premiers arcs branchiaux s'attachent à la même copule; la
deuxième est placée entre le troisième et le quatrième arcs branchiaux; la troisième
entre le quatrième et le cinquième; la quatrième correspond à la cupule qui protège
le cœur chez les Requins. Plus tard la première copule se divise et la partie antérieure demeure seule en rapport avec l'hyoïde et le premier arc; tandis que la
deuxième copule devient la troisième et supporte le deuxième arc; les troisième
et quatrième arcs dont le rayon va en diminuant, s'unissent à la troisième et dernière copule; le cinquième arc est très petit et s'unit directement à son symétrique;
les deux dernières copules primitives ont disparu. Les copules des *Polypterus* se
fondent en une seule plaque osseuse élargie à son extrémité postérieure; les
jeunes *Lepidosteus* présentent une disposition analogue, mais plus tard la plaque
copulaire se termine en s'amincissant en un filament cartilagineux. L'appareil
copulaire demeure au contraire, chez les *Amia*, divisé en trois pièces : à la première, très allongée, s'attachent les hyoïdes et les trois premiers arcs branchiaux;
à la deuxième se relie le quatrième arc, et le cinquième vient s'insérer entre
la deuxième et la troisième copule qui se prolonge en arrière sous forme d'une
lame verticale servant d'insertion à des muscles. La présence d'une échancrure
profonde entre la tête de la première copule sur laquelle s'articulent les hyoïdes et
le reste de cet os, celle d'une ossification entre le deuxième et le troisième arcs
branchiaux donnent l'illusion que cette première cupule est divisée en trois autres.

Chez les TÉLÉOSTÉENS, les deux hyoïdes se rattachent à une pièce impaire ven-

[1] N. DE ZOGRAF, *On the construction and purpose of the so-called labyrinthian apparate
of the labyrinthic fisty*, Q. J. of the microscopical Science, 3ᵉ série, t. XXVIII, 1888.

trale, équivalente à une première copule, mais qui provient d'un cartilage indépendant et se prolonge souvent en avant des hyoïdes de manière à constituer une pièce squelettique particulière, le *glossohyal* ou *os entoglosse*, que l'on observe notamment chez la plupart des PHYSOSTOMES. Chez les PERCIDÆ (fig. 1697, *Cop*), cette pièce demeure fréquemment en partie cartilagineuse. Les autres copules résultent de l'ossification partielle, entre les paires d'arcs branchiaux et à des distances régulières d'un autre cartilage unique et médian auquel viennent se rattacher tous les arcs branchiaux. L'ossification ne se produit chez les SALMONIDÆ qu'entre la première et la deuxième, la deuxième et la troisième paires d'arcs branchiaux; en arrière de la troisième, les quatrième et cinquième paires d'arcs, s'attachent à une même plaque cartilagineuse qui les dépasse en arrière et se termine en pointe. Le quatrième et le cinquième arc s'attachent de même chez les CLUPEIDÆ, les *Alepocephalus*, etc., à une

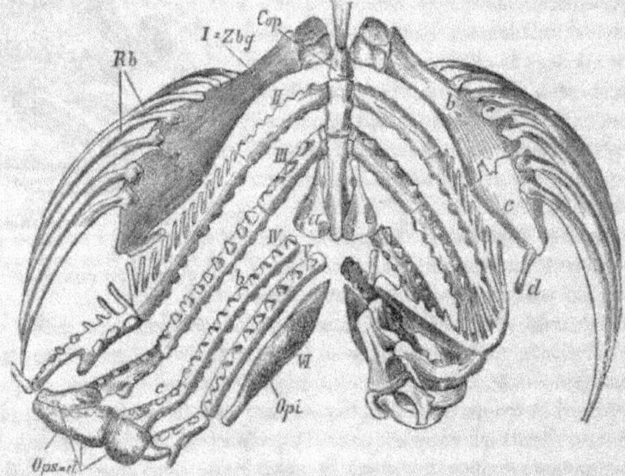

Fig. 1697. — Squelette branchial de la *Perca fluviatilis.* — *I=Zbg*, hyoïde divisé en quatre segments dont deux portent les rayons branchiostèges *Rb*. — *II, III, IV, V, VI*, les cinq arcs branchiaux divisés chacun en quatre segments. — *a*, hypobranchial; *b*, cérato-branchial; *c*, épibranchial; *d*, pharyngo-branchial; leur ensemble forme *les os pharyngiens supérieurs Ops*; tandis que le 5ᵉ arc constitue de chaque côté le pharyngien inférieur *Opi*; *Cop*, copules (d'après Cuvier).

plaque unique qui les dépasse en arrière, mais fréquemment cette plaque se réduit, le nombre des copules diminue et, par exemple, chez les Perches, en arrière du glossohyal (*Cop*), il n'y a que deux pièces osseuses : à la première se rattache le premier arc branchial; à la suture entre la première et la deuxième, le second arc branchial; à la deuxième, les troisième et quatrième arcs, par l'intermédiaire d'une pièce commune (*a*); le cinquième arc (*Opi*, VI), très petit, est presque indépendant.

En rapport avec l'hyoïde, entre ses deux branches se trouvent chez les *Polypterus* deux *plaques jugulaires* osseuses servant à des insertions musculaires. Ces plaques font défaut chez les *Lepidosteus*; elles se soudent généralement en une plaque unique chez les Téléostéens, mais chez beaucoup de SILURIDÆ, la division primitive en deux plaques est encore nettement reconnaissable.

Corde dorsale et colonne vertébrale. — En dehors du squelette céphalo-branchial, une corde dorsale analogue à celle de l'*Amphioxus* est à peu près le seul organe de soutien du tronc des MARSIPOBRANCHES (fig. 1698). Enveloppée par sa *gaine élastique*, elle s'étend sur toute la longueur du corps, à partir du crâne. Sa forme est cylindrique, avec un aplatissement ou même avec une concavité dorsale sur laquelle repose la moelle épinière. La substance de la corde est constituée par de grandes cellules vacuolaires, aplaties perpendiculairement à son axe et non sans ressemblance avec celles qui constituent la corde chez l'*Amphioxus*. Autour de la corde et de la moelle, le tissu conjonctif se condense en une enveloppe protectrice ayant sensiblement la forme d'un prisme triangulaire dont une arête serait tournée vers le haut, le long de la ligne médiane dorsale, et les deux autres seraient symétriquement placées en dessous et de chaque côté de la corde. Entre le canal médullaire et l'arête supérieure de ce prisme est un espace rempli de grandes cellules graisseuses qui sont pour la moelle un appareil de protection; entre la corde et les arêtes latérales se trouve un espace semblable que remplit un tissu conjonctif réticulé dans lequel sont logés, sur la ligne médiane, l'*aorte* et de chaque côté les *veines cardinales*; par places, ce tissu prend la structure cartilagineuse. Dans la région branchiale, on compte régulièrement, par métamérie, deux paires de pièces cartilagineuses dont l'antérieure est perforée par les racines motrices du nerf rachidien correspondant et s'étend latéralement dans la direction du rameau dorsal du nerf, tandis que la postérieure plus petite est placée au voisinage de la racine sensitive. Des rayons cartilagineux médians sont également placés au-dessus de la moelle et soutiennent la nageoire dorsale. A mesure que l'on s'éloigne de la région branchiale, ces pièces se rapetissent, prennent une disposition moins régulière et, finalement, dans la région caudale, elles se fusionnent en une bande cartilagineuse continue, perforée seulement pour le passage des nerfs et à laquelle s'unissent aussi les rayons plus ou moins dichotomisés de la nageoire dorsale. Dans le tissu réticulé, ventral par rapport à la corde, se trouvent aussi de petits amas de cellules métamériquement disposés qui se transforment dans la région caudale en rayons cartilagineux de soutien pour la nageoire caudale. Il se constitue ainsi dans la région postérieure du corps un véritable squelette cartilagineux continu.

Chez les SÉLACIENS et les RAIES (fig. 1699, *B*), il se développe autour de la corde dorsale des formations cartilagineuses, en forme d'hyperboloïdes à bases concaves, et plus ou moins imprégnées de calcaire. Ces formations cartilagineuses, toutes semblables entre elles, sont les *vertèbres*. En raison de la forme concave de leurs deux bases, ces vertèbres sont dites *amphicéliennes*. Deux vertèbres consécutives laissent entre elles, en s'affrontant, un espace lenticulaire rempli par ce qui reste de la corde. La partie calcifiée du corps des vertèbres présente des dispositions caractéristiques; elle n'atteint pas toujours la corde de sorte qu'elle sépare dans le cartilage une couche interne peu modifiée d'une couche externe qui l'est davantage. Chez les NOTIDANIDÆ[1], les parties calcifiées comprises entre deux nerfs rachidiens successifs sont disposées en plusieurs anneaux verticaux placés l'un derrière l'autre; chaque corps de vertèbre ne forme donc pas encore une masse solide continue (DISSOSPONDYLI). Chez les autres Sélaciens et chez les Raies la calcification envahit toute la longueur du corps vertébral; mais la région

---

[1] C. HASSE, *Das naturliche System der Elasmobranchier auf Grundlage des Baues und der Entwickelung der Wirbesaule*, Iéna, 1879-1882.

calcifiée peut présenter sur des coupes transversales de la vertèbre l'aspect d'un anneau régulier (Cyclospondyli), celui d'une suite d'anneaux concentriques (Tectospondyli) ou celui d'une étoile (Asterospondyli). Dans le premier cas la calcification s'est bornée à l'hyperboloïde de révolution; dans le second, les deux nappes de l'hyperboloïde sont reliées par des cylindres calcifiés, concentriques : dans le troisième des crêtes rayonnantes se sont développées le long d'un certain nombre de ses sections méridiennes. Chez les *Cestracion*, il peut n'exister que quatre de ces crêtes, une dorsale, une ventrale et deux latérales; chez les Scylliolamnidæ, entre ces quatre crêtes il s'en intercale quatre autres symétriquement disposées; les quatre crêtes intercalées se dirigent obliquement vers la base des arcs chez les Scylliorhinidæ; les huit crêtes ainsi formées peuvent elles-mêmes se subdiviser (Lamnidæ). Au contraire, chez beaucoup de Raies il n'y en a plus que six, soit que deux rayons symétriques disparaissent, soit que de chaque côté, deux rayons voisins se fusionnent. Les rayons peuvent ne s'allonger que faiblement ou atteindre, au contraire, la surface du corps sur laquelle ils dessinent alors des lignes saillantes. A partir de la surface du corps de la vertèbre, il se forme aussi chez

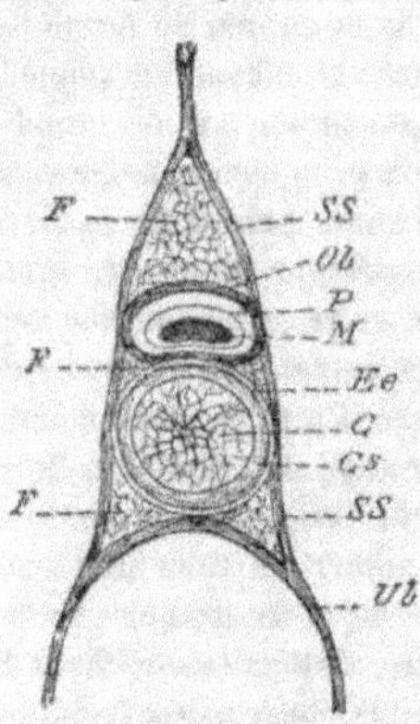

Fig. 1698. — Coupe verticale de la corde dorsale et de ses dépendances chez l'*Ammocœtes*. — *F*, tissu conjonctif adipeux ; *SS*, couche squelettogène ; *Ob*, gaine de la moelle ; *P*, pie-mère ; *M*, moelle ; *Le*, élastique externe ; *Cs*, gaine de la corde ; *C*, corde ; *Ub*, prolongements cœlomiques de la couche squelettogène (d'après Wiedersheim).

beaucoup de Sélaciens des calcifications régulièrement disposées qui peuvent se diriger vers l'extérieur, ou s'enfoncer comme des lames dans le corps de la vertèbre dont elles font ainsi partie intégrante (Scylliidæ, Galeidæ).

La colonne vertébrale des Holocéphales (fig. 1699, A) demeure à un état tout à fait inférieur. La corde conserve le même diamètre sur toute la longueur des corps vertébraux; sa gaine se divise en trois couches dont la médiane fibreuse est seule calcifiée; les parties calcifiées ont la forme de disques serrés les uns contre les autres, de telle sorte qu'un même arc vertébral et les pièces intercalaires entre lesquelles il est compris correspondent à plusieurs de ces disques, comme chez les Notidanidæ.

En raison de la gêne que le voisinage du crâne apporte à la mobilité de la région antérieure de la colonne vertébrale, les arcs, aussi bien que les corps d'un certain nombre de vertèbres de cette région se soudent fréquemment : ils ne constituent déjà qu'une seule pièce chez les Notidanidæ, et le cartilage crânien envahit même la région soudée chez les *Carcharias*. Chez les Raies, où le crâne s'articule avec la colonne ver-

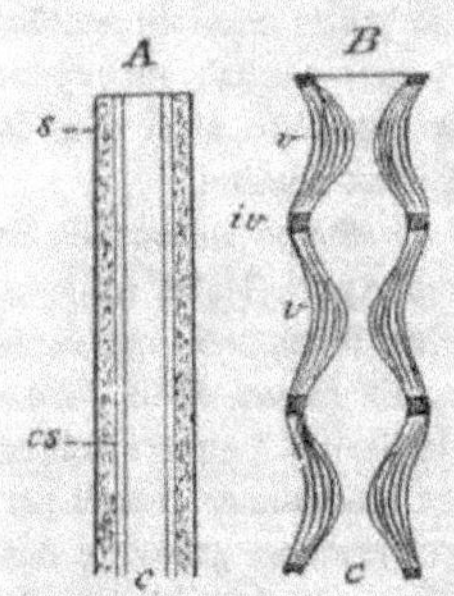

Fig. 1699. — Schéma des transformations de la corde dorsale et du développement des corps vertébraux chez les Vertébrés. — *A*, corde dorsale avant le développement des corps vertébraux (Marsipobranches, Holocéphales, Dipnés); *B*, fragment d'une colonne vertébrale de Poisson, avec des corps vertébraux hyperboloïdes et une corde dorsale étranglée dans la région rétrécie de ces corps (d'après Gegenbaur).

tébrale, les muscles moteurs de la région céphalique et des membres s'insèrent

sur la région antérieure de la colonne vertébrale et déterminent de même la concrescence de ses dernières parties. Chez les Chimères la base des arcs vertébraux
enveloppe complètement la corde, se soude à ses parties calcifiées et prend ainsi
la part la plus importante à la formation des corps vertébraux; ces corps se soudent aussi dans la région antérieure pour former une pièce cartilagineuse complexe,
s'articulant avec le crâne.

Les arcs neuraux comprennent souvent entre eux des *pièces intercalaires* qui
correspondent aux petits cartilages en rapport avec les racines sensitives des Marsipobranches, comme les arcs eux-mêmes correspondent aux racines motrices. Souvent encore les nerfs les perforent, mais ils arrivent peu à peu à s'insinuer simplement soit entre eux, soit entre eux et les pièces intercalaires pour se porter au dehors
(*Carcharias*). Plusieurs intercalaires peuvent correspondre à une même vertèbre.
Tantôt les arcs neuraux n'embrassent qu'une partie du canal médullaire, dont l'étui
cartilagineux est alors complété par les intercalaires (*Chlamydoselachus*, fig. 1701;
Centrophorus); tantôt les arcs neuraux et les intercalaires contribuent également
à la fermeture de cet étui. Dans quelques cas (*Scylliorhinus*) des pièces complémentaires viennent s'interposer entre les arcs neuraux et les intercalaires. Dans
la région caudale, aux arcs neuraux peuvent encore se superposer des *processus
épineux* médians qui soutiennent la
nageoire impaire. Dans le tronc, les
branches symétriques des arcs hémaux
divergent latéralement; dans la queue,
elles convergent vers la ligne médiane et s'unissent pour circonscrire
le canal caudal et les vaisseaux. Les
arcs consécutifs ne sont pas toujours
contigus, même sur la ligne médiane
où leurs branches se réunissent; en
revanche, il peut exister entre eux
des pièces intercalaires (*Alopias*).

La corde dorsale des PLEURACAN-
THIDÆ de la période permo-carbonifère
et celle des DIPNÉS ne présentent sur
leur trajet, comme celle des HOLOCÉ-
PHALES, aucune variation périodique
de diamètre; la gaine même n'a pas
de zone calcifiée. Les arcs vertébraux

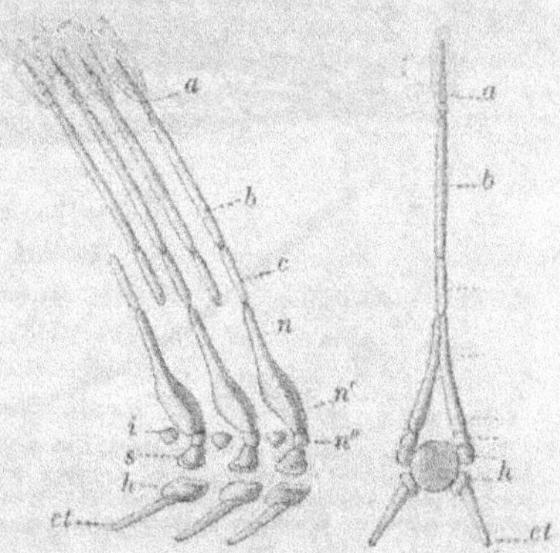

Fig. 1700. — Schéma de la colonne vertébrale d'un
Xenacanthus. — *a*, rayon articulé avec filaments cornés;
b, *c*, pièces de soutien distale et proximale; *n*, *n'*, *n''*,
arc neural formé de trois pièces; *s*, pièces intercalaires;
s, pièces de soutien; *c*, corde; *h*, pièce de l'arc hémal;
ct, côte (d'après Fritsch).

sont métamériquement disposés dans la région du tronc (fig. 1700) où la gaine
de la corde se renfle légèrement entre deux arcs consécutifs; dans la région
caudale leur disposition est moins régulière; les premiers arcs neuraux se soudent
aux arcs hémaux correspondants de manière à simuler des corps de vertèbres
(*Ceratodus*). Les arcs neuraux, traversés comme d'habitude par les racines ventrales
des nerfs spinaux, se réunissent au-dessus de la moelle, englobant dans leur épaisseur un ligament élastique, longitudinal et médian; ils supportent un processus
épineux, parfois divisé en plusieurs articles. Dans la région caudale des *Ceratodus*
les arcs portent un petit cartilage postérieur qui s'accroît peu à peu de manière à

se substituer à l'arc lui-même et arrive à constituer avec son symétrique presque toute la vertèbre. Les arcs hémaux se réunissent aussi au-dessous de la corde et, dans la région du tronc, portent latéralement des côtes qui convergent de plus en plus l'une vers l'autre dans la région caudale et finissent par se souder sur la ligne médiane à un *processus épineux*, pouvant lui aussi s'allonger et se diviser en plusieurs articles. L'ossification, qui chez les Élasmobranches n'apparaît que sur les appendices tégumentaires, gagne ici les arcs vertébraux, *en commençant par leur extrémité périphérique*.

Chez les Chondrostéens (fig. 1702 et 1703, *Ob*), les arcs neuraux embrassent complètement la moelle et chaque paire supporte un processus épineux (*Ps*); les arcs

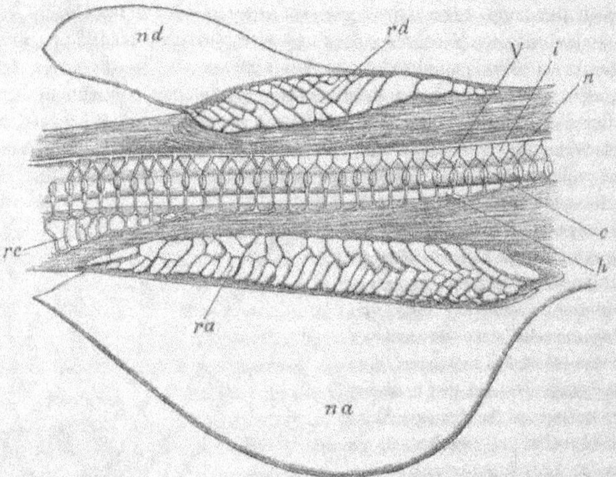

Fig. 1701. — Squelette des nageoires dorsale et anale du *Chlamydoselachus*, avec la portion correspondante de la colonne vertébrale. — *nd*, nageoire dorsale; *rd*, ses rayons cartilagineux; *V*, colonne vertébrale; *i*, pièces intercalaires; *n*, arcs neuraux; *c*, corps des vertèbres; *h*, arcs hémaux; *ra*, rayons de la nageoire anale; *rc*, rayons de la caudale; *na*, nageoire anale (d'après Garman).

hémaux embrassent l'aorte (fig. 1703, *Ub*, *Av*) dans le tronc, l'aorte et la veine caudale dans la queue. Il existe entre les uns et les autres des pièces intercalaires, mais elles ne prennent aucune part à l'occlusion du canal rachidien. Les arcs neuraux les plus antérieurs se fusionnent entre eux et avec le crâne. Leurs processus épineux s'ossifient ainsi que leurs branches, mais à un degré moindre. Les arcs vertébraux sont totalement ossifiés chez beaucoup de Lepidosteidæ fossiles; ils sont en rapport avec la corde chez les *Hypsocormus*; leur base s'élargit au contact de celle-ci de manière à l'embrasser partiellement chez les Pycnodontidæ; puis les bases des arcs neuraux grandissant de haut en bas, celles des arcs hémaux grandissant de bas en haut, la corde se trouve enveloppée par un double système de pièces alternantes qui peuvent en laisser une partie à découvert (*Caturus*) ou la masquer entièrement (*Callopterus*, *Eurynemus*). De chaque côté, deux pièces consécutives issues l'une de l'arc neural, l'autre de l'arc hémal, sont nécessaires pour former un corps de vertèbre. Ces deux *demi-vertèbres* peuvent présenter des formes et des rapports divers d'où résultent plusieurs modes de juxtaposition; elles finissent par se souder chez une partie des Lepidosteidæ fossiles et chez les Crossoptérygiens de manière à former un corps de vertèbre annulaire sur les côtés duquel une suture oblique indique encore la dualité primitive. Enfin (*Balanostomu* fossiles, *Polypterus, Amia*) le corps vertébral s'épaissit dans sa région moyenne et détermine, dans cette région, l'étranglement de la corde, réalisant ainsi la forme définitive de la colonne vertébrale des Téléostéens. Par tachygénèse l'ossification des arcs et du corps des vertèbres peut arriver à se faire d'une manière indépendante, comme si le corps n'était pas primitivement une dépendance des arcs. Dès lors la liaison des arcs et du corps peut s'effectuer de diverses façons. Chez les *Aspidorhynchus* ils sont simplement en contact, tandis que les corps vertébraux faiblement *amphicœliens* des *Polypterus* et des *Amia* sont reliés aux arcs correspondants par des cartilages. Les vertèbres des *Lepidosteus* sont *opisthocœliennes*.

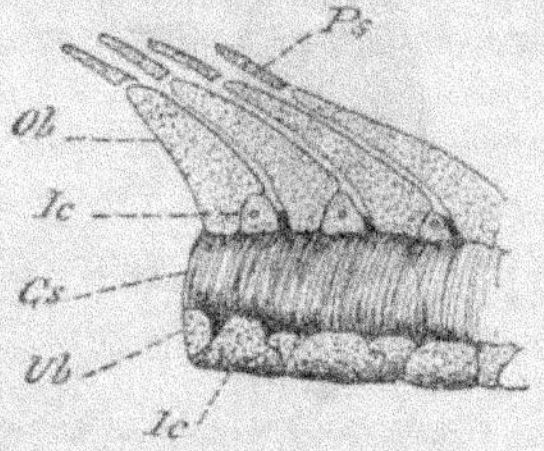

Fig. 1702. — Colonne vertébrale de *Spatularia*, vue de profil. — *Ps*, apophyses épineuses; *Ob*, arcs supérieurs; *Ic*, pièces intercalaires; *Cs*, corde dorsale; *Ub*, arcs inférieurs (d'après Wiedersheim).

La colonne vertébrale des Téléostéens conserve toujours dans son axe des restes de la corde dorsale, qui prennent un plus grand développement dans les régions intervertébrales, de sorte que le corps des vertèbres est toujours amphicœlien, comme chez les Élasmobranches. La corde ne garde cependant pas sa structure primitive. Tantôt la substance intercellulaire devient très abondante; tantôt ses cellules se vacuolisent, et fréquemment il se creuse dans sa masse de grandes cavités remplies de liquide (*Barbus, Naucrates*); de semblables cavités peuvent se former entre la gaine et la corde. Le rôle du tissu cartilagineux dans le développement de la colonne vertébrale diminue cependant graduellement et l'on peut suivre parfois sur la même colonne vertébrale, d'avant en arrière, toutes les phases de sa suppression. Chez les Physostomes on trouve fréquemment les ébauches de quatre pièces cartilagineuses (fig. 1704) qui prennent une part variable à la constitution des arcs neural et hémal; le plus souvent les arcs hémaux sont constitués par du tissu osseux. L'apparition de

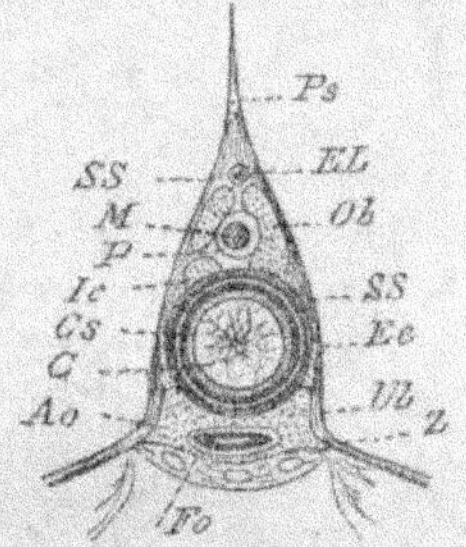

Fig. 1703. — Coupe verticale d'une vertèbre de l'*Acipenser ruthenus*. — *Ps*, apophyse épineuse; *El*, cordon élastique longitudinal; *SS*, couche squelettogène; *Ob*, arcs supérieurs; *M*, moelle épinière; *P*, pie-mère; *Ic*, pièces intercalaires; *Cs*, gaine de la corde; *C*, corde; *Ee*, élastique externe; *Ub*, arcs inférieurs; *Ao*, aorte; *Fo*, branches transversales des arcs inférieurs entourant l'aorte en dessous; *Z*, parties basilaires des arcs inférieurs (d'après Wiedersheim).

ce tissu refoule les rudiments cartilagineux dans le corps des vertèbres et ils peuvent alors sur les coupes transversales de ce corps dessiner une croix (*Esox lucius*, fig. 1704, *k, k*); mais même dans le corps des vertèbres ils sont fréquemment résorbés, et c'est déjà le cas chez l'*Amia*. D'autres fois, chez les Cyprinidæ, par exemple, la gaine de la corde se calcifie dans la région correspondant au lieu d'insertion des ébauches cartilagineuses des arcs et s'oppose ainsi à la croissance de la corde dans cette région. La région calcifiée est plus tard remplacée par de la substance osseuse qui s'étend sur les parties intervertébrales de la corde; celles-ci continuant à s'accroître de leur côté, la vertèbre prend la forme amphicœlienne.

On peut compter jusqu'à 365 vertèbres chez les Sélaciens; les Esturgeons en ont également un grand nombre, les Anguilles plus de 200. Chez les autres Physostomes leur nombre ne dépasse pas 80; il est bien plus faible chez les Acanthoptères, sauf dans quelques groupes d'Ophididæ et de Scomberidæ formés de Poissons qui rampent à l'aide des ondulations de leur corps. Chez les Poissons dont les principaux organes de locomotion sont les nageoires, le nombre des vertèbres arrive à se fixer dans toute l'étendue de la même famille, et les nombres de vertèbres du tronc et de la queue finissent même par être respectivemment constants. (Voir la classification). Le plus petit nombre observé (15) se trouve chez les *Ostracion*. La réduction et la fixation du nombre des vertèbres à mesure que la fonction de locomotion se localise dans des régions plus limitées du corps est conforme aux règles générales de la morphologie. Cette réduction tient en partie aux adaptations que présentent les vertèbres dans la région locomotrice, en partie aux modifications qu'elles éprouvent aux deux extrémités de la colonne vertébrale où un certain nombre d'entre elles se soudent souvent ou disparaissent; surtout à l'extrémité postérieure.

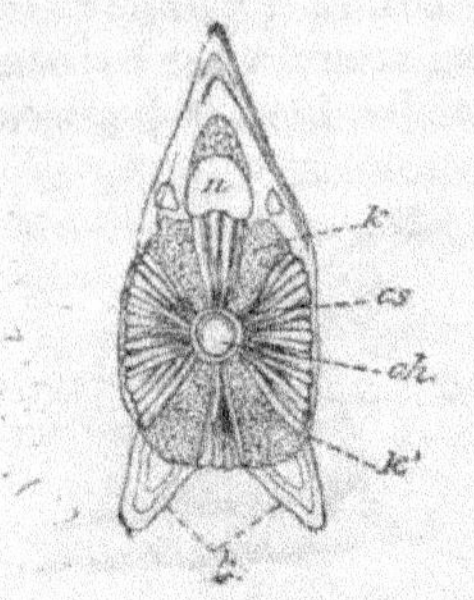

Fig. 1704. — Coupe verticale au milieu d'une vertèbre d'*Esox lucius*. — *k*, *k'*, croix cartilagineuse dont les bras supérieurs correspondant aux arcs neuraux, les bras inférieurs aux arcs hémaux (*h*) des vertèbres; *n*, canal médullaire; *cs*, gaine de la corde; *ch*, corde (d'après Gegenbaur).

Fig. 1705. — Coupe à travers la 2e vertèbre caudale du *Calamoichthys calabaricus*. — *B*, corps de la vertèbre portant une diapophyse et au-dessous d'elle une parapophyse; *a*, suture entre la parapophyse et ce qui reste de l'arc hémal *Ah*; *C*, cartilage issu de la corde et correspondant aux parties latérales du corps de la vertèbre et à l'arc neural, *N*; *Ec*, étui de la corde; *el*, membrane élastique; *Pe* processus épineux de l'arc hémal (d'après Göppert).

Modifications des arcs neuraux; diapophyses. — Les arcs vertébraux peuvent présenter à leur périphérie diverses modifications. D'habitude les arcs neuraux s'unissent sur la ligne médiane à une apophyse épineuse; mais il peut aussi arriver que chacun d'eux émette un prolongement qui n'atteint pas son symétrique; deux ou plusieurs arcs consécutifs peuvent en revanche être unis entre eux par des processus longitudinaux.

A la base des arcs neuraux, les corps des vertèbres présentent souvent d'autres prolongements qui peuvent dans certains cas remonter sur ces arcs eux-mêmes (*Gadus eglefinus*). Des formations analogues prennent une plus grande importance chez le *Polypterus* et le *Calamoichthys* (fig. 1705), et constituent la *diapophyse* qui porte la côte dorsale de ces animaux (p. 2416).

Côtes et parapophyses. — Les côtes sont d'abord des arcs cartilagineux, dépendant des arcs hémaux des vertèbres et développés dans les cloisons conjonctives qui séparent les uns des autres les segments musculaires de la paroi du corps. Elles manquent aux Cyclostomes, sont à peine indiquées chez les Holocéphales, mais se développent déjà nettement chez les Sélaciens. Les arcs hémaux du tronc s'allongent ici en *parapophyses* qui se trouvent presque sur la paroi interne de la cavité générale et supportent à leur extrémité d'autres pièces cartilagineuses également superficielles, qui sont les *côtes*. Le plus souvent, ces côtes sont courtes; mais elles peuvent aussi

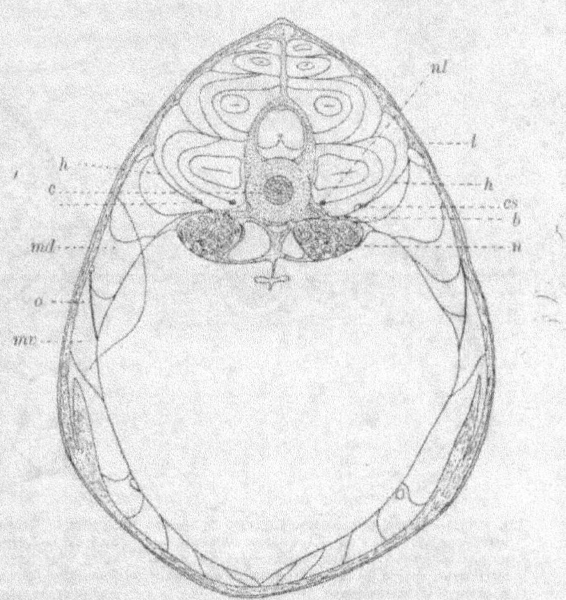

Fig. 1706. — Coupe transversale à travers la région moyenne du corps du *Mustelus vulgaris*. — *h*, cloison horizontale; *c*, corde dorsale; *md*, musculature dorsale; *o*, cloison oblique qui la sépare de la musculature ventrale *mv*; *nl*, nerf latéral; *l*, ligne latérale; *cs*, côte supérieure; *b*, corps vertébral; *n*, néphridies (d'après Göppert).

s'allonger (*Scylliorhinus*) dans la cloison de séparation des muscles dorsaux et ventraux de la paroi latérale du corps. Elles se relient d'abord dorsalement au septum horizontal (fig. 1706, *h*); plus loin, elles passent vers l'extérieur du côté ventral, en suivant par places les lignes d'insertion des septum verticaux sur le septum horizontal [1] et en demeurant en rapport étroit avec la musculature. En se rapprochant de la queue, la partie de la côte en contact avec la paroi interne de la cavité générale se raccourcit de plus en plus, et la côte, elle-même très courte, finit par pénétrer directement dans la musculature. Il n'y a pas de côtes dans la région

[1] Goette. *Die Wirbelsäule und ihre Anhänge*, Arch. f. mikrosk. Anatomie, Bd. XV et XVI.

caudale où les arcs hémaux se rejoignent pour entourer le canal vasculaire caudal. Des pièces accessoires formées aux dépens de l'ébauche cartilagineuse de la côte peuvent demeurer indépendantes à la base de la côte ou se rattacher à la colonne vertébrale (*Squatina*).

Les côtes des Ganoïdes, même celles des Chondrostéens, sont en grande partie ossifiées. Chez les Esturgeons, tandis que les parapophyses grandissent, d'avant en arrière, les côtes qu'elles portent et qui circonscrivaient d'abord une partie de la cavité cœlomique (fig. 1707, *pl*) se réduisent peu à peu (fig. 1708) et les arcs hémaux se développent pour embrasser, à leur place, le canal caudal, continua-

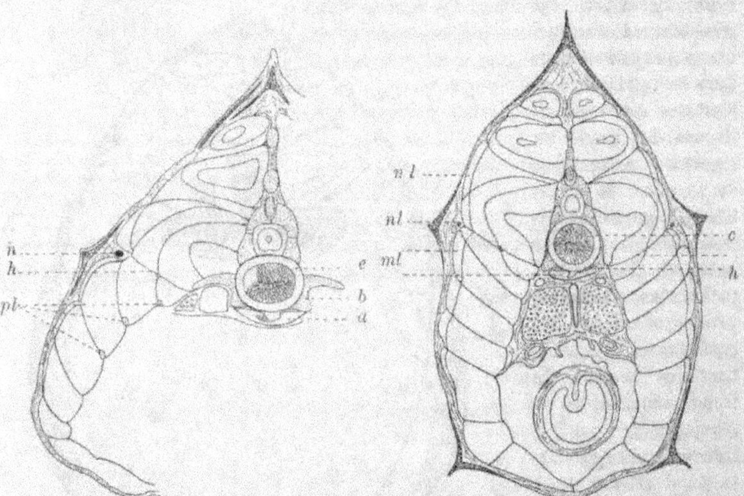

Fig. 1707. — Coupe transversale à travers la région antérieure du tronc de l'*Acipenser ruthenus*. — *n*, nerf latéral; *h*, cloison horizontale; *pl*, côtes inférieures; *e*, étui de la corde; *b*, corps vertébral; *a*, aorte (d'après Göppert).

Fig. 1708. — Coupe à travers la région postérieure du tronc de l'*Acipenser ruthenus*. — *ml*, muscles de la ligne latérale; *nl*, nerf latéral; *c*, corde dorsale; *h*, septum horizontal; *B*, corps vertébral (d'après Göppert).

tion de cette cavité. Les premières côtes s'engagent dans la musculature, et s'y terminent par une extrémité renforcée et recourbée en dehors; elles sont contenues dans les cloisons conjonctives des muscles latéraux ventraux et non, comme chez les Sélaciens, dans le septum horizontal. La courbure des côtes correspond exactement au bord supérieur d'un champ de la paroi latérale du corps dans lequel se place la nageoire pectorale lorsqu'elle est en adduction.

Chez les Crossoptérygiens chaque vertèbre porte, de chaque côté, une *côte supérieure* et une *côte inférieure*. Les côtes supérieures fixées à leur diapophyse (p. 2415) s'engagent, comme la côte unique des Sélaciens, dans le septum musculaire horizontal (fig. 1709); elles se réduisent en approchant de la région caudale, où leur diapophyse finit par subsister seule. Les côtes inférieures demeurent près de la surface interne de la paroi du corps; elles manquent (*Calamoichthys*) ou sont peu développées (*Polypterus*) dans la région antérieure du corps; elles grandissent peu à peu et une parapophyse se développe au-dessous de la diapophyse (fig. 1705)

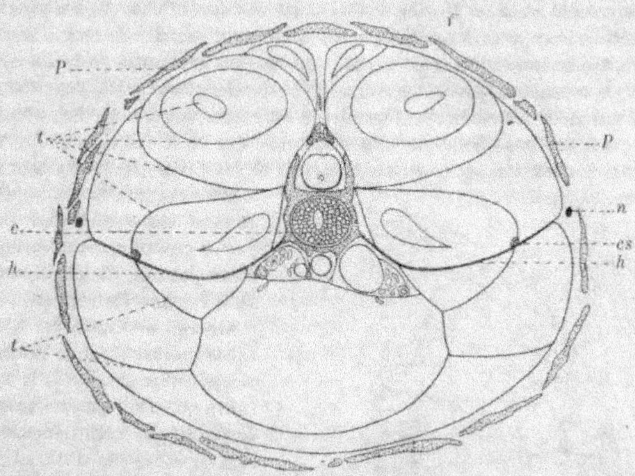

Fig. 1709. — Coupe transversale à travers la moitié antérieure du corps d'un *Calamoichthys calabaricus*. — *P*, plaques osseuses dermiques; *t*, dissépiments intermusculaires; *c*, corde dorsale; *h*, cloison horizontale; *n*, nerf latéral; *cs*, côte supérieure (d'après Göppert).

pour les soutenir. Dans la région caudale, celles d'une même vertèbre s'unissent pour porter les rayons de la nageoire caudale.

Les côtes des DIPNÉS (fig. 1710), des *Lepidosteus*, des *Amia* se comportent sensiblement comme les côtes inférieures des *Polypterus*. Elles ne pénètrent pas dans la musculature et suivent le long de la paroi de la cavité générale le trajet des septums musculaires transversaux. Chez l'*Amia* et le *Lepidosteus*, les parapophyses prennent part à la constitution du corps de la vertèbre; elles sont dans le premier genre dirigées en arrière et assez longues, et les côtes qu'elles supportent sont, dans la région caudale, réunies sur la ligne médiane par un appendice médian.

Les côtes des TÉLÉOSTÉENS portées par des parapophyses plus ou moins développées suivent également la paroi de la cavité générale. Elles manquent chez les LOPHIIDÆ, beaucoup de BALISTIDÆ (*Ostracion*), les TETRODONTIDÆ, les LOPHOBRANCHES et autres formes à musculature

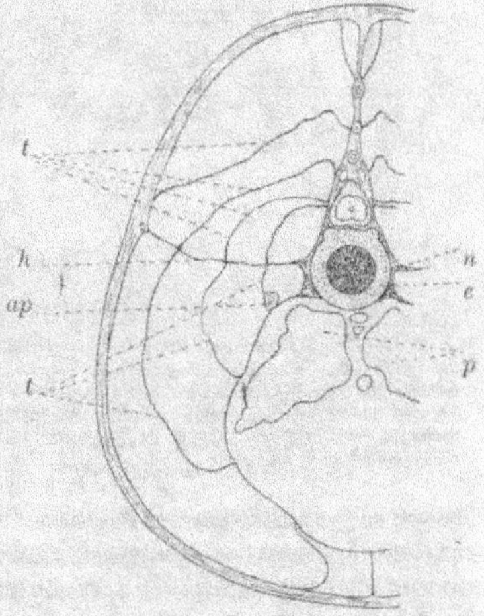

Fig. 1710. — Coupe transversale à travers la région moyenne du corps du *Protopterus annectens*. — *t*, dissépiments intermusculaires; *h*, cloison horizontale; *ap*, côte inférieure, ou arc pleural; *n*, nerf latéral; *e*, étui de la corde; *p*, poumon (d'après Göppert).

peu développée [1]. Au lieu de persister pour circonscrire la cavité de la région
caudale comme chez les Dipnés et les Ganoïdes osseux, elles disparaissent dans
cette région et ce sont les parapophyses seulement, parfois soudées à une pièce
impaire, qui entourent le canal caudal. Quelquefois cependant ces parapophyses,
tout en se rejoignant, peuvent continuer à porter des côtes (*Elops*, *Butirinus*, etc.),
ce qui démontre nettement l'indépendance des deux formations. De même qu'il
existe chez quelques Sélaciens des rudiments des côtes inférieures des autres
Poissons, les côtes supérieures des Sélaciens et des Crossoptérygiens sont repré-
sentées chez les *Salmo*, les *Clupea*, et aussi les *Monacanthus* par des pièces cartilagineuses occupant la même position, mais indépendantes de la colonne vertébrale.

Arêtes. — Outre les côtes, il existe chez beaucoup de Téléostéens des pièces de soutien de la muscu-lature qui n'ont pas été précédées de formations cartilagineuses : ce sont les *arêtes* (fig. 1711, *ad*), habi-tuellement indépendantes, mais qui peuvent aussi se souder aux ver-tèbres. Elles se développent dans les cloisons conjonctives transver-sales de la musculature, soit dor-sale, soit ventrale, ou même dans le septum horizontal. Dans ce der-nier cas, il peut être d'autant plus difficile de décider si ce ne sont pas des rudiments de côtes supé-rieures (*Salmo*, *Clupea*, *Monacan-thus*), qu'il existe chez quelques Sélaciens des pièces cartilagineuses qui peuvent être comparées aux côtes inférieures et qu'il semble dès lors que l'existence de deux sortes de côtes fasse partie du plan

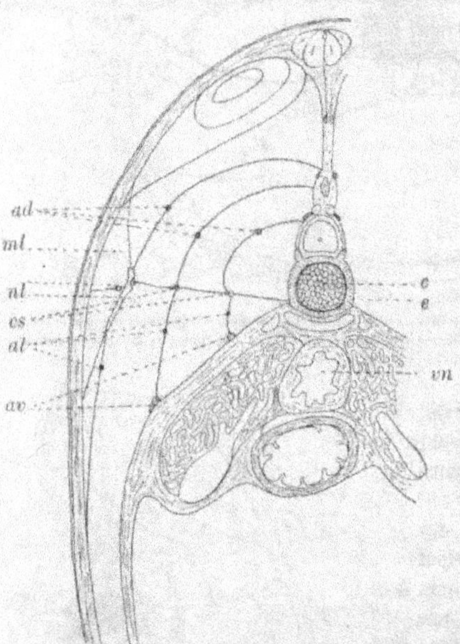

Fig. 1711. — Coupe transversale à travers la région moyenne du corps d'un Clupéide (*Engraulis*?). — *ad*, arêtes dorsales ; *ml*, muscles de la ligne latérale ; *nl*, nerf latéral ; *cs*, côte supérieure ; *al*, arêtes latérales ; *av*, arêtes ven-trales ; *c*, corde dorsale ; *e*, étui de la corde ; *vn*, vessie natatoire (d'après Göppert).

général de l'organisation des Poissons. Ces arêtes horizontales se relient parfois au
squelette tégumentaire (LOPHOBRANCHIA). Elles présentent d'innombrables variations ;
souvent elles sont bifurquées à une de leurs extrémités. Elles dépassent quelquefois
les dimensions des côtes (*Thynnus*).

Squelette des nageoires impaires. — La nageoire médiane impaire (p. 2362),
qu'elle soit continue (diphycerques et géphyrocerques) ou discontinue (hétérocerques

---

[1] GÖPPERT, *Untersuchungen zur Morphologie der Fischrippen*, Morphologisch Jahrb., Bd. XXIII, 1895.
DOLLO, *Sur la Morphologie des côtes*, Bulletin scientifique de la France et de la Belgique, t. XXIV, 1892. — *Id.*, *Sur la Morphologie des côtes de la colonne vertébrale*, *ibid.*, t. XXV, 1893.

et homocerques) présente un appareil de soutien que l'on trouve à son état de simplicité le plus grand chez les PLEURACANTHIDÆ fossiles et chez les DIPNÉS. D'abord développée sur toute la longueur du corps (PLEURACANTHIDÆ, jeunes *Ceratodus*), elle se limite peu à peu à la région caudale et son appareil de soutien dérive des apophyses épineuses. Celles-ci, dans la région antérieure du corps, se continuent déjà en un *rayon* formé d'une série linéaire de pièces mobiles (fig. 1700, *a*, p. 2411); un second rayon s'ajoute au premier dans la région caudale, où l'on compte, par conséquent, deux rayons par vertèbre. Chez les PLEURACANTHIDÆ, ces rayons peuvent être ramifiés d'une manière assez irrégulière soit dans la nageoire dorsale et dans la nageoire anale (*Xenacanthus*, fig. 1712), soit dans l'anale seulement (*Pleuracanthus*); un rayon de la dorsale peut émigrer jusque sur la tête. Ces rayons sont revêtus d'une gaine osseuse; ils ne pénètrent pas dans le repli membraneux qui forme la nageoire, mais soutiennent eux-mêmes des productions tégumentaires élastiques, les *fibres cornées*, qui sont contenues dans ce repli.

Chez les autres ÉLASMOBRANCHES la nageoire impaire est discontinue et chacune de ses parties peut présenter dans son squelette des particularités spéciales. Chez beaucoup de Sélaciens ce squelette est directement supporté par la colonne vertébrale; il est même formé chez les *Mustelus* de baguettes cartilagineuses pressées les unes contre les autres, divisées chacune en trois pièces, plus nombreuses que les vertèbres pour une région donnée du corps; la ressemblance de ces baguettes avec les rayons des Dipnés est évidente. On trouve également en avant de la première nageoire dorsale, chez les *Squatina*, des pièces cartilagineuses, non segmentées correspondant à peu près aux vertèbres; mais à la base même de la nageoire ces baguettes

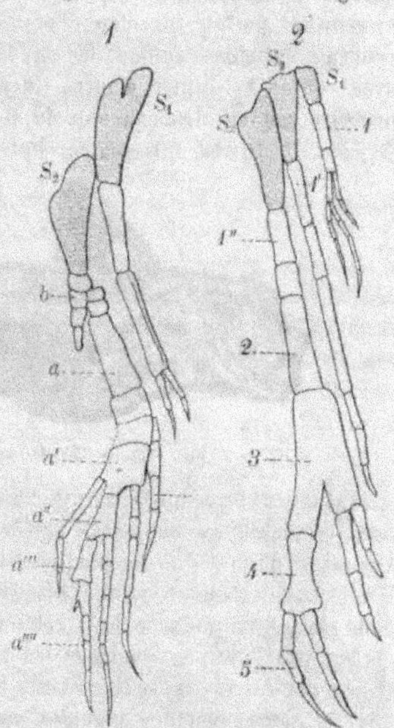

Fig. 1712. — N° 1, première et, n° 2, deuxième nageoires anales du *Xenacanthus Deckeri*, vues du côté droit. — *a*, rayon antérieur; s_1, s_2, s_3, pièces de soutien des nageoires; *a*, *a'*, *a''*, rayon antérieur; *b*, rayon postérieur.

se fusionnent en larges plaques s'étendant sur plusieurs vertèbres. Des *plaques basales* semblables se retrouvent chez un grand nombre d'autres formes (*Pristiophorus*, etc.) et sont accompagnées d'une ou deux rangées plus ou moins complètes de pièces plus petites. Dans une autre série de formes, ce squelette s'est éloigné de la colonne vertébrale, tout en présentant des modifications dont l'analogie avec celles que nous venons de décrire indique que cette disjonction est un phénomène secondaire. C'est seulement, par exemple, par cette disjonction que le squelette de la première nageoire dorsale des *Zygæna* diffère de celui des *Mustelus*. Les *Hexanchus* présentent déjà des plaques basales grandes et en petit nombre, supportant des rayons divisés en trois segments, dont les inférieurs tendent aussi à se fusionner avec leurs voisins et à constituer de nouvelles plaques. En s'écartant de la colonne vertébrale, le squelette de la nageoire pénètre plus avant dans celle-ci ; ses rayons sont d'ailleurs continués jusqu'au bord de l'organe par des fibres cornées, analogues à celles des Dipnés. Chez les *Squalus* il n'y a, à la première dorsale, qu'une seule grande plaque basale triangulaire, supportant des rangées de plaques plus petites et dont les supérieures sont plus nombreuses, par conséquent de dimension moindre que les inférieures. A ce squelette fondamental s'ajoutent ici des aiguillons situés respectivement en avant de chaque dorsale. Ces aiguillons partent du tégument, s'appuient sur le bord antérieur du squelette cartilagineux et s'enfoncent parfois jusqu'au contact de la colonne vertébrale ; leur disposition confirme l'origine tégumentaire des formations osseuses qui couvrent les cartilages avant de se substituer à eux. Un aiguillon analogue se retrouve en avant de la nageoire caudale de beaucoup de Raies et tient la place de la deuxième dorsale (*Trygon, Urolophus, Pteroplatea, Myliobatis, Dicerobatis*, etc.). Il en existe un éga-

Fig. 1713. — *Chimæra monstrosa* (d'après le Règne animal).

lement dans la première dorsale des Holocéphales (fig. 1713) ; il est fixé sur une crête cartilagineuse supportée par les premières vertèbres fusionnées et résultant elle-même de la fusion des plaques basales demeurées distinctes chez les Sélaciens. Il n'existe également qu'une plaque cartilagineuse dans la deuxième nageoire ; cette plaque est éloignée de la colonne vertébrale et supporte des filaments cornés.

Chez les Ganoïdes osseux et les Téléostéens, les nageoires impaires sont soutenues par des rayons indépendants les uns des autres dans toute leur longueur et dont la correspondance avec les vertèbres est le plus souvent évidente, comme chez les Dipnés. Mais ici les rayons se continuent jusqu'au bord de la nageoire et suppriment, par conséquent, les filaments cornés des groupes inférieurs ; on ne trouve de tels filaments que dans la nageoire adipeuse des Salmoniformes. Les rayons des Poissons osseux ne sont d'abord que des plaquettes osseuses tégumentaires, disposées en série linéaire de la base au bord supérieur de la nageoire ; les rayons ainsi formés de petites plaques mobiles sont dits *rayons mous*. Le plus souvent ces plaquettes se soudent entre elles à la base du rayon, dont la région externe demeure ainsi seule divisée en articles ; cette région articulée est le plus souvent dichotomisée de sorte que le rayon paraît se terminer en pinceau. Chez les *Polypterus* (fig. 1714) chaque rayon, au lieu de se dichotomiser, porte en arrière une série de rameaux qui s'étendent obliquement dans la membrane de la nageoire. La membrane de la dernière nageoire dorsale conflue avec celle de la nageoire caudale et les rameaux de ses rayons sont dirigés dans le même sens que les rayons de la caudale et peuvent être confondus avec eux, quoique d'une origine

toute différente. Chez les Physostomes et les Anacanthiniens tous les rayons
mous des nageoires impaires sont divisés en pinceau; cependant chez beaucoup
de Siluridæ et de Cyprinidæ les articles du premier rayon de la première dorsale, comme ceux du rayon principal de chacune des nombreuses dorsales des
Polypteridæ, se soudent, et ce rayon est ainsi transformé en un puissant aiguillon
défensif, souvent denté, articulé sur la pièce de support. Chez les Acanthoptères l'ossification s'étend à un nombre plus ou moins grand de rayons de la
dorsale, et la région correspondant à ces rayons peut former une première dorsale

Fig. 1714. — *Polypterus bichir.*

distincte (la plupart des Percidæ), ou demeurer continue avec la région dont les
rayons sont mous (Serranidæ, etc.; voir la classification).

Chaque rayon s'articule avec une pièce osseuse indivise, le *support*, qui s'insinue
d'ordinaire entre deux apophyses épineuses consécutives, et mérite ainsi le nom
d'*os interspinal*. Ces os interspinaux sont homologues des baguettes cartilagineuses
divisées en trois segments des Élasmobranches; ils sont encore bisegmentés chez
les Esturgeons; en général, ils s'élargissent à leur extrémité supérieure par laquelle
ils peuvent se toucher,
s'articuler ou se souder.
Lorsqu'ils s'éloignent
de la colonne vertébrale,
ils demeurent unis entre
eux et aux apophyses
épineuses par une mem-
brane; mais leurs rap-
ports avec les vertèbres
cessent d'être aussi net-
tement déterminés, et
plusieurs d'entre eux
semblent alors corres-
pondre à une seule et
même vertèbre. Il peut

Fig. 1715. — *Tristichopterus alatus,* à 1/2 grandeur : *a* et *i,* os qui soutiennent la seconde dorsale 2*d* et l'anale *a*; *r,* rayons inter-épineux;
c, nageoire caudale dans laquelle on voit se continuer la pointe de la
colonne vertébrale ossifiée *c, v;* 1*d,* première dorsale; *v,* ventrale
(d'après Egerton). — Dévonien d'Écosse.

même arriver que tous les supports se soudent en un os unique assez semblable à un
humérus ou à un fémur, comme c'était le cas pour le *Tristichopterus alatus*[1], ganoïde
du Dévonien d'Écosse (fig. 1715). Cette soudure se produisait ici aussi bien dans la
deuxième nageoire dorsale que dans l'anale et l'os ainsi réalisé était suivi dans la
deuxième dorsale de trois, dans l'anale de quatre baguettes d'où partaient les rayons.

Devenue indépendante de la colonne vertébrale la nageoire dorsale peut se
transporter en avant, commencer par exemple sur la tête même, comme chez les

[1] Egerton and Ramsay Traquair, *On the structure and affinities of Tristichopterus alatus,*
Trans. roy. Society, Edinburgh, 1875, t. XXVII, p. 383; pl. XXXI.

CORYPHÆNIDÆ, les TRACHYPTERIDÆ (fig. 1716 et 1717) et quelques PLEURONECTIDÆ, y laisser émigrer quelques-uns de ses rayons (LOPHIIDÆ, fig. 1657, p. 2368) ou même y former des organes spéciaux comme la ventouse des *Remora* (p. 2441).

Chez les Poissons diphycerques et géphyrocerques, les nageoires dorsale, caudale et anale ne faisant qu'un, le squelette de la caudale ne présente aucune particularité remarquable. Il n'en est plus de même chez les Poissons hétérocerques ou chez

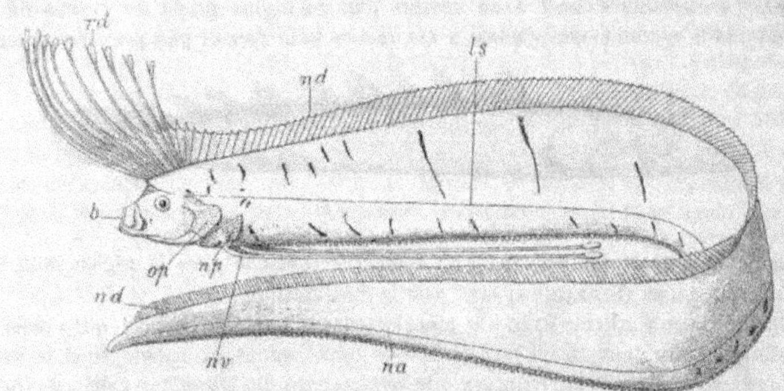

Fig. 1716. — *Regalecus gladius*. — *rd*, rayons prolongés de la dorsale; *nd*, dorsale; *ls*, ligne latérale; *b*, bouche; *op*, opercule; *np*, nageoire pectorale; *nv*, nageoire ventrale; *na*, nageoire anale (d'après Day).

les homocerques. Dans la queue hétérocerque des Requins (SELACHIDA) les arcs neuraux sont en rapport avec des plaques cartilagineuses médianes, correspondant aux os intervertébraux de la dorsale; ces plaques peuvent être, soit en avant, soit

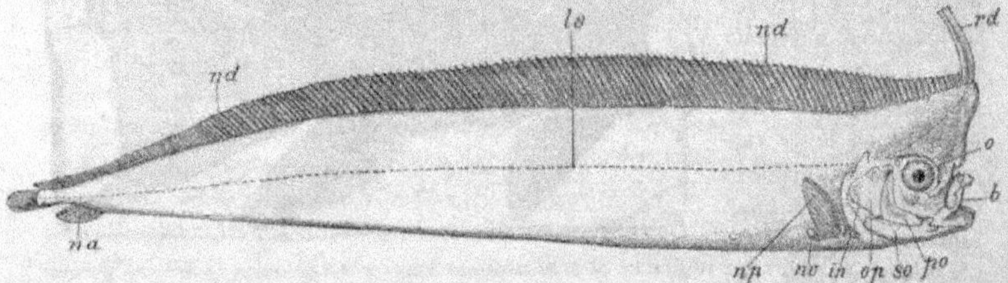

Fig. 1717. — *Lophotes cepedianus*. — *rd*, rayon de la nageoire dorsale très développé; *nd*, nageoire dorsale; *ls*, ligne latérale; *o*, œil; *b*, bouche; *po*, préopercule; *so*, sous-opercule; *op*, opercule; *in*, interopercule; *np*, nageoire pectorale; *nv*, nageoire ventrale; *na*, nageoire anale (d'après Temminck et Schlegel).

en arrière, distantes de la colonne vertébrale; dans la région moyenne, elles sont étroitement unies aux vertèbres, sans être cependant nécessairement en nombre correspondant. Des pièces cartilagineuses semblables existent généralement du côté ventral; les premières sont libres, mais les suivantes ont toutes l'apparence de prolongements des arcs hémaux et sont, par conséquent, en même nombre qu'eux. Comme ces pièces s'élargissent à leur extrémité libre, elles ne peuvent trouver place sur la colonne vertébrale qu'en forçant celle-ci à s'incurver vers le haut, dans le lobe supérieur de la nageoire caudale, ce qui est le véritable caractère des Poissons *hétérocerques*. Les PLEURACANTHIDÆ, les HOLOCÉPHALES, les DIPNÉS primitifs paraissent avoir été diphycerques, et cet état s'est maintenu chez les CROSSOPTÉ-

RYGIENS jusque chez notre *Polypterus* (fig. 1714); chez les Ganoïdes, au contraire, le lobe inférieur de la nageoire caudale prend une importance de plus en plus grande; comme chez les Requins, l'extrémité de la colonne vertébrale se coude vers le haut et ces animaux deviennent ainsi de plus en plus hétérocerques. La colonne vertébrale s'étend encore jusqu'à l'extrémité du lobe supérieur de la queue chez les Esturgeons (fig. 1718, n° 1); mais elle entre souvent en régression dans les autres genres; chez le *Lepidosteus* les dernières vertèbres sont réduites à des noyaux osseux, développés sur une gaine cartilagineuse de la corde qui, recouverte par les

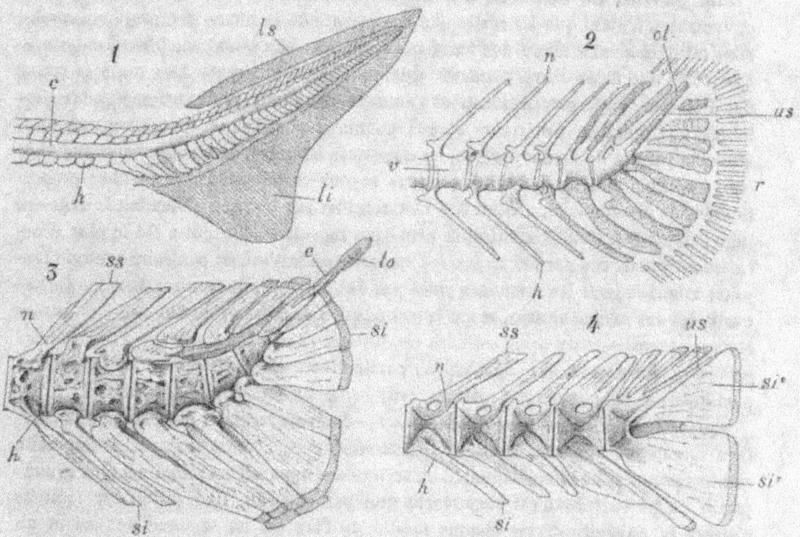

Fig. 1718. — Transformation de l'hétérocerquie en homocerquie. — N° 1, queue de l'*Acipenser sturio* (hétérocerque). — N° 2, extrémité caudale de la colonne vertébrale d'un jeune Cyprinide. — N° 3, extrémité caudale de la colonne vertébrale du *Thymallus vexillifer*. — N° 4, extrémité caudale de la colonne vertébrale du *Cottus gobio*. — *c*, corde dorsale; *ci*, étui osseux de l'extrémité de la corde; *us*, urostyle; *n*, arcs hémaux; *s*, prolongements des arcs neuraux *n*; *si*, prolongements des arcs hémaux *b*; *si'*, *si*, support des rayons de la caudale; *r*, rayons de la caudale; *lo*, extrémité caudale encore hétérocerque (d'après Lotz).

fulcres, se prolonge en s'amincissant vers le lobe dorsal de la nageoire; les vertèbres précédentes portent de grandes apophyses hémales qui s'élargissent pour supporter le squelette dermique de la nageoire. L'extrémité de la colonne vertébrale est encore plus réduite chez les *Amia* qui sont homocerques. Les Téléostéens, dont beaucoup de formes de fond sont géphyrocerques, sont plus généralement homocerques, mais leur squelette caudal se relie par de nombreuses transitions à celui des Ganoïdes hétérocerques. Chez quelques Salmonidæ (*Thymallus*, fig. 1718, n° 3), la partie coudée de la colonne vertébrale est encore divisée en trois ou quatre vertèbres au delà desquelles se prolonge l'extrémité de la corde; les premières de ces vertèbres portent chacune une pièce ventrale de support des rayons déjà très dilatés; les suivantes en portent deux ou même trois. Chez les *Salmo* et la plupart des autres Téléostéens, les vertèbres de la région coudée de la queue se soudent en un os unique, pointu, obliquement dirigé vers le haut et dans lequel, au moins dans le jeune âge, se prolonge la corde ; c'est l'*urostyle*. Au-dessous des dernières vertèbres caudales et de l'urostyle se développent les plaques de support des rayons de la nageoire, plaques dont la longueur est réglée de manière à venir affleurer sensiblement sur une même ligne verticale. Enfin soit par concrescence, soit par élimination d'un certain nombre de supports au profit des autres, l'ensemble de ces supports des rayons peut se réduire à deux larges plaques osseuses (fig. 1718, n° 4) triangulaires et verticales (*Cottus*), ou même à une seule.

État primitif du squelette des nageoires paires. — Les nageoires pectorales et ventrales, n'étant que les restes du *patagium*, ont la même composition initiale ; elles remplissaient d'abord des fonctions similaires et se sont modifiées, en conséquence, d'une façon correspondante quoiqu'un peu différente dans toute la classe des Poissons ; cette proposition peut s'étendre, dans tout l'embranchement des Vertébrés, aux membres antérieurs et aux membres postérieurs. Primitivement, ainsi que cela résulte de l'embryogénie, les nageoires latérales, *accolées au corps sur toute leur longueur*, étaient soutenues par des rayons cartilagineux en nombre proportionnel, de chaque côté, à celui des métamérides sur lesquels s'étendait la nageoire (fig. 1722, n° 1). Cette constitution primitive rappelait celle qui a été le plus généralement conservée par les nageoires impaires ; elle s'est au contraire presque toujours modifiée pour les membres pairs par des soudures survenues dans les parties basilaires des rayons voisins, et par la constitution de pièces volumineuses, enfoncées sous les téguments du tronc où elles constituent la *ceinture thoracique* et la *ceinture pelvienne*. En raison des adaptations particulières que présentent les nageoires pectorales et les nageoires ventrales, leur squelette sera étudié séparément.

Squelette des nageoires pectorales. — Sous sa forme la plus simple, la ceinture thoracique apparaît, chez les ÉLASMOBRANCHES, comme un arc cartilagineux ininterrompu, situé immédiatement en arrière de l'appareil branchial. La plus grande partie de sa surface n'est recouverte que par la peau. Une saillie sur laquelle s'insère la nageoire divise chaque moitié de l'arc en un segment ventral et un segment dorsal. Cette saillie a chez les NOTIDANIDÆ l'aspect d'une bande dirigée de haut en bas et de l'extérieur vers l'intérieur ; elle présente des têtes saillantes chez les *Squalus*, et sa forme varie beaucoup d'un genre à l'autre. Deux trous sont creusés, l'un au-dessus, l'autre au-dessous de la saillie articulaire. Ces trous sont réunis par un canal dans lequel cheminent les nerfs. Le segment supérieur s'élargit quelquefois à son extrémité ; d'ordinaire il se rétrécit pour se terminer en pointe ; il est assez souvent surmonté d'une pièce distincte, la *pièce suprascapulaire*. Le segment inférieur s'élargit généralement pour s'unir à son symétrique, et parfois une pièce cartilagineuse médiane s'isole même des deux arcs (*Hexanchus indicus*). Chez les Raies (BATOÏDA) l'arc scapulaire s'aplatit et les saillies articulaires prennent un grand développement ; chez les *Torpedo* elles s'agrandissent latéralement ; chez les *Rhinobatis, Raja*, etc., elles se disposent sur un élargissement qui s'étend sur toute la longueur du cartilage et peut se subdiviser en plusieurs parties. Les trous de passage des nerfs, encore petits chez les *Rhinobatis*, deviennent de vastes perforations chez les *Myliobatis* et les *Raja*, par suite de la pénétration des muscles à l'intérieur du canal. Chez les PLEURACANTHIDÆ les cartilages latéraux étaient divisés en trois segments dont le moyen, plus grand que les autres, portait la nageoire.

La ceinture scapulaire est toujours formée de deux moitiés séparées chez les GANOÏDES; elle demeure cartilagineuse chez les CHONDROSTÉENS, mais il s'y ajoute des pièces osseuses en rapport avec la partie du tégument qui s'infléchit pour tapisser le bord postérieur de la fente branchiale, et qui demeurent en partie superficielles. Comme chez les *Squalus* et autres Sélaciens, la partie principale de chacun des arcs cartilagineux est surmontée d'une pièce dorsale accessoire et, comme chez les Raies, la saillie articulaire transversale sépare deux grands orifices en partie occupés par des muscles. Les os dermiques en rapport avec le cartilage ne se distinguent en rien chez les Esturgeons des autres os dermiques, et sont au nombre de deux : 1° la *paraclavicule* (*cleithrum* de Gegenbaur, fig. 1719 et 1720, *Pcl*), qui renforce la région articulaire du cartilage; 2° la *clavicule* (*Cl*) placée au-dessous de la *paraclavicule*, s'unissant à sa symétrique sur la ligne médiane et complétant ainsi, du côté ventral, la ceinture scapulaire. La paraclavicule est toujours en rapport

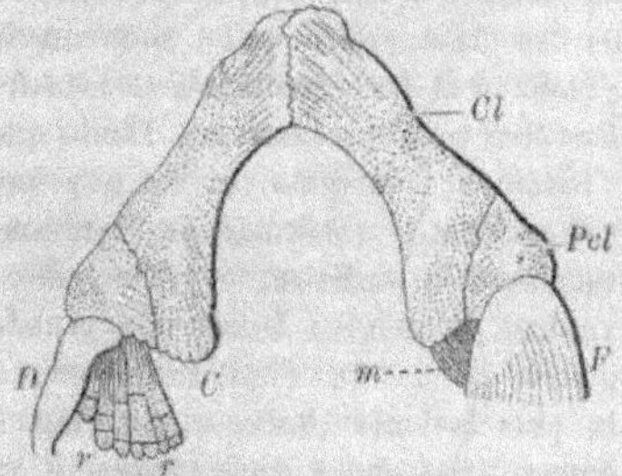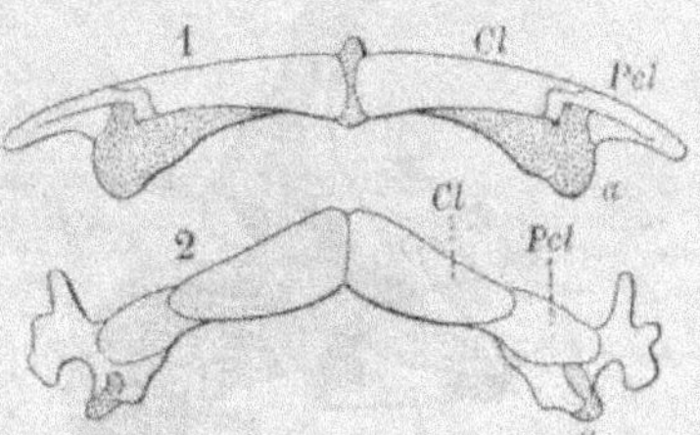

Fig. 1719. — Ceinture thoracique de l'*Acipenser sturio*, vu du côté ventral. — *Pcl*, paraclavicule; *Cl*, clavicule; *Fg*, portion de la nageoire pectorale gauche; *m*, muscle; *D*, squelette dermique et *C*, squelette cartilagineux de la nageoire droite dont les parties molles ont été enlevées; *r*, rayons de la nageoire (d'après Gegenbaur).

Fig 1720. — N° 1, ceinture thoracique du *Ceratodus*. — N° 2, ceinture thoracique du *Polypterus*. — *Cl*, clavicule; *Pcl*, paraclavicule; *a*, tête articulaire (d'après Gegenbaur).

avec le cartilage scapulaire sur une assez grande partie de son étendue; la clavicule, au contraire, en est presque entièrement ou totalement (*Spatularia*) indépendante. C'est donc seulement par adaptation que ces os tégumentaires font partie de la ceinture scapulaire; ils demeurent toujours séparés du cartilage par du tissu conjonctif qui passe d'une part au périchondre, de l'autre au périoste. Une troisième plaque osseuse, dite *supra-cleithrale*, en rapport avec la pièce accessoire du cartilage, contribue à unir la paraclavicule avec le crâne. Chez les autres Ganoïdes le cartilage scapulaire se réduit, et semble porté par la paraclavicule encore cartilagineuse chez l'*Amia*; il présente deux régions ossifiées chez le *Polypterus* (fig. 1720, n° 2) et le *Lepidosteus*. Dans le premier genre les deux paraclavicules (*Pcl*) se prolongent sur la surface interne de la clavicule et arrivent presque à se rejoindre sur la ligne médiane.

Chez les DIPNÉS, les cartilages scapulaires conservent de grandes dimensions et s'unissent même sur la ligne médiane, comme chez les Sélaciens, mais les deux pièces osseuses, perdant leurs rapports avec les téguments, sont venues s'appliquer exactement sur leur surface cartilagineuse comme s'ils n'en étaient qu'un simple revêtement (fig. 1720, n° 1). Aussi bien chez les Ganoïdes que chez les Dipnés la surface articulaire demeure toujours libre d'ossification.

Comme chez les *Polypterus*, une portion du cartilage scapulaire primitif s'ossifie toujours chez les TÉLÉOSTÉENS ; mais ce cartilage se réduit presque à la région articulaire et finit par ne plus servir qu'à l'union de la partie libre de la nageoire avec la paraclavicule. Les paraclavicules (fig. 1721, *D*), encore plus développées que chez le *Polypterus*, se rejoignent sur la ligne médiane, et peuvent ainsi, comme pièces de soutien de la ceinture scapulaire, jouer le rôle des clavicules qui s'atrophient. La partie persistante du cartilage scapulaire présente deux régions ossifiées, l'*omoplate* (*S*) et le *coracoïde* (*Co, Cl*), auxquelles s'ajoute même, chez une partie des PHYSOSTOMES (*Salmo*, etc.), une sorte d'arcade saillante au-dessus de l'insertion des rayons des nageoires. L'omoplate présente presque toujours une perforation (*L*) et le coracoïde est remarquable par la forme de son extrémité antérieure. Les rapports de ces deux os avec la nageoire qu'ils soutiennent s'établissent d'une façon très variée surtout chez les ACANTHOPTÈRES. Tandis que d'habitude l'omoplate exclut presque entièrement le coracoïde de l'articulation avec la nageoire, le prolongement ventral de celui-ci forme une grande plaque osseuse qui s'unit intimement à la paraclavicule (*Balistes*), ou bien il donne naissance à une expansion en forme d'arc (*Brama, Amphacanthus virgatus*) qui finit (SCOMBERIDÆ) par atteindre les paraclavicules et par s'étendre jusqu'à leur suture médiane. Les coracoïdes s'emparent ainsi, dans une certaine mesure, du rôle que les paraclavicules avaient elles-mêmes enlevé aux véritables clavicules ; ils conserveront cette fonction nouvellement acquise dans une partie des formes supérieures des

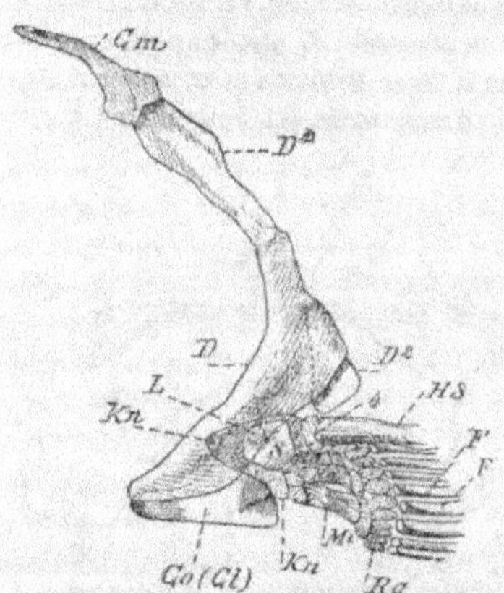

Fig. 1721. — Moitié gauche de la ceinture scapulaire et base de la nageoire gauche de la Truite, vue par sa face externe. — *Cm, D'*, supra-claviculaires d'origine dermique unissant la ceinture scapulaire avec le crâne ; *D*, paraclavicule ; *D'*, post-clavicule ; *S*, omoplate ; *L*, trou dans l'omoplate ; *Co* (*Cl*), coracoïde ; *Kn*, reste du cartilage scapulaire ; *M*, métaptérygoïdien ; *Ra*, 2e et 3e pièces basilaires de la nageoire ; 4, 4e pièce basilaire ; *Rn*, rangée de pièces cartilagineuses soutenant respectivement un rayon osseux, *F', F'* ; *HS*, 1er rayon osseux articulé directement avec la pièce 4 (d'après R. Wiedersheim).

Vertébrés. La paraclavicule supporte chez l'*Amia* et chez tous les Téléostéens une pièce osseuse, la *post-clavicule* (*D²*), dont la signification morphologique est aussi peu connue que son rôle physiologique. Cette pièce s'insère immédiatement en dehors de la région articulaire : elle peut être en forme de plaque élargie (*Amia*), triangulaire (*Salmo*), se prolongeant (*Perca*) ou se transformer même tout entière en stylet (*Gadus, Lepidopus*). La ceinture scapulaire est reliée au crâne par des os dermiques, les *supraclaviculaires*, provenant des régions tégumentaires voisines de la carapace céphalique, et qui sont généralement au nombre de deux, dont le supérieur (*post-temporal*) est souvent en forme de V chez les Téléostéens. Les Esturgeons possèdent aussi deux supraclaviculaires ; les *Amia* et les *Polypterus* en ont trois.

Les rayons cartilagineux métamériques qui constituaient le squelette primitif de la nageoire (fig. 1722, n° 1) ne se ramifient pas chez les ÉLASMOBRANCHES actuels.

Tandis que chez les Raies la nageoire a repris en partie les rapports primitifs du

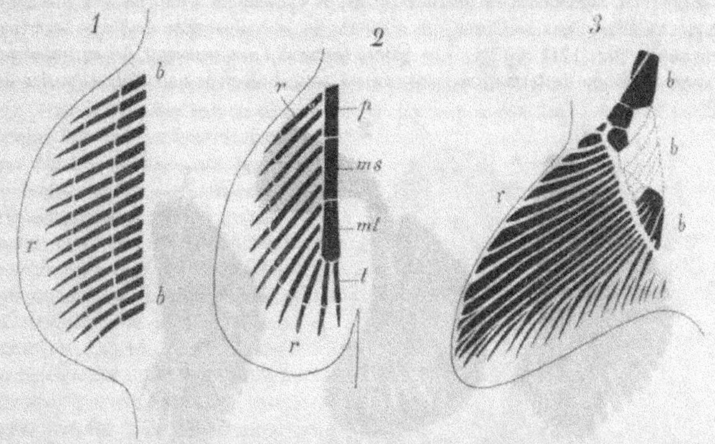

Fig. 1722. — Schéma du développement du squelette des membres chez les Sélaciens. — N° 1, stade primitif hypothétique, mais reproduit par l'embryogénie où le squelette du membre est constitué par des rayons métamérisés indépendants. — b, pièces basilaires; r, rayons. — N° 2, stade où les pièces basilaires se soudent de manière à constituer quatre pièces en série linéaire : p, proptérygium; ms, mésoptérygium; mt, métaptérygium; t, téloptérygium. — N° 3, schéma (d'après Dean) du squelette d'une nageoire de *Chlamydoselachus*, où les pièces basilaires b des rayons r, sont demeurées indépendantes comme dans l'état primitif.

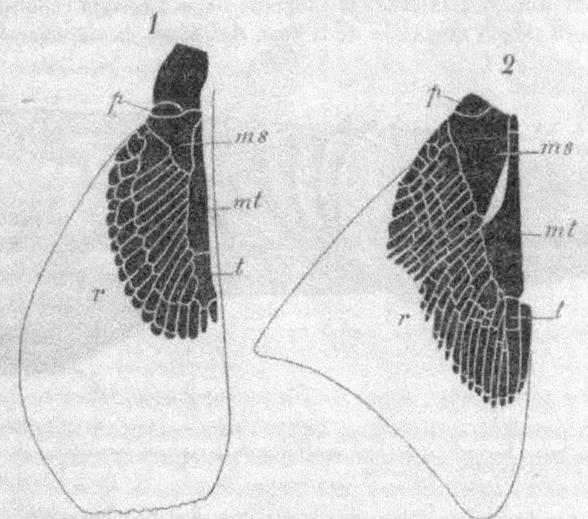

Fig. 1723. — N° 1, squelette de la nageoire pectorale d'un *Chlamydoselachus*, dans lequel les pièces basilaires forment encore sensiblement une série linéaire comme dans la fig. 1722, n° 2 (d'après Garman). — N° 2, squelette d'une nageoire d'*Heptanchus*, où la disposition des pièces basilaires en éventail commence à se substituer à la disposition linéaire sans l'effacer entièrement (d'après Wiedersheim). — p, proptérygium; ms, mésoptérygium; mt, métaptérygium; t, téloptérygium; r, rayon.

patagium avec le tronc, elle s'isole chez les Requins de manière à constituer un

organe indépendant, sauf à la base (fig. 1722, n° 2). Son squelette s'isole également
et ses rayons, rapprochés les uns des autres, se confondent à leur base en une série
de pièces dites *pièces basilaires*, qui résultent de la coalescence de leurs segments
proximaux (fig. 1723 et 1724). Ces pièces forment l'*axe principal* de la nageoire.
D'après le mode de formation même de cet axe, il ne peut tout d'abord porter de

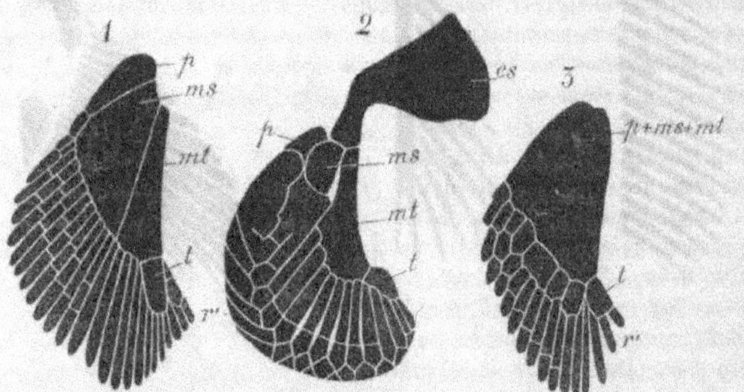

Fig. 1721. — N° 1, squelette d'une nageoire pectorale de *Squalus vulgaris*, où la disposition en éventail
des pièces basilaires est réalisée et où le téloptérygium commence à être bisérié. — N° 2, squelette
d'une nageoire pectorale de *Scylliorhinus*, où les pièces des rayons se disposent en mosaïque (Balfour).
— N° 3, squelette d'une nageoire pectorale de *Scymnus*, où les pièces basilaires sont en outre soudées
en une seule pièce. Mêmes lettres.

rayons que sur son bord externe; le squelette de la nageoire primitive est donc
unisérié. D'abord simple expansion de la peau des flancs, la nageoire s'isole peu à

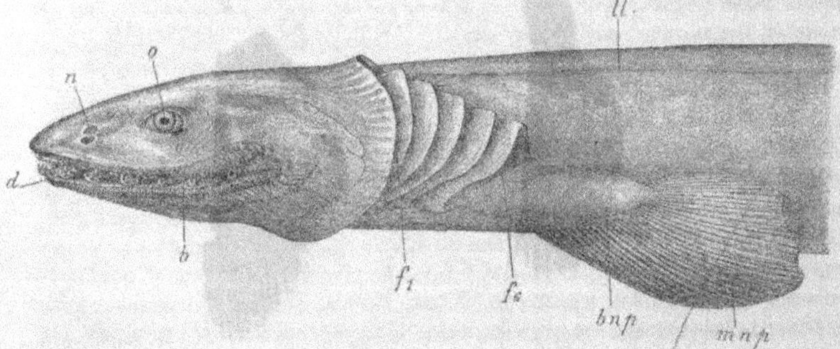

Fig. 1722. — *Chlamydoselachus anguineus* (partie antérieure vue de profil). — *d*, dents; *n*, narines; *o*, œil;
b, bouche; *f₁-f₂*, fentes branchiales; *bnp*, partie basilaire de la nageoire pectorale; *mnp*, sa partie membraneuse; *ll*, ligne latérale (d'après Garman).

peu, en commençant par son extrémité postérieure, et son axe de soutien est entraîné
à son intérieur; à mesure que son indépendance devient plus grande, des rayons
apparaissent sur son bord interne en commençant par son extrémité libre, et le
type bisérié se constitue peu à peu. D'autre part, la forme, le nombre et la disposition des pièces basilaires éprouvent dans la série des Requins des modifications
graduelles dont on est amené à chercher le point de départ dans les formes de

Sélaciens les plus primitives, c'est-à-dire chez les *Cladoselachus* (fig. 1722, n° 3), fossiles du carbonifère de l'Ohio [1]. Conformément aux indications de l'embryogénie, le squelette de la nageoire pectorale consistait ici en une série de pièces qui étaient contenues dans la paroi même du corps et qui portaient des rayons cartilagineux non segmentés, s'étendant jusqu'au bord libre de la nageoire (fig. 1722, n° 1). Ces rayons étaient serrés les uns contre les autres et parfois bifurqués à leur extrémité libre.

Les *Chlamydoselachus*, qui représentent le type le plus primitif des Élasmobranches actuels, s'éloignent peu de cette condition; leur nageoire pectorale s'est écartée de la paroi du corps comme si un repli de la peau s'était enfoncé en dedans de la série des pièces basilaires (fig. 1725 et 1726) [2]. En conséquence, les pièces basilaires ont été localisées dans la nageoire; de leur origine même il résulte qu'elles y sont disposées parallèlement à l'axe longitudinal du corps, le long du bord interne de la nageoire, et elles ne portent de rayons que sur leur bord externe; le squelette de la nageoire affecte ainsi strictement la disposition *unisériée* (fig. 1727). Ces pièces basilaires sont au nombre de *quatre* (fig. 1723, n° 1 et 1727), placées *linéairement* l'une derrière l'autre; les noms de *propterygium*, *mésoptérygium*,

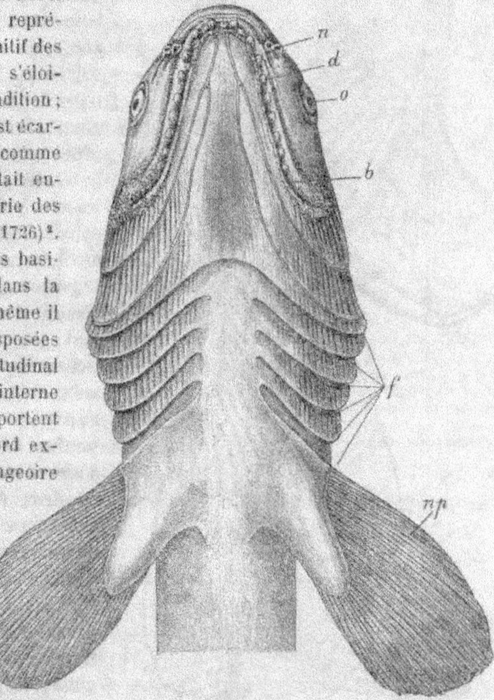

Fig. 1726. — Région antérieure de *Chlamydoselachus anguineus*, vue en dessous. — *n*, narines; *d*, dents; *o*, œil; *b*, bouche; *f*, fentes branchiales; *np*, nageoires pectorales (d'après Garman).

métaptérygium, proposés par Gegenbaur pour la région des nageoires à laquelle elles servent respectivement de base, conviennent parfaitement aux trois premières; la quatrième, qui est pour le moins aussi constante, mérite d'être également distinguée et peut recevoir le nom de *téloptérygium*. Nous restreindrons d'ailleurs ces déno-

---

[1] B. DEAN, *Journal of Morphology*, vol. IX, p. 87-114, 1894.
[2] On remarquera que la traction des muscles abducteurs de la nageoire a pu suffire pour entraîner les pièces basilaires hors de la paroi du corps et amener la formation d'une sorte de palmure reliant les pièces ainsi écartées aux flancs; la transformation de la palmure en un repli de séparation a pu être le résultat d'un simple résorption de la première; suivant le principe de Lamarck, il y a eu ici transformation du membre par l'usage qu'en a fait l'animal, par *automorphose*.

minations aux pièces basilaires, qui seules ont une importance morphologique, à l'exclusion des rayons dont elles représentent les segments basilaires coalescents. Le *proptérygium* des *Chlamydoselachus* [1] est une pièce elliptique, à grand axe transversal (fig. 1727, *prp*); il est articulé sur toute sa longueur avec l'arc scapulaire d'une part, avec le mésoptérygium de l'autre. Le *mésoptérygium* (*msp*) a la forme d'un triangle équilatéral dont la base serait tournée en avant; le *métaptérygium* et le *téloptérygium* sont des baguettes allongées. Sur environ le tiers de sa longueur, le métaptérygium s'accole au côté interne du mésoptérygium. Les rayons sont courts; le téloptérygium en porte cinq; dont les trois internes sont simples, les deux suivants divisés en trois segments; le métaptérygium en porte sept, tous trisegmentés; sur le mésoptérygium on compte d'abord deux rayons supportant une même pièce cartilagineuse qui correspond à leur deuxième segment confondu; puis une grande pièce trapézoïdale qui paraît résulter de la soudure de trois rayons, car au-devant d'elle se trouvent six pièces, disposées en deux rangées qui correspondent exactement aux deux articles terminaux de trois rayons. Cette disposition fondamentale est déjà notablement modifiée chez les Notidanidæ (fig. 1723, n° 2), par suite de l'élargissement dans le sens transversal du méso- et du métaptérygium; le premier devient ainsi trapézoïdal; le deuxième s'élargit en triangle à son extrémité distale, en même temps qu'il s'allonge à son extrémité proximale en un pédoncule bisegmenté qui vient s'articuler avec la ceinture; le téloptérygium demeure en forme de baguette. Mais la nageoire s'étant écartée du corps et ayant ainsi la possibilité de s'élargir de ce côté, le rayon terminal du téloptérygium a passé sur son côté interne, indiquant ainsi un commencement de disposition bisériée; tous les rayons se sont d'ailleurs allongés et la plupart sont divisés en quatre segments. La disposition des pièces basilaires acquise chez les

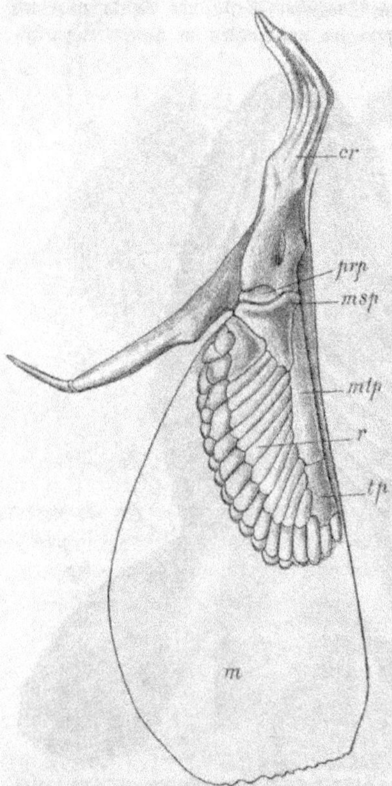

Fig. 1727. — Nageoire pectorale gauche du *Chlamydoselachus*, vue en dessus. — *cr*, coraco-scapulaire; *prp*, proptérygium; *msp*, mésoptérygium; *mtp*, métaptérygium; *tp*, téloptérygium; *r*, rayons; *m*, partie membraneuse de la nageoire (d'après Garman).

---

[1] Garman, *Chlamydoselachus anguineus, a living species of cladodont Shark*, Bulletin of the Museum of comparative Zoology, Cambridge, Mass., vol. XII, n° 1, 1885.

NOTIDANIDÆ s'accentue chez les autres Sélaciens. Le proptérygium s'allonge d'ordinaire, se segmente et prend les caractères des rayons suivants (fig. 1724, n° 1, p, p, et 1728); le méso- et le métaptérygium (*ms*, *mt*) sont de grandes pièces trapézoïdales qui s'articulent largement avec la ceinture et dont la disposition primitive linéaire est ainsi masquée; le téloptérygium (*mt'*) demeure en forme de baguette située sur le prolongement du bord interne du métaptérygium; mais les rayons qu'il porte prennent, par rapport à lui, une disposition nettement bisériée. Le nombre de rayons portés par les pièces basilaires est extrêmement variable; le mésoptérygium ne porte qu'un rayon chez les *Pristiurus*, deux chez les *Hemiscyllium*, quatre chez les *Scylliorhinus*, dix chez les *Heptanchus*, onze chez les *Squalus* (fig. 1728), etc. Ces pièces se soudent en une grande pièce unique chez les *Scymnorhinus* (fig. 1724, n° 3). Les rayons eux-mêmes peuvent se diviser en segments dont le nombre varie d'une espèce à l'autre pour le même rayon; les segments basilaires des rayons voisins peuvent eux-mêmes se souder en plaques polygonales plus ou moins volumineuses (*Scylliorhinus*, fig. 1724, n° 2, *Galeus*, *Squatina*, etc.), d'où résulte une grande variété dans l'aspect du squelette.

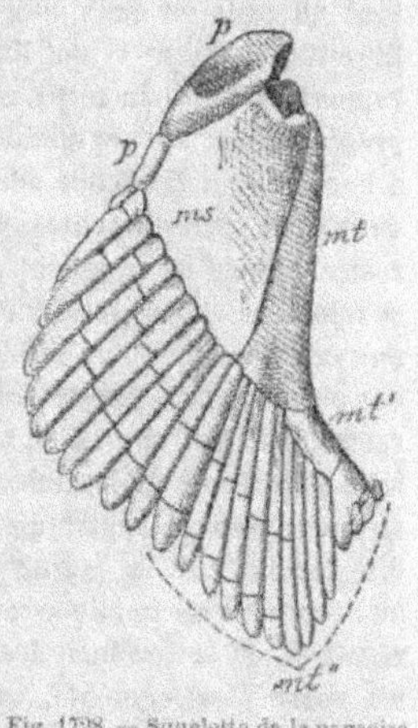

Fig. 1728. — Squelette de la nageoire pectorale du *Squalus vulgaris*, vu par la face inférieure. — *p*, proptérygium; *ms*, mésoptérygium; *mt*, métaptérygium; *mt'*, téloptérygium; *mt''*, rayons cartilagineux du méta- et du téloptérygium (d'après Gegenbaur).

Le squelette des nageoires pectorales des *Squatina* indique clairement que l'insertion tout à fait longitudinale de ces nageoires n'est pas ici un caractère hérité du *patagium* primaire, mais une modification secondaire, d'ailleurs peu considérable, de l'insertion oblique propre aux Requins. Ce squelette ne diffère guère de celui des *Squalus*, par exemple, que parce que le bord libre distal du proptérygium et du métaptérygium se sont allongés, si bien que le bord antérieur du premier, le bord postérieur du second sont devenus concaves pour suivre cette élongation. Le proptérygium, qui chez les Requins se rétrécit de son extrémité proximale à son extrémité distale, s'élargit, au contraire, et se rapproche de la forme du métaptérygium, tout en demeurant moins développé que lui; il porte de nombreux rayons sur son bord distal.

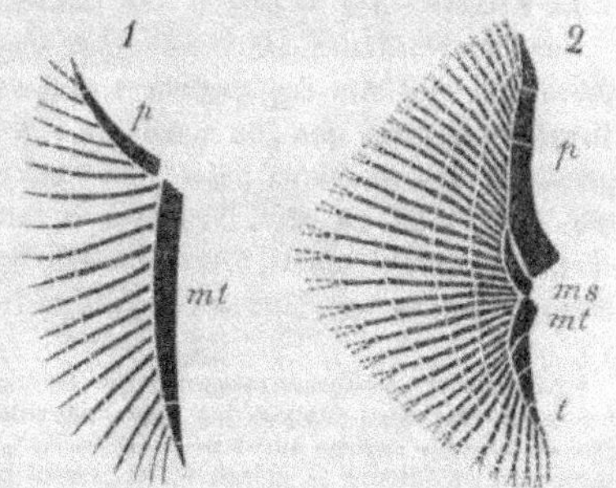

Fig. 1729. — Schéma de la formation du squelette cartilagineux des nageoires pectorales des Raies. — N° 1, le proptérygium, *p*, s'allonge et se porte en avant. — N° 2, état réalisé chez les Torpilles (*Torpedo*); *p*, proptérygium; *ms*, mésoptérygium; *mt*, métaptérygium.

Le téloptérygium est formé de plusieurs segments, et les rayons qu'il porte sont comme d'habitude bisériés.

Il suffit d'exagérer encore ces dispositions pour réaliser dans tous ses détails le squelette des nageoires pectorales des Raies, qui apparaît ainsi, à son tour, comme une modification de celui des Requins. Ici le proptérygium et le métaptérygium se sont allongés en deux longues baguettes courbées et amincies à leur extrémité libre (fig. 1729, n° 1) qui limitent intérieurement la nageoire proprement dite par rapport à la paroi du corps, avec laquelle elle paraît extérieurement en continuité. Le proptérygium, encore moins développé que le métaptérygium chez l'embryon, arrive à l'égaler chez les Raies adultes et dépasse sa longueur chez les Torpilles, où tous deux sont plurisegmentés ; les deux proptérygium se prolongent de chaque côté du rostre, auquel ils se relient par des ligaments. Chez les *Trygon* ils arrivent même à se rejoindre et à se souder l'un à l'autre ; ils portent de nombreux rayons. Le mésoptérygium est toujours réduit et souvent divisé en plusieurs pièces ; le nombre de ces pièces paraît être de deux chez les *Torpedo* (fig. 1729, n° 2, *ms*), mais la postérieure peut être aussi bien attribuée au métaptérygium qu'au mésoptérygium ; il y a trois pièces mésoptérygiales chez les *Myliobatis*, une seule chez les *Raja* où plusieurs rayons mésoptérygiens demeurés libres viennent derrière elle s'articuler directement sur la ceinture scapulaire. Cette particularité, qu'elle soit primitive ou secondaire, implique évidemment que les pièces basilaires de la nageoire résultent de la soudure des segments proximaux des rayons. Le métaptérygium est aussi plurisegmenté, mais comme le téloptérygium est forcément placé sur son prolongement, en raison de la coalescence de la nageoire avec la paroi du corps, l'apparence segmentée de la pièce qui représente leur ensemble doit lui être au moins en partie attribuée. Tandis que chez les Requins et les Chimères les rayons cartilagineux sont courts et remplacés par des filaments cornés dans une grande partie de la nageoire, les rayons cartilagineux multiarticulés des Raies s'étendent jusqu'au bord libre de la nageoire et ne laissent subsister que des traces de filaments cornés.

Le squelette des nageoires des Chimères diffère peu de celui des Requins.

Par l'intermédiaire des PLEURACANTHIDÆ, il est même possible de rattacher à ce dernier le squelette des nageoires pectorales des *Ceratodus* et par conséquent des DIPNÉS, nageoires que l'on considère souvent à tort comme représentant la forme primitive des membres pairs [1]. Les pièces basales du squelette des *Xenacanthus* (fig. 1730) sont, en effet, disposées en série linéaire comme chez les *Chlamydoselachus*. Le proptérygium (*b*), comme chez le *Chlamydoselachus*, ne porte pas de rayons ; le mésoptérygium (*ms*), bien développé, porte un rayon latéral unique, plurisegmenté,

[1] Gegenbaur (*Anatomie comparée des Vertébrés*, 1898, et Mémoires antérieurs) considère les membres pairs comme des arcs branchiaux modifiés qui se seraient éloignés de la tête et dont les rayons auraient constitué la partie libre du membre, tandis que l'arc lui-même serait devenu la ceinture. Le rayon médian se serait d'abord développé au point que les autres se seraient fixés sur lui, constituant ainsi pour la nageoire un support *bisérié* tel que celui du *Ceratodus* et des Dipnés ; puis la disposition bisériée se serait limitée à l'extrémité du rayon principal par la disparition des rayons internes basilaires. Le rayon principal se serait alors raccourci de nouveau, de manière qu'un certain nombre de ses rayons externes basilaires seraient revenus se fixer directement sur la ceinture scapulaire ; le 1er de ces rayons aurait constitué le *proptérygium*, les rayons suivants le *mésoptérygium* et le rayon principal, muni de ses rayons externes et internes, après avoir constitué toute la nageoire (*archiptérygium*), n'en représenterait plus que la partie interne, le *métaptérygium*. Cette interprétation ingénieuse, pour l'époque où elle a été conçue, est presque exactement l'inverse de ce que démontre aujourd'hui, avec l'embryogénie, toute la morphologie rationnelle des Vertébrés.

comme le proptérygium des Squalus; ne fût-ce qu'en raison de ses dimensions on peut considérer comme un métaptérygium la pièce suivante (*mt*), qui en porte trois, tous situés sur son bord externe; dès lors le reste de la nageoire représente le téloptérygium. Les quatre premiers rayons du téloptérygium (*t*) se soudent encore deux à deux à leur base, en quoi l'on peut voir une persistance des phénomènes de soudure qui ont amené chez les Sélaciens et les Raies la constitution d'un métaptérygium; mais les pièces basilaires de ses autres rayons gardent leur individualité et forment simplement ensemble un axe rectiligne de quatorze pièces dont les cinq dernières peuvent être considérées comme formant un rayon terminal. La nageoire étant devenue plus

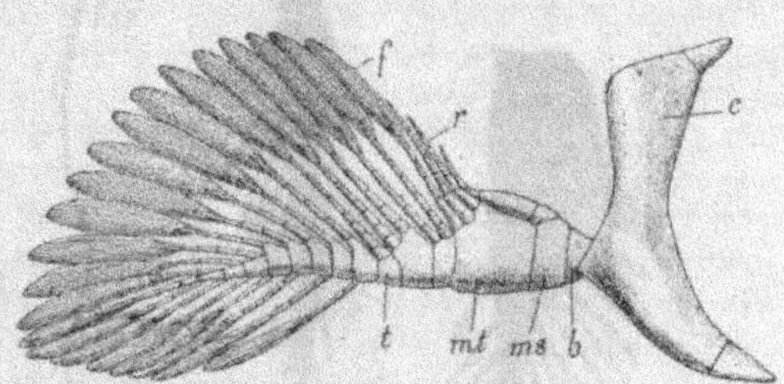

Fig. 1730. — Nageoire antérieure droite de *Xenacanthus Decheni*, de la période carbonifère. — *c*, ceinture scapulaire divisée en trois pièces; *b*, proptérygium; *ms*, mésoptérygium; *mt*, métaptérygium; *t*, téloptérygium; *r*, rayons des nageoires; *f*, filaments cornés qui leur font suite (d'après Fritsch).

indépendante par rapport à la paroi du corps, les rayons qui, chez les Requins, avaient commencé à apparaître sur le bord interne du téloptérygium, se montrent sur des pièces plus rapprochées de la base de la nageoire, et celle-ci affecte de la sorte une disposition bisériée sur une plus grande partie de son étendue (fig. 1732, n° 9). La nageoire du *Ceratodus* ayant acquis une indépendance plus grande encore

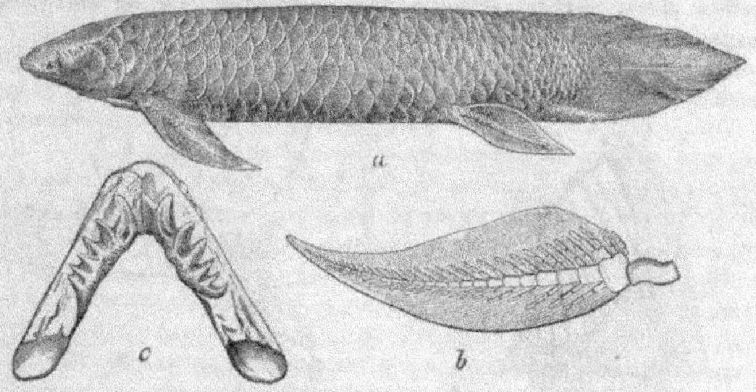

Fig. 1731. — *a*, *Ceratodus miolepis*; *b*, sa nageoire pectorale (d'après Günther); *c*, mâchoire inférieure et plaques dentaires de *Ceratodus Forsteri* (d'après Kufft).

(fig. 1731 et 1732, n° 2) par suite d'un commencement d'élongation du proptérygium, la disposition bisériée s'étend même au mésoptérygium. Les pièces basilaires des cinq ou six paires de rayons qui font suite à ce mésoptérygium se soudent irrégulièrement et se disposent en mosaïque; les suivantes, qui sont de beaucoup les plus nombreuses, se disposent strictement en série linéaire. La réduction des rayons caractérise la nageoire des *Protopterus* (fig. 1732, n° 3); leur disparition, celle des *Lepidosiren*.

La nageoire se modifie dans une tout autre direction chez les Ganoïdes et les Téléostéens. Peu à peu le squelette cartilagineux se réduit, en même temps que

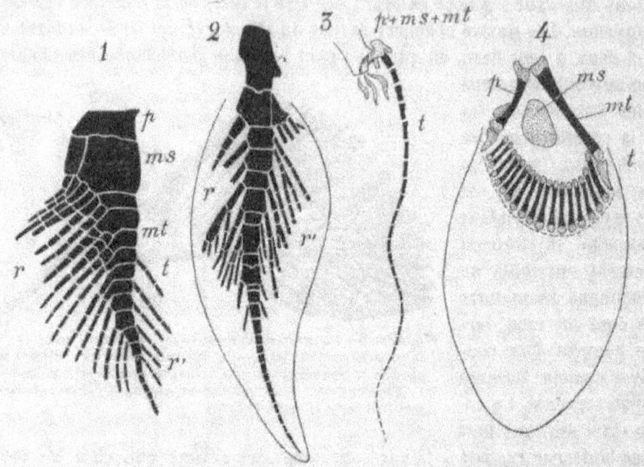

Fig. 1732. — Formation des nageoires chez les Dipnés et les Crossoptérygiens. — N° 1, schéma d'une pectorale de *Xenacanthus Decheni*. — N° 2, schéma d'une pectorale de *Ceratodus*. — N° 3, schéma d'une pectorale de *Protopterus*. — N° 4, schéma d'une pectorale de *Polypterus*. — *p*, proptérygium; *ms*, mésoptérygium; *mt*, métaptérygium; *t*, téloptérygium; *r, r'*, rayons. — Dans la figure 4, les parties noires sont revêtues d'un étui osseux.

de petites pièces osseuses apparues dans le tégument sur les deux [faces de la nageoire donnent naissance aux *rayons osseux*. Ces rayons, d'abord segmentés (*rayons mous*), peuvent se

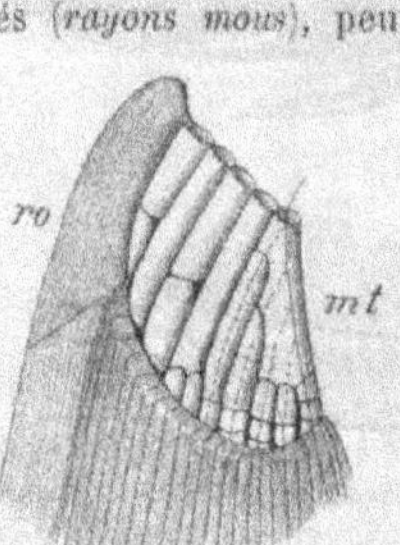

Fig. 1733. — Squelette cartilagineux de la nageoire pectorale du Sterlet (*Acipenser ruthenus*). — *ro*, rayon osseux extérieur représenté seulement en partie; *mt*, méta- et téloptérygium.

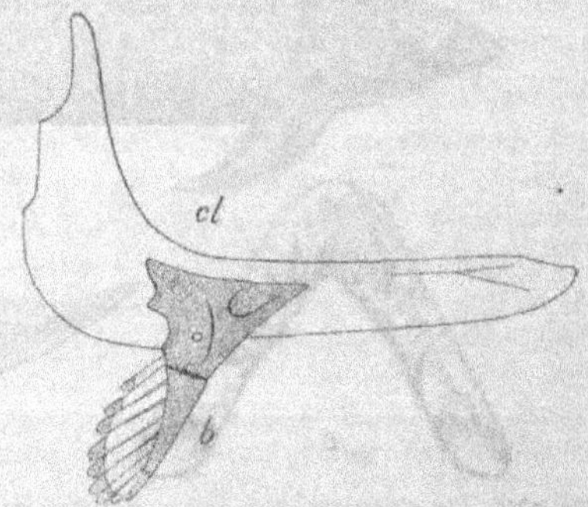

Fig. 1734. — Ceinture scapulaire et nageoire primitive d'*Amia*. — *cl*, paraclavicule; *b*, pièce basale.

transformer en *aiguillons* rigides par la soudure de toutes leurs pièces constitutives[1]. Le squelette cartilagineux de la nageoire pectorale est encore, chez les

[1] Cette transformation n'affecte jamais que les premiers rayons mous, plus exposés que les autres à des pressions ou à des chocs, ceux dont l'animal, lorsqu'il est menacé, tend tout l'appareil musculaire pour se protéger; cet appareil a pu se transformer par la suite

Chondrostéens, très voisin de celui des Élasmobranches. Cinq pièces cartilagineuses s'articulent directement avec la ceinture scapulaire chez l'*Acipenser ruthenus* (fig. 1733); les quatre premières, parfois divisées en deux segments, peuvent être considérées comme de simples rayons, et ces rayons sont presque semblables; la pièce interne est beaucoup plus large que les précédentes; elle porte deux rayons sur son bord externe, trois sur son bord postérieur; on peut l'interpréter soit comme un téloptérygium, soit comme la somme d'un métaptérygium et d'un téloptérygium. Chez l'*A. sturio*, le premier rayon est plus large que les autres; il paraît, tout au moins chez les *Spatularia*, représenter deux rayons sondés, car il n'y en a plus que deux entre lui et le téloptérygium. Chez les *Amia* (fig. 1734), il n'existe plus qu'une seule pièce basilaire, placée près du bord interne de la nageoire et portant sur son bord externe seulement une rangée de rayons indivis et continus; deux de ces rayons s'articulent directement avec la ceinture; tous présentent un revêtement osseux qui ne laisse libre que leur extrémité, et l'ossification envahit même complétement la pièce basilaire chez les *Lepidosteus*; ici les rayons sont représentés par une rangée transverse de petites pièces osseuses, suivies d'autant de cartilages qui s'avancent très peu dans la nageoire entièrement soutenue par son squelette secondaire.

Parmi les Crossoptérygiens fossiles, les Holoptychidæ et les Rhizodontidæ ont de longues nageoires paires dont le squelette interne cartilagineux a été mal conservé, mais dont la forme externe rappelle de très près celle des nageoires des Dipnés actuels et surtout des *Ceratodus*. Il est donc permis de penser que les nageoires courtes et arrondies des Cœlacanthidæ également fossiles et des Polyptéridæ n'est qu'une modification de ces dernières, modification dont les nageoires des *Undina*, fossiles du kimméridgien de Bavière, représentent un stade inférieur, et celle des *Polypterus* actuels (fig. 1732, n° 4) un stade plus avancé. Dans les nageoires pectorales de l'*Undina penicillata*, type de la famille des Cœlacanthidæ, autour d'une plaque cartilagineuse basilaire se disposent des rayons ossifiés, rayonnants, à peu près semblables entre eux, tels que ceux qu'on obtiendrait si toutes les pièces de l'axe de la nageoire d'un *Ceratodus* se confondaient en une seule, les rayons, réduits à leur premier segment, gardant leur indépendance et venant se placer en éventail autour de la plaque unique. Cette plaque se retrouve chez les *Polypterus* (fig. 1732, n° 4), mais les deux rayons extrêmes (p, mt) s'accolent sur toute leur longueur à ses bords, se rapprochent à leur base au point de se toucher et entrent seuls en articulation avec la ceinture. La plaque a ainsi la forme d'un triangle dont le bord convexe porte les rayons; ceux-ci sont couverts d'un étui osseux qui ne laisse libres que leurs extrémités, et supportent à leur extrémité distale une rangée de petits cartilages; la plaque est elle-même ossifiée dans sa partie centrale.

Il est encore possible de reconnaître cette disposition fondamentale chez les Siluridæ. Chez le *Malopterurus electricus* par exemple (fig. 1733), autour d'une très petite plaque cartilagineuse triangulaire se groupent huit rayons, ossifiés dans leur région moyenne et de taille très inégale; en raison de la petitesse de la plaque cartilagineuse centrale, cinq rayons seulement (r_3 à r_8) convergent vers elle; les trois

en un ligament élastique qui s'est ossifié; le principe de Lamarck suffit encore à expliquer cette transformation à laquelle on a certainement attaché trop d'importance dans la nomenclature.

autres, dont le plus interne (r_1) est rudimentaire, tout en s'orientant comme les précédents, n'arrivent pas à l'atteindre et s'articulent directement avec la ceinture scapulaire (fig. 1735). Dans les divers types de SILURIDÆ le nombre des rayons ou *pièces basales* varie de huit à trois. Chaque rayon osseux est, en général, suivi d'une ou deux séries longitudinales de petits cartilages qui représentent les rudiments des segments des rayons.

La pièce centrale disparaît chez tous les TÉLÉOSTÉENS, mais les basales, en avant desquelles se trouve un premier rayon secondaire, demeurent allongées chez la plupart des Physostomes, où leur nombre se réduit à quatre; ce nombre demeure

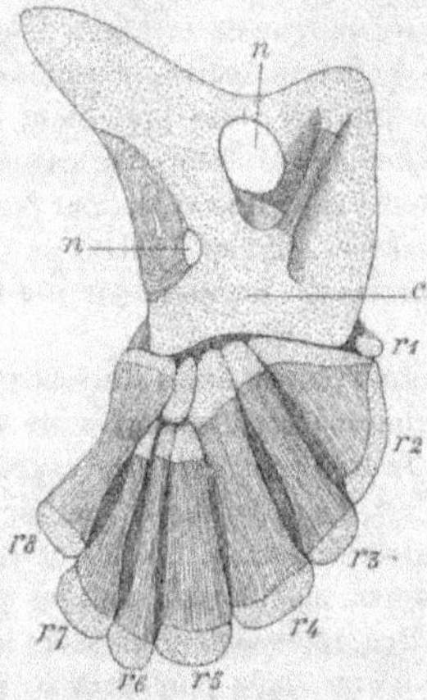

Fig. 1735. — Squelette fondamental de la nageoire pectorale et ceinture scapulaire de *Malopterurus electricus*. — *c*, ceinture scapulaire; *n*, trous pour le passage des nerfs; r_1, r_8; rayons en partie recouverts d'un étui osseux (d'après Sagemehl).

Fig. 1736. — Nageoire pectorale d'un LOPHIIDÉ (*Corynolophum*). — *c*, ceinture scapulaire; *r*, *r'*, les deux rayons primaires allongés de la nageoire; *rs*, rayons secondaires (d'après Goud et Bean).

presque constant chez les Téléostéens. Les pièces basales présentent leur maximum d'allongement chez les LOPHIIDÆ; mais en même temps se réduisent à trois chez les ONCHOCEPHALINÆ, CERATIINÆ, ANTENNARIINÆ, à deux chez les LOPHIINÆ (fig. 1736, *r*, *r'*); dans cette famille, ces pièces sont souvent mobiles sur la ceinture basilaire et les rayons sont également mobiles sur elles, de manière que la nageoire se coude comme une patte, et peut servir à marcher. Chez la plupart des autres TÉLÉOSTÉENS les pièces basilaires, primitivement mobiles sur la ceinture, perdent cette mobilité; c'est par l'articulation des rayons avec elles que la mobilité de la nageoire est réalisée chez la plupart des ACANTHOPTÈRES (fig. 1737, n° 2), et finalement il peut s'établir une véritable suture non seulement entre ces pièces, mais entre elles et la ceinture (PERISTHETIDÆ, fig. 1737, n° 1; AGONIDÆ), à laquelle elles se substituent en partie (GOBIIDÆ, fig. 1737, n° 4). Le squelette secondaire, d'origine dermique, constitué par les *rayons osseux* devient ainsi presque l'unique appareil de soutien de la nageoire.

Les rayons osseux présentent dans leur nombre, leur mode de segmentation et de bifurcation d'innombrables modifications qui fournissent d'importants caractères

pour la définition des genres et qui sont par conséquent énumérés dans la partie
systématique. Ils apparaissent déjà chez l'Esturgeon, où ils sont représentés par des
séries irrégulières, à peu près parallèles, de petites plaques osseuses qui vont en
s'amoindrissant de la base au sommet de la nageoire. Ces séries se régularisent chez
les Ganoïdes osseux et forment ainsi les rayons, fréquemment dichotomisés à leur
extrémité, des nageoires; le plus souvent la longueur et l'épaisseur des rayons
diminuent du bord antérieur au bord postérieur de la nageoire. Chez l'Esturgeon,
le premier rayon prend un développement considérable (fig. 1733, ro) et se transforme en une sorte d'aiguillon qui passe au devant du premier rayon cartilagineux
en se moulant sur sa surface externe et arrive ainsi jusqu'à la ceinture basilaire.
On retrouve un rayon semblable dans la nageoire pectorale du *Lepidosteus* et de
l'*Amia*, mais il englobe dans sa base le rudiment du premier rayon du squelette

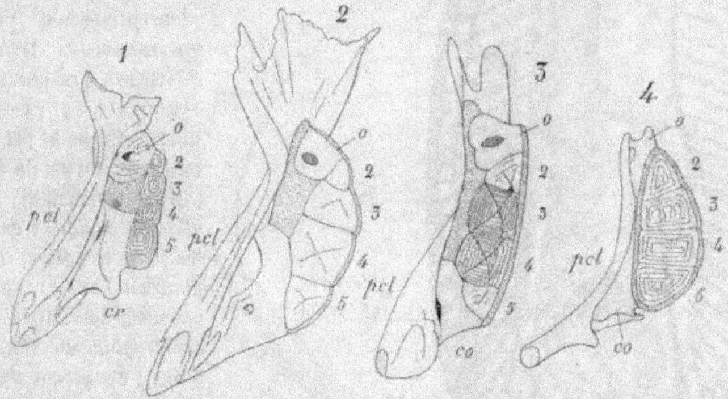

Fig. 1737. — Ceinture scapulaire et squelette primaire de la nageoire pectorale : 1° du *Peristethus cataphractus*; 2° du *Trigla hirundo*; 3° de l'*Hemitriptus acadianus*; 4° du *Gobius guttatus*. — *pcl*, paraclavicule (*cleithrum*); *co*, coracoïdien; *o*, omoplate; *2, 3, 4, 5*, pièces basilaires.

cartilagineux et s'articule franchement avec la ceinture scapulaire. Le rayon marginal se transforme également en un puissant aiguillon chez beaucoup de SILURIDÆ,
où il est même denté postérieurement (*Synodontis, Callichthys, Chætostomus, Hypo-
ptapoma, Loricaria, Acestra*). Les rayons des pectorales atteignent un développement
énorme chez les *Exocætus, Dactylopterus, Pterois* et soutiennent dans les deux
premiers genres une nageoire propre au vol. Chez les TRIGLIDÆ un certain nombre
d'entre eux s'isolent du reste de la nageoire et peuvent servir à la marche.

   Squelette des nageoires ventrales. — Contrairement à ce que nous verrons
chez les Vertébrés terrestres, les membres postérieurs des Poissons, les *nageoires*

¹ SMITH WOODWARD, *On the pelvic cartilage of Cyclobatis*, Proceed. Zool. Soc., 1888. —
WIEDERSHEIM, *Ueber das Becken der Fische*, Morph. Jahrb., Bd. VII. — OLGA METSCHNIKOFF,
Zur Morphologie des Beckens und Schülterbogen der Knorpelfische, Zeitsch. f. wiss. Zool.,
Bd. XXXIII. — DAVIDOFF, *Beiträge zur vergl. Anatomie der hinteren Gliedernasse der Fische*,
Morph. Jahrb., t. V et VI. — TRACHER, *Ventral fins of Ganoids*, Trans. of the Connecticut
acad., vol. IV, 1878. — GEGENBAUR, *Das Skeletder Gliedmassen in Allgemeins und der
Hintergliedmassen der Selachier in Besonderen*, Jenaische Zeitschrift, Bd. V. — OSCAR
HUBER, *Die Koputations gleider der Selachier*, Zeitsch. f. wiss. Zoologie, t. LXX, 1901.

ventrales, rendus moins actifs par l'intervention puissante de la queue dans la natation, se modifient plus lentement que les membres antérieurs, constituant les très actives nageoires pectorales, et ils gardent longtemps une forme voisine de celle du patagium primitif. C'est tout à fait le cas chez les *Chlamydoselachus* (fig. 1738). La *ceinture pelvienne* ou *bassin* est ici représentée par une bande cartilagineuse médiane, le *pelviptérygium* (*pubis*, Garman), occupant presque toute la largeur de la face ventrale (*pl*) et environ deux fois aussi longue que large Cette bande présente latéralement deux épaississements marginaux ; on peut convenir de les appeler *pleuroptérygium* (*pr*) ou *épaississements iliaques* (Garman). Les pleuroptérygiums sont prolongés postérieurement par deux pièces en forme de corne (*bp*), comprenant entre elles le cloaque ; ce sont les *basiptérygium*, qu'on pourrait aussi appeler *processus ischiatique* (*métaptérygium* de Wiedersheim) ; ces pièces s'amincissent en pointe à leur extrémité, qui est divisée en trois ou quatre segments (*hy*) formant l'*hypoptérygium*. La nageoire, adhérente au corps sur toute sa longueur, est soutenue par vingt-cinq

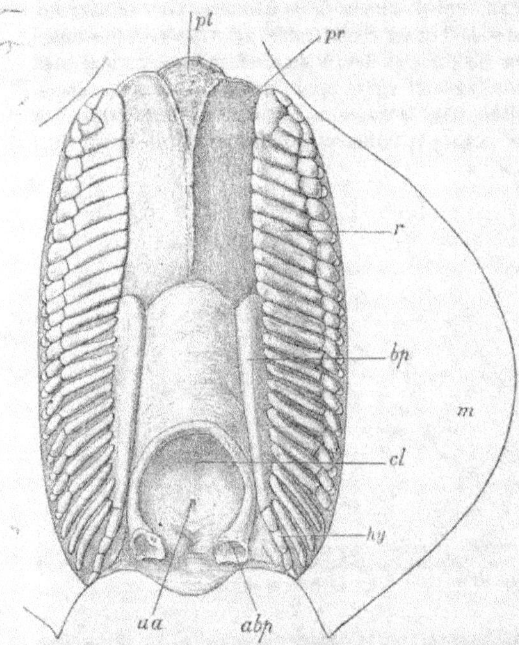

Fig. 1738. — Membres postérieurs de *Chlamydoselachus*. — *pl*, pelviptérygium ; *pr*, pleuroptérygium ; *r*, rayons fixés sur le pleuroptérygium ; *bp*, basiptérygium ; *cl*, cloaque ; *hy*, hypoptérygium ; *a*, anus ; *abp*, *m*, partie charnue de la nageoire.

rayons dont douze s'insèrent sur les bandes iliaques et treize sur les *basiptérygium* ou bandes ischiatiques. Tous les rayons sont tripartis, sauf les trois derniers, qui sont continus ; les trois premiers sont soudés à leur base.

Le pelviptérygium se raccourcit avec l'âge chez les autres Sélaciens ; il n'est plus, par exemple chez les *Heptanchus* (fig. 1739, n° 1, *p*), que le cinquième de la longueur des bandes ischiatiques (*b*) au lieu de les égaler ; dès lors les *pleuroptérygium* ne sont plus représentés que par une petite pièce séparée par une suture du pelviptérygium, et portant trois ou quatre rayons dont la région basilaire peut se souder avec elle (*Carcharias*, fig. 1739, n° 2, *pb*, *Cestracion*). Ces parties s'insèrent encore sur les côtés du pelviptérygium, qui est ainsi muni de rayons comme chez les *Chlamydoselachus* ; mais elles passent au-dessous chez les *Scyllorhinus*, et les *pleuroptérygium*, qui déjà, chez les *Cestracion*, étaient non plus au-dessus, mais sur le côté

externe des *basiptérygium* (*b*), cessent même de s'insérer sur le pelviptérygium pour
se fixer sur le *basiptérygium*. C'est la disposition qui est générale chez les Raies et
chez les Chimères. Dès lors le pelviptérygium peut s'allonger au-dessus des autres
parties de la nageoire en processus latéraux qui remontent du côté dorsal et arrivent ainsi à former une ceinture pelvienne complète. La conformation générale
du basiptérygium demeure d'ailleurs sensiblement la même, sauf que les articles
terminaux de ses rayons peuvent se souder en pièces disposées en mosaïque (*Cestracion*). Il y a tout lieu de penser que les pleuroptérygium et les basiptérygium des
Sélaciens résultent de la soudure ou de la concrescence des parties basilaires des
rayons qu'ils supportent. Une crête que porte sur la ligne médiane ventrale le
pelviptérygium (fig. 1758) indique, à son tour, que cette pièce pourrait bien résulter

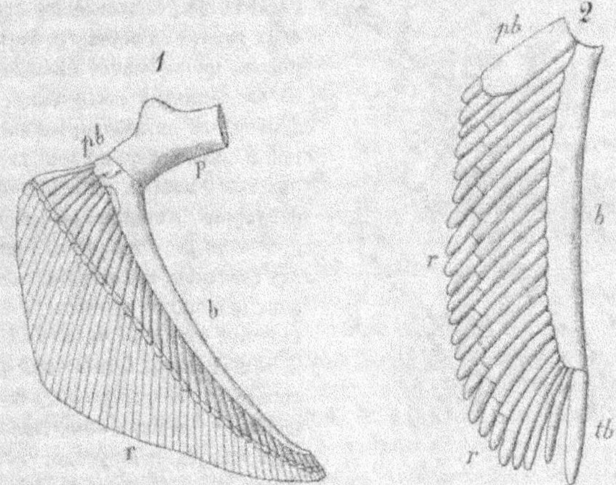

Fig. 1759. — Squelette cartilagineux d'une nageoire ventrale : 1, d'*Heptanchus* ; 2, de *Carcharias*. —
p, pelviptérygium ; *pb*, pièces basilaires et rayons correspondant au pleuroptérygium ; *b*, basiptérygium ;
tb, hypoptérygium.

de la fusion de deux pièces latérales paires qui ne seraient elles-mêmes que des
processus des *pleuroptérygium*.

En se plaçant à ce point de vue on s'explique facilement dans quels rapports
se trouvent le squelette de la nageoire des PLEURACANTHIDÆ (fig. 1742 et 1743) et
celui de la nageoire des Sélaciens. Dans le premier groupe, les segments basilaires
des rayons antérieurs se sont seuls soudés pour constituer les *pleuroptérygium*, qui
sont eux-mêmes demeurés indépendants l'un de l'autre, de sorte qu'il n'y a pas
de *pelviptérygium* ; pour les autres rayons, les segments basilaires, un peu dilatés,
se sont simplement unis par une suture de manière à constituer un axe plurisegmenté correspondant au basiptérygium des Sélaciens, des Raies et des Chimères.
Chaque segment de cet axe porte sur son côté externe un rayon plurisegmenté
simple et indépendant de ses voisins chez les *Pleuracanthus*. Chez les *Xenacanthus*
femelles, les rayons du basiptérygium se pressant les uns contre les autres,
quelques-uns des segments des rayons voisins se soudent en pièces irrégulières,
tandis que certains rayons, au contraire, se ramifient, de sorte qu'il devient difficile

de reconnaître l'arrangement primitif. Tandis que le squelette du membre antérieur présentait déjà un arrangement bisérié, celui du membre postérieur demeurait
unisérié parce que sans doute, à la façon de celui des Sélaciens et des Raies, il
était moins indépendant de la paroi du corps. Cette indépendance étant entièrement
acquise chez les *Ceratodus*, le squelette du membre postérieur devient, à son tour,
bisérié; mais sauf quelques autres modifications de détail, il conserve le type de
celui des PLEURACANTHIDÆ. Les deux pleuroptérygium se soudent en un pelviptérygium qui présente un long processus antérieur, deux processus latéraux et un
postérieur peu saillant; ils ne portent pas de rayons, pas plus que les deux pre-

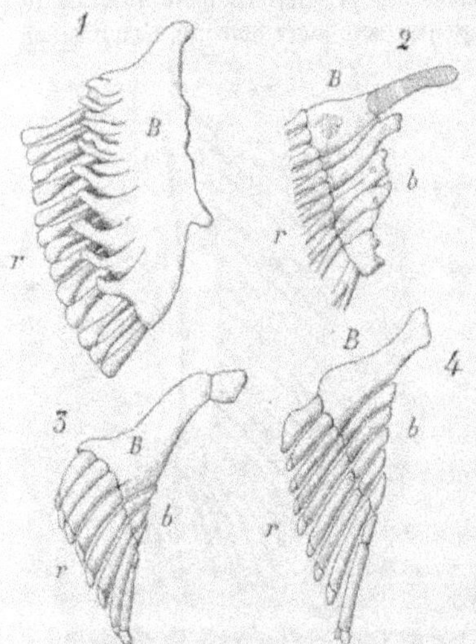

Fig. 1740. — Nageoires postérieures cartilagineuses
des CHONDROSTÉENS. — Nᵒ 1 et 2, *Polyodon folia-
sus*. — Nᵒ 3, *Scaphyrhynchus cataphractus*. —
Nᵒ 4, *Acipenser ruthenus* : *B*, pleuroptérygium;
b, puits basilaires; *r*, rayons (d'après Wiedersheim).

miers segments du basiptérygium, dont le
premier est court comme chez les PLEU-
RACANTHIDÆ; le troisième segment porte
deux rayons en dedans et trois en dehors,
plus ou moins soudés à leur base; le quatrième segment porte deux rayons en
dedans, un en dehors; les autres ne portent d'ordinaire qu'un seul rayon de chaque côté. Sauf la réduction ou l'absence
des rayons, le membre postérieur des *Lepidosiren* et des *Protopterus* reproduit celui
des *Ceratodus*, et l'on peut encore, comme
pour le membre antérieur, en trouver un
souvenir chez les *Polypterus*. C'est en effet
le seul Poisson actuel chez qui il existe
encore un *pelviptérygium*, à la vérité rudimentaire; les deux *basiptérygium*, ossifiés
dans leur région moyenne, viennent néanmoins s'y attacher, et portent quatre
rayons ossifiés également dans leur région
moyenne.

La nageoire ventrale des CHONDROS-
TÉENS est unisériée comme celle des Sélaciens; mais les rayons confluent à leur
base de manière à former une série de
pièces (*Polyodon*, fig. 1740, nᵒ 1) ou une pièce triangulaire unique (*Scaphirhynchus*)
que l'on peut comparer au *pleuroptérygium* des Sélaciens et qui est comme lui traversée par des nerfs; il n'y a pas de *basiptérygium*; les deux *pleuroptérygium* s'unissent
encore sur la ligne médiane chez les *Scaphirhynchus*; partout ailleurs ils sont séparés
et le nombre de leurs rayons peut être treize (*Polyodon*, fig. 1740, nᵒ 1), dix
(*Acipenser*, fig. 1740, nᵒ 42), etc. Ces rayons sont porteurs à leur extrémité libre
de petits cartilages représentant des segments rudimentaires; à leur point d'attache
avec le pleuroptérygium, celui-ci présente parfois (*Polyodon*, nᵒ 1) des saillies
dorsales unisériées qui peuvent être en nombre égal à celui des rayons, correspondent aux bandes iliaques des *Chlamydoselachus* et affirment ainsi l'origine métamérique du bassin des Sélaciens. Chez le *Lepidosteus* et l'*Amia* les pleuroptérygium
sont recouverts d'une gaîne osseuse dans leur région moyenne comme le basipté-

rygium du *Polypterus* dont ils rappellent la forme, mais dont ils ne paraissent pas procéder; ils se rejoignent sans se souder sur la ligne médiane et portent sur leur bord libre trois ou quatre cartilages, qui sont les restes des rayons suppléés ici, comme dans la nageoire pectorale, par des rayons osseux secondaires.

Les deux pleuroptérygium ossifiés constituent tout le bassin des TÉLÉOSTÉENS; ils ont été quelquefois, eux aussi, désignés sous le nom de *pubis*. La forme de ces os est extrêmement variable. Chez les *Salmo*, ils constituent deux pièces transverses, contiguës sur la ligne médiane et supportant deux longs prolongements antérieurs, triangulaires, qui s'affrontent par leur sommet. Ces prolongements se touchent sur toute leur longueur chez les *Perca*. Ailleurs, les deux os s'allongent, s'accolent sur la ligne médiane et peuvent porter sur leur bord antérieur un ou deux prolongements (*Arius*) dont les internes peuvent également s'affronter en suture (*Trigla*). Les rayons secondaires des nageoires s'articulent directement avec ces os. Leur nombre est beaucoup moins considérable que celui des nageoires antérieures; il oscille le plus souvent autour du nombre cinq, qui est le plus fréquent, mais peut tomber à un quand la nageoire s'atrophie. Le nombre de ces rayons a été souvent employé pour la caractéristique des genres (Voir la classification).

Adaptations spéciales des nageoires impaires. — Il arrive fréquemment qu'un certain nombre de rayons des nageoires dorsales se transforment en organes tactiles et s'isolent du reste de la nageoire (LOPHIIDÆ). Des rayons de ces nageoires deviennent assez souvent des aiguillons venimeux [1]. La queue des *Aëtobatis* est armée d'aiguillons barbelés dont les piqûres causent de vraies souffrances, quoique ces aiguillons ne soient accompagnés d'aucun appareil venimeux spécial. Des aiguillons venimeux se trouvent aussi dans la nageoire dorsale et parfois dans la nageoire anale de diverses espèces de *Doras*, *Arius*, *Bagrus*, *Pimelodus*, *Plotosus*, *Perca*, *Nephon*, *Therapon*, *Holocentrum*, *Psettus*, *Amphacanthus*, *Scorpæna* et des genres voisins; ils sont ici creusés latéralement de gouttières dans lesquelles sont logées de véritables glandes venimeuses [2], déversant isolément leur venin à la surface de l'aiguillon; il y a aussi des aiguillons venimeux dans les nageoires abdominales. Chez le *Trachinus vipera*, on observe une structure analogue dans les aiguillons de la 1re dorsale et de l'opercule. Dans les aiguillons dorsaux également cannelés latéralement des *Synanceia*, il y a près de leur extrémité deux glandes bien caractérisées, pourvues chacune d'un canal excréteur, un canal complet est creusé pour l'émission du venin dans les aiguillons dorsaux et operculaires des *Thalassophryne*.

C'est aussi le squelette de la nageoire dorsale qui fournit celui de la ventouse céphalique des *Remora*. Cette ventouse [3] consiste en un disque ovale s'étendant de l'os maxillaire supérieur à la région des nageoires pectorales; le disque est limité par un rebord saillant de tissu conjonctif revêtu d'épiderme; il est divisé en deux moitiés par un sillon médian et dans chaque moitié on compte dix-neuf peignes cornés (fig. 1741, *c*), rangés comme les lames d'une jalousie et reliés entre eux sur la ligne médiane par de forts ligaments; les peignes du milieu s'insèrent à angle droit sur la ligne médiane, les autres sont un peu inclinés symétriquement par rapport

---

[1] H. COUTURIER, *Poissons venimeux et poissons vénéneux*, 1899.

[2] D. MARIA SACCHI, *Sulla structura degli organi del Veneno della Scorpæna*, Atti della Società ligustica di Scienza naturale e geographica, 1895.

[3] NIEMIEC, *Les Ventouses dans le Règne animal*, Recueil zoologique, Suisse, t. II, 1885.

à ceux-là et vont en diminuant de longueur à mesure que l'on se rapproche des extrémités du grand axe de l'ellipse ; ces lames sont dirigées en arrière, de sorte que la natation du poisson sur lequel est fixé le Rémora tend à les redresser et à rendre la fixation plus solide. La ligne médiane du disque est occupée par les interépineux de la nageoire dorsale (*a*), élargis latéralement en deux lobes osseux symétriques ; ils sont unis par une puissante membrane longitudinale. Entre deux interépineux consécutifs on voit une lame osseuse transversale, l'*os trabéculaire* (*b*), logeant l'interépineux dans une dépression médiane ; cette lame décrit de chaque côté de la ligne médiane d'abord une courbe à concavité postérieure, puis se divise en deux lobes : l'un (*c'*) interne, petit, l'autre externe (*b*), très allongé ; les plans de ces deux lobes sont un peu obliques l'un sur l'autre. Les dents du peigne sont portées par des pièces spéciales (*c*) appuyées par une sorte de *manche*,

Fig. 1744. — Une partie de la ventouse céphalique de l'*Echeneis remora* ; à gauche les muscles ont été conservés ; à droite, ils ont été enlevés de manière à laisser apparaître les parties du squelette. — *a*, os interépineux ; *b*, os trabéculaire ; *l*,*l'*, lobes externe et interne des os trabéculaires ; *c*, porte-dents ; *c*, leurs prolongements dorsaux ; *r*,*r'*,*r''*, muscles redresseurs des porte-dents ; *t*, *m*, rotateurs des trabéculaires ; *i*, muscles secondaires de la lame conjonctive intermédiaire ; *m*, muscles marginaux ; *v*, vaisseaux (d'après Niemier).

d'une part sur le lobe latéral de chaque interépineux, d'autre part sur le grand lobe de la lame transversale ; passant entre le grand lobe et le petit, elles se meuvent avec ces pièces. Il est bien vraisemblable que les interépineux représentent seuls les rayons de la nageoire dorsale et que l'origine des pièces transversales doit être cherchée dans une modification des écailles [1].

Les pièces solides de la ventouse sont unies par deux catégories de muscles, les *élévateurs des peignes* (*r' r' r''*), les *rotateurs des os trabéculaires* (*tm*).

Les premiers forment trois groupes principaux ; ils s'insèrent tous sur le manche du peigne par une de leurs extrémités, mais divergent à partir de ce point, pour s'insérer sur la membrane médiane, sur tous les tissus dermiques latéraux de la région céphalique, et sur un cordon ligamentaire qui court longitudinalement sur la ligne médiane de chaque moitié du disque. Les muscles rotateurs des os trabéculaires s'insèrent d'une part sur le tissu conjonctif qui enveloppe les os et d'autre part sur les os nasaux, frontaux et pariétaux qui ont pris pour le recevoir une forme concave vers le haut et constituent tous ensemble une sorte de cuvette. Les os scapulaire et suprascapu-

---

[1] Cette interprétation est rendue vraisemblable par le fait que divers Poissons, notamment plusieurs Silurides, ont un appareil ventral d'adhérence formé principalement soit de plis longitudinaux (*Euglyptosternum*), soit de plis transversaux de la peau (*Pseudechenéris*), cet appareil est situé entre les nageoires pectorales.

laire sont également modifiés. De nombreux vaisseaux et des nerfs qui affectent les dispositions fondamentales de ceux des nageoires dorsales, confirment l'homologie de la partie antérieure de cette nageoire avec le disque des Rémora.

La nageoire anale se transforme de son côté chez les mâles d'une partie des CYPRINODONTIDÆ en un organe de copulation dont le mode de fonctionnement est encore mal connu.

Adaptations spéciales des nageoires paires. — Les nageoires ventrales des PLEURACANTHIDÆ, des SÉLACIENS et des HOLOCÉPHALES acquièrent chez les mâles des

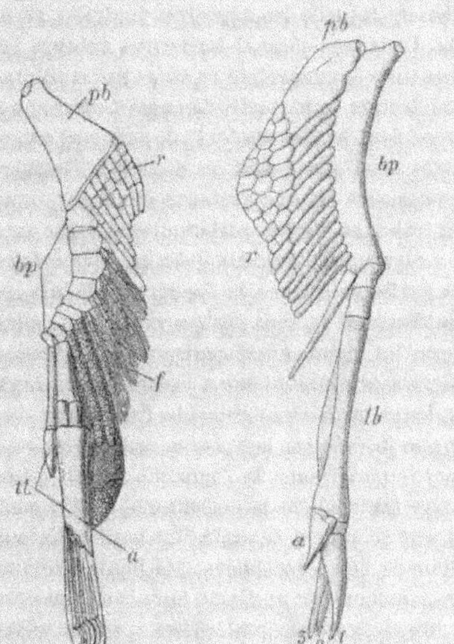

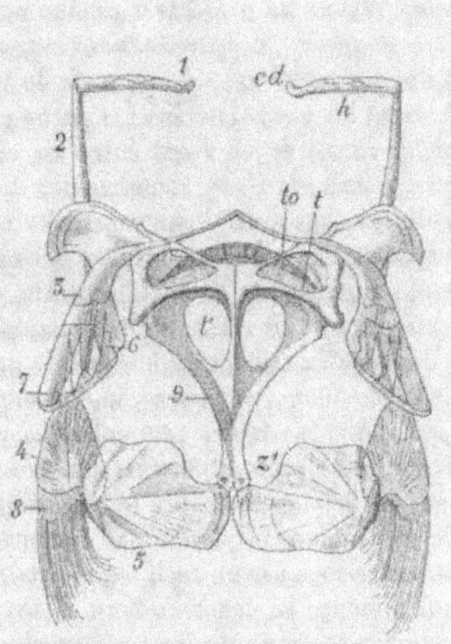

Fig. 1742. — Nageoire postérieure gauche munie de son *mixiptérygium* d'un *Xenacanthus Decheni*, mâle. *pb*, pleuroptérygium; *r*, rayons de la pièce basale; *bp*, basiptérygium; *f*, filaments cornés portés par les rayons; *tb*, hypoptérygium transformé en myxiptérigium (d'après Fritsch).

Fig. 1743. — Nageoire postérieure droite et myxiptérigium de *Cestracion Philippii*. Mêmes lettres.

Fig. 1744. — Ensemble du squelette des nageoires du *Lepadogaster Gouanii* vu en-dessous. — 1, suprascapulaire. — 2, scapulaire. — 3, huméral. — 4, caracoïdien antérieur. — 5, caracoïdien postérieur. — 6, cubital. — 7, radial. — 8, rayons de la pectorale. — 9, os de la ventrale. — *cd*, condyle du scapulaire s'articulant avec l'occipital externe; *h*, tubercule d'attache du ligament scapulo-crânien; *t, t'*, trous inférieur et supérieur de la pyramide tronquée de l'os de la ventrale; *z*, tubérosité fixant la gaine de l'adducteur des caracoïdiens postérieurs (d'après Guitel).

dispositions spéciales; elles présentent un lobe interne, allongé, dont le squelette est constitué par l'hypoptérygium et qui constitue un organe d'accouplement. Le basiptérygium porte comme d'habitude des rayons. L'hypoptérygium, modifié en vue de sa nouvelle fonction, se nomme *mixiptérygium*. Chez les Sélaciens, l'hypoptérygium (fig. 1743, *tb*) du mâle s'allonge faiblement encore chez les *Hexanchus* et les *Scymnorhinus* beaucoup plus dans les types plus récents; il est formé de deux courts segments et d'un segment très allongé portant à son extrémité trois ou quatre appendices terminés en pointe. Chez les Chimères, l'organe est plus modifié; le bassin porte dans sa région médiane, sur son bord antérieur, deux organes en forme de raquette, denticulés; le asiptérygium porte au-dessous d'une apophyse saillante environ 14 rayons et l'hypoptérygium est formé de deux longs segments dont le dernier esttrifurqué. Enfin, chez les Pleuracanthidæ, l'axe et son dernier rayon se terminent respectivement par un long appendice en forme de spatule (fig. 1742, a). Le *mixiptérygium* fait défaut chez les Chondrostéens et tous les autres Poissons.

Les Gobiidæ, Gobiesocidæ et Cyclopteridæ peuvent adhérer aux roches et aux algues par une ventouse à la constitution de laquelle les nageoires ventrales prennent une part plus ou moins importante. Chez les *Gobius* et les formes voisines les ventrales sont simplement soudées en une sorte de cornet fixé au corps par sa pointe; leurs rayons ne présentent aucune modification importante. Chez les Gobiesocidæ (*Lepadogaster*)[1], l'appareil adhésif comprend deux parties situées l'une derrière l'autre. La partie antérieure est une sorte de large demi-cercle dont les nageoires ventrales forment les bords latéraux; la partie postérieure est une ventouse circulaire, complète, encastrée en avant entre les ventrales et bordée postérieurement par une frange membraneuse, soutenue par des rayons cartilagineux qui n'ont rien à faire avec les nageoires. Pour constituer la partie antérieure de l'appareil adhésif, les ventrales (fig. 1744, b), dirigées horizontalement, se sont portées en dehors; elles sont soutenues par un aiguillon caché sous les téguments et quatre rayons articulés bien visibles; en avant, les deux nageoires sont réunies l'une à l'autre par un repli tégumentaire saillant dans lequel se prolonge la gaine fibreuse de l'adducteur des deux aiguillons; en arrière, une membrane insérée sur le 4e rayon articulé les rattache au 3e rayon des pectorales. La partie postérieure de l'appareil adhésif ou la ventouse proprement dite est attachée aux coracoïdiens postérieurs (5) dont le contour se dessine à travers le tégument sur sa région centrale. Le bord antérieur de la ventouse est formé par l'adducteur de ces coracoïdiens; les bords latéraux et postérieurs par un repli tégumentaire, soutenu par une lame fibro-cartilagineuse qui prolonge en dehors le bord osseux des coracoïdiens postérieurs et supporte les rayons marginaux du bord postérieur de la ventouse. Vers les deux angles antérieurs de la ventouse postérieure, la face supérieure du fibro-cartilage marginal se prolonge en un *fibro-cartilage interventousaire* qui va se fixer à la base et à la face interne des rayons inférieurs de la pectorale (3, 7; 4, 8) qui est ainsi doublement reliée à l'appareil adhésif. Sauf dans sa région centrale, l'épiderme de l'appareil adhésif présente une épaisse cuticule, divisée par des sillons en plaques hexagonales.

Chez les Cyclopteridæ, ce sont les nageoires ventrales elles-mêmes qui forment le disque adhésif dont la région centrale est soutenue par le squelette profondément modifié de ces nageoires. Les pectorales s'unissent en une sorte de collerette en avant du disque. Pour soutenir celui-ci les os du pubis se sont étendus en avant et élargis, en même temps qu'ils se sont excavés sur leur face inférieure; ils sont contigus par leur bord interne et relié dans leur région antérieure par un fort ligament; chacun d'eux porte sur sa face supérieure deux apophyses dont l'une le relie à la clavicule, tandis que l'autre sert d'attache aux muscles ventraux.

[1] F. Guitel, *Recherches sur les Lepadogaster*, Archives de Zoologie expérimentale, 1re série, 1888.

Les rayons, au nombre de six sur chaque pubis, sont portés sur le bord externe de leur face ventrale et envoient une apophyse vers le centre du disque; ces rayons sont segmentés chez les très jeunes individus; mais les segments s'effacent plus ou moins sur les rayons antérieurs des adultes. Ce squelette soutient une ventouse circulaire, à bords épais et libres, circonscrivant un espace dans lequel les extrémités des rayons s'accusent par des tubercules saillants. Cuvier avait autrefois réuni les Poissons dont les nageoires paires peuvent ainsi se transformer en organes de fixation en un groupe très artificiciel, celui des DISCOBOLES.

Musculature des parois du corps[1]. — Comme celle de l'*Amphioxus*, la musculature des parois du corps des Vertébrés les plus inférieurs, les MARSIPOBRANCHES, est strictement métamérisée (fig. 1745). Chaque *segment musculaire*, *myomère* ou *myotome*, correspondant à un segment de Ver annelé est séparé de ses voisins par une cloison conjonctive, *myocomme* ou *myosepte*, qui correspond elle-même au dissépiment du Ver. Les segments musculaires ne présentent d'interruption latérale que dans la région branchiale; leur interruption est un espace fusiforme dans lequel sont situés les orifices branchiaux (K_1, K_2) et qui s'étend du deuxième au seizième myomères. Dans cette région on peut distinguer un demi-myomère dorsal et un demi-myomère ventral; un demi-myomère ventral correspond quelquefois à deux demi-myomères dorsaux, ce qui arrive même chez les Vers annelés. Les myomères s'inclinent en avant, au niveau des lignes médianes dorsale et ventrale et cette inclinaison est très forte pour les demi-myomères dorsaux antérieurs; il en résulte que l'extrémité antérieure de ces myomères dépasse les organes de l'ouïe et de la vue, et arrive jusqu'à la capsule nasale. Bien que dans la région céphalique cette musculature demeure superficielle, on ne saurait conclure de l'inclinaison des myomères qui la constituent que c'est une musculature empruntée au corps. En effet, en se reportant à l'explication donnée p. 2384 de

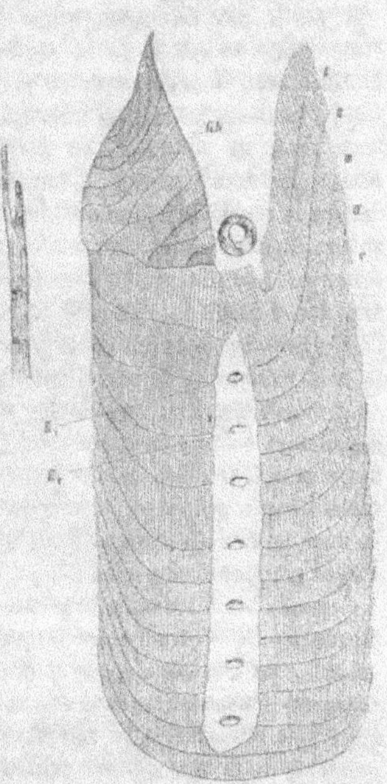

Fig. 1745. — Muscles pariétaux dans la région antérieure du corps d'un *Petromyzon marinus*. — *I, II, III*, myomérides dorsaux successifs. — *Gk*, muscle ventral antérieur qui se fixe sur les cartilages buccaux; *o*, œil; K_1, K_2, orifices branchiaux. — A gauche de la figure une coupe longitudinale un peu plus grossie pour montrer les tendons par lesquels les muscles longitudinaux s'insèrent sur la membrane basilaire (d'après Schneider).

la position du squelette péribuccal en avant de la capsule crânienne, on voit que les causes qui ont déterminé cette position ont dû nécessairement aussi provoquer l'incli-

[1] KILLIAN, *Zur Metamerie des Selachier Kopfes*, Verhandl. der Anat Gesellschaft, V. — C. RABL, *Ueber Metamerie des Wirbelthierkopfes*, ibid., VI. — J.-W. VAN VIHE, *Ueber die Mesodermsegmente des Selachierkopfes*. Abh. der k. Akademie der Wissenschaften zur Amsterdam. — GEGENBAUR, *Vergleichende Anatomie der Wirbelthiere*, 1898.

naison en avant des demi-myomères dorsaux, et la formation de la capsule crânienne en limitant les mouvements de la région correspondante de la tête a déterminé l'atrophie des couches musculaires le plus immédiatement en rapport avec elles, ne laissant subsister que les couches superficielles. Le développement de l'appareil lingual et celui des parties branchiales n'ont d'ailleurs déterminé que de faibles altérations de la disposition primitive. Le système musculaire des branchies est, en effet, presque indépendant de la musculature générale avec laquelle se trouve seul en rapport l'anneau cartilagineux tout à fait superficiel qui entoure les orifices branchiaux.

A partir des ÉLASMOBRANCHES le développement croissant du crâne entraîne l'immobilité complète de la région céphalique et par conséquent l'atrophie des muscles que devrait produire la moitié dorsale des myotomes correspondants. Ce qui en reste fournit les muscles moteurs de l'œil. Les muscles de la région ventrale sont, au contraire, en partie conservés et se répètent métamériquement comme les arcs viscéraux [1]. Chacun de ces derniers est muni d'un *adducteur* qui occupe la région médiane des deux segments moyens de l'arc, au voisinage de leur suture. Encore faibles chez les NOTIDANIDÆ, ils sont beaucoup plus développés chez les autres Requins où des fossettes sont ménagées dans l'arc pour les recevoir. Ces muscles se modifient en avant, en raison des fonctions particulières que remplissent l'*arc maxillaire* et l'*arc hyoïdien*. Les muscles de l'arc maxillaire sont innervés par le *nerf trijumeau*; ils se relient intimement au groupe de muscles qu'innerve le *nerf facial*; viennent ensuite les muscles des autres arcs branchiaux auxquels se distribuent les rameaux du *nerf glosso-pharyngien* et du *nerf vague*. Comme ces muscles des arcs branchiaux ont conservé mieux que tous les autres la disposition métamérique primitive, il convient de les décrire tout d'abord, et de les prendre comme termes de comparaison pour apprécier les modifications subies par les autres groupes de muscles.

Comme chez les Marsipobranches, chaque segment se divise en une moitié dorsale et une moitié ventrale entre lesquelles sont les ouvertures branchiales; mais ici ces orifices sont très développés et limitent à la région médiane de la face ventrale les segments musculaires dont les rudiments dorsaux ont presque disparu. Lorsque les fentes branchiales se rétrécissent, il apparaît une musculature nouvelle indépendante de la musculature primitive. Un premier groupe de ces derniers muscles de la région branchiale est constitué par les *constricteurs superficiels* dorsaux et ventraux (fig. 176, tj_1, tj_5). Ces muscles, évidemment d'origine métamérique, forment chez les *Heptanchus* une couche continue assez mince qui s'étend de la région postérieure du crâne jusqu'à la lame aponévrotique des muscles latéraux dorsaux, tapisse au-dessus de l'épithélium la paroi des poches branchiales et se relie du côté ventral à une aponévrose superficielle qui va en se rétrécissant en avant; ils s'attachent d'autre part à la membrane tendineuse de l'épaule par des pointes nombreuses qui passent entre les fibres musculaires longitudinales développées dans cette région. Les muscles constricteurs s'attachent en outre à chacun des deux segments moyens des arcs branchiaux. Chez certains Sélaciens à fentes branchiales réduites, les fibres de la couche externe du constricteur prennent une direc-

---

[1] J. CHAINE, *Anatomie comparée de certains muscles sus-hyoïdiens*, Bulletin scientifique du Nord, 1900.

tion nettement transversale, et, dans le prolongement des fentes branchiales, des
lignes tendineuses correspondant à la région où se sont fusionnés les bords primitivement libres des fentes divisent le constricteur en bandes parallèles; les couches
superficielles et les couches profondes du muscle primitif se trouvent ainsi spécia-
lisées. Les dernières constituent un *muscle interbranchial* qui se fixe en partie sur
les arcs branchiaux proprement dits, en partie sur les cartilages dépendant des
rayons qui forment les arcs branchiaux externes.

En dehors de ces muscles, qui demeurent affectés à un même arc branchial, des
muscles spéciaux relient les arcs les uns aux autres, formant un *système musculaire
épibranchial*; les uns, très nets chez les *Squalus* et les *Scymnorhinus*, unissent entre
eux les segments pharyngo-branchiaux de deux arcs consécutifs; d'autres partent
de chaque épibranchial et se bifurquent pour se rendre d'une part au pharyngo-

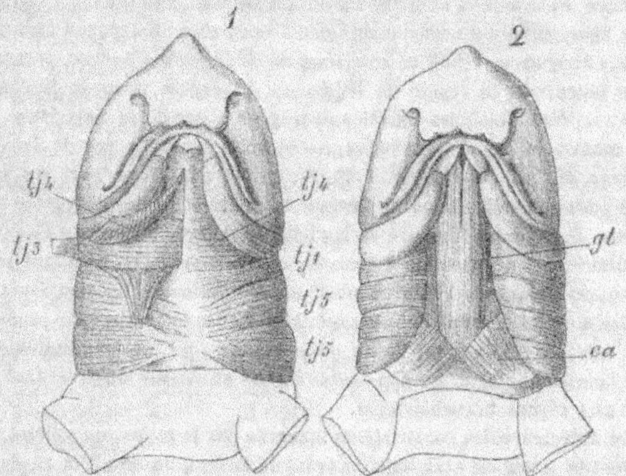

Fig. 1746. — Muscles sus-hyoïdiens du *Scylliorhinus canicula*. — N° 1, couche superficielle; *tj₁*, feuillet
superficiel du transverse jugulaire (abaisseur du rostre, Moreau); *tj₃*, son feuillet hyoïdien; *tj₄*, son
feuillet mandibulo-hyoïdien; *tj₅*, son feuillet branchial. — N° 2, couche profonde : *gl*, sterno-hyoïdien;
ca, portion basilaire du coracoïdien (d'après J. Chaine).

branchial du même arc, d'autre part au pharyngo-branchial de l'arc suivant. Des
muscles spinaux impairs (NOTIDANIDÆ) ou pairs (SELACHIIDÆ) se trouvent aussi
dans la région subvertébrale des arcs branchiaux; ils manquent chez les BATIDÆ.
Les muscles épibranchiaux spinaux forment un système indépendant du constricteur et qui n'est plus innervé par les nerfs céphaliques. Au contraire, une partie des
muscles de la tête dérive directement de ce constricteur. Les muscles innervés par
le *glosso-pharyngien* et par le *vague* sont à peine modifiés chez les Esturgeons, mais
ils peuvent prendre chez les autres Poissons des dispositions variées; parmi eux
se retrouvent constamment cependant deux *élévateurs des arcs branchiaux*.

La partie du constricteur innervée par le *facial* appartient à l'arc hyoïde. Elle est
séparée de celle qui appartient à l'arc maxillaire par l'évent et présente déjà chez
les Sélaciens des dispositions presque identiques à celles des arcs branchiaux qui
suivent. Une partie seulement de la couche superficielle du constricteur se porte

directement en avant; l'autre se divise au niveau de l'articulation de la mâchoire en une branche dorsale et une branche ventrale. La branche dorsale se rend au palato-carré, constituant un *élévateur de la mâchoire supérieure*; ses fibres profondes s'insèrent sur l'hyomandibulaire. La branche ventrale, plus ou moins nettement séparée de la dorsale, contribue à former entre les deux branches de la mâchoire inférieure un *intermandibulaire* que renforcent des fibres issues de l'hyoïde. Chez les Raies un *élévateur* et un *abaisseur du rostre* (fig. 1746, *tj₁*) se différencient en outre, respectivement aux dépens des régions dorsale et ventrale du constricteur. Chez les Chimères la partie la plus superficielle du constricteur dorsal correspond à la région de l'opercule; elle devient indépendante de l'arc hyoïdien; elle s'attache à la région palatoquadratique du crâne ainsi qu'à la mandibule et se continue avec une lame aponévrotique résistante, couvrant la partie antérieure du crâne; la couche profonde demeure fixée à l'hyoïde et se divise en deux faisceaux, l'un dorsal, l'autre ventral. La portion hyoïdienne du constricteur fournit aussi chez l'Esturgeon un *muscle operculaire* qui s'attache au crâne et un *rétracteur de l'hyomandibulaire*, antagoniste du *protracteur* fourni par la région du trijumeau. La région ventrale du constricteur fournit de son côté plusieurs muscles analogues à ceux des Sélaciens. Chez les GANOÏDES OSSEUX et les TÉLÉOSTÉENS, les muscles innervés par le facial sont : 1° l'*adducteur de l'arc palatin* (fig. 1749, *E*), qui se fixe d'une part sur la région latérale du para-sphénoïde, d'autre part sur le méta- et l'ento-ptérygoïde ou même sur la partie de l'hyomandibulaire de laquelle se détache en arrière l'*adducteur de l'hyomandulaire*; 2° un ensemble de *muscles operculaires* (D, O) résultant de la division du muscle unique de l'Esturgeon; 3° un *rétracteur de l'hyomandibulaire* placé en avant des muscles operculaires; 4° un faible *intermandibulaire* plus profondément situé que celui des Sélaciens; 5° un *génio-hyoïdien* qui va longitudinalement de l'hyoïde à la mandibule; 6° un *hyo-hyoïdien* situé au-dessus du précédent et allant de l'hyoïde aux rayons branchiostèges.

La région antérieure des constricteurs innervée par le *trijumeau* s'étend, en effet, sur les côtés de la région occipitale en avant de l'évent, en avant et au-dessous de la première poche branchiale; elle s'attache en se rétrécissant sur la surface médiane de la portion quadratique du palato-carré ou de la mâchoire supérieure. Les faisceaux de ce muscle se fixent sur la surface externe de la région palatine et fonctionnent comme un *élévateur de la mâchoire supérieure*. Presque confondu avec le constricteur chez les *Heptanchus*, ce muscle s'individualise chez d'autres Requins; la région du constricteur voisine de l'évent peut aussi constituer (*Scymnorhinus*) des muscles spéciaux, les *muscles du cartilage de l'évent*. De même l'*adducteur de la mandibule* (feuillet superficiel du transverse jugulaire de Chaine, fig. 1746 n° 1, *tj₁*) correspond aux *adducteurs des arcs* (moitié dorsale des constricteurs); chez les *Heptanchus* la surface supérieure d'insertion est limitée à la région quadratique et à la région voisine du cartilage palato-carré; elle envahit la région médiane de ce cartilage chez les *Squalus* et les *Scymnorhinus*; inférieurement ce muscle s'attache sur la surface externe de la mandibule, et sa ligne d'insertion, très étendue en avant chez les *Heptanchus*, se limite à la moitié postérieure de la mandibule chez les *Squalus*. De l'adducteur de la mandibule et du palato-carré naît encore chez les *Heptanchus* un petit muscle qui se continue en une lame membraneuse dirigée en avant et représente vraisemblablement le reste d'un constricteur qui

couvrait primitivement tout l'arc maxillaire. Chez les *Squalus* on trouve encore une
mince couche musculaire dans une lame aponévrotique qui recouvre la surface de
l'adducteur de la mandibule et se rattache en arrière à une ramification du constricteur de l'arc hyoïde. Des muscles s'attachent aussi aux cartilages labiaux et affectent
chez les Raies des dispo-
sitions variées. Enfin au
domaine du trijumeau
appartient encore chez
les Sélaciens le *muscle
rétracteur de la paupière*.
La réduction du squelette
péribuccal de l'Esturgeon
va naturellement de pair
avec une réduction de
l'appareil musculaire ;
mais les muscles sont ici
nettement séparés et l'on
distingue : 1° un *adduc-
teur des mâchoires*; 2° un
*constricteur de l'arc
maxillaire* fixé sur la
saillie préorbitaire ; 3° un
*prétracteur de l'hyoman-
dibulaire*. La présence de

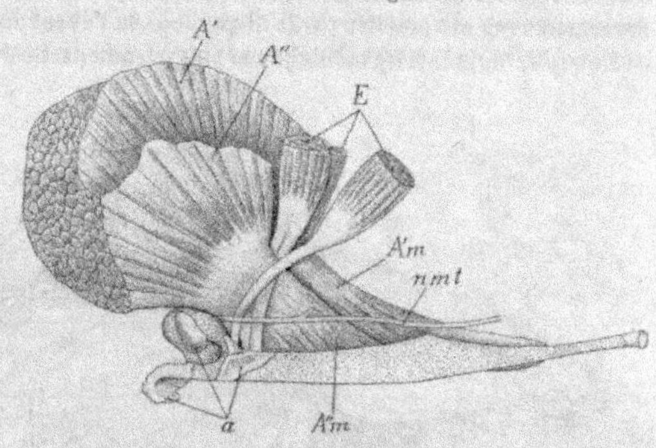

Fig. 1747. — Vue latérale du côté externe du cartilage de Meckel de
l'*Amia*, des muscles et des nerfs qui lui correspondent. — A, lame
superficielle divisée en trois sections du muscle adducteur de la mandibule; Am, sa portion mandibulaire; nt, rameau inférieur du nerf
trijumeau ; nmt, son rameau mandibulaire interne; F, deux des branches de l'élévateur de la mandibule; nit, branche du rameau inférieur
du trijumeau; C, cartilage de Meckel; a, osselets de Bridge (d'après
Phelp Allis).

pièces osseuses dérivées de la carapace céphalique déter-
mine chez les GANOÏDES OSSEUX et les TÉLÉOSTÉENS une subdivision des muscles
primitifs due à ce que leurs fibres s'orientent différemment suivant la position des pièces dont
elles déterminent le
déplacement. Déjà
l'adducteur de la
mandibule se divise
chez le *Polypterus*;
on y reconnaît chez
l'*Amia* trois parties
(fig. 1747, 1748 et
1749, A, A', A", Am)
qui préparent la spé-
cialisation des mus-
cles *masséter*, *tem-
poral* et *ptérygoïde*,
diversement déve-
loppés chez les Té-

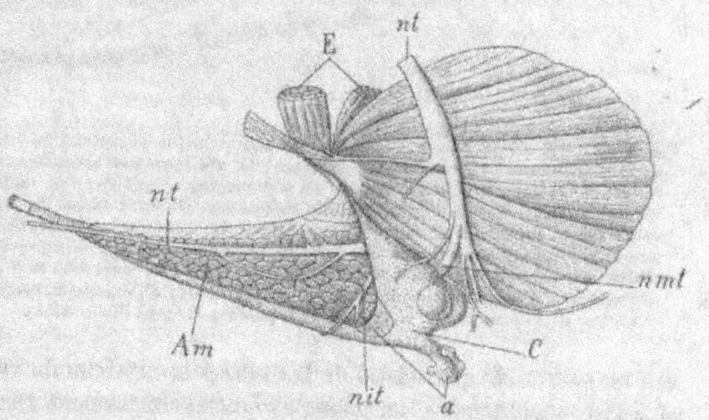

Fig. 1748. — Les mêmes parties vues du côté interne. — Mêmes lettres ; celles
qui sont accentuées indiquent les mêmes organes que celles qui ne le sont
pas, mais des parties différentes (d'après Phelp Allis).

léostéens. En général, la partie profonde du muscle primitif envoie un petit tendon
terminal sur le cartilage de Meckel, et prend son point d'attache principal sur l'os
dentaire; mais son insertion s'étend à d'autres parties de la mandibule. Dans la
couche superficielle se manifestent des différenciations très variées; les os infraor-

bitaires eux-mêmes pouvant servir d'attache aux muscles de l'appareil maxillaire et acquérir de ce fait un grand développement (CATAPHRACTA). Le développement de l'appareil operculaire entraîne à son tour des modifications dans la disposition des muscles. Une différenciation superficielle des protracteurs de l'hyomandibulaire des Esturgeons rendue possible par la disparition de l'évent donne naissance au *dilatateur de l'opercule* (fig. 1749, D), tandis que la plus grande partie du muscle devient l'*élévateur*

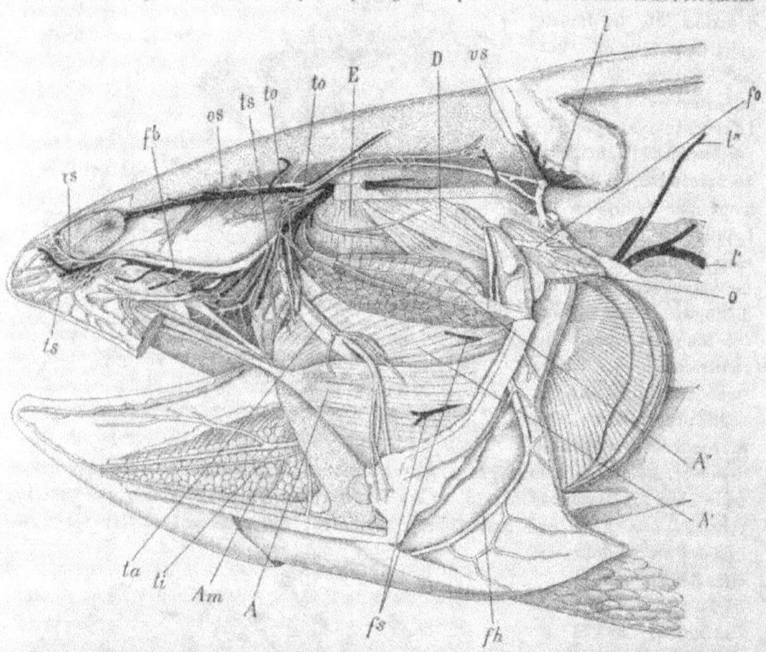

Fig. 1749. — Profil de l'*Amia*. — *fo*, rameau ophthalmique superficiel du trijumeau; *ts*, rameau supérieur du nerf trijumeau; *ti*, son rameau inférieur; *ta*, ses branches accessoires; *fb*, rameau buccal du nerf facial; *fh*, rameau byoïdien du facial; *fo*, son rameau operculaire; *fs*, rameau du facial se rendant aux organes sensitifs des joues; *rs*, branche supratemporale de la racine du vague; *os*, branches du rameau ophtalmique superficiel se rendant aux organes des sens du canal supraorbitaire; *l*, branches du nerf latéral se rendant aux organes des sens de la commissure supratemporale; *l'*, branches du même destinées aux organes des sens supraorbitaires; *l''*, branches du même nerf pour les organes de la ligne latérale; A A' A'' Am, muscle adducteur de la mandibule; *E*, muscle élévateur de l'arc palatin; *D*, muscle dilatateur de l'opercule; *O*, adducteur de l'opercule (d'après Phelp Allis).

de l'*arc palatin* (E) qui s'étend de la saillie post-orbitaire du crâne au métaptérygoïde et à l'hyomandibulaire, ou même aboutit exclusivement à ce dernier os (*Cyprinus*).

Les limites des myomérides des GANOIDES OSSEUX et les TÉLÉOSTÉENS apparaissent sur les téguments sous la forme de lignes brisées (1750) présentant chacune un angle dorsal à ouverture dirigée en avant et un angle ventral à ouverture dirigée en arrière. Le long de la *ligne latérale* formée par les sommets de ces angles ventraux sont distribués des organes sensitifs; mais en outre cette ligne marque l'insertion sur les téguments d'une cloison conjonctive longitudinale qui, en arrière des branchies, divise les myomérides en un segment dorsal et un segment ventral.

Il est vraisemblable que cette division des myotomes est due à ce que la moitié
dorsale du système musculaire trouve en avant sur le crâne un point d'appui
beaucoup plus ferme que celui fourni par la ceinture scapulaire à sa moitié ventrale; il en résulte dans la façon de se mouvoir de ces deux moitiés une différence
qui a pu amener leur séparation. Quoi qu'il en soit, la cloison conjonctive apparaît
déjà chez les Sélaciens, au contact du tégument, et s'enfonce de plus en plus dans

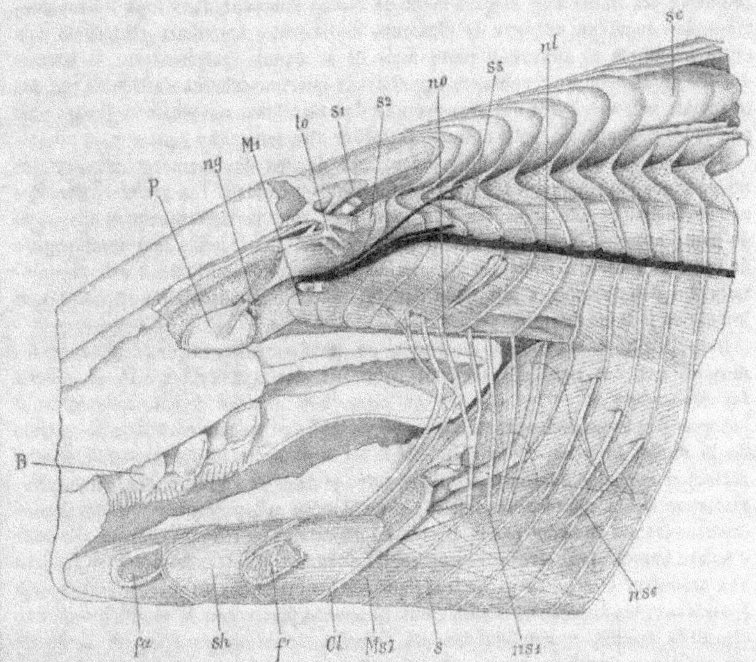

Fig. 1750. — Vue latérale de la région occipitale et de la région antérieure du tronc d'une *Amia* adulte.
Les arcs branchiaux, sauf leur extrémité ventrale et les os de la région correspondante ont été enlevés.
f, f', flagellums antérieur et postérieur; *Sh*, muscles sternohyoïdiens; *Cl*, clavicule; M_1-M_7, myomérides;
S_1-S_3, septums; *sc*, cul-de-sac résultant de la courbure de chaque septums entre les myomérides; ns_1-ns_8,
branches ventrales des nerfs spinaux; *P*, os pétreux; *ng*, nerf glossopharyngien; *no*, branches ventrales
des nerfs occipitaux; *nl*, grand nerf de la ligne latérale; *lo*, élévateur de l'opercule; *B*, arcs branchiaux
(d'après Phelp Allis).

la couche musculaire; à mesure qu'elle se développe, le nerf latéral, d'abord superficiel, devient lui-même de plus en plus profond, s'abritant toujours dans son
épaisseur [1]. Les cloisons de séparation des myomérides sont elles-mêmes fortement
concaves en avant aussi bien pour le segment dorsal que pour le segment ventral;
ces segments ont, en conséquence, la forme de cônes emboités les uns dans les
autres. Une même section transversale intéresse plusieurs de ces cônes, dont les

[1] M. Fürbringer, *Die spinoccipital Nerven der Selachiern und Holocephalen und ihrer
vergleichende Morphologie*, Festschrift, Bd. III. — H.-V. Neal, *The development of the Hypo-
glossusmusculatur in Petromyzon and Squalus*, Anat. Anzeiger, Bd. XIII.

contours apparaissent dès lors comme des circonférences concentriques comprises entre deux séries, l'une dorsale, l'autre ventrale, d'arcs superposés (fig. 1706 à 1711, *m.* p. 2415 et suiv.). Ces circonférences correspondant aux segments dorsaux et ventraux sont presque symétriques dans la région caudale ; dans le tronc, la disposition des muscles ventraux est naturellement très modifiée par la présence des viscères. Dans les segments dorsaux la direction des fibres musculaires est toujours longitudinale ; ces fibres sont sensiblement de même longueur dans tous les myomérides. Les segments dorsaux de plusieurs myomérides antérieurs s'attachent à la crête occipitale et aux épiotiques ; mais ils se fixent également sur la surface dorsale de la ceinture scapulaire. Les cloisons intermusculaires s'attachent par des ligaments aux apophyses des arcs dorsaux des vertèbres, mais les couches les plus profondes des muscles peuvent aussi s'attacher directement au squelette.

Des muscles spéciaux se différencient aux dépens des segments dorsaux des myomérides pour mouvoir les nageoires dorsale et caudale. Les premiers vont des pièces basilaires des nageoires aux rayons et sont métamériquement disposés ; de petits muscles superficiels viennent s'y ajouter. Les seconds sont accompagnés de muscles ventraux, issus des myomérides correspondants. Enfin des bords latéraux des deux segments procèdent des différenciations musculaires spéciales tout le long de la ligne latérale.

Dans la région antérieure du corps, on peut répartir en deux groupes les muscles qui sont issus des segments ventraux des myomérides : 1° les *muscles hypobranchiaux* et 2° les *muscles du tronc*. Les muscles hypobranchiaux sont innervés par les branches ventrales du *nerfs spinaux* ; ils couvrent la face ventrale de la région branchio-céphalique. Chez les *Heptanchus* ils forment une couche partant d'une lame conjonctive qui recouvre le cœur et s'attache à la région coracoïdienne de la ceinture scapulaire ; cette couche est parcourue par des lignes tendineuses qui finissent par la diviser en digitations se rendant chacune à la base d'un arc branchial (*m. coraco-branchiaux,* fig. 1746, *ca*) ; d'autres faisceaux se rendent aux branchies et sont en partie traversés par les insertions du *constricteur des arcs branchiaux* ; les faisceaux les plus longs viennent s'insérer sur la copule hyoïdienne et sur la symphyse mandibulaire ; ils peuvent être désignés sous les noms de *muscles coraco-hyoïdiens, coraco-mandibulaires.* Chez les Raies et les Chimères les faisceaux se rendant aux premiers arcs viscéraux s'individualisent déjà, les muscles coraco-branchiaux partant seuls de la lame conjonctive. Chez les Esturgeons les muscles coraco-branchiaux se subdivisent en deux autres : les *coraco-branchiaux antérieurs*, qui se terminent par de courts tendons sur les trois premiers arcs branchiaux ; les *coraco-branchiaux postérieurs* qui s'insèrent sur le quatrième et le cinquième ; il existe en outre un *branchio-mandibulaire* allant du troisième arc branchial à la mandibule. Le coraco-hyoïdien est ici déjà le muscle dominant ; son importance s'exagère encore chez les Téléostéens, où la musculature antérieure se réduit au cinquième coraco-branchial et au coraco-hyoïdien. Cette rétrogradation du système musculaire est compensée par le développement des muscles propres aux arcs branchiaux. Le coraco-hyoïdien et le coraco-mandibulaire forment la partie principale de l'appareil musculaire hypobranchial des Dipnés ; les coraco-branchiaux n'en paraissent que de simples ramifications, en raison du faible développement des branchies.

Dans le tronc, les segments ventraux des myomérides s'étendent d'abord sans discontinuité de la ligne latérale jusqu'à la ligne médiane ventrale, où ils se réunissent suivant une *ligne blanche*. Chez les SÉLACIENS, dans la partie supérieure des segments ventraux, les fibres sont longitudinales; plus bas, les fibres deviennent obliques de haut en bas et d'arrière en avant, puis, tout près de la ligne médiane, reprennent une direction longitudinale de manière à constituer un *muscle ventral*. Sous cette musculature, se trouve une couche compacte de fibres transverses. Chez les GANOÏDES et les TÉLÉOSTÉENS, l'apparition des côtes détermine une orientation particulière des fibres qui vont de l'une à l'autre; il en résulte une division de la musculature en plusieurs couches superposées, mais qui ne sont pas nettement séparées les unes des autres. Dans la couche superficielle, relativement très épaisse, les fibres sont obliques, mais en sens inverse de celles des Sélaciens; dans la couche profonde, mince et contenant les côtes, elles ont conservé la même direction que chez ces Poissons. A ces couches, il faut ajouter les muscles développés au voisinage de la ligne latérale[1].

Le muscle ventral longitudinal présente des dispositions assez variées. Les muscles latéraux se confondent insensiblement avec lui chez l'Esturgeon et un grand nombre de Téléostéens. Chez l'Esturgeon le muscle longitudinal commence immédiatement en arrière de la ceinture scapulaire; il est limité latéralement par une ligne correspondant aux points d'inflexion des côtes antérieures vers l'extérieur et occupe un champ qui est exactement recouvert par les nageoires pectorales à l'état d'adduction, comme si le changement de courbure des côtes et le trajet longitudinal des muscles avaient été primitivement liés l'un et l'autre au jeu des nageoires. Ces rapports originels ont été plus ou moins modifiés chez les Téléostéens, où le muscle longitudinal présente des dispositions variées. Ce *muscle droit*, en général nettement limité, s'étend de la ceinture scapulaire à la ceinture pelvienne, se raccourcit naturellement, tout en s'accusant nettement quand les nageoires ventrales se rapprochent des pectorales (PHYSOCLISTES), et parfois est recouvert par les muscles obliques latéraux qui chevauchent sur lui.

Musculature des nageoires paires. — Le squelette n'étant qu'une formation tardive, résidu ou production de l'activité de l'organisme, la disposition métamérique des parties du squelette primitif des membres suppose que leurs parties actives, c'est-à-dire les muscles, étaient elles-mêmes disposées tout d'abord métamériquement; l'embryogénie (p. 2576) montre, en effet, que les muscles des membres dérivent des segments ventraux d'un certain nombre de myomérides appartenant à la région postbranchiale et à la région préanale du corps. Les muscles du membre antérieur peuvent être encore innervés par un nerf céphalique; ceux du membre postérieur le sont toujours par les branches ventrales de nerfs médullaires.

Il y a lieu de distinguer, pour chaque nageoire paire des Poissons, les muscles de la région basilaire et ceux de la partie libre du membre. Chez les SÉLACIENS, un muscle dorsal important, le *trapèze*, a la même origine que le constricteur des branchies; il part de l'aponévrose de la musculature dorsale du tronc et, après avoir envoyé un faisceau au dernier arc branchial, il s'attache en grande partie sur le

---

[1] KASTNER, *Die Entwickelung der Rumpf- und Schwanzmuskulatur bei Wirbelthieren mit besonderen Berucksichtigung der Selachier*, Archiv f. Anatomie und Physiologie, 1892.

bord antérieur de la région scapulaire de la ceinture thoracique. Ce muscle existe aussi chez les Chimères. En arrière du trapèze des Sélaciens, le *latéro-scapulaire* prend naissance au-dessus de la fosse dans laquelle se rétracte la nageoire et va, en se rétrécissant, s'attacher au cartilage scapulaire. Comme pour le trapèze, les myoseptes se prolongent plus ou moins à son intérieur et indiquent clairement que les éléments cartilagineux et musculaires de la ceinture scapulaire sont empruntés à plusieurs mérides. Chez les Chimères, le latéro-scapulaire se divise en deux muscles, dont l'un, postérieur, s'insère comme le muscle unique des Requins sur la ceinture, mais dont l'autre antérieur, de dimension presque équivalente, va s'attacher sur le proptérygium. Ces muscles ne contiennent plus de myoseptes, bien que leur homologie avec ceux des Sélaciens soit évidente. Par suite du rattachement au crâne de la ceinture scapulaire au moyen d'os tégumentaires, le trapèze et le latéro-scapulaire, différenciés chez les Sélaciens, font défaut chez les Ganoïdes et les Téléostéens.

Chez les Élasmobranches et les Dipnés la musculature de la surface supérieure de la nageoire pectorale s'attache à la partie dorsale de la ceinture thoracique; celle de la surface inférieure à la partie ventrale de la ceinture; les fibres les plus superficielles sont celles qui s'attachent le plus loin; elles suivent la direction des nageoires chez les Élasmobranches; chez les *Ceratodus*, la musculature est divisée par des tractus membraneux en segments angulaires dont les sommets sont tournés vers la base de la nageoire. Cette segmentation fait défaut dans la partie des muscles comprise entre la base de la nageoire et la ceinture [1]. Chez les Ganoïdes et les Téléostéens, l'insertion des muscles des nageoires s'étend jusqu'à la paraclavicule; mais en raison de l'importance prise par le squelette secondaire formant les rayons osseux, la musculature primitive a disparu et a été remplacée par de petits muscles isolés, s'insérant sur les rayons par de petits tendons et dont la disposition varie avec la constitution de la nageoire.

La musculature des nageoires ventrales postérieures n'est pas sans analogie avec celle des nageoires pectorales, mais elle est naturellement beaucoup moins développée, en raison de la réduction même de ces nageoires.

Organes électriques. — Les Torpilles (*Torpedo*) et certains Téléostéens physostomes, les *Malopterurus* parmi les Siluridæ, les *Gymnarchus*, les *Gymnotus*, les Mormyridæ possèdent des organes propres à produire des décharges électriques. Les organes électriques des *Gymnarchus* et des Mormyridæ, de même que ceux des Raies, sont métamériquement disposés dans la région caudale, où ils forment, de chaque côté, deux rangées superposées [2]. On a déjà vu, p. 376, que ces organes étaient essentiellement constitués par des alvéoles limitées par du tissu conjonctif et présentant une disposition particulière suivant les genres. Chaque alvéole contient une *plaque électrique* ou *électroplaxe* à laquelle aboutissent des terminaisons

[1] Ga. Ruge, *Ueber der peripherische Gebiete der Nervus facialis bei Wirbelthieren*, Festschrift f. Gegenbaur, 1896. — B. Tiesing, *Beitrage zur Kenntniss der Augen und Kiefermuskulatur der Haie und Rochen*, Jenaische Zeitschrift, Bd. III.

[2] E. Ballowitz, *Ueber den Bau der elektrische Organs von Torpedo*, Arch. f. mikrosk. Anatomie, Bd. XLII. — Id., *Zur Anatomie der Gymnotus electricus*, ibid., Bd. L. — Id., *Ueber den feineren Bau des elektrische Organs der gewöhnlichen Rochen*, Anatomisch Hefte, Bd. VII, ib., 3. — Id., *Das Elecktrische Organ des afrikanischen Zitterweises*, Iéna, 1899. — Ranvier, *Traité d'histologie*.

nerveuses. Les organes électriques des Torpilles reçoivent cinq paires de nerfs issues la première du facial, les quatre autres du vague; les organes électriques des MORMYRIDÆ et des *Gymnarchus* reçoivent des nerfs médullaires nombreux; le nombre de ces nerfs s'élève à 200 chez les *Gymnotus*. Au contraire, il n'existe de chaque côté qu'un seul nerf électrique chez les *Malopterurus*, et ce nerf n'est lui-même qu'une seule fibre colossale, entourée d'une épaisse enveloppe; il naît entre le deuxième et le troisième nerfs spinaux d'une seule cellule ganglionnaire géante. Les deux cellules symétriques sont presque contiguës.

Seuls, les organes électriques des *Torpedo*, des *Malopterurus* et des *Gymnotus* sont réellement fonctionnels. On a même soutenu que les MORMYRIDÆ n'ont pas

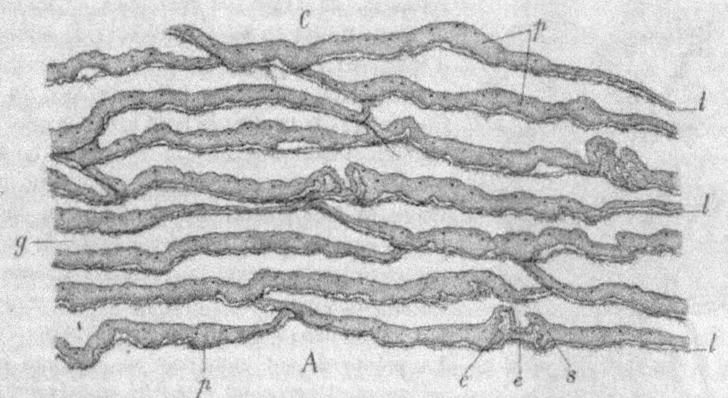

Fig. 1751. — Coupe antéro-postérieure perpendiculaire à la surface de la peau à travers un fragment de l'organe électrique du *Malopterurus electricus*. — *C*, côté céphalique; *A*, côté anal de l'organe; *p*, plaques électriques; *l*, lame conjonctive; *g*, espace rempli de substance gélatineuse; *s*, saillie centrale de la plaque; *e*, cavité en entonnoir de la face supérieure au fond de laquelle se rendent les extrémités des nerfs; *c*, espace libre entre la membrane basilaire et l'électroplaxe (d'après Ballowitz).

de véritables organes électriques et qu'on se trouve simplement, chez les *Gymnarchus*, en présence de réseaux admirables.

L'organe électrique des Torpilles a été complétement décrit p. 276. Celui des *Malopterurus*, récemment étudié par Ballowitz, demande une description nouvelle. Il est situé immédiatement sous la peau, sous laquelle il forme une sorte de couche gélatineuse, presque confondue avec elle. Sur les lignes médianes, il s'étend depuis la tête jusqu'à la naissance des nageoires adipeuse et anale, couvre les côtés du corps, et se termine en arrière suivant un demi-cercle à convexité postérieure qui aurait pour diamètre une ligne verticale passant par la naissance des deux nageoires précitées. Dans le plan de symétrie, une lame dorsale et une lame ventrale de tissu conjonctif le divisent en deux moitiés distinctes. L'organe électrique n'est recouvert que par l'épiderme et une mince couche de derme contenant des chromatophores dans sa région externe. En dedans, l'organe électrique est limité par une nouvelle couche de tissu conjonctif qu'une couche assez épaisse de tissu lacunaire, le *tissu sous-électrique*, formant aponévrose au-dessous d'elle, sépare des couches musculaires. L'organe électrique lui-même est constitué par une charpente conjonctive (fig. 1751, *l*), supportant les *plaques électriques* proprement dites ou *électroplaxes* (*p*). La charpente conjonctive est formée par des lames de tissu conjonctif sensiblement normales aux enveloppes externe et interne de l'organe, allant de l'une à l'autre, mais se soudant entre elles de place en place, de manière à délimiter des espèces d'alvéoles lenticulaires irréguliers et incomplets (fig. 1751). Les électroplaxes reposent sur la face antérieure des lames constituant les alvéoles. Chaque alvéole ne contient qu'une électroplaxe qui s'étend sur toute sa paroi postérieure. L'espace laissé libre entre l'électroplaxe et la paroi antérieure de l'alvéole est rempli par une substance gélatineuse (*g*) contenant un fin réseau de fibrilles.

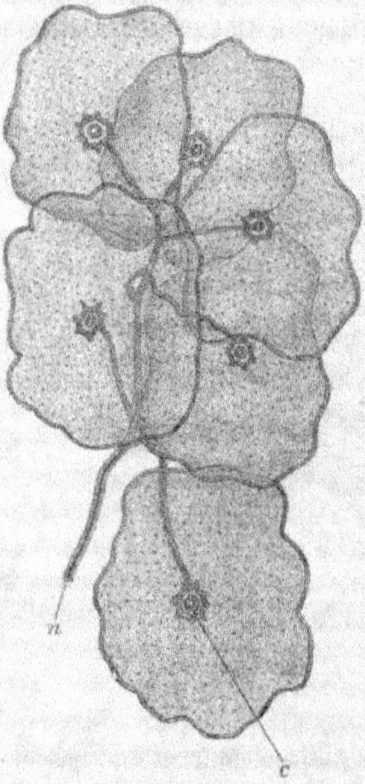

Les électroplaxes (fig. 1752) sont des plaques irrégulières circulaires ou elliptiques, à bord festonné, de 112 à 80 centièmes de millimètre de diamètre, et de 3 à 4 centièmes de millimètre d'épaisseur, l'épaisseur allant en augmentant légèrement depuis une très faible distance du bord jusque vers le centre; le bord proprement dit est cependant saillant en avant. Au centre même la plaque s'amincit au contraire, mais en même temps sa face postérieure s'enfonce en ombilic, tandis que la partie correspondante de la face antérieure se soulève; le sommet du dôme ainsi formé s'invagine à son tour en un entonnoir qui fait saillie dans l'axe de l'enfoncement postérieur. La pointe de cet entonnoir se prolonge en un pédoncule légèrement recourbé en corne d'abondance dont le diamètre se rétrécit peu à peu, mais qui se termine par un petit renflement; des bourrelets longitudinaux, saillants, variqueux, renflés en avant en une sorte de tête, courent sur la partie large du pédoncule, qui est immédiatement en rapport avec l'entonnoir.

L'électroplaxe et son pédoncule sont entourés d'une membrane anhiste, l'*électrolemme*, sur laquelle sont appliquées des cellules étoilées, très aplaties, formant ensemble un réseau très délicat. Au-dessus de l'électrolemme, immédiatement en contact avec lui, se trouve une couche de courts

Fig. 1752. — Six électroplaxes isolés de *Malopterurus* avec les rameaux nerveux qui s'y rendent; *n*, nerf; *c*, saillie creusée en entonnoir de la face supérieure de la plaque à laquelle aboutissent les extrémités nerveuses (très grossi, d'après Ballowitz).

bâtonnets, à tête légèrement renflée, qui se retrouvent aussi dans les électroplaxes des Gymnotes, des Torpilles et des Raies. La couche des bâtonnets enveloppe une substance hyaline, parcourue par un réseau de très fines fibrilles se colorant à l'aniline ou à l'hématoxyline. Dans cette substance se trouvent les nombreux noyaux de l'électroplaxe qui doit être considéré comme une cellule plurinucléée; les noyaux sont généralement situés près de la surface antérieure de la plaque et dans le pédoncule; il sont pourvus d'une membrane d'enveloppe, d'un réseau nucléaire et d'un nucléole; autour d'eux rayonnent, chez les *Malopterurus*, des filaments en lignes brisées, unissant entre eux des corpuscules transparents, peut-être des vacuoles; près de la surface postérieure se trouve une couche de granulations de forme et de dimension très variables.

De la cellule électrique géante des *Malopterurus* naissent de nombreuses ramifications dendritiques et un seul cylindre-axe qui s'entoure bientôt de myéline et, à sa sortie de la moelle, d'une puissante gaine conjonctive. Le nerf ainsi constitué aborde l'organe électrique qui lui correspond entre le 1er et le 2e cinquièmes de sa longueur; il ne se ramifie que dans son voisinage immédiat ou à son intérieur; chaque électroplaxe reçoit une ramification nerveuse et une seule qui aboutit à l'extrémité renflée de son pédoncule, toujours accompagnée de sa gaine conjonctive. Quelquefois la fibre nerveuse se termine par un renflement après un trajet plus ou moins sinueux; le plus souvent elle se divise en trois ou quatre branches dont chacune présente un renflement ou une plaque terminale.

Les électroplaxes présentent à très peu près la même structure chez tous les Poissons électriques, même chez ceux dont le pouvoir électrique est faible, comme les *Mormyrus*. Ils ont partout la valeur de cellules géantes plurinucléées. A cet égard, ils ressemblent aux fibres musculaires striées. On a effectivement démontré que chez les Raies, les Torpilles, les *Mormyrus*, ils ne sont qu'une transformation des fibres musculaires striées, embryonnaires [1]; toutes les étapes de cette transformation sont encore conservées chez les diverses espèces de Raies adultes; la *Raja radiata* présentant le stade inférieur. Plusieurs myoblastes se confondent même chez les *Mormyrus* pour constituer une électroplaxe. Les fibrilles striées des myoblastes sont remplacées par le réseau fibrillaire dans les électroplaxes. L'origine des électroplaxes est moins nette chez les *Malopterurus* où l'appareil électrique, nettement séparé des muscles, semble faire partie de la peau dont il pourrait représenter les muscles lisses. La présence de réseaux admirables dans les organes électriques des *Gymnarchus* fait penser chez ces Poissons à une origine glandulaire.

Cavité buccale; dents. — La bouche des Poissons conduit dans une *cavité buccale* qui est la première région du tube digestif et qui mérite d'être distinguée, en raison des particularités qu'elle présente, relativement aux autres parties du tube disgestif.

La région buccale correspond à peu près à la région céphalique du tube digestif; son squelette a été précédemment décrit, ainsi que les muscles qui s'y rattachent. Cet ensemble de parties est recouvert par une muqueuse. Diverses pièces du squelette buccal supportent des *dents*; du plancher buccal dépend un organe musculaire, la *langue*; un organe contractile se développe immédiatement en arrière de la bouche chez les CYPRINIDÆ; enfin des *glandes* sont en rapport avec la muqueuse.

Il n'existe pas encore de *dents* proprement dites chez les MARSIPOBRANCHES; les organes que l'on désigne ainsi chez les Lamproies (fig. 1753) ne sont que des papilles buccales kératinisées, qu'il convient de distinguer des véritables dents sous le nom d'*odontoïdes*.

Les *dents* des Poissons ne sont autre chose que les protolépides de la muqueuse buccale qui ont conservé, à peu de chose près, leur structure primitive et qui la conserveront encore chez tous les autres Vertébrés; c'est là un fait d'importance capitale, car il témoigne que *tous les Vertébrés aériens descendent d'animaux*

---

[1] BABUCHIN, *Entwickelung der elektrischen Organe*, Centralblatt für medicinische Wissenschaft, 1870, nos 16 et 17. — Id., *Ueber die Bedeutung und Entwickelung der pseud-elektrischen Organe*, ibid., 1872.

analogues aux Poissons. Les dents des ÉLASMOBRANCHES se développent exactement de la même façon que leurs écailles ; elles sont exclusivement limitées au pourtour de la bouche, où elles sont disposées en plusieurs rangées successives régulières. Elles peuvent revêtir des formes diverses ; profondément découpées en lobes chez les Sélaciens cladodontes (*Chlamydoselachus*), triangulaires, tranchantes et dentelées sur leur bord chez les Requins, elles sont aplaties chez les *Cestracion* et les Raies, où elles forment aux mâchoires un revêtement en mosaïque.

Chez les GANOÏDES et les POISSONS OSSEUX, elles peuvent se développer sur des régions de la muqueuse qui correspondent à presque tous les os du squelette péribuccal : prémaxillaires, maxillaires, mandibulaires, palatins, vomers, ptérygoïdes, parasphénoïde et aussi sur l'arc hyoïde et certaines parties des arcs branchiaux (os pharyngiens des SALMONIDÆ, de beaucoup d'ESOCIDÆ, de CLUPEIDÆ et des CYPRINIDÆ). Chaque dent est supportée par un socle conjonctif calcifié, soudé à l'os

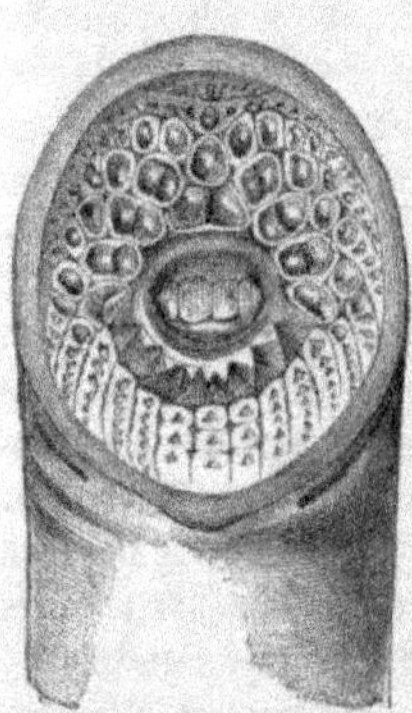

Fig. 1753. — Tête de *Petromyzon marinus*, vue par la face inférieure, pour montrer les dents cornées de la cavité buccale (d'après Heckel et Kner).

sous-jacent, traversé par des canalicules recouverts d'endothélium (*canalicules de Havers*) dans lesquels cheminent les nerfs et les vaisseaux, mais dépourvu de corpuscules osseux. L'intérieur de la couronne de la dent est occupé par un tissu richement vascularisé, la *vaso-dentine*, dont la structure est intermédiaire entre celle de l'os fibreux et celle de l'ivoire. L'*ivoire* vient ensuite avec ses canalicules dentaires ; enfin l'*émail*, protégé par sa cuticule. Les dents, en général dirigées en arrière, sont surtout destinées à retenir des proies et ne leur permettent de cheminer que vers le pharynx et l'œsophage ; elles sont d'habitude cylindriques, coniques ou courbées en crochet, parfois fines et allongées comme des soies (CHÆTODONTA) ; ces dents, toutes à peu près semblables entre elles, sont alors serrées les unes contre les autres de manière à former sur la muqueuse une sorte de toison ; c'est là une disposition évidemment primitive à laquelle le nom de *dents en velours* a été attribué. La toison dentaire peut d'ailleurs se développer en plaques de formes diverses, en bandes longitudinales ou transversales. Lorsque les dents, plus grandes, s'écartent les unes des autres et forment néanmoins des rangées régulières, ce sont des *dents en carde* ; il peut aussi ne se développer sur chaque pièce osseuse qu'un petit nombre de rangées de dents, ou même qu'une seule rangée ; enfin il existe également des dents isolées. Les dents présentent chez les Poissons divers degrés de différenciation et d'adaptation. Principalement chez les Poissons chasseurs pélagiques ou des grandes profondeurs, de grandes dents en crochet, dites *canines*, surgissent parmi les autres, et les mâchoires peuvent être exclusivement armées de dents de cette sorte (STOMIADÆ, fig. 1700 et 1701, p. 2508). Les dents des intermaxillaires et des mandibules des SCARIDÆ et des SARGINÆ sont aplaties et tranchantes comme les *incisives* des Mammifères, tandis que celles des Poissons herbivores sont souvent basses et arrondies comme des *molaires*. Le mode de distribution, l'arrangement et la forme des dents ont fourni à la nomenclature un grand nombre de caractères ; on trouvera par conséquent de nombreux détails sur ce sujet dans la partie relative à la classification.

Les longues dents en crochet de nombreux Poissons carnassiers sont susceptibles, lorsqu'elles subissent une pression, de s'incliner sur leur base en dirigeant leur pointe vers l'intérieur de la bouche; comme elles ne peuvent, une fois redressées, s'incliner en sens inverse, elles laissent pénétrer leurs proies dans la bouche, mais s'opposent à leur sortie. Le redressement de la dent peut être dû soit à l'élasticité de son socle (Gadidæ, Lophiidæ), soit à ce que, le socle étant immobile, la dent est reliée au squelette par des fibres très élastiques issues de l'intérieur de la dentine (Esox [1]).

Les dents simples des Poissons sont généralement caduques et remplacées par des dents nouvelles qui poussent dans leur voisinage et dont les germes sont d'habitude directement produits par un bourgeonnement de la muqueuse. Les dents fonctionnelles et les dents de remplacement des Élasmobranches sont placées les unes derrière les autres; à mesure que s'usent et tombent les dents les plus extérieures, elles sont remplacées par les suivantes, de telle façon que les dents d'une même série cheminent graduellement de l'intérieur vers l'extérieur. Chez les autres Poissons, plusieurs dents de remplacement diversement disposées correspondent à chaque dent fonctionnelle; lorsque celle-ci est implantée dans un alvéole, ses remplaçantes sont généralement disposées en série verticale au-dessous d'elle. Les dents composées (Chimeridæ, Dipnoa, Labridæ, Tetrodontidæ, etc.) ne tombent pas, mais l'usure de leur surface est constamment compensée par la croissance continue de leur partie basilaire [2]. Par suite de l'avortement de dents qui ont primitivement existé, et qui se montrent parfois encore temporairement au cours du développement, la bouche est inerme chez divers Poissons, les Acipenseridæ, les Coregonus, les Lophobranches, etc.

On ne connaît pas chez les Poissons de *glandes buccales* bien caractérisées.

Leur *langue* demeure même à un état rudimentaire. Sauf chez les Lamproies, où elle joue un rôle important comme organe de succion, elle est réduite à un simple épaississement plus ou moins nettement délimité de la muqueuse qui revêt les copules hyoïdiennes et dont tous les mouvements dépendent de ceux du squelette. Toutefois elle peut acquérir des bords et une pointe libre chez les Plagiostomes et surtout chez le *Polypterus*; elle est alors pourvue de muscles spéciaux; chez divers Téléostéens (*Salmo*, *Osteoglossum*, etc.) elle porte des dents.

Tube digestif. — Le tube digestif des Marsipobranches, des Dipnés et des Holocéphales est droit. On y distingue seulement deux régions, dont la postérieure s'élargit brusquement. A la naissance de cette région élargie débouche le *canal cholédoque* ou canal excréteur du foie; on peut considérer son orifice comme marquant le lieu de terminaison de ce que nous nommerons l'*intestin antérieur*. La surface interne de ce dernier présente, chez les Cyclostomes, de délicats plis longitudinaux. Tandis que chez l'*Ammocœtes* il fait suite à la région branchiale, il passe au-dessus d'elle chez les *Petromyzon*, la région branchiale s'étant isolée de manière à constituer une sorte de sac s'ouvrant dans le pharynx et dirigé en arrière. Dans la région suivante de l'intestin existe toujours, chez ces trois types, un repli longitudinal saillant, le *repli hélicoïdal* (improprement appelé *valvule spirale*), qui part

[1] C.-S. Tomes, *The implantation of teeth*, Procced. of the odontographic Society, 1874-76. — Ib., *A manual of dental Anatomy*, 1898.
[2] Boas, *Die Zähne der Scaroiden*, Zeitsch. f. wiss. Zoologie, t. XXXII, 1878.

de la région dorsale de l'intestin, décrit à son intérieur un demi-tour d'hélice chez les Cyclostomes, trois chez les Chimères et davantage chez les Dipnés ; une valvule

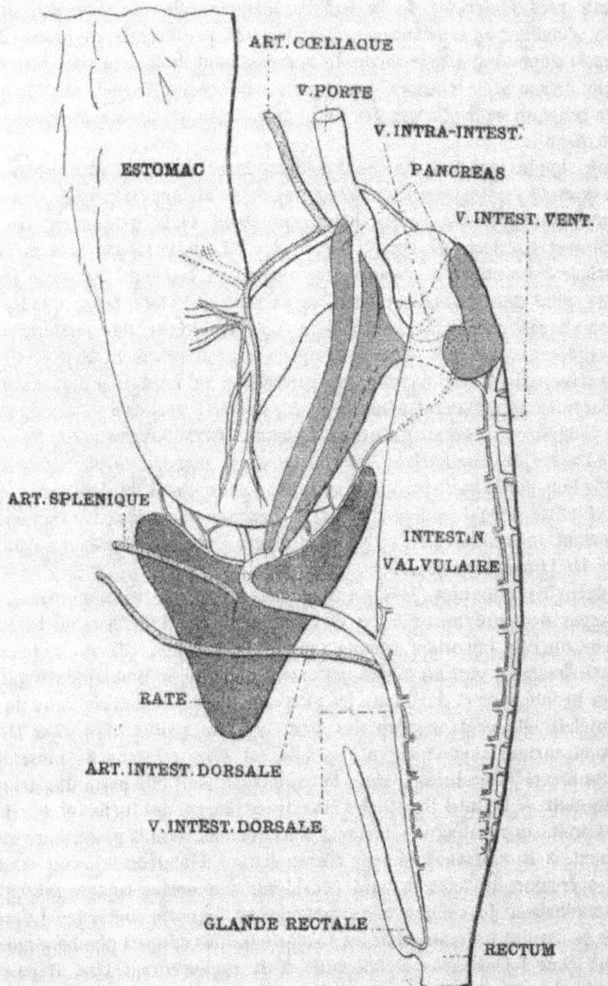

Fig. 1754. — Parties essentielles de l'appareil digestif du *Squalus vulgaris* (d'après Neuville).

plus ou moins compliquée se trouve, en général, à ses deux extrémités. Ce repli rappelle le *typhlosolis* des Oligochètes et de divers Polychètes.

Il commence à se différencier un véritable *estomac* chez les *Ceratodus*. Cette différenciation s'accuse nettement chez les Sélaciens, où le trajet du tube digestif se complique et prend la forme d'un S couché, à boucles contiguës (fig. 1754 et 1755).

La branche descendante de la première boucle est formée par l'œsophage et l'estomac, dont les parois sont très épaisses; la branche ascendante qui rejoint les deux boucles constitue le *canal pylorique*; elle appartient encore, comme l'estomac, à l'intestin antérieur, car à son extrémité antérieure s'ouvre le canal cholédoque.

Le renflement stomacal est ici bien marqué, et l'estomac se prolonge même parfois en un cæcum postérieur; mais il n'y a pas encore de démarcation extérieure bien marquée entre l'œsophage et lui. Une structure différente de la muqueuse et parfois une gouttière annulaire délimitent intérieurement les deux organes. L'estomac prend chez les Raies un développement transversal considérable, tandis que la région suivante de l'intestin est très courte. Ce dernier débute, en général, par un duodénum renflé, signalé d'abord par Ent et qui a reçu le nom de *bursa Entiana*. Chez tous les ÉLASMOBRANCHES, comme chez les Chimères, il contient encore un *repli héliçoïdal* (fig. 1755, J) qui décrit plusieurs tours d'hélice; chez les CARCHARIIDÆ et les *Galeoverdo*, il est large, inséré longitudinalement, et s'enroule ensuite en spirale. Le repli héliçoïdal est uniquement formé par la muqueuse et ne contient ni fibres musculaires transversales, ni fibres longitudinales, mais il est richement vasculaire (p. 2498). Chez les SÉLACIENS, pas plus

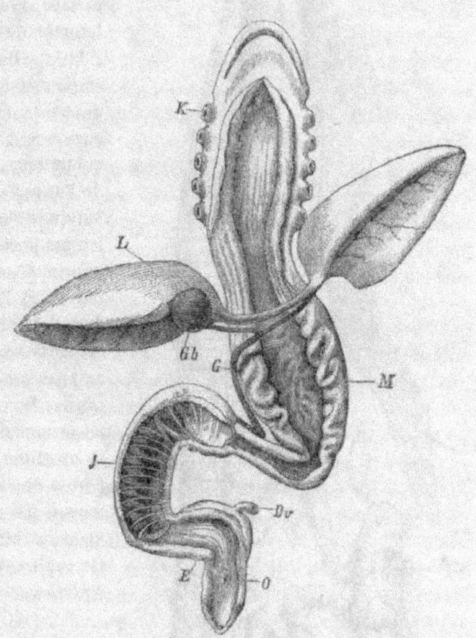

Fig. 1755. — Appareil digestif du *Torpedo*. — *K*, orifices branchiaux; *M*, estomac; *L*, foie; *Gb*, vésicule biliaire; *J*, intestin avec la valvule spirale; *E*, intestin terminal; *Dr*, diverticule glandulaire; *O*, orifice de l'oviducte.

que chez les DIPNÉS ou les MARSIPOBRANCHES, il n'y a pas de régions différenciées dans la portion de l'intestin qui fait suite à l'orifice du canal cholédoque. On peut considérer cependant comme un *intestin postérieur* la courte région conique qui s'étend au-devant de la terminaison postérieure du repli héliçoïdal et s'ouvre sur la face ventrale du *cloaque*. Ce dernier est un diverticule dirigé en avant de l'intestin terminal, dans lequel viennent s'ouvrir les canaux excréteurs de l'appareil urogénital et aussi chez les Dipnés le pore abdominal. Un peu avant l'anus, on observe, chez les Sélaciens, un organe tubulaire plus ou moins développé, la *glande digitiforme* ou *glande superanale* (fig. 1755, Dr), de couleur brune et qui est probablement une glande vasculaire sanguine.

Le tube digestif se présente sous des aspects assez différents chez les GANOÏDES. L'*intestin antérieur* y conserve la forme d'anses à parois épaisses déjà réalisées chez les Sélaciens; mais la branche ascendante de l'anse est très courte chez le *Lepidosteus*, presque aussi développée que la branche descendante chez le *Lepidosteus* et l'*Amia*; elle ne présente aucune différenciation stomacale; tandis que la branche descendante présente un renflement ovoïde encore peu développé chez l'*Acipenser*, très volumineux chez la *Spatularia*. Le sommet de l'anse, exagérant une disposition déjà indiquée chez les *Amia*, se prolonge en une longue poche stomacale conique et à parois minces chez les *Polypterus*, dont l'intestin moyen et l'intestin terminal sont en ligne droite. L'intestin moyen est, au contraire, recourbé en tube de clairon chez l'*Amia*, en anse à concavité postérieure chez l'*Acipenser*. Dans le premier genre l'intestin postérieur ne se caractérise pas nettement, il constitue une longue poche ovoïde, à parois épaisses dans le second. L'intestin moyen des CROSSOPTERYGIUM et des GANOÏDES contient encore un repli héliçoïdal. Ce repli est bien développé chez les *Polypterus*, où il commence presque immé-

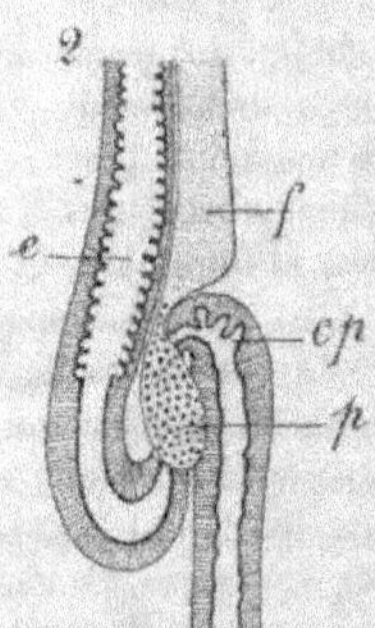

Fig. 1756. — 1. Appareil digestif du *Lepidosteus osseus.* — *o*, estomac; *e*, vessie natatoire; *o*, son orifice dans le pharynx; *f*, foie un peu rejeté sur le côté; *ch*, canal hépatique coupé pour permettre l'écartement; du foie, ses deux parties demeurant en continuité l'une avec le foie, l'autre avec la vésicule biliaire *vb*; *cp*, cœcum pyloriques; *cp'*, leurs orifices dans le pylore; *p*, pancréas; *i*, intestin en partie déroulé et rejeté sur le côté; *r*, *r'*, rate; *rc*, rectum ouvert pour montrer la valvule héliçoïdale *h*. — 2. Région pylorique du tube digestif ouverte; mêmes lettres (d'après Parker).

diatement en arrière du cæcum, chemine d'abord en droite ligne, puis décrit quelques tours d'hélice en s'étendant jusqu'à l'intestin terminal. Il est relégué dans la région postérieure de l'intestin moyen ou même dans l'intestin terminal et n'y décrit que quatre tours chez les *Acipenser*, les *Spatularia* et les *Amia*; il se réduit enfin à un tour et demi seulement et son origine n'est éloignée que de quelques centimètres de l'anus chez les *Lepidosteus* (fig. 1756, *rc*).

Tandis que le repli hélicoïdal de l'intestin moyen s'amoindrit chez les Ganoïdes, on voit se développer chez ces animaux, à la naissance de l'intestin moyen, des formations nouvelles, les *cæcums pyloriques*. Deux cæcums, de grandes dimensions, existent déjà chez le *Læmargus borealis*; mais c'est une exception chez les Sélaciens. Ces cæcums sont de simples évaginations de l'intestin moyen dont ils gardent la structure; ils sont représentés chez les *Spatularia* par un organe digité qui s'ouvre largement dans l'intestin, tout près de l'orifice du canal cholédoque. Ces digitations s'enchevêtrent chez les *Acipenser* de manière à constituer un organe compact, aplati du côté ventral, légèrement convexe du côté dorsal; leurs parois sont fortement musclées. Les appendices pyloriques sont courts, mais extrêmement nombreux chez les *Lepidosteus* (*cpc*), où ils forment autour de l'intestin une couronne presque complète et où ils sont réunis en masse par du tissu conjonctif; la lumière de l'intestin se dilate dans la région qui leur correspond. Il n'y a pas d'appendices pyloriques chez l'*Amia*. Il n'existe chez le *Polypterus* qu'un seul large appendice pylorique, dirigé en avant; il marque l'origine du repli hélicoïdal, et apparaît simplement comme un diverticule fortement musclé de l'intestin moyen.

Il ne semble pas exister de rapport déterminé entre les dispositions générales de l'appareil digestif des Téléostéens et les modifications de leur système squelettique ou de leur appareil locomoteur d'après lesquelles leur classification a été principalement établie. C'est ainsi qu'un simple tube droit, sans différenciations, se rencontre chez les *Belone*; que, si le tube décrit quelques circonvolutions, ses diverses régions demeurent semblables entre elles, une valvule immédiatement suivie de l'orifice du canal cholédoque séparant seule l'intestin moyen de l'intestin antérieur, sans que celui-ci présente d'estomac nettement défini chez les Cyprinidæ, Scombresocidæ, Labridæ, etc.; un estomac très simple, arrondi ou ovoïde, se différencie en arrière du pharynx et sur son prolongement chez les *Gadus jubatus*, *Gobius ophiocephalus*, *G. batrachocephalus*, *Lepadogaster bicinctus*, *Blennius lepidus*; chez la plupart des autres Téléostéens, l'estomac, au contraire, est nettement séparé du pharynx par une région rétrécie qui constitue un œsophage. L'œsophage atteint quelquefois une assez grande longueur et peut même présenter des circonvolutions (*Lutodeira*). Chez certaines formes des grandes profondeurs, les parois de l'estomac présentent une telle dilatabilité que l'animal peut engloutir des poissons presque aussi gros que lui (*Chiasmodus niger*, fig. 1757). L'estomac se présente sous deux formes principales dites *estomac siphonal* et *estomac cæcal*. Dans le premier cas (Salmonidæ, etc.) sa forme est celle d'un fer à cheval dont la branche descendante et la branche ascendante peuvent être de calibre égal ou très inégal; dans le second (Clupeidæ, fig. 1767; V. p. 2480, Scomberidæ, etc.), il se divise souvent en une poche musculaire plus ou moins puissante de laquelle part, à angle droit, un court *canal pylorique*, en arrière duquel il se prolonge en un cæcum stomacal. Ce canal pylorique manque chez beaucoup de Pleuronectidæ; en général, à sa jonction avec l'intestin moyen, il se développe des *cæcums pyloriques* (*Ap*).

Les Siluridæ, Cyprinodontidæ, Gobiidæ, Blenniidæ, Gobiesocidæ, Labridæ, Tetrodontidæ, Centriscidæ, Lophobranchia, etc., manquent de cæcums pyloriques. Le nombre de ces appendices est très variable chez les autres Téléostéens et, sauf de rares exceptions (*Ophidium barbatum*), paraît en rapport direct avec le degré de développement de l'estomac. Il y en a un grand nombre chez les Salmonidæ (jusqu'à 60 chez le *Salmo labrax*); une vingtaine chez les *Beryx, Hoplostethus*, Orycinæ, Coryphænidæ, etc., jusqu'à 191 chez le *Scomber vulgaris*; les cæcums pyloriques sont de même nombreux chez les Macruridæ, Apprinidæ, Sphyrænidæ, Cyclopteridæ, Carangidæ; ils sont, au contraire, peu nombreux chez les Serranidæ, Chætodontidæ, Cirritidæ, Scorpænidæ, Polycentridæ, Sciænidæ, Trichiuridæ, Achoxuridæ (6, 7), Trachinidæ, Triglidæ, Thyrsitinæ, *Gempylus*. Les Pleuronectidæ

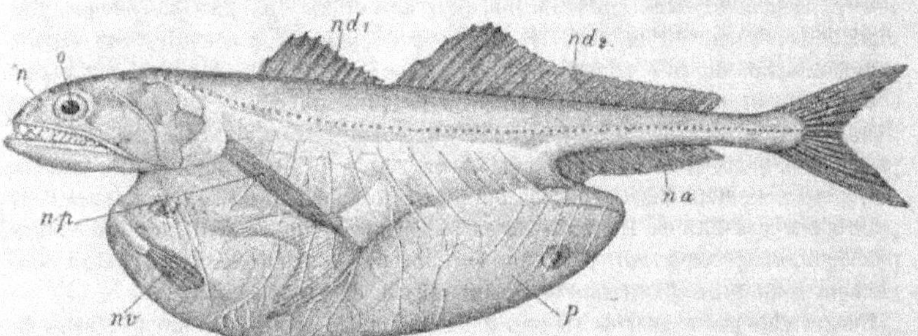

Fig. 1757. — *Chiasmodus niger* contenant un grand *Scopelus p* qu'il a avalé; mêmes lettres que dans les autres figures (d'après Todd).

n'en ont que de 5 à 3, ou même un seul (*Rhombus maximus*); les *Perca* que 3; les Masticembelidæ, les Lophiidæ et les *Ammodytes* qu'un seul. Il est possible que ces appendices jouent dans certains cas le rôle de pancréas (Krukenberg), mais ils coexistent avec un pancréas bien différencié chez l'*Acipenser sturio*, le *Salmo salar*, la *Clupea harengus*, etc., et ne paraissent, dans ce cas, sécréter qu'une mucosité.

L'intestin moyen des Téléostéens est très souvent droit; mais il peut s'allonger et décrire des circonvolutions chez les Hypostominæ, Cyprinidæ, *Naseus, Lutodeira*, etc. Il atteint sa longueur relative maximum chez le *Mugil cephalus*, où il est, en revanche, très étroit; au contraire, il s'élargit beaucoup chez les Gobiidæ, Blenniidæ, Crenilabridæ et surtout chez les Pleuronectidæ, où il s'accole aux parois de la cavité générale, en raison de l'extrême réduction de celle-ci. De même que chez les Ganoïdes, il existe d'ordinaire chez les Téléostéens un intestin terminal toujours court, mais plus large que l'intestin moyen. L'intestin présente quelquefois des traces de valvule spirale (*Osmerus eperlanus, Butyrinus, Thirocentus*, etc.)

Les fibres musculaires sont lisses; toutefois il peut exister des fibres striées dans la partie superficielle de l'œsophage. Quand l'épithélium est stratifié, sur une partie ou sur la totalité de l'estomac, quand celui-ci manque de glandes (*Tinca Chrysites, Cobitis fossilis, Solea*), la muqueuse peut aussi contenir des fibres musculaires lisses ou striées (*Syngnathus*).

La paroi du tube digestif comprend de dedans en dehors : 1° une couche épithéliale constituant la *muqueuse*; 2° une couche surtout conjonctive, la *sous-muqueuse*; 3° une couche de fibres musculaires transverses; 4° une couche de fibres musculaires longitudinales; 5° un revêtement conjonctif, en continuité avec le tissu sous-muqueux par un tissu conjonctif lâche, dans lequel sont plongées les fibres musculaires; 6° l'endothélium péritonéal. Comme chez beaucoup de Vers annelés et chez l'*Amphioxus*, la plus grande partie de l'épithélium intestinal des *Ammocœtes* est ciliée; il n'y a d'exception que pour le pharynx et l'intestin terminal, qui sont recouverts d'un épithélium pavimenteux stratifié; les cils vibratiles se limitent chez le *Petromyzon* (fig. 1758) à des régions d'autant plus restreintes qu'on se rapproche davantage de l'intestin terminal. Les cils manquent aux Myxinidæ. Mais ils reparaissent dans la région de l'œsophage voisine de l'estomac chez les Selachoida, et le plus grand nombre des Ganoïdes, les appendices pyloriques des Ganoïdes et des Téléostéens, le voisinage du repli hélicoïdal des Sélaciens, l'intestin moyen et l'intestin terminal de divers Téléostéens (*Zeus faber*, *Rhombus aculeatus*). Ils manquent sur l'œsophage de la plupart des Téléostéens dont l'épithélium, formé de cellules plates, est stratifié. Sauf chez quelques Ganoïdes ou embryons, il n'y a jamais de cils vibratiles dans l'estomac proprement dit, dont l'épithélium est cylindrique et formé, abstraction faite des glandes, d'une seule sorte de cellules. L'épithélium intestinal des Cyclostomes est en grande partie constitué par des cellules glandulaires, mais ne présente pas de glandes différenciées; il n'en existe pas davantage dans l'œsophage et dans l'intestin moyen des autres Poissons. Ce dernier est revêtu, chez la plupart des Téléostéens, par un épithélium cylindrique à plateau strié,

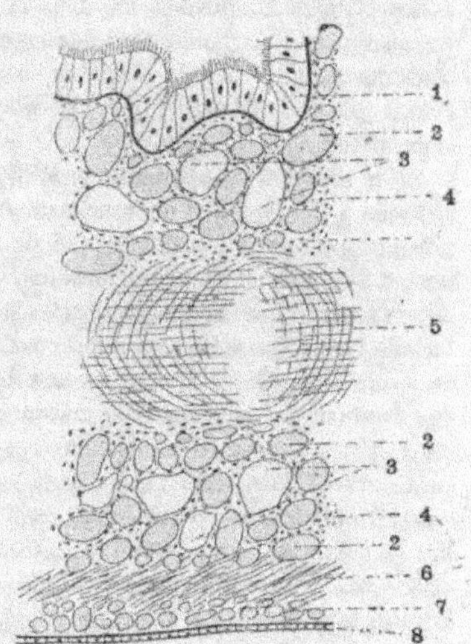

Fig. 1758. — Coupe schématique dans la paroi de l'intestin du *Petromyzon marinus*. — 1, épithélium cilié intestinal; — 2-2, faisceaux musculaires de la sous-muqueuse; — 3-3, lacune de la sous-muqueuse; — 4-4, tissu conjonctif; — 5, artériole; — 6, tunique musculaire transversale; — 7, tunique musculaire longitudinale; — 8, épithélium péritonéal (d'après Neuville).

mêlé de cellules caliciformes, qui se retrouve d'ailleurs chez tous les autres Vertébrés. Cet épithélium est susceptible d'émettre des pseudopodes dans la cavité intestinale. L'épithélium cylindrique est remplacé par un épithélium pavimenteux très aplati et très difficile à apercevoir chez le *Cobitis fossilis*, dont l'intestin moyen, très vasculaire, est utilisé pour la respiration. L'épithélium de l'intestin postérieur présente la même structure que celui de l'intestin moyen chez la plupart des Poissons; il est toutefois pavimenteux et mêlé de cellules caliciformes chez les Cyclostomes et les Sélaciens.

C'est seulement dans l'estomac qu'il existe des glandes en tube. Absentes chez les Cyclostomes, les Dipnés, elles se montrent déjà chez les Sélaciens où elles ne sont formées que d'une seule sorte de cellules semblables à celles de l'épithélium stomacal[1]. Ces cellules se retrouvent généralement dans la première région des tubes glandulaires; elles sont suivies de cellules claires. Les cellules du col à leur tour sont remplacées par des cellules polygonales au fond du cul-de-sac glandulaire des Ganoïdes (*Acipenser*) et sur toute l'étendue de ces glandes chez la plupart des Téléostéens; c'est la première indication des *cellules de Lab*; il n'en existe qu'exceptionnellement de plusieurs sortes (*Silurus*, *Tinca*, *Perca*). Les glandes tubulaires sont plus courtes vers les extrémités de l'estomac que dans sa région moyenne; dans sa région pylorique elles se pressent et se disposent parfois en éventail sur le bord des plis longitudinaux (*Acipenser*); elles sont souvent associées à des glandes muqueuses et, dans la valvule pylorique, à des amas de cellules lymphatiques. Ces glandes font totalement défaut chez certains Téléostéens qui, par conséquent, n'ont pas de véritable estomac (Cyprinidæ, *Gasterosteus pungitidens*, *Cobitis fossilis*, *Labrus bergilta*, *Crenilabrus pavo*, *Callionymus lyra*, *Lepadogaster bimaculatus*, *Blennius pholis*).

Assez souvent la muqueuse produit à sa surface des saillies qui peuvent être réduites à des papilles de consistance parfois aussi solide que celle des dents; presque toujours elle est marquée de replis saillants, longitudinaux dans l'œsophage, l'estomac et l'intestin terminal, mais qui, dans l'intestin moyen, prennent divers aspects. Longitudinaux chez les Marsipobranches, dont l'œsophage et l'intestin terminal sont lisses, ils sont reliés chez les Sélaciens par des replis obliques et chez les Ganoïdes et les Téléostéens par des replis diversement disposés qui finissent par dessiner des alvéoles bien marqués déjà dans l'intestin moyen de l'*Acipenser*, du *Polypterus*, plus ou moins compliqués chez les Téléostéens et qui se développent souvent aussi dans l'estomac. C'est au fond de ces alvéoles que les culs-de-sacs glandulaires se produisent de préférence. Il est plus rare d'observer des saillies en forme de houppe (repli hélicoïdal des Sélaciens, intestin des Pleuronectidæ et des *Balistes*, rectum du *Rhombus aculeatus*, des *Crenilabrus fuscus* et *perspicillatus*, intestin tout entier du *Mugil cephalus*). La muqueuse des embryons est toujours lisse; elle acquiert plus tard des plis longitudinaux et plus tard encore se montrent les autres complications, de sorte que l'estomac et l'intestin moyen des Poissons supérieurs passent par des phases de développement qui rappellent la structure de ces parties chez les Poissons adultes inférieurs; les parties terminales de l'intestin demeurent toujours à un état plus primitif que l'estomac et l'intestin moyen.

Chez les Poissons dépourvus d'estomac, la digestion s'opère de la même façon dans toute l'étendue du tube digestif; la muqueuse paraît produire deux ferments principaux : l'un, comparable à la *trypsine*, qui digère la fibrine dans un milieu neutre ou alcalin; l'autre, qui est une *diastase*, saccharifie l'amidon (Luchhau). Lorsqu'il existe un estomac glandulaire, ses glandes produisent de la *pepsine* qui digère la fibrine en présence de l'acide chlorhydrique produit avec elle. La digestion continue à des températures voisines de zéro; l'acide chlorhydrique est plus abondant que chez les Mammifères.

---

[1] Giacomo Cattaneo, *Istologie e sviluppo del Tubo digerente dei Pesci*, Atti. Soc. ital. di Sc. Nat., 1886.

Emile Yung, *Recherches sur la digestion des Poissons*, Archives de Zoologie expérimentale, 3e série, t. VII, 1899.

Il n'y a pas encore de chylifères ou de vaisseaux absorbants chez les Marsipo-branches ; mais les veines intestinales se transforment en partie dans la sous-muqueuse en canaux irréguliers qui constituent un véritable appareil absorbant. Les chylifères se développent déjà chez les Sélaciens [1]. Des vaisseaux lymphatiques étroitement entourés de capillaires sanguins courent dans la couche conjonctive sous-muqueuse des Téléostéens.

Foie. — Le foie des MYXINIDÆ est petit et divisé en deux segments indépendants, situés l'un derrière l'autre et dont le postérieur est le plus grand. Chaque segment donne naissance à un *canal hépatique* et ces deux canaux se réunissent en un canal *cholédoque* à l'opposé duquel se trouve, du côté postérieur, la *vésicule biliaire*. Le foie des *Petromyzon* est plus petit que celui des *Myxine* ; il est vert chez l'*Ammocœtes*, d'un rouge jaunâtre chez le *Petromyzon*. Il manque de canal excréteur (Legouis [2]).

Le foie est également impair, ventral et divisé en deux lobes plus ou moins séparés et symétriques, unis par un petit lobe cystique chez les SÉLACIENS (fig. 1759) ; il est placé sur la face ventrale du tube digestif, dont il suit une partie de la longueur, et relié à l'estomac et à la région antérieure du corps par une bande péritonéale. Les deux lobes contigus chez les SELACHOÏDA sont éloignés chez les BATOÏDA et reliés seulement par le péritoine.

Une division du foie en un segment antérieur et un segment postérieur se retrouve chez les DIPNÉS et notamment

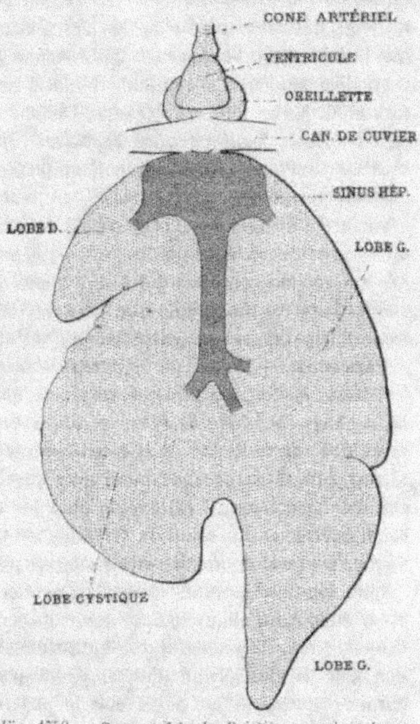

Fig. 1759. — Cœur et foie du *Pristiturus melanostomus* (d'après Neuville).

chez les *Protopterus* ; il n'existe entre les deux segments qu'une profonde encoche où se loge la vésicule biliaire. Le foie est situé à droite de l'intestin antérieur et s'étend assez loin sur sa face ventrale. A ce type se rattache encore le foie extrêmement développé du *Polypterus* ; ses deux segments sont très inégaux, l'antérieur court, le postérieur très allongé, tous deux divisés en lobes qui épousent la forme compliquée du tube digestif. Le corps de la partie antérieure est placé à

---

[1] H. NEUVILLE, *Contribution à l'étude de la vascularisation intestinale chez les Cyclostomes et les Sélaciens*, Annales des sciences naturelles, 8ᵉ série, t. XIII, 1904.

[2] S. LEGOUIS, *Recherches sur le pancréas des Cyclostomes*, Annales de la Société scientifique de Bruxelles, 1882. — GOEPPERT, *Die Entwickelung des Pankreas der Teleostier*, Morph. Jahrb., t. XX, 1893.

droite de l'œsophage, en avant de l'anse du canal pylorique; elle se prolonge en arrière en deux lobes dont l'un se place entre l'œsophage et le canal pylorique, l'autre entre ce canal et l'intestin moyen, dans l'intérieur de l'anse qu'ils forment ensemble. La région postérieure est divisée en deux branches très allongées qui embrassent étroitement l'intestin moyen. Les deux régions sont reliées entre elles sur la face ventrale de l'intestin, au niveau du cæcum de l'intestin moyen, par un pont auquel correspondent les deux canaux hépatiques et la vésicule biliaire en forme de poire très allongée. La région antérieure se réduit chez le *Lepidosteus* à un pont unissant entre elles les deux branches de la région postérieure, de sorte que le foie prend l'apparence d'un organe symétrique dont les deux moitiés, entre lesquelles se place la vésicule biliaire, sont intimement unies par la veine cave (fig. 1756, *f*). Le foie est également bilobé et muni d'une énorme vésicule biliaire chez les *Amia*. Petit chez les *Spatularia*, grand chez les *Acipenser*, le foie présente chez les CHONDROSTÉENS cette même disposition bilatérale; ses deux moitiés sont elles-mêmes plus ou moins lobées sur leur bord.

La forme du foie des TÉLÉOSTÉENS est extrêmement variable; il peut être continu ou se diviser en deux, trois (*Silurus glanis*, *Gadus lota*) ou un grand nombre de lobes (*Cyprinus carnosus*) qui s'intercalent entre les anses du tube digestif. La vésicule biliaire est plus petite que chez les Ganoïdes; sa forme, sa position, celle des canaux hépatiques sont extrêmement variables.

Pancréas. — Il n'existe de pancréas bien défini que chez un certain nombre de Poissons : les SÉLACIENS, les Esturgeons, quelques TÉLÉOSTÉENS tels que les *Silurus*, *Esox*, *Anguilla*, *Conger*, *Pleuronectes*, *Gadus merluccius*. Chez les Sélaciens, il est situé tout auprès de la rate et constitue une glande simple ou bilobée (fig. 1754). Chez l'Esturgeon, il est presque aussi long que la première anse de l'intestin et découpé sur son bord libre; il est ovoïde chez les autres Ganoïdes (fig. 1756, p. 2462). Son canal excréteur, ou *canal de Wirsung*, est toujours étroitement uni au canal cholédoque. On peut donner à cette forme de pancréas le nom de *pancréas massif*[1].

Chez tous les GANOÏDES et les TÉLÉOSTÉENS où il existe un pancréas massif, ce pancréas envoie, au moins le long des veines, des prolongements lamellaires (*Anguilla*, *Conger*, *Esox*, *Acipenser*) qui se substituent peu à peu à la partie massive, de sorte que chez le plus grand nombre des Téléostéens le pancréas massif est remplacé par un *pancréas diffus*. A cet état le pancréas est une sorte de nappe glandulaire très légère, parfois légèrement laiteuse ou roussâtre, parfois à peine apparente sur le fond de la membrane péritonéale, qui peut être masquée par du tissu adipeux. Cette nappe s'étale sur les mésentères (*Belone longirostris*, *Scomber vulgaris*, GADIDÆ), s'engage jusqu'au fond des sinus de l'intestin, ou en revêt simplement les veines (*Gasterosteus*, CYPRINIDÆ, PLEURONECTIDÆ, *Sparus*, *Pagurus*), s'étend de l'estomac jusqu'au cloaque (*Conger*), occupe les vides entre les cæcums pyloriques (*Labrus*, *Trigla lyra*, *Cottus gobio*, *Cottus scorpio*), peut pénétrer jusque dans le foie (CYPRINIDÆ, LOPHOBRANCHES, etc.) et finit par revêtir tous les viscères gastro-intestinaux (*Caranx*, SCOMBRIDÆ). Dans un assez grand nombre de formes, la glande se concrète par places en granules bien distincts les uns des autres, plus ou moins apparents, et c'est là

---

[1] S. LEGOUIS, *Recherches sur les tubes de Weber et le pancréas des Poissons osseux*, Annales des Sciences naturelles, 5ᵉ série, t. XVIII, 1873.

l'état caractéristique du *pancréas disséminé*. Chez le *Gadus merlucchius*, le *Pleuronectes maximus*, les trois formes de pancréas sont combinées; chez le *Belone longirostris*, l'*Osmerus eperlanus*, beaucoup de CYPRINIDÆ (*Leuciscus, Phoxinus*), la *Cobitis bœbatula*, les *Gasterosteus*, les *Scomber*, etc., le pancréas diffus s'allie au pancréas disséminé qui est la forme dominante ou exclusive chez les *Cyprinus sinensis, Clupea sardina, C. harengus, Cyclopterus lumpus, Atherina presbyter, Labrax, Trachinus, Zeus, Labrus*, etc. Ces glandules, parfois innombrables, de même que les diverses parties du pancréas diffus, déversent le produit de leur sécrétion dans un système complexe de canaux, les *canaux de Weber*, aboutissant à un tronc principal qui s'ouvre, à son tour, dans l'intestin après s'être renflé en ampoule. Ces canaux sont souvent peu distincts, difficiles à distinguer des lymphatiques; chez certaines espèces cependant (*Cyprinus carpio, Pleuronectes maximus, Solea, Scomber*) ils prennent, dans des conditions déterminées, un éclat argenté qui permet de les suivre à l'œil nu.

Branchies. — Les *branchies* des Poissons sont essentiellement des conduits qui mettent en communication la cavité pharyngienne avec l'extérieur. Il y a donc, immédiatement en arrière de la bouche, une région respiratoire du tube digestif. Cette région se raccourcit graduellement des formes inférieures aux formes supérieures; son raccourcissement présente trois étapes principales correspondant à trois grandes subdivisions de la classe; les MARSIPOBRANCHES ou Cyclostomes, les ÉLASMOBRANCHES ou Plagiostomes et les CTÉNOBRANCHES ou Téléostomes.

Marsipobranches. — Les *Ammocœtes* ou larves de Lamproies offrent encore ce que l'on peut considérer comme la forme primitive de l'état marsipobranche. Ici, la cavité buccale est suivie d'une cavité ovoïde, allongée, la *cavité pharyngobranchiale*, à laquelle fait immédiatement suite l'œsophage qui n'en est que le prolongement (fig. 1768, p. 2480). Entre la cavité buccale et la cavité pharyngo-branchiale s'étend un repli musculaire de la muqueuse, le *velum* (fig. 1773, *tb*, p. 2485). De chaque côté, une moitié du repli s'élève obliquement de la région ventrale en se dirigeant en dehors et en avant, se recourbe en dessus, prend une direction transversale et va rejoindre sa symétrique. Latéralement le repli s'avance davantage dans le pharynx que dorsalement et ventralement. De chaque côté de la cavité pharyngo-branchiale s'ouvrent sept orifices elliptiques qui conduisent chacun dans une poche branchiale s'ouvrant à son tour extérieurement par un orifice distinct, de sorte que l'*Ammocœtes*, comme du reste le *Petromyzon* adulte, présente de chaque côté de la région antérieure de son corps sept orifices respiratoires. Normalement aux parois dorsale, ventrale et latérale des poches respiratoires s'élèvent des replis de la muqueuse (fig. 1760) qui constituent les feuillets branchiaux. Toute la paroi est couverte d'un épithélium pavimenteux, interrompu seulement par des bandelettes vibratiles très régulièrement disposées. Chaque poche correspond à un méride distinct, de sorte que le tube digestif participe nettement dans sa région branchiale à la structure métamérique qui domine toute l'organisation des Vertébrés et qui est si évidente dans les parois du corps et dans le système nerveux [1].

Ces dispositions sont à peine modifiées chez les *Bdellostoma*, qui peuvent pos-

---

[1] P. BUDON, *Contribution à l'étude de la transformation de l'Ammocœtes branchialis en Petromyzon Planeri*, Revue biologique du Nord de la France, t. III, 1891.

séder jusqu'à 14 paires de fentes branchiales (*B. Dombeyi* [1], *B. Stouti*) mais montrent d'ordinaire six ou sept orifices branchiaux externes, *parfois six d'un côté, sept de l'autre*. Seulement ici la poche branchiale est intercalée entre deux conduits assez longs : le canal branchial interne qui s'ouvre dans l'œsophage, le canal branchial externe qui s'ouvre au dehors. La poche branchiale contient des replis très inégaux finement plissés, à bord libre crénelé, et dont quelques-uns sont assez longs pour toucher ceux du côté opposé, au milieu de la poche. *Du côté gauche*, un tube branchial supplémentaire, dépourvu de poche branchiale, emprunte, pour s'ouvrir au dehors, l'orifice du tube précédent. Cette dissymétrie, qui rappelle celle dont nous avons signalé l'importance relativement à l'origine des Vertébrés, en traitant de l'*Amphioxus* (p. 2165), présente ici d'autant plus d'intérêt que nous la retrouverons en ce qui concerne les yeux épiphysaires (p. 2314). Les *Myxine* diffèrent des *Bdellostoma* par ce que tous les canaux branchiaux externes d'un même côté se réunissent en un canal unique qui s'ouvre sur la face ventrale, assez loin de l'appareil branchial ; le canal asymétrique subsiste. Dans les deux genres un puissant constricteur, correspondant à un rétrécissement de l'intestin antérieur, immédiatement en arrière de la dernière poche branchiale, permet à l'animal de transformer temporairement cette région de son tube digestif en une région respiratoire d'autant plus caractérisée que l'eau peut y pénétrer directement par le canal nasal.

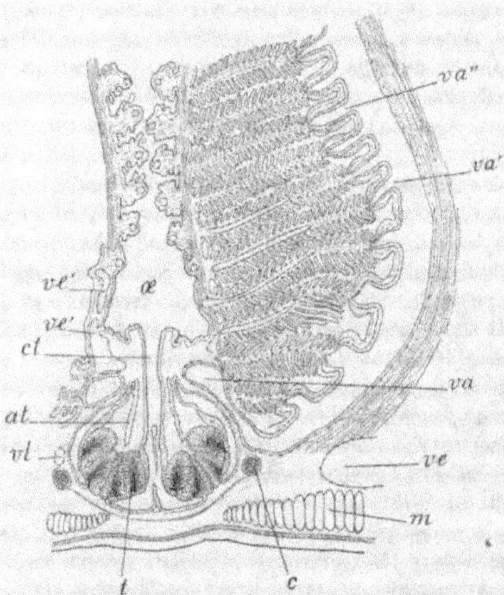

Fig. 1700. — Coupe transversale à travers la région du 4ᵉ arc branchial d'une *Ammocœtes* de grandeur moyenne. — *va*, *va'*, *va''*, vaisseaux afférents primaires, secondaires et tertiaires des branchies ; *œ*, région branchiale de l'œsophage ; *ve*, *ve'*, vaisseaux efférents secondaires et primaires des branchies (veine branchiale) ; *c*, cartilage branchial ; *ct*, canal thyroïdien ; *at*, artère thyroïdienne ; *m*, muscles sous-branchiaux ; *vl*, veine latérale ; *t*, corps thyroïde (combiné d'après deux figures de Dohrn).

C'est sans doute le point de départ de la disposition qui est réalisée chez les *Petromyzon* adultes où il se produit au cours de la métamorphose une chambre branchiale uniquement affectée à la respiration. A ce moment, dans un cordon de tissu indifférencié qui refoule, le long de la ligne médiane dorsale, la paroi de la cavité branchiale à l'intérieur de cette cavité, se constitue un nouvel œsophage. En arrière, la chambre branchiale cesse de communiquer avec l'intestin antérieur,

---

[1] H. Ayers, *Bdellostoma Dombeyi*, Lec. A. Stuly from the Hopkins marine Laboratory, Woods Holl., 1893.

tandis qu'elle continue à communiquer antérieurement avec le pharynx. La cavité
branchiale arrive ainsi à constituer, au-dessous du nouvel œsophage, une sorte de
cæcum dirigé en arrière; rien n'est changé d'essentiel dans la disposition des
orifices extérieurs. L'inspiration et l'expiration sont accompagnées d'un double
mouvement d'entrée et de sortie de l'eau à travers l'orifice nasal.

Élasmobranches. — Soutenues par les arcs branchiaux précédemment décrits,
les branchies des SÉLACIENS (fig. 1761) sont des cloisons qui s'étendent de l'intestin antérieur au tégument, limitant ainsi des espaces dans lesquels l'eau peut
arriver par des fentes œsophagiennes tandis qu'elle en sort par les fentes branchiales externes. Ces intervalles sont autant de poches branchiales correspondant
à celles des Marsipobranches; les cloisons qui les limitent résultent de l'adosse-
ment des parois des poches branchiales de ces derniers; elles portent sur leurs

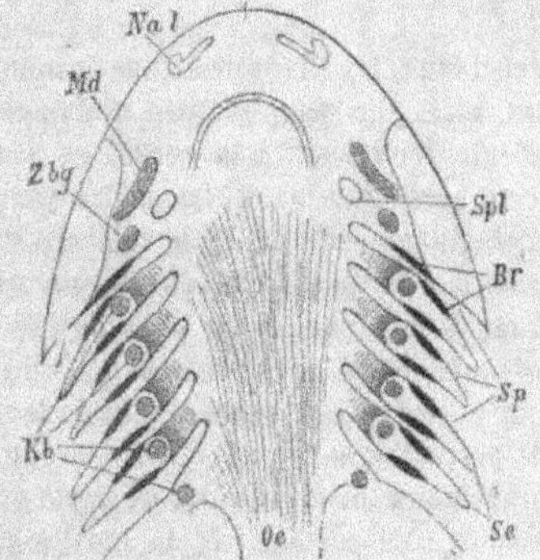

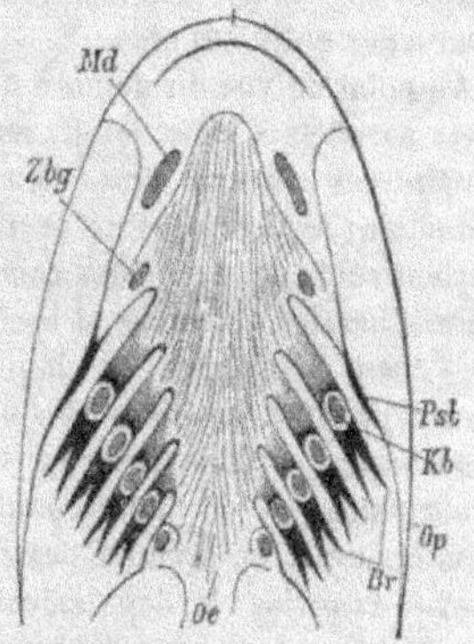

Fig. 1761. — Coupe horizontale de la cavité branchiale d'un
   Squale. — *Nal*, narines; *Md*, mandibule; *Zbg*, arc hyoïdien; *Kb*, arcs branchiaux; *Oe*, œsophage; *Spl*, évent;
   Br, branchies; *Sp*, fentes branchiales; *Se*, cloisons séparant les arcs branchiaux (d'après Gegenbaur).

Fig. 1762. — Coupe horizontale de la cavité
   branchiale d'un Téléostéen; mêmes lettres; en plus, *Psb*, pseudobranchie; *Op*,
   opercule (d'après Gegenbaur).

deux faces des *lames branchiales* dirigées en dedans, contrairement à ce qui a
lieu chez les Cyclostomes, et soutenues par des arcs cartilagineux. Chez les
Requins de type ancien qui forment la famille des NOTIDANIDÆ, le nombre des
fentes branchiales est de sept (*Heptanchus*) ou de six seulement (*Hexanchus*,
Chlamydoselachus); chez les PLEURACANTHIDÆ de la période primaire, chez les autres
Requins actuels et chez les Raies, ce nombre se réduit à cinq fentes comprises
entre l'arc hyoïde et l'arc scapulaire. Mais le nombre sept lui-même n'est qu'un
nombre réduit; chez beaucoup de Sélaciens, en effet, l'arc palato-mandibulaire
porte encore les rudiments d'une branchie; une autre branchie plus ou moins
développée correspond à un orifice situé sur la face supérieure de la tête et qu'on
nomme l'*évent*; il a donc pu exister jusqu'à neuf branchies chez les formes tout à
fait primitives. Quelquefois la première poche branchiale comprise entre l'arc
hyoïde et le premier arc branchial présente d'ailleurs elle-même des traces de
réduction; ses feuillets antérieurs, que devrait porter la face postérieure de l'arc
hyoïde, avortent.

Cténobranches. — Chez les DIPNÉS, les GANOÏDÉS et les TÉLÉOSTÉENS, les cloisons charnues, déjà incomplètes chez les *Chimæra* mais encore indiquées chez les *Ceratodus*, qui séparaient les poches branchiales les unes des autres, disparaissent en grande partie; il n'en subsiste plus que le revêtement très vascularisé des arcs et des rayons branchiaux; c'est à ces arcs et à leur revêtement charnu que le nom de *branchie* est transféré, tandis qu'il ne pouvait s'entendre chez les MARSIPO-BRANCHES et les ÉLASMOBRANCHES que des poches branchiales des premiers et de l'ensemble des parois antérieure et postérieure d'une même fente branchiale des seconds. Les deux séries de lamelles branchiales que supportait, dans ce dernier cas, chaque cloison, subsistent et forment sur chaque arc branchial deux séries de lames ou de pointes (fig. 1762) qui donnent à ces arcs l'apparence d'un peigne, d'où la dénomination de CTÉNOBRANCHES donnée à l'ensemble des Poissons qui présentent ce caractère. Les fentes branchiales des Sélaciens correspondent aux intervalles entre ces arcs.

Au point de vue du nombre des arcs branchiaux, les CTÉNOBRANCHES forment une série parallèle à celle des ÉLASMOBRANCHES, mais plus complète. On trouve chez le *Protopterus* six arcs branchiaux; trois d'entre eux sont, à la vérité, en voie de réduction; le *Ceratodus* ne présente que cinq arcs branchiaux, les quatre premiers portent seuls des branchies complètes; le cinquième est soudé à la ceinture scapulaire. Chez les GANOÏDES et les TÉLÉOSTÉENS, il n'y a plus au maximum que quatre arcs bien développés; le cinquième est représenté par les os pharyngiens inférieurs (p. 2406). Les branchies ne sont pas également développées sur tous les arcs branchiaux; certains d'entre eux peuvent ne porter qu'une seule rangée de lamelles branchiales; on dit indifféremment qu'ils portent une *branchie unisériée* ou une *demi-branchie*. Le premier des six arcs branchiaux du *Protopterus* ne porte qu'une pseudo-branchie; le deuxième et le troisième n'en portent pas du tout; les trois derniers ont seuls des branchies bisériées. La branchie hyoïdienne et celle du quatrième arc branchial des *Chimæra* sont aussi unisériées; de même chez beaucoup de TÉLÉOSTÉENS le quatrième arc branchial ne porte qu'une demi-branchie (POMA-CENTRIDÆ, LABRIDÆ, PSYCHROLUTIDÆ, CYCLOPTERIDÆ, la plupart des LOPHIIDÆ); le nombre des branchies peut même s'abaisser à trois (BATRACHIDÆ), deux et demie (*Malthe*); enfin l'*Amphipnous cuchia*, qui possède des sacs respiratoires accessoires, ne porte plus en revanche qu'une branchie rudimentaire sur son deuxième arc branchial. Toutes les branchies sont unisériées chez les HÉMIBRANCHES. En revanche, chez divers GANOÏDES, il existe sur le bord antérieur de l'orifice interne de l'*évent* une *pseudobranchie* comptant jusqu'à dix ou quinze feuillets branchiaux (*Acipenser*, *Spatularia*), mais elle n'est pas fonctionnelle, puisqu'elle reçoit du sang artériel et rend du sang veineux. On retrouve cette pseudobranchie en rapport avec l'évent temporaire que présentent les embryons de divers TÉLÉOSTÉENS (*Salmo*, etc., fig. 1777, p. 2494); elle persiste chez le *Ceratodus*, le *Lepidosiren*, le *Lepidosteus*, l'*Amia*, la plupart des TÉLÉOSTÉENS adultes, mais elle a été plus ou moins déplacée de telle sorte que sa signification a été fréquemment méconnue[1]. C'est l'organe désigné déjà par Broussonet (1772) sous le nom de *pseudobranchie* et qui se

---

[1] A. DOHRN, *Spritzlochkrüme der Selachier, Kiemendeckelkrüme der Ganoïden, Pseudobranchie der Teleostier*, Mittheilungen aus der zoologische Station zu Neapel, Bd. VII.

trouve habituellement sous l'os squamosal, derrière le muscle palatin transverse. La pseudobranchie ne présente jamais qu'une seule rangée de feuillets; mais ces feuillets eux-mêmes peuvent disparaître et la pseudobranchie n'est plus représentée que par un réseau vasculaire bipolaire ou *réseau admirable*, couvert par la muqueuse et qui donne à la région qu'il occupe l'aspect d'une glande. Johannes Müller a donc distingué deux sortes de pseudobranchies, les *pseudobranchies libres* et les *pseudobranchies cachées* ou *pseudobranchies glandulaires*; cette modification est en quelque sorte le prélude de la disparition complète de l'organe, qui est le cas le plus rare. Sur 280 genres étudiés à ce point de vue par J. Müller, 198 offraient une pseudobranchie libre; 43 une pseudobranchie glandulaire; 39 étaient dépourvus de cet organe. Parmi les formes pourvues d'une pseudobranchie bien développée,

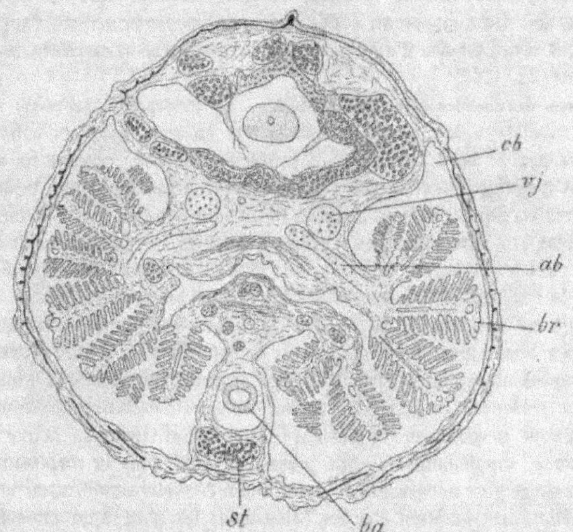

Fig. 1763. — Coupe à travers l'appareil branchial du *Syngnathus Dumerilii*. — *chb*, chambre branchiale; *vj*, veine jugulaire; *abe*, vaisseau branchial efférent; *ba*, bulbe artériel; *br*, branchie dont les feuillets discoïdaux sont coupés transversalement; *sthy*, muscles sterno-hyoïdiens (dessin original de M. Huot).

sont les BATHYCLUPEIDÆ, BRAMIDÆ, *Peronietta*, SCOPELIDÆ, THYRSITIDÆ, CHÆTODONTIDÆ, SPARIDÆ, NANDIDÆ, POLYCENTRIDÆ. TRICHIURIDÆ, ACRONURIDÆ, CARANGIDÆ; CORYPHÆNIDÆ, SCOMBRIDÆ, TRACHINIDÆ, FISTULARIDÆ, BLENNIIDÆ, ANABASIDÆ, parmi les formes à pseudobranchie glandulaire, les ESOCIDÆ. Les *Scaphirynchus*, *Protopterus*, *Polypterus*, COBITININÆ, KNERIIDÆ, CHARACINIDÆ, GALAXIIDÆ, HYODONTIDÆ, PANTODONTIDÆ, OSTEOGLOSSIDÆ, CHIROCENTRIDÆ, HALOSAURIDÆ, sont dépourvus de pseudobranchies. Les rapports de ces pseudobranchies avec l'appareil circulatoire sont particulièrement remarquables (p. 2493).

Sur la face interne de l'opercule de l'*Acipenser*, du *Lepidosteus* et de divers embryons de Téléostéens, il existe encore une branchie fonctionnelle correspondant à la branchie hyoïdienne des Sélaciens.

Les lamelles respiratoires que portent les arcs branchiaux sont foliacées chez les *Protopterus*. Chaque lame présente chez les CHONDROPTÉRYGIENS de petites ramifications sur son côté interne; elles ont la forme de filaments plus ou moins cylindro-coniques chez le *Polypterus* et le *Lepidosteus*; elles ont la forme de dents coniques chez la plupart des TÉLÉOSTÉENS; leur nombre varie pour chaque arc de 55 à 135; chaque lamelle principale porte des *replis secondaires* perpendiculaires à la surface et dont le nombre pour chacun varie de 700 à 1 500. Les branchies de LOPHOBRANCHES [1] paraissent, au premier abord, s'éloigner beaucoup du type normal; en réalité, elles ne s'en écartent que fort peu. Chaque arc porte une double rangée de lamelles comme d'habitude, mais le nombre total de ces lamelles n'est que 6 à 10. La lamelle principale porte, à son tour, sur ses deux faces de 20 à 40 plis transversaux; très saillants, en forme de demi-cercle et dont l'ensemble, en raison de leur grand développement, donne à chaque lamelle principale l'apparence d'une *houppe* qui serait formée d'un axe le long duquel seraient empilées des lames demi-circulaires (fig. 1763).

Organes accessoires des branchies. — Le *Protopterus* présente des *branchies externes* consistant de chaque côté de la tête en trois filaments à bords crénelés, supportés par le bord supérieur et postérieur de l'arc scapulaire. Ces filaments reçoivent respectivement le sang qui les traverse des deuxième, troisième et quatrième arcs aortiques; ils sont donc en réalité des dépendances des arcs branchiaux qu'irriguent ces vaisseaux. De pareilles branchies se rencontrent avec des formes diverses chez les embryons des Sélaciens (fig. 1844, p. 2640) et les jeunes de diverses espèces de Poissons (*Callorhynchus, Chimæra, Polypterus, Cobitis*).

Il a déjà été question (p. 2407) de modifications qui donnent aux pharyngiens des ANABASIDÆ leur aspect labyrinthique et transforment la partie supérieure de leur cavité branchiale en une sorte d'éponge propre à humecter les branchies. Divers CLUPEIDÆ présentent un appendice enroulé en spirale de la muqueuse pharyngienne.

A l'appareil respiratoire de plusieurs SILURIDÆ et OPHIOCEPHALIDÆ sont annexés des organes supplémentaires qui jouent un rôle dans la respiration et dont il serait d'autant plus nécessaire de déterminer l'exacte signification morphologique que les SILURIDÆ semblent être les Téléostéens les plus rapprochés des Ganoïdes. Chez les *Heterobranchus* (fig. 1764) et les *Clarias*, les arcs branchiaux portent des appendices dendritiques richement vascularisés contenus dans une expansion de la cavité branchiale. Chez les *Saccobranchus* (fig. 1765) et les *Amphipnous* la cavité branchiale se prolonge de chaque côté, au-dessus de la première fente, en un sac qui s'étend très loin en arrière et est couvert d'un réseau respiratoire; ces sacs ont l'aspect des vessies natatoires.

Chez les HOLOCÉPHALES les fentes branchiales sont recouvertes par un repli de la peau déjà indiqué chez les *Chlamydoselachus*; chez les CTÉNOBRANCHES des pièces osseuses se développent dans ce repli (p. 2404) et il se forme ainsi un *opercule* limitant extérieurement une *chambre branchiale* ou mieux une *chambre péribranchiale*, qui ne communique plus avec l'extérieur que par une *fente operculaire*, comprise entre l'opercule et la ceinture scapulaire.

---

1. A. HUOT, *Recherches sur les Poissons Lophobranches*, Annales des Sciences naturelles, 8e série, t. XIV, 1902.

Le repli tégumentaire qui forme l'opercule s'étend d'ailleurs en arrière bien au delà des lames osseuses, développées dans son épaisseur; la région ainsi débordante, soutenue par les *rayons branchiostèges* est la *membrane branchiale* ou *branchiostège*. Les deux membranes branchiales symétriques peuvent s'étendre en repli sous la gorge, se rapprocher l'une de l'autre et même arriver à se joindre; leurs divers états de rapprochement fournissent à la taxonomie des

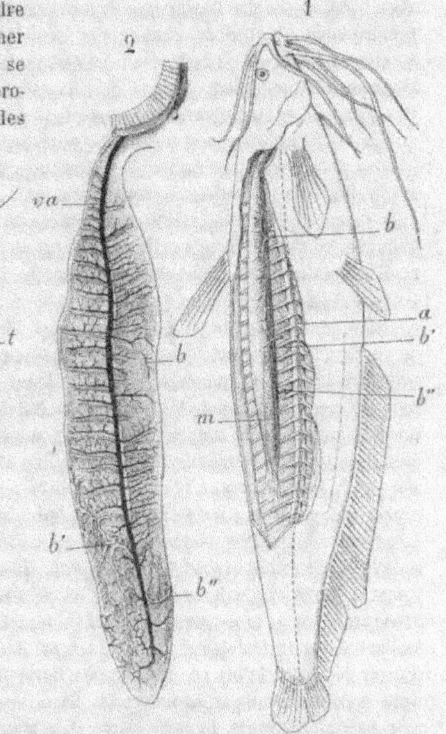

Fig. 1764. — Région céphalobranchiale de l'*Heterobranchus anguillaris*, vu du côté dorsal et légèrement incliné vers la gauche; l'opercule a été enlevé de manière à montrer les organes branchiaux accessoires et les poches qui les contiennent. — *t*, tentacules céphaliques; *o*, œil; *a*, *a'*, 2ᵉ et 4ᵉ arcs branchiaux; *r*, *r'*, leurs appendices ramifiés; *s*, sac contenant ces appendices (d'après Alessandrii).

Fig. 1765. — 1. *Saccobranchus singio* dont la paroi du corps a été enlevée à droite pour montrer le sac respiratoire droit. — *a*, aorte vue à travers le sillon vertébral; *b*, *b'*, *b''*, artères descendant au sac branchial; *m*, muscle constricteur du sac branchial. — 2. Sac branchial gauche ouvert et étalé pour montrer les vaisseaux internes. — *va*, branche issue du vaisseau afférent de la 4ᵉ branchie; *b'*, *b''*, *b'''*, artères issues de l'aorte (d'après Willis).

caractères importants. A leurs deux extrémités ces mêmes membranes peuvent aussi se souder plus ou moins au tégument qui recouvre la ceinture scapulaire; la fente operculaire peut être ainsi très rétrécie; cette disposition constitue pour les poissons à locomotion lente (*Orthagoriscus mola*, LOPHOBRANCHES) une protection efficace contre les parasites; elle s'oppose d'autre part à l'évaporation rapide de l'eau qui baigne les branchies et permet à certains poissons des cours d'eau ou des rivages de vivre à l'air libre et même d'effectuer des migrations à terre. Les orifices branchiaux des Lophobranches sont dorsaux et munis d'un sphincter.

Poumons et vessie natatoire. — Chez les Dipnés apparaissent de remarquables annexes de l'appareil digestif qui présentent une étroite parenté morphologique avec les *poumons* des Batraciens et des Vertébrés aériens, en même temps qu'une remarquable identité de connexions avec les sacs annexés aux branchies des *Saccobranches* et des *Amphipnous* (p. 2484); on les a comparées, d'autre part, avec l'organe habituellement désigné chez les Poissons sous le nom de *vessie natatoire*. Ces organes se compliquent de manière à assurer la respiration aérienne; tandis que la vessie natatoire est un organe purement hydrostatique.

C'est à la coexistence avec les branchies de poumons servant réellement à la respiration que les Dipnés doivent leur nom. Les poumons de ces animaux s'ouvrent dans l'œsophage, immédiatement en arrière du dernier arc branchial, par une fente allongée, située à la face ventrale de ce canal et entourée, sur sa paroi interne, d'un repli annulaire de la muqueuse. En avant de ce repli se trouve une plaque cartilagineuse médiane, en forme de langue, à bord antérieur convexe, à bord postérieur concave, embrassant le pli de la muqueuse. Cette plaque, légèrement saillante dans la cavité pharyngienne, est un fibro-cartilage, riche en cellules, qui résulte de la transformation de l'aponévrose d'un puissant dilatateur de la fente dont les fibres sont les unes rayonnantes, les autres annulaires. A la fente fait suite une courte poche à laquelle sont suspendus les deux poumons. Ces poumons sont confondus à leur base sur une longueur d'un centimètre et demi environ chez les *Protopterus*, sur toute leur longueur chez les *Ceratodus*, où il n'existe plus aucune trace de séparation, et où ils paraissent, en conséquence, remplacés par un poumon unique. Les poumons des *Protopterus* sont des sacs allongés, arrondis en arrière, fortement aplatis et légèrement lobés sur leur bord; ils s'étendent sur toute la longueur du corps, à droite et à gauche de l'aorte et adhérent par leur face dorsale à l'aponévrose transverse; le péritoine ne les enveloppe, en conséquence, que sur leur face ventrale. Sur le trajet des vaisseaux leur muqueuse est soulevée de manière à figurer des bandelettes ou des alvéoles irrégulières; ces alvéoles se régularisent dans le poumon unique du *Ceratodus*. Dans une eau aérée, les poumons de ce dernier animal reçoivent du sang rouge et le sang qui en sort est noir; c'est le phénomène que présente aussi la vessie natatoire chez les autres Poissons; mais si l'eau est chargée de gaz irrespirables, les branchies ne fonctionnent plus; c'est du sang noir qui pénètre dans la paroi du poumon et du sang rouge qui en sort.

La prétendue *vessie natatoire* du *Polypterus* ressemble beaucoup aux poumons des Dipnés. L'œsophage présente sur son côté ventral une fente longitudinale entourée d'une lèvre fortement saillante et d'un sphincter; cette fente s'ouvre, d'autre part, dans la région moyenne d'un étroit et court canal qui en avant se termine en un cæcum bilobé et en arrière se divise en deux canaux conduisant respectivement dans deux sacs ovoïdes dont le droit est beaucoup plus long que le gauche. Ces sacs conservent entre leurs parois plusieurs couches de fibres musculaires entrecroisées; leur paroi interne est lisse.

Chez les Ganoïdes et chez les Téléostéens physostomes, la vessie natatoire communique également avec l'œsophage, mais au lieu d'être ventral comme dans les types précédents, l'orifice de communication est *dorsal*. Cette communication elle-même disparaît chez le plus grand nombre des Téléostéens physoclistes, ainsi nommés d'ailleurs parce que leur vessie natatoire est complètement close. Il y a à cela quelques exceptions, car chez les *Caranx* part de la région dorsale de la vessie natatoire, au niveau de la 7e côte, un canal qui longe l'aorte du côté droit et s'ouvre sur la muqueuse de la cavité branchiale, dans sa région postérieure et supérieure [1].

La vessie natatoire fait défaut chez beaucoup de Physoclistes (Pleuronectidæ, Zoarcidæ, Gobiidæ, Gobiesocidæ, Luciocephalidæ, Cyclopteridæ, Acanthoclinidæ, Blenniidæ, *Coryphæna*, *Stromateus*, Scombridæ, *Echeneis*, *Elacate*, Trachinidæ, beaucoup de Triglidæ, *Cirrhites*, *Curithripthys*, *Chironemus*).

La vessie natatoire des *Lepidosteus* (fig. 1756, p. 2462, *e*) s'ouvre dans l'œsophage par une fente en forme de T renversé (⊥). La branche verticale du T est comprise entre deux saillies arrondies en forme de poche et la membrane élastique dans laquelle la fente est pratiquée semble capable de produire des vibrations sonores lorsque l'air est chassé de la vessie natatoire. Le vestibule conique s'accole à son tour par sa face ventrale à la face dorsale de l'œsophage; la paroi commune est perforée d'une fente longitudinale. On peut considérer ce vestibule comme une première ébauche de *larynx*. La vessie natatoire elle-même est un vaste sac impair qui s'étend sur toute la longueur du corps et est très étroitement soudée à la face dorsale de l'estomac et à l'aorte. Une large bande médiane fibreuse qui fait saillie sur toute la longueur de sa paroi dorsale interne peut être interprétée comme le reste d'une cloison indiquant que le sac résulte de la soudure de deux autres comparables aux deux sacs du *Polypterus* et aux poumons des Dipnés. De cette bande partent latéralement des trabécules transversaux saillants, d'étendue inégale, mais qui peuvent atteindre jusqu'à la ligne médiane ventrale du sac; ces trabécules délimitent des cavités pariétales, elles-mêmes divisées par des trabécules secondaires en espaces alvéolaires irréguliers et arrondis rappelant les dispositions qu'on observe dans les poumons des Dipnés. Des trabécules analogues mais moins réguliers, existent sur la paroi interne de la vessie natatoire de l'*Amia*, vaste sac cylindrique qui s'étend des derniers os pharyngiens jusqu'à l'anus et se bifurque légèrement en avant. La paroi interne de la vessie natatoire des *Spatularia* et des *Acipenser* est, au contraire, lisse comme chez les *Polypterus*.

Les Siluridæ qui, par tant d'autres caractères, affirment leur qualité de Téléostéens primitifs, ont souvent une vessie natatoire à paroi alvéolaire comme celle du *Lepidosteus*, et il peut même se développer des cæcums à sa surface (*Pimelodus macropterus*, *Doras loricatus*, *D. Hancocki*, *Corydoras ophthalmus*, *C. dorsalis*, fig. 1766); dans le même genre le *Doras polygramma* a une vessie natatoire lisse et cordiforme, le *D. asterifrons* a une vessie semblable mais munie en outre d'un petit appendice conique; cet appendice est bifurqué chez le *Corydoras punctatus* (fig. 1766, n° 1) et le *Doras Hancocki*; il constitue un véritable segment postérieur de la vessie chez les *Corydoras brevis* et *dorsalis* [2]; le *P. filamentosus* a une vessie natatoire lisse, mais divisée par une constriction transversale en deux parties, placées bout à bout. Cette disposition devient ordinaire chez les Cyprinidæ. Fréquemment la vessie natatoire

[1] Moreau, *Recherches physiologiques sur la vessie natatoire des poissons*, 1877.
[2] Kner, *Ueber einige sexual Unterschiede bei der Gattung Callichthys und der Schwimmblase bei Doras*, Sitzungsb. der Akadem. der Wissenschaften, t. XI, 1853.

est enfermée dans une capsule osseuse qui se développe sur la face ventrale des vertèbres. Cette dernière particularité se
rencontre aussi chez les CYPRINIDÆ,
où une chaîne osseuse relie en outre,
comme chez les SILURIDÆ, les CHA-
RACINIDÆ et les GYMNOTIDÆ, la vessie
natatoire à la capsule auditive.
La structure alvéolaire de la paroi
interne se retrouve chez des formes
très éloignées des SILURIDÆ, plusieurs *Erythrinus*, les *Gymnarchus*
et les SCIÆNIDÆ notamment. Dans
cette dernière famille et dans celle
des POLYNEMIDÆ, cette structure se
complique, sauf dans les genres
Larimus et *Eques*, de la présence
d'appendices latéraux, bien que ces
poissons soient physoclistes. Des
appendices semblables existent chez

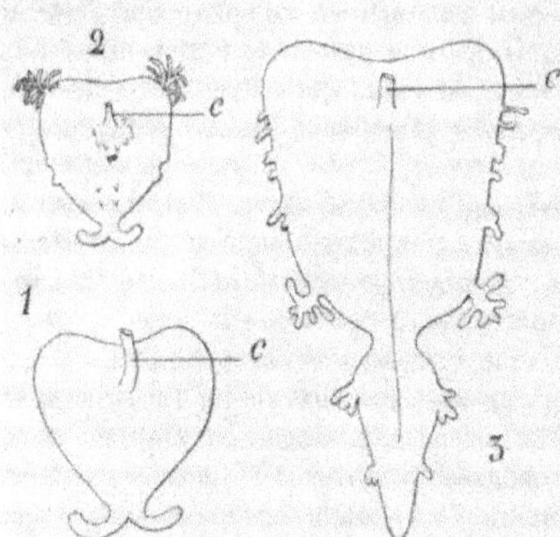

Fig. 1766. — Nº 1. Vessie natatoire de *Corydoras punc-
tatus*. — Nº 2. Vessie natatoire de *Doras loricatus*. —
Nº 3. Vessie natatoire de *Corydoras dorsalis* (d'après
Kner).

les *Chrysophrys*. Chez les *Otolithus*, la vessie natatoire, pointue en arrière, élargie et
tronquée en avant se prolonge à chacun de ses angles antérieurs en un tube qui
porte lui-même deux sacs à extrémité pointue, dirigés l'un en avant, l'autre en
arrière. Chez le *Pogonias chronis*, sa moitié antérieure est pourvue latéralement de
larges lobes irrégulièrement découpés, à peu près symétriques et dont le dernier,
de chaque côté, s'allonge en arrière en un tube étroit, lui-même pourvu d'appendices et qui va s'ouvrir à l'extrémité postérieure de la vessie. Chez le *Callichthys
lucida*, on compte de chaque côté de la vessie vingt-cinq appendices dont les premiers
sont dirigés en avant tandis que les suivants s'orientent peu à peu vers l'arrière;
tous ces appendices se divisent bientôt en une branche dorsale et une branche
ventrale qui se terminent après s'être une ou deux fois divisées, ou continuent à
se diviser et s'allongent au point de se fusionner avec leur symétrique sur les
lignes médianes dorsale et ventrale. Ces branches sont enveloppées par le péritoine
qui forme autour d'elles un sac ventral; ce dernier reçoit dans sa cavité l'intestin,
le foie et les glandes génitales. Chez les *Sciæna*, le nombre des branches latérales
s'élève à cinquante-deux, de chaque côté; chacune d'elles porte à son tour deux
séries d'appendices qui peuvent se bifurquer plusieurs fois et se raccourcissent
graduellement jusqu'à son extrémité.

Tantôt la vessie est très courte, tantôt elle se prolonge en arrière, soit en deux
appendices situés sous la musculature de la queue (beaucoup d'ACANTHOPTÉRES,
SPARIDÆ, MÆNIDÆ, ACRONURIDÆ, etc.), soit en un cæcum logé entre les arcs inférieurs très dilatés des vertèbres caudales. La vessie natatoire est bifide en avant
et en arrière chez les *Sargus* et les *Teuthis*; elle est double chez les GYMNOTIDÆ.

Les parois de la vessie natatoire contiennent très souvent des fibres musculaires
transverses; ces fibres, notamment chez les SILURIDÆ, CYPRINIDÆ, CHARACINIDÆ,
provoquent, en se contractant, l'expulsion des gaz qu'elle contient; en outre, chez
un certain nombre d'espèces de cette dernière famille, elles sont susceptibles

d'exécuter des contractions rythmiques qui se transmettent à l'air inclus et déterminent ainsi la production de sons. Un phénomène analogue a été également observé chez des Poissons physoclistes (*Zeus faber, Trigla*). Ses parois sont richement vascularisées et les vaisseaux se disposent souvent en réseaux admirables. Ces réseaux sont répandus sur toute la surface de la vessie chez les CYPRINIDÆ; ils sont plus ou moins localisés chez les ESOCIDÆ et finissent par former chez beaucoup de Physoclistes (*Caranx, Perca*, etc.) des corps glandulaires connus sous la dénomination de *corps rouges*; il existe des corps rouges chez les *Conger* et *Anguilla*. Ces corps contribuent activement à la sécrétion et à l'absorption des gaz que contient la vessie. La paroi de la région antérieure de la vessie natatoire des Lophobranches présente de véritables culs-de-sac glandulaires.

La position de l'orifice de la vessie natatoire dans l'intestin antérieur, la forme de la vessie, ses dimensions sont extrêmement variables chez les Poissons; l'orifice de la vessie dans le pharynx est latéral chez les *Erythrinus*; il est reporté dans la région cardiaque de l'estomac chez l'*Esturgeon*, à l'extrémité du cæcum stomacal chez les CLUPEIDÆ (fig. 1766).

Quelques TETRODONTIDÆ (*Tetrodon, Diodon*, etc.) possèdent, outre leur vessie natatoire, une autre poche aérienne qui s'ouvre *dans la région ventrale* du pharynx, et s'étend de la mandibule jusqu'au voisinage de la queue. En remplissant d'air cette poche, ces poissons peuvent se gonfler démesurément. Rapprochant ce fait de la position variable de l'orifice des poches aérifères dans l'intestin antérieur et de divers faits embryogéniques, on a pu penser[1] que deux sortes de poches à gaz pouvaient être en rapport avec l'intestin antérieur : les *poches oratoires* morphologiquement ventrales et les *poches natatoires* morphologiquement dorsales. Au premier type appartiendraient les sacs aérifères des DIPNÉS, du Polyptère, le sac ventral des TETRODONTIDÆ, les poumons des Vertébrés aériens; au second type appartiendraient la vessie natatoire normale des Poissons et les cæcums rétropharyngiens de divers Mammifères (Éléphants, Porcins, Camélidés, Homme). Cette interprétation sera discutée dans la partie embryogénique.

Le gaz contenu dans la vessie natatoire est un mélange à proportions très variables d'azote, d'oxygène et d'anhydride carbonique. Il peut être formé de 98 à 80 0/0 d'azote, de 70, qui est la proportion ordinaire, à 20 0/0 d'oxygène et de 7 à 0,6 0/0 d'anhydride carbonique. Ces gaz ne sauraient provenir directement ni de l'air, ni de l'eau; ils sont manifestement extraits du sang et de la lymphe[2].

De précises expériences physiologiques (Moreau) ont montré que la vessie natatoire est essentiellement pour le Poisson un organe de station qui lui permet d'égaliser avec son poids celui de l'eau déplacée, à quelque profondeur qu'il se trouve, de manière à demeurer en équilibre et à n'avoir aucun effort à faire pour se maintenir à un niveau donné. Cet état d'équilibre n'est atteint que peu à peu, bien plus vite cependant chez les PHYSOSTOMES que chez les PHYSOCLISTES, qu'une brusque diminution de pression entraîne rapidement vers la surface sans qu'ils aient le temps de réagir. L'équilibre s'établit plus vite chez les *Caranx*, dont le

---

[1] ALBRECHT, *Sur la non homologie des poumons des Vertébrés pulmonés avec la vessie natatoire des Poissons*, Paris et Bruxelles, 1886.

[2] BIELETZKI, *Ueber die in der Schwimmblase enthaltenen Gaze*, Abh. der Naturforscher Gesellschaft zu Charkoff, 1884.

canal aérien fonctionne comme un véritable « *canal de sûreté* ». L'absence de la vessie hydrostatique chez les Poissons qui vivent au contact du sol est une conséquence du principe de Lamarck.

Corps thyroïde et thymus. — A la face inférieure du pharynx, sur la ligne médiane se développent le *corps thyroïde*, sur les arcs branchiaux mêmes le *thymus* ; mais ces corps ne gardent pas leur position primitive (p. 2622). Très développé chez l'*Ammocœtes* (fig. 1768, 1773 et 1774), le corps thyroïde (*t*) est représenté chez le *Petromyzon* adulte par une série de follicules glandulaires sans communication avec le

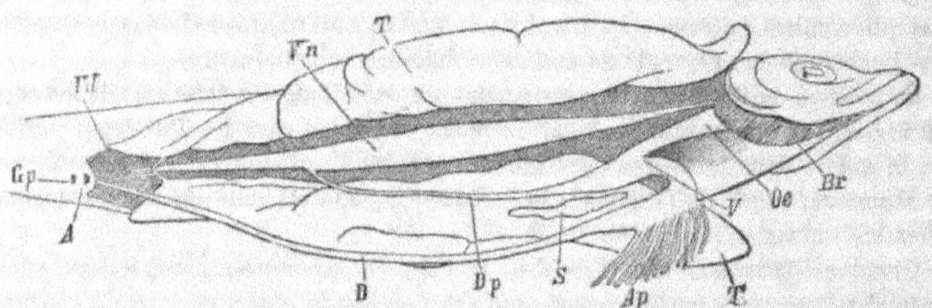

Fig. 1767. — Appareils digestifs et organes génitaux du Hareng (*Clupea harengus*). — *Br*, branchies ; *Oe*, œsophage ; *V*, estomac ; *T*, testicules ; *Ap*, appendices pyloriques ; *S*, rate ; *Dp*, canal de communication de l'estomac avec la vessie natatoire ; *D*, intestin ; *A*, anus ; *Gp*, pore génital ; *Vd*, canal déférent ; *Vn*, vessie natatoire (d'après Brandt).

pharynx. Il consiste chez les ÉLASMOBRANCHES en corps lobulaires creux, qui chez les *Squalus* demeurent toute la vie en contact avec le pharynx dans la région de l'arc mandibulaire. La glande principale chez les GANOÏDES cartilagineux adultes est située sur la symphyse de la mandibule, au point de la bifurcation du tronc branchial artériel auquel elle est réunie par un faisceau de tissu conjonctif. La glande thyroïde des Poissons osseux occupe une position correspondante à celle des Sélaciens, au niveau du deuxième arc branchial.

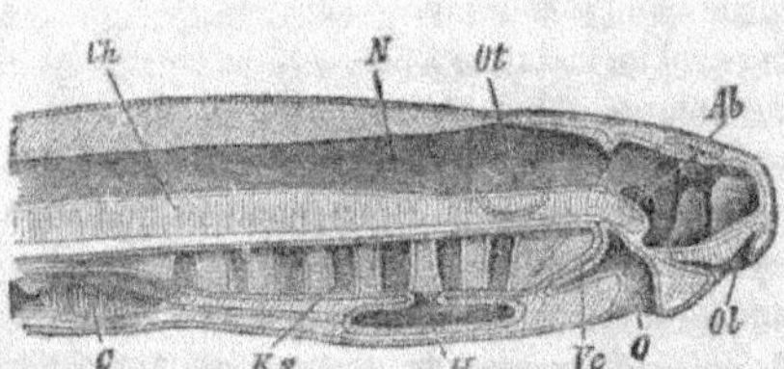

Fig. 1768. — Coupe longitudinale schématique à travers la région céphalo-branchiale d'un embryon de *Petromyzon*. — *N*, système nerveux ; *ch*, corde dorsale ; *Ot*, otocyste ; *O*, bouche ; *Ve*, velum ; *H*, évagination thyroïdienne ; *Ks*, sacs branchiaux ; *C*, cœur ; *10*, vésicule optique ; *Ol*, plaque olfactive (d'après Balfour).

Chez les LOPHOBRANCHES, le corps thyroïde, fonctionnel toute la vie, est double ; chacune de ses moitiés est développée autour de l'une des *veines de Duvernoy*, qui se jettent dans les veines jugulaires et s'étendent dans toute la région branchiale ; ces deux corps sont en avant, à peu près confondus sur la ligne médiane.

Le corps thyroïde[1] commence toujours par présenter une structure nettement glandulaire, mais il prend ensuite l'aspect d'une masse divisée en lobes et en lobules qui présentent d'abord une

---

[1] GUIART, *Étude sur la glande thyroïde dans la série des Vertébrés et en particulier chez les Sélaciens*, Thèse, Paris, 1895.

lumière, mais deviennent plus tard entièrement solides. La masse est richement vascularisée et contient de grands follicules transparents, vésiculaires, dont la paroi interne est tapissée d'un épithélium; ces follicules sécrètent suivant le mode mérocrine, chez les TÉLÉOSTÉENS, une substance colloïde qui en occupe la région centrale. Toute la masse est enveloppée par du tissu conjonctif.

Dans la région branchiale des Poissons existent aussi des corps folliculaires dont le mode de développement est fort remarquable, et qui constituent le *thymus*. L'origine et les transformations de ces corps sont décrits p. 2622. Le *thymus* des Sélaciens forme de chaque côté une masse accolée à la veine jugulaire. Il n'existe aussi qu'un seul *thymus* de chaque côté chez les Téléostéens. Mais nous verrons que ces organes naissent de la fusion d'organes métamériques.

Il existe également dans le tissu mésodermique de la partie antérieure du péricarde un amas de follicules (*Squalus*) qui dérivent de la 6e fente branchiale avortée; ce sont les *organes suprapéricardiens*; ils manquent chez les TÉLÉOSTÉNS.

Appareil circulatoire. — 1° *Cœur; dispositions générales.* — L'appareil circulatoire des Poissons comprend un cœur, des artères, des veines reliées aux artères par des capillaires et un système lymphatique.

Le *cœur* est placé, du côté ventral, immédiatement en arrière des branchies, si bien que leur appareil de soutien lui fournit, chez les MARSIPOBRANCHES et les ÉLASMOBRANCHES, une corbeille ou une lame cartilagineuse protectrice (p. 2380 et 2390). Il comprend toujours au moins une *oreillette* et un *ventricule* (fig. 1769). L'oreillette reçoit le sang d'un *sinus veineux*, situé hors du péricarde, en arrière du ventricule; elle présente deux prolongements latéraux qui se rabattent de chaque côté du ventricule et sont les deux *auricules*. Sa musculature est faible, et sur sa paroi interne les faisceaux des fibres musculaires forment un réseau saillant. Le ventri-

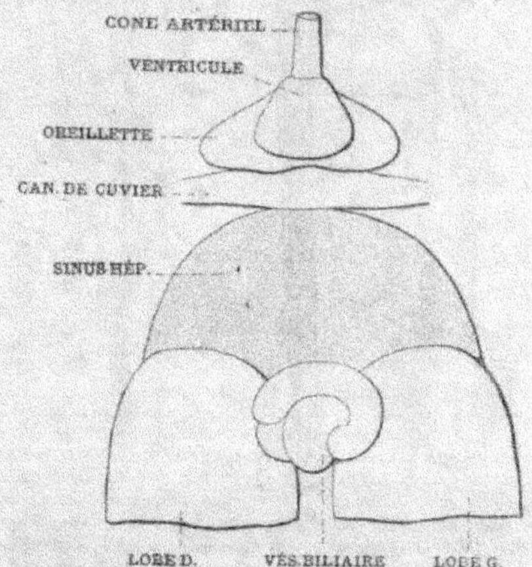

Fig. 1769. — Schéma du cœur, sinus hépatique et origine des lobes du foie du *Scylliorhinus stellaris* (d'après Neuville).

cule est au contraire formé par un réseau de puissants faisceaux charnus, dont les mailles font saillie à son intérieur. Chez une partie des GANOÏDES et chez les TÉLÉOSTÉENS, il se décompose en deux tuniques musculaires entre lesquelles s'étend un espace lymphatique tapissé d'un endothélium. L'orifice de communication entre l'oreillette et le ventricule, ou *orifice auriculo-ventriculaire*, est habituellement muni de deux lames membraneuses ou valvules susceptibles de l'oblitérer lors de la contraction du ventricule; mais le nombre primitif a dû être plus considérable, car on en compte six chez le *Lepidosteus* et quatre chez l'*Amia*.

Le ventricule est surmonté d'un *tronc artériel* dont la base est différenciée, chez les SÉLACIENS, les DIPNÉS et les GANOÏDES, en un organe musculaire plus volumineux, le *cône artériel* à l'intérieur duquel sont disposées trois ou quatre rangées longitudinales de valvules en nid de pigeon; le nombre des valvules contenues dans chaque rangée se réduit graduellement de neuf (*Polypterus*), huit (*Lepidosteus*, fig. 1769, n° 1 (ou six) *Chlamydoselachus*) à trois (PLAGIOSTOMES), et, par suite de la disparition successive des valvules du dernier rang, il ne reste plus chez les

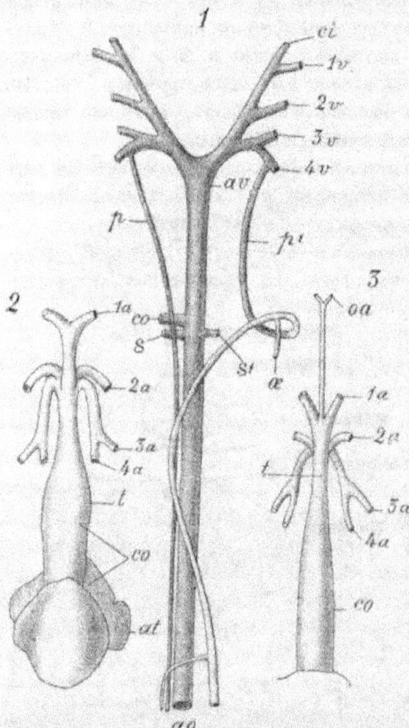

Fig. 1770. — Circulation des Poissons. — N° 1, ensemble des veines branchiales et commencement de l'artère pulmonaire du *Ceratodus*. — *ci*, carotide interne; *1v* à *4v*, veines branchiales; *p, p'*, artères pulmonaires; *av*, *aa*, aorte; *cœ*, artère cœliaque; *s, s'*, artères sous-clavières. — N° 2, cœur de l'*Amia*. — *1a* à *4a*, artères branchiales; *t*, tronc artériel; *co*, cône artériel; *at*, atrium. — N° 3, cône, tronc et artères branchiales du *Lepidosteus platystomus*, — *oa*, artère ophtalmique; *1a* à *4a*, artères branchiales; *co*, cône artériel (d'après Boas)

TÉLÉOSTÉENS qu'une seule couronne de valvules. Le cône artériel se réduit en même temps; ce n'est qu'exceptionnellement, chez les *Butyrinus* qui ont encore trois rangs de valvules et quelques CLUPEIDÆ, par exemple, qu'on en retrouve des traces. A sa place se développe de plus en plus le *bulbe artériel* qui le surmonte et qui finit par naître directement du ventricule. Ce bulbe est formé de fibres élastiques.

Des replis valvulaires uniquement formés de tissu conjonctif, mais bien différents des véritables valvules, se développent entre le sinus veineux et l'oreillette, région où il existe aussi un puissant réseau nerveux.

En même temps que le sac pneumatique devient un poumon chez les DIPNÉS, leur cœur se complique et tend à se diviser en deux moitiés. l'une droite et l'autre gauche. Cette division est complète pour l'oreillette, mais elle s'étend aussi au cône artériel, et dans une certaine mesure au ventricule, de sorte qu'il y a, au point de vue *physiologique*, chez les *Ceratodus* (fig. 1770, n° 2 et 3) un cœur droit et un cœur gauche. Le cœur droit reçoit, outre le sang noir rapporté du corps par la veine cave, du sang rouge venant des poumons, et l'envoie aux premier et deuxième arcs branchiaux, où il se charge d'une nouvelle provision d'oxygène. Le cœur gauche ne reçoit au contraire que du sang noir et l'envoie aux troisième et quatrième arcs aortiques. De ce dernier arc naît, on l'a vu, l'artère pulmonaire. Du poumon le sang revient au cœur par un vaisseau spécial, accolé à la veine cave.

La division du cône artériel est plus complète chez le *Protopterus* et le courant sanguin s'y partage en un courant de sang rouge et un courant de sang noir distincts. Le sang rouge venant des poumons va de l'oreillette gauche au ventricule,

passe dans la région postérieure du cône, puis dans les deux arcs aortiques antérieurs qui sont ventraux et de là dans la branchie operculaire, les carotides et
l'aorte. Le sang noir, revenant du corps, se rend du cœur aux troisième et quatrième arcs aortiques, qui sont dorsaux, et, après avoir traversé les branchies, dans
l'aorte. L'artère pulmonaire, unique, naît à gauche de la veine branchiale correspondante, de sorte qu'elle contient du sang identique à celui de l'aorte et qui
s'oxygène une seconde fois dans les poumons, avant de se rendre au cœur.

En dehors de ces traits fondamentaux, le cœur des Dipnés présente encore quelques particularités distinctives. Les valvules auriculo-ventriculaires sont réduites
et en partie sondées chez le *Protopterus*; elles manquent chez le *Ceratodus* et sont
remplacées par une saillie en forme de bourrelet dirigée vers la paroi ventrale de

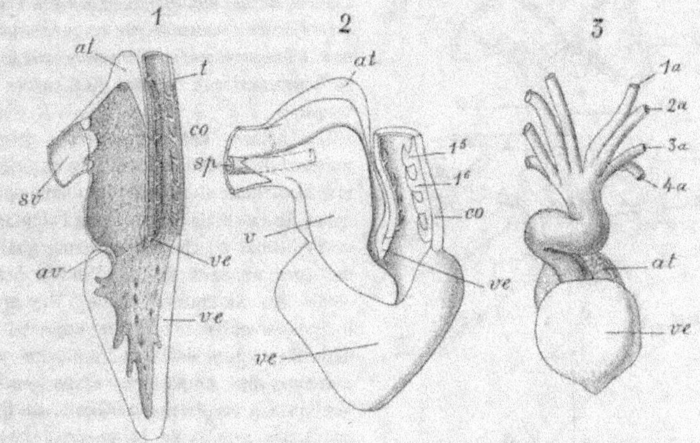

Fig. 1771. — Cœurs de Poissons. — N° 1, coupe médiane du cœur du *Lepidosteus platystomus* un peu
schématisée. — *sv*, sinus veineux; *at*, atrium; *atr*, valvule atrio-ventriculaire; *ve*, ventricule; *co*, cône
artériel; *t*, tronc artériel. — N° 2, coupe médiane légèrement schématisée d'un cœur contracté de
Ceratodus; mêmes lettres; en plus : 1⁵, 1⁶, dernières valvules du cône enroulé en hélice dont la partie
inférieure est seule représentée; *n*, paroi fibreuse du sinus veineux; *svp*, partie pulmonaire de ce sinus.
— N° 3, cœur de *Ceratodus* vu en dessous; mêmes lettres, 1a à 4a, les artères branchiales (d'après Boas).

l'oreillette. Dans le dernier genre, le cône artériel est tordu en hélice et un peu
recourbé d'avant en arrière, on y remarque une série longitudinale de huit valvules
situées à peu près sur l'axe d'enroulement du cône; chacune de ces valvules fait
partie d'un cercle transversal de valvules comprenant, les deux premiers, quatre
valvules, le troisième une seule, les cinq derniers environ huit valvules. Le tronc
artériel est de plus extrêmement court, de sorte que les quatre arcs aortiques
paraissent naître au même point. L'aorte se bifurque en avant, et c'est dans ses
branches que se jettent les veines pulmonaires.

Grâce à la présence des valvules qui s'opposent à son reflux, le sang coule du
sinus veineux dans l'oreillette, de celle-ci dans le ventricule, puis dans le cône et
le bulbe artériels; il s'engage enfin dans un tronc artériel unique qui chemine
entre les branchies. De ce tronc naissent les *vaisseaux afférents des branchies* ou
artères branchiales, à raison d'une paire pour chaque paire de branchies; on en

compte par conséquent de sept à trois, généralement quatre, dont les deux dernières peuvent être confluentes à leur base. Ces artères donnent naissance dans les branchies à un réseau capillaire qui les unit aux *vaisseaux efférents* ou *veines branchiales*. Celles-ci, contenant du sang rouge, se jettent de chaque côté dans un grand vaisseau qui en avant se ramifie dans la région céphalique en fournissant les *carotides*; en arrière, ce vaisseau se réunit rapidement à son symétrique pour constituer avec lui une *aorte* impaire, située longitudinalement, immédiatement au-dessous de la colonne vertébrale et au-dessus du tube digestif. Les *artères sous-clavières* naissent tantôt directement des arcs aortiques antérieurs, tantôt d'un tronc médian formé de deux branches issues de ces arcs, tantôt de l'aorte elle-même. L'aorte donne également naissance à une *artère cœliaco-mésentérique* ou *artère viscérale*, à des *artères réno-génitales* et sur toute sa longueur aux artères des parois du corps.

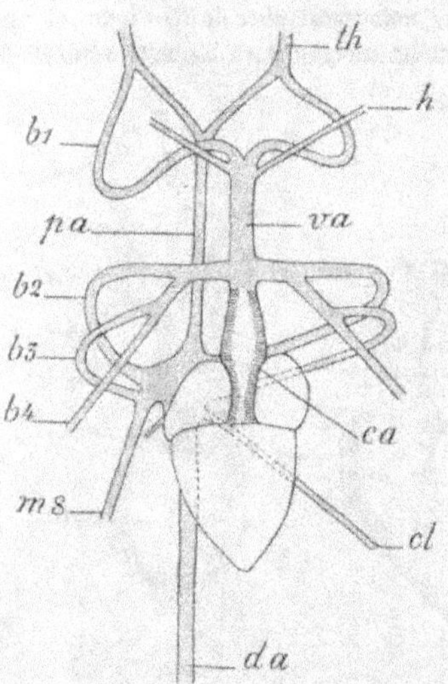

Fig. 1772. — Cœur et principaux vaisseaux artériels du *Polypterus bichir*. — *th*, artère ophtalmique; *h*, artère hyoïdienne; *va*, aorte ventrale; *coa*, cône artériel; *cl*, artère sous-clavière; *da*, aorte dorsale; *ms*, artère mésentérique; *b1-b4*, artères branchiales; *pa*, aorte précardiaque (d'après Pollard).

Les artères des poumons des Dipnés naissent de la portion dorsale du quatrième arc branchial; il en est de même pour celles de la vessie natatoire du *Polypterus*, et de l'*Amia* et, chose bien remarquable, des sacs annexes de la chambre branchiale des Siluridæ, comme s'il y avait homologie entre ces divers organes. De cette disposition dérivent les artères pulmonaires des Amphibiens et de tous les Vertébrés à respiration aérienne. Au contraire, les artères de la vessie natatoire proprement dite des autres Poissons ont une origine variable; elles naissent tantôt de l'aorte dorsale, tantôt des artères cœliaques.

Tant que les branchies fonctionnent, les artères du sac aérien des Dipnés et du Polyptère sont chargées de sang rouge et fonctionnent, par conséquent, comme les artères nourricières de la vessie natatoire; mais il suffit que, pour une cause quelconque, la viciation du milieu respirable, par exemple, les branchies soient mises dans l'impossibilité de fonctionner pour qu'elles n'apportent au sac pneumatique que du sang noir. Si le sac contient une réserve d'oxygène, le sang, en traversant ses parois, se transforme en sang rouge. Le sac pneumatique sera devenu un poumon. Les dispositions précédemment décrites chez divers Siluridæ et chez les *Caranx* autorisent à penser que le sac pneumatique lui-même a pu n'être au début qu'un perfectionnement de l'appareil branchial.

Le système veineux comprend les deux *veines jugulaires* ou *cardinales antérieures*, les deux *veines cardinales postérieures*, réunies entre elles par une veine transversale, le *sinus de Cuvier*, qui s'ouvre dans le sinus veineux du cœur. Entre les veines cardales et les veines cardinales s'étendent le réseau de la *veine porte rénale* et celui de la *veine porte hépatique*, qui amènent respectivement dans le rein et dans le foie une partie du sang de la région postérieure du corps et des viscères avant que celui-ci ne pénètre dans le sinus veineux du cœur.

Chez les CYCLOSTOMES et les PLAGIOSTOMES, la veine caudale se bifurque pour former directement les veines caudales postérieures; chez les autres Poissons, les deux veines résultant de la bifurcation de la caudale pénètrent dans les reins et s'y résolvent en un réseau (fig. 1773, *R*) qui reçoit aussi des veines des parois du corps et dont les canaux efférents se jettent dans les veines cardinales postérieures; il se constitue ainsi un *système porte rénal*. De même les veines intestinales se rendent au foie, s'y ramifient et constituent un *système porte hépatique* (*H*) dont le sang revient au cœur par une ou plusieurs veines (*cvi*) représentant la veine cave inférieure. Le sang qui revient par cette veine se déverse dans l'oreillette entre les deux sinus de Cuvier. Le sang est quelquefois poussé dans les deux réseaux par des régions contractiles, sortes de cœurs accessoires placés sur la veine porte (*Myxine*) ou sur la veine caudale (*Muræna, Anguilla*).

2º *Circulation céphalo-branchiale des Marsipobranches.* — A son point de départ, tel qu'il se présente encore, par exemple, chez une jeune Ammocète éclose depuis cinq jours (fig. 1774), l'appareil circulatoire de la région antérieure du corps du Poisson est d'une extrême simplicité. Du cœur naît un vaisseau unique, le *cône artériel*, qui se dédouble immédiatement en arrière du point où, sur la ligne médiane ventrale, un diverticule de l'intestin constituera plus tard le corps thyroïde. Les deux vaisseaux résultant de ce dédoublement cheminent côte à côte, et, arrivés près de l'extrémité antérieure du tube digestif,

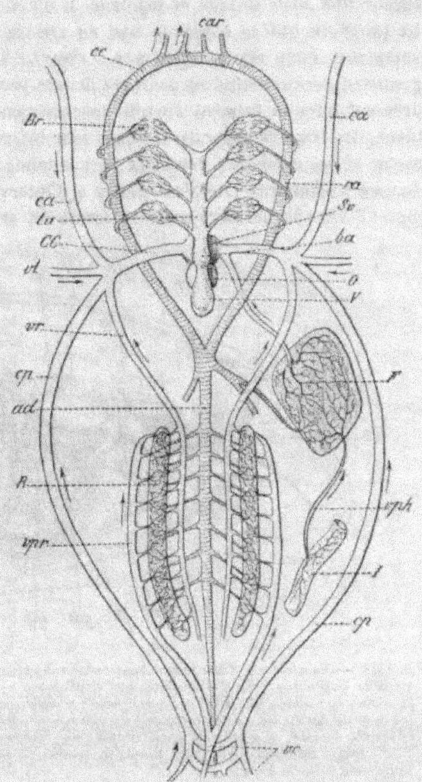

Fig. 1773. — Schéma de l'appareil circulatoire des Poissons : — *O*, oreillette; *V*, ventricule; *ba*, bulbe aortique; *ta*, tronc aortique; *Br*, capillaires branchiaux; *ra*, racines aortiques; *cc*, cercle céphalique; *car*, artères céphaliques; *ad*, aorte dorsale. — **Système veineux** : *vc*, veines caudales; *vpr*, veine porte rénale; *R*, rem; *vr*, veine rénale efférente; *I*, intestin; *vph*, veine porte hépatique; *F*, foie; *cp*, veine cardinale postérieure; *ca*, veine cardinale antérieure; *vl*, veine latérale; *Sv*, sinus veineux; *CC*, canal de Cuvier.

remontent du côté dorsal jusqu'au voisinage de la ligne médiane, puis se réflé-
chissent en arrière. Il se forme ainsi deux vaisseaux dorsaux juxtaposés mais qui
se fusionnent rapidement sur toute la longueur de la région branchiale, pour constituer une *aorte* unique et médiane. Il n'y a pas encore de poches branchiales [1].
La première qui se constitue naît en arrière de la partie ascendante des deux
vaisseaux, mais elle n'arrive pas à s'ouvrir au dehors et devient simplement la
gouttière *péricoronaire* ou *gouttière pseudo-branchiale*; les poches branchiales proprement dites se forment ensuite successivement, et, à mesure qu'elles se constituent, des lacunes apparaissent dans leur intervalle simultanément au voisinage des
aortes et des vaisseaux ventraux; ces lacunes se rejoignent et constituent autant
d'anses vasculaires latérales qu'il y a d'intervalles entre les poches branchiales
(fig. 1774); une dernière anse se forme en arrière de la dernière poche, portant

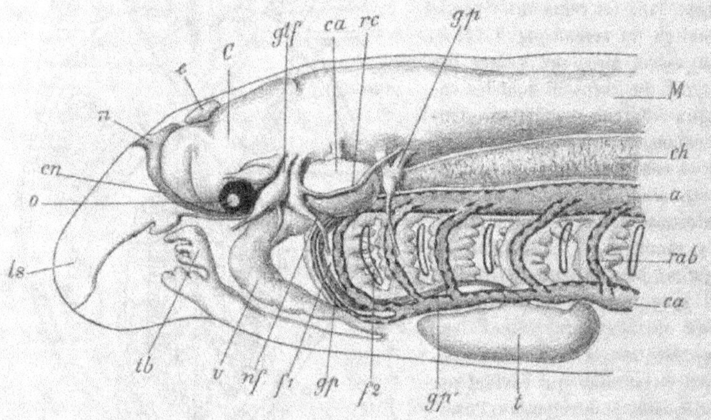

Fig. 1774. — Vue latérale d'une jeune *Ammocœtes* éclose depuis 20 jours et supposée transparente, montrant la disposition primitive de l'appareil circulatoire. — *ls*, lèvre supérieure; *C*, cerveau; *M*, moelle
épinière; *n*, capsule olfactive; *cn*, canal nasal; *e*, épiphyse; *o*, œil; *gtf*, groupe ganglionnaire du trijumeau et du facial; *ca*, capsule auditive; *rc*, rameau communiquant; *gp*, ganglion du glosso-pharyngien;
ch, corde dorsale; *a*, aorte; *ca*, cône artériel; *ab*, vaisseaux branchiaux primitifs; *t*, corps thyroïde;
f¹, *f²*, fentes branchiales; *nf*, nerf facial; *v*, velum; *tb*, tentacules buccaux; *gb*, *gb'*, gouttière pseudo-
branchiale (d'après Dohrn).

ainsi à neuf le nombre des anses de communications des vaisseaux dorsaux avec
les vaisseaux ventraux. Ce système de canaux est complet au bout du onzième
jour, et ressemble alors singulièrement au système des vaisseaux branchiaux
de l'*Amphioxus* et par conséquent à l'appareil circulatoire typique des Vers.
Cependant les parties ascendantes des vaisseaux ventraux qui constituaient la
première paire de ces anses s'atrophient rapidement, de sorte qu'il ne reste plus
que huit anses latérales qui deviendront le système des *vaisseaux afférents* des
branchies ou *artères branchiales*. La première peut être distinguée sous le nom
d'*artère hyoïdienne*, la seconde sous le nom d'*artère glossopharyngienne*. Cet état se
modifie rapidement chez les *Ammocœtes* par la formation au voisinage de chaque

<hr>

[1] Dohrn, *Urgeschichte der Wirbelthierkorper*, Mittheil. aus zool. Stad. Neapel, Bd. VII,
1887, et Bd. VIII, 1888.

vaisseau branchial afférent d'un second vaisseau : le *vaisseau efférent* ou *veine branchiale*. Une fois constitué, le vaisseau efférent s'élargit du côté dorsal, tandis que par l'émission de nombreuses branches latérales le vaisseau afférent se rétrécit dans la même région. Il en résulte que le vaisseau efférent entre finalement en communication avec l'aorte, tandis que le vaisseau afférent perd toute communication directe avec ce canal; il ne contient que du sang noir, le vaisseau efférent que du sang rouge qui se rassemble dans l'aorte. Après celui des très jeunes Ammocètes, l'appareil circulatoire des *Myxine* [1] paraît être celui qui, parmi les Vertébrés, a conservé les caractères les plus primitifs. Les veines branchiales de chaque côté confluent de manière à former deux vaisseaux symétriques; ces *artères efférentes*

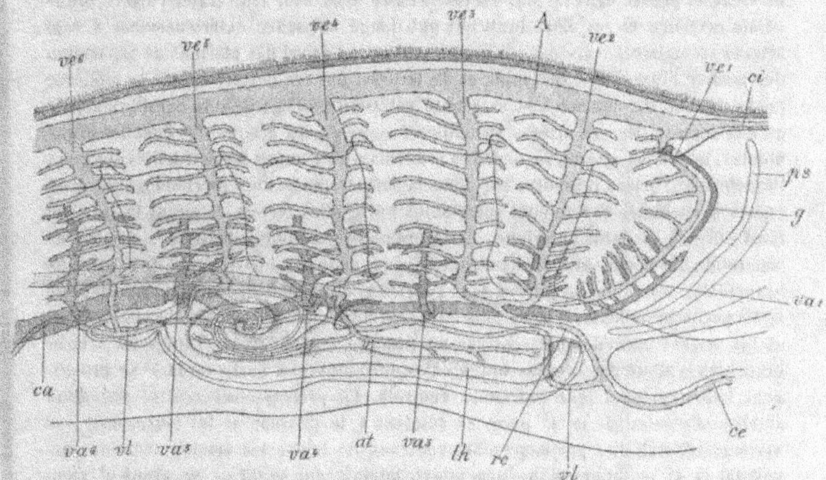

Fig. 1775. — Appareil circulatoire branchial d'une *Ammocætes* de moyenne grandeur. — A, aorte; ci, carotide interne; g, gouttière branchiale; ps, poche stomodéale antérieure; th, corps thyroïde; ve¹-ve⁴, vaisseaux efférents des branchies; at, artère thyroïdienne; ce, carotide externe; vl, vaisseau latéral qui conduit le sang des vaisseaux branchiaux efférents dans la carotide externe; re, racine antérieure de la carotide; ca, cône artériel; va¹-va⁴, vaisseaux afférents des branchies (figures combinées d'après Dohrn).

principales vont en se dilatant d'avant en arrière; elles se réunissent en arc en avant de la région branchiale, et en arrière de cette région elles s'infléchissent vers la ligne médiane dorsale et vont se jeter dans l'aorte au même point. Elles dessinent ainsi un *cercle céphalique* artériel qui rappelle celui que nous retrouverons chez les Téléostéens. De cet arc artériel antérieur naissent de chaque côté une *carotide externe* qui porte le sang aux muscles de la tête et de la langue, et une *carotide interne* qui amène le sang à l'œsophage. L'aorte impaire s'étend sur toute la longueur du corps. En avant de l'arc artériel antérieur, elle se continue en une *aorte céphalique* qui se prolonge jusqu'à l'extrémité de la notocorde, en s'épuisant peu à peu; elle donne naissance notamment aux artères palatine et nasale et fournit vraisemblablement aussi des branches au cerveau.

[1] J. MÜLLER, *Vergleichende Anatomie der Myxinoïden*, Berlin, 1839-1841.

Chez l'Ammocète adulte, il ne part du cœur qu'une artère branchiale qui, au niveau du bord interne de la cinquième poche branchiale, se divise en deux branches symétriques (fig. 1775, *ca*) ; ces dernières courent d'abord au-dessus du lobe médian du corps thyroïde, puis gagnent, chacune de son côté, la face externe de cet organe et cheminent enfin entre les lobes antérieurs du corps thyroïde (*th*) et le fond de la cavité branchiale ; à partir de l'extrémité antérieure du corps thyroïde, située un peu en avant du bord interne de la deuxième lame branchiale, les deux artères s'écartent l'une de l'autre et se dirigent en dehors. Chacune d'elles (*va₁*) gagne le bord externe de la lamelle branchiale inférieure de la paroi antérieure de la première poche branchiale, longe de bas en haut toutes les lamelles de cette série et vient se perdre dans la plus élevée d'entre elles. Sur leur trajet l'artère branchiale primaire et ses deux branches ont donné naissance extérieurement à sept artères secondaires (*va₁-va₇*) qui se comportent à l'égard des cloisons de séparation des poches branchiales suivantes et de la paroi postéro-postérieure de la septième poche branchiale comme une extrémité antérieure à l'égard de la paroi branchiale qu'elle dessert. De ces artères secondaires naissent les artères des lamelles branchiales ; toutes les artères secondaires branchiales, y compris les extrémités des deux branches de l'artère primaire, ont donc la même signification morphologique. Huit veines branchiales exactement semblables entre elles (*ve₁-ve₈*) courent le long du bord libre de la paroi antérieure de la première partie branchiale, des cloisons de séparation des poches branchiales successives et de la paroi postérieure de la 8ᵉ poche branchiale ; ces veines se jettent dans l'aorte (A) qui commence au bord antérieur de la 1ʳᵉ poche branchiale. Il n'y a plus ici de cercle céphalique comme chez les *Myxine*, et les artères carotides naissent par un procédé tout différent. Toutes les artères branchiales efférentes (veines branchiales des auteurs) à partir de la 4ᵉ se prolongent latéralement à leur extrémité ventrale. Le *prolongement ventral* des deux artères efférentes de la 4ᵉ paire se rendent à la thyroïde et lui fournissent son système artériel. Les prolongements ventraux de toutes les artères efférentes qui suivent la 4ᵉ se jettent dans une artère latérale qui se dirige en avant et vient rejoindre un prolongement ventral analogue qui correspond aux trois artères antérieures anastomosées à leur extrémité ventrale et qui nait entre la 2ᵉ et la 3ᵉ. L'union de ces deux vaisseaux latéraux forme la *carotide externe* (*ce*). Les *carotides internes* (*ci*) prolongent l'aorte antérieurement.

3° *Circulation céphalo-branchiale des Élasmobranches*. — Les *Chlamydoselachus*[1] retiennent encore, parmi les Sélaciens, une part des dispositions primitives. A leur sinus veineux sphéroïdal aboutissent en arrière la *veine hépatique* et de chaque côté, convergeant l'une vers l'autre, la *grande veine abdominale*, la *veine cardinale*, qui viennent de la région postérieure du corps, et la *veine jugulaire externe*, qui vient de la région antérieure ; enfin, un peu plus en avant, la *veine jugulaire supérieure*. Le cône artériel se prolonge en un bulbe artériel (*synangium*) d'où naissent trois vaisseaux, un médian, l'*aorte ventrale*, et deux latéraux qui sont la 6ᵉ paire d'artères branchiales ; les trois dernières paires d'artères branchiales naissent de ce bulbe chez d'autres Élasmobranches, les Raies notamment, où le bulbe repré-

---

[1] AYERS, *The Morphology of the Carotids*, Bulletin of the Museum of comparative Zoology, vol. XVII, 1889.

sente par conséquent une partie plus longue de l'aorte ventrale. L'aorte ventrale fait suite au bulbe artériel sur la ligne médiane ventrale; elle est contenue dans une gaine constituée par le tissu conjonctif qui sépare les cartilages basi-branchiaux des muscles du plancher de la cavité branchiale. Cette gaine forme la paroi externe d'un espace lymphatique. En avant, l'aorte ventrale se termine en se bifurquant; chacune de ses branches (*artères innominées*) se dirige en dehors, en dessus et en arrière, et après un cours trajet ascendant se divise en donnant naissance aux deux premières paires d'artères branchiales. Du bord antérieur des

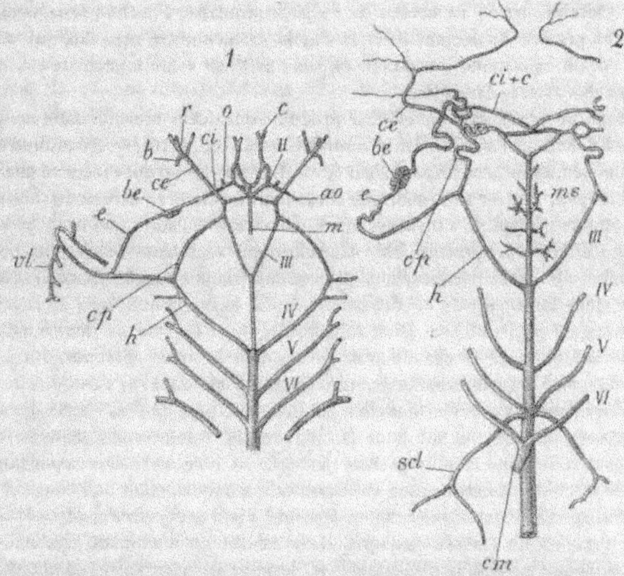

Fig. 1776. — Schéma de la circulation céphalique des Sélaciens. — N° 1, *Zygæna malleus*. — N° 2, *Mustelus antarcticus*. — *cp*, carotide postérieure; *h*, veine hyoïdienne; *e*, branche anastomotique de l'évent (artère thyrospiraculaire); *vl*, veines latérales (prolongements ventraux des veines branchiales); *ce*, carotide externe; *ci*, carotide interne; *scl*, sous-clavière; *cm*, cœlo-mésentérique; *m*, artère médullaire; *ms*, artères musculo-spinales; *o*, ophthalmique; *I*, *VI*, racines aortiques; *b*, artère buccale; *r*, artères rostrales; *be*, branche de l'évent; *ao*, artère orbitaire (d'après Ayers).

artères innominées naissent aussi deux petits vaisseaux symétriques, dirigés en avant et qui se rendent aux muscles de la paroi ventrale du pharynx; de petits vaisseaux naissent de même de l'aorte ventrale et des artères branchiales pour se rendre aux muscles de la région ventrale de l'appareil branchial et du cœur. La 1re artère branchiale afférente apporte le sang à la 1re demi-branchie ou branchie hyoïdienne, correspondant à la branchie operculaire des Chimères et des Ganoïdes; la 2e pénètre dans la cloison de séparation de la 1re et de la 2e fentes branchiales, cloison portant une demi-branchie sur chacune de ses faces (Parker) et constituant ainsi le 1er holobranchie; la 3e et la 4e artères branchiales naissent du milieu de l'aorte ventrale; la 5e et la 6e de son extrémité synangiale; les artères sont donc groupées par couples; *les artères gauches des 2ᵉ, 4ᵉ et 5ᵉ paires sont plus volumineuses que celles de droite.* Aux six paires d'artères branchiales correspondent six paires de veines branchiales ou *artères branchiales efférentes;* les 2ᵉ, 3ᵉ, 4ᵉ et 6ᵉ se jettent toutes directement dans l'aorte dorsale. La 5ᵉ et la 6ᵉ veine branchiale s'unissent pour se jeter dans l'aorte par un tronc commun. La 1ʳᵉ s'unit à la 2ᵉ par une branche anastomotique juste au moment où elle sort de l'arc pour entrer dans le plafond buccal [1]. Mais une portion seulement du sang qu'elle contient vient ainsi de l'aorte. De son bord antérieur part en effet un vaisseau qui se dirige en avant, le long du bord externe de la base du crâne, gagne la partie médiane de la région orbitaire, arrive au niveau de l'espace pituitaire, s'insinue brusquement en dedans et pénètre finalement dans la cavité crânienne; le vaisseau qui emporte vers la région céphalique une partie du sang de la 1ʳᵉ veine branchiale est le tronc commun des artères carotides.

Ce tronc ne tarde pas, en effet, à produire une forte branche latérale qui se dirige en dehors et en bas, c'est la *carotide externe* (fig. 1776, *ce*); il continue ensuite son chemin en avant, constituant ainsi la *carotide interne* (*ci*) qui s'incurve finalement en dedans pour croiser sa symétrique sur la ligne médiane au niveau du chiasma des nerfs optiques. Avant de s'incurver ainsi, elle envoie à l'aorte une branche anastomotique (*artère thyréo-spiraculaire* de Dohrn) qui se retrouve chez tous les plasmobranches et apparaît habituellement chez eux comme une des deux branches de la bifurcation terminale de ce vaisseau. Un peu avant la naissance de la branche anastomotique qui l'unit à la veine suivante, la veine hyoïdienne donne naissance à l'artère afférente de la pseudo-branchie (*e*) dont la veine efférente, après avoir donné naissance à l'artère ophthalmique, se jette dans le plexus carotidien.

Contrairement à ce qui a lieu chez les Poissons, plus élevée, l'aorte dorsale du *Chlamydoselachus* [2] s'étend sur toute la longueur de la notocorde à laquelle elle est intimement unie dans la plus grande partie de sa longueur, sans cependant présenter de trace de chondrification ainsi que cela a fréquemment lieu chez les Poissons cartilagineux (*Sturio*); son calibre demeure à peu près constant depuis l'occiput jusqu'à l'origine de l'artère cœliaque, il va ensuite en diminuant graduellement. Elle se prolonge au-dessus du filament qui termine antérieurement la notocorde et lui demeure presque exactement parallèle comme s'il y avait un rapport morphologique déterminé entre ces deux formations. On peut la diviser en deux régions séparées par l'insertion du 5ᵉ arc aortique; la *région précardiaque*, qui se prolonge jusqu'à l'*espace pituitaire*, et la région *postcardiaque*, continuée en arrière par l'artère caudale. La région précardiaque peut elle-même être subdivisée en une région branchiale, une région vertébrale et une région crânienne. Dans la première viennent se jeter les quatre arcs aortiques; de la 2ᵉ naissent latéralement les *artères musculo-épineuses*, qui, concurremment avec des branches nées de veines branchiales, portent le sang dans les régions voisines. Son extrémité antérieure correspond à l'origine de deux vaisseaux latéraux symétriques qui, chez les autres

---

[1] Des fusions analogues deux à deux existent de même entre artères homologues chez les *Scylliochinus, Squalus, Zygæna*, etc., elles arrivent à leur maximum chez les Téléostéens où toutes les veines branchiales d'un même côté s'unissent pour constituer un même rameau de l'aorte.

[2] J. Hyrtl, *Die Kopfarterie der Haifische*, Denkschrift d. Wiener Akademie, XXXII, 1872.

Sélaciens, terminent l'aorte et la mettent en communication avec les carotides internes. Dans sa 3ᵉ région, l'aorte amincie brusquement pénètre dans le cartilage crânien, court au-dessous de la corde dorsale, se redresse en avant de l'extrémité antérieure de celle-ci et se divise en 3 branches dont les ramuscules anastomosés forment un petit plexus, le *plexus pituitaire*. Il est possible que de ces branches, les deux latérales, et de même les deux portions des carotides internes que sépare leur branche de communication de ce vaisseau avec l'aorte, représentent les restes de trois arcs aortiques distincts, correspondant à autant de branchies disparues.

L'appareil circulatoire de la région branchiale des autres ÉLASMOBRANCHES diffère de celui des *Chlamydoselachus* par la présence dans chaque cloison branchiale de deux vaisseaux efférents (*veines branchiales*), un pour chaque demi-branchie, de sorte que chaque fente branchiale est entourée par une ellipse efférente complète. Du sommet supérieur de chaque ellipse part une *artère épibranchiale* qui constitue une racine aortique [1] (fig. 1775, III, VI), l'aorte ne se prolonge pas à l'intérieur du crâne et se bifurque simplement à sa base, chaque branche demeurant unie par une anastomose avec la 1ʳᵉ artère branchiale efférente fonctionnelle. Cette anastomose est le *tronc commun des carotides* d'où naissent : 1º la *carotide externe* (*ce*), qui porte le sang au rostre et aux diverses parties de la région buccale et à l'orbite; 2º la *carotide interne* (*ci*), qui croise sa symétrique, comme chez les *Chlamydoselachus*, et donne naissance aux artères cérébrales que réunit une anastomose transversale. En dehors du tronc commun carotidien, la 1ʳᵉ artère branchiale efférente donne naissance à *l'artère efférente de l'évent*, qui court parallèlement à cette branche et en dehors d'elle, et va se jeter dans le plexus formé par les carotides internes après avoir donné naissance à l'artère ophthalmique; grâce à l'anastomose qui unit les carotides internes, il se forme un cercle céphalique complet. Ce cercle céphalique est incomplet, en avant, chez les Raies et les Chimères.

4º *Circulation céphalo-branchiale des Cténobranches.* — L'appareil circulatoire branchio-céphalique des CTÉNOBRANCHES présente une assez grande uniformité de structure. Les *artères branchiales* cheminent sur la face concave des arcs branchiaux et envoient dans chaque lame branchiale une branche afférente qui suit son bord interne en émettant normalement toute une série de fins vaisseaux, ceux-ci se ramifient dans la muqueuse branchiale et s'anastomosent avec les ramuscules d'origine des vaisseaux efférents (*veines branchiales*). Les ramuscules efférents se rassemblent en une série de vaisseaux qui se jettent finalement dans un canal efférent suivant le bord externe des lames branchiales. Ces derniers canaux aboutissent dans la veine branchiale, située au-dessus de l'artère. A leur tour les veines branchiales (fig. 1777, *ve*) se jettent dans deux troncs longitudinaux (*c,c*) situés symétriquement au-dessus des branchies qui se rejoignent sous un angle aigu en arrière de la région branchiale et donnent ainsi naissance à l'aorte (A). Chez la majorité des GANOÏDES et chez tous les TÉLÉOSTÉENS, les deux troncs se rejoignent aussi en avant en formant un arc à convexité antérieure (*a*); ils forment ainsi un *cercle céphalique* complet, signalé pour la première fois par Hyrtl. Ce cercle céphalique n'existe pas encore chez les Esturgeons. De l'arc antérieur du cercle céphalique

---

[1] PARKER, *On the bloodvessels of Mustelus antarcticus*, Philos. Transactions, Vol. CLXXVII, 1886.

naissent les *carotides externes* et les *carotides internes* (*b*). Ces dispositions ne sont
d'ailleurs pas primitives; elles dérivent de dispositions analogues à celles des SÉLA-
CIENS, qui persistent toute la vie chez les Esturgeons et le Lépidostée et que
présentent transitivement les embryons ou les jeunes des TÉLÉOSTÉENS. C'est principalement dans l'origine des vaisseaux afférents de la branchie operculaire et de
la pseudo-branchie et dans les rapports que présentent les vaisseaux efférents de
cette dernière avec la région céphalique et avec l'œil que l'on observe une série
demodifications intéressantes.

Chez l'Esturgeon, la branche artérielle qui se rend au 1er arc branchial, fournit

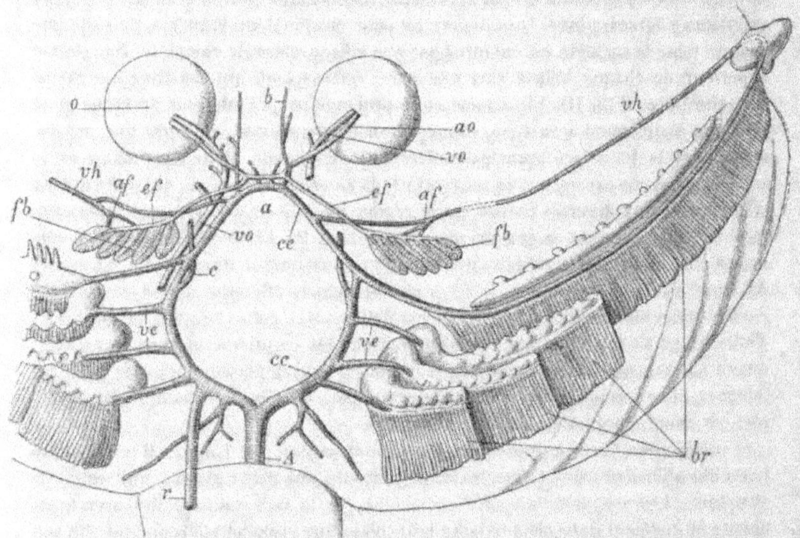

Fig. 1777. — Circulation céphalo-branchiale du *Gadus callarias*. — *o*, œil; *oa*, artère ophthalmique;
vo, veine ophthalmique; *b*, carotides internes; *cc*, cercle céphalique; *vh*, veine hyoïdienne; *af*, vaisseaux
afférents de la fausse branchie; *ef*, ses vaisseaux efférents; *ve*, vaisseaux efférents des branchies;
fb, fausse branchie; *br*, branchie; *a*, aorte; *r*, artère (d'après J. Müller).

aussi une artère à la branchie operculaire qui est, par conséquent, fonctionnelle.
La veine branchiale se prolonge au-dessous et en avant, suit l'hyoïde sur la face
inférieure jusqu'à son union avec le suspenseur de la mandibule; elle contourne
le segment inférieur de ce suspenseur, en se portant en dehors et en haut, et là se
divise en deux branches au niveau et en dehors du coude que forment le 2° et le
3° segments de ce suspenseur. L'une suit le segment inférieur du suspenseur jusqu'à la mandibule et se répand dans les parties de la bouche et des muscles; l'autre
se dirige en dedans sur la face inférieure d'un muscle épais qui va du crâne à la
partie supérieure du suspenseur, atteint la mâchoire supérieure et arrive à la
branchie de l'évent. Le vaisseau efférent de la pseudo-branchie de l'évent se dirige
en avant vers le bord latéral de la base du crâne et se divise en deux branches
égales : l'une est *l'artère ophthalmique*, qui perfore l'œil en arrière après avoir

fourni quelques branches à l'orbite et donne naissance aux anses vasculaires de la choroïde. L'autre perce le cartilage de la base du crâne de dessous en dessus, et, sans s'anastomoser avec sa symétrique, pénètre dans le cerveau. Des branches de cette artère percent le cartilage céphalique, pénètrent dans l'orbite et s'unissent à des branches orbitaires de la carotide supérieure. Le sang qui sort de la pseudobranchie se rend donc, comme chez les Sélaciens, en partie à l'œil, en partie à l'orbite et au cerveau.

Le cône artériel du Polyptère (fig. 1772, p. 2484) ne donne naissance de chaque côté qu'à trois artères branchiales; la 1re naît de la bifurcation de l'extrémité du cône; le vaisseau efférent qui lui correspond court dans une gouttière du 1er suprapharyngobranchial, pénètre dans l'aile orbitaire du parasphénoïde et, après avoir donné naissance à l'artère ophthalmique (th) rejoint sa symétrique pour former directement un tronc aortique médian précardiaque (pa) dans lequel se jetteront les autres vaisseaux efférents. L'artère hyoïdienne (h) naît du cône artériel en arrière de sa bifurcation; l'artère suivante (b_2) naît de sa base; elle se bifurque aussitôt pour former le 2e vaisseau branchial afférent et un tronc qui se bifurque à son tour pour donner les 3e et 4e afférents branchiaux (b_3, b_4). Les artères efférentes de la 2e paire se rendent directement à l'aorte; il en est de même de l'artère gauche de la 3e paire, mais la droite se jette dans l'artère mésentérique (ms) qui naît elle-même de la 2e artère efférente droite. Quant à la 4e artère efférente (b_4), elle se rend au sac pneumatique, qui doit être considéré, au point de vue morphologique, comme un poumon [1].

L'artère hyoïdienne du *Lepidosteus* (fig. 1770, n° 3, p. 2482) [2] naît de l'extrémité ventrale de la première veine branchiale, gagne la face antérieure ou latérale de l'arc hyoïdien et se divise en une branche linguale antérieure et une branche hyoïdienne postérieure. Cette dernière court en arrière et en dessus le long du bord externe de l'arc hyoïdien jusqu'à ce qu'elle atteigne l'intervalle entre l'épihyal et le symplectique, où elle accompagne le rameau hyoïdo-mandibulaire VII. L'artère afférente de la branchie operculaire, après avoir suivi la face interne ou postérieure de l'arc hyoïdien, se résout dans la branchie en capillaires qui aboutissent à l'artère efférente, correspondant à la *veine postérieure hyoïdienne* des Sélaciens. Celle-ci se courbe en avant vers la face externe de l'opercule et s'anastomose comme chez les Sélaciens avec l'artère hyoïdienne correspondant à l'*artère thyréo-spiraculaire* des Élasmobranches. De cette anastomose naît l'artère afférente de la pseudobranchie hyoïdienne qui se courbe vers le symplectique pour atteindre la face interne de l'opercule, courir en arrière et distribuer des ramuscules à la fausse branchie. L'artère efférente se dirige en avant dans le plafond buccal et se jette dans la carotide interne, ayant croisé ce vaisseau en avant de la fente hyomandibulaire. Une petite branche part dorsalement de l'anastomose qui fournit l'artère afférente de la pseudobranchie; elle s'anastomose avec un rameau de la carotide. De même chez les Sélaciens (*Mustelus*), la pseudobranchie reçoit du sang rouge venant de la partie inférieure de la branchie hyoïdienne et aussi d'un vaisseau

[1] POLLARD, *On the Anatomy and phylogenetic position of Polypterus*, Zoologische Jahrbucher, vol. V, 1892.
[2] RAMSAY WRIGHT, *On the hyomandibular clefts and pseudobranchs of Lepidosteus and Amia*, Journal of Anatomy and Physiology, 1885.

qui part de l'extrémité ventrale de la 1re veine branchiale; le sang provenant de la
fausse branchie tombe, dans les deux cas, dans un courant qui se dirige en avant,
à partir de l'extrémité dorsale de la 1re veine branchiale et se rend au cerveau et
au globe de l'œil. Il existe quelque chose d'analogue chez l'*Amia* et le *Ceratodus*
(fig. 1770, nº 1).

Pour se rendre compte des rapports qui existent entre la circulation céphalo-

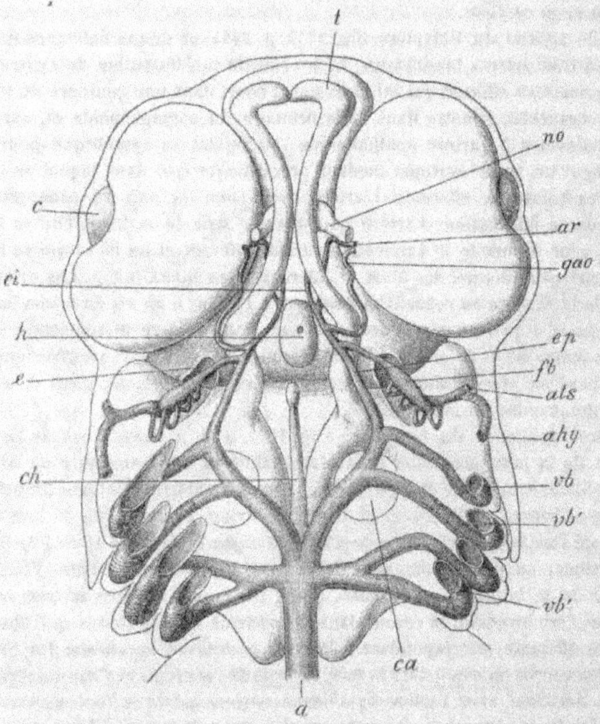

Fig. 1778. — Vaisseaux céphaliques d'un embryon de Truite de 11 mm. — *t*, trabécules du crâne cartilagineux; *no*, nerf optique; *f*, fente rétinienne; *c*, cristallin; *h*, hypophyse; *ch*, corde dorsale; *gao*,
grande artère ophthalmique; *ar*, artère centrale rétinienne; *ci*, carotide interne; *ep*, carotide postérieure;
als, artère thyroïdienne supérieure; *ahy*, artère hyoïdienne; *fb*, vaisseaux de la fausse branchie;
e, évent; *ca*, capsule auditive; *a*, aorte; *vb*, vaisseaux de la circulation branchiale (d'après Dohrn).

branchiale des TÉLÉOSTÉENS et celle des Sélaciens, il est nécessaire d'avoir d'abord
recours aux embryons des premiers de ces animaux. Le cône artériel des jeunes
embryons TÉLÉOSTÉENS finit (*Salmo*), comme celui des Sélaciens, au point d'origine
de l'évagination thyroïdienne, et c'est seulement après que celle-ci s'est divisée en
follicules, qu'en avant d'elle, par la fusion du prolongement antérieur des veines
branchiales qui se sont auparavant anastomosées d'une façon compliquée, se constitue
un vaisseau impair qui a été pris pour un prolongement du tronc artériel. Immédiatement en avant de la copule et de la pièce copulaire de l'arc hyoïdien part du

cône artériel le 1er arc artériel réel (*arc hyoïdien* des auteurs = *artère thyroman-dibulaire* des Sélaciens = *artère thyrospiraculaire*) qui court sur le côté antérieur de l'arc hyoïdien. Immédiatement derrière elle, parfois partant du même tronc se trouve l'artère operculaire, correspondant à l'artère hyoïdienne des Sélaciens; elle court sur le côté postérieur de l'arc hyoïde. Les veines et artères branchiales se constituent comme chez les Sélaciens; les veines donnent naissance à des prolongements ventraux. De même, l'artère thyrospiraculaire, à son extrémité ventrale, tout près de sa jonction avec le cône artériel, donne naissance à une branche qui s'unit au prolongement ventral de la veine du 1er arc branchial fonctionnel, de telle sorte que du sang rouge rapporté par cette veine des branchies vient se mêler au sang noir que l'artère thyrospiraculaire reçoit du cône artériel; elle est également unie à l'artère hyoïdienne proprement dite (*A. opercu-laire*) puisque toutes deux naissent du cône artériel par un même tronc; ce tronc artériel primitif reçoit donc également par là du sang qui a déjà respiré. Les veines des arcs postérieurs communiquent également ensemble sur la face ventrale et l'*artère coronaire* du cœur en provient. Plus tard, le tronc commun de l'artère thyro-spiraculaire et de l'artère hyoïdo-operculaire se sépare du tronc artériel qui, au delà de l'origine de la 1re artère branchiale ne se prolonge plus qu'en un grêle vaisseau impair.

Chez les Sélaciens, l'artère afférente de l'évent tire son sang de l'artère hyoïdienne et de l'artère thyro-spiraculaire qui lui fournissent chacune une racine; la pseudo-branchie des embryons des Téléostéens tire de même un sang de l'artère hyoïdienne-operculaire, homologue de l'artère hyoïde des Sélaciens et de l'artère hyoïdienne des auteurs (fig. 1778, *ahy*) homologues de l'artère thyrospiraculaire. Les deux vaisseaux s'unissent à la jonction de l'hyoïde avec l'hyo-mandibulaire, mais l'artère hyoïdo-operculaire fait le tour de l'opercule avant d'arriver au confluent.

Chez les Sélaciens, la branche principale des vaisseaux afférents de la branchie de l'évent se dirige obliquement en avant, en dehors et un peu en dessus et s'élargit en un petit réservoir duquel un vaisseau étroit se rend à la périphérie pos-térieure de la vésicule optique; la branche principale se dirige ensuite transversa-lement vers l'hypophyse et se jette dans la carotide postérieure. Le vaisseau qui se rend à l'œil paraît traverser le ganglion oculo-moteur (qu'il ne faut pas confondre avec le ganglion ciliaire) et changer alors sa direction pour se rendre à la paroi postérieure du bulbe; là il court presque parallèlement au nerf ophthalmique pro-fond et deviendra la grande artère ophthalmique qui fournira de nombreuses anses constituant les vaisseaux de la choroïde. Chez les très jeunes embryons de Téléos-téens (fig. 1778), comme chez les Sélaciens, le vaisseau principal s'ouvre dans la carotide postérieure (*cp*); sa petite branche (*gao*) traverse le ganglion oculo-moteur (fig. 1778, *Gm*), se rend de là dans le bulbe, où il se comporte d'abord comme chez les Sélaciens, en se ramifiant dans la choroïde mais sans former encore de réseau admirable. Plus tard (fig. 1779) les proportions des deux vaisseaux sont interverties; la grande branche primitive (*vb*) demeure la plus petite, se sépare de la carotide postérieure et s'unit à sa symétrique. Une anastomose semblable (*ce*) unissant les deux carotides postérieures (*cp*) complète le *cercle céphalique*. De la sorte se trouve réalisée la disposition propre aux Téléostéens adultes, chez qui les vaisseaux qui se rendent au cerveau et qui proviennent de la carotide interne ne reçoivent du sang que du cercle céphalique, tandis que tout le sang qui sort de la pseudo-branchie se rend à l'œil. Le vaisseau afférent de la pseudo-branchie devient ainsi la *grande artère ophthalmique* (*gao*). La pseudo-branchie des embryons ou des très jeunes Téléostéens recevant son sang de l'artère hyoïdienne et de l'artère thyro-spiraculaire (jeunes Physostomes), l'origine de l'artère afférente de la pseudo-branchie varie suivant la façon dont s'est fermé le cercle céphalique et suivant que sa double origine persiste ou non. Le plus souvent cette artère afférente provient du cercle céphalique seulement (*Esox*); mais elle peut aussi tirer exclusivement son origine d'un prolongement ventral de la première veine branchiale, et elle correspondrait alors à l'artère thyro-spiraculaire (*Salmo*, *Leuciscus*), ou bien avoir deux racines, l'une provenant du cercle céphalique, l'autre d'une branche operculaire de l'artère hyoïdienne (*Lota*, *Gadus*, *Lucioperca*, *Perca*).

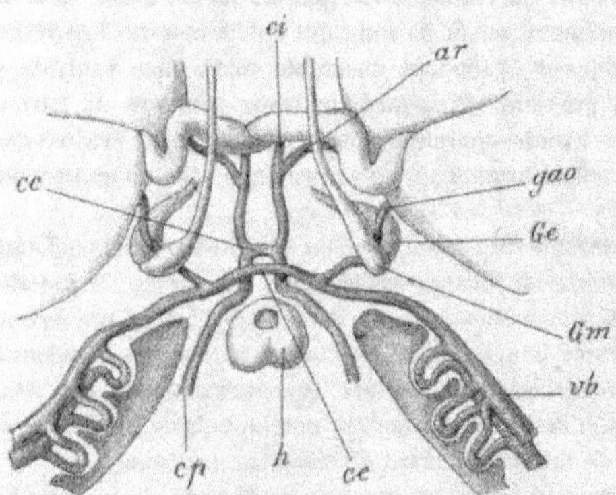

Fig. 1779. — Circulation céphalique chez une Truite de 18 mm. — Mêmes lettres que dans la figure précédente; en plus *Gm*, ganglion oculo-moteur; *Ge*, ganglion ciliaire; *cc*, commissure des carotides; *ce*, commissure des veines de la pseudobranchie (d'après Dohrn).

Dans tous les cas l'artère efférente constituant la *grande artère ophthalmique*, se rend directement à l'œil où elle pénètre; les deux artères afférentes sont toujours reliées par une anastomose transversale (fig. 1777, *ao*, p. 2491), mais elles n'émettent aucune autre branche. Dans l'œil même elles se rendent à une région bien déterminée, la choroïde. Les muscles de l'œil, l'iris, la sclérotique, le nerf optique et ses dépendances, reçoivent le sang d'artères issues du cercle céphalique (*ar*). Dans la choroïde l'artère ophthalmique se résout brusquement en ramuscules formant un réseau admirable dont le sang passe dans la veine ophthalmique qui se jette à son tour dans la veine jugulaire. Le réseau admirable intercalé entre la grande artère et la grande veine ophthalmiques est ce qu'on nomme la *glande choroïdienne*.

Les rapports si remarquables de la glande choroïdienne et de la pseudobranchie, l'identité de ces rapports avec ceux que la pseudobranchie présente avec la branchie operculaire, la réduction fréquente des pseudo-branchies à l'état d'un réseau admirable semblable à celui qui constitue la glande choroïdienne ont conduit à se demander si la glande choroïdienne n'était pas, elle aussi, une pseudo-branchie très réduite et si l'œil ne s'était pas développé sur le trajet d'une poche branchiale avortée. Le développement de l'œil des Batraciens, différent d'ailleurs de celui des Téléostéens (Houssay), semble indiquer qu'il en a été réellement ainsi et que le repli falciforme, la fente choroïdienne, caractéristiques de l'œil des Poissons, sont respectivement les restes d'une poche branchiale et de l'ouverture par laquelle cette poche a pénétré dans l'œil. Mais on doit se demander, dans cette hypothèse, comment il se fait que la glande choroïdienne manque chez les MARSIPOBRANCHES, les ELASMOBRANCHES et les GANOÏDES, sauf l'*Amia*, tandis qu'elle est constante chez les TÉLÉOSTÉENS; il semble qu'elle devrait être au contraire le plus développée dans les formes inférieures. Le réseau admirable qui termine l'aorte dorsale des *Chlamydoselachus* semble indiquer qu'il y avait également une branchie nasale et peut-être une branchie acoustique. *Tous les organes des sens se seraient donc développés en rapport avec des branchies qui auraient, par la suite, avorté.*

Les veines branchiales présentent fréquemment des prolongements ventraux entre lesquels il existe des anastomoses veineuses. C'est de ce système anastomotique que naissent les artères pulmonaires des DIPNÉS.

Chez les Esturgeons, *l'aorte* n'a de parois propres qu'à son début; elle est ensuite remplacée par un canal essentiellement ment constitué par les arcs hémaux de la colonne vertébrale, intérieurement revêtu par un périchondre. Chez beaucoup de Plagiostomes et quelques Téléostéens (*Silurus*, *Esox*, *Clupea*), elle n'est limitée par une membrane solide que du côté ventral; du côté dorsal, elle n'a pour parois qu'une mince membrane attachée à la concavité des arcs vertébraux.

5ª *Circulation intestinale.* — Chez le *Petromyzon marinus*, l'intestin, dans sa région terminale postérieure, reçoit des vaisseaux de la paroi dorsale du corps trois vaisseaux artériels et un vaisseau veineux intercalé entre le 1er et le 2e vaisseaux artériels. La veine naît

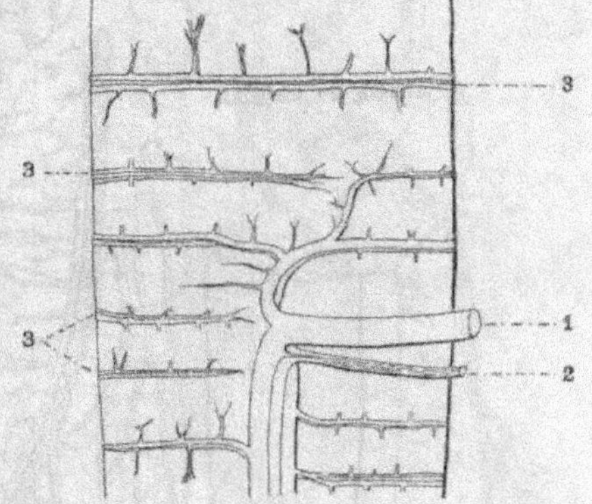

Fig. 1780. — Vaisseaux annulaires de l'intestin du *Squalus vulgaris*. — 1, veine intestinale dorsale; 2, artère intestinale dorsale couverte d'une gaine de *vasa vasorum*; 3, vaisseaux annulaires émis par la veine et l'artère intestinales ventrales (d'après Neuville).

d'un sinus veineux qui se trouve à la région ventrale des reins et qui reçoit aussi le sang des veines génitales. Elle fournit un rameau, la *veine intra-intestinale*, qui pénètre dans la valvule hélicoïdale et la parcourt dans toute sa longueur, accompagnée de branches artérielles. La veine intra-intestinale atteint le foie et se ramifie, sans devenir libre sur aucune partie de son parcours, constituant aussi la *veine porte*. Elle reçoit le sang qui provient des veines et des espaces veineux non seulement de la valvule, mais aussi de toutes les parties du tube digestif; elle se prolonge en arrière du point où la veine issue du sinus rénogénital atteint l'intestin; mais elle longe alors la ligne d'insertion de la valvule sur le tube digestif. Les veines qui reprennent le sang amené au foie par le système porte se réunissent généralement en deux troncs très courts qui se jettent l'un à droite, l'autre à gauche dans le sinus de Cuvier.

Chez les ELASMOBRANCHES[1] les artères intestinales naissent typiquement de

---

[1] HENRI NEUVILLE, *Contribution à l'étude de la vascularisation intestinale chez les Cyclostomes et les Sélaciens*, Annales des Sciences naturelles, 8ª série, t. XIII, 1901.

l'aorte au nombre de quatre : la 1re, l'*artère cœliaque*, fournit les artères de l'estomac, l'artère de la valvule hélicoïdale ou *artère intra-intestinale* et l'*artère intestinale ventrale*; la 2e est l'*artère splénique*, qui se ramifie dans la rate et les parties voisines du tube digestif; la 3e est l'*artère intestinale dorsale*, qui occupe la région

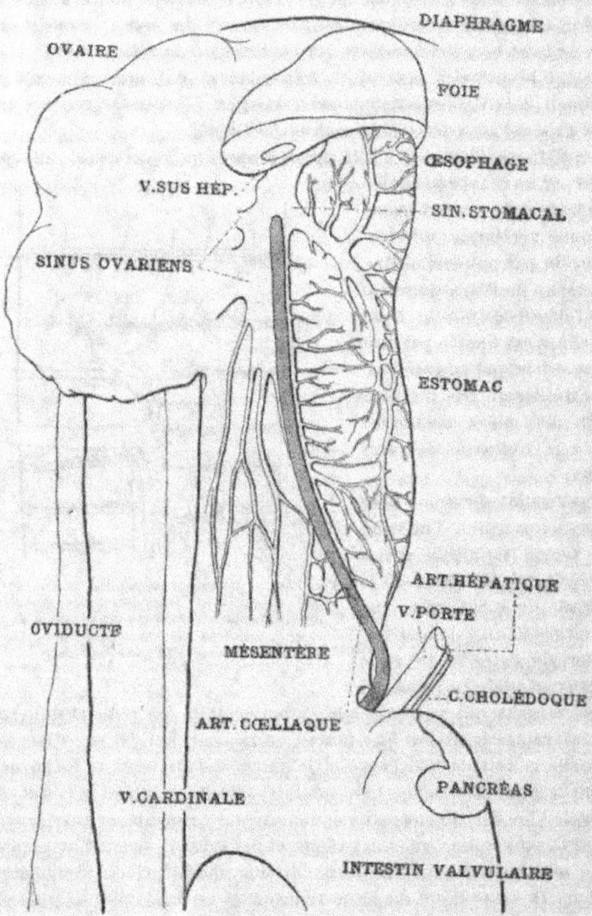

Fig. 1781. — Partie antérieure du tube digestif et régions adjacentes du tube digestif chez le *Squalus vulgaris*, pour montrer le réseau pseudo-chylifère de l'estomac (Neuville).

dorsale de l'intestin valvulaire; la 4e est l'*artère spermatico-mésentérique postérieure*, qui n'a de liaison qu'avec la glande digitiforme. Suivant la disposition des viscères, ces artères peuvent naître à distance les unes des autres (*Mustelus*, *Squalus*) ou se rapprocher beaucoup (*Galeus*) et même se confondre à leur origine, ce qui arrive pour l'artère cœliaque et l'artère splénique chez les *Zygæna*, l'artère splénique et l'artère intestinale dorsale chez les Raies. Chez les Élasmobranches à valvule enroulée en hélice, les artères intestinale, ventrale et dorsale sont reliées l'une à l'autre par des vaisseaux annulaires (fig. 1779) qui correspondent sur une partie de leur trajet aux tours de l'hélice. Ces vaisseaux font naturellement défaut quand la valvule est enroulée en volute.

Chacun des deux grands lobes du foie des Élasmobranches reçoit une branche d'un tronc unique (*Galeus*, *Squalus*, *Scylliorhinus*, etc.), plus rarement double (*Torpedo*) ou multiple (*Zygæna?*) qui est la *veine porte* dans laquelle sont venues confluer, au préalable, les veines gastriques, intestinales, spléniques et pancréatiques. Les ramifications de la veine se rassemblent finalement en autant de *veines sus-hépatiques* qu'il y a de lobes au foie. Ces veines peuvent déboucher isolément dans le sinus de Cuvier (*Centrophorus*, *Squalus* et divers autres SPINACIDÆ archaïques, etc.); ou former auparavant un plexus vasculaire (*Lamna cornubica*) auquel se substitue finalement par coalescence des veines du plexus, ce qui est le cas général, un vaste sinus (fig. 1759, p. 2467) qui peut demeurer inclus dans le foie (*Pristiurus*), mais le plus souvent fait hernie à son bord antérieur et s'ouvre seul, directement dans le sinus de Cuvier par deux orifices symétriques. Ce sinus sus-hépatique est traversé par des trabécules fibreux, restes des parois des veines; il équivaut à la veine

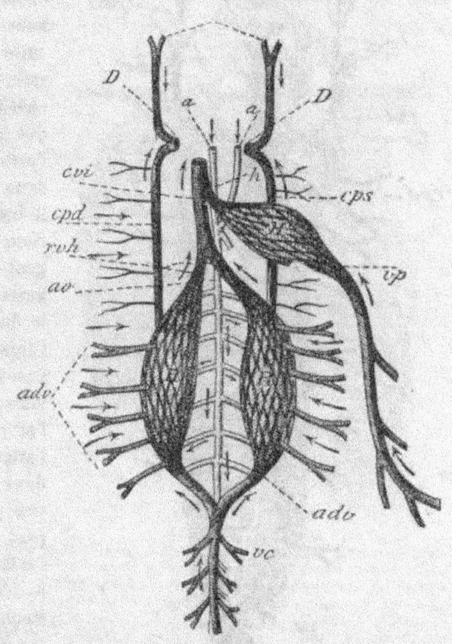

Fig. 1782. — Systèmes de la veine porte hépatique et de la veine porte rénale des Poissons. — *ao*, aorte; *a*, racines de l'aorte; *ca*, veines cardinales antérieures; *cpd*, *cps*, veines cardinales postérieures droite et gauche; *vc*, veine caudale; *adv*, veines rénales afférentes; *R*, réseau veineux rénal; *rvh*, veines rénales efférentes; *cvi*, veine cave inférieure; *vp*, veine porte; *H*, réseau veineux hépatique; *h*, veine sus-hépatique (d'après Nuhn).

cave qui commence à se développer chez les Ganoïdes et devient constante chez les Vertébrés supérieurs; les lèvres des orifices du sinus hépatique dans le sinus de Cuvier sont repliées en valvules qui s'opposent au reflux du sang vers le foie. Pas plus que chez les Marsipobranches on ne trouve chez les Élasmobranches de véritables chylifères. Ce qu'on a décrit comme tel est simplement un lacis de veines, ou d'espaces veineux, ou même de sinus veineux dans lesquels le sang présente de curieuses variations dans sa teneur en globules rouges, ou notamment les veines superficielles de la région du cardia qui aboutissent à une sorte de sinus stomacal (fig. 1781).

Chez les Téléostéens, l'aorte ne fournit aux viscères digestifs qu'un seul tronc, l'artère *abdominale*, qui se divise dès l'origine en une *artère intestinale*, une *artère pneumatique* et deux *artères spermatiques*. L'artère intestinale se divise elle-même en une *artère gastro-splénique*, une artère *gastro-hépatique* et deux *artères mésentériques* (fig. 1782 et 1783).

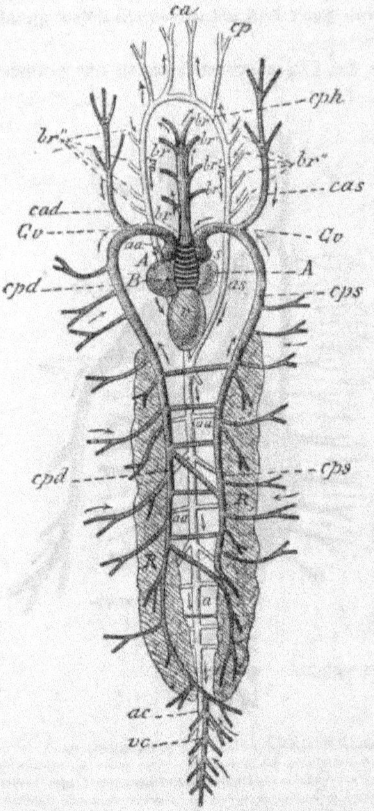

L'artère *gastro-splénique* se ramifie énormément sur l'estomac qu'elle longe dans toute son étendue; elle passe ensuite aux cœcums pyloriques et à la rate, tout en envoyant quelques branches à l'intestin. L'artère *gastro-hépatique* se ramifie sur le côté droit de l'estomac et ensuite dans le foie; les deux *artères mésentériques* longent l'une le bord supérieur, l'autre le bord inférieur de l'intestin grêle et se prolongent jusqu'à l'anus. Il peut exister aussi (*Perca*) une branche spéciale pour le duodénum et pour la rate, on peut l'appeler *l'artère duodénale*. L'artère *pneumatique* se rend à la vessie natatoire; elle peut naitre directement de l'artère abdominale ou se détacher de l'artère gastro-hépatique. De même les deux *artères génitales* naissent souvent par un tronc commun qui lui-même peut se confondre à l'origine avec l'artère pneumatique. Après avoir donné le *tronc viscéral*, l'aorte continue son chemin sous la colonne vertébrale et par les *artères intervertébrales* distribue le sang aux myomères, aux nageoires et à l'intérieur du rein, dans lequel elles se divisent en une multitude de rameaux donnant naissance aux glomérules de Malpighi.

Les veines suivent à peu près constamment le trajet des artères. Les veines de la région céphalobranchiale se jettent dans deux *jugulaires* symétriques qui reçoivent sur leur côté interne deux veines plus petites, symétriques, correspondant à la région bran-

Fig. 1783. — Diagramme demi-schématique de l'appareil circulatoire des Poissons (d'après Huhn). — *v*, ventricule; *A*, oreillette; *S*, sinus veineux; *B*, bulbe artériel; *br'*, branches qu'il envoie aux branchies; *br"*, veines branchiales qui se réunissent pour former les racines de l'aorte; *aa*, *as*, les deux racines de l'aorte qui en arrière forment l'aorte *a*, et en avant le cercle céphalique *cph*; *ca*, carotide externe; *cp*, carotide interne; *ac*, artère caudale; *R*, reins; *vc*, veine caudale; *cpd*, veine cardinale postérieure droite; *cps*, veine cardinale postérieure gauche; *acs*, veine cardinale antérieure gauche; *cad*, veine cardinale antérieure droite; *Cv*, canal de Cuvier.

chiale, les *veines de Duvernoy*. Les veines de la région postérieure du corps se jettent dans les *veines cardinales*, souvent inégales, et parfois réduites à une seule

(Lophobranches); celles de l'intestin, de la rate, des cœcums pyloriques, d'une partie de l'estomac contribuent à former la *veine porte hépatique*; du foie sort la *veine hépatique*, qui se jette dans le sinus transversal constitué par la jonction des veines jugulaire et génitale d'un même côté. On a vu précédemment comment se constituait la *veine porte rénale*; ce système porte fait défaut chez les Lophobranches.

Le sang des Cyclostomes contient des globules rouges circulaires, aplatis ou légèrement biconvexes. Chez tous les autres Poissons les globules rouges sont elliptiques et la longueur de leur grand axe dépasse généralement celle du diamètre des globules des Cyclostomes.

Les plus gros sont ceux des Dipnés qui mesurent, chez le *Lepidosiren*,

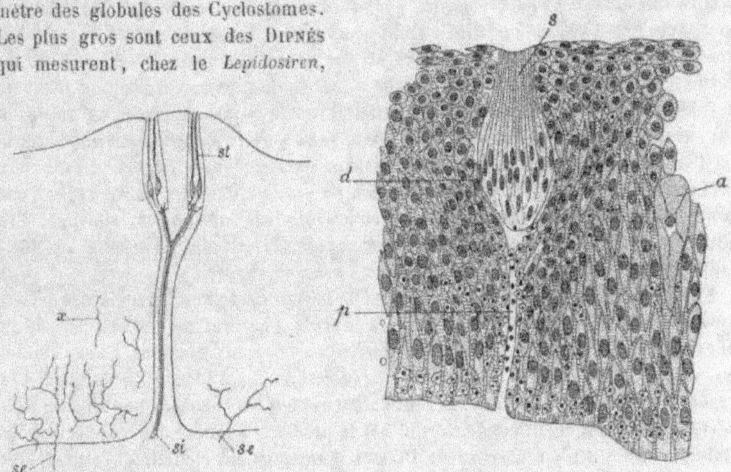

Fig. 1784. — N° 1, Coupe dans la peau de la lèvre du *Barbus fluviatilis.* — *st*, cellules à bâtonnet d'un organe sensitif; *si*, filet nerveux se rendant aux organes *st*; *se*, terminaisons nerveuses interépithéliales (préparation à la méthode de Golgi, d'après Maurer). — N° 2, Coupe à travers l'épiderme du *Barbus fluviatilis*, contenant un organe sensitif *s*; *d*, cellules de recouvrement; *p*, papille filiforme; *a*, cellule muqueuse (d'après Maurer).

$0^{mm},04$ de long et $0^{mm},02$ de large; viennent ensuite ceux des Plagiostomes et des Ganoïdes chondroptérygiens. De tous les Téléostéens, les Salmonidæ relativement primitifs possèdent les plus gros globules; ils ont à peu près les mêmes dimensions que ceux de l'Esturgeon ($0^{mm},016$ de long sur $0^{mm},010$ de large chez les *Salmo*); les plus petits sont ceux de l'*Acerina cernua* ($0^{mm},010$ de long sur $0^{mm},008$ de large).

Lymphatiques. — Le système lymphatique est constitué chez les Poissons par des *espaces lymphatiques* et des *vaisseaux lymphatiques*. Les premiers se constituent principalement dans l'épaisseur des parois du cœur (p. 2481), dans celle du péricarde et dans la tunique adventive des vaisseaux, de telle façon que ceux-ci peuvent paraître entourés d'une *gaine lymphatique*. Les vaisseaux lymphatiques forment sous la peau des réseaux capillaires en étroite relation, en général, avec les canaux muqueux et surtout avec la ligne latérale. Les plus grands se trouvent dans les ligaments intermusculaires, surtout à la base des nageoires. Le système lymphatique se limite chez les Téléostéens à un réseau mésentérique, entremêlé avec celui des tubes de Weber et à deux grands canaux situés l'un sur la face ventrale de la colonne vertébrale, l'autre à son intérieur et dans lequel s'ouvrent les sinus lymphatiques des processus épineux supérieurs et inférieurs.

Rate [1]. — La rate occupe une position assez variable. Chez les Sélaciens (fig. 1754, p. 2460) elle est située au voisinage de l'estomac auquel elle est reliée par un court mésentère, dépendance du grand repli mésentérique qui s'insère en avant tout le long du bord gauche de l'estomac, et en arrière à la colonne vertébrale, entre les deux veines caves; le bord de ce mésentère libre au niveau de la rate contient l'artère splénique qui vient directement de l'aorte; la veine splénique s'unit aux veines gastro-intestinales et pancréatiques pour former la veine porte. La rate peut-être compacte (fig. 1756, *r,r'*; p. 2467), lobulée ou même divisée en petites masses distinctes, recevant chacune une artère et une veine (*Carcharias glaucus*). Chez les formes de Poissons osseux dont le tube digestif présente une disposition analogue à celle du tube digestif des Sélaciens (SALMONIDÆ) la rate est placée au voisinage du cul-de-sac stomacal (fig. 1767, S, p. 2480), mais l'artère splénique est une branche de l'artère gastro-intestinale et ses vaisseaux communiquent largement avec ceux de l'estomac par des branches récurrentes. Sa position dans les autres types varie avec le degré de développement des circonvolutions intestinales; elle peut être située à droite ou à gauche de l'estomac; assez souvent elle est accolée à la vésicule biliaire (*Blennius*, *Scorpæna*, *Lophius*, *Orthagoriscus*, etc.).

La rate est essentiellement un réticulum de tissu conjonctif, différencié aux dépens du mésentère et dans les mailles duquel s'ouvrent, à partir d'une certaine période du développement, les pointes d'accroissements des vaisseaux sanguins. Chez l'adulte, les veines et les artères s'ouvrent séparément dans les lacunes spléniques. Les capillaires terminaux des artères sont entourés chez les Sélaciens par un manchon de réticulum conjonctif condensé qui est la première ébauche des corpuscules de Malpighi, mais il n'y a chez aucun Poisson d'endothélium continu à la surface des trabécules. L'organe présente des lymphatiques superficiels et profonds, étranglés de place en place chez les Raies par des anneaux de faisceaux conjonctifs et pelotonnés sur eux-mêmes. Des globules sanguins rouges et blancs se forment abondamment dans la rate des embryons, et cette formation se continue toute la vie chez les Sélaciens dont certaines espèces produisent, au cours de leur existence, des rates supplémentaires (*Squalus*, *Mustelus*, etc.). La multiplication des globules sanguins dans la rate devient rare chez les Téléostéens adultes qui conservent cependant la faculté de reproduire leur rate lorsqu'elle a été extirpée.

Organes des sens. — Les organes des sens des Poissons sont les uns distribués sur toute la longueur du corps, les autres localisés sur la tête. On ne peut faire que des hypothèses sur la nature des sensations recueillies par les premiers, et qui sont dérivées sans doute des sensations très variées que nous désignons, en ce qui nous concerne, sous le nom de *sensations tactiles*. Les organes des sens céphaliques sont, comme chez les Vertébrés supérieurs, les organes du *goût*, de l'*odorat*, de la *vue* et de l'*ouïe*.

L'épiderme des Invertébrés et celui de l'*Amphioxus* n'étaient formés que d'une seule assise de cellules, les organes sensitifs qu'ils contiennent résultent surtout

[1] C. PHISALIX, *De la rate chez les Ichthyopsidés*, Archives de Zool. expérimentale, 2ᵉ série, t. III, 1885.

du rassemblement, en certains points, de nombreuses cellules sensitives, analogues à celles que l'on trouve, dans les autres régions du corps, éparses parmi
les cellules de revêtement. Déjà chez les MARSIPOBRANCHES l'épiderme est formé
de plusieurs couches de cellules, comme chez tous les autres Vertébrés; mais la
structure primitive est conservée pour les organes des sens cutanés qui ont la
forme de petites cupules dont le fond est légèrement convexe et le pourtour sail-

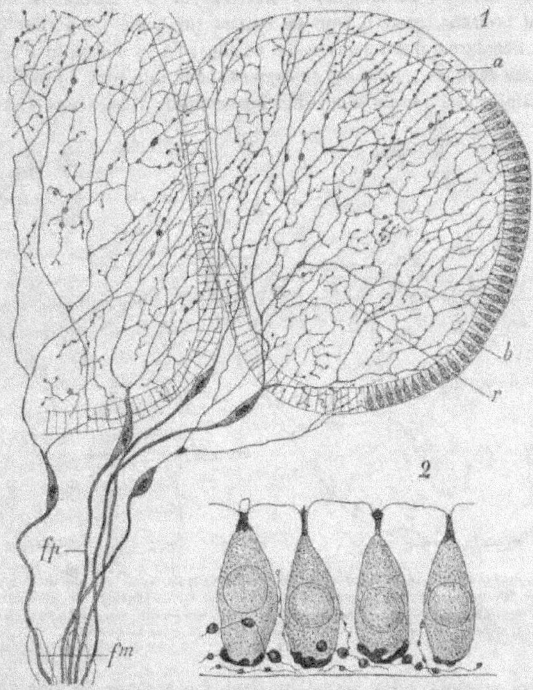

Fig. 1785. — N° 1. Coupe optique à travers deux capsules de Lorenzini du *Squalus vulgaris*. — *a*, région
de la coupe où les éléments n'ont pas été figurés; *b*, région où les cellules lagéniformes sont représentées; *r*, arborescences terminales des fibres nerveuses développées dans la paroi de la capsule; *fp*,
cylindres axes terminaux; *fm*, fibre à myéline. — N° 2. Quatre cellules lagéniformes grossies, entourées
à leur base par des fibres nerveuses terminales variqueuses (d'après Retzius).

lant. Ces organes, de dimensions très variables, sont régulièrement distribués sur
la région céphalo-branchiale et se retrouvent jusque sur la queue. Leur épithélium est formé de cellules sensitives et de cellules de soutien; ils sont innervés
par le grand nerf latéral.

Chez les GANOÏDES et les TÉLÉOSTÉENS, l'épiderme contient de nombreuses terminaisons de fibres nerveuses[1] mais, en outre, on observe deux sortes d'organes

F.-E. Schuzle, *Frei Nervenenden in der Epidermis de Knochenfische*, Sitz. der physik.
mathem. Classen der Akad. der Wissenschaften, Berlin.]

tactiles analogues aux précédents et, comme eux, superficiels, les *bourgeons terminaux* et les *mamelons terminaux* qui peuvent revêtir des formes diverses et entre lesquels on observe de nombreux termes de passage. Les bourgeons sont essentiellement formés de cellules sensitives, disposées en plusieurs assises; dans les mamelons qui sont saillants, les cellules sensitives et les cellules de soutien sont associées de façons variées. Ces organes se trouvent principalement sur la tête; ils sont surtout extrêmement nombreux sur les barbillons dont tant de Poissons sont pourvus, mais il peut en exister sur toutes les parties du corps, et jusque dans l'épiderme qui recouvre les écailles; ils se disposent d'ordinaire par groupes ou par rangées, ce qui est en rapport, pour une part du moins, avec leur mode de multiplication par division. Chez beaucoup de Téléostéens (CYPRINIDÆ), ils

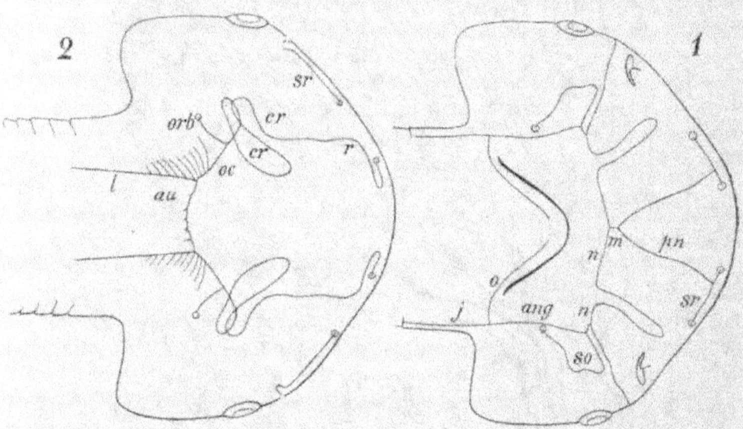

Fig. 1786. — Canaux muqueux céphaliques et commencement de la ligne latérale du *Cestracion tiburo*, Dun. — 1, face inférieure et 2, face supérieure de la tête. — *ang*, angulaire; *au*, aurale; *cr*, craniales; *j*, jugulaire; *l*, latérale; *m*, médiane; *n*, nasale; *o*, orale; *oc*, occipitale; *on*, orbito-nasale; *orb*, orbitale; *pn*, prénasale; *r*, rostrale; *so*, sous-orbitaire; *sr*, subrostrale (d'après Garman).

se détruisent et se renouvellent périodiquement. Les organes destinés à disparaître deviennent tout à fait superficiels, sont en quelque sorte énucléés et remplacés par un épaississement formé de cellules kératinisées; on connaît ces épaississements sous le nom d'*organes perliformes*.

Les Poissons possèdent encore des organes sensitifs cutanés, différant des précédents, par ce qu'ils sont placés au fond d'ampoules plus ou moins profondes ou dans un système de canaux plus ou moins ramifiés. Les plus remarquables parmi les premiers sont les *tubes gélatineux* ou *organes de Lorenzini* des ÉLASMOBRANCHES; les seconds constituent le système des *canaux dermiques*, répandu chez la plupart des Poissons. Les deux sortes d'organes sont sans doute de même nature.

Les *ampoules de Lorenzini* sont disposées par groupes sur la tête des Sélaciens, où leurs orifices forment des espèces de plaques criblées. Ce sont des tubes plus ou moins allongés, plus ou moins sinueux, courts chez les *Hexanchus*, longs chez les Raies, dont l'extrémité périphérique traverse les téguments normalement à leur surface et dont l'extrémité profonde est un cæcum plus ou moins élargi. La paroi des tubes est tapissée d'un épithélium et leur lumière est remplie d'une substance gélatineuse, vraisemblablement sécrétée par cet épithélium. Tantôt le renflement terminal ne présente relativement au reste du tube aucune démarcation; tantôt il est, au contraire, nettement délimité et peut être formé de plusieurs diverticules rayonnants dont les cloisons de séparation arrivent à se rencontrer dans l'axe de l'ampoule; celle-ci parait alors divisée en chambres dictinctes. Le nombre de ces chambres s'élève jusqu'à douze chez les *Hexanchus*. Chez beaucoup de Sélaciens, les ampoules sont réunies en faisceaux par un tissu interstitiel et semblent ainsi enfermées dans une même capsule. Une ou plusieurs fibres nerveuses se rendent à chaque ampoule et se résolvent en arborescences terminales entre leurs cellules qui sont de deux sortes (fig. 1785). Un groupe hyoïdien est particulièrement développé chez les Raies et ses canalicules s'étendent dans la région occipitale aussi bien que sur la face dorsale et ventrale des nageoires.

On peut rapprocher des organes de Lorenzini les *capsules de Savi* que l'on observe au voisinage des organes électriques des Torpilles. Ce sont des capsules entièrement closes, tapissées par un épithélium aplati, au-dessus duquel s'élève, dans la région moyenne de la capsule, une plaque de cellules sensitives, surmontées de

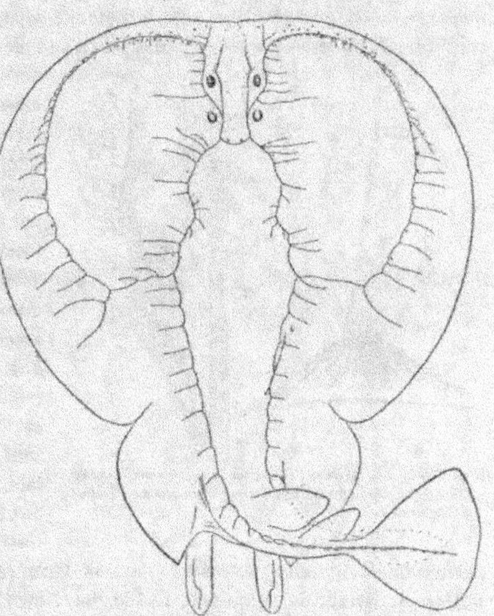

Fig. 1787. — Canaux céphaliques et ligne latérale de la Torpille (*Torpedo marmorata*), d'après Garman.

soies. D'autres organes sensitifs plus ou moins analogues aux organes de Lorenzini existent dans des groupes spéciaux ou seulement chez certaines espèces de Poissons.

Le système des *canaux dermiques*, autrefois nommés *canaux muqueux*, est extrêmement répandu chez les Poissons [1]. Ce sont chez les Sélaciens primitifs et les Chimères, de simples gouttières le long desquelles sont distribuées des plaques sensitives; les bords de la gouttière sont assez rapprochés, sauf au dessus des plaques sensitives. Chez les formes supérieures, les gouttières se creusent peu à peu et se ferment, ne conservant d'orifices qu'entre les plaques sensitives; ainsi se constitue un système de canaux reliant entre eux les organes sensitifs et que protège une couche différenciée du tissu conjonctif dermique, renforcé même, chez les Raies, par des formations cartilagineuses. Chaque organe est constitué par une petite

[1] W.-E. COLLINGE, *Sensory canal System of Fishes*, Proceedings Zoological Society, 1897.

papille dermique, saillante dans le jeune âge, mais qui s'enfonce à mesure que se développent les canaux dermiques; le centre de la papille est occupé par un groupe de cellules piriformes, portant chacune un fil rigide très fin (fig. 1788). Un filet nerveux aboutit à chaque organe. Sur le corps s'étend presque toujours un canal latéral qui atteint le plus souvent la queue.

La disposition des canaux céphaliques chez les Sélaciens, malgré ses nombreuses variations de détail[1], peut être ramenée à un plan très simple (fig. 1786 et 1787). Ces canaux forment de chaque côté de la tête deux triangles ayant un côté commun : le *triangle périorbitaire* et le *triangle périnasal* situé au-dessous de lui. Les deux *triangles périorbitaires* sont largement séparés du côté dorsal; mais un canal transversal, le *canal aural (au)*, unit leurs sommets postéro-supérieurs; de ce canal aural naissent symétriquement les *canaux latéraux (l)* qui se dirigent en arrière et s'étendent sur toute la longueur du corps. Les deux *triangles périnasaux (pn)* se touchent seulement par leur sommet postéro-inférieur, en formant sur la ligne médiane le *canal médian (m)*. Le côté supérieur de chaque triangle périorbitaire est le *canal sus-orbitaire*, dans lequel on peut distinguer une région *craniale (cr)* et une région *rostrale (r)*; le côté postérieur est le *canal post-orbitaire*, qui présente une région *orbitaire* et une région *sous-orbitaire*. Le côté commun aux deux triangles est le *canal subrostral (sr)*; le côté opposé du triangle

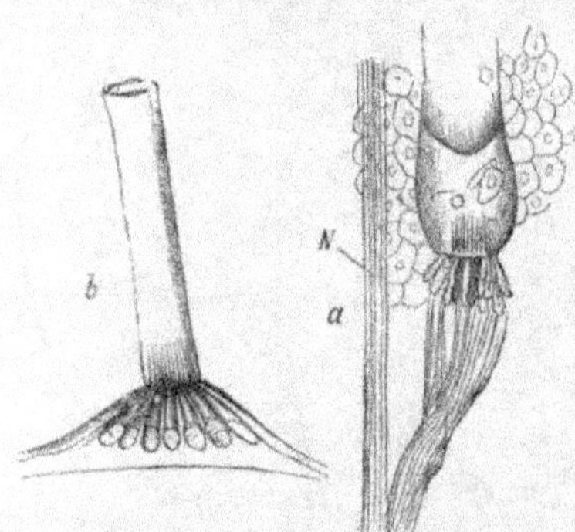

Fig. 1788. — *a*, organe latéral de la queue du Gardon; *N*, nerf; *b*, organe latéral d'une jeune Brême (d'après F.-E. Schulze).

périnasal est le *canal périnasal (pn)*; sa base est le *canal nasal (n)*. Du sommet postéro-supérieur de ce triangle naît le *canal angulaire (ang)*, qui se dirige en arrière au-dessus de la bouche et se bifurque à son extrémité pour fournir une branche dirigée en arrière, le *canal jugulaire* ou *hyomandibulaire (j)*, et une branche dirigée vers le bas, le *canal mandibulaire* ou *canal oral (o)*. Déjà chez divers Requins (*Galopias, Rhina, Pristiophorus*), les canaux, au lieu de présenter des orifices disséminés sur leur parcours, présentent des ramifications latérales assez allongées à l'extrémité libre desquelles se trouvent les orifices. Cette disposition devient générale chez les BATOÏDEA (fig. 1787). En outre, chez les Raies, les canaux latéraux présentent deux branches qui se dirigent en dehors, vers le bord de la nageoire pectorale. La branche antérieure, avant d'arriver à ce bord, émet une branche nouvelle qui se recourbe en avant, longe à distance le bord antérieur de la nageoire et arrive presque à rejoindre le canal infra-orbitaire, circonscrivant ainsi une aire très vaste dans laquelle est situé l'évent. La branche postérieure se dirige vers l'angle postérieur de la nageoire.

[1] S. GARMAN, *On the lateral canal system of the Selachia and Holocephala*, Bulletin of the Museum of Comparative Zoology, vol. VII, n° 2, 1888. — EWART, *Lateral sense organs of Elasmobranchs*, Transaction of the royal Society, Edinburg, vol. XXXVII.

Les ramifications latérales font toujours défaut aux Holocéphales, aux Dipnés, aux Ganoïdes, et aux Téléostéens, dont le système des canaux dermiques, construit sur le plan de celui des Sélaciens, comprend au moins un *canal sus-orbitaire*, un *canal sous-orbitaire* et un *canal hyomandibulaire*, subdivisé chez l'*Amia* et les Téléostéens en un *canal hyoïdien* et un *canal mandibulaire* (fig. 1789). Chaque os infra-orbitaire supporte un des organes sensitifs céphaliques; il en est de même des écailles qui forment la *ligne latérale* pour les organes sensitifs du tronc (fig. 1650, p. 2364); il semble donc que le développement de certains os dermiques ait été lié à celui des organes sensitifs, et que le degré d'extension pris par les canaux céphaliques ait pu avoir quelque influence sur la fusion des os primitivement distincts qui correspondaient à chaque organe, en os plus étendus, tels que les os pariétaux, frontaux et dentaires.

Dans le canal latéral les organes sensitifs sont placés exactement en face des cloisons de séparation des segments musculaires. Les canaux céphaliques et le canal latéral communiquent avec l'extérieur par des tubules généralement placés entre deux organes sensitifs consécutifs; mais dans certains cas (*Amia*) ces tubules peuvent se ramifier, de sorte que le nombre des orifices est beaucoup plus grand que celui des organes sensitifs. Au contraire, chez les *Lota*, il n'y a plus que deux orifices terminaux de chaque côté du corps. Dans la règle chaque orifice est situé sur une écaille latérale plus ou moins modifiée.

Les canaux du système céphalique présentent une grande tendance à s'ossifier; ils se soudent alors avec les os du crâne [1]

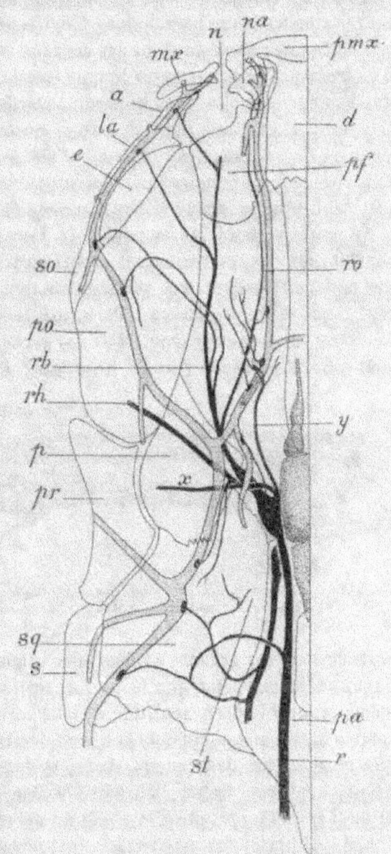

Fig. 1789. — Canaux muqueux céphaliques des *Clarias*. — *n*, nez; *na*, os nasal; *e*, œil; *pmx*, prémaxillaire; *mx*, maxillaire; *a*, préorbitaire; *la*, lacrymal; *so*, sous-orbitaire; *po*, post-orbital; *p*, post-frontal; *pr*, préopercule; *sq*, squamosal; *x*, supra-scapulaire; *st*, supra-temporal; *rb*, rameau buccal du nerf trijumeau; *rh*, son rameau hyomandibulaire; *r*, son rameau latéral; *x, y*, nerfs de la région préoperculaire; *ro*, rameau ophthalmique; *pa*, pariétal; *pf*, pré-frontal; *d*, derm-ethmoïde (d'après Pollard).

[1] Mac Munnich, *The Osteology of Amiurus Catus*, Procedings of the Canadian Institute, Toronto, new serie, t. II, 1883-84.

qui arrivent à prendre un aspect spongieux, lorsque ces canaux se multiplient. Les rapports des canaux avec les os sont si nettement déterminés qu'ils peuvent permettre de reconnaître les os homologues. L'existence des canaux dermiques n'est cependant pas constante; assez souvent les organes sensitifs sont à découvert et on observe d'intéressants passages entre le type canaliculé et le type superficiel. Le canal latéral des *Fierasfer* est clos dans la partie antérieure, en forme de gouttière un peu plus loin, et il se continue plus en arrière encore par une série de boutons sensitifs. Chez les *Esox lucius, Gobius, Liparis, Cyclopterus*, le système des canaux céphaliques existe seul; il est remplacé par des organes sensitifs libres chez les *Lepadogaster*; cette substitution arrive à être complète chez les Baudroies (*Lophius piscatorius* [1]).

Au premier abord les ampoules de Lorenzini, les organes de Savi, les organes sensitifs des canaux dermiques céphaliques semblent innervés par les nerfs sensitifs des régions tégumentaires sur lesquels ils sont situés et qui sont des rameaux du nerf facial et du trijumeau : de même les organes de la ligne latérale semblent innervés par le nerf vague. Mais des recherches concordantes, dont les dernières sont celles de Mayser, Strong, Kingsburg, Herrick et Cole [2], ont démontré que les

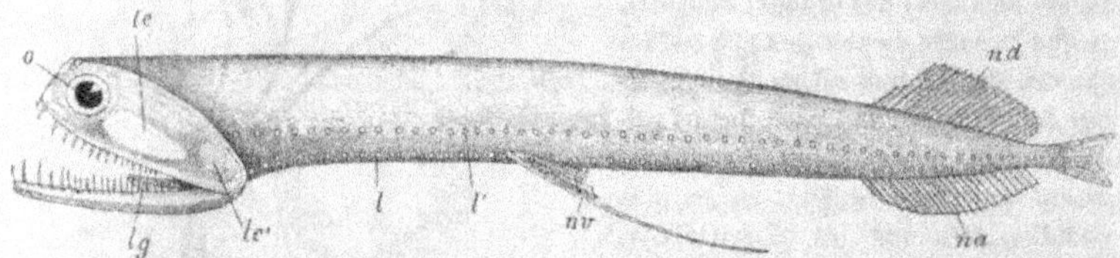

Fig. 1790. — *Thaumatostomias atrox*. — o, œil; le, le', plaques lumineuses; l, l', organes oculiformes; lg, langue; nv, nageoires ventrales; nd, na, nageoires dorsale et anale (d'après Tood).

nerfs de tous ces organes avaient une origine commune, dans le tubercule acoustique, au même point que le nerf acoustique, et constituent avec lui un seul et même groupe de nerfs sensitifs; de telle sorte que l'oreille pourrait être considérée comme un organe modifié de la ligne latérale et ses canaux semi-circulaires comme une modification des canaux de ce système sensoriel (Beard, les deux Sarasin, Friestsch, Ayers, Ewart, Mitchele, Willey, Basford Dean, Locy). Le nerf latéral primitif se rend, presque à la sortie du cerveau, à un complexe ganglionnaire dans lequel sont juxtaposés au ganglion qui lui appartient en propre, le *ganglion de Gasser*, qui appartient au trijumeau, et le ganglion du facial. Parmi les nerfs qui naissent du ganglion latéral, les uns s'accolent à certaines branches du trijumeau (nerf du canal sus-orbitaire accolé à l'ophthalmique superficiel du trijumeau, nerf buccal de l'infraorbitaire), les autres à certaines branches du facial (nerf du canal hyo-mandibulaire). De la même façon, le nerf du canal latéral s'accole au vague; il naît en arrière du complexe ganglionnaire précité, en avant du glosso-pharyngien, en avant et au-dessus des deux racines du vague qu'il rejoint après avoir envoyé une anas-

[1] F. Gelzit, *Recherches sur la ligne latérale de la Beaudroie*, Archives de Zoologie expérimentale, 2ᵉ série, t. IX, 1891.

[2] F. J. Cole, *Reflexions on the structure and morphology of the cranial nerves and lateral sense organs of Fishes, with special references to the genus Gadus*, Transaction of the Linnæau Society, London, 1898.

tomose au glosso-pharyngien; il se décompose en trois branches : une supratemporale qui innerve un cæcum de tube latéral, une dorsale qui innerve les organes
sensoriels de la moitié antérieure du canal, une ventrale qui innerve ceux de la
moitié postérieure.

Le nerf latéral accolé au nerf vague ne présente, chez les Poissons élasmobranches
et cténobranches, aucune connexion avec la moelle épinière. On trouve chez les
Lamproies un nerf qu'il semble au premier abord naturel d'homologuer avec lui et
qui, dans chaque espace intervertébral, reçoit la branche dorsale de la racine postérieure du nerf rachidien correspondant. Mais ce nerf diffère du nerf latéral des
Poissons supérieurs à la fois par ses connexions centrales, ses connexions périphériques et sa constitution histologique. Il naît par deux racines provenant l'une du
nerf facial, l'autre du nerf vague, et ses ramifications aboutissent à des papilles sensorielles ordinaires, irrégulièrement distribuées, principalement situées à la surface
des nageoires et dont l'homologie avec les organes sensoriels différenciés de la ligne

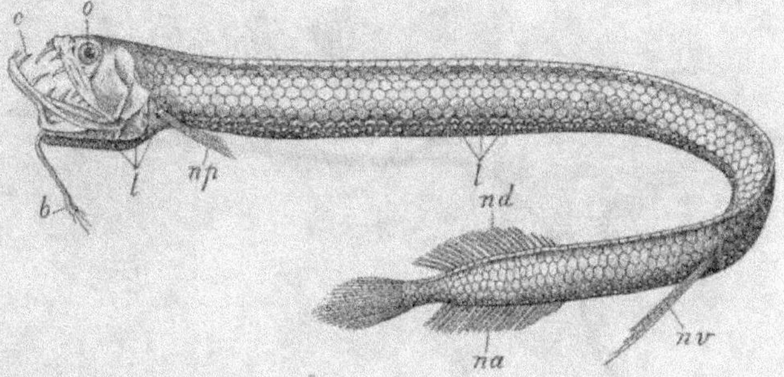

Fig. 1791. — *Stomias boa*. — *c*, dents canines ; *o*, œil ; *b*, barbillon ; *l*, organes lumineux ; *np*, nageoire
pectorale ; *nv*, nageoire ventrale ; *nd*, nageoire dorsale ; *na*, nageoire anale (d'après Cuvier et Valenciennes).

latérale est douteuse. Il existe d'ailleurs chez les Poissons osseux (*Gadus*) un nerf
tout à fait analogue au prétendu nerf latéral des *Petromyzon*. Il naît aussi par deux
racines issues l'une du complexe ganglionnaire trigémino-facial, l'autre du vague ;
il reçoit à chaque intervalle intervertébral la branche dorsale de la racine sensitive
du nerf rachidien correspondant, et ses extrémités se rendent aux bulbes sensitifs
répandus sur tout le corps. L'homologie avec le nerf des *Petromyzon* est donc complète et l'on peut appeler ce nerf le *nerf latéral accessoire* (Cole). Les connexions
avec la moelle épinière du *nerf latéral accessoire* sont nettement métamériques ;
les organes auxquels il se rend ne paraissent cependant pas présenter de disposition régulière. Au contraire, le *nerf latéral* proprement dit, par son origine cérébrale unique, ne semble pas métamérique, tandis que les organes auxquels il se
rend se répètent métamériquement avec une régularité parfaite. Ces caractères
opposés ont conduit à considérer le nerf latéral accessoire comme un organe métamérique vrai, tandis qu'on s'est efforcé de démontrer, surtout par des considérations embryogéniques, que le nerf latéral proprement dit n'était pas métamérisé
et que la disposition des organes auxquels il se rendait n'était qu'une fausse métaméridation. La question présente un certain intérêt, non pas tant en raison des

rapports forcément un peu lointains signalés par Eisig entre les organes sensitifs latéraux des Vers annelés et ceux de la ligne latérale des Poissons, qu'en raison de l'argument qu'elle ajoute à la démonstration de l'organisation métamérique du corps des Vertébrés. L'objection à la métaméridation des organes de la ligne latérale tirée du fait que le nerf latéral se développerait par l'élongation d'une ébauche continue n'a aucune importance; c'est la transformation que la tachygénèse impose au mode de développements de tous les organes métamériques entre lesquels une connexion longitudinale s'est établie (voir, par exemple, le développement du pronéphros, p. 2632).

Photophores. — Dans les familles des MYCTOPHIDÆ, CHAULIODIDÆ, MALACOSTEIDÆ, STOMIATIDÆ (fig. 1790 et 1791) et quelques autres dont les espèces se partagent d'ordinaire entre la faune pélagique et la faune des grandes profondeurs, il se développe soit sur la tête, soit sur les côtés du corps des organes dont la structure rappelle celle des organes de la ligne latérale ou celle des yeux, mais peut aussi se simplifier

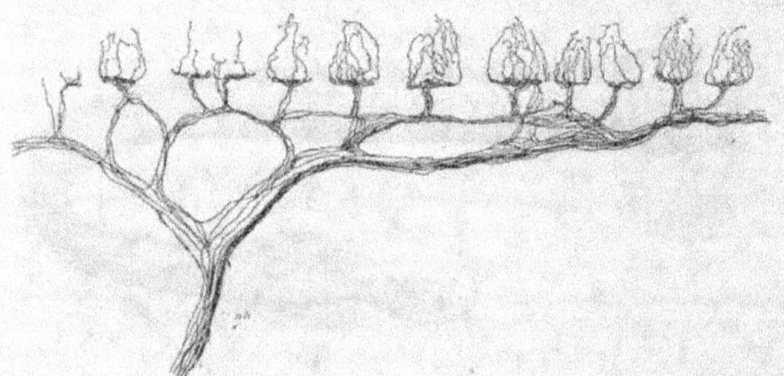

Fig. 1792. — Coupe verticale de la muqueuse du palais d'un *Gobius* avec des bourgeons terminaux auxquels aboutissent les fibres du nerf *n*.

beaucoup. Ces organes sont, au moins en partie, des organes producteurs de lumière et peuvent être désignés sous la dénomination générale de *photophores* [1].

Ils ont été déjà décrits p. 274, et comme ils ont été utilisés pour la délimitation des genres, on trouvera dans la systématique des familles que nous venons d'énumérer, des indications complémentaires sur leur disposition.

Organes du goût. — Les organes du goût des Poissons ne diffèrent que par leur position des organes tactiles. On trouve associés dans la muqueuse buccale des bourgeons terminaux (fig. 1792) et des mamelons sensitifs qui servent évidemment à recueillir les excitations gustatives, et dans lesquels viennent se terminer de nombreux filament nerveux.

Organes de l'odorat. — Les organes céphaliques dans lesquels se localise le sens de l'odorat, ou *organes olfactifs*, présentent chez les Poissons des dispositions variées. Chez les *Myxine* l'organe olfactif est représenté par un canal impair, soutenu par des anneaux cartilagineux et qui s'ouvre antérieurement au-dessus de la

[1] Ussow, *Ueber den Bau der Sogennänten augenähnlichen Flecken einiger Knochenfische.* Bullet. der Naturf. Gesellschaft zu Moskou, 1879. — F. LEYDIG, *Die augenähnliche Organe der Fische*, Bonn, 1881.

bouche, postérieurement dans la cavité buccale. La muqueuse qui tapisse ce canal présente de nombreux plis longitudinaux radiairement disposés[1]. L'organe de l'odorat est représenté chez les jeunes *Ammocœtes* par une plaque olfactive prébuccale dont la transformation en une *fossette olfactive* et un tube hypophysaires seront décrits p. 2586; il est vraisemblable que les organes qui prennent ainsi naissance chez les *Petromyzon* ne sont qu'une réduction du tube nasal des *Myxine*. La capsule nasale de l'*Ammocœtes* est en grande partie fibreuse; elle est tapissée d'un épithélium olfactif qui forme un grand pli médian ventral et de très petits plis latéraux (plis de Schneider). Plus tard, chez le *Petromyzon* elle est cartilagineuse, et dès lors l'épithélium, à mesure qu'il se développe, forme des plis de plus en plus nombreux; la capsule s'allonge jusque dans la région du second sac branchial en arrière, où son cæcum terminal se soude plus ou moins à l'hypophyse[2].

Dans tous les autres Vertébrés, il y a deux organes olfactifs symétriques, dont

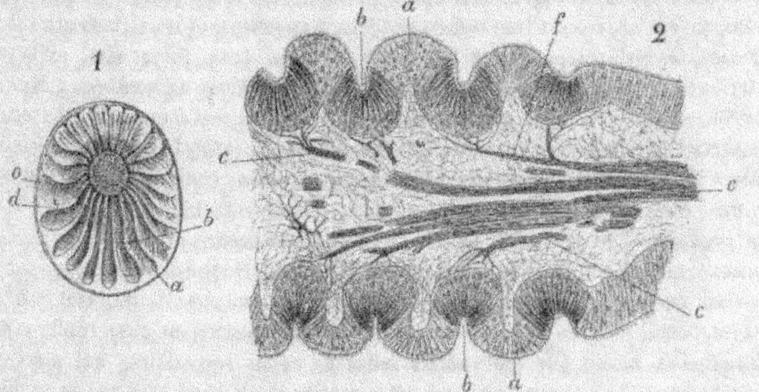

Fig. 1703. — Organe de l'odorat de l'Esturgeon. — N° 1, Fossette olfactive vue en totalité ; — *a*, plis primaires; *b*, plis secondaires; *c* et *d* bord supérieur et bord interne des plis. — N° 2, Coupe longitudinale d'un pli primaire de la fossette olfactive de l'Esturgeon ; — *a*, plis secondaires; *b*, bourgeon olfactif; *c*, rameau du nerf olfactif dont les fibres *f* se rendent à la base des bourgeons olfactifs (d'après Dogiel).

l'orifice externe constitue les *narines*. Les narines des SÉLACIENS s'ouvrent en avant de la bouche sur la face inférieure du rostre; elles ont la forme d'une fente sinueuse au-dessus de laquelle s'avance un lobe cutané dont le bord externe est libre et qui ne recouvre que leur partie moyenne; les deux extrémités de la fente qui sépare le lobe fonctionnent alors comme deux orifices que traverse constamment un courant d'eau. L'orifice le plus éloigné de la bouche est l'orifice afférent, l'autre l'orifice efférent. Ce dernier ne présente aucune particularité chez les NOTIDANIDÆ; chez les autres Requins et chez les Raies, il se prolonge en gouttière jusqu'à la bouche. Les narines des HOLOCÉPHALES sont, comme celles des autres Élasmobranches, sur la face inférieure du rostre; mais elles sont très rapprochées l'une de l'autre et entourées de deux replis semi-circulaires contigus. L'interne part du bord antérieur des

[1] Il n'est pas sans intérêt de comparer le canal olfactif avec le *canal hyponeural*, qui présente, chez les Tuniciers (p. 2291), de si nombreuses transformations, et dont une partie a été assimilée, par Julin, à l'hypophyse des Vertébrés.

[2] P. BUJOR, *Contribution à l'étude de la métamorphose de l'Ammocœtes branchialis en Petromyzon Planeri*, Revue biologique du Nord de la France, t. III, 1891; — KUPFFER, *Studien zur vergleichenden Entwickelung der Köpfes der Cranioten*, 1894.

narines et se continue avec les extrémités de la lèvre inférieure, tandis que l'externe s'efface un peu au delà de la commissure des lèvres. Le repli interne, analogue au lobe des Requins et des Raies, se rabat sur la lèvre supérieure et limite extérieurement une gouttière naso-labiale correspondant à celle de ces animaux.

Tandis que chez les autres Poissons la cavité olfactive est simplement enchâssée dans une excavation du crâne cartilagineux, elle est protégée chez les DIPNÉS (*Protopterus*) par un réseau cartilagineux spécial dont les régions latérales sont reliées entre elles par une cloison pleine. La cavité nasale contiguë au ptérygo-palatin s'ouvre au dehors par deux orifices, l'un situé sur la lèvre supérieure, l'autre beaucoup plus loin en arrière, dans la région palatine.

Les narines des GANOÏDES et des TÉLÉOSTÉENS sont définitivement transportées sur la face dorsale de la tête; chacune d'elles est ordinairement divisée par un pont tégumentaire transversal en une *narine antérieure* et une *narine postérieure*; toutefois les narines sont quelquefois simples (POMACENTRIDÆ, CHROMIDÆ, SCOMBRESOCIDÆ); le pont qui les sépare est très mince chez les SALMONIDÆ et les CYPRINIDÆ; il est au contraire très développé chez les *Silurus glanis*, *Lota*, *Perca*, etc., et la narine postérieure est alors en avant ou au-dessus de l'œil. Chez de nombreux MURÆNIDÆ cet orifice traverse la lèvre supérieure, et peut s'ouvrir soit à sa surface externe, soit à sa surface interne; assez souvent (*Polypterus*, *Lota*, etc.) la narine antérieure est située à l'extrémité d'une sorte de tentacule tubulaire; chez divers TETRODONTIDÆ, elle peut être remplacée par un lobe cutané ou un tentacule solide [1].

La muqueuse de la cavité nasale des ÉLASMOBRANCHES présente sur sa surface interne un pli saillant, oblique ou transversal, plus développé dans sa région moyenne et portant sur ses deux faces de nombreux replis secondaires. Cette cavité porte chez les *Protopterus* sur ses régions dorsale et latérale quatre ou cinq replis saillants, longitudinaux munis sur leurs deux faces de replis secondaires qui peuvent les unir entre eux. Les plis principaux circonscrivent des chambres qui se prolongent en arrière en autant de culs-de-sac. Des replis disposés en rosette se trouvent au fond de la cavité olfactive, dans la région qu'aborde le nerf chez les ACIPENSERIDÆ (fig. 1734), SALMONIDÆ, CYPRINIDÆ, *Perca*, etc. Les replis sont, au contraire, disposés à peu près comme chez les Élasmobranches, de chaque côté d'un pli longitudinal chez le *Silurus glanis*, la *Lota vulgaris*, etc.; ils sont anastomosés en réseau chez les *Belone* et remplacés chez les *Lophius* par des papilles coniques supportées par de longs pédoncules. La cavité nasale des *Polypterus*, profondément enfoncée dans le cartilage, est divisée en cinq ou six chambres disposées en rayonnant autour d'un axe solide qui contient le nerf olfactif. Chacune de ces chambres présente sur sa paroi un repli longitudinal saillant d'où partent des replis transversaux. Les chambres s'ouvrent dans un vestibule divisé par une cloison incomplète en deux parties dont l'une est en communication avec le tube nasal antérieur. L'orifice postérieur est large et en avant de l'œil.

Chez les ESOCIDÆ, des plis de la muqueuse soutenus par du tissu conjonctif découpent la surface olfactive en fossettes, au fond desquelles l'épithélium olfactif est exclusivement localisé. Il se constitue enfin dans la muqueuse de véritables bourgeons olfactifs, analogues aux bourgeons terminaux des téguments, chez

---

[1] WIEDERSHEIM, *Das Geruchorgan der Tetrodonten*, Festschrift für Kölliker, 1887.

beaucoup de Physoclistes (*Gadus, Fierasfer, Trigla, Cottus, Gobius*); ces bourgeons manquent cependant dans des genres ou des familles voisines (*Ophidium, Lota, Motella, Stromateus, Zoarces, Syngnathus*).

L'épithélium olfactif[1] est exclusivement constitué chez les Sélaciens et la plupart des Physostomes (fig. 1794) de cellules portant des *soies olfactives*, entremêlées de cellules ciliées ordinaires. Les prolongements centraux des cellules olfactives sont dépourvus de myéline ; après s'être groupés en faisceaux qui se groupent eux-mêmes en plexus, ils arrivent au bulbe olfactif, s'étalent à sa surface en une couche fibrillaire, pénètrent à son intérieur et vont se terminer par une touffe de ramifications libres à leur extrémité dans les *glomérules olfactifs* (p. 2533), sur lesquels s'étalent d'autre part les dendrilles des neurones olfactifs centraux ou *cellules mitrales*[2].

La communication de la cavité nasale avec la bouche qui se manifeste déjà chez les *Myxine*, se montre à des degrés divers chez les Plagiostomes, les Dipnés, divers Apodes et devient générale chez les Vertébrés supérieurs. La ressemblance des plis de Schneider avec les replis des poches branchiales des Cyclostomes et des Plagiostomes ont conduit Dohrn et Milne Marshall à admettre que la cavité nasale était une branchie modifiée ; une semblable transformation serait sans doute intéressante si elle était rigoureusement démontrée, mais tant que cette démonstration n'aura pas été faite, l'hypothèse que la cavité nasale dérive d'une branchie est morphologiquement inutile. On comprend très bien, comme le pense J. Blanc, qu'un organe d'olfaction ait pu se produire par une simple modification d'une région des téguments, c'est ce que paraissent montrer le développement des Cyclostomes et les ressemblances constatées entre les capsules olfactives et les organes tactiles des téguments.

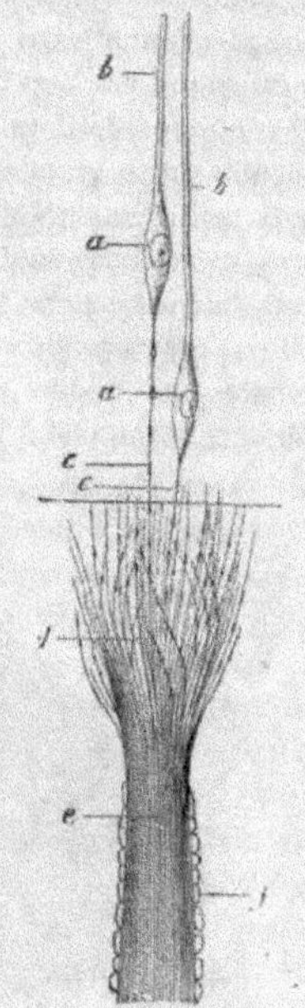

Fig. 1794. — Schéma de la terminaison périphérique du nerf olfactif chez le Brochet. — *f*, faisceaux élémentaires du nerf olfactif ; *c*, fibrilles qui le composent, dissociées en *d* ; *b*, prolongements périphériques des cellules olfactives ; *z*, prolongement central de ces cellules ; *a*, leur noyau (d'après Max Schultze).

Organes de la vision. — Les Marsipobranches[3] présentent le caractère important pour l'histoire généalogique des Vertébrés de posséder deux sortes d'yeux : des *yeux épiphysaires* et des *yeux latéraux*. Les yeux épiphysaires sont au nombre de deux, comme les yeux latéraux ; mais ils sont placés sous le tégument, dans un

---

[1] A. Dogiel, *Ueber den Bau der Geruchsorgans bei Ganoïden. Knochenfischen und Amphibien*, Archiv für mikroskopische Anatomie, Bd. XXIX. — Moreno, *Sobre las terminaciones nerviosas periféricas en la mucosa olfactoria de los peces*, Anales Soc. española, Historia natural, tomo XVII, 1888.

[2] D' H. Catois, *Recherches sur l'histologie et l'anatomie microscopique de l'Encéphale chez les Poissons*, Bulletin scientifique de la France et de la Belgique, t. XXXVI. 1902.

[3] J. Beard, *The parietal eye of Cyclostome fishes*, J. of microscopical Science, 1888. — Ph. Owsjannikow, *Über das dritte Auge von Petromyzon*, Mém. Acad., Saint-Pétesbourg, VII' série, t. XXXVII. — Studnicka, *Sur les organes pariétaux des Petromyzon*, Prague, 1893.

espace rempli de tissu conjonctif. Ils sont presque normaux chez les *Myxine*, très inégalement développés chez les *Petromyzon* (fig. 1795), où nous retrouvons, par conséquent, une trace de l'asymétrie de l'*Amphioxus*, si suggestive pour l'histoire généalogique des Vertébrés (p. 2165). Ils sont, en effet, représentés par deux vésicules superposées, dont la supérieure est la plus grande. La paroi de ces deux vésicules est en grande partie constituée par une assise unique de longues cellules; sur la moitié supérieure de la grande vésicule, qui est en contact avec les téguments, ces cellules sont inégales, de sorte que la surface interne de cette moitié de la vésicule est comme vallonnée. Entre les cellules de la moitié inférieure se trouvent des granules de pigment, surtout nombreux près de la surface interne de la vésicule. Les saillies internes de la moitié supérieure et le pigment de la moitié inférieure manquent à la petite vésicule. Chacune des deux vésicules est en conti-

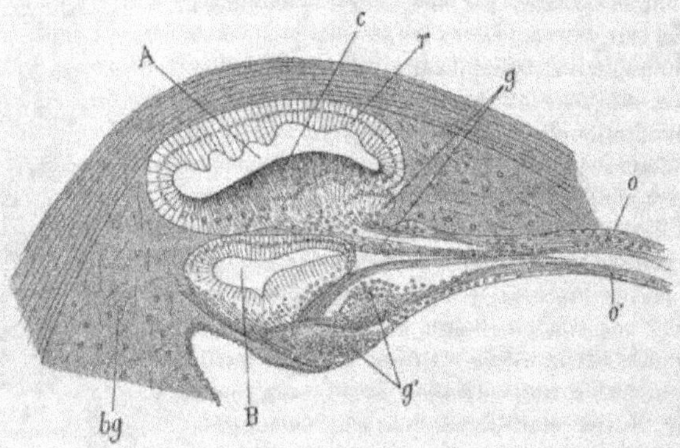

Fig. 1795. — Yeux épiphysaires du *Petromyzon*. — *J*, tégument; *bg*, tissu sous-cutané; *A*, grande et *B*, petite vésicules oculaires. *c*, cornée; *r*, rétine; *g, g'*, ganglions; *0, 0'*, nerfs optiques (d'après Besjauikow).

nuité par sa face profonde avec une masse ganglionnaire, à laquelle fait suite un cordon nerveux, entremêlé de cellules aboutissant à l'épiphyse. Les yeux épiphysaires n'ont été jusqu'ici retrouvés chez aucun autre Poisson, mais ils ont une importance morphologique considérable parce qu'ils existent chez divers REPTILES de la période actuelle et qu'ils paraissent avoir été bien développés chez les STÉGO-CÉPHALES de la période primaire.

Les yeux latéraux des MARSIPOBRANCHES demeurent à un état de développement qui rappelle encore, à divers égards, ce que l'on connaît chez les Invertébrés. L'œil des *Ammocœtes* paraît, au premier abord, comme une tache de pigment profondément située et qu'une couche de cellules sépare de la peau. Il est en réalité constitué : 1° par un double sac résultant de l'invagination de la vésicule optique, produite par le cerveau de l'embryon; 2° par une enveloppe de tissu conjonctif. Le feuillet interne du double sac constitue la *rétine*; le feuillet externe est mince et pigmenté. Le sac est fermé en avant par un cristallin peu développé; toute sa cavité est remplie par l'humeur vitrée. L'enveloppe de tissu conjonctif est également double : la membrane interne, appliquée contre la rétine est l'ébauche de la *choroïde*, qui comprend une couche vasculaire suivie d'une couche de cellules polyédriques et de granulations; la membrane externe fibreuse deviendra la *sclérotique* de l'adulte; en avant, cette couche forme une membrane élastique (couche élastique de la *membrane de Descemet*), au-dessous du tissu conjonctif sous-cutané avec qui elle est en continuité.

Chez le *Petromyzon*, l'œil un peu allongé de l'*Ammocœtes* devient presque sphérique; le tissu conjonctif sous-cutané disparaît et l'œil se met en contact direct avec le tégument; le cristallin devient presque sphérique et se substitue, en grande partie, à l'humeur vitrée, réduite à un fin réseau de tissu conjonctif qui finit par constituer un véritable *ligament ciliaire*, relié à la rétine par la *membrane hyaloïde*. Le cristallin est formé d'une capsule cellulaire externe et d'une masse de cellules dont quelques-unes sont déjà transformées en fibres chez l'*Ammocœtes*; la capsule s'amincit en arrière et ses cellules deviennent indistinctes chez le *Petromyzon*, tandis que le cristallin prend une structure de plus en plus fibreuse; la partie antérieure de la couche pigmentée de la choroïde forme un *iris*; la partie de la couche vasculaire située au-dessous d'elle devient la *membrane argentine*, formée de deux ou trois assises de cellules, les unes fusiformes, les autres plates ou quadrangulaires, entourées d'une substance gélatineuse transparente; des cristaux d'un jaune verdâtre qui se retrouvent également dans la peau recouvrent cette membrane et lui donnent un éclat métallique. Au-dessous de la membrane argentine des filaments ondulés, mêlés à des noyaux, constituent des rudiments de *procès ciliaires*. Au-dessous de la partie antérieure de la sclérotique, une assise cellulaire complète la membrane de Descemet, et cette membrane accolée au tégument dont le derme s'est aminci constitue avec lui la *cornée*. On a observé dans la rétine des jeunes *Petromyzon* jusqu'à huit couches distinctes (Bujor), mais le nombre des couches ayant réellement une valeur morphologique sera considérablement réduit par l'étude des neurones constitutifs de la rétine.

Les yeux des autres Poissons correspondent aux yeux latéraux des Cyclostomes; ils sont en général symétriquement disposés de chaque côté de la tête; toutefois, dans quelques espèces (*Uranoscopus, Periophthalmus, Boleophthalmus*), ils sont situés sur la face dorsale de celle-ci et peuvent y faire, à la volonté de l'animal, une saillie plus ou moins grande. D'abord symétriques chez les PLEURONECTIDÆ, ils arrivent, par suite du déplacement de l'un des yeux à être placés sur un même côté du corps (voir le paragraphe relatif aux métamorphoses [1]). Les proportions des yeux sont assez variables; sauf chez les BATOIDA, les DIPNOA, les *Silurus*, les ANGUILLIDÆ, ils sont généralement d'assez grande taille; il est rare qu'ils soient très mobiles (*Periophthalmus*). Le globe oculaire est généralement entouré d'un tissu conjonctif gélatineux, plus ou moins chargé de graisse. Chez les SÉLACIENS, tout auprès du nerf optique, la sclérotique présente une protubérance qui s'articule avec le fond de l'orbite et qui est, en outre, reliée par du tissu fibreux à une saillie cartilagineuse du crâne. Ce mode de fixation est remplacé chez certains GANOÏDES et chez les TÉLÉOSTÉENS par une bande fibreuse ou cartilagineuse allant de la paroi orbitaire à la sclérotique et contenant le nerf optique.

La face antérieure de l'œil (fig. 1796), occupée par la *cornée*, est plus ou moins

---

[1] A. AGASSIZ, *On the young stage of osseous fishes*, Proced. of the american Academy of Arts and Science, vol. XIV, 1878.

aplatie, de sorte que l'organe est de forme sensiblement hémisphérique. La cornée elle-même présente un diamètre vertical plus court que son diamètre horizontal, surtout chez les Raies; sa courbure chez les Plagiostomes est notablement plus forte sur ses bords qu'à son centre. Chez les *Anableps* une bande horizontale opaque, formée par la conjonctive, la divise en deux régions dans chacune desquelles elle présente, ainsi que l'iris et le cristallin, des modifications particulières. La cornée est doublée, comme déjà chez les *Petromyzon*, par une membrane de Descemet. Des vaisseaux issus de l'artère ciliaire forment, sur sa face postérieure, un réseau annulaire d'où partent des branches qui se dirigent vers son centre; ces branches sont beaucoup plus longues chez les TÉLÉOSTÉENS que chez les SÉLACIENS dont la cornée n'est, en conséquence, vascularisée que sur son pourtour.

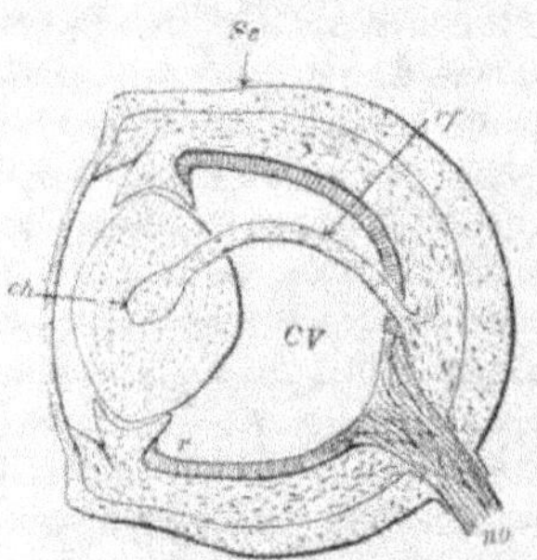

Fig. 1796. — Coupe schématique verticale d'un œil de Poisson téléostéen. — *Sc*, sclérotique continuée à gauche, en avant du cristallin par la cornée; *no*, nerf optique; *r*, rétine; *rf*, repli falciforme; *ch*, campanule de Haller, s'insérant sur la région équatoriale du cristallin; *cv*, corps vitré.

La *sclérotique* (*Sc*) des SÉLACIENS, des HOLOCÉPHALES, des CHONDROSTÉENS et de beaucoup de TÉLÉOSTÉENS est une capsule cartilagineuse, parfois vascularisée et pigmentée, présentant souvent au voisinage de l'entrée du nerf optique une région purement conjonctive; chez d'autres Téléostéens elle est constituée par un mélange de tissu fibreux et de cartilage hyalin; elle est très mince chez les DIPNÉS. Le plus souvent elle présente au voisinage de la cornée une région ossifiée qui se divise en deux plaques en croissant chez la plupart des TÉLÉOSTÉENS. Chez les SÉLACIENS, elle présente sur ses deux faces des bandes calcifiées, onduleuses, anastomosées en réseau, et contient en outre des écailles osseuses, analogues à celles qui se développent dans la peau. Le développement de ces pièces solides dans l'œil des Poissons s'explique par les chocs et les pressions auxquels cet organe est exposé, en l'absence d'orbite suffisamment protectrice. La sclérotique et la choroïde sont séparées par un espace lymphatique, en forme de fente, traversé par un réseau conjonctif contenant de nombreuses cellules graisseuses ou pigmentées; ce tissu constitue la *lame brune* (*lamina fusca*) ou *suprachoroïdienne*, limitée intérieurement par un endothélium contenant de nombreux cristaux irisés de guanine calcifiée qui se retrouvent aussi dans les téguments; cet endothélium constitue chez les Sélaciens une *argentine* analogue à celle des Cyclostomes; c'est à elle que l'iris des Poissons, à laquelle elle est parfois limitée (SELACHOÏDA) doit son éclat métallique. Elle est souvent revêtue intérieurement d'une forte couche pigmentée.

La *choroïde* qui fait suite à la sclérotique est un réseau conjonctif dans lequel se ramifient les vaisseaux de l'œil; les veines et les artères de quelque volume en occupent la surface externe, les capillaires sont placées plus intérieurement et la région où ils cheminent est la *membrane chorio-capillaire*. A l'intérieur de la choroïde il existe exclusivement chez les Sélaciens un *tapis* constitué par une membrane cellulaire, histologiquement semblable à l'argentine et qui doit son éclat aux mêmes cristaux. Le fond de l'œil de l'*Amia* et des TÉLÉOSTÉENS, au voisinage du nerf optique, les veines et les artères se disposent en un réseau admirable situé entre l'argentine et la couche pigmentée et parfois enveloppé dans un tissu graisseux. Ce réseau, auquel on a indûment donné le nom de *glande choroïdienne* (p. 2496), est disposé tantôt en anneau, tantôt en fer à cheval autour du nerf optique; son épaisseur est variable; il disparaît presque quand l'œil est petit. Le sang lui vient de la branchie accessoire, contenant elle-même un réseau admirable, alimenté par la grande artère ophtalmique.

Dans l'intérieur de l'œil un repli de la choroïde, en forme de croissant et souvent pigmenté, le *repli falciforme* (fig. 1795, *rf*), traverse la rétine et s'étend en cheminant dans l'humeur vitrée, depuis le voisinage de l'entrée du nerf optique jusqu'à l'iris. L'insertion de ce repli sur la choroïde constitue, en grande partie, ce qu'on nomme la *fente choroïdienne*. Le repli falciforme se renfle avant de s'insérer sur la région équatoriale de la capsule du cristallin; ce renflement, de forme et de dimension variables, est la *campanule de Haller* (*campanula Halleri*, *ch*). Le repli falciforme contient une artère, une veine et un nerf qui ne se ramifient que dans la campanule de Haller; toute la cavité de celle-ci est occupée par des fibres musculaires lisses qui partent de sa paroi conjonctive, vont s'insérer normalement sur la surface de la capsule du cristallin et caractérisent la campanule comme un organe d'accommodation. D'autre part (SELACHOÏDA, *Thynnus*, *Zeus faber*), de la région inférieure et interne de l'œil, au niveau des procès ciliaires, plongeant dans l'humeur vitrée, naît de la choroïde par une large base une lame de tissu conjonctif étroitement unie au repli falciforme et contenant outre des vaisseaux, des fibres lisses; ces fibres peuvent aussi, en se contractant, rapprocher l'insertion de la cloche de Haller des procès ciliaires et intervenir dans l'accommodation.

L'*iris* ne recouvre, surtout chez les Téléostéens, qu'une très faible partie du cristallin; en raison du faible développement du corps ciliaire qui est lisse, sauf chez les ÉLASMOBRANCHES et les GANOÏDES, elle n'est pas nettement séparée de la choroïde, dont elle représente simplement le bord antérieur; elle contient des fibres lisses, les unes rayonnantes, les autres circulaires, qui ne se contractent que lentement sous l'action de la lumière. L'iris et le corps ciliaire manquent chez les DIPNÉS. Du bord supérieur de l'iris pend dans la cavité de l'œil un prolongement digité ou en forme de feuille qui contient des vaisseaux et des fibres musculaires. Par la turgescence des vaisseaux ou la contraction des muscles, cet *opercule de la pupille* peut se rabattre sur elle et l'obturer en partie ou la laisser libre. La cornée et une partie de l'iris sont unies chez les TÉLÉOSTÉENS par un tissu plus ou moins lacunaire, formé de fibres conjonctives annulaires, entremêlées de cellules pigmentaires et contenant dans sa région extérieure un espace lymphatique recouvert d'endothélium, la *cavité de Fontana*; c'est le *ligament annulaire*, simple différenciation du tissu conjonctif de la choroïde. A l'extérieur de ce ligament se trouve le *ligament ciliaire* formé de fibres conjonctives raides, étroitement pressées les unes contre les autres, sans aucun mélange de fibres musculaires; les fibres musculaires n'apparaîtront que chez les Vertébrés supérieurs, où ce ligament remplacera, dans l'accommodation de l'œil, le repli falciforme et la campanule de Haller.

Le *cristallin* est sphérique, très volumineux, très saillant dans le globe de l'œil, et l'humeur vitrée est, par conséquent, fort peu développée; un tel cristallin est naturellement accommodé pour la vue à faible distance, tandis que l'accommodation pour la vue au loin est active, contrairement à ce qui a lieu chez les Vertébrés aériens.

Le bord de la *membrane hyaloïde* qui contient l'humeur vitrée constitue une *zone de Zinn* qui se laisse souvent bien nettement séparer du cristallin et de l'humeur vitrée. Des *vaisseaux propres de l'hyaloïde* persistent pendant toute la vie à la périphérie de l'humeur vitrée chez les GANOÏDES OSSEUX et beaucoup de TÉLÉOSTÉENS dépourvus de corps falciformes; ils manquent chez les PLAGIOSTOMES, les DIPNÉS, les CHONDROSTÉENS et un certain nombre de TÉLÉOSTÉENS (*Salmo, Esox, Gadus,* etc.).

La *rétine* des Poissons présente déjà toutes les particularités qui ont été signalées chez les Vertébrés supérieurs : une *papille optique* marque la région où s'épanouit le nerf optique; elle se continue chez divers TÉLÉOSTÉENS (*Esox, Lota*) en une *fente rétinienne* qui d'autres fois se ferme avant de l'atteindre et en demeure en conséquence séparée; cette fente correspond au repli falciforme; elle manque chez les *Petromyzon*; il existe une *fossette centrale* correspondant à la région la plus sensible de l'œil (*macula lutea, fovea centralis*). Les cellules rétiniennes semblent ne se terminer que par des bâtonnets chez les *Petromyzon* et les Sélaciens; les bâtonnets sont en tous cas plus nombreux que les cônes et plus longs que chez tous les autres Vertébrés.

Sauf chez les MYXINIDÆ, l'œil de tous les Vertébrés est mû par six *muscles* (fig. 1796) : quatre *droits* et deux *obliques*. Les quatre droits (*rs, re, ri, rf*) sont symétriquement situés dans un plan horizontal et dans un plan vertical sur les génératrices d'un cône de révolution tangent à la surface de l'œil et ayant le même axe que lui. On peut donc distinguer un *muscle droit supérieur*, un *muscle droit inférieur*, un *droit externe* et un *droit interne*. Ces muscles partent constamment du segment antérieur du globe de l'œil et prennent leur insertion profonde soit sur la dure-mère du nerf optique, soit (beaucoup de TÉLÉOSTÉENS) sur les parois d'un canal creusé à la base du crâne. Les *muscles obliques* sont aussi l'un *supérieur (os)*, l'autre *inférieur*. Ils naissent, tout près l'un de l'autre, de la paroi interne de l'orbite, et forment autour de l'équateur du globe un anneau musculaire presque complet; ils se fixent sur le globe au voisinage de l'insertion des muscles droits supérieur et inférieur. On observe d'ailleurs quelques différences aussi bien dans le mode d'insertion que dans le mode d'innervation de ces muscles. Ainsi, tandis que chez les SÉLACIENS les insertions orbitaires des droits interne et supérieur sont voisines l'une de l'autre, ces insertions sont éloignées et celle du droit interne située très en avant de l'orbite chez les *Petromyzon* et les HOLOCÉPHALES. Chez les *Petromyzon* le muscle est innervé par la même branche du nerf oculo-moteur que l'oblique inférieur. La difficulté d'homologuer les muscles de l'œil avec les muscles des parois du corps les a fait quelquefois considérer comme des muscles viscéraux spéciaux à l'œil [1]; il paraît aujourd'hui certain qu'ils dérivent des trois premiers métamérides de l'embryon. Les droits supérieur, interne et inférieur, ainsi que l'oblique inférieur et un muscle allant du fond de l'orbite en avant, dérivent du

---

[1] WIEDERSHEIM, *Lehrbuch der vergleichenden Anatomie der Wirbelthiere*, Zw. Aufl., 1886, p. 439.

premier métaméride; le droit interne du deuxième, et l'oblique supérieur du troisième (p. 2577).

Les SÉLACIENS sont à peu près les seuls Poissons chez qui on observe une véritable
paupière; cette paupière peut être circulaire ou divisée en une paupière supérieure
et une paupière inférieure. Celle-ci, par une duplication de sa membrane interne,
donne naissance chez les GALEIDÆ et les CARCHARIIDÆ à une troisième paupière, la
nictitante, dirigée d'avant en arrière. Des replis transparents immobiles, situés soit
en avant, soit en arrière (CLUPEIDÆ, SCOMBERIDÆ), peuvent aussi couvrir une partie
de l'œil chez les TÉLÉOSTÉENS; ce repli est circulaire chez les *Orthagoriscus*. La
nictitante des Requins est mue par deux muscles, le *rétracteur* et l'*élévateur de la*

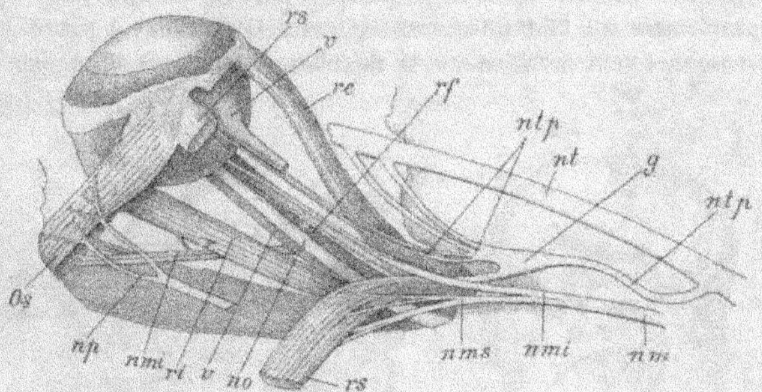

Fig. 1797. — OEil droit de l'*Amia* avec ses muscles et ses nerfs. — *rs*, muscle droit supérieur; *re*, muscle
droit externe; *ri*, muscle droit interne; *os*, muscle oblique supérieur; *rf*, muscle droit inférieur; *nt*, rameau inférieur ophtalmique du trijumeau; *ntp*, sa portion ophtalmique profonde; *g*, son ganglion;
nm, nerf oculo-moteur; *nmi*, sa branche inférieure; *nms*, sa branche supérieure; *no*, nerf optique;
np, nerf trochléaire; *v*, veines (d'après Phelp-Allis).

nictitante, qui sont innervés par le trijumeau; le premier de ces muscles se trouve
même chez des Requins sans nictitante (*Squalus*).

Chez tous les Pleuronectes, à la paroi membraneuse de chaque orbite, auprès de
la cloison inter-orbitaire, est annexé un sac conique, dirigé en arrière, le *recessus
orbitalis*[1], qui communique par un ou plusieurs orifices avec la cavité de l'orbite.
La paroi du sac est musculeuse, et peut, en se contractant, chasser dans l'orbite le
contenu du sac membraneux, de manière à déterminer cette saillie momentanée
de l'œil si frappante chez ces Poissons.

Organes de l'ouïe. — L'appareil de l'ouïe s'est d'abord présenté sans doute chez
les Vertébrés sous la forme d'otocystes semblables à ceux des Vers et des Mollusques[2]. Ces otocystes apparaissent dans la région du cerveau postérieur comme

[1] HOLT, *On the recessus orbitalis*, etc., Proceed. Zool. Society, London, 1894.
[2] A la suite d'expériences faites d'abord par Delage, puis par Steriner, Engelmann,
Verworn, Kreidl, on a reconnu que les otocystes de certains Invertébrés (Crustacés décapodes, Mollusques céphalopodes et hétéropodes, Méduses) contribuaient à fournir à
l'animal des notions sur son attitude durant leur locomotion, et l'on a proposé de changer
leur nom en celui de *statocystes*; c'est comme si, parce que les canaux semi-circulaires
de l'oreille des Vertébrés jouent un rôle dans l'équilibre, on déclarait que l'oreille ne
sert pas à entendre. La découverte du rôle des otocystes dans la détermination de l'attitude n'a fait qu'ajouter un argument physiologique aux arguments morphologiques si

des invaginations de plaques épaissies du tégument et semblent, en conséquence,
dériver des organes des sens tégumentaires; ils communiquent tout d'abord avec
l'extérieur; mais cette communication s'oblitère, en général, et ce qui en reste
constitue le *recessus du labyrinthe* ou le *canal endolymphatique* (fig. 1798, 1801 et
1802, *se, de*) qu'on observe chez tous les Vertébrés. Les otocystes sont logés dans
deux enfoncements symétriques du crâne cartilagineux qui constituent les *capsules
auditives*. Chez les Vertébrés actuels, ils ne gardent jamais leur forme simple.
Comme on le voit déjà chez les Mollusques céphalopodes, ils produisent des diverticules qui viennent à leur tour se loger dans le cartilage crânien et y déterminent
la formation d'un système de cavités communiquant entre elles et formant ensemble
le *labyrinthe cartilagineux*. Lorsque le crâne s'ossifie, un *labyrinthe osseux* se
substitue exactement au labyrinthe cartilagineux. Ces cavités à parois cartilagineuses ou osseuses sont moulées sur la membrane demeurée libre de l'otocyste

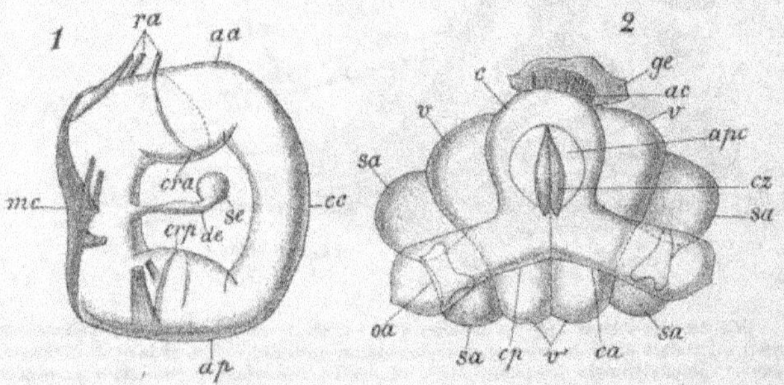

Fig. 1798. — N° 1, Oreille membraneuse de la *Myxine glutinosa*, vue de dessus et du côté interne. —
ra, rameau acoustique antérieur; *aa*, ampoule antérieure; *cc*, canal commun; *ap*, ampoule postérieure;
mc, tache acoustique commune; *cra*, crête acoustique de l'ampoule antérieure; *se*, sac endolymphatique;
de, canal endolymphatique; *crp*, crête acoustique de l'ampoule postérieure. — N° 2, Oreille membraneuse
du *Petromyzon fluviatilis*, vue de dessus et du côté externe. — *ge*, partie de la moelle allongée d'où
naît le nerf acoustique; *ac*, nerf acoustique; *c*, commissure; *v, v'*, vestibule; *apc*, ouverture conduisant
du vestibule à la commissure; *cz*, papille fusiforme de la paroi de la commissure; *sa*, division latérale
de l'ampoule trifide; *ca*, canal semi-circulaire antérieur; *cp*, canal semi-circulaire postérieur; *oa*, ouverture de l'ampoule trifide dans le vestibule (d'après Retzius).

primitif et de ses diverticules qui constituent le *labyrinthe membraneux*. Les fibres
terminales du nerf acoustique viennent s'épanouir dans la paroi de ce dernier en
divers points, dits *taches acoustiques*, où l'épithélium est formé de plusieurs assises
de cellules (fig. 1799 et 1800) : des *cellules sensitives* terminées par des *soies auditives*
et des *cellules de soutien*. L'épithélium du labyrinthe, d'origine exodermique, repose

nombreux qui les ont fait assimiler aux oreilles des Vertébrés. Aucune expérience n'a
démontré qu'ils ne servaient pas également à entendre; ils existent chez de nombreux
Invertébrés sédentaires pour qui le sens de l'audition est infiniment plus utile que celui
de l'orientation; les Lamellibranches fouisseurs, par exemple; on les trouve même chez
divers Polychètes sédentaires alors qu'ils manquent aux Polychètes errants; il y en a un
cercle complet autour de chacun des segments du corps des *Pontoscolex*, qui sont des
Vers de terre; chez les Vertébrés, d'autre part, les otolithes si caractéristiques des otocystes sont placés, non dans les canaux semi-circulaires de l'oreille, mais dans sa partie
auditive. Tout cela plaide évidemment en faveur de la conservation du mot *otocyste*. Il
serait d'ailleurs intéressant de savoir quel serait le résultat de l'ablation des yeux chez
les Méduses, où ces organes remplacent les otocystes.

sur une couche de tissu conjonctif mésodermique qui s'unit d'autre part au squelette
et contient des espaces lymphatiques.

La forme la plus simple du labyrinthe se rencontre chez les *Myxine* (fig. 1799, n° 1).
Il est constitué par un sac allongé, le *sac commun*, dont la face inférieure porte la
tache acoustique; au milieu de ce sac s'ouvre le canal endolymphatique, qui se
termine librement en un cæcum renflé. Un canal en fer à cheval, le *canal semi-circulaire*, s'ouvre par ses deux extrémités renflées en *ampoules* dans les extrémités
correspondantes du sac commun. Des branches du nerf acoustique viennent se
terminer dans des bandelettes qui font saillie à l'intérieur des ampoules. Le labyrinthe des *Petromyzon* (fig. 1799, n° 2) est déjà plus compliqué. Le sac unique est
divisé en deux autres, communiquant parfois entre eux par un large orifice et
situés l'un derrière l'autre. Chacun de ces *sacs vestibulaires* donne naissance à un *canal semi-circulaire* qui
lui est étroitement accolé et qui naît par une ampoule

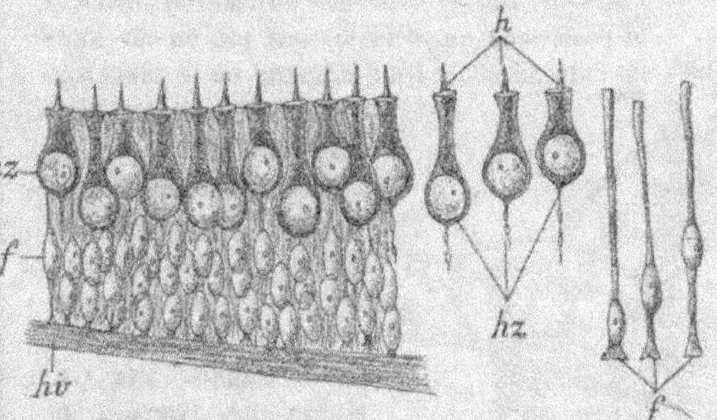
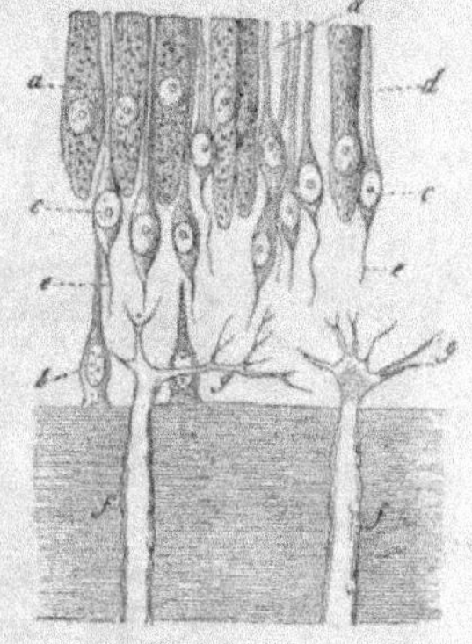

Fig. 1799. — Coupe verticale dans la tache acoustique
de la *Myxine glutinosa*. — *hr*, paroi membraneuse;
f, couche des noyaux des cellules de soutien; *hz*,
cellules sensitives avec soies acoustiques; *h*, à
droite de la figure trois cellules sensitives et trois
cellules de soutien (d'après Retzius).

Fig. 1800. — Cellules épithéliales de la crête acoustique de la Raie, reposant sur du tissu conjonctif traversé par deux fibres à myéline, *f, f.* — *a*, cellules
cylindriques; *b*, cellules basales; *c*, cellules fusiformes; *d*, prolongement périphérique; *e*, prolongement central de ces cellules (d'après Max Schultze).

trilobée; en dessus, les deux canaux se confondent en une poche latérale, la *commissure*, qui communique avec les deux sacs vestibulaires. Les ampoules contiennent des crêtes acoustiques et les sacs vestibulaires une tache acoustique. Le sac
vestibulaire présente encore un diverticule fermé, dirigé en bas et en dedans.
Tout le labyrinthe est tapissé d'un puissant épithélium cilié auquel sont mélangées
des cellules sensitives.

Chez tous les autres Poissons, ou pour mieux dire chez tous les autres Vertébrés,
l'otocyste primitif se divise de même en deux parties : l'une supérieure, l'*utricule*
(fig. 1801 et 1802), l'autre inférieure, le *saccule* (*s*), reliées entre elles par le *canal
lymphatique* et constituant ensemble le *vestibule* (*u*). L'*utricule* donne toujours naissance à *trois* canaux semi-circulaires, un antérieur (*ca*), un postérieur (*cp*), tous
deux verticaux en même temps que perpendiculaires entre eux, et un inférieur (*ce*)
à peu près horizontal, par conséquent perpendiculaire aux deux autres. Les deux
premiers peuvent à la rigueur correspondre aux deux canaux semi-circulaires des
Petromyzon; ils présentent non seulement une ampoule à leur origine, mais ils se

réunissent à leur extrémité opposée en un canal unique, le *sinus de l'utricule*, qui présente un diverticule supérieur en forme de cæcum et, par son extrémité inférieure, s'ouvre à nouveau dans l'utricule. Le troisième canal semi-circulaire ne paraît pas avoir d'analogues chez les Cyclostomes; il présente une ampoule à chacune de ses extrémités. Les terminaisons du nerf acoustique (fig. 1800) constituent les crêtes acoustiques, contenues dans les ampoules et les taches acoustiques, qu'on trouve dans la saccule et dans le *recessus de l'utricule*, correspondant à la région de ce dernier où s'ouvre l'ampoule du canal semi-circulaire antérieur. La saccule et l'utricule contiennent des otolithes.

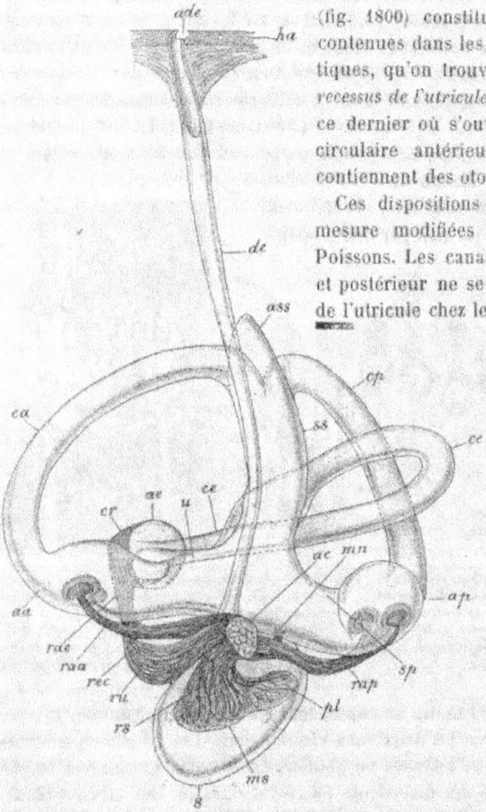

Ces dispositions peuvent être dans quelque mesure modifiées dans les divers groupes de Poissons. Les canaux semi-circulaires antérieur et postérieur ne se fusionnent pas en un sinus de l'utricule chez les Sélaciens, où le canal postérieur est presque circulaire et s'ouvre par un canal particulier dans le saccule. Le diverticule supérieur du sinus de l'utricule (fig. 1801, *ass*), bien développé chez les *Chimæra*, manque aux Ganoïdes (fig. 1802), à un certain nombre de Téléostéens et n'est qu'indiqué chez beaucoup de ces derniers (fig. 1803, *ass*). L'utricule et le saccule sont très volumineux chez les Dipnés et les Téléostéens; chez ces derniers cependant, en raison de la présence des otolithes, le volume du saccule est prépondérant. Les Élasmobranches gardent encore un *canal endolymphatique* s'ouvrant au dehors; il est

Fig. 1801. — Oreille membraneuse de la Chimère (*Chimæra monstrosa*), vue du côté interne. — *ade*, ouverture externe du canal endolymphatique; *de*, canal endolymphatique; *ca*, *ce*, canaux semi-circulaires antérieur, postérieur et externe; *aa*, *ap*, *ae*, ampoules antérieure et postérieure; *rae*, *raa*, *ru*, *rs*, *rap*, rameaux nerveux des ampoules, de l'utricule *u* et du saccule *s*; *ss*, sinus de l'utricule supérieur; *ass*, son cul-de-sac (d'après Retzius).

droit chez les Chimères (fig. 1801, *ade*), coudé chez les Sélaciens, renflé en un *sac endolymphatique* et placé immédiatement au-dessous des téguments chez les Raies; ce canal est plus ou moins oblitéré chez tous les autres Poissons (fig. 1802 et 1803, *de*). Il persiste cependant chez les Dipnés (*Protopterus*) sous forme d'un tube très allongé qui passe sur le cerveau postérieur, présente de nombreuses ramifications termi-

nales et couvre ainsi la fosse rhomboïdale. Les restes des deux canaux endolymphatiques s'unissent sur la ligne médiane et mettent ainsi en communication les
deux labyrinthes chez une partie des PHYSOSTOMES [1]. A leur jonction se développe
un *sinus endolymphatique* en forme de cæcum dirigé en arrière. L'espace périlym-
phatique correspondant à ce sinus est ouvert latéralement, mais son ouverture est
obturée par une pièce squelettique spéciale, la première d'une chaîne de trois ou
quatre osselets, les *osselets de Weber*, unis ensemble par des ligaments et dont le
dernier est uni à la vessie natatoire (SILURIDÆ, CYPRINIDÆ, GYMNOTIDÆ, CHARACINIDÆ).
Les osselets de Weber dérivent en partie des côtes, en partie des arcs vertébraux
supérieurs ; ils se sont sans doute primitivement développés autour d'un prolongement de la vessie natatoire qui s'étendait jusqu'au labyrinthe (? CLUPEIDÆ). En
raison de l'incompressibilité des liquides qui remplissent seuls le labyrinthe des
Poissons, il est peu vraisemblable que la chaîne des osselets serve à mettre ces

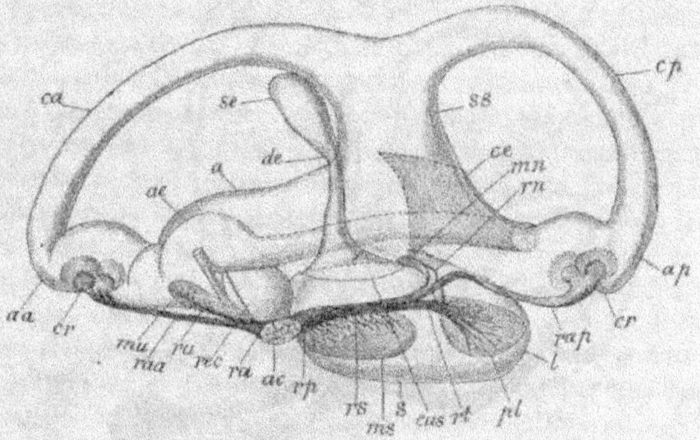

Fig. 1805. — Oreille membraneuse de l'Esturgeon (*Acipenser sturio*), vue du côté interne. — *ca, cp*, canaux
semi-circulaires antérieur et postérieur ; *ap*, ampoule postérieure ; *cr*, crête acoustique de l'ampoule ;
rap, rameau nerveux de l'ampoule postérieure ; *l, lagena ; pl*, papille de la *lagena ; rt*, rameau nerveux de
la *lagena ; cus*, canal de communication du saccule et de l'utricule ; *ac*, nerf acoustique ; *ra, rp*, ses rameaux
antérieur et postérieur ; *s*, saccule ; *ms*, sa tache acoustique ; *ru*, rameau nerveux de l'utricule ; *raa*, rameau
nerveux de l'ampoule antérieure ; *mu*, tache acoustique du cul-de-sac de l'utricule ; *aa*, ampoule antérieure ; *cr*, sa crête acoustique ; *ae*, ampoule externe ; *a*, utricule ; *se, de*, sac et canal endolymphatiques
(d'après Retzius).

liquides en équilibre de pression avec le milieu extérieur, comme le pensent divers
auteurs (Hasse, Bridge et Haddon, Gegenbaur) ; les Physostomes chez qui elle a été
observée ne sont pas d'ailleurs des animaux soumis à des pressions très variables.
Il est plus probable qu'il s'agit ici d'un appareil de résonnance.

Le *saccule* présente surtout des modifications dans la disposition de sa *macula* ;
elle est simple chez les *Chimæra*, où elle s'élève cependant en papille à son extrémité
postérieure et demeure à peu près dans le même état chez les DIPNÉS et la plupart
des GANOÏDES. Chez le *Lepidosteus*, la papille commence à se différencier nettement ;
un diverticule spécial se forme dans la région du saccule qui lui correspond ; c'est
la *lagena*. La *lagena* est bien développée chez les REQUINS et sa papille acoustique

---

[1] BRIDGE and HADDON.

se sépare nettement de celle du saccule chez les Raies; elle se retrouve avec des formes variées chez tous les Téléostéens. Cet organe demeure à l'état de simple cæcum chez les Reptiles et les Oiseaux, mais s'allonge énormément et s'enroule en hélice pour constituer le *limaçon* des Mammifères. Le nerf de la *lagena* arrive peu à peu à s'individualiser; il naît de la branche postérieure du nerf acoustique qui se rend au saccule et à l'ampoule postérieure, tandis qu'une branche antérieure innerve les deux autres ampoules et la tache acoustique de l'utricule. Toutefois un rameau du nerf de l'ampoule postérieure ou de celui de la *lagena* se rend aussi à l'utricule; ses terminaisons y forment la *macula neglecta* de Retzius, assez souvent divisée en deux autres chez les Téléostéens.

Chez les Poissons inférieurs, les otolithes que contient toujours le labyrinthe ne sont qu'une masse molle, pulpeuse, formée de petits cristaux de carbonate de cal-

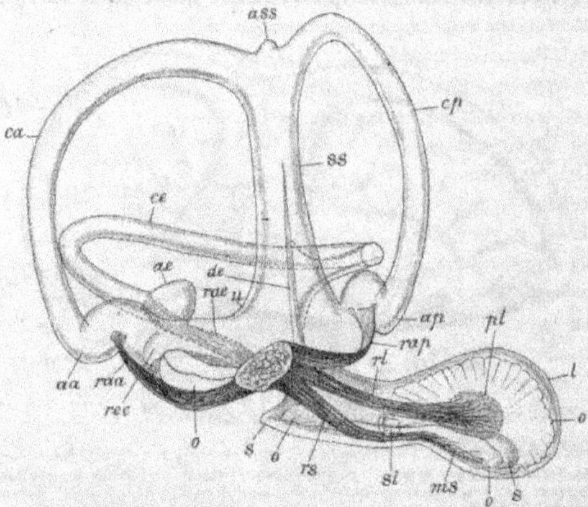

Fig. 1803. — Oreille membraneuse d'un Cyprin (*Cyprinus idus*), vu du côté interne. — *ca, cp, ce*, canaux semi-circulaires antérieur, postérieur et externe; *ss*, sinus utriculaire supérieur; *ass*, son cul-de-sac; *u*, utricule; *de*, canal endolymphatique; *ap*, ampoule postérieure; *rap*, son rameau nerveux; *l, lagena*; *rl*, son rameau nerveux; *pl*, sa papille; *o*, otolithes; *s*, saccule; *ms*, sa tache acoustique; *rs*, son rameau nerveux; *aa*, ampoule antérieure; *raa*, son rameau nerveux; *rae*, celui de l'ampoule externe (d'après Retzius).

cium unis par une substance organique. Cette masse se consolide, mais demeure friable chez l'Esturgeon; elle devient au contraire pierreuse et résistante chez le *Lepidosteus* et les Téléostéens (fig. 1803, *o*); elle prend pour chaque genre une forme caractéristique, en rapport avec celle de l'organe qui la contient, *recessus* de l'utricule, *lagena* ou saccule. L'otolithe du saccule est généralement de forme simple, mais atteint souvent des dimensions considérables; il en est de même de celui de la *lagena* lorsque celle-ci prend de l'importance.

Enveloppes de l'axe cérébro-spinal [1]. — L'axe cérébro-spinal comprend chez

---

[1] Sagemehl, *Einige Bemerkungen über die Gehirnhaute der Knochenfische*, Morpholog. Jahrbuch, Bd. IX.

les Poissons, comme chez tous les autres Vertébrés, deux régions distinctes : l'*encéphale* et la *moelle épinière*. Il est contenu dans un système de cavités à parois cartilagineuses ou osseuses, correspondant à ces deux régions : la *cavité crânienne* à l'encéphale, le *canal rachidien* à la moelle épinière. Entre la cavité crânienne ou le canal rachidien et les centres nerveux s'étend d'abord un tissu conjonctif lâche sans rapport plus particulièrement étroit soit avec les parois des cavités céphalo-rachidiennes, soit avec la surface des centres nerveux. Mais bientôt dans ce tissu apparaissent des espaces lymphatiques qui confluent peu à peu les uns avec les autres et divisent ainsi le tissu conjonctif, primitivement indifférent, en deux membranes, l'une, l'*exoméninge* ou *dure-mère*, appliquée contre la paroi de la cavité céphalo-rachidienne, l'autre, l'*entoméninge*, appliquée contre la surface nerveuse; l'espace compris entre les deux méninges est l'*espace subdural*.

A part quelques exceptions (*Mormyrus*), le cerveau ne remplit pas entièrement la cavité crânienne chez les Poissons. Dès lors, dans l'épaisseur de l'exoméninge apparaît un tissu exclusivement gélatineux ou muqueux chez les ÉLASMOBRANCHES, les DIPNÉS, les CHONDROSTÉENS, les SILURIDÆ, les ESOCIDÆ et les GADIDÆ, mais que des cellules graisseuses finissent par envahir complètement chez les GANOÏDES osseux et les TÉLÉOSTÉENS. L'espace subdural est ainsi presque complètement supprimé, et la couche de tissu conjonctif la plus extérieure fonctionne comme un périchondre ou un périoste. L'entoméninge est, de son côté, formée par un tissu conjonctif plus ou moins lâche d'où partent les vaisseaux qui irriguent la substance nerveuse; elle peut être, pour cette raison, désignée sous le nom de *membrane vasculaire*. Elle contient déjà des espaces lymphatiques qui la subdiviseront chez les Vertébrés plus élevés en deux autres membranes, l'*arachnoïde* et la *pie-mère*. Dans le canal rachidien, la dure-mère est aussi divisée en une couche périchondrienne ou périostique et une couche gélatineuse, limitée par une mince membrane. Les espaces lymphatiques de l'entoméninge médullaire sont déjà confluents chez l'*Acipenser* et contiennent, par places, des amas cellulaires; cette membrane est, au contraire, très mince chez les *Calamoichthys* et séparée de l'exoméninge par un grand espace subdural; elle présente parfois un épaississement longitudinal médian (SÉLACIENS, *Protopterus*, *Acipenser*, *Calamoichthys*).

Encéphale. — Il est déjà possible de reconnaître dans le cerveau de l'*Amphioxus* (fig. 1804, n° 1) des régions que des plissements spéciaux accusent davantage chez les embryons des Poissons et que des épaississements ou des transformations diverses rendent plus distinctes encore chez les Poissons adultes. Le plan du cerveau n'en demeure pas moins constant et il est possible de le poursuivre jusque dans les formes les plus élevées des Vertébrés. On y distingue, en effet, cinq régions : 1° une *région olfactive* ou *rhinencéphale* (fig. 1804, *h*, *i*, n°ˢ 1 à 6, *g*); 2° une *région optique* (*f*, *e*, *c*, *d*), origine des hémisphères (*q*) des Vertébrés supérieurs et constituant avec la précédente le *télencéphale*; 3° le *thalamencéphale*, *diencéphale* ou *cerveau intermédiaire* (*i*, *k*, *l*, *n*), portant l'*épiphyse* ou *glande pinéale* (*m*) et constituant, avec le *télencéphale*, le *cerveau antérieur* ou *prosencéphale*, issu de la vésicule antérieure du cerveau de l'embryon; 4° le *mésencéphale* ou *cerveau moyen* (*b*, *o*); 5° le *rhombencéphale* (*a*), formé en avant par le cervelet (*p*) ou *métencéphale*, en arrière par la *moelle allongée* (*a*), *post-encéphale* ou *arrière-cerveau* par tachygénèse.

Le *prosencéphale* est la partie la plus longue du cerveau des Marsipobranches, fig. 1804, n° 2. Il est formé de deux parties symétriques, subdivisées elles-mêmes chacune par un sillon transversal en lobe olfactif sphéroïdal et en hémisphère de forme un peu irrégulière ; les hémisphères contiennent chacun un ventricule communiquant avec la fente médiane qui les sépare en arrière ; ces ventricules pénètrent dans la base des lobes olfactifs. L'épiphyse née du thalamencéphale est couchée sur la partie postérieure de la fente qui sépare les hémisphères. A sa base elle est constituée par deux ganglions, les *ganglions trabéculaires*, dont le gauche est

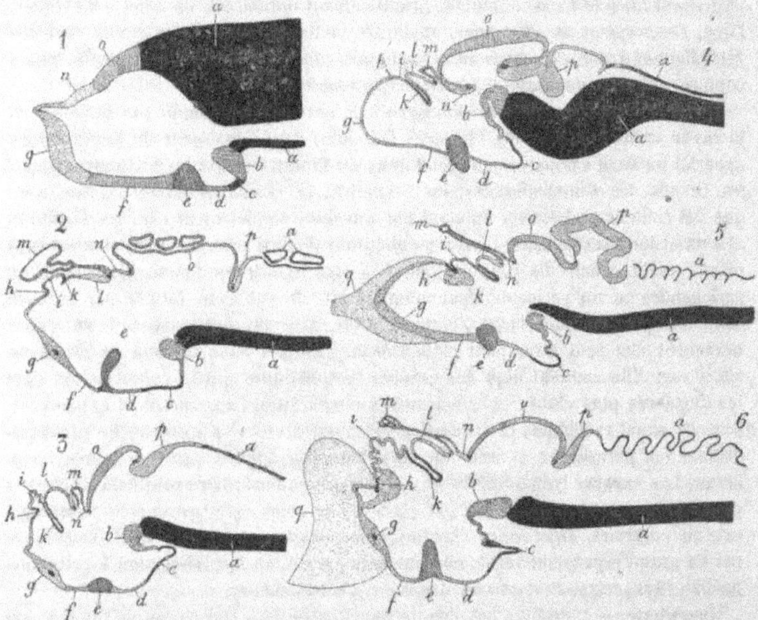

Fig. 1804. — Figures schématiques illustrant la morphologie du cerveau des Poissons. — 1, Amphioxus ; — 2, embryon de Lamproie ; — 3, embryon d'Esturgeon ; — 4, embryon de Truite ; — 5, embryon d'*Hexanchus* ; — 6, Protoptère. — *a*, plancher et toit de la fosse rhomboïdale ; *b*, région de la flexion postérieure de l'infundibulum ; *c*, infundibulum ; *d*, récessus postoptique ; *e*, chiasma des nerfs optiques ; *f*, lame terminale ou récessus préoptique ; *g*, lames infra et supra-neuroporiques du lobe olfactif impair ; *h*, plexus inférieurs et plexus des hémisphères ; *i*, paraphyse ou plexus vasculaire (adergefluhknoter) ; *k*, velum ; *l*, support (polster) de l'épiphyse ; *m*, épiphyse ; *n*, lame intercalaire ; *o*, cerveau moyen ; *p*, cervelet ; *q*, région des hémisphères (d'après Rab Burckhardt).

notablement plus petit que le droit ; ces glandes se continuent en avant, chacune en un cordon qui va se terminer sur l'épiphyse elle-même, cette dernière essentiellement formée par les yeux pariétaux décrits ci-dessus. Le mésencéphale est globuleux, il présente en avant, sur sa ligne médiane, un orifice que circonscrivent les lobes bijumaux, entourés eux-mêmes par un épaississement annulaire constituant les lobes optiques ; sur sa face inférieure le mésencéphale porte l'*hypophyse* ou *corps pituitaire*. Enfin le métencéphale a la forme d'une massue persistant sur sa face.

Le cerveau des Myxines diffère de celui des Lamproies par le grand développement des ganglions olfactifs et leur forme spéciale, la brièveté du cerveau olfactif et sa grande largeur, le volume du cervelet qui couvre toute la fosse rhomboïdale (fig. 1805).

Le *cerveau antérieur* forme chez les ÉLASMOBRANCHES une masse impaire, volumineuse quadrilobée, encore creuse chez les NOTIDANIDÆ et les *Scymorhinnus*, presque dépourvue de cavité chez les autres formes par suite du développement de l'épaisseur de ses parois. Sa surface ne présente encore aucune différenciation particulière chez les *Carcharias*; il s'y développe de chaque côté, chez d'autres types (*Squalus*) une ou deux saillies qui n'occupent qu'une partie de sa surface (*Galeus, Mustelus*). A l'origine du développement, les lobes olfactifs sont au contact du cerveau antérieur, et ils demeurent à cet état chez les HOLOCÉPHALES; mais, par suite du développement de la région ethmoïdienne du crâne, ils s'en éloignent d'habitude, demeurent attachés aux organes olfactifs qui sont pairs et sont reliés au cerveau par des *pédoncules olfactifs*, courts chez la plupart des Requins (*Squalus, Scyllio-*

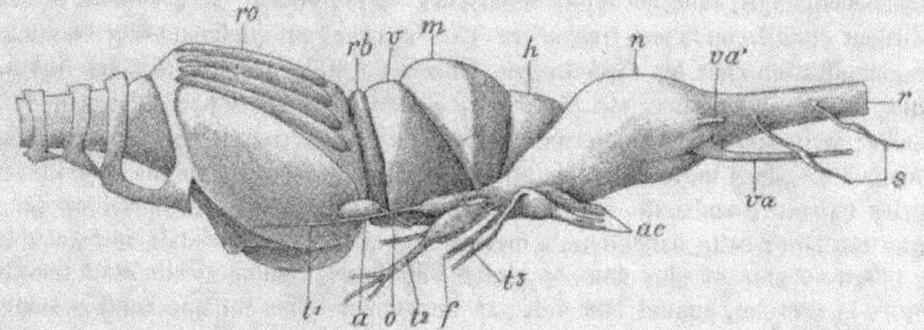

Fig. 1805. — Vue latérale d'un cerveau de *Myxine*. — *ro*, organe olfactif périphérique avec son squelette cartilagineux; *rb*, cerveau olfactif; *v*, cerveau optique; *m*, cerveau moyen; *h*, cerveau postérieur; *n*, arrière-cerveau; *la'*, branche sensitive du vagus; *va*, vagus; *r*, moelle; *s*, nerfs spéciaux; *ac*, acoustique; t_1, t_2, t_3, branches du trijumeau; *f*, facial; *a*, œil (d'après Retzius).

rhinus, Mustelus), très longs chez les *Squatina, Torpedo Raja*, qui peuvent passer insensiblement au cerveau (*Chlamydoselachus*, fig. 1806, n° 1; *Hexanchus*, fig. 1812, *Bo*), ou naître brusquement sur ses côtés. Ces pédoncules sont pleins et il en est de même des lobes olfactifs (*N*) chez les Raies, tandis que chez les Requins le diverticule de la cavité cérébrale qu'ils contenaient lors de leur formation persiste plus ou moins et se continue avec la cavité plus ou moins marquée des ganglions basilaires du cerveau antérieur. Il n'y a pas de séparation nette entre le cerveau antérieur (*Vh*) et le cerveau intermédiaire chez les NOTIDANIDÆ; cette séparation s'accuse chez les Sélaciens plus élevés. Le *cerveau intermédiaire* est creux; sa base et ses faces latérales constituent les *pédoncules cérébraux*; l'épiphyse s'élève sur la région postérieure de sa face dorsale, qui se continue plus loin avec le plexus choroïde; les *ganglions habénulaires* sont peu développés; entre eux, plus profondément, se trouve la *commissure postérieure*. Sur la face ventrale, en arrière du chiasma des nerfs optiques, la région infundibulaire présente une saillie médiane dans laquelle se continue la cavité ventriculaire et qui est comprise entre deux saillies latérales, les *lobes latéraux* ou *inférieurs*; l'extrémité de l'infundibulum ou *lobe postérieur*, très développé chez les Raies, se dirige en arrière et constitue le *sac vasculaire*; elle repose immédiatement sur l'*hypophyse*, qui est déjà enfermée dans une excavation du cartilage correspondant à la *selle turcique* des Vertébrés supérieurs. Dans le cerveau antérieur, les cellules nerveuses sont encore rares, semblables entre elles et non disposées en couches; elles demeurent rares dans le *cerveau moyen*, mais affectent déjà les formes qu'elles présenteront dans les types plus élevés. Les tubercules bijumeaux constituant la plus grande partie du *cerveau moyen* contiennent une vaste cavité communiquant en avant avec le troisième ventricule, en arrière avec la cavité de la moelle allongée; un tractus nerveux les unit à la région du chiasma. Un simple repli du bord antérieur de la bandelette qui limite en avant, chez les *Petromyzon*, la fosse rhomboïdale, est la première indication, chez les embryons de Sélaciens, d'une partie nouvelle de l'encéphale, le *cervelet* (*Ce*). Le cervelet se développe déjà chez les NOTIDANIDÆ en une poche volumineuse qui recouvre en avant une partie du cerveau moyen et en arrière s'étend jusqu'à la fosse rhomboïdale. Sur sa paroi externe commencent à se dessiner chez les CHLAMYDOSELACHIDÆ (fig. 1806) et les NOTIDANIDÆ des plis longitudinaux et transversaux qui, chez les types supérieurs, se multiplient, se groupent, se contournent de la façon la plus irrégulière (*Carcharias*) et qui atteignent leur maximum de complication chez les *Cephaloptera*. Chez les CHLAMYDOSELACHIDÆ, les NOTIDANIDÆ, les SCYMNORHINIDÆ, etc., le *cerveau postérieur* demeure peu différencié de la moelle; mais chez les autres formes, cette région se raccourcit peu à peu, la fosse rhomboïdale, dans toute la région où ses bords s'unissent au plexus choroïde, est ourlée par une bandelette, le *corps restiforme*, qui s'unit à sa symétrique sur la ligne médiane; cette bandelette, à mesure que la fosse rhomboïdale se raccourcit, se plisse de plus en plus dans sa région antérieure, comme si elle était refoulée contre le cervelet, auquel elle finit par ressembler tellement que celui-ci semble constitué par trois lobes, un médian et deux latéraux [1].

L'encéphale des DIPNÉS (*Protopterus*, fig. 1804, n° 6, et 1833) présente de frappants rapports avec celui des NOTIDANIDÆ. Les nerfs olfactifs sont très allongés et aboutissent à de véritables *hémisphères* (fig. 1813, *H*); ces hémisphères ne forment qu'une seule masse continue chez les *Ceratodus*; chez les *Protopterus*, ils ont la forme de longs ellipsoïdes contigus, mais entre lesquels s'étend jusqu'au cerveau intermédiaire un sillon longitudinal. La voûte dorsale du cerveau antérieur demeure à l'état d'une simple membrane épithéliale qui s'accole à la *pie-mère* pour former le *pallium*. Cet épithélium n'est que la continuation de celui qui tapisse toutes les cavités cérébrales et qu'on appelle l'*ependyme*. Les parties basilaires sont au contraire épaissies et forment deux ganglions symétriques, les *ganglions antérieurs* ou *corps striés*, séparés par un sillon profond. Le cerveau intermédiaire (*I*) porte sur sa région dorsale antérieure une épiphyse assez courte; sur sa face inférieure, le chiasma optique (fig. 1804, n° 6, *e*) ne fait pas de saillie, bien qu'il soit très normal à l'intérieur, et l'infundibulum (*e*) se continue avec une hypophyse (*c*)

---

[1] E. SAUERBECK, *Zum feineren Bau der Selachiergehirns*, Anatomische Anzeiger, Bd. XII. — BURCKHARDT, *Der Bauplan des Wirbelthiergehirn*, Morpholog. Arbeiten, Bd. IV. — ID., *Der Lobus olfactorius impar der Selachier*, Anat. Anzeiger, Bd. VII. — ID., *Beiträge zur Morphologie des Kleinhirns der Fische*, Archiv für anatomie und Physiologie, Suppl., 1897. — ROHON, *Das centralorgan des Nervensystem der Selachier*, Denksch. der Wiener Anat., Bd. XXXVIII. — MIKLUKO-MACLAY, *Beitr. z. vergl. Neurologie der Wirbelthiere*, Leipsig, 1870 (Jenaïsche Zeitschrift, 1868).

qui s'étend en arrière au delà de la région du cervelet. Le cerveau moyen et le
cervelet forment en s'unissant un coude qui s'élève à un niveau supérieur à
celui du cerveau antérieur et même de l'épiphyse. Le cervelet (fig. 1813), recouvert en grande partie par le cerveau moyen est réduit à une simple bandelette

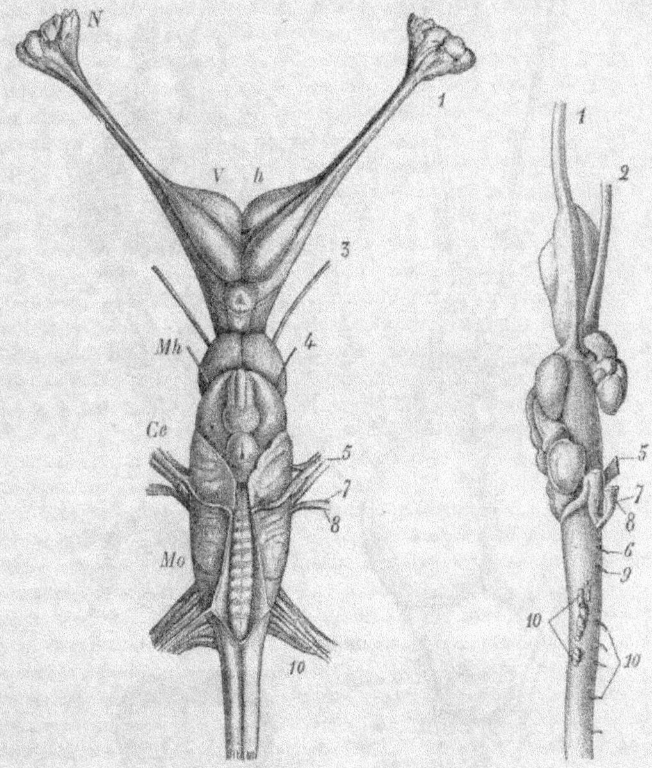

Fig. 1806 et 1807. — Vue de dos et de profil d'un cerveau de *Chlamydoselachus anguineus*. — 1, lobe olfactif;
— 2, nerf optique; — 3, nerf oculo-moteur; — 4, nerf trochléaire; — 5, nerf trijumeau; — 6, nerf
moteur oculaire externe; — 7-8, nerf acoustico-facial; — 9, nerf glosso-pharyngien; — 10, nerf vague. —
VA, cerveau antérieur; *Mh*, cerveau intermédiaire; *Ce*, cerveau postérieur ou cervelet; *Mo*, arrière-cerveau ou moelle allongée (d'après Garman).

transversale; la fosse rhomboïdale est couverte par un plexus choroïde à plis
transverses nombreux et profonds (fig. 1804, n° 6, *a*), son sommet, le *calamus
scriptorius*, est oblitéré par une lame plus épaisse (*Obex*).

Le cerveau des *Polypterus* offre les mêmes dispositions générales que celui des
Dipnés; il en diffère par le plus grand développement des lobes olfactifs relativement aux hémisphères, par le très grand volume de l'épiphyse, par la très nette
délimitation des tubercules bijumeaux et par la différenciation d'un cervelet qui
s'élève sous la forme d'une bandelette transversale en arrière des tubercules bijumeaux, en avant et au-dessus de la bandelette basilaire de la fosse rhomboïdale.

Des dispositions analogues à celles que présentent le cerveau des Dipnés et celui du Polyptère se retrouveront chez les Batraciens. Au contraire, les traits caractéristiques du cerveau des Ganoïdes (*Acipenser, Lepidosteus, Amia*) se conservent

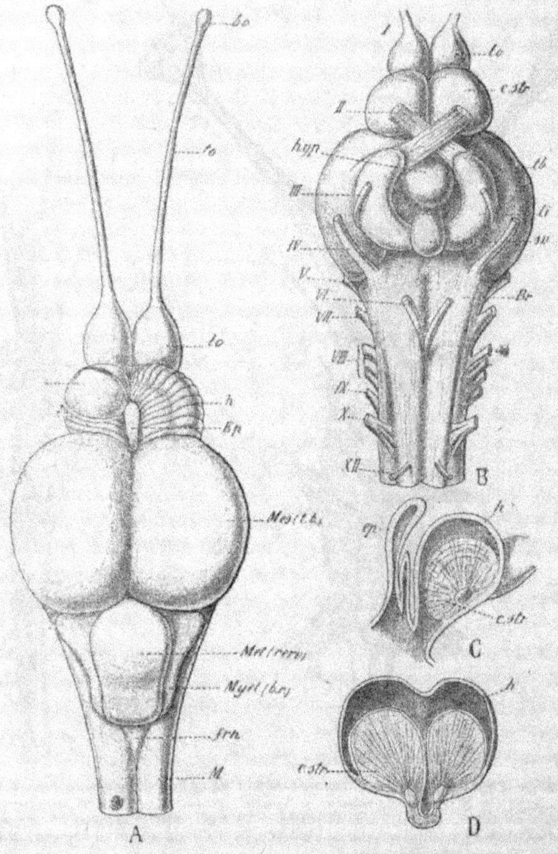

Fig. 1808. — Encéphale des Poissons osseux. — **A**, Face dorsale : *M*, moelle; *frh*, fosse rhomboïdale; *Myel* (*b.r.*) myélencéphale (bulbe rachidien); *Met* (*cerv.*), métencéphale (cervelet); *Mes* (*t.b.*), mézencéphale (tubercules bijumeaux); *Ep*, épiphyse; *h*, manteau (hémisphères rudimentaires) : il a été enlevé à gauche pour montrer les ganglions basilaires ou corps striés (*c.str*); *lo*, lobes olfactifs; *to*, tractus olfactif; *bo*, bulbe olfactif. — **B**, Face ventrale : *I-XII*, les nerfs crâniens; *lo*, lobes olfactifs; *c.str*, corps strié; *hyp*, hypophyse; *tb*, tubercules bijumeaux; *lo*, lobes olfactifs; *li*, lobes inférieurs; *sv*, sac vasculaire; *Br*, bulbe rachidien. — **C**, Coupe longitudinale du cerveau antérieur : *c.str*, corps strié; *h*, hémisphère rudimentaire; *ep*, épiphyse. — **D**, Coupe transversale du cerveau antérieur, montrant sa cavité incomplètement divisée en deux ventricules : *h*, manteau; *c.str.*, corps strié.

diversement accentués chez tous les Téléostéens; le degré de développement et la configuration des diverses parties de l'appareil cérébral ne présentent pas moins ici une variété extraordinaire[1]. Les lobes olfactifs peuvent être éloignés des lobes antérieurs et reliés à eux seulement par de longues bandelettes (CYPRINIDÆ, GADIDÆ) ou en contact immédiat avec eux (*Platessa, Scomber, Belone, Perca*); ils sont reliés l'un à l'autre par une étroite bandelette transversale chez les *Conger* et *Anguilla*, où ils sont particulièrement volumineux. Le *cerveau antérieur* est plus court que chez les Dipnés et les Crossoptérygiens, mais le *pallium* et les corps striés y conservent les dispositions qu'ils présentent dans ces deux groupes. Un repli interne du *pallium* qui part de son bord antérieur et s'étend horizontalement en arrière (fig. 1804, n°s 3 et 4, *k*) constitue déjà un véritable *plexus choroïde*. Ce repli sépare l'une de l'autre la région de la cavité ventriculaire qui correspond au cerveau antérieur de celle qui correspond au cerveau intermédiaire. Ce dernier (fig. 1808, *e*), encore bien apparent chez les Ganoïdes, est pour ainsi dire refoulé chez les Téléostéens entre le cerveau antérieur (*A*) et le cerveau moyen (*M*); il cesse presque d'être visible à l'extérieur. L'insertion de la glande pinéale marque la limite qui le sépare du cerveau moyen. La glande pinéale, dirigée en avant et renflée vers son extrémité libre, est couverte d'un plexus vasculaire. En arrière du pied de cette glande, le long du bord antérieur du cerveau moyen une bande transversale de substance nerveuse forme la *commissure postérieure* (fig. 1809, *cp*), tandis que dans sa voûte même le cerveau intermédiaire contient une *commissure supérieure*. Sur la face basale, en arrière des corps striés, se trouve d'abord le *chiasma* (fig. 1804, n° 4, *e*; fig. 1809, *ch*). Interne chez les Dipnés, peu apparent au dehors chez les Ganoïdes, il est particulièrement saillant chez les Téléostéens, où sa surface est sillonnée de manière à paraître constituée de groupes de lamelles entrecroisées. Dans le plancher du troisième ventricule font saillie, à son intérieur, la *commissure antérieure*, située en avant du *chiasma*, et en arrière de ce dernier, dans une même masse, la *commissure inférieure* et la *commissure horizontale*. En arrière de l'infundibulum les *lobes inférieurs* (*li*) prennent aussi un grand développement et leur surface est également marquée de sillons et de saillies; ils contiennent une cavité en continuité avec celle de l'infundibulum qui supporte une grosse hypophyse dirigée postérieurement et à laquelle fait suite un *saccus vasculosus* (*sv*).

Exceptionnellement (*Mormyrus*), le *cerveau moyen* peut se couvrir de circonvolutions qui simulent celles des hémisphères des Mammifères; en général, sa surface apparente est lisse, régulièrement, mais fortement convexe et divisée par un sillon longitudinal en deux *lobes bijumeaux* symétriques (fig. 1808, *Mes*); ces lobes correspondent à la région antérieure du cerveau moyen; ils constituent la *voûte optique* (fig. 1808, *to*), au-dessous de laquelle s'enfonce d'ordinaire la région postérieure de cette partie du cerveau ainsi que la région antérieure du cervelet (*p*). Celui-ci est constitué chez les Ganoïdes par une bande pleine et épaisse de substance nerveuse, développée sur la bande d'union des corps restiformes et que sa longueur oblige à replier sur elle-même. Ce reploiement s'effectue chez les *Amia* de manière que le

---

[1] E. BAUDELOT, *Recherches sur le système nerveux des Poissons*, Paris, 1883. — STEINER, *Ueber das Gehirn der Knochenfische*, Sitzb. der Berliner Akad. der Wiss., 1888. - SCHAPER, *Die Morphologie und histologische Entwickelung des Kleinhirns der Teleostei*, Morphologische Jahrbuch, Bd. XXI. — C.-J. HERRICK, *Contribution to the Morphology of brain of bony fishes*, Journal of Comparative Neurology, vol. I, II. — Id., *Brain of Ganoïd fishes*, ibid., vol. I.

sommet de la plicature fasse saillie au-dessus du cerveau et se rabatte en partie
sur la fosse rhomboïdale; chez les *Acipenser*, au contraire, la partie repliée prend
la forme d'un arc à sommet inférieur, de sorte que la branche antérieure de l'arc
pénètre sous la voûte optique et remplit presque la cavité du cerveau moyen,
tandis que l'extrémité de l'arc postérieur soulève avec lui le toit choroïdien de la
fosse rhomboïdale avec lequel il est en continuité. C'est là le point de départ de
la disposition propre aux Téléostéens; mais ici le cervelet originel devait constituer
une vésicule qui s'est fortement agrandie et dont la partie antérieure s'est alors
insinuée sous la voûte optique en se repliant de diverses façons, tandis que la
partie postérieure demeure une poche volumineuse qui s'étend au-dessus de la
fosse rhomboïdale (fig. 1809, *vc*). La partie qui a pénétré sous la voûte optique

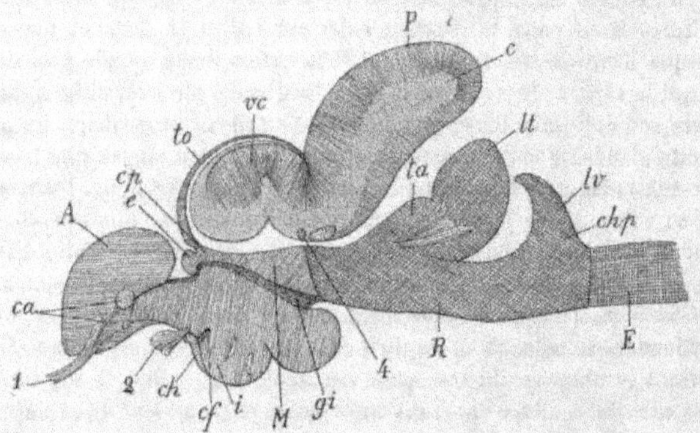

Fig. 1809. — Coupe longitudinale médiane du cerveau de la Carpe. — 1, nerf olfactif; — 2, nerf optique.
— *ch*, commissure transverse de Haller; *cf*, commissure horizontale de Fritsch; *A*, cerveau antérieur;
I, cerveau intermédiaire; *M*, cerveau moyen; *P*, cerveau postérieur; *ca*, commissure antérieure;
cp, commissure postérieure; *e*, épiphyse; *to*, voûte optique; — 4, nerf trochléaire; *vc*, valvule du cervelet; *c*, cervelet proprement dit, formant avec la valvule le cerveau postérieur *P*; *ta*, tubercule acoustique; *lt*, lobe du trijumeau *lv*, lobe du vagus; *gi*, commissure interpédonculaire (d'après Mayser).

constitue la *valvule du cervelet* (*vc*) et la portion de la cavité du cerveau moyen
qui subsiste au-dessous de la valvule est l'*aqueduc de Sylvius*. L'aqueduc met en
communication le troisième ventricule avec le quatrième et avec le ventricule du
cervelet.

Le *cervelet* présentait déjà chez les Sélaciens des différenciations histologiques
plus grandes que celles des autres parties du cerveau; il en est de même chez les
Téléostéens, où les cellules nerveuses sont disposées en plusieurs strates distinctes.

Le *cerveau postérieur* est souvent flanqué de deux saillies latérales, les *lobes postérieurs* (*Perca*, etc.). Chez les *Lophius*, le *calamus scriptorius* est suivi d'une lame
nerveuse qui remplit la fente médullaire et qui contient plus de deux cents cellules
multipolaires géantes, déjà visibles à l'œil nu (*lobes du nerf latéral*, de Fritsche).
Ces formations occupent la même place que les lobes électriques des Torpilles;
mais leur prolongement cylindrique chemine dans la région des nerfs trijumeau
et vague pour se rendre à des organes des sens tégumentaires très développés chez
les Baudroies.

Le cerveau des Poissons [1] contient déjà les éléments que nous retrouverons chez tous les Vertébrés : *cellules épithéliales* constituant l'*épendyme*; cellules ramifiées éparses, dites de la *névroglie*; éléments nerveux proprement dits ou *neurones*. Ces divers éléments dérivent tous du feuillet nerveux de l'embryon ; ils ont par conséquent la même signification initiale. Avec les vaisseaux, pénètrent parmi eux des éléments conjonctifs, issus de la pie-mère, qui forment à ces canaux une mince trame de soutien. On distingue dans la substance nerveuse une *substance grise* principalement formée par le corps des neurones muni de ses *prolongements protoplasmiques* ou *dendrites*, et une substance blanche formée surtout des *prolongements cylindre-axiles* ou *axones*. Seulement les dendrites sont moins ramifiées et les axones moins faciles à distinguer des dendrites que chez les Vertébrés supérieurs. On peut reconnaître les deux sortes de cellules nerveuses de Nissl : ses *cellules somatochromes*, au réticule protoplasmique desquelles se trouvent associés des corpuscules chromatophiles que colore fortement le bleu de méthylène et qui se dépose également en fins chromosomes sur la lamine du noyau, et ses *cellules caryochromes*, dont le noyau seul est coloré par le réactif. Parmi les cellules somatochromes on peut signaler : les cellules motrices de la moelle allongée, les cellules radiculaires du nerf oculo-moteur commun, les cellules de la voûte optique, les *cellules de Purkinje* du cervelet, les cellules du télencéphale, les *cellules mitrales* du bulbe olfactif qui n'ont pas encore revêtu la forme caractéristique à laquelle elles doivent leur nom chez les Vertébrés supérieurs; parmi les cellules caryochromes, les *myélocytes* ou *grains du cervelet*. Quelques différences dans la répartition et l'aspect des corpuscules chromatophiles ou corpuscules de Nissl distinguent les diverses cellules somatochromes; d'une manière générale ces corpuscules sont moins gros et de forme moins nettement définie chez les Élasmobranches que chez les Téléostéens, chez ces derniers que chez les Vertébrés supérieurs.

Comme chez les autres Vertébrés, les *axones* sont les uns nus, les autres recouverts par une gaine de myéline. Leur longueur caractérise deux sortes de neurones : les *neurones courts* et les *neurones longs*. Les *neurones courts* ne produisent que des axones courts, dépourvus de gaine de myéline, se divisant déjà au voisinage de la cellule qui leur a donné naissance et ne quittant pas la substance grise; ce sont les *neurones d'association*, relativement rares chez les Poissons et qu'on observe dans les lobes optiques (neurones de Golgi, type III), dans le lobe olfactif de l'Esturgeon (neurones de Cajœl), dans la couche granuleuse du cervelet; ils mettent fréquemment en rapport entre eux des neurones longs.

Les axones des *neurones longs* sortent de la substance grise et s'entourent d'ordinaire de myéline. Ce sont les axones qui forment les commissures intracérébrales et les nerfs. Ces axones caractérisent les *neurones de sensibilité spéciale*, bipolaires; les neurones intercalés entre les neurones courts des lobes olfactifs et optiques, les *neurones commissuraux*, les *neurones encéphaliques sensitifs* de 1er et de 2e ordre qui relient, les premiers les organes des sens périphériques aux centres, les seconds diverses régions du cerveau à d'autres régions; les *neurones encéphaliques moteurs* dont la forme n'est pas encore *pyramidale*, comme chez les Vertébrés

[1] D' En. Catois, *Recherches sur l'histologie et l'anatomie microscopique de l'Encéphale chez les Poissons*, Bulletin scientifique de France et de Belgique, t. XXXVI, 1902.

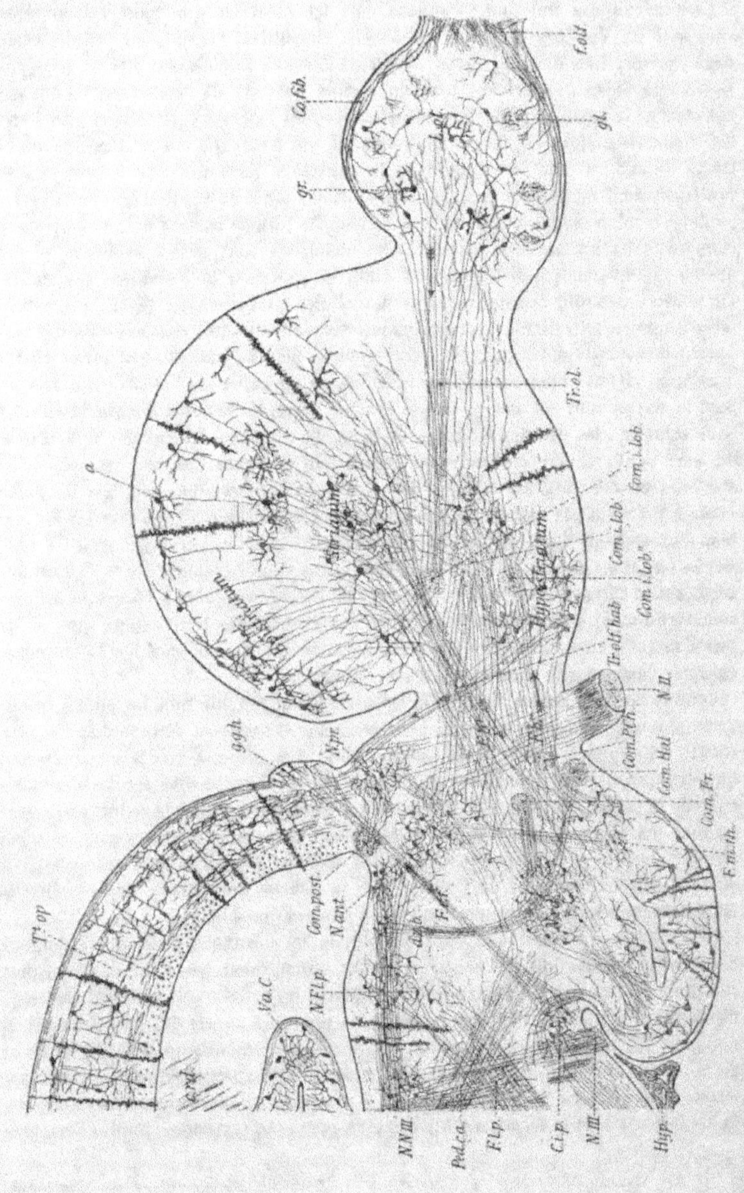

Ca.fib.
f.olf.
gr.
gl.
Tr.ol.
e
Com.i.lob
Com.i.lob'
Com.i.lob"
Striatum
Hipp.Tegmentum
Tr.olf.hab.
N.pr.
g.g.h.
Com.P.Ch.
N.II.
Com.Hal.
Com.Fr.
F.m.th.
T.op.
Va.C.
N.El.p.
Com.post.
Nant.
N.N.III.
Ped.c.a.
F.l.p.
C.i.p.
N.III.
Hyp.

Légende de la figure 1810.

—

Fig. 1810. — Coupe sagittale, antéro-postérieure de l'Encéphale de *Platessa vulgaris*.

(Cette coupe, demi-schématique, intéresse le Télencéphale, le Diencéphale et la partie antérieure du Mésencéphale.)

a, Neurones de la couche supérieure.
b, Neurones de la couche moyenne.
c, Neurones de la couche inférieure.
Co., Couche fibrillaire.
Com.Fr., Commissure horizontale de Fritsch.
Com.Hal., Commissure transversale de Haller.
Com.hab., Commissure habénulaire.
Com.i.lob., Commissure interlobaire.
Com.post., Commissure blanche postérieure.
Com.P.ch., Commissure postchiasmatique.
c.rd., Couronne radiée de Gottsche.
dz.h., Faisceau latéral dorso-ventral du cerveau intermédiaire.
F.b′,F.b″., Faisceau basal. — Tractus strio-thalamicus.
F.l.p., Faisceau longitudinal postérieur.
F.m.th., Faisceau mamillo-thalamique.
f.olf., Filets olfactifs.
F.r.f., Faisceau rétro-réflexe de Meynert.

c.i.p., Corps interpédonculaire.
g.g.h., Ganglion de l'habenula.
gl., Glomérules olfactifs.
gr., Grains.
Hyp., Hypophyse.
L.ol., Lobes olfactifs.
L.I., Lobes inférieurs.
N.ant., Noyau antérieur.
N.pr., Noyau prétectal.
N.F.l.p., Noyau d'origine du faisceau longit. post.
N.NIII., Noyau d'origine du nerf de la IIIᵉ paire.
Nrd., Noyau rond de Fritsch.
N.II., Nerf optique.
N.III., Nerf oculo-moteur-commun.
Ped.c.a., Pédoncules cérébelleux antérieurs.
Tr.ol., Tractus olfactifs.
Tr.olf.hab., Tractus olfacto-habénulaire.
Tl.op., Tectum des lobes optiques.
Va.c., Valvule cérébelleuse.

supérieurs; les neurones *cérébelleux* de la couche de Purkinje et de la couche granuleuse.

De deux catégories d'éléments de soutien, les cellules de l'épendyme sont de beaucoup les plus nombreuses; ce sont des cellules bipolaires dont le corps s'insère sur les parois des cavités ventriculaires; leur prolongement central, uniquement cuticulaire, fait saillie dans le ventricule et a été pris longtemps pour un cil vibratile; leur prolongement périphérique traverse normalement toute l'épaisseur du cerveau et vient s'insérer par un petit renflement sous la pie-mère; il est couvert de très courts prolongements qui lui donnent un aspect caractéristique. Il n'existe guère d'autres cellules de soutien chez les jeunes Poissons; au cours de la vie quelques-unes de ces cellules peuvent quitter leur position pariétale, pénétrer dans la substance grise (SÉLACIENS), passer entre cette substance et la substance blanche (SÉLACIENS et TÉLÉOSTÉENS) et former enfin une gaine aux vaisseaux; elles acquièrent alors des prolongements radiairement disposés et ramifiés en tous sens; ces *cellules en araignée* sont encore peu nombreuses et nettement localisées chez les Poissons; elles deviennent de plus en plus nombreuses et caractérisent la *névroglie* chez les Vertébrés supérieurs.

Divers auditeurs ont donné une description détaillée de l'agencement de ces éléments nerveux dans le cerveau des Poissons; nous ne saurions entrer dans le détail de leurs observations bien résumées et discutées dans le mémoire, cité précédemment, de Catois, auquel nous renverrons le lecteur; mais nous reproduisons une figure d'ensemble de cet auteur (fig. 1810) qui donne une idée nette de la disposition générale des neurones dans le cerveau. De ses recherches il semble résulter la proposition suivante : Le *télencéphale* des Poissons représente : 1° un centre récepteur des impressions olfactives et accessoirement d'autres impressions sensitives, et 2° un centre incitateur réagissant secondairement sur les autres départements de l'encéphale.

Le *diencéphale* traversé par des fibres nerveuses de provenance multiple est le centre de coordination de réflexes nombreux et contient un ensemble de relais placés sur le trajet de diverses voies nerveuses; le thalamus est principalement en rapport avec le nerf optique.

La région supérieure du mésencéphale ou *toit des lobes optiques* est essentiellement un centre récepteur des impressions visuelles; les éléments constitutifs de ce centre, disposés en assises multiples sur une longue étendue actionnent à leur tour d'autres centres du névraxe; les masses ganglionnaires de la région centrale sont de véritables centres actifs, tandis que la région basale ou pédonculaire est surtout formée par un ensemble de fibres d'association; les racines de la 3° paire de nerfs présentent une décussation partielle.

Le cervelet est l'homologue du *vermis* des Oiseaux et des Mammifères; mais les noyaux ganglionnaires cérébelleux y sont encore peu différenciés; il est en rapport avec de nombreuses parties du névraxe.

De l'ensemble de la structure du cerveau des Poissons comparée à celle qu'on observe chez les Vertébrés supérieurs, il semble résulter que ces animaux, faute de cellules pyramidales, ou cellules psychiques ne peuvent présenter ni associations d'idées, ni véritables manifestations intellectuelles et que leur mémoire est réduite à des réactions simples, plus ou moins automatiques, dues à la persistance consciente ou inconsciente des perceptions. Mais il est difficile de conclure des formes des cellules à leur fonction, surtout dans le cerveau, et l'observation méthodique des Poissons peut seule décider de l'étendue de leurs facultés psychiques.

Moelle épinière. — La *moelle épinière* fait suite sans démarcation nette à la moelle allongée. Elle s'étend sur toute la longueur du corps, au-dessus de la corde dorsale chez les MARSIPOBRANCHES ; elle s'arrête à la naissance de la queue chez les ÉLASMOBRANCHES; elle présente en ce point un faible renflement chez les *Acipenser*, et se continue ensuite dans la région caudale de la colonne vertébrale; il en est de même chez un certain nombre des TÉLÉOSTÉENS; chez d'autres, au contraire, elle se raccourcit et peut se réduire au point de ne pas dépasser la longueur du cerveau (*Orthagoriscus mola*, *Diodon*, *Tetrodon*, *Lophius*, etc.). Souvent, chez les Téléostéens, elle se termine par un renflement ovalaire, auquel fait suite, chez les formes où elle se raccourcit, une région brusquement amincie, le *filum terminale*; dans ce cas, les dernières paires de nerfs en se dirigeant en arrière forment un faisceau plus ou moins fourni, la *queue de cheval* (*Lophius*). La moelle épinière est aplatie en forme de ruban chez les Marsipobranches et les Holocéphales, et, à un degré moindre, chez quelques formes plus élevées. Le plus souvent elle présente une section plus ou moins régulièrement elliptique, et sa forme générale est cylindroconique. Elle donne naissance par deux racines, l'une dorsale, *sensitive*, l'autre ventrale, *motrice*, à des nerfs métamériquement disposés, mais elle ne présente elle-même de division métamérique que durant la période embryonnaire, seulement chez certaines formes et dans certaines régions (p. 2588). Assez souvent elle présente à son origine (*Trigla*), et notamment du côté dorsal, cinq renflements successifs de la base desquels partent de nombreuses racines motrices destinées aux nerfs qui se rendent aux premiers rayons des nageoires, lorsque ceux-ci ont pris un développement exceptionnel.

Quelle que soit la forme extérieure de la moelle, elle est creusée intérieurement d'un *canal axial* et ses éléments sont symétriquement répartis. Cette symétrie interne de la moelle se traduit à l'extérieur par la présence soit d'une gouttière dorsale (*Myxine*), soit par celle d'une fente plus ou moins profonde. Chez les MARSIPOBRANCHES, les cellules nerveuses ne sont plus rassemblées autour du canal central, comme chez l'*Amphioxus*. Les plus gros éléments se trouvent cependant encore du côté dorsal, au voisinage du canal médullaire, et fournissent chacun une fibre aux racines sensitives; d'autres grosses cellules situées latéralement contribuent à la formation des racines motrices; des cellules plus petites se trouvent soit à l'entour du canal, soit latéralement. Chez un grand nombre de jeunes Poissons (*Raja*, *Acipenser*, *Lepidosteus*, *Salmo fario*) on observe en outre deux rangées dorsales et superficielles de cellules multipolaires qui disparaissent plus tard. Aux fibres ordinaires sont associées, comme chez l'*Amphioxus* et les Vers annelés, des fibres géantes (*fibres de Müller*), dont les plus volumineuses sont situées près de la ligne médiane ventrale (*Petromyzon*); dans les régions latérales, elles présentent tous les diamètres à partir de celui des fibres nerveuses ordinaires; elles font totalement défaut près de la ligne médiane dorsale; les cellules auxquelles elles se rattachent vraisemblablement ne peuvent être situées que dans la région de la moelle allongée ou dans celle du cerveau. Comme chez l'*Amphioxus*, les cellules de l'épendyme du canal axial s'allongent en fibres qui traversent en rayonnant toute la moelle et for-

ment le fond de son tissu conjonctif de soutien, mais il s'y ajoute des cellules étoilées dont les ramifications peuvent traverser l'enveloppe fibreuse de la moelle et
qui sont la première étape de la formation de la *névroglie* des Vertébrés supérieurs.

La substance de la moelle généralement cylindro-conique des GNATHOSTOMES [1] se
différencie en deux régions : une région interne, riche en cellules ganglionnaires
disséminées dans la névroglie, la *substance grise* ; une région externe exclusivement
formée de fibres, la *substance blanche*. Cette différenciation persiste chez tous les
autres Vertébrés. La substance grise est surtout développée du côté ventral, où se
trouvent aussi les plus grosses cellules ganglionnaires. La substance blanche est
divisée en deux moitiés symétriques par une cloison fibreuse verticale et longitudinale dont les éléments sont dérivés de l'épendyme. Les plus fines fibres sont
situées dorsalement chez les Dipnés ; dans la région ventrale, courent deux grandes
fibres géantes (*fibres de Mauthner*) analogues à celles des Cyclostomes, de l'*Amphioxus* et des Vers. Ces fibres sont elles-mêmes formées de fibrilles dont certains
faisceaux peuvent s'isoler et donner naissance à des ramifications latérales (*Protopterus*) ; elles se croisent au niveau de la fosse rhomboïdale, près de l'origine du
nerf acoustique et se rendent à une grande cellule ganglionnaire (*Acipenser*) dont
un des prolongements se ramifie dans le domaine du nerf acoustique.

Système nerveux périphérique [2]. — Les vésicules cérébrales primitives, au
nombre de trois, des embryons des Poissons sont comme nous l'indiquons p. 2593,
entièrement employées à constituer le cerveau antérieur et le cerveau intermédiaire en qui l'on doit voir, par conséquent, le *cerveau primitif*. Ce cerveau primitif, le seul qui soit différencié chez l'*Amphioxus*, ne fournit que deux paires de
nerfs qui sont, par suite, les *nerfs cérébraux essentiels*, à savoir les *nerfs olfactifs* et les *nerfs optiques* ; mais peu à peu les régions antérieures de la moelle sont
incorporées au cerveau et deviennent le *cerveau moyen*, le *cerveau postérieur* et
l'*arrière-cerveau*. Ces parties fournissent, elles aussi, des nerfs qui sont des *nerfs
cérébraux secondaires*, mais que rien de fondamental ne distingue des *nerfs spinaux*
qui naissent des régions demeurées franchement médullaires. Le nombre maximum des nerfs cérébraux essentiels et secondaires est de 12 ; ce sont les nerfs
olfactifs, optiques, moteurs oculaires communs, pathétiques ou *trochléaires, trijumeaux,
moteurs oculaires externes, faciaux, acoustiques, glosso-pharyngiens, pneumogastriques*
ou *vagues, spinaux* et *grands hypoglosses*.

Chez les Poissons inférieurs, les *lobes olfactifs* peuvent être rapprochés (Marsipobranches) ou éloignés du cerveau (Élasmobranches) ; mais ils sont toujours très
rapprochés des organes olfactifs externes ; dès lors les nerfs olfactifs sont réduits
à de courtes fibres qui naissent de la surface du lobe et s'engagent presque
aussitôt dans l'épithélium olfactif. Le nerf olfactif est accompagné, du côté ventral,

---

[1] BELA HALLER, *Uber das Ruckenmarck der Teleosteen*, Morphologische Jahrbuch,
Bd. XXIII.

[2] C. JULIN, *Sur l'appareil vasculaire et le système nerveux périphérique de l'Ammocœtes*,
Arch. de Biologie, t. VII. — C. GEGENBAUR, *Die Kopfnerven von Hexanchus und ihr Verhalt-
niss zur Wirbeltheorie des Schadels*, Jenaische Zeitschrift, Bd. VI. — J.-C. EWART, *On the
Cranial nerven of Elasmobranche fishes*, Proceed. of Zool. Society, vol. XLV. — JACKSON
and CLARKE, *The brain and cranial nerves of Echinorhinns spinosus*, Journal of Anat. and
Physiology, t. X. — H. B. POLLARD, *On the Anatomy and phylogenetic position of Polypterus*, Zool. Jahrb., Bd. V. — GORONOWITCH, *Das Gehirn und die Cranialnerven von Acipenser
ruthenus*, Morph. Jahrb., Bd. XIII.

par un nerf pâle, d'origine indépendante, chez les *Amia* et les *Protopterus*. Faute de connaitre suffisamment la position du bulbe olfactif chez les Téléostéens, il est impossible de dire exactement si le tractus nerveux qui va du cerveau aux narines est un *nerf* ou un *pédoncule olfactif*.

Les *nerfs optiques* sont à proprement parler des prolongements du cerveau qu'accompagnent les méninges et dont les fibres sont reliées entre elles par de la névroglie. Chez les MARSIPOBRANCHES et les *Protopterus* les nerfs optiques semblent sortir du cerveau indépendamment l'un de l'autre; les tractus optiques constituant le *chiasma* demeurent, en effet, à l'intérieur du cerveau, où une commissure transversale se superpose à eux; le *chiasma* ne commence à apparaître au dehors que chez les ÉLASMOBRANCHES et les GANOÏDES; la commissure demeure interne, mais le chiasma devient tout à fait externe chez les TÉLÉOSTÉENS, où le tractus optique droit se continue avec le nerf optique gauche et réciproquement, de sorte que les deux nerfs se croisent, le tractus gauche passant au-dessus du tractus droit. Chaque tractus peut se diviser en deux autres pour laisser passer l'autre (*Clupea*). Le nerf optique est généralement cylindrique; chez les CLUPEIDÆ, PLEURONECTIDÆ, SCOMBERIDÆ, il a la forme d'un ruban plissé longitudinalement.

Chez l'*Amphioxus*, les deux premières paires nerveuses qui naissent de la moelle présentent déjà quelques particularités qui ne feront que s'accentuer chez les Vertébrés; les paires suivantes se ressemblent toutes; seulement les premières d'entre elles se rendent aux branchies et peuvent, en raison de cette distribution spéciale, être distinguées des *nerfs médullaires* proprement dits; elles correspondent manifestement aux *nerfs cérébraux secondaires* des Vertébrés et mettent hors de doute l'origine médullaire de ceux-ci. Les nerfs cérébraux secondaires, bien que leurs rapports primitifs aient été plus ou moins modifiés, peuvent d'ailleurs être ramenés à une disposition métamérique et répartis en deux groupes.

Les nerfs du premier [1] groupe sont propres à la région antérieure de la tête; leurs ramifications ne dépasssent pas les premiers arcs viscéraux déjà modifiés chez les Poissons; ils n'ont en général qu'une seule racine, la racine ventrale, et sont, par conséquent des nerfs moteurs : ce sont l'*oculo-moteur*, le *trochléaire*, l'*abducteur*, le *trijumeau* et l'*acoustico-facial*. Les nerfs du second groupe naissent en arrière de la région acoustique du crâne; ils ont deux racines et se distribuent surtout à la région branchiale; ce sont le *glosso-pharyngien*, le *vague*, l'*accessoire* et l'*hypoglosse*.

L'*oculo-moteur* a pour origine la limite entre le cerveau moyen et le cerveau postérieur; chez le *Petromyzon* et les ÉLASMOBRANCHES il sort de la région antérieure du cerveau moyen; il contribue toujours à l'innervation des muscles *droit supérieur* et *inférieur*, *droit interne* et *oblique inférieur*. Chez les ÉLASMOBRANCHES le droit interne n'est innervé que par sa branche supérieure; tandis que la distribution de ses branches inférieures est susceptible de nombreuses variations. Bien que ses terminaisons soient essentiellement motrices, un ganglion se développe sur son trajet chez les Sélaciens.

Le noyau d'origine du *nerf trochléaire* (fig. 1810, *tr*) est situé dans la région ventrale du cerveau postérieur, derrière celui de l'oculo-moteur, mais ce nerf émerge

---

[1] EDWARD PHELP ALLIS, *The cranial muscles and cranial and first spinal nerves in Amia calva*, Journal of Morphology, t. XII, 1897.

seulement de la face dorsale du cerveau, après un croisement en avant du cervelet; il se rend au *muscle oblique supérieur* et envoie quelques branches sensitives aux téguments qui avoisinent l'œil; au cours du développement embryogénique des *Squalus*, on le voit se détacher du trijumeau pour devenir un nerf indépendant.

L'*abducteur* quitte le cerveau postérieur, latéralement tout près du trijumeau, chez les MARSIPOBRANCHES, où il est représenté par un cordon unique qui se rend aux muscles droit inférieur et au muscle droit interne. Chez les autres Poissons, sa racine est plus ventrale, et il est chez les Sélaciens composé de deux faisceaux; il se rend exclusivement au muscle droit externe. Il s'anastomose chez le *Protopterus* avec la première branche du trijumeau. Comme l'oculo-moteur, il n'était peut être primitivement qu'une dépendance de ce dernier nerf ou du facial (p. 2539).

Les nerfs suivants sont en rapport avec les muscles des arcs viscéraux du squelette et affectent, en conséquence, une disposition plus nettement métaméridée. Chez les *Petromyzon* (fig. 1811, *rc*, *nmi*) et les *Polypterus*, deux nerfs distincts correspondent au nerf unique qui chez les autres formes porte le nom de *trijumeau*. Le premier de ces deux nerfs qui se forme encore d'une manière indépendante chez beaucoup d'embryons devient la *branche ophtalmique profonde* du nerf unique nouveau. Ce dernier fournit, en conséquence, chez les Requins, une branche au maxillaire supérieur, une branche au maxillaire inférieur, une branche ophtalmique profonde, une branche ophtalmique superficielle. La plus volumineuse de ces branches est celle qui se rend au maxillaire inférieur; elle fournit aussi des rameaux aux parois de la cavité buccale, et la branche du maxillaire supérieur qui se rend ici, en réalité, aux parties voisines du palato-carré peut n'en être qu'une dépendance. Sur le tronc commun se développe souvent un ganglion. Le rameau ophtalmique profond se dirige vers la région oculaire; chez l'*Hexanchus* (fig. 1812; *Tr'*, *Tr''*, *Tr'''*) un de ses rameaux pénètre dans le globe oculaire, court entre la sclérotique et la choroïde, sort du globe de l'œil, sans s'y être ramifié, et, s'unissant à un autre rameau, se dirige vers la capsule nasale; le plus souvent, au contraire, il fournit à l'œil le *nerf ciliaire* et se ramifie également dans la région nasale. Ces branches fondamentales se retrouvent chez tous les autres Poissons (fig. 1812, *to*, *tm*), mais avec de nombreuses modifications de détail dans leur parcours et leur mode de division. Plusieurs de leurs ramifications peuvent contracter des anastomoses avec des ramifications du facial.

Le *nerf facial* (fig. 1811, *nf*; fig. 1812, *Va*, et 1813, *f*, *fb*, *fh*, *fs*, *fv*) naît du cerveau par plusieurs racines et demeure toujours plus ou moins uni au *nerf acoustique*, qui n'en était primitivement qu'une ramification, le labyrinthe n'étant lui-même qu'une différenciation des organes sensitifs tégumentaires de la région innervée par le facial. Ce dernier se divise en une *branche hyoïdo-mandibulaire*, une *branche buccale*, une *branche ophtalmique superficielle*, analogue à celle du trijumeau, une *branche palatine*. La première branche contient les fibres motrices; elle distribue ses ramifications à l'arc hyoïdien et à la mandibule; elle fournit en arrière un *rameau hyoïdien* profondément situé (*Polypterus*). Des racines distinctes de celles qui fournissent la branche précédente donnent naissance au *nerf latéral facial*, qui se dirige vers le ganglion du trijumeau et se renfle en un ganglion spécial d'où naissent la *branche buccale* et la branche ophtalmique superficielles; ces branches s'anastomosent étroitement, chez l'*Amia* et les TÉLÉOSTÉENS, avec les branches correspondantes du trijumeau; elles sont sensitives et se rendent à un groupe d'organes des sens tégumentaires. Le nerf latéral facial s'anastomose avec la branche hyoïdo-mandibulaire; il en est de même de la *branche palatine*, qui peut aussi avoir sa racine propre et se renfle en un ganglion spécial.

La disposition métamérique s'affirme plus nettement encore dans les quatre nerfs qui restent à examiner et qui sont en rapport avec les arcs branchiaux. Le *glosso-pharyngien* est le nerf du premier arc branchial. Chez les *Petromyzon*, il naît de la moelle allongée par quatre racines, presque semblables à celles du *vague* qui les suivent immédiatement; chez les ÉLASMOBRANCHES et les DIPNÉS; le glossopharyngien et la puissante *branche latérale* du vague naissent à peu près au même niveau; la racine de ce dernier est seulement un peu plus dorsale. Chez le *Protopterus*, un

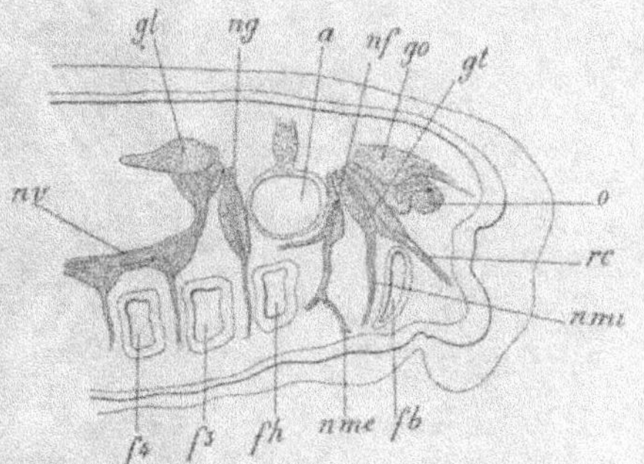

Fig. 1811. — Coupe longitudinale de la région antérieure d'une Ammocète éclose depuis 10 jours. — o, ébauche de l'œil; a, capsule auditive; go, ganglion ophtalmique; nf, nerf facial; ng, nerf glossopharyngien; gt, ganglion du trijumeau; nmi, nerf maxillaire inférieur; nv, nerf vague; gl, ganglion latéral; fb, fente buccale; h, hyoïde; fh, fente hyoïdienne; f4, f3, fentes branchiales; rc, rameau cutané maxillaire; nme, nerf mandibulaire externe (d'après Dohrn).

grêle rameau unit les deux nerfs en arrière du ganglion fourni par le premier. Ce rameau se prolonge ensuite et se renfle en un petit ganglion d'où part un nerf qui se rend à la branche d'anastomose du vague et du facial. Après avoir formé son ganglion, le glosso-pharyngien des Sélaciens sort du crâne, envoie une branche à la peau et une autre vers la première fente branchiale. Cette seconde branche, après avoir fourni un *rameau palatin*, se divise en un *rameau prétrématique*, sensitif, longeant, derrière l'arc hyoïde, le bord antérieur de la fente branchiale, et un *rameau post-trématique* plus puissant et innervant les muscles du premier arc branchial. Ces dispositions sont conservées chez la plupart des Poissons; chez les Téléostéens, le glossopharyngien sort toujours du crâne par un orifice spécial, bien que chez beaucoup de Téléostéens il s'anastomose à son intérieur avec le vague.

Le *nerf vague* tient sous sa dépendance toute la région de la tête située en arrière du domaine du glossopharyngien. Ce nerf a pour origine chez l'*Ammocœtes* (fig. 1811, *nv*) une racine unique qui se renfle bientôt en un volumineux ganglion; mais le nombre des racines paraît se multiplier avec l'âge, et il arrive à quatre, comme pour le glosso-pharyngien, lorsque la transformation en *Petromyzon* s'est accomplie. Du ganglion partent chez l'*Ammocœtes* comme chez le *Petromyzon* deux nerfs dirigés en arrière, le *grand nerf latéral*, du côté dorsal, le *tronc branchio-intestinal*, immédiatement au-dessus des branchies. Entre les poches branchiales, le tronc branchio-intestinal se renfle en *ganglions épibranchiaux* de chacun desquels part un *nerf branchial* bientôt divisé en une *branche péritrématique* sensitive et une *branche posttrématique* plus forte et motrice. Les dernières ramifications de ces branches aboutissent à la gouttière hypobranchiale qui, chez les Cyclostomes,

représente le corps thyroïde. En arrière des branchies, le tronc branchio-intes al
se prolonge sur l'intestin en un *nerf intestinal*. Ce nerf s'étend chez les *Myxine* sur
toute la longueur de l'intestin et remonte vers la ligne médiane, où il se confond
avec son symétrique; il ne fournit, au contraire, chez les *Petromyzon* qu'un petit
nombre de courtes branches. Le grand nerf latéral est avec le vague dans les mêmes
rapports que le nerf latéral du trijumeau et celui du facial sont respectivement
avec ces derniers nerfs. Le grand nerf latéral est uni au facial par un connectif,

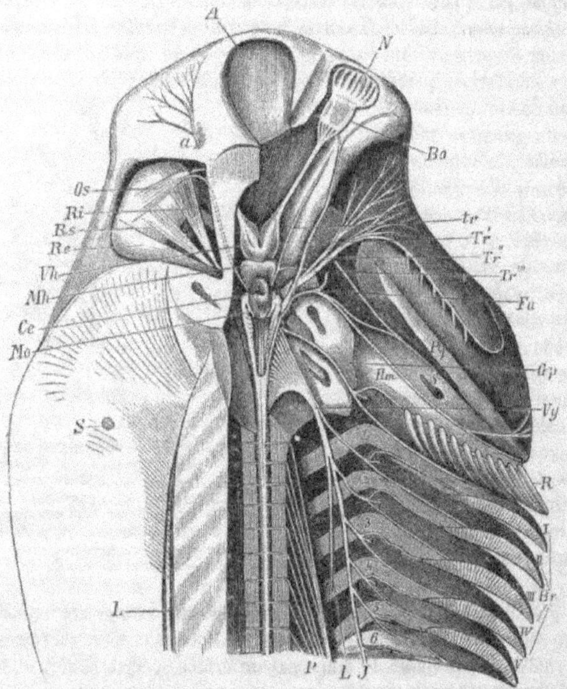

Fig. 1812. — Encéphale et partie antérieure de la moelle de l'*Hexanchus griseus*; à droite l'œil est enlevé
et les nerfs sont disséqués. — *A*, fossette antérieure du crâne; *N*, capsule olfactive; *Vh*, cerveau antérieur; *Mh*, cerveau moyen; *Ce*, cervelet; *Mo*, moelle allongée; *Bo*, lobe olfactif; *tr*, nerf pathétique;
Tr', *Tr''*, *Tr'''*, les trois branches du trijumeau; *a*, terminaison de la première branche dans la région
ethmoïdienne; *Fa*, facial; *Gp*, glosso-pharyngien; *Vg*, nerf vague; *L*, rameau latéral; *J*, rameau intestinal; *Os*, muscle oblique supérieur; *Ri*, muscle droit interne; *Re*, muscle droit externe; *Rs*, muscle
droit supérieur; *S*, évent; *Pq*, palato-carré; *Hm*, hyomandibulaire; *R*, rayons hypobranchiaux; *1* à *6*,
arcs branchiaux; *I* à *VI*, branchies; *P*, nerfs rachidiens (d'après Gegenbaur).

le *facial récurrent*, qui contourne le labyrinthe. Cette anastomose est conservée
chez la plupart des Poissons. Comme le facial est lui-même en connexion avec le
trijumeau et avec le glosso-pharyngien, tous les nerfs cérébraux secondaires se
trouvent ainsi unis entre eux. Le *grand nerf latéral* des *Petromyzon* se détache
par un renflement ganglionnaire spécial (*gl*) du ganglion du vague et s'étend le
long de la corde dorsale jusqu'à l'extrémité postérieure du corps. Il envoie au

tégument de nombreux et très fins ramuscules ; sur son trajet, il reçoit chez l'*Ammocœtes* de nombreux filets issus aussi bien des racines dorsales que des racines ventrales des nerfs médullaires et doit être, en conséquence, considérée comme un *nerf connectif* ou *nerf collecteur* résultant d'anastomoses longitudinales de nerfs issus de la moelle allongée et de la moelle proprement dite ; il n'est pas certain qu'il corresponde réellement au nerf vague des autres Poissons (p. 2508).

Chez les ÉLASMOBRANCHES, le *nerf vague* (fig. 1812, *Vg*) naît de la moelle allongée par un faisceau de nombreuses racines dont les antérieures s'unissent pour constituer le *grand nerf latéral*, tandis que les postérieures forment le *nerf branchio-intestinal*. De ce dernier naissent des rameaux branchiaux divisés comme chez les Cyclostomes et, en outre, un rameau interne, le *rameau pharyngien*, d'où partent en dedans des branchies plusieurs ramuscules. Chez les Requins, chaque rameau branchial porte, avant de se diviser, un ganglion analogue à celui des Cyclostomes ; il existe chez les Raies un ganglion pour chacune des deux branches du rameau. Le nerf branchio-intestinal ne se prolonge guère que sur l'intestin intérieur ; les rameaux branchiaux qui correspon-

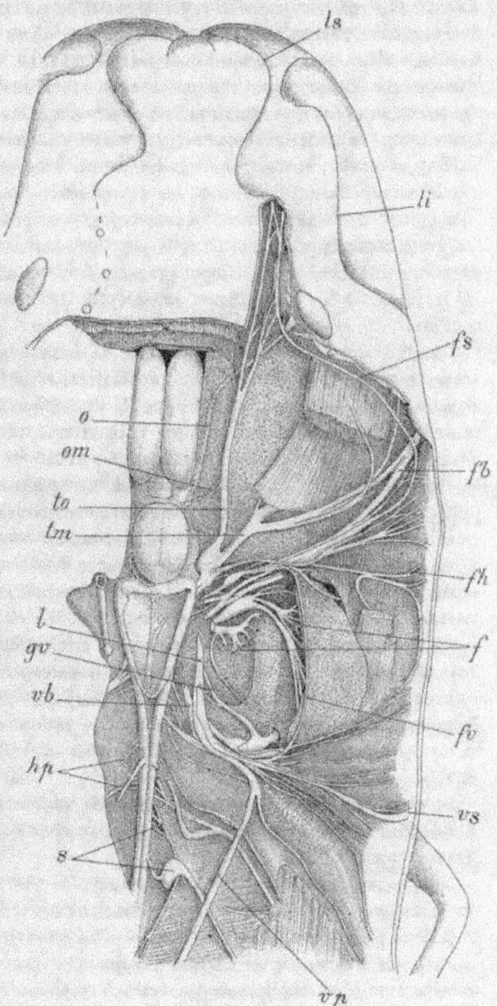

Fig. 1813. — Cerveau et nerfs cérébraux du *Protopterus annectens*. — *ls*, ligne supraorbitaire ; *li*, ligne infraorbitaire ; *fs*, rameau ophtalmique superficiel du facial ; *fb*, rameau buccal du facial ; *fh*, rameau hyomandibulaire du facial ; *f*, facial ; *fv*, rameau communiquant du latéral et du vague ; *vs*, rameau latéral superficiel supérieur du vague ; *vp*, rameau profond du vague ; *l*, nerf latéral ; *s*, racines du nerf spinal ; *hp*, grand hypoglosse ; *gv*, anastomose du glosso-pharyngien avec le ganglion viscéral du vague ; *vb*, rameau branchio-intestinal du vague ; *tm*, rameau maxillaire du trijumeau ; *to*, rameau ophtalmique profond du trijumeau ; *o*, nerf optique ; *om*, nerf oculo-moteur (d'après Pinkus).

daient aux dernières poches branchiales des Notidanidæ deviennent naturellement des branches pharyngiennes chez les Requins où ces poches ont disparu. Il existe déjà en arrière des branchies, chez les Notidanidæ, des rameaux pharyngiens qui naissent du prolongement du nerf branchio-intestinal; on ne saurait affirmer que ces nerfs, pas plus que ceux que l'on observe chez les autres Requins correspondent à des fentes branchiales disparues. La branche intestinale du nerf vague envoie un rameau au cœur, et c'est elle également qui innerve les poumons des Dipnés, la vessie natatoire des Ganoïdes et des Téléostéens.

Le grand nerf latéral des Élasmobranches ne présente aucune connexion avec les nerfs médullaires; il ne se relie plus qu'en avant avec le vague et ne saurait plus être distingué d'une simple branche de celui-ci. Les rapports qu'on pourrait lui supposer avec les organes sensitifs de la ligne latérale ont été expliqués p. 2508.

Chez les Ganoïdes et les Téléostéens les deux faisceaux de racines qui donnent respectivement naissance au grand nerf latéral et au tronc branchio-intestinal sont beaucoup plus nettement séparés l'un de l'autre que chez les Élasmobranches. Du tronc du vague se détache, chez les Téléostéens, un *rameau dorsal*, intra-crânien, déjà présent chez les Sélaciens. Le grand nerf latéral s'enfonce profondément chez les Dipnés (fig. 1813, *l*), mais il est doublé d'une branche superficielle longitudinale et il émet en outre deux autres branches longitudinales qui courent au bord supérieur et au bord inférieur des champs latéraux du corps. Chez les Téléostéens, après avoir fourni une branche à la surface interne de l'opercule et une autre à la région postérieure du crâne, le nerf latéral chemine superficiellement au-dessous de la ligne latérale dont il innerve les organes sensitifs. Il se divise en une branche superficielle et une branche profonde lorsque les canaux latéraux avec qui il est en rapport affectent une semblable disposition; il s'atrophie quelquefois plus ou moins, comme chez les Tetrodontidæ. Chez le *Polypterus* et beaucoup de Téléostéens où le rameau latéral du trijumeau fait défaut, le grand nerf latéral émet un fin rameau dorsal qui chemine sous la musculature de la nageoire dorsale et envoie des ramifications à ses téguments.

Le *nerf accessoire* qui se rend au muscle trapèze naît des dernières racines du vague chez les Élasmobramches et il n'arrive chez les Poissons qu'à une individualisation relative.

L'*hypoglosse* naît à la suite du vague par des racines multiples dont le nombre varie de deux (*Ammocœtes*) à cinq (Selachidæ); il est à peine distinct des nerfs rachidiens; son domaine s'étend chez les *Ammocœtes* sur les trois myomérides qui contribuent à former la musculature céphalique; chez tous les autres Poissons cette musculature n'est développée que sur la face ventrale où elle constitue en particulier la musculature linguale.

Il n'y a aucune démarcation nette entre les nerfs cérébraux et les nerfs médullaires. Les racines de l'*accessoire du vague* peuvent en effet s'étendre jusque sur la moelle, et les racines ventrales des premiers nerfs médullaires peuvent se mêler à celles du vague. Il y a donc entre la région cérébrale de l'axe nerveux et sa région médullaire une *région intermédiaire* que l'on peut distinguer, suivant ses rapports spéciaux, comme une *région occipitale*, *occipito-spinale* ou *spino-occipitale*. Le nombre de ces nerfs occipitaux est de deux chez les Marsipobranches et les Dipnés (fig. 1813, s); il peut s'élever à six chez les *Acipenser*, descend à trois chez les *Amia* et se réduit à l'unité chez les *Polypterus*. Les *Lepidosteus* ont encore plusieurs nerfs occipito-spinaux; les TÉLÉOSTÉENS n'en ont en général que deux. Ces nerfs peuvent sortir du crâne au-dessus ou même en avant du vague (*Bdellostoma*, *Heptanchus*). Les racines dorsales des nerfs antérieurs sont plus faibles que les ventrales; ces racines peuvent finalement avorter et cela explique dès lors que certains nerfs céphaliques soient exclusivement moteurs. Après la sortie de la colonne vertébrale, les nerfs occipitaux, spinaux et un certain nombre des nerfs médullaires suivants s'unissent par des anastomoses de manière à constituer deux *plexus*, eux-mêmes reliés l'un à l'autre : le *plexus cervical* et le *plexus brachial*. Le premier innerve la région branchiale, le second les nageoires pectorales. Le plexus cervical est formé chez les Sélaciens par les nerfs occipitaux et les nerfs spinaux. Dans la région épibranchiale ces nerfs s'unissent sur leur parcours en un *nerf collecteur* qui passe en arrière de la dernière fente branchiale et se réfléchit ensuite en avant pour innerver toute la musculature hypobranchiale [1]. La courbure de ce nerf est peu marquée chez les HOLOCÉPHALES. La complexité du plexus cervical et du plexus brachial qui lui fait suite dépend du nombre, d'ailleurs très variable, de nerfs qui prennent part à leur formation. Chez le Brochet (*Esox lucius*), par exemple, deux nerfs occipito-spinaux, correspondant au 2e

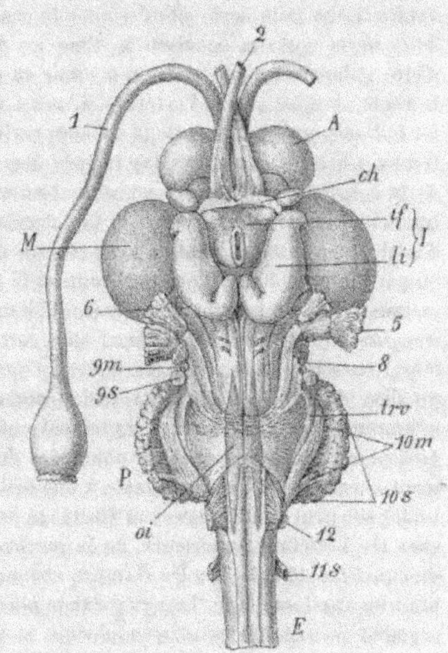

Fig. 1814. — Face inférieure du cerveau de la Carpe. — *ch*, chiasma des nerfs optiques; *A*, cerveau antérieur; *if*, infundibulum; *li*, lobes inférieurs; *I*, cerveau intermédiaire; *M*, cerveau moyen; *R*, moelle allongée; *oi*, olive inférieure. — *1*, nerf olfactif; *2*, nerf optique; *5*, nerf trijumeau; *6*, nerf moteur oculaire externe; *8*, nerf acoustique; *9*, nerf glosso-pharyngien (*m*, racine motrice; *s*, racine sensitive); *10*, nerf vague (*m*, *r*, motrices; *s*, racines sensitives); *11*, nerf spinal; *12*, nerf grand hypoglosse (d'après P. Mayser).

et au 3e de l'*Amia*, s'unissent à deux rameaux du vague et à un nerf spinal pour

[1] S'il était toujours vrai que le trajet des nerfs qui se rendent à un organe indique les connexions primitives de celui-ci, on devrait, avec Gegenbaur (*Anatomie comparée des Vertébrés*, p. 831), conclure du trajet de ce nerf collecteur que les branchies étaient primitivement des dépendances de la région céphalique qui ont ensuite envahi le tronc. Mais lorsque les nerfs s'anastomosent, des branches secondaires du réseau qu'ils forment peuvent prendre un tel développement et les branches primitives s'atrophier si bien que les connexions originelles qui seules ont une importance morphologique peuvent être complètement transformées. Il devient alors impossible de rien conclure des rapports et de la disposition des nerfs. Il n'est pas inadmissible cependant que chaque branchie dépassant les limites du métaméride auquel elle appartient ait refoulé la suivante et déterminé ainsi le refoulement apparent d'un ensemble d'organes d'ailleurs essentiellement en rapport chacun avec l'un des métamérides primitifs.

former le plexus cervical; deux nerfs spinaux forment le plexus brachial qui se relie lui-même au plexus cervical.

Chez les *Petromyzon*, à chaque segment de la moelle correspondent un *nerf dorsal* sensitif dont la racine porte un ganglion et un *nerf ventral* moteur. Ces deux nerfs sont indépendants l'un de l'autre. Les nerfs dorsaux naissent en avant des nerfs ventraux, de telle sorte que l'origine de chacun de ceux-ci soit à égale distance de deux nerfs dorsaux consécutifs. Chez les MYXINIDÆ les deux nerfs cessent déjà d'être indépendants, et arrivent à s'unir en un nerf médullaire mixte. Cela devient la règle chez les autres Vertébrés. L'union des deux racines ne se fait encore chez les Poissons qu'en dehors de la colonne vertébrale; mais elle s'accomplit de diverses façons. Chez les SÉLACIENS les racines dorsales traversent les pièces intercalaires de la colonne vertébrale et présentent ensuite un ganglion; les racines ventrales traversent les arcs cartilagineux. Ces dernières se divisent chacune en un rameau dorsal et un rameau ventral avec chacun desquels se met en rapport directement ou par l'intermédiaire d'un court rameau le ganglion de la racine dorsale. Les deux racines traversent aussi des pièces différentes de la colonne vertébrale chez les *Acipenser*, *Polypterus*, *Lepidosteus*; elles sortent séparément du ligament intervertébral chez les *Amia*; chez les *Silurus*, *Cyprinus*, etc.; la racine ventrale sort par un trou de l'arc vertébral, la racine dorsale traverse au contraire le ligament interarcual; les deux racines traversent enfin les arcs vertébraux chez les *Perca*, *Lucioperca*, *Pleuronectes*, etc. L'union des deux racines se fait d'ordinaire directement chez les TÉLÉOSTÉENS, mais à une distance très variable de la colonne vertébrale; elle peut se faire dans son voisinage immédiat, ce qui conduit au cas général, chez les Vertébrés supérieurs, de la jonction des deux racines à l'intérieur même du canal rachidien. Chez les GADIDÆ, chaque nerf rachidien envoie au suivant une branche anastomotique. Lorsqu'il existe plusieurs corps vertébraux, pour un même segment musculaire (*diplospondylie* de la queue de beaucoup de Sélaciens, de l'*Amia*), les nerfs sont en rapport avec les segments musculaires et plus spécialement avec le dissépiment conjonctif qui les sépare. Chaque nerf se divise en un rameau dorsal et un rameau ventral respectivement destinés à la musculature dorso-latérale et à la musculature ventro-latérale; il existe en outre chez les TÉLÉOSTÉENS un rameau médian qui se distribue à la partie inférieure de la musculature dorso-latérale. Les rameaux dorsaux ont tous sensiblement le même parcours. Les nerfs spinaux qui précèdent ceux qui se rendent à la nageoire ventrale sont, chez les SÉLACIENS, réunis entre eux et au premier nerf de la nageoire par un *nerf collecteur* qui peut unir également entre eux les nerfs de la nageoire avant que ceux-ci ne s'unissent au plexus dans l'organe lui-même. Les nerfs antérieurs à ceux qui se rendent à la nageoire et qui sont unis de la sorte sont les nerfs 31 à 39 chez les *Squalus*, 32 à 54 chez les *Galeus*. Les Raies ne possèdent pas de collecteur. Chez les *Chimæra*, les nerfs les plus antérieurs de la nageoire décrivent un arc dirigé vers la queue avant d'y pénétrer. Au contraire, chez l'*Acipenser*, les nerfs 19 à 27 sont unis par un collecteur; les *Ceratodus* en ont également un et les cinq nerfs qui se dirigent vers leurs nageoires forment un plexus avant d'y pénétrer; il en existe également un chez les TÉLÉOSTÉENS. La formation d'un pareil nerf collecteur est vraisemblablement en rapport avec la grande étendue que présentait le *patagium* primitif.

Système nerveux sympathique. — Outre les branches qu'ils fournissent aux muscles, les nerfs spinaux des MARSIPOBRANCHES [1], aussi bien les nerfs dorsaux que les nerfs ventraux, envoient aux viscères des rameaux spéciaux. Ces rameaux se rendent d'abord à des ganglions métamériquement disposés les uns entre l'aorte et les veines cardinales, les autres près de la ligne médiane, entre les veines cardinales et l'intestin. Des ganglions naissent ensuite des branches nerveuses qui se rendent dans les parois du cœur et de l'intestin, dans l'appareil excréteur, dans l'ovaire, s'y ramifient, s'y anastomosent et y forment un réseau dont les nœuds supportent de nombreux ganglions. Ces branches viscérales des nerfs médullaires, remarquables par leur richesse en ganglions, sont l'origine du *système nerveux grand sympathique*. On n'a pas constaté de connectifs longitudinaux entre les ganglions métamériquement disposés qui avoisinent l'aorte et les veines cardinales ; on ne sait pas d'autre part si les branches intestinales du sympathique s'anastomosent dans les parois du tube digestif avec celles du vague.

Chez les Sélaciens, dans la région de la veine cardinale, les rameaux viscéraux des premiers nerfs spinaux forment avec des branches du rameau intestinal du nerf vague et avec des branches du plexus cervico-brachial un *réseau post-branchial* sur lequel sont disséminés de nombreux ganglions. Ce réseau fait défaut chez les Raies. Il est relié à un gros ganglion dans lequel viennent se réunir un grand nombre de rameaux viscéraux des nerfs spinaux. Au sortir de ce ganglion ces rameaux forment avec des branches du nerf vague un réseau enveloppant l'artère cœliaque et accompagnant ses ramifications dans les viscères. Plus loin, les nerfs viscéraux continuent à constituer un réseau analogue, portant de petits ganglions unis en partie par de fines branches longitudinales ; ce réseau se réduit et ne porte plus que quelques ganglions isolés dans les régions distales du cœlome ; les anastomoses des canaux viscéraux sont ici principalement, mais non exclusivement, longitudinales et les branches périphériques affectent seules une disposition métamérique. Le sympathique ainsi constitué se distribue à l'intestin, à l'appareil vasculaire, au système urogénital et aux autres viscères contenus dans le cæcum.

Sur son trajet sont disposés symétriquement, au-dessus de la veine cardinale postérieure, sur les artérioles intercostales, les *corps suprarénaux*, unis entre eux et aux ganglions par de grêles filets nerveux.

Ils ont la structure de glandes vasculaires sanguines ; le 1er est situé sur l'artère axillaire ; il est associé à une masse de grosses cellules nerveuses, d'où partent les racines du nerf splanchnique ; ainsi que les six ou sept capsules suivantes, il n'a aucun rapport avec les reins ; mais les dernières s'enfoncent dans les reins (SELACHIDÆ) en s'appliquant à leur surface (BATIDÆ).

Chez l'Esturgeon [2], les rameaux branchiaux de pneumogastrique commencent à émettre un petit nombre de racines qui se rendent au sympathique et s'unissent à lui sans présenter de renflements. Le sympathique est lui-même formé dans la région branchiale de trois ou quatre cordons principaux qu'unissent entre eux des connectifs et d'où partent des ramifications pour les arcs branchiaux ; il se constitue

[1] Ch. JULIN, *Recherches sur l'appareil vasculaire et le système nerveux périphérique de l'Ammocète*, Archives de Biologie, t. VII, 1887.

[2] R. CHEVREL, *Système nerveux grand sympathique de l'Esturgeon*, Arch. de Zool. expér., 3e série, t. II, 1895.

ainsi un plexus branchial très développé ; les muscles branchiaux, les parois de la cavité branchiale et la veine cardinale antérieure en reçoivent des filets. Dans la région abdominale, le sympathique présente de petits ganglions et des corps suprarénaux comme chez les Sélaciens, mais les capsules sont irrégulièrement disséminées et sans aucun rapport avec les artérioles. Représenté par 3 ou 4 cordons unis en plexus dans la région abdominale antérieure, il se constitue en deux cordons symétriques dans sa région moyenne et les cordons se fusionnent finalement en un plexus qui s'étend jusqu'à l'anus. De ce plexus naissent deux filets caudaux, anastomosés par places, qui cheminent entre l'artère et la veine caudale et reçoivent des rameaux communiquants.

Chez les TÉLÉOSTÉENS, le réseau sympathique est remplacé de chaque côté de la colonne vertébrale par un cordon longitudinal unissant entre eux les rameaux viscéraux et portant des ganglions isolés. Des rameaux nerveux naissent du cordon aussi bien que des ganglions et peuvent porter à leur tour des renflements ganglionnaires. Le cordon s'étend jusqu'au trijumeau et commence par un ganglion qu'un rameau nerveux unit au ganglion ciliaire. D'autres ganglions correspondent au facial, au glosso-pharyngien, au vague et à l'hypoglosse au-dessous desquels ils sont respectivement situés. Du ganglion de l'hypoglosse ou de ce dernier et du premier ganglion spinal avec lequel il est plus ou moins confondu partent les racines d'un *ganglion splanchnique* ou *ganglion cœliaque* duquel dépend le réseau qui accompagne les ramifications des artères dans les viscères. Les deux cordons longitudinaux sont confondus en un cordon unique chez les PHYSOSTOMES et les APODES, mais même dans ce cas il se séparent en deux cordons dans le canal caudal, à l'intérieur duquel ils se continuent toujours, indiquant ainsi que le canal était primitivement occupé par les viscères qui se sont peu à peu ramassés en avant, la queue prenant ainsi une importance croissante aux dépens du tronc. Il n'y a plus de corps suprarénaux.

Système uro-génital. — L'*appareil rénal*, qui mérite plus exactement le nom de *système rénal*, et l'*appareil génital* sont si intimement liés chez les Vertébrés qu'il y a tout avantage à les décrire simultanément. Les raisons des dispositions qu'ils présentent n'apparaîtront clairement qu'après l'étude de leur développement embryogénique. Mais afin de permettre une coordination plus facile des faits, on peut dès à présent énoncer la proposition fondamentale suivante : *Le système rénal primitif des Vertébrés n'est qu'une transformation d'un système de néphridies tout à fait comparables à celles des Vers annelés, se répétant métamériquement comme elles, formé comme elles, dans chaque myoméride, d'un canal cilié s'ouvrant dans la cavité générale par un pavillon vibratile, le* néphrostome, *enveloppant sur sa route un peloton vasculaire, le* glomérule de Malpighi, *se repliant ensuite en écheveau pour constituer un* organe glandulaire *et aboutissant enfin à un canal collecteur longitudinal qui s'étend sur toute la longueur du corps, sert de débouché commun à toutes les néphridies et s'ouvre seul au dehors, au voisinage de l'anus ou dans l'intestin terminal lui-même.*

On peut de même énoncer cette autre proposition justifiée d'avance, en partie, comme la précédente, par ce qui a été décrit chez l'*Amphioxus*.

L'appareil génital primitif des Vertébrés se composait de gonades distinctes se répétant métamériquement comme les myomérides ou segments du corps.

Enfin les liens de ce *système génital* et du *système néphridien*, déjà nettement indiqués chez les Vers annelés (p. 1603) et chez les Mollusques, sont exprimés par cette troisième proposition :

Le système néphridien fournit toujours au système génital ses canaux excréteurs; il se dédouble ou se modifie, à cet effet, de manière que l'une de ses parties se consacre uniquement à la fonction excrétrice et constitue l'appareil rénal; tandis que l'autre se met exclusivement au service de l'appareil génital dont elle constitue l'appareil excréteur et ses annexes.

Cet état primitif est plus ou moins modifié chez les Poissons et les Batraciens; mais il conserve nettement ses traits caractéristiques, il est tellement transformé chez les Vertébrés aériens actuels, que l'identité fondamentale des deux types n'aurait pu être établie sans une étude très détaillée du développement embryogénique. Mais cette étude a été particulièrement féconde en apportant la démonstration irrécusable de la structure métamérique des Vertébrés, de leur étroite parenté expliquée p. 2358 avec les Vers annelés, en permettant de comprendre dans une même théorie tout l'ensemble de la morphologie animale et de mettre en évidence la cause unique qui a déterminé la complication graduelle des organismes [1].

Balfour a désigné sous le nom de *pronéphros* le système rénal primitif des embryons [2] de Vertébrés. Le pronéphros se résorbe en partie et est remplacé chez les Vertébrés aquatiques par un appareil construit sur un plan analogue, le *mésonéphros*; ce mésonéphros fait place à son tour chez les Vertébrés aériens à un appareil rénal qui en procède, mais qui paraît au premier abord d'un type tout différent, le *métanéphros*. Ces transformations ne sont pas particulières aux Vertébrés; les Vers annelés en présentent déjà de même ordre au cours de leur évolution (p. 1382).

Le canal collecteur du pronéphros est entièrement conservé chez les MYXINIDÆ. Dans chaque segment il présente un diverticule latéral qu'une région pédonculaire rétrécie unit à un corps sphéroïdal libre, qui n'est autre chose qu'une glomérule de Malpighi pourvue de son peloton vasculaire. Les artères qui se rendent à ce peloton naissent directement de l'aorte; les veinules issues de ces glomérules ne retournant pas à la veine cave. Dans le jeune âge s'ouvrent à l'extrémité antérieure du canal des tubes du pronéphros pourvus de nombreux néphrostomes et d'un nombre restreint de glomérules. Ces tubes s'isolent plus tard. Le pronéphros n'est représenté chez les *Petromyzon* adultes que par un petit nombre d'entonnoirs vibratiles correspondant aux deux ou trois premiers myomérides et leur glomérule. Le mésonéphros qui le remplace est constitué par deux longs canaux collecteurs symétriques, terminés en cæcum en avant. En arrière, ces canaux, parvenus au sinus uro-génital, s'ouvrent sur une même papille médiane entourée de deux lèvres. Des tubules constituant la partie essentielle du mésonéphros (p. 2635) se greffent sur toute leur partie moyenne et l'appareil rénal se trouve ainsi constitué par deux bandelettes assez larges.

L'appareil rénal et les conduits génitaux des ÉLASMOBRANCHES présentent d'étroites relations morphologiques. Le tube collecteur unique de chaque côté des MARSIPO-

---

[1] EDMOND PERRIER, *Les colonies animales et la formation des organismes*, 1881. L'histoire de cette théorie ayant été exposée dans cet ouvrage et dans celui que j'ai publié sous le titre *La philosophie zoologique avant Darwin*, je me bornerai ici à y renvoyer le lecteur.

[2] R. CHEVREL, *Sur l'anatomie du système nerveux grand sympathique des Élasmobranches et des Poissons osseux*, Archives de zoologie expérimentale, 2e série, t. V bis.

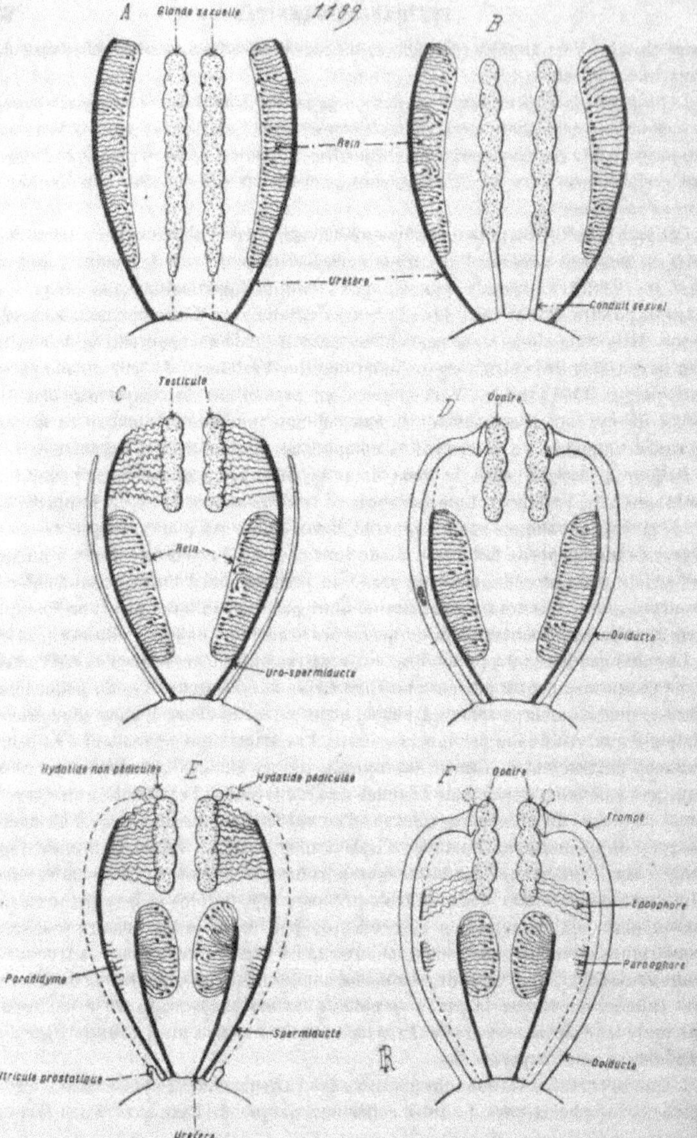

Fig. 1815. — Principales dispositions définitives des conduits uro-génitaux des Vertébrés (*diagrammes représentés en projection horizontale), les conduits étant représentés seuls, avec un nombre restreint de leurs canalicules*). — En A, type des *Cyclostomes* et de plusieurs Téléostéens, munis de pores abdominaux. — En B, type de la plupart des Téléostéens. — En C, type de la sexualité mâle des Sélaciens Dipnés et Ganoïdes, ainsi que des Amphibiens. — En D, type de la sexualité femelle des mêmes animaux. — En E, type de la sexualité mâle des Amniotes : les portions atrophiées du spermiducte sont représentées par une ligne pointillée. — En F, type de la sexualité femelle des mêmes animaux ; les portions atrophiées de l'oviducte sont représentées par une ligne pointillée.

BRANCHES est remplacé par deux tubes parallèles, le *canal de Müller* et le *canal de Wolf* ou *canal de Leydig*. Le premier constitue l'*oviducte* des femelles qui s'ouvre par un pavillon dans la cavité générale; il est plus ou moins atrophié chez le mâle et réduit d'habitude à un court canal rattaché au foie (p. 2641). Le *canal de Wolf* supporte de nombreux canalicules représentant des mésonéphridies pour lesquelles il constitue un canal collecteur secondaire. Ces mésonéphridies d'abord simplement tubulaires présentent dans leurs structure et dans leurs rapports des transformations importantes, différentes dans les deux sexes et qui sont décrits p. 2641. Dans leur ensemble, les reins, chez les Sélaciens, ont la forme de deux lames allongées, situées à droite et à gauche de la colonne vertébrale, ordinairement atténuées en avant et présentant sur leur bord des indentations, restes de leur structure primitivement métaméridée. A la surface de ces lames s'ouvrent des pavillons vibratiles ou néphrostomes que l'on peut mettre facilement en évidence en baignant de liqueur de Flemming les régions qu'ils occupent; l'acide osmique contenu dans la liqueur est réduit par les entonnoirs et les tubes néphridiens qui se colorent en noir[1]. Les dimensions de ces pavillons vibratiles variant de 1 à 30 millimètres; leur nombre varie d'un individu à l'autre et, au cours de la vie, sur le même individu; ils se ferment en partie chez les adultes. On en trouve toujours de persistants dans les genres *Hexanchus, Scymnus, Squalus, Etmoperus, Centrophorus, Oxynotus, Scylliorhinus, Pristiurus, Chiloscyllium, Squatina*. Leur nombre maximum a été constaté chez les *Centrophorus*, le nombre minimum chez les *Pristiurus*, où il n'y en a que 10 ou 11. Chez les *Squalus* il n'y en a pas le même nombre à droite et à gauche; tandis que les mâles en présentent de 34 à 28, les femelles n'en ont que 27 à 23. La disposition métamérique si fréquente au début du développement de l'organe (fig. 1815) est masquée chez l'adulte par l'abondance des tubules.

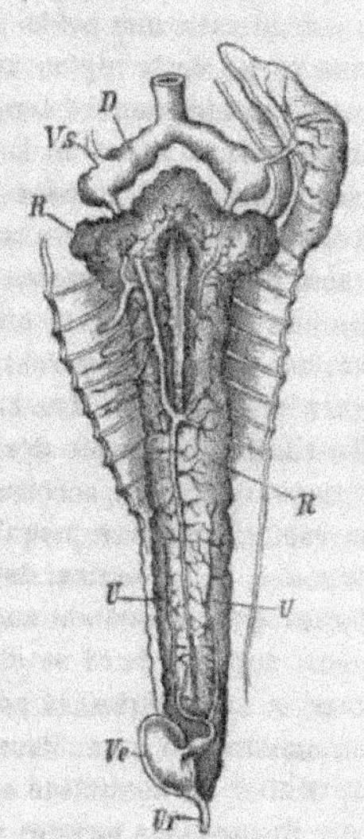

Fig. 1816. — Reins du *Salmo fario*. — *R*, reins; *U*, uretère; *Ve*, vessie; *Ur*, urètre; *D*, canal de Cuvier; *Vs*, veines sous-clavières (d'après Hyrtl).

Les HÉLOCÉPHALES présentent une disposition plus primitive que celle des Sélaciens; chaque néphridie se continue par un canal excréteur propre qui garde son indépendance jusqu'à l'extrémité postérieure du corps[2].

Les reins des DIPNÉS forment deux corps rubannés, lobés latéralement, très amincis en avant, se réunissant en arrière, moins aplatis et beaucoup plus courts chez les *Ceratodus* que chez les *Protopterus*. Leurs canaux collecteurs très courts et enfermés dans leur substance chez les *Protopterus*, logés dans une fente du péritoine chez les *Ceratodus*, s'ouvrent très près l'un de l'autre, mais indépendamment, dans le cloaque de chaque côté de l'orifice d'une poche qui n'est autre qu'une vessie

[1] F. GUITEL, *Sur un procédé facilitant la recherche des entonnoirs des reins des Sélaciens*, Archives de Zoologie expérimentale, 3e série, t. V, 1897.
[2] C. RABEKE, *Kleine Beitrage zur Anatomie der Plagiostomen*, Tidj. Nederl. Deckunde, Decl., VI, 1899.

urinaire. Ces reins sont manifestement des mésonéphros; il existe chez les femelles un canal de Müller semblable à celui des Sélaciens. Les canalicules rénaux s'ouvrent vraisemblablement dans la cavité péritonéale par des néphrostomes.

L'appareil néphridien des GANOÏDES CHONDROSTÉENS s'étend de la base du crâne jusqu'au cloaque; il est recouvert par une lame péritonéale fortement pigmentée. On y peut distinguer une région antérieure dilatée; une région moyenne étroite et élargie et une région postérieure d'abord très large, mais qui va ensuite en se rétrécissant; les deux reins se soudent dans cette région le long de la ligne médiane, ainsi que sur une petite partie de leur région antérieure. La région antérieure et une partie de la région moyenne sont transformées en un tissu adénoïde; et il en est de même chez les *Lepidosteus*. Le canal collecteur secondaire commence immédiatement en avant de la région moyenne rubannée et s'étend jusqu'au cloaque. Sur une petite étendue en arrière de la région confluente des reins, ce canal s'élargit, reçoit un très court canal de Müller et prend dès lors la signification d'un canal collecteur primaire. Il s'unit à son symétrique et le canal médian qui résulte de leur union s'ouvre au sommet d'une papille, un peu en arrière de l'anus. Sur sa face dorsale s'ouvrent par des pores de diverses grandeurs plus de 150 canaux excréteurs du rein. Les néphrostomes présents chez les embryons ont disparu chez les adultes. Les reins des *Polypterus* et des *Amia* sont représentés par deux bandelettes symétriques, accolées, de chaque côté de l'aorte, à la colonne vertébrale, depuis la région du cœur jusqu'à l'extrémité postérieure de la cavité générale; dans le premier, ils présentent des dilatations métamériques qui viennent se loger dans des fentes que présentent sur la face ventrale les corps des Vertèbres. L'uretère qui court sur leur bord se dilate en arrière chez l'*Amia* en une vessie qui se fusionne avec sa symétrique, la poche commune s'ouvrant elle-même à l'extérieur un peu en arrière de l'anus. Dans le genre *Lepidosteus*, les deux sexes présentent un canal de Müller en continuité avec le revêtement des glandes génitales, ce qui conduit aux dispositions propres aux Téléostéens; il existe en outre un canal de Wolf avec tubules néphridiens. En arrière, le canal de Müller et le canal collecteur secondaire se réunissent de chaque côté en un canal unique (*canal collecteur primitif*) dans lequel débouchent un certain nombre de tubes néphridiens.

Cet appareil semble avoir été frappé d'un arrêt de développement plus ou moins grand chez les TÉLÉOSTÉENS. Le rein primitif peut, en effet, subsister comme rein fonctionnel, et parfois même en remplir seul les fonctions (*Fierasfer*), se transformer en un organe adénoïde, ou disparaître. En tous cas, le système néphridien ne contracte avec les glandes génitales que des rapports insignifiants; le canal collecteur du pronéphros ne paraît jamais se dédoubler, et c'est lui qui sert d'uretère. Il est généralement en partie enfoncé dans la substance du rein, en partie simplement adhérent à sa surface ventrale ou latérale et en recueille partout les canalicules. D'ordinaire, les deux canaux collecteurs se réunissent à leur extrémité postérieure, parfois sur une grande étendue (*Thynnus vulgaris*) et aboutissent à une *vessie urinaire* de forme très variable qui s'ouvre par une sorte d'urètre, en arrière de l'anus, au sommet d'une *papille*. Sur cette papille se trouve fréquemment aussi l'orifice génital (BLENNIIDÆ, GOBIIDÆ, CYCLOPODIDÆ, etc.), quelquefois confondu en un *pore uro-génital* avec l'orifice de l'urètre. Les reins sont toujours situés entre la vessie natatoire et la colonne vertébrale; leur étendue est extrêmement variable; ils peuvent s'étendre de la base du crâne à l'extrémité de la cavité abdominale et se limiter à la région postérieure de celle-ci et à la région caudale (SALMONIDÆ, fig. 1815; CLUPEIDÆ, etc.) ou même à une étendue variable de la cavité abdominale. Leur forme et leur étendue dépendent naturellement du degré de développement des organes voisins.

Répartition des sexes; caractères sexuels. — Les sexes sont, en général, séparés chez les Poissons. Quelques espèces sont cependant normalement hermaphrodites (SPARIDÆ, SERRANIDÆ, *Chrysophrys*); chez d'autres (*Clupea harengus, Gadus morrhua, Scomber vulgaris, Anguilla vulgaris*, etc.) on a constaté un hermaphrodisme accidentel. Les *Myxine* présenteraient normalement un hermaphrodisme protandre. La partie postérieure de la glande génitale entrerait la première en évolution et fonctionnerait comme un testicule, puis elle s'atrophierait tandis que le reste de la glande évoluerait en ovaire. Pendant un certain temps le testicule en voie d'atrophie et l'ovaire en voie du développement pourraient émettre simultanément des éléments sexuels. Toutefois les recherches de Dean sur le *Bdellostoma Stouti* l'ont conduit à penser que la démonstration de cet hermaphrodisme n'était pas encore faite. Il paraît en être de même chez les SPARIDÆ; mais ici le testicule est une glande distincte de l'ovaire et en rapport étroit avec l'oviducte. Le testicule des SERRANIDÆ est placé de la même façon; mais les œufs et les spermatozoïdes arrivent à maturité en même temps.

Les mâles se distinguent des femelles par des caractères qui peuvent être en rapport avec les fonctions qu'ils ont à remplir (Syngnathes, etc.), ou qui peuvent être de simples caractères ornementaux (ÉLASMOBRANCHES, *Chælostomus, Lopicaria, Salmo, Polyacanthus, Gasterosteus*, etc.).

Les ÉLASMOBRANCHES mâles ont leurs nageoires ventrales modifiées en un organe d'accouplement, le mixiptérygium (p. 2443); la nageoire ventrale se transforme d'une manière toute spéciale chez divers Cyprinodontes (p. 2433); la face ventrale prend des caractères nettement distinctifs des sexes lorsque l'un de ceux-ci est incubateur (*Aspredo*, LOPHOBRANCHES). Mais il existe aussi des caractères sexuels qui ne sont pas liés à l'exercice direct des fonctions génitales. Les saumons mâles, par exemple, ont la mandibule inférieure saillante et recourbée en dessus, d'où leur nom de *bécarts*. Les mâles du *Callionymus lyra* sont plus vivement colorés que les femelles; ils ont la tête plus large et de longs rayons à la dorsale. De telles différences sexuelles ne se trouvent en général que chez les Poissons qui vivent par couples à l'époque de la reproduction (BLENNIIDÆ, GOBIIDÆ, *Lepadogaster*); il est rare qu'il en soit ainsi chez les Poissons à œufs pélagiques, comme les *Callionymus*; le fait est, au contraire, normal chez les Poissons nidifiants, tels que les GASTEROSTEIDÆ et les *Polyacanthus macropus* dont les mâles, en tout temps plus vivement colorés que les femelles, deviennent particulièrement brillants et revêtent en quelque sorte une *robe de noce* à l'époque de la reproduction. Les Anguilles mâles, à cette époque, deviennent argentées et leurs yeux prennent un développement exceptionnel; elles demeurent plus petites que les femelles.

Au moment de la ponte, un certain nombre de Poissons entreprennent des voyages d'une certaine étendue et changent même périodiquement de milieu. Les Lamproies, les Esturgeons, les Saumons, les Aloses quittent périodiquement la mer pour venir pondre dans les rivières (*Poissons anadromes*). Les Anguilles font le contraire (*Poissons catadromes*); un certain nombre d'entre elles demeurent dans les étangs et les petits cours d'eau *où elles ne se reproduisent pas*; les autres gagnent la mer (*Poissons catadromes*), en automne; les jeunes (*Leptocephalus*) y accomplissent leur métamorphose (p. 2646) et parvenus à l'état de *civelles* transparentes, ayant 6 ou 7 centimètres de long regagnent les eaux douces.

Appareil génital mâle. — Les organes génitaux des MARSIPOBRANCHES sont constitués par une glande impaire, située au-dessous de l'aorte et qu'un repli péritonéal relie à la face dorsale de l'intestin. Chez les autres Poissons, les glandes génitales sont paires, symétriques, sauf de très rares exceptions; il peut arriver cependant que les deux testicules (*Osmerus eperlanus*, *Gasterosteus aculeatus*, etc.) ou les deux ovaires (*Ammodytes tobianus*, *Cobitis barbatula*, *Atherina hepsetus*) soient inégalement développés. La glande mâle et la glande femelle présentent d'ailleurs exactement les mêmes rapports morphologiques.

Le testicule des MARSIPOBRANCHES est composé de follicules nombreux qui se groupent de manière à lui donner une apparence lobulée.

Les glandes génitales mâles des ÉLASMOBRANCHES sont constituées par de nombreuses capsules formant deux masses glandulaires parfaitement symétriques de chaque côté de la colonne vertébrale, dans la région antérieure de la cavité abdominale au-dessus du foie. Leurs canaux efférents ont été décrits en même temps que le système néphridien. Chez le *Somniosus borealis*, les produits génitaux sont émis par un pore abominal, comme on le verra chez un assez grand nombre de Téléostéens.

Chez les Esturgeons, les testicules commencent à la face ventrale des reins, non loin de leur extrémité antérieure et empiétant sur les côtés de la vessie natatoire; ils se soudent sur une faible étendue à leur extrémité postérieure. Un canal fermé à ses deux extrémités court sur leur face latérale; il en naît des canalicules nombreux qui s'anastomosent çà et là dans le repli suspenseur du testicule, et se jettent dans la partie externe des reins dont ils empruntent le canal excréteur. La constitution de l'appareil génital mâle des DIPNÉS rappelle celle des Sélaciens et des Ganoïdes. Les testicules des *Lepidosteus* forment des masses irrégulièrement lobées d'où partent de nombreux canaux déférents transversaux, aboutissant au canal collecteur longitudinal de l'appareil néphridien.

Les testicules des TÉLÉOSTÉENS ont toujours la forme de deux masses à section arrondie, ovale ou triangulaire, comprises entre l'appareil néphridien et le tube digestif. Les canaux déférents s'ouvrent au dehors, tantôt par un orifice qui leur est commun avec la vessie (la plupart des *Blennius*), tantôt par des orifices distincts (*B. palmicornis*[1]). Ce sont là des dispositions très variables, après s'être réunis l'un à l'autre sur un court trajet. Le canal déférent de chaque testicule court sur le bord dorsal de ce dernier dont il se dégage vers son extrémité postérieure seulement. Vers son extrémité testiculaire se rendent les canalicules spermatiques qui lui amènent le sperme des diverses parties de la glande et qui peuvent être diversement pelotonnés et anastomosés entre eux (CYPRINIDÆ) ou disposés radiairement (*Perca, Lucioperca*).

Développement des spermatozoïdes. — Les testicules[2] des Sélaciens (*Scyllio-*

---

[1] F. GUITEL, *Orifices génito-urinaires de quelques* BLENNIOÆ, Arch. de zool. exp., 1893.

[2] A. SABATIER, *De la spermatogénèse chez les Poissons Sélaciens*, Travaux de l'Institut zoologique de Montpellier, 1896.

rhinus, Squalus), quelle que soit leur forme cylindrique, présentent sur toute la longueur une arête longitudinale légèrement sinueuse et blanchâtre qui est la région de formation des éléments destinés à devenir plus tard les éléments spermatiques et qui a reçu, pour cette raison, le nom de *pli pro-germinatif* (Semper). Dans la région de ce pli, le testicule est constitué par une sorte de trame conjonctive à mailles aplaties, formée de cellules plus ou moins allongées en fibres, à noyaux aplatis, orientés parallèlement à la surface libre du testicule; il n'existe sur cette surface aucune membrane épithéliale spéciale. Non loin de la surface les noyaux se multiplient par division directe de manière à former une trainée longitudinale fusiforme, le *cordon testiculaire primitif*, dans la région moyenne de laquelle les noyaux ont pris une forme arrondie et se répartissent en petits groupes ou *nids* provenant chacun de la division d'un noyau unique et sont plongés dans une masse de protoplasma indivise pour chaque nid.

Les grains de chromatine, gros et unis par un réseau chargé de grains plus fins des noyaux elliptiques primitifs, sont remplacés dans les noyaux sphéroïdaux par des grains très fins uniformément répartis, de sorte que ces noyaux paraissent homogènes. Autour des nids le tissu conjonctif demeure inaltéré; les nids se transforment eux-mêmes en *ampoules testiculaires*. Chaque ampoule est caractérisée, au début, par un noyau qui grossit plus que les autres et devient sphérique, tandis que sa nucléine se dispose en un réseau assez régulier, à petites mailles, de grains peu inégaux; une zone claire de protoplasme qui s'épaissit graduellement apparait autour du noyau et forme avec lui une cellule complète. Au voisinage de cette cellule est creusée dans le protoplasme commun une vacuole d'abord excentrique, mais qui peu à peu devient centrale et dont l'apparition peut suivre ou précéder celle de la cellule. Cette vacuole est le début de la cavité de l'ampoule dont les parois s'étendent et s'épaississent par la division directe, dans le sens tangentiel et dans le sens normal, des noyaux qu'elles contiennent. Les divisions tangentielles s'accomplissent presque simultanément dans tous les noyaux de la couche unique initiale, de la couche la plus interne dès qu'il s'en est constitué plusieurs; il en résulte que le nombre des couches de noyaux augmente progressivement et que, d'autre part, les noyaux conservent une disposition radiaire. A mesure que la couche interne se dédouble, les noyaux de la couche externe nouvellement formée se changent en protospermatoblastes. Lorsque sept ou huit couches se sont ainsi formées (*Scylliorhinus*), cette transformation atteint même les noyaux de la couche interne et toute multiplication s'arrête momentanément. Les divisions dans le sens normal étant plus nombreuses dans les couches externes que dans les couches internes, les spermatoblastes se disposent en colonnes coniques à sommet interne. Les protospermatoblastes sont le plus souvent tous exclusivement formés par ce procédé; mais aux protospermatoblastes formés directement peuvent aussi s'ajouter des protospermatoblastes résultant de la division indirecte (mitose) de ceux qui sont déjà formés et le processus tachygénétique peut être poussé au point que le premier protospermatoblaste subit déjà une mitose avant qu'il ne s'en forme un second. Lorsque dans les ampoules la formation des spermatoblastes est achevée, même lorsque la multiplication des noyaux a eu lieu exclusivement par voie directe, tous les spermatoblastes d'un même cône, et parfois tous les spermato-blastes de l'ampoule entrent simultanément en division indirecte; le nombre des cellules de chaque pyramide se trouve ainsi doublé; les cellules nouvelles sont les *deutospermatoblastes*; une nouvelle bipartition produit les *tritospermatoblastes* [1], dont le nombre est d'une soixantaine par colonne. A la base de chaque colonne se trouve un noyau clair, aplati contre la paroi de l'ampoule; l'origine et le rôle de ce noyau apparaîtront plus tard. Tous ces éléments, bien que constituant des cellules complètes, demeurent plongés dans une masse continue de protoplasme. Chaque protospermatoblaste produit en somme une tétrade de tritospermatoblastes et les deux divisions qui les produisent correspondent à celles qui fournissent les deux globules polaires; le protospermatoblaste est l'équivalent d'un ovule avant l'expulsion des globules, ce sont les tritospermatoblastes qui se changent en spermatozoïdes.

Chez le *Scylliorhinus canicula*, les protospermatoblastes sont de deux sortes. A l'état de repos, ceux de la 1re sorte sont polyédriques ou arrondis; leur protoplasme ne présente pas de structure déterminée et contient des corpuscules très fortement colorables qui entourent uniformément le noyau à l'exception des pôles nucléaires. Lors de la transformation ces granules périnucléaires se rassemblent à l'un des pôles du noyau en un peloton serré, il n'y a pas encore de centrosome [2]. Le noyau se colore fortement par l'alizarine; les corpuscules chromatiques sont pressés les uns contre les autres; la linine n'est pas distincte. A l'état de relâchement du peloton, les granules rassemblés au pôle nucléaire forment par leur fusion des corpuscules plus volumineux et moins nombreux; dans le noyau apparaît un réseau de linine formé de fibres raides, relativement épaisses. Un état muriforme est traversé au cours du passage à l'état d'aster.

La masse granulaire polaire se transforme en un fuseau homogène, délicat, encore privé de centrosomes et de capsules polaires. Pendant que la membrane nucléaire disparaît, la chromatine se concentre et est étroitement unie à la sphère par des filaments rigides de linine; la sphère se transforme peu à peu en un fuseau achromatique aux extrémités duquel se montrent les granulations polaires; il n'y a pas encore de rayons polaires. L'aster est ainsi réalisé. Les chromosomes, au nombre de 20-24, se divisent alors transversalement ou longitudinalement en parties égales. Dans le dispirème, les corpuscules polaires se fusionnent avec les fibres de revêtement. La cellule se divise alors suivant son équateur. Le reste du fuseau central se dégage de la masse de chromatine et semble former les corpuscules des sphères d'attraction de la nouvelle génération. Le noyau subit encore quelques transformations avant de revenir au repos. Enfin sa chromatine se dispose en corpuscules relativement éloignés les uns des autres et tout semble indiquer la disparition d'une certaine quantité de chromatine pendant que le noyau revient au repos. Les Sélaciens n'éprouvent pas d'autre réduction chromatique. La nouvelle masse granuleuse naît par dislocation des demi-fuseaux persistant après la division; il n'y a pas de centrosome. Après une période de repos commence la division des

[1] Chez les Crustacés décapodes les protospermatoblastes se forment comme chez les Sélaciens autour des noyaux qui se sont multipliés par division directe, les protospermatoblastes subissent ensuite *deux* bipartitions indirectes (et non pas trois comme il est dit p. 958); ce sont les tritospermatoblastes qui deviennent les spermatozoïdes.

[2] RAWITZ, *Die Theilung der Hodenzellen und die Spermatogenese für Scyllium canicula*, Arch. f. Mikwik., Bd. 53, 1898.

deutospermatoblastes qui présente les mêmes phases que la 1re division. L'aster n'a cependant que 14-16 bâtonnets, c'est-à-dire plus de la moitié que dans le cas précédent. L'anneau et les corpuscules équatoriaux d'Herdmann n'ont pas été observés. Après la séparation des deux cellules, le reste des demi-fuseaux de l'aster se sépare de la masse de chromatine d'où résulte la formation du point fixé de la paroi cellulaire, enfin le demi-fuseau se relâche et devient la sphère homogène du spermatide. La division cellulaire est ainsi terminée. Les changements que subit désormais le spermatide ont pour objet de le transformer en spermatozoïde. Le noyau devient homogène; la chromatine se sépare de la membrane, elle ne demeure en connexion avec elle qu'au pôle opposé (?) à la sphère et elle se retire vers l'intérieur. Le noyau s'entoure d'une zone incolore et devient plus petit par suite de l'émission de gouttelettes de suc nucléaire, il repose maintenant sur la paroi cellulaire et il est muni de la sphère qui semble avoir momentanément deux centrosomes. Enfin la membrane nucléaire disparaît jusqu'au point où elle était unie à la chromatine. De ce point d'union partent, comme deux ailes, deux prolongements qui sont courbés concentriquement avec le noyau et atteignent à la moitié de sa hauteur. Sans qu'on ait pu voir comment, la queue apparaît comme une fine ligne entre le pôle cellulaire et le pôle nucléaire. Le plus souvent la sphère est située latéralement par rapport à elle, mais peut aussi en être traversée. Sur la paroi cellulaire, la fine ligne forme un épaississement peut-être constitué par une rangée de granulations, mais qui n'est pas encore annulaire. Dans le nid, les spermatocytes se disposent de manière que la plupart des têtes soient dirigées vers la paroi, les queues s'orientant vers l'intérieur. Les spermatocytes deviennent de plus en plus longues et le reste de la membrane nucléaire plus évidente à l'extrémité externe du noyau, tandis que des prolongements aliformes se réduisent. Le noyau lui-même se pelotonne dans la cellule. La sphère est en même temps devenue très longue et complètement homogène, de telle sorte qu'on n'y peut plus distinguer la queue. Le segment moyen se développe à ses dépens. A l'extrémité antérieure de la queue il n'y a pas de bouton terminal. Le pelotonnement du segment moyen devient de plus en plus prononcé et finalement la tête décrit plusieurs tours d'hélice lévogyres. En même temps les spermatocytes se logent dans le protoplasme de la cellule de soutien. Ces dernières étaient jusque-là des cellules peu apparentes à noyau pâle, fixées sur la paroi du nid; leur protoplasme devient plus apparent et enveloppe les spermatides. Le protoplasme des spermatides se limite alors à la tête, au segment moyen et au commencement de la queue. Les spermatides fixées à une même cellule de soutien forment d'abord une figure en bourrelet; bientôt elles deviennent parallèles entre elles. La tête et le segment moyen se colorent toujours vivement et s'assimilent le protoplasme de la spermatide. Des « corps problématiques » réfringents apparaissent dans la cellule de soutien dont le protoplasme se soude entre les spermatides désormais mûrs.

Appareil génital femelle. — Il existe généralement deux ovaires chez les ÉLASMOBRANCHES; il n'y a d'exception que pour les *Scylliorhinus*, les GALEIDÆ et les CARCHARIIDÆ où il n'existe qu'un seul ovaire quelque peu asymétriquement développé le long de la ligne médiane dorsale. Les oviductes sont constitués par les canaux de Müller (p. 2635). Chacun d'eux est divisé par une valvule annulaire en une région supérieure grêle et tubulaire, l'*oviducte* proprement dit, et une région

élargie, l'*utérus*; l'oviducte est tapissé d'un épithélium vibratile qui fait défaut dans
l'utérus. Les deux utérus s'ouvrent dans le cloaque par un orifice commun situé
en arrière de l'orifice de l'uretère. Dans les parois de l'oviducte se développe une
glande de forme très variable sécrétant la *coque* de l'œuf. Cette glande est surtout
importante chez les Élasmobranches ovipares (*Scylliorhinus*, *Pristiurus*, *Cestracion*,
Batidæ, Holocephala); la coque de l'œuf est ici épaisse, cornée, biconvexe,
rectangulaire, avec ses angles prolongés en filaments enroulés en hélice. Chez les
Requins vivipares (Notidanidæ, *Scymnorhinus*, *Squalus*, *Etmoperus*, *Galeus*, *Mustelus*,
Carcharias, *Sphyrna*, *Rhina*, *Torpedo*, Trygonidæ, Myliobatidæ), la coque est molle,
mince, ou même absente (*Etmoperus*); l'embryon se développe dans l'utérus. Entre
la coque et le vitellus on trouve toujours une épaisse couche d'albumen.

L'appareil génital femelle des Dipnés est placé sur le bord externe des reins et,
dans la période de repos, ne couvre pas plus d'un cinquième de la circonférence
du tube digestif, tandis qu'il l'enveloppe entièrement durant la période d'activité.
L'ovaire s'étend sur toute la longueur du corps; le canal de Müller, qui lui sert
d'oviducte, est pourvu d'une glande de l'albumen. A la maturité, l'ovaire du *Ceratodus* a la forme d'un sac sur la paroi interne duquel les œufs se développent; à
ce moment un abondant réseau capillaire se montre autour du follicule dont les
éléments se multiplient rapidement et pénètrent, pour servir à son alimentation,
dans le vitellus de l'œuf.

L'appareil génital femelle des *Spatularia* et des *Acipenser* rappelle celui des
Sélaciens. Les oviductes représentés par le canal de Müller s'unissent avec le canal
excréteur des reins pour former un canal collecteur primaire. Au contraire, chez les
Lepidosteus, l'oviducte est en continuité avec l'ovaire, mais part de sa région
moyenne au lieu de partir de son extrémité postérieure. Cette modification nous
conduit vers les Téléostéens; elle semble indiquer nettement que ces derniers,
dont les dispositions générales de l'appareil génital sont relativement simples,
ne représentent nullement un état primitif, mais, comme nous l'avons fait observer
pour l'appareil rénal, une simplification d'un état compliqué, déjà réalisé chez
les Vers.

L'ovaire [1] des Téléostéens est représenté par deux bandes allongées, symétriques
de chaque côté de la colonne vertébrale et rattachées au péritoine. Il est tantôt
simple (*Anguille*), tantôt composé d'une série de feuillets (*Salmonidæ*); dans ce dernier cas, les œufs ne se développent que sur une faible étendue. Le plus souvent les
œufs se forment en grand nombre et se disposent en couches longitudinales ou
transversales (*Clupea harengus*, *Gadus barbatus*, *Serranus*, *Scomber vulgaris*, *Zeus
faber*, *Perca fluviatilis*, *Uranoscopus scaber*, etc.), ou bien la paroi de l'ovaire présente
une duplicature; quelquefois ils forment à la surface de l'ovaire des protubérances
irrégulières (*Blennius viviparus*, Lophobranchia). L'ovaire est enveloppé par un
repli péritonéal. Les œufs, à maturité, peuvent être mis en liberté directement dans
la cavité péritonéale et sont alors pondus par un pore abdominal (Salmonidæ,
Anguilla, fig. 2814, A); mais il se différencie souvent aux dépens de l'enveloppe
péritonéale un *sac ovarien* dans lequel tombent les œufs et auquel fait suite un oviducte. Les deux oviductes, bien plus courts que les canaux déférents et souvent à

---

[1] Brock.

peine distincts à l'époque du frai, se réunissent en un court canal qui s'ouvre au sommet d'une papille, allongée chez un certain nombre d'espèces en un tube servant à la ponte (*Serranus hepatus*, *Rhodeus amarus*, fig. 1817, etc.). L'oviducte est tantôt accolé latéralement à l'ovaire, tantôt situé dans sa région axiale. Dans le premier cas, il est tapissé d'épithélium vibratile; dans le second il est tapissé des mêmes cellules cylindriques ou aplaties qui revêtent les lamelles ovariennes.

Formation de l'œuf. — La première indication des ovaires consiste en deux épaississements de l'épithélium péritonéal, les *bandes ovariennes*, situées de chaque côté du mésentère (fig. 1841, o, p. 2652). Au-dessus de ces bandes cellulaires, il ne tarde pas à se former une bande ou stroma de tissu conjonctif (*Scylliorhinus*, *Raja*) à la surface de laquelle les cellules génitales primitives s'étalent en épithélium continu [1]; la bande germinative tout entière a la forme d'un prisme triangulaire très allongé qui serait attaché à la région dorsale de la cavité générale par une de ses faces. Sur la face externe de ce prisme, l'épithélium s'épaissit par suite de la multiplication de ses cellules et cette partie épaissie constitue l'*épithélium germinatif* proprement dit, dans lequel se forment les œufs. Le stroma lui-même se différencie en une région externe, vasculaire, principalement développée au voisinage de l'épithélium germinatif, et une région interne, lymphatique, qui forme la plus grande partie de la bande ovarienne. L'épithélium germinatif est d'abord nettement séparé du stroma, mais plus tard de nombreux cordons de stroma pénètrent à l'intérieur de cet épithélium et finissent par former un réseau irrégulier dans lequel pénètrent des vaisseaux et qui finit par s'insinuer entre les œufs en voie de formation, les sépare partiellement les uns des autres, gagne même la surface de l'ovaire et s'étale en une membrane limitante, que recouvre seulement comme un épithélium la couche la plus superficielle de l'épithélium germinatif. En même temps, la surface interne de l'épithélium germinatif devient elle-même irrégulière, par suite du développement des œufs.

Les premiers œufs sont déjà reconnaissables dans les bandes cellulaires qui précèdent la formation de la crête ovarienne; mais ils se localisent tous dans l'épithélium germinatif et constituent là les *œufs primitifs*. Ces œufs primitifs se transforment en *œufs définitifs*, de deux façons différentes chez les *Scylliorhinus*.

Dans un premier cas, probablement par suite de la division des œufs primitifs, peut-être aussi par la transformation directe de nouvelles cellules indifférentes, il se forme des *nids* d'œufs primitifs. Puis tous les œufs d'un même nid se fusionnent en une masse plurinucléaire qui s'accroît peu à peu tandis que ses noyaux continuent à se diviser. Bientôt un certain nombre de noyaux augmentent de volume et se transforment en vésicules remplies d'un liquide clair mais présentant près de sa paroi une masse granuleuse très riche en chromatine; cette masse devient peu à peu étoilée, et se transforme en un réseau présentant des grains de chromatine à ses points nodaux. Quand un noyau a éprouvé cette transformation, le protoplasme qui l'entoure devient légèrement granuleux, s'isole du protoplasme ambiant et

---

[1] F.-M. BALFOUR, *On the structure and development of the Vertebrate ovary*, Studies on the Morphological Laboratory of the University Cambridge et *Quarterly Journal of Microscopical Science*, New Serie, vol. XVIII.

forme un *œuf définitif* dont son noyau est la vésicule germinative. Les noyaux qui n'ont pas subi d'une manière complète cette évolution, disparaissent et sont vraisemblablement employés à la nourriture des œufs définitifs ; ceux-ci peuvent être réduits à un ou deux pour chaque nid.

Dans le second mode de développement, les œufs primitifs, une fois formés, gardent toujours leur individualité ; ils peuvent encore se grouper en nid, mais ils sont aussi parfois isolés ; leur noyau et leur protoplasme subissent d'ailleurs les mêmes modifications que dans le cas précédent.

De nouveaux œufs peuvent se former par l'un ou l'autre de ces procédés durant une grande partie de la vie. Presque aussitôt après l'individualisation des œufs dans chaque nid, les cellules de l'épithélium germinatif se disposent en couche autour de chacun d'eux ; elles sont d'abord aplaties puis colonnaires. Chez les *Scylliorhinus* elles demeurent longtemps uniformes, mais dans les grands œufs elles se disposent en deux ou trois couches et chez les Raies elles présentent à ce moment un arrangement tout à fait irrégulier ; mais bientôt, dans les deux cas, certaines d'entre elles s'allongent en forme de bouteille, tandis que les autres demeurent petites et ovales ; les deux sortes de cellules affectent les unes par rapport aux autres un arrangement régulier et constituent le *follicule* de l'œuf. Plus tard les cellules du follicule subissent une régression plus ou moins marquée.

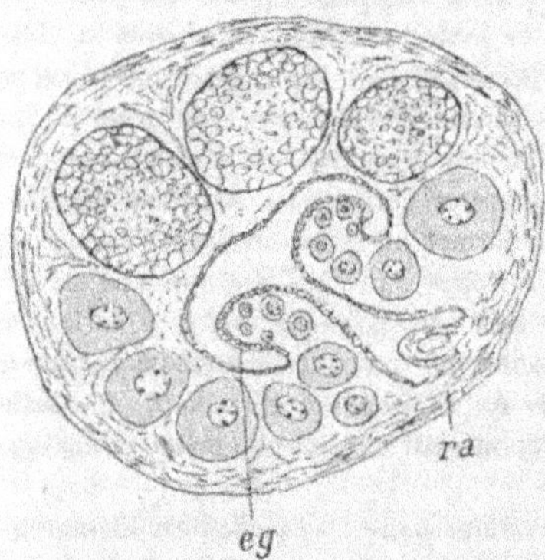

Fig. 1817. — Coupe transversale dans l'ovaire de *Nerophis lumbricoïde*. Les œufs prennent naissance de chaque côté du raphé médian, il y a deux foyers de production des ovules. — *ra*, raphé médian ; *eg*, épithélium germinatif.

Le vitellus est d'abord lâchement granuleux ; mais plus tard il présente très nettement un réseau protoplasmique qui persiste jusqu'à la ponte. Les granules vitellins commencent à apparaître immédiatement au-dessous de la surface de l'œuf ; ils sont distribués en plages distinctes les unes des autres et surtout abondantes au pôle de l'œuf opposé ; ils se transforment en grandissant en vésicules à l'intérieur desquelles se développent des corps ovales lamellaires qui sont les globules vitellins définitifs. La vésicule germinative contient un réseau nucléaire, surtout distinct chez les jeunes œufs, et des nucléoles dont le nombre s'accroît à mesure que l'œuf vieillit et qui se rapprochent alors de la membrane de la vésicule.

Le stroma central fait défaut dans l'ovaire des Téléostéens, qui est uniquement formé de trabécules vasculaires supportant l'épithélium germinatif. Ce dernier délimite chez les Lophobranches une cavité longitudinale dont la paroi externe est parcourue par un raphé contenant un vaisseau. Les trabécules vasculaires unissent la paroi externe de l'ovaire à celle de la cavité de l'organe. Les œufs se forment par division des cellules de l'épithélium germinatif, soit des deux côté du raphé (*Entolurus, Nerophis*), soit d'un seul côté (*Syngnathus*). Ils se développent le plus souvent suivant le second type décrit ci-dessus chez les Élasmobranches. Les œufs des Poissons [1] sont déjà entourés, avant de quitter l'ovaire, d'enveloppes dont le nombre peut s'élever jusqu'à quatre et qui sont les *enveloppes primaires* de l'œuf. Trois de ces enveloppes sont produites par le vitellus lui-même; ce sont, de dedans en dehors : la *membrane vitelline*, la *zone radiée* ou *chorion* et l'*enveloppe villeuse*; la quatrième, la *membrane capsulaire* ou *enveloppe granuleuse*, est fournie par l'assise interne des cellules du follicule. La membrane vitelline, la zone radiée et l'enveloppe villeuse se forment dans leur ordre de superposition en commençant par cette dernière, de sorte qu'on pourrait les considérer comme résultant d'une sécrétion ou d'une modification continue de la surface du vitellus, dont les couches les plus anciennes et les plus externes présenteraient des transformations ou même des adaptations particulières. La membrane vitelline, souvent tout à fait indistincte, est généralement homogène (*Salmo, Coregonus, Esox*); la zone radiée existe constamment chez les Poissons osseux; elle est caractérisée par les fins tubules qui la traversent dans toute son épaisseur; la couche villeuse peut être représentée par une membrane épaisse, continue (*Ictalurus, Fundulus*), ou décomposée en éléments prismatiques semblables à des villosités parfois très allongées (*Acipenser, Lepidosteus, Amia, Osmerus, Leuciscus rutilus, Cobitis, Gasterosteus*); elle existe presque toujours à la surface des œufs adhésifs et ses éléments peuvent se localiser à l'entour du micropyle (Scombresocidæ, *Haliasis, Gobius*). La membrane capsulaire présente chez la Perche (*Perca*) une modification particulière. Comme cela est déjà indiqué chez le Brochet (*Esox*), ses cellules s'allongent; leur région périphérique devient hyaline, le noyau entouré de protoplasme granuleux est refoulé vers l'extrémité externe de la cellule; la région hyaline envahit peu à peu la région axiale et il ne reste plus de granulation qu'autour du noyau; enfin, l'enveloppe paraît finalement constituée de prismes hexagonaux dont la base libre est creusée à son centre d'un entonnoir qui se prolonge à travers tout le prisme jusqu'à sa base opposée. L'enveloppe granuleuse commence à subir une manifestation dans ce sens chez les *Blennius pholis*.

Les Marsipobranches et les Élasmobranches ont des œufs un peu autrement protégés. Les membranes primaires sont représentées chez les Myxinidæ par une enveloppe cornée armée de crochets à ses deux pôles, qui se constitue dans l'ovaire, et qui est entourée d'une granuleuse; il s'y ajoute une double enveloppe conjonctive dépendant de l'ovaire. Les œufs mûrs des Myxines sont contenus dans un follicule suspendu à la surface de ce repli par un pédoncule. Ils sont pondus en cordons dans lesquels ils sont fixés les uns aux autres par les prolongements en forme d'ancre des deux pôles de la coque de l'œuf. L'œuf des *Petromyzon*, au moment de la ponte, présente aussi une enveloppe résistante, mais celle-ci est déjà divisée en deux couches, dont l'interne au moins est traversée par des canaux rayonnants; une mince couche gélatineuse recouvre l'enveloppe résistante. L'œuf des Élasmobranches est également, pendant une partie de son développement, entouré de deux membranes; l'extérieure se forme la première avant même parfois le développement du follicule; l'intérieure se forme plus tard; elle est traversée par des canaux rayonnants qui la caractérisent comme un *zona radiata*; toutes deux sont formées

---

[1] E.-L. Mark, *Studies on Lepidosteus*, Part. I, Bulletin of the Museum of comparative zoology of Harvard College, vol. XIX, n° 1, 1890.

par le vitellus, et l'interne tout au moins se résorbe de bonne heure sans laisser de trace (*Scylliorhinus, Pristurus, Raja*). Dans l'œuf des *Lépidostéens*, il se différencie d'abord une membrane entre le follicule et le vitellus en voie de formation ; la *zona radiata* se forme ensuite au-dessous de celle-ci, mais ne tend pas à disparaître, comme chez les Sélaciens, tandis que la membrane externe s'épaissit et est bientôt traversée à son tour par des canaux radiaux. Cette membrane disparait à son tour et, à ce moment, de nombreuses cellules du follicule émigrent dans le vitellus ; après quoi une nouvelle membrane très délicate se reforme entre le vitellus et le follicule (Beddard). En revanche l'œuf proprement dit est chez les Élasmobranches plongé dans une substance albuminoïde et protégé par une coque cornée sécrétée dans l'oviducte.

Les enveloppes résistantes produites autour de l'œuf dans l'ovaire s'opposeraient à la pénétration du spermatozoïde, si elles n'étaient perforées d'un orifice qui est le *micropyle*. Ce micropyle n'existe pas encore sur l'œuf des *Petromyzon*, dans lequel le spermatozoïde peut pénétrer par n'importe quel point de sa surface ; il existe cependant à l'un des pôles de l'œuf un enfoncement en forme d'entonnoir qui paraît représenter l'appareil micropylaire des Myxines, qui ressemble à celui des Lépidostéries. Les œufs à enveloppes éphémères des Élasmobranches n'ont naturellement pas de micropyle. Chez les *Acipenser* le micropyle est remplacé par des orifices dont le nombre varie de 5 à 13 et qui sont entourés chacun par un cercle d'éléments villeux. Chez les autres Ganoïdes et les Téléostéens, le micropyle est un canal unique qui débute par un enfoncement cratériforme dans la surface externe de la zone radiée et se termine sur une élévation conique de cette surface de celle-ci, juste en face de l'aire germinative ; la moitié externe de ce canal se renfle en ampoule chez le *Petromyzon* et le *Clupea harengus*. La dépression cratériforme est occupée par une petite masse de cellules de la granuleuse (*Myxine, Lepidosteus, Osmerus, Leuciscus*) ; ses parois sont plissées chez l'Éperlan ; le plus souvent elles sont lisses ; le fond de la cavité cratériforme est assez souvent occupé par une cellule spéciale de la petite masse cellulaire qu'elle contient, qui paraît avoir contribué à sa formation (*Myxine, Lepidosteus*).

Fécondation ; ponte ; conditions du développement. — Peu de Poissons possèdent des organes d'accouplement. Les mâles des *Petromyzon* sont pourvus d'une sorte de pénis exsertile, constitué d'ailleurs par une simple protrusion de la paroi du corps autour du pore abdominal.

Chez les ÉLASMOBRANCHES, les nageoires postérieures des mâles sont profondément modifiées en vue de servir à l'accouplement (p. 2443)[1]. Elles portent une gouttière dorsale par laquelle s'écoule le produit d'une glande. Tout l'appareil est mis en action par des muscles qui sont une dépendance de ceux de la nageoire et qui se répartissent en deux groupes : les *fléchisseurs* et les *dilatateurs*. Ces derniers agissent sur la partie terminale de l'organe pour en augmenter la surface ; ils ont pour antagoniste une membrane élastique qui tapisse la gouttière dorsale. La glande du ptérygopodium est constituée par un corps cylindrique à parois contenant des fibres musculaires longitudinales et des fibres transverses et située

---

[1] E. L. MARK, *Studies on Lepidosteus*, Bull. of the Museum of comparative zoology, vol. XIX, 1890.

a la face ventrale des rayons du basiptérygium; elle paraît consister chez les Requins en une invagination des téguments; cette glande est composée chez les Raies. Sa sécrétion sert évidemment à lubrifier le mixiptérygium. Le mixiptérygium est avant tout un organe dilatateur du cloaque de la femelle; le mâle l'emploie à la façon des deux branches d'un *speculum*; les Raies mâles l'utilisent aussi pour la locomotion.

La nageoire anale des *Anableps, Pœcilia, Girardinus* et de

Fig. 1818. — *Rhodeus amarus*, femelle. Poisson homocerque physostome pourvu de son tube de ponte (d'après Von Leibold), au moyen duquel il dépose ses œufs dans les coquilles de Lamellibranches.

divers autres CYPRINODONTES est aussi modifiée pour servir soit d'organe d'accouplement, soit d'organe d'adhérence du mâle avec la femelle.

Chez les DIPNÉS, les GANOÏDES, le plus grand nombre des TÉLÉOSTÉENS, la fécondation est externe. Soit que les mâles et les femelles vivent par couples, soit que les Poissons des deux sexes se réunissent par bandes nombreuses au moment de la reproduction, les mâles émettent leur *laitance*, les femelles leur *frai*, et les œufs sont fécondés au hasard de leur rencontre avec les spermatozoïdes; ils ne sont pas pour cela toujours abandonnés aux mouvements de l'eau. D'assez nombreux Poissons déposent leurs œufs dans les interstices des rochers (*Gobius niger, Blennius pholis, Cyclopterus lumpus, Cottus scorpio*), les attachent aux pierres (*Osmerus eperlanus, Blennius Montagui, Clinus argentatus, Lepadogaster Gouanii, L. Candollies*) aux plantes aquatiques (CYPRINIDÆ, *Esox*, etc.), les déposent parmi les algues (*Anarrhicas lupus*), sous les crampons des Laminaires (*Agonus cataphractus, Cottus bubalis*); d'autres choisissent pour y fixer leur ponte des trous de rochers ou de tarets (*Blennius sphinx*), la face interne des coquilles abandonnées de Lamellibranches ou de

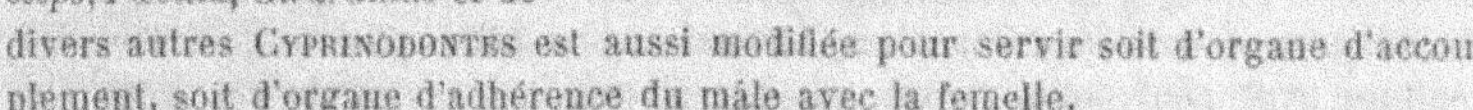

Fig. 1819. — Nid du *Gasterosteus pungitius* (d'après Landois).

Patelles (*Gobius minutus, G. flavescens, Lepadogaster bimaculatus, Blennius ocellaris*) ou même de Buccin (*B. pavo*). L'*Antennarius marmoratus* qui vit dans la mer des Sargasses ficelle les siens autour des paquets de ces algues flottantes à l'aide d'un cordon mucilagineux. Le *Rhodeus amarus* femelle possède un tube de ponte (fig. 1818), à l'aide duquel il introduit ses œufs dans les branchies des Lamellibranches vivants. Beaucoup de ces Poissons exercent sur les œufs une surveillance active même quand ils ne font pas de nid (*Cyclopterus*). Le mâle du *Gobius minutus* recouvre de sable la coquille sous laquelle la femelle doit venir pondre et creuse au-dessous d'elle une petite excavation dont l'entrée est soigneusement consolidée; il ne féconde les œufs qu'après leur ponte[1]. Les mâles des GASTEROSTEIDÆ, du *Labrus bergylta*, de quelques *Cottus* font de véritables nids d'herbes aquatiques ou de feuilles (fig. 1819); le *Polyacanthus viridi-auratus* mâle construit avec des bulles d'air enfermées dans une vésicule muqueuse un toit flottant sous lequel il abrite ses œufs. Chez certains SILURIDÆ (*Doras* et genres voisins) les deux sexes contribuent à la fabrication du nid. D'autres SILURIDÆ (*Ostegeniosus militaris, Arius falcatus, A. fissus*), le *Chromis pater-familias* mâles, abritent dans leur arrière-bouche, ou au-dessus de leurs branchies, les œufs de leurs femelles. La plupart des Lophobranches mâles portent les œufs de leurs femelles attachés sur leur face ventrale où ils sont protégés par deux replis symétriques de la peau. Quelques femelles (*Lepadogaster bimandatus*, DORADINÆ) s'associent aux mâles pour soigner leur progéniture et il peut enfin arriver qu'elles se chargent seules de ces soins; les femelles des *Aspredo* collent leurs œufs sous leur ventre. Le *Pholis gunellus* pond dans les trous des Pholades et entoure ses œufs de son corps. Les nageoires ventrales des *Solenostoma* femelles forment une poche incubatrice dans laquelle les œufs sont conservés. Enfin les femelles de beaucoup de CYPRINODONTIDÆ, les EMBIOTOCIDÆ, des *Zoarces*, de quelques SCOMBRESOCIDÆ, de divers *Clinus* exotiques, du *Sebastes norvegicus*, de la plupart des SCORPÆNIDÆ de la côte pacifique de l'Amérique du Nord sont vivipares. Les rapports de l'embryon avec les parents ne sont pas les mêmes dans ces divers cas. Chez le *Zoarces viviparus* de nos côtes les œufs abandonnent leur follicule et sont alors entourés d'une membrane vitelline qui se rompt lorsque le développement est suffisamment avancé. Les jeunes continuent à séjourner dans la cavité de l'ovaire environ quatre mois; ils y sont nourris par une sécrétion albumineuse de ses parois. Chez les EMBIOTOCIDÆ, les œufs sont fécondés dans les follicules, mais les abandonnent pour se développer parmi les plis du tissu germinatif, abondamment pourvu de vaisseaux. Les embryons avalent le reste de la laitance qui a pénétré dans l'ovaire; mais ils se nourrissent surtout d'une sécrétion des parois de l'ovaire; la région postérieure de leur intestin est pourvue de longues villosités qui servent à la digérer. En outre la membrane des nageoires impaires est très allongée et très richement vascularisée entre les rayons; elle peut ainsi jouer le rôle de branchie. Parmi les Cyprinodontes, chez la *Gambusia patruelis* et les *Anableps*, les œufs sont fécondés dans leur follicule et se développent entièrement à son intérieur; les ovaires sont pleins et les jeunes tombent dans la cavité générale pour être expulsés par le pore abdominal; les œufs n'ont pas de membrane vitelline; leur follicule est très richement vascularisé, ce qui permet à l'embryon de respirer; il contient en outre un liquide qui sert à l'alimentation des jeunes. Chez l'*Anableps* les choses vont plus loin; ce liquide est absorbé par des papilles qui se développent à la surface du sac vitellin, le long de la veine qui le parcourt.

Les conditions de la gestation des SCORPÆNIDÆ sont peu connues; les jeunes

[1] F. GUITEL, *Observations sur les mœurs du Gobius minutus*, Arch. de Zool. expér., 2ᵉ série, t. X, 1892. — ID., *Observations sur les mœurs de trois Blennidés*; ibid., 3ᵉ série, t. I, 1893.

séjournent entre les replis très vascularisés du tissu germinatif; ils sont pourvus d'un abondant vitellus. Ces conditions semblent intermédiaires entre celles des *Zoarces* et celles des EMBIOTOCIDÆ.

La plupart des œufs des Téléostéens sont cependant abandonnés à eux-mêmes soit qu'après la ponte ils tombent au fond de l'eau, où ils sont alors généralement agglutinés entre eux, soit qu'ils demeurent flottants près du fond (*Alosa finta*), soit qu'ils flottent à la surface, sans lien les uns avec les autres. On oppose, sous le nom d'*œufs démersaux*, les œufs de fond libres ou fixés (*Salmo, Clupea harengus, Belone, Scombresox, Ammodytes, Cottus quadricornis*) aux *œufs pélagiques*, qui sont de beaucoup les plus nombreux (*Clupea pilchardus, C. sprattus*, PLEURONECTIDÆ, GADIDÆ, *Mugil capito, Callionymus lyra, Caranx trachurus, Capros aper, Scomber vulgaris, Mullus surmuletus, Trigla, Trachinus vipera, Lophius piscatorius* [1], *Serranus cabrilla, Labrax*, etc.). Les œufs pélagiques sont reconnaissables à la goutte d'huile qu'ils contiennent et qui, plus légère que l'eau, les entraine vers la surface. Les œufs démersaux sont souvent adhésifs (*Cottus*) et parfois pourvus de filaments fixateurs (*Myxine*, SCOMBRESOCIDÆ).

Tous ces œufs sont de faibles dimensions; les œufs démersaux sont d'ordinaire plus gros; ceux du Saumon atteignent jusqu'à 5 ou 6 millimètres de diamètre, tandis que le plus grand nombre des œufs pélagiques ne dépassent pas 1 millimètre. Le nombre de ces derniers est en revanche quelquefois immense. La *Molva vulgaris* en produit plus de 28 millions; le *Rhombus maximus* plus de 9 millions; la *Gadus morrhua* 6 millions, le *Scomber vulgaris* 700 000, la *Clupea harengus* 20 000 à 50 000. Au contraire, les œufs à fécondation interne des grands Sélaciens peuvent atteindre 1 décimètre de longueur, non compris les filaments angulaires.

Développement. — Les embryons de Vertébrés traversent tous une phase de développement où leur constitution fondamentale est presque exactement la même, surtout si l'on fait abstraction des parties qui ont pour rôle soit de détenir les réserves alimentaires, soit de pourvoir à la nutrition du jeune animal, soit de le protéger. L'embryon est alors constitué par un *exoderme* qui forme son revêtement extérieur; un *entoderme* qui limitera sa *cavité digestive*; un *axe neural* situé sous l'exoderme, le long de la ligne médiane dorsale; une *corde dorsale* située immédiatement au-dessous de l'axe neural et, de chaque côté de ces parties impaires, des parties symétriques, comprenant, du côté dorsal, les *myomérides* (*myotomes, mésosomites, somites*), du côté ventral les *plaques latérales*. Les *myomérides* forment deux rangées symétriques de poches placées bout à bout, comme les ébauches des segments des Vers annelés; les *plaques latérales* sont deux poches qui s'étendent, sans aucune cloison intérieure, sur toute la longueur du corps occupée par les deux rangées de myomérides et au-dessous d'elles. Les myomérides et les plaques latérales constituent le mésoderme. Les embryons ne paraissent, en conséquence, métamérisés que du côté dorsal; nous avons vu (p. 2160) qu'il en est de même chez l'*Amphioxus*, mais que la limitation de la métaméridation à la région dorsale ne se produit ici qu'à une certaine phase du développement et fait suite à une phase de

[1] Les œufs de cette espèce sont unis en rubans de plusieurs mètres de long ou en plaques; les *Fierasfer* ont aussi des œufs pélagiques unis par une mucosité.

métaméridation totale, identique à celle qui est permanente chez les Vers annelés, de sorte qu'il ne peut subsister aucun doute sur l'identité des deux dispositions.

La structure commune à tous les embryons des Vertébrés est réalisée à peu près de la même façon dans le développement des Vertébrés aériens. Chez les Poissons d'une part, chez les Batraciens de l'autre, on peut suivre pas à pas les transformations successives que la tachygénèse a fait éprouver d'une manière indépendante à un mode initial de développement d'abord identique, sans doute, à celui de l'*Amphioxus*, et qu'on trouve encore à peine modifié chez les Marsipobranches.

Les effets de la tachygénèse ne se graduent pas nécessairement, suivant l'ordre de succession généalogique des animaux; des animaux de type primitif peuvent présenter des tachygonies bien plus intenses que d'autres, cependant très modifiés; c'est ce que montre nettement dans le développement des Poissons l'étude des phases antérieures à la réalisation de l'embryon typique. La tachygénèse s'accentue ici non pas des Marsipobranches aux Élasmobranches, de ceux-ci aux Dipnés, des Élasmobranches aux Ganoïdes et de ceux-ci aux Téléostéens, mais dans l'état actuel de nos connaissances l'ordre tachygénétique est le suivant : 1° Marsipobranches; 2° *Acipenser* ; 3° *Lepidosteus* ; 4° Élasmobranches; 5° Téléostéens. Le développement des Dipnés est actuellement inconnu.

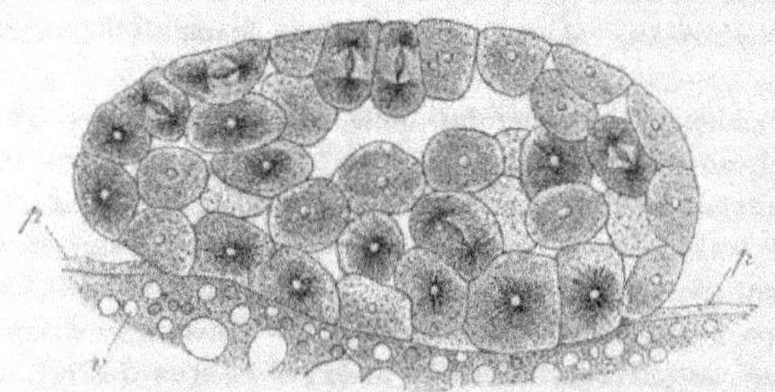

Fig. 1820. — Henneguy, *Recherches sur le développement des poissons osseux*. Coupe d'un germe de Truite dont la segmentation est assez avancée. — *p*, parablaste; *v*, vitellus (d'après Henneguy).

Des Marsipobranches aux Téléostéens, bien que chez ces derniers l'œuf soit petit, la proportion des substances vitellines nutritives va en croissant et le mode de segmentation se modifie en conséquence.

La segmentation est complète, géométrique et inégale chez les *Petromyzon*, qui sont le type de Marsipobranches le mieux étudié jusqu'ici à ce point de vue; elle aboutit à la formation d'une *planula* à parois formées de plusieurs assises de cellules, mais dans laquelle persiste une cavité de segmentation, un *blastocèle* assez restreint. Cette cavité sépare l'une de l'autre deux régions de l'œuf; l'une est une calotte peu étendue, formée de petits éléments de segmentation ou *micromères*; c'est la *calotte micromérique* correspondant au pôle formatif, pôle animal, ou pôle protoplasmique de l'œuf; l'autre région, formée de gros éléments ou *macromères* est la *masse macromérique* correspondant au pôle nutritif, pôle végétatif ou pôle vitellin. L'inégalité de la segmentation s'accentue chez l'*Acipenser ruthenus* où les macromères sont beaucoup plus grands et moins nombreux que les micromères; elle devient plus grande encore chez le *Lepidosteus* où, au troisième jour, l'œuf présente une petite calotte micromérique, formée de nombreux éléments, et une vaste calotte macromérique, divisée seulement par quelques sillons dont quatre se rencontrent au pôle de la calotte, tandis que les autres ne s'étendent qu'à une faible distance des bords de la calotte micromérique; la segmentation tend donc manifestement à devenir incomplète. Enfin dans les œufs des Élasmobranches et des Téléostéens, une petite calotte de protoplasma libre de granulations vitellines, mais contenant la vésicule germinative se différencie dès le début à l'un des pôles de l'œuf; c'est la *cicatricule* qui se segmente seule et donne naissance à une aire cellulaire correspondant à la calotte micromérique des formes précédentes, tandis que la calotte macromérique est représentée par une masse vitelline demeurée complètement indivise; la segmentation incomplète *discoïdale* se trouve ainsi graduellement réalisée. Le germe repose sur une couche protoplasmique plus ou moins étendue qui enveloppe le vitellus sous-jacent et constitue le *parablaste* (fig. 1819). La façon

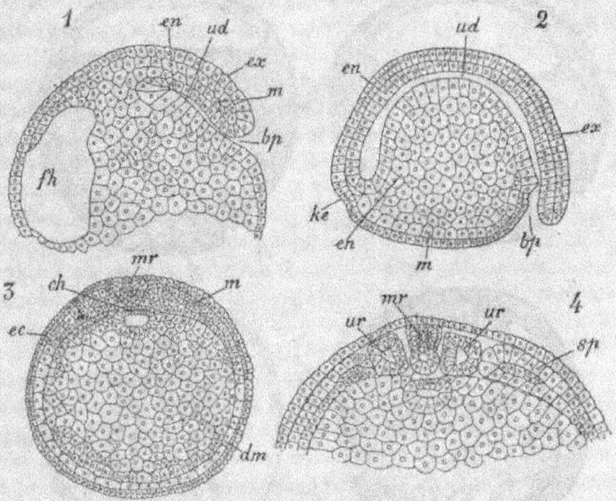

Fig. 1821. — Développement de la Lamproie (*Petromyzon Planeri*). — 1, coupe sagittale d'un œuf en gastrulation. — 2, coupe sagittale médiane d'un œuf après l'achèvement de la gastrulation. — 3, coupe transversale de la région antérieure d'un embryon de 9 jours, au moment de la formation de la corde dorsale. — 4, coupe transversale de la région postérieure d'un embryon de 13 jours; — *ex*, exoderme; *en*, entoderme; *mr*, mésoderme; *ud*, cavité digestive primitive; *bp*, blastopore; *fh*, cavité de segmentation; *ke*, constriction céphalique; *mr*, canal médullaire; *ur*, myomères; *sp*, splanchnopleure; *ch*, corde en formation; *dm*, mésoderme périvitellin (d'après Scott).

dont se comporte, à l'égard de l'embryon proprement dit, la calotte macromérique des formes à segmentation complète nous présentera d'autres phénomènes de gradation dans le même sens. Dans la segmentation discoïdale, le protoplasme de la cicatricule n'est d'ailleurs pas seul à prendre part à la formation de la calotte micromérique qui est ici désignée sous le nom de *disque blastodermique*. Le noyau de l'œuf, par ses divisions successives, donne, en effet, naissance à des noyaux secondaires dont une partie demeure dans la cicatricule et en détermine la division, mais dont une autre partie pénètre dans la région superficielle de la masse vitelline, demeurée indivise, ou *parablaste*, et y détermine la formation de cellules qui viennent s'ajouter, pendant tout le cours de la période de formation et d'extension du blastoderme, aux cellules provenant de la cicatricule elle-même. Le disque blastodermique prend ainsi une épaisseur assez grande dans la région où devra se former l'embryon, en même temps qu'il s'accroît en surface.

Par suite du développement graduel de la cavité de segmentation, la calotte micromérique arrive à n'être formée que d'une seule assise de cellules chez les *Petromyzon*, la calotte macromérique demeurant massive; l'*exoderme* dérive tout entier de cette assise unique. Ce retour partiel à la phase *blastula* ne se produit pas ailleurs; les cellules formant l'assise superficielle de la calotte micromérique se bornent à se différencier des autres par leur petitesse, leur forme presque cubique et leur arrangement régulier, résultant de l'identité de leurs dimensions; cette

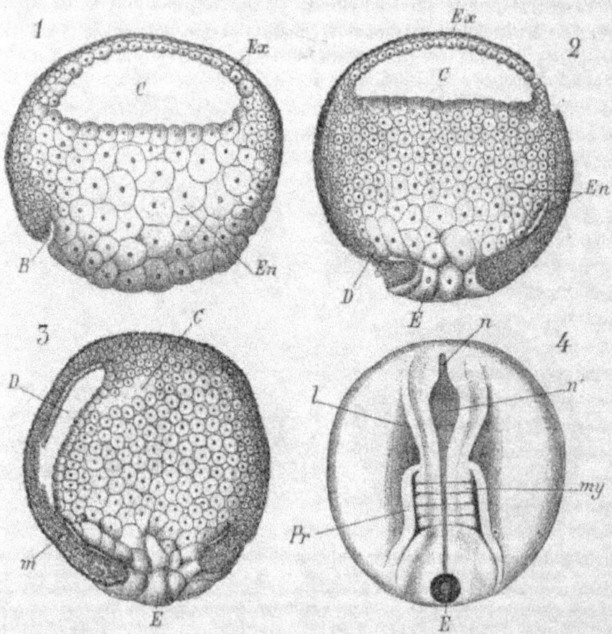

Fig. 1822. — Développement du Sterlet (*Acipenser ruthenus*). — 1, coupe d'un œuf pendant la formation du blastopore et de la cavité digestive primitive. — 2 et 3, coupes longitudinales de deux œufs montrant deux stades successifs de la formation de la cavité digestive et du mésoderme. — *Ex*, exoderme; *En*, entoderme; *m*, mésoderme; *D*, cavité digestive; *C*, cavité de segmentation; *E*, bouchon vitellin d'Ecker; *B*, blastopore; *n*, *n'*, dilatation cérébrale antérieure et postérieure; *my*, myotomes; *Pr*, canal longitudinal du pronéphros (d'après Salensky).

assise superficielle de micromères forme toujours l'exoderme tout entier, mais là ne se borne pas son rôle, comme nous le verrons tout à l'heure. La cavité de segmentation, petite chez l'*Acipenser* (fig. 1822, *C*), paraît faire défaut chez le *Lepidosteus*; elle apparaît tardivement dans le disque de segmentation des ÉLASMOBRANCHES et fait défaut chez le plus grand nombre des TÉLÉOSTÉENS, à moins qu'on ne considère comme tel un espace qui apparaît en avant de la masse embryogène du blastoderme, entre le blastoderme et le vitellus, et qui finit par n'être recouvert que par une lame de cellules exodermiques.

De toutes façons, à la limite de la calotte micromérique et de la calotte macromérique dans les formes à segmentation complète, à la limite du disque blastodermique et du parablaste chez les formes à segmentation incomplète, il se produit en un point déterminé que nous appellerons dès maintenant le *blastopore*, des modifications que toute une chaîne d'intermédiaires relie entre elles, qui aboutissent à la formation de *l'entoderme* et, par une conséquence presque directe, à celle du *mésoderme*.

La formation du blastopore permet déjà d'orienter l'œuf d'une manière précise : *le blastopore marque toujours, en effet, l'extrémité postérieure de l'embryon* ; la calotte micromérique marque sa face dorsale, la calotte macromérique sa face ventrale. Chez les MARSIPOBRANCHES et les GANOÏDES, le blastopore est d'abord une fossette (fig. 1822, n° 1, *B*) qui s'approfondit de plus en plus et donne ainsi naissance à un tube courbe, à concavité ventrale ; ce tube pénètre dans le blastocèle et s'allonge dans le plan de symétrie, en demeurant à peu près parallèle à la face dorsale de l'embryon ; quand il est entièrement développé, son extrémité antérieure aveugle est placée immédiatement au-dessus de ce qui reste du blastocèle. La masse macromérique étant solide, ses éléments se multipliant lentement, c'est en somme la calotte micromérique qui prend la part la plus active à la production de ce tube et en forme les parois dorsale et latérales, tandis que la paroi ventrale est formée par les macromères, quelle que soit leur dimension ; il y a donc là une invagination analogue à celle qui produit la *gastrula* de l'*Amphioxus*, et la dénomination de blastopore donnée tout à l'heure à la fossette par laquelle cette invagination commence est justifiée par le fait que cette fossette occupe par rapport à l'embryon des Poissons exactement la même position que le blastopore ou orifice d'invagination de la *gastrula* de l'*Amphioxus* (fig. 1567, p. 2157) et des TUNICIERS [1]. La gastrula elle-même ne présente d'autre particularité que la constitution de sa calotte macromérique, formée chez l'*Amphioxus* (fig. 1598, p. 2258, et fig. 1600, p. 2262) et les Tuniciers à développement patrogonique d'une seule assise de cellules, tandis qu'elle est ici formée de cellules accumulées en massif. Peu à peu d'ailleurs, à la fois par la division de ses micromères et par l'addition à son pourtour de micromères nouveaux, provenant de la division des macromères, la calotte micromérique correspondant à l'exoderme finit par envelopper complétement tous les macromères.

Ce processus est à peine modifié chez les SÉLACIENS. Le bord postérieur de l'embryon est de bonne heure reconnaissable à l'épaisseur plus grande que forme en ce point le disque blastodermique constitué par un massif plein de blastomères, au-devant duquel se trouve le blastocèle. Très vite l'assise superficielle se différencie en prenant les caractères de l'assise exodermique des formes précédentes ; bientôt, sur une certaine étendue du bord postérieur, elle se replie en dessous, figurant ainsi un blastopore. En même temps, les blastomères du massif postérieur en continuité avec le bord replié et en contact avec la masse vitelline indivise, se transforment en hautes cellules colonnaires qui sont le commencement de l'entoderme et en représentent la région dorsale. Ces modifications locales n'empêchent pas le disque blastodermique de s'étendre, par le procédé déjà indiqué, autour de la masse vitelline, qu'il finit par envelopper complétement ; la lame entoder-

---

[1] On donne quelquefois à tort (Mac Intosh, Prince) le nom de blastopore à l'orifice circulaire que circonscrivent les bords du blastoderme en voie d'extension. Cet orifice est suffisamment désigné par le nom d'*orifice blastodermique* ; il n'a aucun rapport avec l'invagination qui aboutit à la formation de l'entoderme.

mique ne prend pas part à cette extension. Des vaisseaux développés dans ce blastoderme absorbent la substance vitelline.

Le disque blastodermique des TÉLÉOSTÉENS se développe à peu près de la même façon que celui des Sélaciens, seulement les phénomènes de formation du blastopore sont ici représentés par une prolifération des éléments tellement active, que la fossette qui devrait se produire en ce point, est remplacée par un bouton légèrement saillant, représentant ses lèvres soudées et qu'on nomme la *protubérance caudale* ou le *bourgeon caudal*, considéré par Henneguy comme représentant une ligne primitive très courte. Les éléments qui se forment en ce point se fraient un chemin en avant parmi les blastomères environnants, et l'on peut admettre que tout se passe comme si un cylindre entodermique plein se substituait ici au tube entodermique des Marsipobranches et des Ganoïdes. C'est la prolifération en masse (*stéréobythie*), succédant à la délamination (*hyménobythie*, Sélaciens) qui a pris elle-même la place de l'invagination (*endobythie*, Ganoïdes et Marsipobranches), suivant les lois de la tachygénèse [1].

La façon dont se complète l'entoderme est notablement différente suivant le degré d'importance pris par la masse macromérique ou par la masse vitelline qui la représente. Chez les *Petromyzon*, à mesure que l'embryon se développe, les macromères abandonnent aux éléments qui se multiplient leur réserve nutritive et finissent par se résorber; les derniers d'entre eux sont incorporés dans l'entoderme dont ils forment la paroi ventrale. Chez l'*Acipenser ruthenus*, le repli de la calotte micromérique qui s'est invaginé par le blastopore et qui forme les parois dorsale et latérales de la future cavité digestive, s'étend de manière à envelopper tous les macromères nourriciers qui sont de la sorte inclus dans la cavité entodermique; ces blastomères ne tardent pas à se confondre en une seule masse qui est digérée. Chez le *Lepidosteus*, cette inclusion n'a plus lieu; le repli micromérique invaginé se referme presque complétement au-dessus des gros blastomères qui se fusionnent de très bonne heure pour constituer une masse vitelline unique. Cette masse *extérieure* à la cavité entérique *devient* ainsi au cours du développement une *vésicule vitelline* qui semble suspendue à l'embryon et, jusqu'à son entière résorption, communique avec sa cavité entérique par un orifice placé en arrière de l'ébauche du foie. Chez les ÉLASMOBRANCHES et les TÉLÉOSTÉENS, cette vésicule à la constitution graduelle de laquelle nous venons d'assister après la segmentation, se constitue d'*emblée*, avant même la segmentation, par suite de la différenciation de la cicatricule et de la transformation qui en résulte de la segmentation totale en segmentation discoïdale. L'entoderme des Élasmobranches, d'abord représenté par une gouttière à concavité ventrale, placée au-dessus de la masse vitelline, complète sa paroi ventrale par la formation de nouveaux éléments entodermiques à la surface de cette masse, autour des noyaux qui ont émigré à son intérieur. La masse vitelline arrive ainsi à être *complétement* séparée de la cavité entérique; c'est par l'intermédiaire des vaisseaux qui se forment ultérieurement (p. 2628) qu'elle pourvoit à l'alimentation du jeune embryon. Il en est de même chez les TÉLÉOSTÉENS, dont la cavité entérique se forme aussi par le reploiement d'une large assise de

<hr>

[1] E. PERRIER, *Rapport sur le prix Serres*, Comptes Rendus de l'Académie des Sciences, 21 décembre 1896.

cellules entodermiques. Le mode de différenciation de cette assise, résultat de la tachygénèse, ne pourra être expliqué qu'après que nous aurons décrit les modifications ultérieures de l'entoderme dans les formes à développement moins accéléré.

Le sac vitellin est généralement libre; chez les *Mustelus*, les *Carcharias*, il développe cependant des crêtes et des papilles qui s'enchevêtrent avec des saillies correspondantes de la paroi utérine et forment avec elles un véritable placenta dans lequel les vaisseaux du vitellus de l'embryon et ceux de l'utérus sont étroitement entrelacés. Chez les Raies, il ne se constitue pas de véritable placenta; toutefois, sur la paroi de l'utérus du *Trygon Bleckeri* se développent de longues villosités qui suintent un liquide nourricier spécial; chez la *Pteroplatea micrura*, le développement de ces villosités se limite au voisinage des orifices respiratoires de l'embryon dans lequels on les trouve généralement engagées; il est probable que la nutrition se fait par leur intermédiaire [1].

Pendant que l'entoderme se développe ainsi, l'exoderme présente de son côté d'importantes modifications. Chez le *Petromyzon*, le long de la ligne médiane dor-

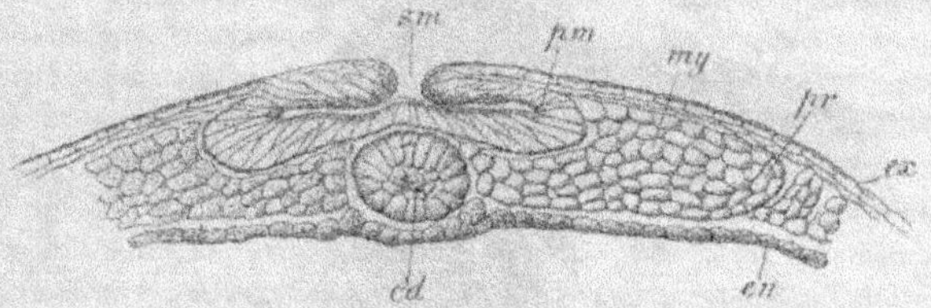

Fig. 1823. — Coupe transversale de la partie centrale du champ embryonnaire pendant que les plaques médullaires se recourbent pour former le canal central de la moelle. — *Sm*, sillon médullaire; *Cd*, corde dorsale; *pm* plaques médullaires; *my*, myotomes; *pr*, pronéphros; *ex*, exoderme; *en*, entoderme (d'après Salensky).

sale, l'exoderme s'épaissit en avant du blastopore, et il se constitue ainsi un cordon plein, sans aucune démarcation relativement à la bande exodermique qui lui est superposée; c'est la première ébauche du *neuraxe*. Peu à peu le neuraxe tend à s'isoler de l'exoderme, mais auparavant une mince fente pénètre verticalement de la surface du corps vers son intérieur; c'est le début d'un *canal neural*, qui se développe pendant que la fente elle-même se referme rapidement. Le neuraxe se développe sensiblement de la même façon chez le *Lepidosteus* et chez les TÉLÉOSTÉENS, où il est remarquable par sa grande hauteur verticale, relativement à sa largeur (fig. 1824 et 1825). A la place même où se forme le neuraxe solide des *Petromyzon*, apparaît chez l'*Acipenser* et chez les SÉLACIENS une gouttière longitudinale qui s'approfondit et dont les bords supérieurs se referment; il se constitue ainsi un neuraxe d'emblée en forme de canal. La gouttière demeure assez longtemps ouverte à ses deux extrémités. Elle est élargie en avant et sa région élargie donnera naissance à l'encéphale; en arrière, elle ne se referme qu'en arrière du blastopore par lequel la cavité neurale et la cavité digestive demeurent quelque temps en communication; il se constitue donc, comme chez l'*Amphioxus* et les Tuniciers à embryogénie normale, un *canal neurentérique*.

[1] WOOD MASON et ALCOCK.

D'autre part, de quelque façon que se forme l'entoderme, il se trouve latéralement en continuité avec les blastomères non différenciés, qui demeurent au-dessous
de l'exoderme, lui-même souvent dédoublé en deux assises (*Acipenser*, TÉLÉOSTÉENS)

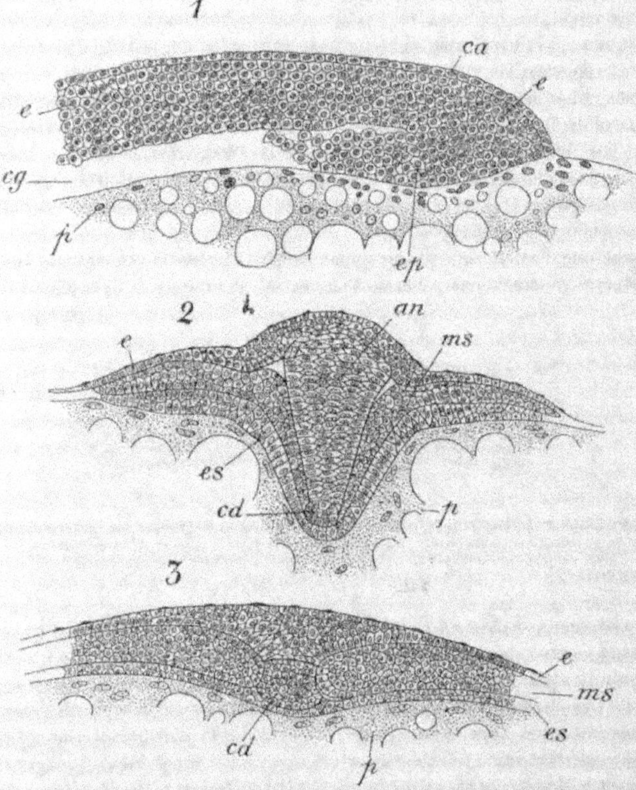

Fig. 1824. — N° 1. Coupe longitudinale d'un germe de Truite au moment de la réflexion de l'exoderme
pour former l'entoderme primaire (*ca* indique la couche enveloppante). — N° 2. Coupe transversale d'un
embryon de Truite, en arrière des vésicules auditives, au moment de la formation du système nerveux.
— N° 3. Coupe transversale dans la partie postérieure d'un embryon un peu plus âgé. — *an*, axe nerveux ;
bb, bourrelet blastodermique ; *bc*, bourgeon caudal ; *c*, cerveau ; *ca*, cordon axial ; *cd*, corde dorsale ;
ce, couche enveloppante ; *cl*, cœlome ; *co*, cœur ; *cr*, cristallin ; *e*, ectoderme ; *e'*, épiderme ; *ep*, entoderme
primaire ; *es*, entoderme secondaire ; *g*, globules sanguins ; *gp*, globules parablastiques ; *i*, intestin ; *k*, vésicule du Kupffer ; *ll*, ligne latérale ; *m*, moelle épinière ; *oii*, masse intermédiaire ; *ms*, mésoderme ; *n*, nerf ;
na, nerf auditif ; *p*, parablaste ; *ri*, pli entodermique ; *sp*, splanchnopleure ; *st*, somatopleure ; *t*, tige
subnotochordale ; *va*, vésicule auditive ; *v*, vésicule optique ; *w*, canal de Wolff (d'après Henneguy).

dites l'une *lame épidermique*, l'autre *lame nerveuse*. Ces massifs cellulaires latéraux
(fig. 1823), qui demeurent assez longtemps accolés à l'entoderme, sont les ébauches
du *mésoderme*. Chacune de ces ébauches s'isole de l'entoderme après s'être creusée
d'une cavité qui ne présente jamais de communication avec la cavité entérique,
contrairement à ce qui a lieu chez l'*Amphioxus*. L'apparition de cette cavité divise

chaque ébauche en une *lame splanchnique* appliquée contre l'entoderme et une *lame dermique* ou *somatique* appliquée contre l'exoderme. Les deux ébauches mésodermiques ainsi constituées se creusent latéralement de deux gouttières qui marchent l'une vers l'autre et tendent à scinder chaque poche en une poche dorsale et une poche ventrale. Avant que cette séparation ait eu lieu, des sillons verticaux qui apparaissent successivement commencent à diviser la poche supérieure en segments qui sont les premières ébauches des *myomères*, tandis que les poches ventrales deviennent, en s'isolant, les *plaques latérales* (fig. 1841, p. 2632). La tachygénèse amène donc ici la formation d'emblée des plaques latérales qui chez l'*Amphioxus* ne se montrent qu'après la formation des myomérides (p. 2160). On donne quelquefois à l'ensemble des myomérides le nom de *plaques vertébrales*, bien que ces myomérides ne se bornent pas à constituer les vertèbres. Les plaques latérales arrivent en grandissant à se rencontrer sur la ligne médiane ventrale ; leurs parois en contact se résorbent et les deux cavités arrivent ainsi à n'en plus faire qu'une seule. Comme chez l'*Amphioxus* et les Tuniciers, la région de l'entoderme comprise entre les ébauches du neuraxe et des poches mésodermiques s'isole du reste de l'entoderme qui se referme au-dessous de lui, pour compléter la cavité digestive définitive. La partie de l'entoderme ainsi isolée est naturellement comprise entre le neuraxe, le tube digestif et les ébauches mésodermiques ; elle devient la *corde dorsale* dont la raison d'être et les *rapports morphologiques nécessaires* ont été expliqués p. 2162[1]. Au-dessous d'elle se constitue également aux dépens de l'entoderme un *cordon subnotocordal* (p. 2520).

La tachygénèse a agi d'une manière tellement intense chez les TÉLÉOSTÉENS que la corde dorsale, les ébauches mésodermiques et l'entoderme se différencient sur place simultanément dans le massif des cellules blastodermiques non différenciées qui n'appartiennent ni à l'exoderme, ni au neuraxe (fig. 1823, n° 2). Les cellules placées immédiatement au-dessous de l'arête solide qui représente le neuraxe (*na*) se modifient et s'unissent de manière à constituer la *corde dorsale* (*cd*). A peu près au moment où le tiers du vitellus est couvert par le blastoderme, les éléments de l'assise en contact avec la région cicatriculaire du vitellus s'allongent, prennent une forme colonnaire et constituent à leur tour une large lame entodermique (*es*). Cette lame s'écarte un peu de la région cicatriculaire du vitellus et il apparaît ainsi au-dessous d'elle un petit espace vide, correspondant à la région postérieure du tube digestif et communiquant déjà par le canal neurentérique avec la gouttière médullaire. Cet espace est limité en avant par une agglomération de cellules entodermiques, produites par la prolifération de celles qui se sont invaginées au début du développement de l'entoderme, agglomération qui s'étend jusque dans la région où se formera le cœur ; là elle s'amincit rapidement et forme au-dessous de la tête une délicate membrane limitante. La formation de cet agrégat de cellules a pour conséquence d'écarter l'embryon du vitellus, sauf dans la région céphalique, de sorte qu'il se produit une fausse flexion crânienne ; l'extrémité céphalique demeu-

[1] C'est pour avoir méconnu ces rapports qui constituent la définition morphologique de la corde dorsale que des embryogénistes tels que Bateson et Harmer ont pu, profitant de l'absence de définition et s'appuyant sur les plus vagues ressemblances, doter les *Balanoglossus* et les *Cephalodiscus* d'un prétendu rudiment de corde dorsale et rapprocher ces animaux des Vertébrés sous les noms d'HÉMICORDÉS ou de PROCORDÉS.

rant en contact avec le vitellus, un *espace péricardique* se trouve formé dans la
région des otocystes; sur les côtés de cet espace il se produit habituellement,
mais pas toujours cependant (*Molva vulgaris*), un épaississement de l'entoderme.
La lame entodermique primitive forme le plafond de la cavité digestive. Peut-être
dans certains cas, cette lame en reployant ses deux bords en dessous forme-t-elle,
après que ses deux bords se sont rejoints, une plaque à deux assises cellulaires
qui serait la première ébauche du tube digestif [1]; mais chez la plupart des Téléos-

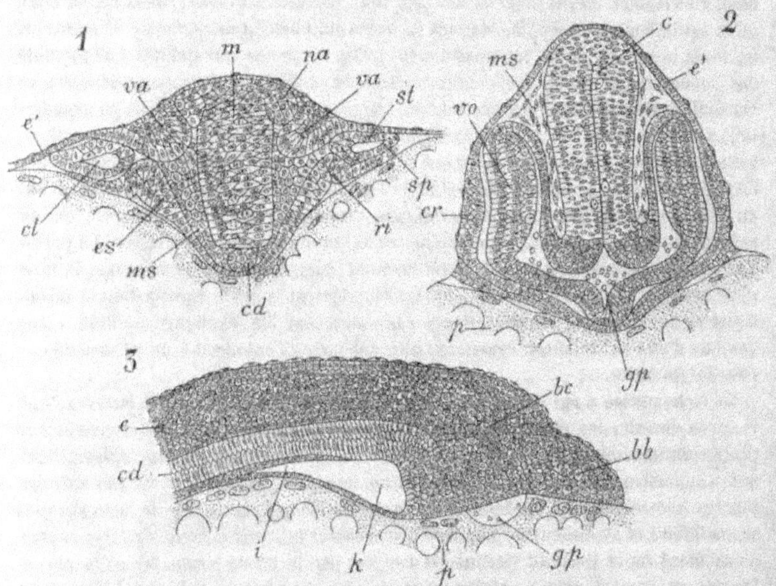

Fig. 1825. — Coupe transversale d'un embryon plus avancé que ceux de la figure 1822, au niveau des vésicules auditives. — N° 2. Coupe transversale d'un embryon plus avancé, au niveau du pédoncule des
vésicules optiques. — N° 3. Coupe longitudinale de la partie postérieure d'un embryon après fermeture du
blastoderme. — *bb*, bourrelet blastodermique soudé au bourgeon caudal. Mêmes lettres que dans la fig. 1822.
(d'après Hennegny).

téens marins les choses se passent autrement : le plancher de la région postérieure
de cette cavité est constitué en partie par les bords repliés en dessous de la lame
entodermique (fig. 1822, n° 2, *op*), en partie par des cellules formées dans la région
cicatriculaire du vitellus par la concentration de petits amas de protoplasme autour
des noyaux de cette région; la région moyenne est constituée par la prolifération
des cellules entodermiques invaginées, à laquelle s'adjoignent peut-être quelques
cellules vitellines; elle est d'abord solide, mais peu à peu la lumière de la cavité
postérieure pénètre à son intérieur. L'œsophage est constitué par une mince lame
entodermique dans laquelle apparaît une fente continuant la cavité du mésentéron,

[1] Hoffmann, *Zur Ontogenie der Knochenfische*, Archiv für mikroskopische Anatomie,
vol. XXIII. — F. Hennegny, *Recherches sur le développement des Poissons osseux; embryon
de la Truite*, Journal de l'Anatomie et de la Physiologie, t. XXIV, 1888.

Toutes les cellules du tube digestif deviennent alors cylindriques, et sont d'abord disposées sur une seule assise ; mais elles se multiplient, deviennent cunéiformes et se disposent en plusieurs assises.

Les éléments placés de chaque côté du neuraxe qui n'ont pas été employés à la formation de la corde dorsale et de l'entoderme constituent le *mésoderme*. Dans le mésoderme un sillon latéral permet bientôt de distinguer une région épaissie, plus voisine de la ligne médiane, qui se divisera transversalement en *myomères* ; une région latérale dans laquelle apparaîtra une cavité circonscrite par une couche unique de cellules (*ms*) ; cette région correspond aux *plaques latérales* ; la cavité qu'elle contient est le cœlome et les parois de cette cavité sont la *somatopleure* et la *splanchnopleure*. Du côté ventral, entre les myomères et les plaques latérales, se trouve une bande de cellules, la *bande intermédiaire*, dans laquelle se formera le canal du pronéphros et qui enverra de nombreuses cellules sur la corde [1].

Le volume des réserves nutritives relativement à celui de l'embryon influe naturellement sur la façon dont celui-ci se différencie du reste de l'œuf. Cette différenciation est pour ainsi dire immédiate chez les MARSIPOBRANCHES, où la région de l'entoderme, qui contient les réserves, forme un simple renflement de l'extrémité postérieure du corps. Chez l'Esturgeon, où les réserves sont plus volumineuses, l'embryon semble étalé à la surface du vitellus qu'il incorpore graduellement dans les parois de son corps, de sorte qu'à proprement parler, il ne se sépare pas de la masse vitelline ; celle-ci est située dans la région stomacale, en avant du foie. Chez les ÉLASMOBRANCHES, le *Lepidosteus* et les TÉLÉOSTÉENS, où le corps de l'embryon se sépare graduellement de la masse vitelline par des replis qui se produisent autour de sa région antérieure et de sa région caudale, la vésicule vitelline s'ouvre dans l'intestin en arrière du foie.

Nous sommes parvenus, au point où les embryons des Poissons présentent à peu près tous exactement la même structure ; ils subissent aussi par la suite des transformations correspondantes. La région cérébrale du neuraxe se courbe peu à peu vers le bas, au niveau du mésencéphale, sauf chez les MARSIPOBRANCHES, réalisant ainsi la *flexion crânienne*, qui est masquée chez les TÉLÉOSTÉENS par la disposition relative des parties du cerveau, mais qui est générale chez tous les Vertébrés.

Les organes des sens se constituent successivement : l'*œil* d'abord, les *vésicules acoustiques* ensuite, enfin les *fossettes olfactives*. Chez les MARSIPOBRANCHES et les ÉLASMOBRANCHES les ébauches qui prennent part à la constitution de ces organes sont des émergences creuses du cerveau ou des invaginations également creuses de l'épiderme. Elles sont pleines au contraire chez les Téléostéens, de sorte qu'on peut énoncer cette proposition :

Au point de vue de la formation des organes des sens, comme aussi de l'axe neural et même, dans une certaine mesure, du tube digestif, les Téléostéens se distinguent des autres Poissons parce que ces ébauches, généralement creuses dans les autres groupes et constituées par invagination, sont ici pleines et constituées par prolifération sur place des éléments ou par différenciation directe au sein de massifs cellulaires (entoderme, notocorde, plaques mésodermiques).

[1] F.-R. BOYER, *The mesoderme in Teleost especially its share in the formation of the pectoral fins*, Bullet. Museum of Comparative Zoology, 1892.

La *bouche* et l'*anus* ne se forment que tardivement par des invaginations exodermiques qui peuvent n'être pas encore ouvertes dans le tube digestif lorsque l'éclosion a lieu (*Petromyzon*). L'œsophage des Sélaciens et d'un certain nombre de Téléostéens (*Salmo*), après avoir été tubulaire, se change en un cordon solide où il ne se forme une nouvelle lumière qu'assez longtemps après l'éclosion. Des dents provisoires, principalement formées d'émail, se développent sur la mâchoire de l'Esturgeon. Les invaginations buccale et anale ne marquent pas tout d'abord les deux extrémités du tube digestif; il reste en avant de la bouche un *intestin préoral* ou *poche de Sœssel* (Selachidæ) et en arrière de l'anus un *intestin caudal*; tous deux s'oblitèrent et disparaissent rapidement.

Sauf chez quelques Lophobranches, les nageoires impaires sont constituées d'abord par un repli tégumentaire qui s'étend sur toute la longueur des deux lignes médianes, de la tête ou de l'anus jusqu'à l'extrémité de la queue. Les jeunes Poissons sont donc diphycerques; plus tard, certaines parties des nageoires impaires se développent tandis que d'autres s'atrophient et la nageoire impaire, primitivement continue, se trouve ainsi scindée en plusieurs autres. Les *Petromyzon* présentent déjà de telles inégalités de développement de la nageoire, mais demeurent diphycerques; il en est de même des Dipnés actuels (fig. 2422). D'une manière générale la membrane dorsale s'atrophie à l'extrémité de la queue, tandis que la nageoire ventrale prend un grand développement, l'extrémité de la corde dorsale ou de la colonne vertébrale se redresse alors vers le haut, et le Poisson devient hétérocerque, état persistant chez les Élasmobranches et les Ganoïdes, transitoire chez l'*Amia* et les Téléostéens qui, à l'état adulte, sont homocerques ou géphyrocerques (p. 2362).

La forme générale du corps est maintenant réalisée, les ébauches des divers organes sont constituées. Il devient désormais nécessaire de suivre séparément leur évolution.

Évolution des myomérides céphaliques. — La constitution métamérique du corps des Vertébrés est d'abord exprimée, comme chez les Vers annelés, par la formation successive des myomérides aux dépens des plaques vertébrales ou plaques dorsales du mésoderme. L'évolution des myomérides domine naturellement celle de tous les systèmes d'organes mésodermiques (systèmes musculaire, squelettique, osseux, vasculaire, néphridien, génital); mais elle se répercute aussi sur celle des systèmes d'organes exodermiques ou entodermiques en rapport immédiat avec les systèmes mésodermiques, comme le sont le système nerveux ou, par le système branchial tout au moins, le tube digestif. Il est donc indispensable avant tout de préciser davantage les conditions de la métaméridation du mésoderme des Vertébrés.

La métaméridation s'établit d'une manière indépendante dans la région céphalique et dans la région somatique. Tandis qu'elle apparaît d'une façon précoce dans cette dernière où les myomérides se forment régulièrement et présentent des caractères absolument constants, elle apparaît plus tardivement dans la région céphalique, où le mode d'apparition des myoméries est modifié par la tachygénèse, où leur évolution est profondément déviée par les adaptations que nécessite la présence des organes des sens. Aussi de nombreuses discussions basées soit sur l'étude des Marsipobranches, soit sur celle des Élasmobranches, se sont-elles élevées sur la nature des myomérides céphaliques[1]; on les a souvent séparés

[1] On les trouvera résumés dans Neal, *The Segmentation of the nervous System in Squalus acanthias*, Bulletin of the Museum of Comparative Zoology, t. XXXI, n° 7.

complètement, au point de vue morphologique, des myomérides somatiques et l'on
ne s'est même pas entendu sur leur nombre. Tout un ensemble de recherches
portant principalement sur les Sélaciens ont confirmé cependant les vues de Van
Wijhe[1] sur l'identité fondamentale de tous les myomères et sur le nombre des
myomérides céphaliques. Ces myomérides se différencient, comme les autres, dans
le mésoderme dorsal de la région céphalique; celui-ci est en rapport étroit, dans sa
région antérieure, avec l'extrémité de la corde dorsale et avec la face dorsale de
l'entoderme. Chaque myoméride céphalique se subdivise, comme les myomérides
somatiques, en un sclérotome fournissant les pièces squelettiques et un myotome
fournissant les muscles (p. 2161); dans les deux séries les myotomes et les sclérotomes occupent respectivement la même position. La formation indépendante
des myomérides dans deux régions distinctes du corps n'est d'ailleurs pas un
phénomène particulier aux Vertébrés; les métamérides céphaliques, thoraciques et
abdominaux se développent ainsi d'une manière indépendante chez beaucoup
d'Arthropodes (p. 973) et l'apparition de plusieurs régions indépendantes de métaméridation n'est pas rare chez les Vers annelés (p. 1618, 1713, 1736). Chez ces animaux le mésoderme céphalique se forme même déjà autrement que le mésoderme
somatique (p. 1614, 1615), et il en est de même chez les Mollusques (p. 2067). *Les
myomérides des Sélaciens, comme ceux de l'Amphioxus, forment donc de l'extrémité
antérieure à l'extrémité postérieure du corps, une série ininterrompue de segments morphologiques équivalents entre eux*, et cette équivalence primitive témoigne que les
CRANIOTES ont passé par un état comparable à celui des Acrâniens.

Chez quelques Sélaciens (*Squalus, Galeus*) l'extrémité antérieure de l'embryon est
occupée par un myoméride qui manque chez les autres et qui est désigné sous le
nom de *myoméride antérieur*. En ne tenant pas compte de ce myoméride supplémentaire, le nombre normal des myomérides céphaliques chez les Sélaciens (*Squalus,
Scylliorhinus, Pristiurus, Galeus* et même *Torpedo*[2]) est de sept; les deux premiers
sont quelquefois désignés sous les noms de *myoméride prémandibulaire* et *myoméride
mandibulaire*.

Le myoméride antérieur et le myoméride prémandibulaire quand ils existent
tous deux, se différencient aux dépens d'une même masse cellulaire dans laquelle
vient se fondre l'extrémité antérieure de la corde dorsale et qui est étroitement
comprise entre la face inférieure de l'ébauche cérébrale et la paroi de l'intestin
préoral. La fossette infundibulaire divise cette masse en deux parties : l'antérieure
devient le myoméride antérieur, la postérieure le myoméride prémandibulaire. Le
myoméride antérieur disparaît sans donner naissance à aucun organe. Les deux
myomérides prémandibulaires, le droit et le gauche, sont unis entre eux par un
pont de cellules indifférenciées qui représentent sans doute l'extrémité antérieure
de la corde; une cavité apparaît dans ce pont, comme dans les deux myomérides
qu'il unit, et les trois cavités se réunissent en une seule cavité prémandibulaire.
Des parois médiane et latérale de cette cavité, parois qui correspondent au myotome des autres myomérides, se développent le plus grand nombre des muscles

[1] J.-W. von WIJHE, *Ueber die Mesodermsegmente und die Entwickelung der Nerven der
Selachierkopfer*, Naturk. Verb. der K. Akadem. Wissensch., Amsterdam, 1883.
[2] SEWERTZOFF, *Die Metamerie des Kopfes von Torpedo*, Anatomische Anzeiger, Bd. XIV,
n° 10, 1898.

des yeux : les *droits antérieur, supérieur et inférieur*, l'*oblique inférieur* [1]. Le second myomèride se subdivise en une partie dorsale qui donne naissance au *muscle oblique supérieur* de l'œil et une partie ventrale ou splanchnique qui s'allonge pour former le mésoderme de l'arc mandibulaire et le *muscle adducteur de la mandibule*. Le troisième myomèride, situé au-dessus de la première fente branchiale, ou fente de l'*évent*, présente des modifications particulières; sa paroi interne s'épaissit et donne naissance à des cellules qui émigrent dans le myocèle et s'y transforment en fibrilles musculaires qui forment le *muscle droit postérieur de l'œil*. Le quatrième segment situé au-dessus de la deuxième fente branchiale s'atrophie [2]; il termine la série des *myomérides préotiques*, situés en avant de la capsule auditive. L'atrophie de ce segment est due soit à l'atrophie des yeux pariétaux qui possédaient vraisemblablement une musculature, soit au développement de la vésicule acoustique.

Dans le cinquième segment les cellules de la paroi interne s'allongent sans cependant arriver à produire de fibres musculaires, comme si ce myomèride participait à l'atrophie du quatrième. Cet avortement est dû vraisemblablement au grand développement pris par la vésicule acoustique; la portion médiane du segment disparaît seule chez l'*Ammocœtes*, les parties latérales forment le premier segment de la musculature latérale du corps (*muscle latéral antérieur de la tête*, Kupffer).

Les myomérides suivants appartiennent à la série des myomérides *branchiaux*; le premier des myomérides somatiques proprement dits porte le n° 8; c'est lui qui se différencie le premier et qui le premier donne naissance à un myotome permanent. Il correspond au neuvième métamèride de l'*Amphioxus*. Dès lors les myomérides se succèdent régulièrement et se divisent chacun en une *lame dermique*, un *myotome* et un *sclérotome* fournissant respectivement le *derme* et ses dépendances, le *tissu musculaire* de la paroi du corps et les *éléments* du squelette. Les arcs vertébraux correspondant aux dix premiers somites de van Vijhe, non compris le somite antérieur, peuvent être incorporés dans le crâne; il peut donc y avoir dix somites céphaliques [3].

Développement des membres pairs. — La métaméridation [4] du mésoderme est naturellement conservée dans le développement des nageoires impaires, puisqu'elle est encore manifeste chez l'adulte; cette métaméridation est tout aussi prononcée dans le développement des nageoires paires où on ne la reconnaît plus chez l'animal adulte.

Chez les ÉLASMOBRANCHES le développement des deux paires de nageoires suit la

---

[1] Il en est de même chez les Reptiles: les muscles moteurs des yeux des Batraciens, des Oiseaux et des Mammifères se développent, au contraire, aux dépens du tissu mésodermique qui entoure la capsule de l'œil; mais rien ne prouve qu'il ne s'agit pas ici d'un simple fait de tachygénèse.

[2] Les recherches concordantes de von Vijhe, miss Platt, Hoffmann établissent qu'il a réellement existé.

[3] C.-K. HOFFMANN, *Zur Entwickelungsgeschichte der Selachierkopfes*, Anatomische Anzeiger, Bd. IX, 1894.

[4] L'idée que les membres des Vertébrés résulteraient de la fusion de parties appartenant à plusieurs segments du corps a été émise pour la 1re fois en 1857 par Goodsir, qui appuyait son opinion sur leur mode d'innervation (*New philosophical Journal*, série V, 1857); les premières confirmations embryogéniques de l'hypothèse de Goodsir sont dues à Dohrn (1884), dont les observations ont porté sur le *Pristiurus*.

même marche générale [1]. Dans une coupe transversale d'un très jeune embryon de
Sélacien, on trouve, à l'intérieur de l'enveloppe exodermique et successivement
de haut en bas, sur la ligne médiane (fig. 1823) : 1° le *tube neural*; 2° la *corde dorsale*; 3° *l'aorte*; 4° le *tube digestif*. Latéralement, sur la moitié environ de la hauteur
du corps, se succèdent les myomères, comprenant entre eux le tube neural, la
corde dorsale et l'aorte, mais s'arrêtant d'abord au niveau inférieur de ce vaisseau;
au-dessous d'eux, les plaques latérales dont les cavités se sont réunies le long de la
ligne médiane ventrale, forment la *somatopleure* appliquée contre la paroi du corps,
la *splanchnopleure* appliquée contre le tube digestif, et circonscrivent entre elles la
cavité générale; entre l'extrémité inférieure des myomères et le bord supérieur
des plaques latérales se trouvent symétriquement les deux canaux longitudinaux
du pronéphros. Sur un embryon présentant environ cinquante myomères les cellules des parois latérales de la somatopleure commencent à proliférer dans la
région des premiers segments du tronc de manière à former deux épaississements
longitudinaux; la région correspondante de l'exoderme présente un épaississement
analogue. Bientôt les éléments des bourrelets de la somatopleure se dissocient de
manière à former une masse d'éléments mésodermiques libres, tandis que les bourrelets exodermiques se transforment en deux replis longitudinaux dans lesquels
pénètrent ces derniers éléments (*r*). Ces replis sont la première indication extérieure
des membres pairs. Les deux lames de chaque repli demeurent soudées l'une à
l'autre le long de l'arête du pli, de manière à former une crête ou un rebord
uniquement exodermique. Les deux replis saillants s'étendent sur toute la longueur
du tronc chez les Torpilles et probablement aussi chez les Raies, de sorte que les
nageoires pectorales et ventrales procèdent d'une seule et même ébauche primitive; si les nageoires paires des BATOIDA ne présentaient, à l'état adulte, une extension exceptionnelle, on serait autorisé à en conclure que primitivement les membres
latéraux étaient représentés, de chaque côté, par un repli continu de la paroi du
corps, le *patagium*, semblable au repli impair qui s'étend sur les lignes médianes
dorsale et ventrale du corps chez tous les jeunes Poissons, qui est conservé chez
beaucoup d'adultes et fournit chez les autres les nageoires dorsale, caudale et
anale. Chez les Requins (SELACHOIDA) les nageoires pectorales et ventrales ont déjà
cependant leurs ébauches séparées, mais ces ébauches s'étendent sur un nombre
très variable de segments, nombre toujours plus grand que celui qui correspond
aux nageoires définitives, ce qui est favorable à l'hypothèse que les nageoires d'un
même côté étaient primitivement continues. Chacun des myotomes de la région
s'allonge entre l'exoderme et la somatopleure, pour s'engager au milieu du mésenchyme de l'ébauche de la nageoire (fig. 1826, n° 1, *b*) où son extrémité inférieure
se divise en deux bourgeons, l'un antérieur, l'autre postérieur (fig. 1827, n° 1, *b, b'*).
Ces bourgeons s'isolent peu à peu du myomère et se divisent en même temps en
deux autres bourgeons, l'un dorsal, l'autre ventral (n° 2, b_1, b_2), de sorte qu'à
chaque myomère correspondent maintenant quatre ébauches, deux dorsales et deux
ventrales, qui fourniront toute la musculature de la nageoire. En même temps, les

---

[1] MOLLIER, *Zur Entwickelung der Selachierextrümitäten*, Anat. Anzeiger, VII, n° 12, 1892,
et *Die paarigen Extremitäten der Wirbelthiere* (I. *Das Ichthyopterygium*), Anatomische
Hefte, 1893.

nerfs médullaires de la région se sont allongés le long de la ligne médiane de leurs myomères respectifs et ont fourni une branche ventrale, dirigée vers la base de la nageoire; là chaque branche se divise en deux rameaux, un pour les bourgeons secondaires dorsaux, l'autre pour les bourgeons ventraux. Confirmativement de l'hypothèse du *patagium*, les myomères qui bourgeonnent ainsi appartiennent à

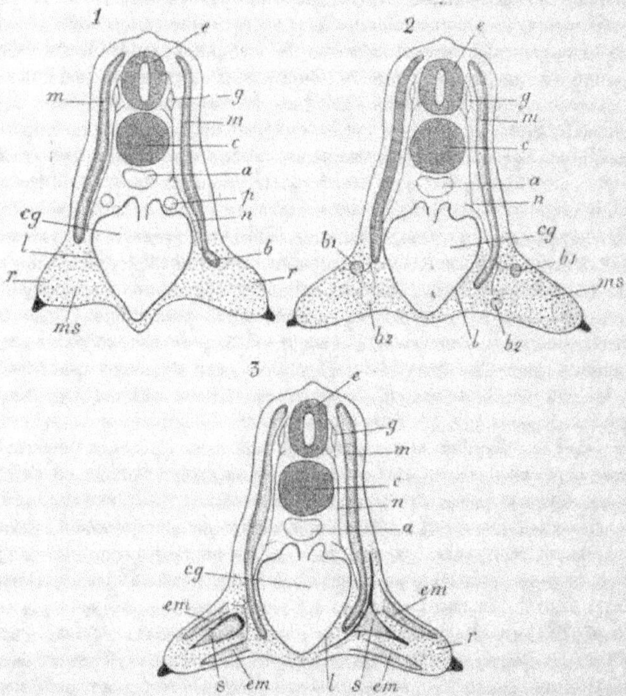

Fig. 1826. — Coupes transversales d'embryons de Sélaciens montrant les phases successives du développement de chaque segment métamérique des nageoires. — *e*, moelle épinière; *c*, corde dorsale; *a*, aorte; *p*, canal longitudinal du pronéphros; *g*, cavité générale; *m*, myotome; *b*, l'un de ses bourgeons destinés à la nageoire; b_1, b_2, les deux parties supérieure et inférieure de ce bourgeon dédoublé; *s*, rayon cartilagineux; *em*, *em*, ébauches des muscles segmentaires de la nageoire; *r*, repli de la peau, ébauche de la nageoire. La moitié droite de chaque figure représente une phase de développement plus avancée que la moitié gauche (d'après Mollier).

une région plus étendue que celle de l'ébauche de la nageoire elle-même (n° 1), et cette région c'est, chez les Torpilles, toute la longueur du tronc. Les bourgeons musculaires s'allongent d'abord en cylindres orientés parallèlement les uns aux autres, en même temps que de la substance musculaire se différencie dans leurs parois; mais, peu à peu, les cylindres se courbent légèrement dans leur région périphérique de manière à s'écarter les uns des autres dans cette région et à se disposer en éventail, en se rapprochant par leur base; ils ne tardent même pas à s'anastomoser dans leur région basilaire et les nerfs qui leur correspondent en font autant (n° 3, *n*, *em*). En raison de cette concentration des rayons musculaires à leur base, ces rayons cessent de se trouver sur le prolongement des myotomes auxquels ils correspondaient et en paraîtraient complètement indépendants si les nerfs ne gardaient encore leurs connexions primitives, tout en convergeant eux aussi vers la base de la nageoire. Les rayons de la nageoire se constituent seulement alors aux dépens du mésenchyme compris entre les cylindres musculaires dorsaux et ventraux. A ce moment, le nombre des rayons cartilagineux est donc double de celui des myomères qui ont pris part à la constitution de la nageoire; mais ces rayons n'apparaissant qu'après la concentration des rayons musculaires, leur position ne saurait en aucune façon faire soupçonner les relations indirectes qui les unissent avec les myomères. Les cylindres musculaires étant déjà unis à leur base, au moment où les rayons se forment, ces derniers sont unis de même dès leur apparition, par une baguette squelettique de laquelle ils semblent partir et qui représente l'ensemble des pièces basilaires de la nageoire. A leur extrémité antérieure, les pièces basales s'accroissent du côté

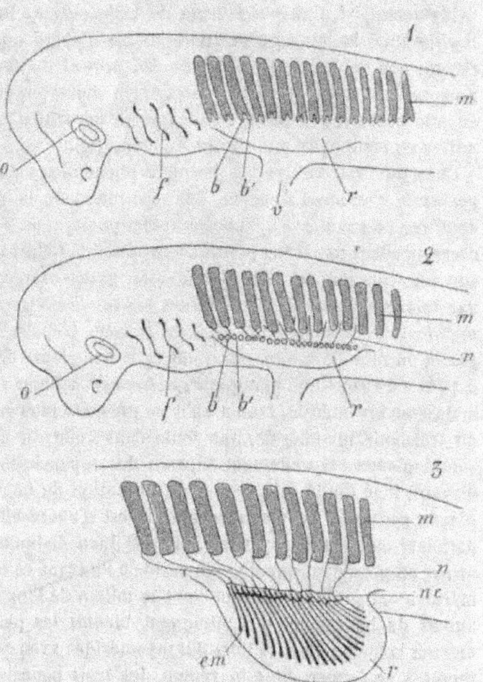

Fig. 1827. — Profils schématiques montrant les phases successives du développement des membres chez les embryons de Sélaciens et établissant leur origine métamérique. — *o*, œil; *f*, fentes branchiales; *m*, myotomes; *b, b'* les deux bourgeons musculaires fournis à un même segment de la nageoire par chaque myomère; *n*, nerfs métamériques de la nageoire; *nc*, nerf collecteur précurseur du plexus brachial; *em*, ébauches des muscles de la nageoire; *r*, repli de la peau représentant la première ébauche de la nageoire (d'après Mollier).

dorsal, comme du côté ventral, dans les parois du tronc et forment soit la ceinture scapulaire, soit la ceinture pelvienne.

Une articulation mobile ne tarde pas à remplacer la continuité qui existait d'abord entre ces ceintures et les pièces basilaires correspondantes, entre ces pièces basilaires et les rayons. La nageoire ainsi réalisée est forcément en continuité par toute sa région basilaire avec le tronc, sur lequel elle s'insère suivant une ligne longitudinale plus ou moins étendue, les deux nageoires symétriques s'étalant dans le plan même de leurs lignes d'insertion. Plus tard, la nageoire pectorale, et à un degré beaucoup moindre la nageoire ventrale, s'isolent du tronc dans leur région postérieure, de sorte que leur bord adhérent devient peu à peu leur bord postérieur. Chez les *Scylliorhinus*, l'ensemble des rayons est, à un certain moment, représenté par une expansion latérale en forme de lame de la plaque basilaire; des fentes découpent ensuite des rayons dans cette lame; il s'agit évidemment ici d'un phénomène de tachygénèse. Dans la nageoire pectorale du *Scylliorhinus* la lame ne se divise même d'abord qu'en deux parties, l'une antérieure, peu volumineuse, ébauche des pro- et mésoptérygium; l'autre postérieure, représentant avec la pièce basilaire le métaptérygium. Les rayons se forment ensuite et se segmentent, les segments perdant à leur tour leur disposition primitive en série pour se disposer en mosaïque.

Chez les TÉLÉOSTÉENS les premiers phénomènes de la formation de la nageoire pectorale consistent dans un épaississement de la plaque mésodermique qui se continue en avant avec le mésoderme céphalique et s'étend en arrière dans la région correspondant aux trois premiers myomères. Cet épaississement est déjà apparent sur un embryon de *Fundulus* âgé de quatre-vingt-quatre heures; à ce moment, par le reploiement de l'entoderme en-dessous se constitue le tube digestif, et le néphrostome commence à se caractériser. L'épaississement porte d'abord sur la partie du mésoderme représentant la somatopleure des trois premiers myomérides; il peut être constitué par quatre assises de cellules superposées dans la région du deuxième myoméride, tandis qu'il ne présente plus que deux assises dans la région du troisième myoméride, une seule dans celle du quatrième, et en arrière où la somatopleure est nettement séparée des myomérides. Après la formation du tube digestif, il se limite à la région de formation du néphrostome et constitue ainsi la *plaque pectorale*. Le plaque pectorale est d'abord elliptique et son grand axe est parallèle au plan de symétrie, elle est bien distincte chez un embryon de *Cyclopterus* ne possédant que 22 myomérides. Pendant ce temps, les trois premiers myomérides ont proliféré surtout vers le milieu de leur bord ventral, produisant ainsi autant de bourgeons qui atteignent bientôt les plaques latérales, et arrivent à amener la fusion du bord libre des myomérides avec ces plaques; des cellules continuent à se former dans la région des trois bourgeons, et ces cellules viennent épaissir la plaque pectorale; de même des cellules migratrices passent isolément du quatrième myoméride à la région voisine de cette plaque. Des indications de la formation de bourgeons analogues se retrouvent dans les myomérides suivantes. Des bourgeons musculaires bien nets se montrent du deuxième au sixième segments chez les *Salmo* et les *Esox* (fig. 1828), du deuxième au cinquième chez les *Cyclopterus*, d'une manière générale le *nombre de ces bourgeons est égal à celui des futures plaques basales de la nageoire* (Corning)[1]. La plaque pectorale est donc formée exactement comme chez les Élasmobranches, mais par un procédé tachygénétique, d'éléments empruntés à la somatopleure d'une part, à quatre myomérides au moins d'autre part. C'est seulement plusieurs jours après la constitution de la plaque pectorale que les éléments exodermiques de son voisinage commencent à proliférer et déterminent ainsi la formation d'un repli exodermique longitudinal, mais d'emblée légèrement oblique par rapport à l'axe du corps, limité à la région de

---

[1] H. K. CORNING. *Ueber die ventralen Urwirbelknospen in der Brustflosse der Teleostier,* Morphologischer Jahrbücher, t. XXII, 1895.

formation de la nageoire (*Esox, Fundulus*) ou s'étendant peut-être sur toute la longueur du tronc dans certains genres (*Clupea, Belone, Gadus*)[1]. Dans le fait que le bourrelet exodermique se montre plus tard que la plaque pectorale, on a voulu

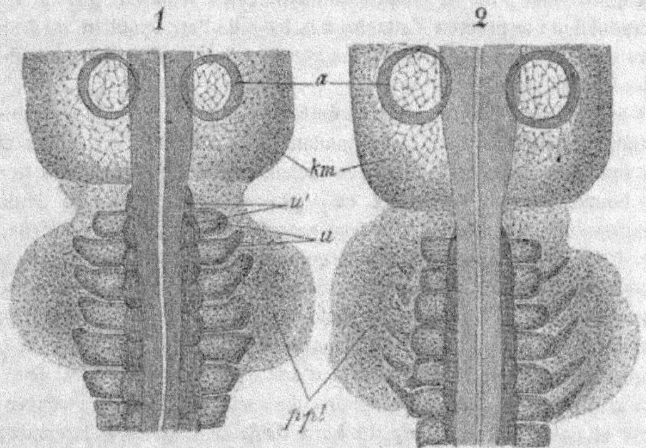

Fig. 1828. — Deux stades du développement des bourgeons mésodermiques métamériques destinés à former la nageoire pectorale chez le Brochet (*Esox lucius*). — *a*, capsule acoustique; *km*, mésoderme céphalique; *u,u'* partie ventrale des myotomes avec leurs bourgeons musculaires destinés à la nageoire; *p,p'* plaque pectorale. — Les embryons sont vus de dos; dans la phase n° 1 les bourgeons tiennent encore aux myotomes; dans la phase n° 2 ils sont séparés à gauche (d'après Corning)[2].

voir une contradiction avec l'hypothèse qui fait dériver les membres d'un repli latéral des téguments; mais les objections tirées de ce chef n'ont aucune portée, et reposent sur une conception tout à fait superficielle de la signification des phénomènes embryogéniques. D'abord, à moins d'enlever au mot repli sa signification grammaticale, il est impossible de contester aux ébauches des nageoires des Poissons, et surtout à celles des Élasmobranches, la signification de replis de la paroi du corps. D'autre part il est absolument conforme aux principes de Lamarck, dont les fécondes conséquences ont été si souvent signalées au cours de cet ouvrage, que le Vertébré primitif ait lui-même, pour les besoins de sa locomotion, réalisé par le jeu de ses muscles la formation des deux plis latéraux, précurseurs des membres. Ces plis comprenaient déjà, à ce moment, un épiderme, du tissu conjonctif, des muscles. Lorsqu'ils se sont formés en dehors de toute action directe de l'embryon, en vertu du *principe de la fixation héréditaire des attitudes habituelles*, il n'y avait dans leur origine rien qui imposât un ordre déterminé à la différenciation de leurs tissus. Cet ordre de formation a été principalement réglé d'un côté par l'ordre général de différenciation des tissus dans l'embryon, de l'autre par l'importance des différenciations éprouvées dans le membre par chaque sorte de tissu.

Les éléments cartilagineux de la nageoire des Élasmobranches disparaissant

---

[1] Ryder, *On the development of osseous fishes*, Annual Report of U. S. Commission of Fishes and Fisheries for 1885. — F. Guitel, *Recherches sur le développement des nageoires paires du Cyclopterus lumpus*, Archives de zoologie expérimentale, 3ᵉ série, t. IV, 1896.

presque entièrement chez les TÉLÉOSTÉENS (p. 2436), il n'est pas certain que les bourgeons musculaires qui se dirigent vers la plaque pectorale pénètrent dans la nageoire, pour former sa musculature. Les bourgeons issus du deuxième, du troisième, du quatrième, puis du cinquième myoméride semblent (*Salmo*) se diriger vers le coracoïdien : le premier s'attache à la base de l'arc hyoïdien, les trois autres forment un muscle qui prend son origine sur la ceinture scapulaire membraneuse et s'attache à l'urohyal [1].

Chez les *Salmo*, l'ébauche du squelette de la nageoire est d'abord représentée par deux cartilages (Swirski) ; l'un correspondant à la ceinture coracoïdo-scapulaire, l'autre au squelette proprement dit de la nageoire. Ces deux cartilages se soudent de bonne heure, laissant entre eux un *trou coracoïdien*. Plus tard deux autres trous apparaissent, l'un inférieur, le *trou procoracoïdien*, l'autre supérieur, le *trou scapulaire*. Chez le *Cyclopterus* il n'y a qu'une ébauche commune à la ceinture coracoïdo-scapulaire et à la nageoire ; elle se montre chez les embryons de 37-38 segments ; il ne se forme qu'un seul trou, le *trou scapulaire* dont l'apparition est elle-même très tardive. L'ébauche commune à la partie basilaire et à la partie périphérique de la nageoire a la forme d'une demi-ellipse, à bord droit incliné d'avant en arrière et de dedans en dehors, de sorte que le bord convexe est à la fois interne et postérieur. Le long du bord droit se différencie la ceinture coracoïdo-scapulaire et le reste du disque représente l'ébauche du squelette de la nageoire proprement dite. La clavicule apparaît après l'ébauche cartilagineuse, et d'une manière indépendante, sous forme d'une baguette réfringente, entourée de cellules et faisant un angle aigu à ouverture dirigée en dehors avec l'ébauche cartilagineuse de la ceinture scapulaire. Les deux ébauches deviennent plus tard parallèles. La ceinture scapulaire cartilagineuse a d'abord la forme d'une tige cartilagineuse dilatée en raquette à son extrémité coracoïdienne (*Cyclopterus*) ; plus tard cette extrémité se plie en accent circonflexe, ouvert en avant, dont le sommet représente le processus inférieur du coracoïde, tandis que la branche externe de l'accent s'allonge en un ergot qui représente le *procoracoïdien* de Gegenbaur. A ce moment apparaissent la *postclavicule* et plus tard la *supraclavicule*, représentées la première comme la seconde par des ébauches indépendantes de celles de la clavicule. Cependant la partie du disque cartilagineux se modifie, de son côté. Des amincissements locaux de la pièce cartilagineuse chez les *Esox*, de véritables trous chez les *Cyclopterus* délimitent les basales ; il s'en différencie d'abord trois, puis cinq dans le premier genre, tandis que les trois trous se forment successivement de dehors en dedans chez les *Cyclopterus*. Bientôt, chez les *Esox*, aux dépens du bord, l'ébauche cartilagineuse se différencie. Une rangée continue de fragments cartilagineux, au nombre de 9 d'abord, puis de 12 ; la première basale est sur le prolongement de cette rangée. Plus tard trois petites pièces secondaires proximales apparaissent dans le voisinage des pièces primaires 4, 5 et 6. Cette apparition est suivie de la résorption des deux derniers fragments primaires et des deux derniers secondaires ; en revanche, il s'est formé une rangée secondaire distale composée de cinq fragments, dans la région de la cinquième basale. Le développement de la nageoire chez les *Salmo* se rapproche beaucoup de ce

---

[1] R.-G. HARRISON, *The development of the fins of Teleostes*, Johns' Hopkins University Cuenlars, vol. XIII, 1894.

qu'il est chez les *Esox* [1]. Il est bien plus accéléré chez les *Cyclopterus* où toutes ces pièces secondaires paraissent manquer. La partie membraneuse de la nageoire est d'abord soutenue par des fibres cornées rayonnantes, équidistantes; plus tard, au moment où l'ébauche coracoïde s'élargit en raquette à son extrémité externe, apparaissent des couples de languettes mésodermiques, chaque couple comprenant une languette dorsale et une ventrale; les fibres cornées convergent vers ces languettes, se répartissent entre elles de sorte que chacune en porte bientôt un faisceau. Les rayons des nageoires se trouvent ainsi ébauchés. Chacun d'eux sera plus tard constitué par deux lames confondues sur la plus grande partie de leur longueur, mais demeurant longtemps indépendantes à leur extrémité proximale.

Les nageoires ventrales n'apparaissent généralement qu'après les pectorales (SALMONIDÆ, *Lepadogaster*, *Liparis*, etc.); elles peuvent cependant apparaître presque en même temps (*Cyclopterus*). Mais même dans ce cas le développement de la pectorale est beaucoup plus rapide que celui de la ventrale. Le grand axe des ébauches des pectorales est parallèle au début à la ligne médiane comme celui des ébauches des pectorales. Les deux ébauches de la pectorale et de la ventrale d'un même côté sont même à très peu près à ce moment sur le prolongement l'une de l'autre, ce qui est d'accord avec l'hypothèse de leur continuité primitive. Plus tard les lignes d'insertion des deux nageoires se déplacent en tournant, celle de la pectorale autour de son extrémité antérieure, celle de la ventrale autour de son extrémité postérieure, comme si la région correspondant à leur intervalle était pour la paroi du corps de l'embryon une région de croissance latérale maximum. Il s'ensuit que les deux nageoires font respectivement avec la ligne médiane un angle aigu, à ouverture postérieure pour la pectorale, antérieure pour la ventrale et que les lignes d'insertion de ces nageoires arrivent à être perpendiculaires l'une à l'autre, puis à faire entre elles un angle obtus. En même temps le vitellus diminue progressivement, les nageoires se trouvent par sa résorption amenées à la face ventrale du corps du jeune Poisson.

Chez les TÉLÉOSTÉENS PHYSOSTOMES, un certain nombre de myomérides séparent les ébauches des nageoires pectorales et ventrales. Chez le *Cyclopterus*, le dernier bourgeon musculaire qui se dirige vers l'ébauche de la pectorale appartient au cinquième myoméride; celui du sixième se dirige déjà vers la ventrale chez le *Cyclopterus* et probablement les autres physoclistes. On ne saurait voir là cependant un argument d'ailleurs inutile en faveur de la continuité primitive des deux nageoires; les nageoires ventrales des Physoclistes ayant manifestement subi un déplacement qui les a rapprochées des pectorales. D'autre part la position du bourrelet exodermique qui correspond à l'ébauche des pectorales ne semble pas constante. Suivant Ryder, le nombre des nageoires situées en avant de l'extrémité antérieure de ce repli, qui est généralement de deux ou trois (*Salmo*, *Esox*, *Alosa*, *Pomalobus*, *Cyclopterus*, etc.), peut s'élever à douze (*Cybium*). Abstraction faite des différences que comporte la structure différente de la partie basilaire chez l'adulte, la nageoire ventrale se développe à peu de chose près comme la pectorale. La pénétration des bourgeons musculaires à son extrémité est toutefois beaucoup plus nette.

---

[1] DUCRET, *Contribution à l'étude du développement des membres pairs et impairs des poissons Téléostéens*. Dissertation, Lausanne, 1894.

Développement du système nerveux. — Parmi les organes dérivés de l'exoderme le système nerveux tient la première place. La première modification présentée par la moelle consiste dans l'épaissement de ses parois, où l'on ne tarde pas à
reconnaitre plusieurs assises de cellules. Peu à peu se différencient : 1° l'*épithélium
du canal central*; 2° la *substance grise*, résultant de ce que les cellules de la paroi
du canal qui présentaient d'abord un arrangement épithélique perdent de dehors
en dedans cet arrangement et se transforment en cellules ganglionnaires uni-, bi-
ou multipolaires précédemment décrites (p. 2533); 3° la *substance blanche* résultant
de l'allongement en fibrilles des cellules superficielles de l'ébauche médullaire.

Au moment de l'éclosion, l'axe cérébro-spinal des MARSIPOBRANCHES est encore
un tube formé d'une seule assise de cellules circonscrivant une vaste cavité.
Le cerveau, à peine plus différencié que celui de l'*Amphioxus*, constitue cependant en avant de la moelle une expansion courbée vers la face ventrale et dans
laquelle on peut déjà distinguer trois *vésicules secondaires*, situées l'une derrière
l'autre. La *vésicule antérieure* dépasse en avant la corde dorsale et s'élargit dès
qu'elle l'a dépassée; une saillie dorsale, l'*épiphyse*, la sépare de la *vésicule moyenne*;
une légère constriction dorsale sépare celle-ci de la *vésicule postérieure*, qui passe
insensiblement à la moelle et s'en distingue seulement par son inclinaison vers la
face ventrale. En avant de l'invagination buccale, à l'extrémité ventrale de la
région céphalique, les cellules du tégument s'allongent et constituent la *plaque
olfactive*, première ébauche de l'organe de l'odorat. Tout autour de cette plaque,
l'exoderme se soulève bientôt en un bourrelet circulaire, de sorte que la plaque
s'enfonce peu à peu et forme le fond de la *fossette olfactive impaire* de l'animal
adulte. Le bord postérieur de la fossette, qui est en même temps le bord antérieur de l'orifice buccal, s'allonge plus rapidement que le bord antérieur; tout
le pourtour de l'orifice buccal s'accroît avec la même rapidité que lui, il en résulte
que la bouche se transporte peu en peu en avant; la région postérieure de la fossette olfactive, demeurant en place, se transforme en un prolongement en cul-de-
sac qui contracte avec le cerveau les rapports les plus étroits et qui deviendra
l'*hypophyse* ou *corps pituitaire*. Bientôt, au niveau de l'origine de l'hypophyse, la
vésicule cérébrale présente un pli transversal qui deviendra le *chiasma des nerfs
optiques* et qui marque, par cela même, la limite antérieure et ventrale du *cerveau
optique*; à son tour la constriction qui séparait la région moyenne de la région postérieure de la vésicule primitive se transforme en un pli plus profond qui délimite
ce même cerveau optique postérieurement, du côté dorsal. La région de la vésicule
cérébrale correspondant à la plaque olfactive s'agrandit très vite surtout latéralement et forme ainsi une vésicule antérieurement divisée par un enfoncement
médian et vertical en deux lobes, qu'une légère ondulation latérale partage en une
région antérieure élargie et une région postérieure rétrécie; de l'angle antérieur
de chaque *lobe olfactif* naît un gros *nerf olfactif*[1] qui se rend à la vésicule demeurée
impaire. Toute la partie de la vésicule cérébrale antérieure qui n'est pas entrée
dans la constitution des lobes olfactifs se développe surtout dans sa région médiane
de manière à faire saillie, dans cette région, aussi bien au-dessus qu'au-dessous des
lobes olfactifs, et l'épiphyse marque le bord postérieur de sa surface dorsale; elle

---

[1] C. v. KUPFFER, *Entwickelung der Petromyzon Planeri*, Archiv f. mikroskop. Anatomie,
Bd. XXXV — ID., *Entwickelung der Köpfers der Cranioten*, München, 1894.

s'est allongée en un pédoncule qui la rattache aux *yeux pariétaux*. La partie renflée basilaire de l'épiphyse, la seule qui persiste, chez les autres Poissons, est l'organe qui a été désigné sous le nom de *glande pinéale*. Un peu en avant de l'épiphyse et sur les côtés de la vésicule cérébrale font bientôt saillie les *vésicules optiques*, qui gagnent peu à peu la face ventrale et donnent naissance aux *nerfs optiques* dont la lumière arrive à s'ouvrir dans celle du chiasma précédemment formé. La surface ventrale de la vésicule cérébrale située en arrière de ce chiasma forme l'*infundibulum*, saillie volumineuse et dirigée en arrière. Le fond de l'*infundibulum* conserve sa structure épithéliale primitive, s'unit à l'enveloppe vasculaire du système nerveux central (*Saccus vasculosus*) et se rattache également à l'hypophyse. On a désigné l'ensemble de ces parties sous le nom de *cerveau intermédiaire* ou *diencéphale*. Les parois latérales du diencéphale s'épaississent beaucoup, de sorte que sa cavité se transforme en un simple canal, le *troisième ventricule* dont la paroi dorsale demeure sur une certaine étendue à l'état épithélial. Les parois épaissies forment latéralement le *thalamus opticus* et postérieurement les *ganglia habenulæ*. Tandis que la vésicule antérieure se partage ainsi entre les régions olfactive et optique du cerveau, la vésicule moyenne se rattache tout entière à cette dernière, mais constitue cependant une région cérébrale distincte, le *cerveau moyen*; sa paroi dorsale demeure peu épaisse; ses parois latérales prennent, au contraire, l'aspect de deux saillies volumineuses, les *tubercules bijumeaux*; sa paroi ventrale se réduit à une courte saillie médiane, le *lobe de l'infundibulum*, entre l'infundibulum et la naissance de la moelle. Sur une longueur qui dépasse d'abord celle de la région cérébrale proprement dite, la moelle se différencie à son tour de manière à constituer la *moelle allongée* ou *cerveau postérieur*. Dans la région antérieure de la moelle, le canal médullaire s'élargit, et constitue le *quatrième ventricule*; sa paroi dorsale demeurant à l'état épithélial, l'espace compris entre les parois latérales épaissies et nerveuses est désigné sous le nom de *fosse rhomboïdale*. La paroi dorsale épithéliale, en s'unissant à l'enveloppe vasculaire du cerveau, constitue le *plexus choroïde*, marqué de plis transversaux s'élevant en arrière; une bandelette transversale, saillante, de substance nerveuse, sépare le cerveau postérieur du cerveau moyen; elle se développera chez les formes plus élevées en un *cervelet*.

Chez les ÉLASMOBRANCHES la substance blanche ne se différencie d'abord que sur les faces latérales et ventrale de la moelle; elle est très mince, mais plus tard elle s'épaissit, et envahit tout le pourtour de la moelle; en outre, de nombreuses cellules nerveuses y pénètrent, de sorte que la démarcation relativement à la substance grise n'est plus aussi nette. Un sillon ventral résulte de l'extension vers le bas des cornes de la substance grise médiane. La commissure blanche se constitue en même temps que la substance blanche et plus tard la commissure grise. Le sillon dorsal se forme tardivement.

Avant ou en même temps que s'accomplissent ces modifications histologiques, l'ébauche du système nerveux présente d'autres transformations de la plus haute importance morphologique qui ont été soigneusement étudiées chez le *Squalus acanthias*[1]. La plaque neurale qui représente cette ébauche est quelque peu sur-

---

[1] H.-V. NEAL, *The Segmentation of the neural System in Squalus acanthias*, Bull. of the Museum of Comparative Zoology, Cambridge (Mass.), Vol. XXXI, n° 7, mars 1898.

élevée par rapport au reste du blastoderme, et ses bords saillants sont légèrement repliés en dessous. Elle a la forme d'une sorte de spatule légèrement creuse (fig. 1829) dans toute son étendue, mais présentant cependant sur toute sa longueur une saillie médiane longitudinale déterminée par la présence de la corde dorsale. Le manche de la spatule s'étend jusqu'aux replis caudaux, et ses bords presque parallèles se continuent avec les bourrelets marginaux du blastoderme. Alors que de quatre à six myomérides sont déjà caractérisés, les bords de la plaque présentent des bosselures assez régulières surtout saillantes sur leur face inférieure; on en compte environ onze sur chaque bord de la région élargie à laquelle on peut donner le nom de *plaque céphalique*, le manche de la spatule constituant la *plaque somatique*. Ces bosselures ont été considérées (Locy) comme des *segments*

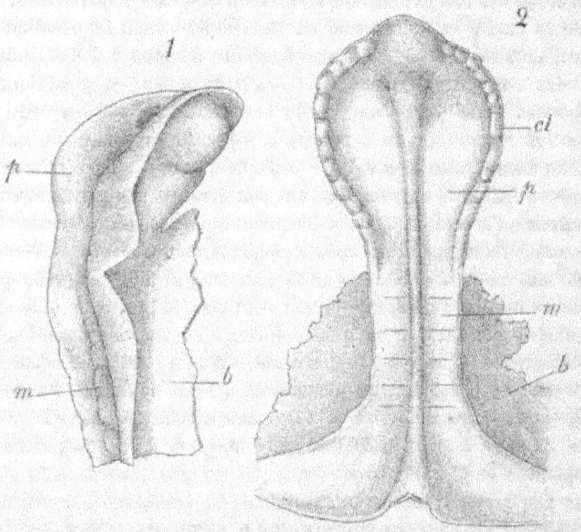

Fig. 1829. — N° 1. Un embryon de *Squalus* à 4 myomérides vu de dos; les prétendus segments céphaliques de Locy sont teints à la bande marginale de la plaque céphalique. — N° 2. Un embryon à 10 ou 11 myomérides vu du côté droit et de dessus; la partie postérieure de la lame céphalique est fortement infléchie en dessous.

neuraux, correspondant aux ganglions de la chaîne ventrale des Vers annelés, mais ils ne présentent ni les caractères de fixité numérique et de symétrie, ni les rapports de position avec les myomères, ni la persistance que devraient offrir de telles formations ganglionnaires. La plaque neurale traverse réellement cependant une période de segmentation métamérique; si l'on considère comme limite de la plaque céphalique le bord postérieur de l'invagination qui donne naissance à la vésicule acoustique, cette plaque donne naissance à six segments cérébraux ou *encéphalomères*, tandis que la plaque somatique se divise elle-même en *myélomères* (Mac Lure) exactement correspondants aux encéphalomères et formant avec eux une série continue, de sorte que le terme de *neuromères* (Ahlborn) convient aux uns comme aux autres. Les encéphalomères qui constitueront le cerveau postérieur sont les plus nettement apparents (fig. 1829); chez des embryons ne possédaut encore que quatorze ou quinze myomérides, dont la plaque céphalique n'est pas encore close, ils sont représentés par trois paires d'épaississements des parois latérales du cerveau ; ces épaississements représentent les *neuromérides* ou, par abréviation, les *neuromères* IV, V et VI. Habituellement la plaque céphalique se ferme d'abord dans la région de l'ébauche du trijumeau, ensuite dans celle du neuromère V ; tout à fait en avant, la plaque demeure très longtemps ouverte, son orifice correspond au neuropore de l'*Amphioxus*. Dans les embryons à quatorze-seize myomérides, le neuromère III s'est différencié en avant de ceux qui se sont déjà formés. Le bord postérieur du neuromère VI correspond exactement à l'extrémité postérieure déjà définie de la plaque céphalique. Des constrictions latérales bien délimitées du tube neural séparent nettement ces neuromérides les uns des autres. Le neuroméride IV est situé immé-

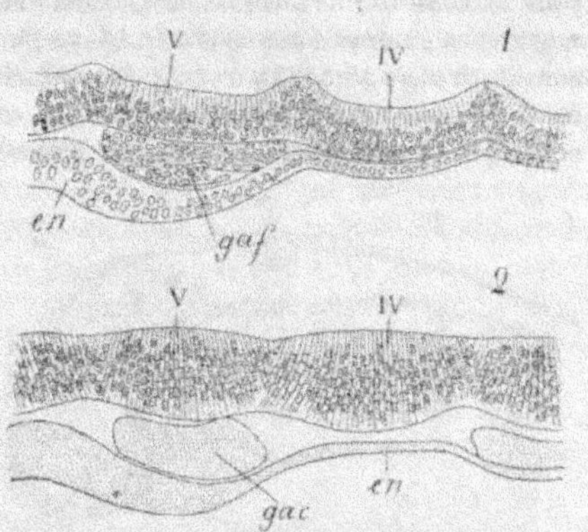

Fig. 1830. — Coupe frontale d'un embryon de *Squalus* de 28 à 30 somites, montrant la structure des neuromérides IV et V dans la région de la plaque céphalique (Dakplatte). — IV, V, les deux neuromérides ; *gaf*, ganglion acoustique facial (d'après Neal).

diatement en arrière du troisième myoméride céphalique ; le neuroméride III entre le troisième et le deuxième myomères ; des épaississements de la paroi du tube nerveux correspondent à ces neuromères. Jusqu'à la formation du dix-neuvième myomère, les quatre encéphalomères postérieurs (III-VI) demeurent seuls apparents ; mais au niveau du neuromère III se forme l'ébauche cellulaire du *trijumeau*, au niveau du neuromère V celle du *nerf acoustico-facial*, et ce rapport demeurant constant fournit pour les déterminations ultérieures un excellent point de repère. Au niveau du neuromère VI on voit un épaississement épithélial, première indication de la vésicule acoustique. Lorsque l'embryon compte de 20 à 21 myomérides (fig. 1832, n° 1), le neuromère VII

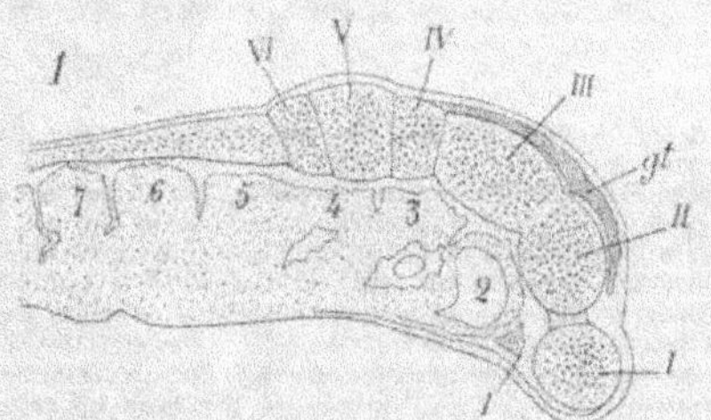

Fig. 1831. — Coupe parasagittale d'un embryon de *Squalus acanthias* avec 18 myomérides. — Les six encéphalomérides primaires sont visibles, tous contenus dans la région de la plaque céphalique ; des fentes dans le mésoderme dorsal séparent l'un de l'autre les somites de van Vijhe, sauf les 4e et 5e. — I à VI, encéphalomérides ; 1 à 7, myomérides céphaliques de van Vijhe ; *gt*, ébauche du ganglion du nerf trijumeau (d'après Neal, Gr. 43 dm.).

se caractérise par une dilatation dorsale et une dilatation ventrale de la région du tube neural qui suit immédiatement le neuromère VI. Les parois du neuromère VII ne sont jamais aussi épaissies que celles des autres segments et il n'est limité par une constriction postérieure que lorsque de 28 à 30 myomères se sont constitués.

L'étude de coupes faites dans la période où l'embryon présente de 28 à 30 myomérides (fig. 1833) démontre clairement que les neuromères ne sont pas des formations superficielles, mais bien des unités morphologiques dans lesquelles se répètent régulièrement les mêmes dispositions histologiques. Comme Orr l'a constaté pour le Lézard [1] : 1° Chaque encéphaloméride est séparé de ses voisins par une constriction externe dorso-ventrale, à laquelle correspond une carène interne exactement parallèle (fig. 1830, n° 1) ; 2° les constrictions et les carènes correspondantes de droite sont exactement symétriques de celles de gauche ; 3° la paroi du tube neural est formée de cellules allongées normalement à la surface interne des neuromères ; 4° les noyaux généralement voisins de la surface externe se rapprochent de la surface interne vers le sommet des carènes (n° 2) ; 5° au voisinage des plans de séparation des neuromères, les cellules des neuromères voisins sont pressées les unes contre les autres, mais ne passent pas d'un neuromère à l'autre. Ces dispositions sont un peu modifiées dans la région latérale des myomères : là, les cellules s'allongent, au point que la paroi interne devient convexe comme la paroi externe (fig. 1830, n° 2) et que les carènes internes, bien marquées dans les régions dorsale et ventrale, sont remplacées par des enfoncements. Il y a manifestement la plus grande analogie entre ce mode de groupement des cellules du tube neural et les ganglions métamériques des Annélides. La région dorsale du tube médullaire, dite *plaque de recouvrement*, va d'ailleurs en s'amincissant dans les stades suivants, de sorte que

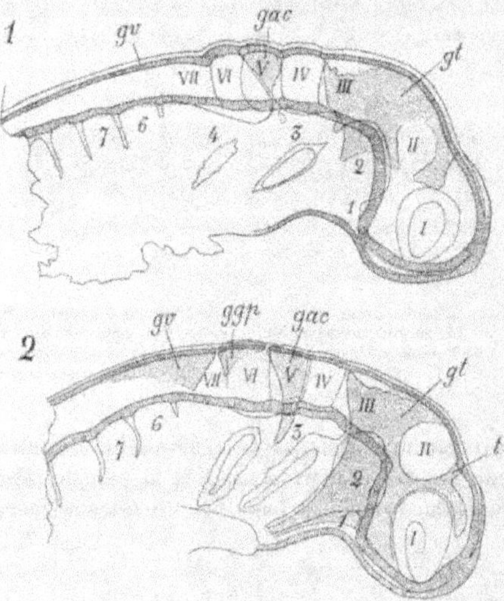

Fig. 1832. — N° 1. Embryon de *Squalus* à 21-22 somites. Une expansion dorsale en arrière du VI° encéphalomère est la première indication du VII° encéphalomère ; elle est limitée en arrière par la 6° myoméride. La constriction entre la 3° et la 4° myoméride de van Vijhe est marquée par la migration des cellules et des côtés de la constriction à la rencontre de l'ébauche du nerf acoustico-facial. — N° 2. Embryon de *Squalus* de 26 à 27 somites. — Une crête neurale continue s'étend de l'encéphalomère V dans le tronc ; la portion thalamique de l'ébauche du trijumeau est nettement différenciée (d'après Neal).

les formations ganglionnaires semblent se limiter de plus en plus aux parois latérales.

Quand l'embryon a acquis quinze millimètres de long, la lumière du canal médullaire s'élargit énormément dans la région des neuromères III à V ; les constrictions qui délimitent extérieurement les neuromères s'effacent par suite de la formation de la substance blanche ; les carènes internes sont encore nettement marquées, mais à partir de ce stade les neuromères primitifs vont commencer à s'effacer, pour faire place aux dispositions définitives que présentera l'appareil cérébral. Le neuro-

[1] H.-B. Orr, *Contribution to the Embryology of the Lizard*, Journ. of Morphology, Vol. I, 1887.

mère VI, en rapport avec le nerf facial, demeure le mieux marqué chez les embryons de quarante à cinquante millimètres de long.

Alors que la plaque neurale somatique est encore largement ouverte, sa surface dorsale présente des sillons qui correspondent en nombre et en position aux fentes comprises entre les myomérides consécutifs; ces sillons sont limités à la région de la plaque qui est exactement superposée aux myomérides. Lorsque la plaque médullaire se referme, sa face dorsale devient interne; les sillons qu'elle présentait apparaissent extérieurement comme des saillies alternes avec les myomérides, et ses parties saillantes sont représentées par des constrictions; saillies et constrictions sont limitées à la région ventrale du tube neural et bien marquées surtout jusqu'au stade à 28-30 myomères. Au stade à 40-50 myomères une légère constriction du tube neural existe encore latéralement au niveau des myomères et des ganglions spinaux qui leur correspondent; mais ces constrictions elles-mêmes disparaissent dans la région dorsale et dans la région ventrale; la métaméridation s'accuse cependant dans cette région par la répétition régulière, en face des myomérides, des racines ventrales des nerfs.

Lorsque la plaque céphalique s'est fermée, en avant du neuro-mère III, auquel Zimmermann[1] réserve le nom de *cerveau posté-rieur*, il ne se différencie d'abord que deux segments qu'on peut désigner par les chiffres I et II;

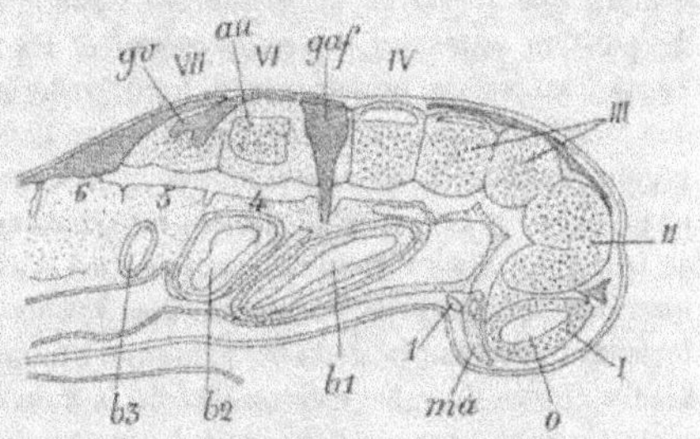

Fig. 1833. — Coupe parasagittale d'un embryon de *Squalus* à 28-30 myomérides. — Les encéphalomérides II et III ont été divisés chacun par une constriction encore limitée à la face ventrale du 1ᵉʳ; tous les myomérides céphaliques de van Vijhe sont différenciés. — Mêmes lettres que dans la figure précédente; en plus : *o*, vésicule optique; *gaf*, ébauche ganglionnaire de l'acoustico-facial; *au*, vésicule auditive; *gv*, ébauche ganglionnaire du vagin; *ma*, somite antérieur de Plate; b_1-b_3, partie branchiale (d'après Neal).

le premier est le *cerveau antérieur*, le second le *cerveau moyen* primitif. Le nombre total des neuromères cérébraux est ainsi porté à sept. Mais sur la face dorsale du neuromère I se développent deux expansions dorsales, que Zimmermann appelle le *cerveau antérieur secondaire* et le *cerveau intermédiaire*; le neuromère II présente à son tour sur ses faces ventrales et latérales deux légères constrictions qui le subdivisent en trois parties; le neuromère III s'infléchit enfin de manière à former le sommet d'un coude dont la branche antérieure est inclinée vers le ventre, au point où s'accomplit cette *flexion crânienne* commune à tous les Craniotes; moins accusée chez les Cyclostomes, les Ganoïdes et les Téléostéens que chez les Élasmobranches et les autres Vertébrés, il se forme, sur la face ventrale, une plicature saillante intérieurement; le *cervelet* se différencie en arrière de cette plicature et derrière lui le tube neural s'élargit et s'épaissit, de sorte qu'on pourrait trouver là les éléments de trois neuromères secondaires; Zimmermann ajoutant d'ailleurs un neu-

<hr>

[1] ZIMMERMANN, *Ueber die Metamerie des Wirbelthierkopfs*, Verh. Anat. Gesellschaft München, V, 1891.

romère à ceux que Neal considère comme formant le cerveau postérieur, arrive par ces considérations à compter treize encéphalomères comparables pour lui aux myélomères. Cette conclusion ne serait admissible que si les treize neuromères de Zimmermann présentaient avec les myomères qui apparaissent tardivement dans la région céphalique les mêmes rapports que les myélomères avec les myomérides somatiques; mais il n'en est pas ainsi et l'on ne constate cet accord que si l'on considère, avec Neal, comme des véritables neuromères les divisions primitives qui ont été subdivisées par Zimmermann. Dès lors la région cérébrale primitive, limitée par la position de la vésicule acoustique comprend sept *encéphalomères*, correspondant aux sept myomérides ou somites de cette région, en tenant compte du myomère antérieur, généralement avorté. Jusqu'à la période où l'embryon compte une trentaine de myomères somatiques, il y a une très nette corrélation de position entre les encéphalomères et les myomérides; le bord antérieur de ceux-ci est voisin seulement du bord postérieur de ceux-là; plus tard, en raison des modifications particulières subies par l'axe neural et les arcs viscéraux de la région céphalique, une discordance croissante se manifeste et soit que les encéphalomères avancent, soit que les myomérides reculent, c'est le myoméride V qui se trouve en arrière de l'encéphalomère VII chez les embryons qui possèdent une quarantaine de myomères somatiques. Tandis que les encéphalomères IV à VII, qui forment le cerveau postérieur, présentent toujours dans leurs rapports une ressemblance étroite avec les neuromères de la moelle ou myélomères, les trois encéphalomères antérieurs sont beaucoup plus modifiés, et ces modifications s'accusent surtout dans les rapports des nerfs qui en naissent avec les myomérides correspondants. Une étude attentive du mode de développement de ces nerfs permet d'ailleurs de reconnaître que les dispositions fondamentales des nerfs issus des encéphalomères sont originellement les mêmes que celles présentées par les myélomères. Dans la région de la moelle épinière, à chaque myomère correspondent un nerf moteur ventral et un nerf sensitif dorsal en rapport avec un ganglion; les deux nerfs s'unissent, à partir des ÉLASMOBRANCHES, en un nerf mixte, naissant de la moelle par une *racine motrice* et une *racine sensitive* qui sont les parties des deux nerfs demeurées indépendantes. Les racines motrices naissent bien avant les racines sensitives, elles sont déjà apparentes lorsque l'embryon ne présente qu'une trentaine de myomérides. Elles sont, à ce moment, en rapport avec la face ventrale du tube neural, exactement en face du milieu de chaque myoméride. Cette position correspond aux constrictions du tube neural, et ces constrictions sont justement les lieux de prolifération maximum des cellules ganglionnaires. Les véritables unités morphologiques de la moelle ne sont donc pas les renflements temporaires auxquels on donne habituellement le nom de myélomères, et qui sont simplement dus à ce qu'ils correspondent aux intervalles entre les myomères, mais bien les constrictions qui existent entre eux et qui ne tardent pas à les effacer, sans doute par suite de la prolifération même des cellules nerveuses. Ces unités sont d'abord situées en face du milieu de la longueur des myomérides; plus tard cependant elles se déplacent jusqu'à leur bord antérieur de manière à paraître alterner avec eux.

Les nerfs sensitifs des *Amphioxus* et des *Petromyzon* alternant avec les nerfs moteurs dont ils demeurent indépendants, ces *nerfs intersegmentaires* ont dû se déplacer par la suite. Les ganglions qu'ils portent se forment directement aux dépens de l'exoderme dans ces deux genres; ils demeurent en connexion toute la vie avec lui dans le premier genre; ils s'en séparent dans le second, où ils alternent avec les myomérides; ils sont en face des constrictions de la corde neurale chez les Sélaciens. Dans les autres Vertébrés les ganglions que portent les nerfs crâniens se forment seuls directement aux dépens de l'exoderme [1]. Ces sont ces dispositions fondamentales qu'il s'agit de retrouver dans les encéphalomères.

Des sept encéphalomères, les deux premiers deviennent les deux premières *vésicules cérébrales* qui sont couramment désignées sous les noms de *cerveau antérieur* et *cerveau moyen* primitifs; ils sont ultérieurement le siège d'adaptations spéciales qui les différencient profondément des suivants; les quatre derniers n'ont qu'une existence temporaire et deviennent le *cerveau postérieur* ou troisième *vésicule cérébrale*; le quatrième ne donne naissance à aucun nerf qui lui appartienne en propre; aucune fente, aucun arc viscéral ne lui correspondent; il semble que le myomère auquel il correspondait ait été atrophié [2]. Les encéphalomères qui suivent sont des connexions tellement semblables à celles des myélomères que leur identité morphologique avec ces derniers est évidente et entraîne celle des segments qui les précèdent. Cette identité sera rendue évidente par le tableau suivant d'où il ressort qu'à chaque méride céphalique représenté par un axe viscéral et une fente branchiale correspond non seulement un encéphalomère distinct, mais un nerf dorsal et un nerf ventral issu de cet encéphalomère.

Si, comme nos connaissances actuelles sur l'embryogénie de l'*Amphioxus* autorisent à le faire, on admet chez cet animal deux myomérides prébuccaux (p. 2160), si l'on considère la glande claviforme comme une fente branchiale modifiée dont la symétrique serait la bouche, et si l'on tient compte de ce que le nombre des fentes branchiales primaires et secondaires persistantes est généralement de huit chez la larve de l'*Amphioxus* (p. 2165), on voit que la constitution métamérique de la région céphalo-branchiale de cette larve est déjà strictement la même que celle des Sélaciens, qui persistera à son tour, sauf quelques modifications secondaires, chez les autres Vertébrés. Il est même à noter que les premières fentes branchiales dont l'existence n'est que transitoire correspondent au neuromère IV, qui ne fournit aucun nerf qui lui soit propre chez les Sélaciens.

Il reste, pour justifier cette conclusion fondamentale, à préciser l'origine et le mode de formation des douze paires de nerfs crâniens.

La formation de nerfs se manifeste déjà de très bonne heure, bien avant que les trois vésicules qui succéderont plus tard aux sept encéphalomères fondamentaux se soient définitivement caractérisées. Les nerfs dorsaux se forment tout autrement que les nerfs ventraux. Les premiers, ainsi que les ganglions qu'ils portent, se différencient dans des groupes ordinairement isolés en lames, de cellules migratrices

---

[1] Mac Lure a cru voir que la branche dorsale des nerfs médullaires passe de la surface externe du myélomère dans l'intervalle compris entre les deux myomères voisins, se dirige vers le point opposé à son origine et s'y fusionne avec un renflement exodermique pour former avec lui un ganglion spinal. Neal n'a pu revoir le fait ni chez les *Squalus*, ni chez les *Amblystoma*.

[2] Il a été déjà indiqué que la disparition des yeux pariétaux qui occupaient une région voisine et qui avaient vraisemblablement un appareil moteur, a dû apporter, dans la constitution des régions cérébrales qui suivent celle où étaient développés ces yeux, une perturbation dont il est encore difficile de déterminer la nature et l'étendue.

issues d'une bande d'active prolifération qui occupe la ligne médiane dorsale du tube neural et qu'on nomme la *crête neurale*. La crête neurale se caractérise déjà dans les bords de la plaque céphalique avant qu'ils ne soient relevés, puis soudés de manière à se constituer en tube. Les noyaux y sont moins pressés que partout ailleurs et les cellules de formation nouvelle ont une tendance de plus en plus grande à se dissocier. Les nerfs ventraux sont, au contraire, constitués par les cylindraxes qui naissent de neuroblastes occupant les cornes ventrales du tube neural et caractérisés par leur noyau riche en chromatine qu'entoure une mince couche protoplasmique fortement colorable par les réactifs (His). Ces cylindraxes réunis en faisceaux sont ensuite recouverts de cellules pariétales issues du mésenchyme voisin, qui ne sont elles-mêmes d'ailleurs que des cellules issues de la crête neurale et qui paraissent former la gaine de Schwann.

CONSTITUTION DES MÉRIDES CÉPHALIQUES DES SÉLACIENS

NEURO-MÈRES	MYOMÉRIDES	NERFS DORSAUX	NERFS VENTRAUX	ARCS VISCÉRAUX	FENTES VISCÉRALES
I.	Antérieur	Olfactif (1re p.).	0	1ers cartilages labiaux (?).	0
II.	1re	Branche ophthalmique du trijumeau (5e p.) et ganglion mésocéphalique.	Moteur oculaire commun (3e p.).	2es cartilages labiaux (?)	Hypophyse (?)
III.	2e	Trijumeau (5e p.) et ganglion de Gasser.	Pathétique (4e p.) ou trochléaire.	Arc mandibulaire.	Bouche.
IV.	3e	Racine du trijumeau (5e p.).	Partie du moteur oculaire externe (6e p.).	0	0
V.	4e	Acoustico-facial (7e et 8e p.).	Partie du moteur oculaire externe (6e p.).	Arc hyoïdien.	Event.
VI.	5e	Glosso-pharyngien (9e p.).	Partie du moteur oculaire externe (6e p.).	1er arc branchial.	1re fente branchiale.
VII.	6e	Vague primitif (spinal, 10e p.).	Partie du moteur oculaire externe (6e p.).	2e arc branchial.	2e fente branchiale.
VIII.	7e	Vague (11e p.).	Hypoglosse (12e p.).	3e arc branchial.	3e f. b.
IX.	8e	1er nerf médullaire.	Hypoglosse.	4e arc branchial.	4e f. b.
X.	9e	2e nerf médullaire.	Hypoglosse.	5e arc branchial.	5e f. b.
XI.	10e	3e nerf médullaire.	R. du 3e nerf médullaire.	6e arc branchial des NOTIDANIDÆ.	6e f. b. des NOTIDANIDÆ.
XII.	11e	4e nerf médullaire.	R. du 4e nerf médullaire.	7e arc branchial des *Heptanchus*.	7e f. b. des *Heptanchus*.

Formation des nerfs dorsaux. — La première ébauche nerveuse qui se constitue est celle du *trijumeau*. La région où elle se formera est déjà reconnaissable et les cellules de cette région sont déjà dissociées au moment de la fermeture de la plaque céphalique dont les bords se rejoignent d'abord précisément dans cette région qui est celle du cerveau moyen. Lorsque le tronc comprend de 15 à 16 myomères, la région du cerveau antérieur est encore ouverte, la crête neurale s'étend de la limite antérieure du cerveau moyen à la constriction antérieure du neuromère IV par lequel débute le cerveau moyen et on constate que les cellules qui la composent émigrent vers le bas; elles sont arrivées jusqu'à mi-hauteur du tube neural; dans la région de l'encéphalomère IV, quelques cellules munies de prolongements protoplasmiques situées entre le tube neural et l'exoderme indiquent un commencement de différenciation de la crête neurale dans cette région; mais la crête n'arrive pas à s'y développer.

Quand l'embryon présente 18-19 myomérides (fig. 1831, *gt*), les parois de l'encéphalomère III se sont très amincies par suite de la migration des cellules qui s'étendent maintenant sur toute la longueur du deuxième somite; les parois de l'encéphalomère IV sont demeurées épaisses; les cellules de la crête neurale de l'encéphalomère V se multiplient surtout dans sa région postérieure et sont en pleine migration dans l'arc hyoïde; elles y constituent l'ébauche du ganglion acoustico-facial dont l'extrémité ventrale se dirige vers la fente comprise entre le troisième et le quatrième myomérides.

Au stade suivant (19-20 m., fig. 1832, n° 1, *gt*), en raison sans doute de l'agrandissement de la vésicule cérébrale moyenne qui vient s'appliquer contre l'exoderme, les cellules émigrantes sont forcées de se placer dans les sillons limitant en avant et en arrière cette vésicule, l'ébauche du trijumeau se divise, en conséquence, en une portion antérieure à la vésicule, qui se dirige vers l'évagination optique, et une région postérieure, plus grande, qui s'étend ventralement dans l'arc mandibulaire, immédiatement au-dessus de l'exoderme superficiel et en dehors du deuxième somite. La division antérieure de l'ébauche du trijumeau s'isole plus tard du trijumeau proprement dit pour devenir le *nerf thalamique*. Les cellules nerveuses issues de l'encéphalomère V et constituant le *ganglion acoustico-facial* s'avancent vers l'arc hyoïde, et vers elles se dirige un processus mésodermique, formé de cellules qui émigrent des deux côtés du sillon de séparation des deuxième et troisième somites. Après la formation d'un myoméride nouveau, les deux divisions du trijumeau se sont prolongées du côté ventral et leurs extrémités, contournant la vésicule moyenne, se dirigent l'une vers l'autre; elles s'unissent plus tard. En même temps, les cellules migratrices abandonnent la région dorsale postérieure de l'encéphalomère III, ce qui implique la cessation en ce point de toute prolifération; l'acoustico-facial et le processus mésodermique qui se dirigeait vers lui se sont rejoints, traçant ainsi la direction que suivra plus tard le nerf. Plus tard, les deux parties de l'ébauche du trijumeau s'étant réunies au-dessous de la vésicule moyenne du cerveau, cette ébauche forme, du côté ventral, une plaque continue qui se prolonge en arrière dans l'arc mandibulaire, tandis qu'en avant elle enveloppe toute la moitié postérieure de la vésicule optique. Lors de la formation du vingt-septième myoméride (fig. 1832, n° 2, *gt*), la continuité qui avait existé jusque-là entre la portion thalamique et la portion postérieure du trijumeau disparaît; les cellules de cette dernière arrivent à se rassembler dans la constriction qui sépare le cerveau moyen du cerveau postérieur et pénètrent dans l'arc mandibulaire (fig. 1833).

A l'apparition des somites 33-34, l'ébauche du trijumeau n'est plus en rapport avec la ligne médiane dorsale du tube neural que par une bande correspondant à sa portion thalamique et par un cordon cellulaire correspondant au sillon entre les encéphalomères II et III (*trochléaire primaire* de miss Platt); en arrière se différencie à ses dépens, au niveau du bord postérieur de l'encéphalomère III, une masse cellulaire qui est la première indication du *ganglion de Gasser*. Au moment où l'on compte 38 à 39 somites, la portion thalamique du trijumeau forme encore un cordon cellulaire qui s'étend du sillon de séparation des encéphalomères I et II jusqu'à un point situé au-dessus des yeux, où il s'unit avec la ligne de cellules exodermiques qui formeront la *branche ophthalmique* profonde du trijumeau. Cette branche est donc bien en rapport primitif avec l'encéphalomère II; c'est une sorte de nerf commissural entre les nerfs thalamique, trochléaire primaire et trijumeau (Marshall, miss Platt).

Dans les embryons à 42-44 somites, où deux fentes branchiales se sont déjà formées, les portions thalamique et trochléaire se réduisent; elles finissent par disparaître au stade à 52 somites, leurs dernières cellules entrant dans la constitution du mésenchyme lâche de cette région. Quand le quarante-huitième somite se forme, la portion thalamique est représentée par un cordon qui s'étend dorsalement de l'ophthalmique profond au bord postérieur de l'encéphalomère I et s'unit dans cette région à sa symétrique. Pour la première fois, apparaissent des fibrilles entre les cellules du trijumeau situées entre les encéphalomères III et IV et ces deux encéphalomères, ce sont ses deux racines principales. Au stade à 52 somites, il se divise en trois branches, deux sensitives (*branche ophthalmique profonde* et *branche maxillaire*) et une mixte (*branche mandibulaire*). La branche ophthalmique profonde devient fibrillaire chez les embryons à 65 somites. La branche ophthalmique superficielle le devient au stade à 78 somites; enveloppée d'une gaine de cellules nucléées, elle part du ganglion de Gasser, juste au-dessus du point de sortie des fibres de la première et se dirige en avant en s'accolant à l'exoderme au-dessous du rameau ophthalmique superficiel du facial. Ces deux rameaux ont donc respectivement, à l'égard de la cinquième et de la septième paires de nerfs crâniens, la même valeur morphologique, celle de rameaux dorsaux cutanés. Les fibres de la racine antérieure du trijumeau peuvent être maintenant suivies de leur origine jusqu'à l'arc mandibulaire, à travers le ganglion de Gasser; elles sont en grande partie motrices et se distribuent à la fois aux muscles de l'arc hyoïdien et à la peau de ses surfaces antérieure et latérales; les fibres issues de la racine postérieure sont, au contraire, surtout sensitives; ces conclusions s'étendent aux encéphalomères III et IV, où ces racines prennent respectivement naissance.

Le *nerf acoustico-facial* apparaît presque en même temps que le trijumeau, mais dans l'encéphalomère V (fig. 1832, n° 1, *gac*); la migration des cellules qui doivent le constituer commence seulement un peu plus tard, et son origine est séparée de celle du trijumeau par la région avortée de l'encéphalomère IV. Lorsque le nombre des somites a dépassé 20, la région de prolifération s'étend en arrière sur l'encéphalomère VI et il se forme à partir du bord antérieur de l'encéphalomère V une crête neurale continue qui s'étend jusque dans la région de la moelle épinière

(Dohrn, Mitrophanow, Neal) sans s'interrompre dans la région auditive comme le pensaient Rabl et Hoffmann. L'ébauche acoustico-faciale s'étend alors dans l'arc hyoïde entre les troisième et quatrième myomères.

Le *glosso-pharyngien* (mêmes figures, *ggp*) résulte, quand l'embryon possède de 20 à 27 somites, d'une prolifération plus active des cellules de la région postérieure de l'encéphalomère VI; il se forme ainsi un tractus qui pénètre peu à peu dans le premier arc branchial. Lors de la formation du vingt-septième myomère, l'invagination de l'épithélium auditif commence au niveau du même encéphalomère et détermine le déplacement des ébauches de l'acoustico-facial et du glosso-pharyngien. Quand apparaissent les myomères 28-30, les cellules de la crête neurale forment trois bandes situées dans les constrictions des vésicules neurales primitives, comme les ébauches des groupes de cellules ganglionnaires dans les constrictions de la moelle; l'ébauche ganglionnaire acoustico-faciale jusque-là confondue avec l'épithélium acoustique s'en sépare pour former l'ébauche du *nerf facial* dont une branche dorsale, demeurée en continuité avec la vésicule auditive, constitue le nerf acoustique. L'ébauche du nerf glosso-pharyngien est bifurquée à son

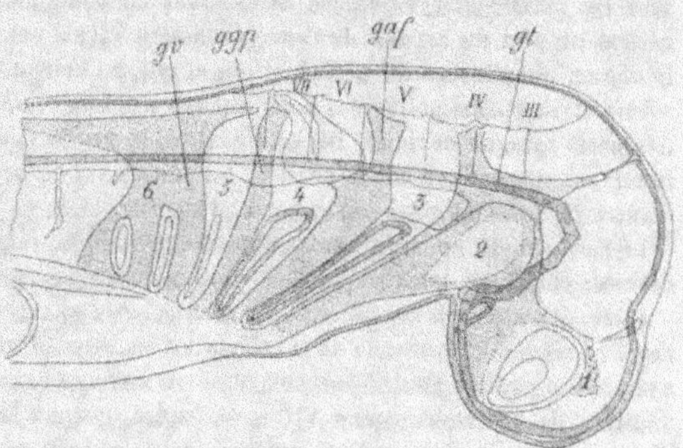

Fig. 1831. — Embryon de 48 somites. — Le 5ᵉ et le 7ᵉ nerfs ont des relations fibrillaires avec le tube neural; les branches principales du trijumeau commencent à apparaître. — Mêmes lettres que dans les figures précédentes (d'après Neal).

extrémité inférieure; le sort de la branche postérieure est inconnu; la branche antérieure s'engage dans le troisième arc viscéral entre le quatrième et le cinquième somites, de la même façon que le septième nerf s'intercale entre le troisième et le quatrième somites et que le vague primitif atteint le mésoderme au bord postérieur du cinquième somite. Il semble donc que les nerfs crâniens soient intersomitiques comme les nerfs dorsaux de l'*Amphioxus*. Au stade à 33-34 somites, l'invagination acoustique a de plus en plus séparé les ébauches de l'acoustico-facial et du glosso-pharyngien et refoulé cette dernière au niveau de l'encéphalomère VII. Les deux nerfs demeurent souvent réunis par un cordon cellulaire dorsal.

En arrière du glosso-pharyngien la crête neurale se continue sans interruption dans le tronc, mais sa portion antérieure seule s'étend vers la région ventrale, pour constituer l'ébauche ganglionnaire du *vague primitif*, entre les plaques latérales et l'exoderme de la région pharyngienne. Au stade à 38-39 somites, l'acoustico-facial et le glosso-pharyngien sont encore unis par une bandelette passant au-dessus de la vésicule acoustique; le glosso-pharyngien et le vague sont au contraire devenus indépendants. Jusque longtemps après la formation du quarante-huitième somite des cordons cellulaires indiquent les rapports du glosso-pharyngien et de l'acous-

tico-facial avec les sillons de séparation des encéphalomères IV-V et V-VI. L'acoustico-facial entre alors en connexion fibrillaire avec l'encéphalomère V et conserve
cette connexion tant que cet encéphalomère subsiste. La capsule auditive est
maintenue en contact par sa surface antérieure avec l'encéphalomère VI. Les
cellules du vague se séparent de celles du glosso-pharyngien et forment dans la
région du pharynx, entre l'exoderme et le mésoderme, une large couche segmentée
par la formation des fentes branchiales. Chez les embryons à 65 somites, le nerf
facial présente quatre branches : la *branche acoustique* (sensitive), la *branche hyoïdienne* (mixte), la *branche ophthalmique superficielle*, dont les fibres sensitives se
distribuent à la région de la peau de la tête qui correspond à la ligne dorso-latérale
du tronc; la *branche buccale*, développée le long de la ligne médio-latérale de la
tête. Le glosso-pharyngien est maintenant en connexion fibrillaire avec le tube
neural un peu en arrière de l'encéphalomère VII; il est encore en continuité avec
le vague, qui s'insère un peu plus loin et qui, au niveau des racines des dix-neuvième et vingtième paires des nerfs, est uni par une commissure avec les ganglions
des nerfs spinaux dorsaux. Du côté ventral, le vague se divise en quatre branches
innervant respectivement la peau et les muscles d'un arc viscéral; il se prolonge
en arrière, formant ainsi son rameau latéral (fig. 1835, *v*).

Le *nerf olfactif* apparaît seulement à cette époque, reliant la plaque olfactive au
cerveau antérieur, mais son mode de formation n'a pas encore été tout à fait éclairci.

Formation des nerfs ventraux. — Le *moteur oculaire externe* (*n. abducens, ab*) apparaît à ce moment. Il procède de la croissance simultanée vers l'extérieur du cylindre-
axe produit par des neuroblastes répartis sur une assez grande longueur de la corne
ventrale de l'encéphalomère VII avec lequel, jusqu'à sa disparition, ses racines
demeurent en connexion[1]; il apparaît donc ici comme un nerf postotique. La
racine est d'abord unique, mais il s'en forme au cours du développement jusqu'à
quatre (*Squalus*) ou même six (*Mustelus*), et leur nombre n'est pas constant des deux
côtés du tube neural. Ces racines naissent comme la racine primitive. Elles se
dirigent d'abord en arrière, comme celles des nerfs médullaires, mais elles forment
ensuite un réseau d'où se dégage le tronc nerveux qui court parallèlement au tube
neural jusqu'au troisième somite. Plus tard le nerf se divise en deux branches qui
comprennent entre elles ce somite et forment aussi, au stade 78-80 somites, une
branche postérieure qui s'étend jusqu'au sixième myotome. Ce nerf n'est en rapport
avec aucun ganglion.

L'*oculo-moteur commun* se développe suivant le type ordinaire des nerfs ventraux
à la base de l'encéphalomère II au stade à 52 somites. Il entre de bonne heure en
connexion avec le ganglion mésocéphalique.

Le *nerf trochléaire* (*t*) n'apparaît que plus tard lorsque l'embryon, qui avait déjà
17 millimètres de long, au stade à 80 somites, a atteint 21 à 22 millimètres. Il prend
son origine du côté dorsal de la constriction qui sépare les encéphalomères II et III
et possède dès lors deux racines. Il est formé de fibres non entourées de noyaux, qui
vraisemblablement proviennent des neuroblastes des cornes ventrales de l'encéphalomère III; elles présentent un chiasma dorsal d'un côté à l'autre, mais elles ne

---

[1] Il en est de même chez les *Necturus*; mais il en résulte que son origine varie suivant
les Vertébrés. Chez les *Lacerta* (Orr), les Serpents (Herrick) et autres, ce nerf provien-
drait de l'encéphalomère IV; dans le Poulet et le Cochon, de l'encéphalomère VI (Neal).

sont en rapport avec aucun ganglion. Dans les embryons qui dépssent 21 millimètres, les fibrilles distales entrent en rapport avec des cellules migratrices issues
de l'oculo-moteur et plus tard le nerf est entièrement couvert de cellules.

L'*hypoglosse* se rattache d'abord au tube neural par cinq racines ventrales, dont la
première correspond au huitième somite (quatrième somite postotique), tandis que
la première branche du vague correspond au bord postérieur du cinquième somite;
ces cinq racines persistent chez les NOTIDANIDÆ; il n'en persiste que deux, probablement les deux dernières chez les adultes des *Squalus* et des autres Requins; elles
sont dépourvues de ganglions. Le nerf dorsal dont le correspondant ventral est la
première racine de l'hypoglosse, porte au contraire un ganglion qui, à une période
ultérieure du développement, s'unit à un groupe de cellules ganglionnaires situées
près de la racine du vague; ce groupe de cellules parait correspondre au ganglion

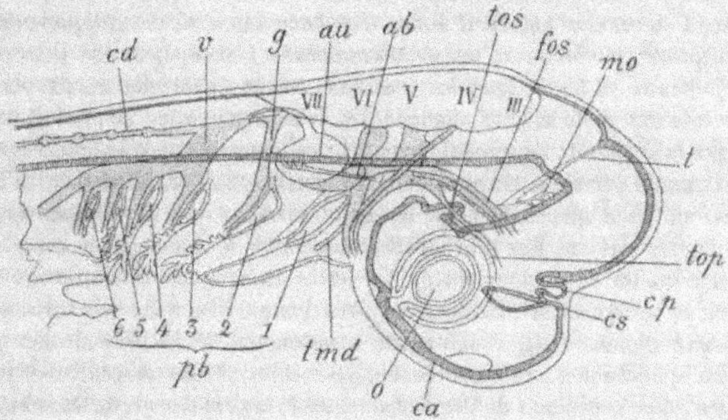

Fig. 1835. — Embryon à plus de 80 somites de côté. Mêmes lettres; en plus : *t*, trochléaire; *mo*, moteur
oculaire; *g*, glossopharyngien; *ab*, abducteur; *tmd*, rameau mandibulaire du trijumeau; *tos*, rameau
ophthalmique superficiel du même; *fos*, rameau ophthalmique superficiel du facial; *top*, rameau ophthalmique profond du trijumeau; *ca*, commissure antérieure; *cp*, commissure postérieure; *cs*, commissure
supérieure; *cd*, commissure dorsale (d'après Neal).

dorsal du vague de l'*Ammocœtes*, ganglion bien distinct du ganglion latéral ou épibranchial du même nerf. D'autre part, la crête neurale continue de la région occipitale et du tronc des *Squalus* se divise en ganglions opposés aux myomérides et reliés
entre eux par un *connectif dorsal*, cellulaire, que l'on peut suivre jusqu'au septième
myoméride; dans la région des septième et sixième somites, il n'y a plus de ganglions,
mais une large plaque cellulaire s'étend à leur place jusqu'à la racine du vague.
Tandis que dans les premiers stades de développement le ganglion du huitième
somite est éloigné des racines du vagus, il s'en rapproche plus tard et finalement
s'unit à elles d'une façon complète. Les cellules ganglionnaires des sixième et septième somites émettent alors des cylindraxes, les uns centripètes, les autres cen-
trifuges; ces derniers forment la racine postérieure du vague. Les ganglions dorsaux
du glosso-pharyngien et du vague étaient primitivement médians, comme les ganglions spinaux; l'union des ganglions spinaux avec le ganglion du vague, rapprochée de leur identité originelle de position, établit une fois de plus qu'il n'y a aucune
différence morphologique entre les nerfs crâniens et les nerfs spinaux ou médullaires.

De tout ce qui précède, il suit donc qu'on peut, comme dans les cas des nerfs médullaires, répartir les racines des nerfs crâniens moteurs en deux groupes d'après leurs relations centrales et périphériques : 1° les racines dorsales ou splanchniques : (5e, 7e, 9e et 10e paires) ayant leur origine dans les cornes latérales du tube neural et dont les fibres se distribuent dans la musculature des arcs viscéraux qui est ventrale ; 2° les racines ventrales ou somatiques (3e, 4e et 6e paires) qui prennent naissance dans les cornes ventrales du tube neural et dont les fibres aboutissent à la musculature des somites qui est dorsale. La correspondance métamérique des nerfs avec les somites est moins régulière que celle des encéphalomères ; ainsi les encéphalomères II, III et VII envoient des fibres motrices aux somites 1, 2 et 3 ; les fibres dorsales issues des encéphalomères III et V innervent deux arcs viscéraux successifs, le deuxième et le troisième.

Après que ces nerfs se sont ébauchés, le cerveau continue son évolution. L'encéphalomère I ou cerveau antérieur donne naissance aux *vésicules optiques* primitives, aux *hémisphères cérébraux* et au *thalamencéphale*. L'encéphalomère II produit les corps bijumeaux et les pédoncules centraux ; les encéphalomères suivants constituent le cervelet et la moelle allongée. La flexion crânienne se produit de bonne heure dans la région de l'encéphalomère III, qui pendant quelque temps forme par suite l'extrémité dorsale antérieure de l'axe neural ; elle s'accentue chez les Élasmobranches, au point que finalement les deux surfaces que la plicature rapproche l'une de l'autre arrivent à se toucher (*Scyllium*), mais à ce moment le cerveau antérieur a pris un tel développement qu'il dépasse en avant le cerveau moyen et que la flexion se trouve ainsi masquée. De très bonne heure les vésicules optiques apparaissent comme deux évaginations symétriques de la base de l'encéphalomère (Marsipobranches, Élasmobranches, Ganoïdes) ; elles se pédiculisent peu à peu sans s'isoler cependant de l'encéphalomère I ; la partie ventrale de cet encéphalomère comprise entre les deux pédoncules représente le *chiasma* des nerfs optiques. Pendant ce temps l'encéphalomère I s'est allongé en avant des vésicules optiques et il se forme sur sa surface dorsale un sillon qui s'enfonce obliquement en se dirigeant en bas et en avant, les parties de l'encéphalomère I entre lesquelles il s'établit, continuant d'ailleurs à communiquer l'une avec l'autre ; la partie antérieure est l'ébauche des *hémisphères* et des *lobes olfactifs*, la partie postérieure celle du *thalamencéphale*. Dans ces parties le *plancher* ou surface ventrale et la *voûte* ou surface dorsale présentent des modifications qui leur sont propres. La voûte du segment antérieur s'élargit latéralement, et bientôt apparaît une constriction médiane qui la divise en deux lobes sphéroïdaux, les deux *hémisphères*. Ces lobes sont creux et leur cavité représente les deux premiers *ventricules cérébraux* ou *ventricules latéraux* ; la cavité du segment postérieur est le *troisième ventricule*. L'atrium médian dans lequel viennent s'ouvrir ces trois ventricules est le *trou de Monro*. La partie de la voûte comprise entre les deux hémisphères et qui s'étend en haut et en avant de la voûte du troisième ventricule jusqu'au chiasma des nerfs optiques est l'ébauche de la *lamina terminalis*. Le sillon de séparation des deux hémisphères est très peu profond chez beaucoup d'Élasmobranches ; toutefois les hémisphères sont toujours volumineux, et dépassent en arrière le thalamencéphale.

La région antérieure du plancher du thalamencéphale donne naissance aux *nerfs optiques* et à leur *chiasma* ; la région postérieure produit une saillie, ébauche de l'*infundibulum*, qui viendra rencontrer une invagination soit du bord postérieur de la plaque olfactive (MARSIPOBRANCHES), soit du stomodœum, aux dépens de laquelle se formera l'*hypophyse* ou *corps pituitaire*. L'infundibulum prend un assez grand développement; son extrémité distale se divise chez les Élasmobranches en trois lobes dont les latéraux deviennent les *sacs vasculaires* de l'adulte. Peu à peu l'involution pituitaire s'allonge et se sépare, soit de la fossette olfactive, soit du stomodœum, et se met en contact avec l'infundibulum; elle est bientôt enveloppée par du mésoderme vascularisé qui s'enfonce dans ses parois, divise d'abord sa cavité en un grand nombre de tubes, et finit par l'oblitérer entièrement. Ce corps présente évidemment une certaine ressemblance avec l'organe hyponeural des Tuniciers (p. 2223, 2270, 2285). Sur les côtés de l'infundibulum apparaissent des fibres commissurales qui unissent le plancher du cerveau moyen au cerveau antérieur. Les parois latérales s'épaississent pour former les *couches optiques* unies entre elles par deux commissures appartenant l'une à la région antérieure, l'autre à la région postérieure de la voûte du thalamencéphale. Ces deux régions sont séparées par l'ébauche de la *glande pinéale*. De bonne heure la région antérieure s'amincit beaucoup; elle se plisse à mesure que les hémisphères cérébraux se rapprochent du cerveau moyen, et au-dessus d'elle dans la pie-mère se développe un plexus vasculaire. Ainsi se constitue la toile *choroïdienne* du troisième ventricule. La glande pinéale est d'abord, chez les MARSIPOBRANCHES, un diverticule en forme de sac qui s'étend à la fois en avant et en arrière; ses parois sont chez l'*Ammocœtes* profondément plissées et elles se mettent en rapport avec les yeux pariétaux. Chez les ÉLASMOBRANCHES, elle débute comme une simple saillie papilliforme de la voûte du thalamencéphale, ne présentant aucune différenciation histologique particulière; elle s'allonge beaucoup en se dirigeant en avant et son extrémité antérieure élargie peut venir se loger dans une cavité du crâne (*Squalus*) ou demeurer libre (*Raja*).

Les parois latérales du cerveau moyen s'épaississent pour former les *lobes optiques* que sépare un sillon médian longitudinal, tandis que par l'épaississement local du plancher se forment les *pédoncules*.

Les cinq encéphalomères qui constituent le cerveau postérieur ne tardent pas à se fusionner de sorte que l'ensemble de toutes ces parties semble ne constituer qu'une seule vésicule cérébrale, en apparence équivalente aux deux premières et dont la cavité constitue le quatrième ventricule. La région antérieure de cette vésicule, équivalente à l'encéphalomère III, se transforme en *cervelet* par l'épaississement de ses parois; le toit de la région suivante ou *moelle allongée* s'amincit au contraire en s'élargissant de manière que les racines des nerfs qui naissent symétriquement de sa crête neurale et qui sont d'abord contiguës, sont écartées et reportées sur les parois latérales. L'espace triangulaire compris entre elles finit par être constitué par une seule assise épithéliale qui forme le toit du quatrième ventricule. Plus tard la pie-mère, très richement vascularisée, s'accole à ce toit et forme avec lui le *plexus choroïdien* du quatrième ventricule. Le plancher du quatrième ventricule s'épaissit au contraire et il s'y développe une couche externe de fibres sans myéline, semblables à celles de la moelle et en continuité avec celles qui forment, dans le plancher du cerveau moyen, les pédoncules cérébraux. Au-dessus se constituent les *corps restiformes* ou *pédoncules cérébraux*; enfin une paire de bourrelets dorsaux font saillie dans la cavité du quatrième ventricule, et représentent les *fasciculi teretes*.

Chez les TÉLÉOSTÉENS[1], où l'ébauche cérébrale est d'abord solide, ces processus sont naturellement modifiés. Cette ébauche constitue à la surface interne de l'exoderme, une forte saillie longitudinale, carénée, à section horizontale triangulaire (fig. 1824, p. 2572). Les ébauches des vésicules optiques forment, de chaque côté de l'ébauche cérébrale, deux masses pleines, saillantes, comprenant entre elles la région rétrécie en avant qui correspond à l'encéphalomère I; elles sont suivies d'une région qui va en s'élargissant et passe insensiblement à l'ébauche de la moelle; l'ébauche des vésicules acoustiques indique la région terminale de l'ébauche cérébrale, qui, à ce moment, représente un tiers de la longueur totale de l'embryon. Lorsque le blastoderme a enveloppé environ les quatre cinquièmes du vitellus, un sillon très oblique apparait de chaque côté, en arrière des masses optiques, et sépare le cerveau postérieur des cerveaux moyen et antérieur; un nouveau sillon situé au niveau des masses optiques sépare ultérieurement les deux régions cérébrales antérieures l'une de l'autre. Une gouttière longitudinale temporaire apparait alors le long de la ligne médiane dorsale de l'exoderme, mais n'intéresse pas l'ébauche nerveuse. Plus tard seulement une fente verticale qui n'atteint ni le bord supérieur, ni le bord inférieur de la masse nerveuse, se produit à l'intérieur du cerveau moyen et gagne le cerveau antérieur; c'est la première indication du canal neural. A l'extrémité antérieure de cette fente, il se produit une fente transversale qui lui est exactement perpendiculaire; c'est l'ébauche des ventricules latéraux. Dans la région du cerveau moyen la fente verticale s'élargit d'autre part, mais du côté dorsal seulement, de sorte que sa section tranversale a la forme d'un T. La voûte du T est beaucoup plus mince que les parois latérales et ventrale qui le circonscrivent. Les vésicules optiques présentent, de leur côté, une cavité qui ne communique pas encore avec le canal central. Plus tard ce canal présente deux paires de dilatations latérales, l'une en avant, l'autre en arrière du pli cérébelleux, et forme le quatrième ventricule. Le cerveau moyen grandit en même temps de manière à couvrir presque entièrement de ses deux lobes latéraux le cerveau postérieur, en arrière, et le thalamencéphale en avant; sa cavité grandit avec lui au point que sa voûte finit par n'être plus formée que par une seule assise de cellules colonnaires. Au moment de l'éclosion, le cerveau moyen constitue la plus grande partie du cerveau, et, par la proéminence qu'il forme en avant, donne à la tête du jeune Poisson son aspect sphéroïdal caractéristique. A ce moment, le cervelet forme une bandelette saillante en avant de la moelle allongée dans laquelle s'est étendue la cavité cérébrale, dont le toit est désormais constitué par une mince lame comme chez les Élasmobranches. En avant du cervelet, la moelle allongée s'infléchit en dessus (*Belone*, LOPHOBRANCHIA, etc., non *Alosa*) et se met en continuité avec la région basale du thalamencéphale, mais il n'y a pas en général de flexion crânienne bien nette (*Anarrhicas*); les lobes optiques semblent seulement placés sur un plan un peu plus élevé que le thalamencéphale et les hémisphères; cette disposition ne persiste pas après l'éclosion. Le *cerveau antérieur* est de moitié plus petit que le *cerveau moyen*, et ne contient qu'une très

---

[1] MAC INTOSH and E. PRINCE, *Development and life history of the Teleostean food and other fishes*, Transactions of the Royal Society Edinburgh, vol. XXXV, 1890.

petite cavité dont la voûte est beaucoup plus mince que les parois latérales et ventrale; il en part une fente qui divise en deux moitiés son épais plancher. En avant
du cerveau antérieur se montrent plusieurs plis, mais c'est seulement deux ou trois
jours après l'éclosion qu'un sillon transversal délimite le thalamencéphale et les
hémisphères; un sillon longitudinal avait déjà séparé ces derniers l'un de l'autre.
Une étroite fissure, ébauche de l'*aqueduc de Sylvius*, met en communication le quatrième et le troisième ventricules. De très bonne heure, le plancher du thalamencéphale se prolonge en arrière au-dessous de la moelle allongée en un diverticule
creux dont les parois sont formées de cellules colonnaires; c'est l'ébauche de
l'infundibulum qui arrive au contact de la voûte buccale. La région antérieure de
cette ébauche donne naissance aux nerfs optiques. En arrière elle est contiguë à
un massif lâche de cellules d'origine indéterminée, dans lequel vient se terminer la
corde dorsale. Au-dessous de l'ébauche de l'infundibulum, il se fait une prolifération
des cellules de la voûte buccale (SALMONIDÆ) qui conduit à la formation d'une
masse ovoïde, placée en avant de l'infundibulum à la base du thalamencéphale;
c'est le début de l'*hypophyse*. En avant de l'hypophyse, immédiatement en arrière,
et un peu au-dessous de l'origine des nerfs optiques, un petit renflement à peu
près de même structure se développe et donne naissance aux *lobes inférieurs* ou
hypoaria, bien développés chez les PERCIDÆ, et dont la cavité communique chez
l'adulte avec celle de l'infundibulum. Comprise entre les hémisphères et les lobes
optiques, la voûte du thalamencéphale est à peine visible extérieurement. Cette
voûte donne naissance à l'*épiphyse* ou glande *pinéale*, soit par évagination (SALMO-
NIDÆ, Hoffmann), soit par l'orientation sur place, autour d'un même centre, dans
son épaisseur, de cellules rayonnantes, formant une masse qui fait plus tard hernie;
une cavité communiquant avec le troisième ventricule apparaît dans cette masse
dont les cellules deviennent colonnaires. La masse est d'abord conique ou arrondie,
mais a l'aspect de l'évagination réalisée chez les SALMONIDÆ. Dans les deux cas,
elle prend vite une forme plus ou moins irrégulière, se plisse et s'applique contre
l'arachnoïde en voie de développement qui seule la sépare des téguments; en même
temps sa cavité s'oblitère. La voûte du thalamencéphale et celle des hémisphères
s'amincissent enfin au point de se réduire à la mince membrane plissée décrite p. 2528.

Développement du squelette. — Le *crâne* est d'abord uniquement constitué par
une membrane formée aux dépens du mésoderme céphalique et dans laquelle la
corde dorsale vient se terminer, souvent dans une masse spéciale d'éléments indif-
férenciés. C'est dans le *crâne membraneux* que se forme le *crâne cartilagineux*. Chez
tous les Vertébrés ce dernier est composé au début : 1° de deux *plaques paracordales* (fig. 1836, n° 1, *PE*), situées l'une à droite, l'autre à gauche de la corde dorsale
et formant plus tard avec elle une *plaque basilaire* (n° 2, *B*) sur laquelle reposent
le cerveau postérieur et le cerveau moyen; 2° d'une paire de tiges, les *trabécules*
(*Tr*), qui embrassent d'abord l'extrémité de la corde dorsale, se dirigent en avant
d'elle en divergeant, se rapprochent de nouveau après avoir contourné l'infundibulum et restent alors en contact jusqu'à la région nasale, où elles se terminent.
L'espace circonscrit par les trabécules en avant de la corde est l'*espace pituitaire* (*PR*);
la portion des trabécules situés en avant de l'espace pituitaire est désigné sous le
nom de *cornes des trabécules*. A cet ensemble de lames qui forment la base du crâne
cartilagineux s'ajoutent les capsules également cartilagineuses qui entourent les

organes des sens : la *capsule auditive* (O) se soude aux plaques paracordales; la *capsule optique* (Au), qui se transforme en *sclérotique*, se juxtapose sans se souder au corps des trabécules; la *capsule nasale* (N, NK) se soude aux cornes des trabécules. On a vu p. 2389 que les vésicules nasales et optiques dépendent du même segment cérébral qui correspond lui-même au myoméride antérieur; la vésicule acoustique est, de son côté, une dépendance du cinquième segment cérébral en rapport avec le cinquième myomère réel; malgré l'apparence métamérique superficielle qui résulte des connexions respectives des cornes, des trabécules et des plaques paracordales avec autant de capsules sensorielles, le crâne cartilagineux, dès son apparition, ne présente déjà plus aucun rapport avec les métamérides céphaliques réels; les nerfs eux-mêmes, au moment où apparaissent les cartilages crâniens, ont plus ou moins perdu ces connexions, de sorte que c'est un problème illusoire que de rechercher dans le crâne des segments squelettiques, comparables à ceux du tronc où la métaméridation de toutes les parties a été conservée jusque dans les moindres détails; la méthode même qui consiste à déterminer les segments squelettiques à l'aide de leurs connexions avec les nerfs cérébraux n'a plus aucune valeur démonstrative.

Pendant la longue durée de leur existence à l'état d'*Ammocœtes*, les *Petromyzon* conservent à son état primitif ce squelette crânien, transitoire chez les Vertébrés. Les *bandelettes paracordales*, appliquées contre la corde dorsale, mais qui la dépassent en avant, s'écartent d'abord quelque peu pour se rejoindre ensuite de manière à figurer une ellipse; les parties formant cette ellipse cartilagineuse sont les *trabécules* crâniens; chacune des bandelettes paracoïdales donne naissance, en avant de la capsule auditive qui lui correspond, à une branche cartilagineuse latérale qui est la première ébauche de l'*arc hyoïdien*. L'ellipse cartilagineuse est le point de départ des formations cartilagineuses en treillis qui envahissent peu à peu la capsule crânienne, mais n'arrivent pas à atteindre la région médiane de sa voûte supérieure, qui demeure toujours membraneuse. Les trabécules se soudent en arrière à de volumineuses capsules auditives cartilagineuses, tandis qu'en avant elles atteignent la capsule nasale. Les bandelettes précordales et les trabécules forment donc ici d'emblée deux tractus cartilagineux continus; mais ils ne se soudent aux capsules auditives qu'après que la larve a atteint 8 à 10 centimètres de long, et ils n'atteignent pour s'unir à lui le premier arc branchial qu'après que la taille de 15 centimètres a été dépassée. Il n'y a encore ni cartilages labiaux, ni arc maxillaire, ni cartilages palatins, ni arc sous-orbitaire, ni cartilages linguaux. La capsule nasale de l'*Ammocœtés* demeure incomplète dans sa région ventrale. Les cartilages nouveaux se forment dans un tissu spécial qu'on peut nommer *tissu précartilagineux* (*cartilage muqueux*, SCHNEIDER), et qui est constitué par une substance fondamentale fluide, contenant des fibres élastiques très transparentes, de petites cellules fusiformes ou étoilées et des cellules adipeuses. Ce tissu préexiste dans les régions où le cartilage doit se former directement; lorsque le cartilage doit remplacer d'autres tissus, comme dans la capsule céphalique, ces tissus, revêtent, au préalable, la forme du tissu précartilagineux. Les cellules de ce dernier se multiplient, grandissent, arrivent à se toucher, prennent, par pression réciproque, une forme polyédrique et se transforment ainsi en cellules de cartilages. C'est dans ce tissu que se développent les expansions des trabécules qui forment les faces latérales et ventrale du crâne, l'arc sous-orbitaire et l'hyoïde, ainsi que les cartilages plus ou moins indépendants des trabécules qui constituent le squelette précrânien et celui de la langue.

Chez les ÉLASMOBRANCHES les trabécules et les plaques paracordales naissent d'une manière indépendante, mais ne tardent pas à s'unir. Primitivement la base du cerveau presque tout entière fait saillie entre les trabécules; mais peu à peu le cartilage envahit cet espace de manière à ne plus laisser de place que pour le corps pituitaire; les trabécules finissent ainsi par ne plus former qu'une plaque perforée par les carotides, qui s'étend jusque dans la région nasale, et s'accroît sur tout son pourtour, formant ainsi au cerveau une enveloppe de plus en plus

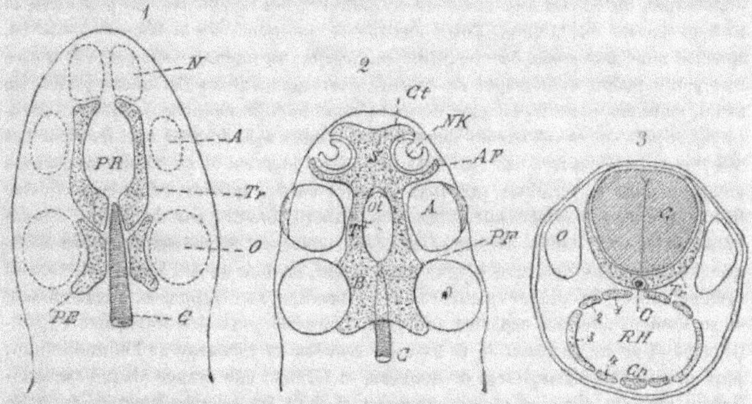

Fig. 1836. — Figures schématiques représentant trois phases du développement du crâne cartilagineux communes à tous les Vertébrés. — 1, premier état du crâne cartilagineux : *N*, vésicule olfactive, *A*, vés. optique; *O*, vés. auditive; *TR*, trabécules; *C*, corde dorsale; *PE*, plaques paracordales; *PR*, espace pituitaire; — 2, phase plus avancée : les trabécules *Tr* se sont réunies en avant pour former une cloison médiane, *S*, entre les fosses nasales; de cette cloison partent un prolongement *Ct*, en avant des fosses nasales, un autre *AF* (processus préorbitaire), entre la capsule nasale et la capsule optique; les plaques paracordales se sont réunies en une lame basilaire soudée elle-même aux trabécules et de laquelle partent les processus postorbitaires *PF*, la lame basilaire enveloppe l'extrémité antérieure de la corde. — 3. Coupe verticale d'un crâne plus avancé : *G*, cerveau; *Tr*, lame basilaire; *C*, corde; *RH*, espace occupé par le pharynx et entouré par un arc viscéral divisé en 4 pieds; *Cp*, copula; *O*, vésicule acoustique (d'après Wiedersheim).

complète. La paroi antérieure, transversée par les nerfs olfactifs, est dite *région ethmoïdale* latérale; c'est cette région qui se met en continuité avec la capsule nasale, toujours ouverte en dessous. En arrière le crâne est intimement fusionné avec les capsules auditives, au devant desquelles persiste cependant une fente, réduite à un trou chez l'adulte et par laquelle sort la troisième branche du trijumeau. La capsule cartilagineuse qui forme la sclérotique demeure libre, mais elle est engagée dans une excavation profonde qui permet de diviser le crâne en une région préorbitaire et une région post-orbitaire.

Le cerveau des TÉLÉOSTÉENS n'est d'abord protégé que par une voûte constituée par les deux couches cornée et nerveuse de l'épiderme. Entre cette voûte et le cerveau se développe peu à peu un espace rempli d'un liquide gélatineux, espace d'abord moins développé dans la région du cerveau moyen que dans les régions antérieure et postérieure, mais qui s'accroît rapidement et finit par donner vers la troisième semaine un volume énorme à la tête globuleuse de l'embryon. Au début, le mésoderme céphalique est représenté par une mince couche de cellules aplaties, surtout développée entre les yeux et la neurocorde; peu à peu le mésoderme s'étend de manière à former au cerveau un revêtement plus ou moins complet qui, de très bonne heure, se couvre de pigment sur sa face interne. La membrane ainsi formée est l'ébauche des enveloppes cérébrales. Le mésoderme qui se développe ainsi provient vraisemblablement du mésoderme pectoral (p. 2582), entraîné en avant par la croissance de la notocorde; il forme, en effet, de chaque côté de la notocorde, une plaque épaisse qui se prolonge au-dessous des yeux et y forme, en s'unissant à l'exoderme, les *bandes sous-oculaires* de Parker [1]; ces bandes élèvent peu à peu la tête au-dessus du vitellus. Entre l'extrémité antérieure de la tête et le vitellus, apparaît ainsi une *cavité buccale primitive*, conique, au sommet de laquelle se trouve une petite masse cylindrique de cellules correspondant au thalamencéphale. En avant, cette masse se transforme en une plaque bilobée, ébauche des *plaques paracordales*; plus en avant encore deux grêles tractus cylindriques sont les ébauches des *trabécules*. Plus tard ces ébauches s'étendent en avant et au-dessus du cerveau antérieur pour se terminer par deux grandes cornes aplaties, entre lesquelles se trouve une plaque internasale. Elles sont d'abord formées par de petites cellules pressées les unes contre les autres, mais elles subissent les mêmes transformations que les ébauches des arcs branchiaux et sont, en huit ou dix jours, entièrement cartilagineuses. Les plaques paracordales, en devenant cartilagineuses, s'agrandissent et se soudent avec les capsules auditives. Entre les yeux, les trabécules se contractent et se rapprochent de la base du cerveau au voisinage de l'infundibulum; plus en avant ils s'élargissent de nouveau, et forment une grande plaque cartilagineuse, amincie dans sa région moyenne et dont les régions latérales épaissies constituent les *cornes*. Bientôt chaque œil se trouve encadré entre quatre plaques cartilagineuses, et l'on distingue dès lors dans le crâne quatre groupes de cartilage, ceux qui dérivent des plaques paracordales, ceux qui dérivent des trabécules, ceux qui entourent la capsule auditive, ceux qui entourent la vésicule optique. Des plaques de *substance spiculaire* (p. 2613), présageant l'ossification, ne tardent pas à apparaître *sur les parties les plus saillantes* de ce squelette cartilagineux; elles se forment non seulement dans le derme, mais dans le périchondre. Il en apparaît de même dans les cloisons conjonctives de certains muscles *très employés* par l'embryon, tels que le rétracteur de l'hyoïde et les génio-hyoïdiens.

Développement du squelette viscéral. — L'*arc mandibulaire* et l'*arc hyoïdien* sont, au début, chez les ÉLASMOBRANCHES (*Scylliorhinus, Raja*) de simples baguettes verticales [2], comprenant entre elles la fente de l'évent, comme les arcs branchiaux, auxquels ils ressemblent d'abord presque complètement, comprennent entre eux les fentes

---

[1] W.-K. PARKER, *On the structure and development of the skull in the Salmon*, Philosoph. Transaction, 1873.

[2] En raison de la flexion crânienne, les trabécules ont aussi une direction presque verticale; mais ils correspondent à la région prébuccale du corps, et sembleraient, au premier abord, des formations tout à fait indépendantes des arcs branchiaux; cependant, comme il existe chez l'embryon un intestin prébuccal qui produit des rudiments de poches branchiales, il y aurait peut-être encore lieu de rechercher dans cette voie une explication de la remarquable persistance de ces premières ébauches du squelette crânien.

branchiales. Chacun d'eux produit bientôt, à son extrémité supérieure, une apophyse crochue dirigée en avant et passant, celle de l'arc maxillaire au-dessus du bord de l'invagination buccale, celle de l'arc hyoïdien au-dessus de l'évent, encore identique à ce moment à une fente branchiale ordinaire. Le premier de ces appendices est l'ébauche du *cartilage palato-carré*, tandis que l'extrémité ventrale de l'arc d'où il provient est le *cartilage de Meckel*; le second appendice est l'*hyomandibulaire*. Les cartilages palato-carrés sont d'abord continus avec les cartilages de Meckel et ceux-ci sont séparés l'un de l'autre; mais ils ne tardent pas à s'unir de manière à former un anneau maxillaire analogue à celui des Marsipobranches, mais incomplet du côté dorsal; les cartilages palato-carrés s'individualisent plus tard et ne demeurent unis au cartilage mandibulaire que par une articulation; d'autre part un ligament qui s'est substitué à la partie supérieure de l'arc se dirige vers le haut, le long du bord antérieur de l'évent et va s'attacher à la partie antérieure de la région oblique du crâne. Un autre ligament se développe entre le cartilage palato-carré et la région préorbitaire. Le cartilage hyomandibulaire se détache de son côté de l'hyoïde proprement dit; il arrive peu à peu à s'articuler avec le crâne; deux ligaments relient la mandibule avec deux segments de l'arc hyoïdien. Chez les Raies le processus hyomandibulaire se sépare complètement du reste de l'arc et ne sert qu'à supporter la mâchoire; la partie postérieure de l'arc entre en connexion interne avec le premier arc branchial. La partie supérieure de l'arc mandibulaire se sépare également, de son côté, s'individualise en un volumineux segment distinct et porte un ou deux rayons qui se développent dans la paroi antérieure de l'évent et précisent l'identité morphologique de l'arc mandibulaire et des arcs branchiaux suivants.

Les *arcs branchiaux* se développent après la formation des fentes branchiales, sur le côté interne de l'artère qui est contenue dans la cloison qui les sépare. Cette artère était elle-même située sur le côté interne des myomérides qui ont disparu au moment de la formation des arcs. Il y a donc par l'intermédiaire de l'artère une liaison indirecte entre les arcs branchiaux et les myomérides céphaliques qui les ont précédés; ils reproduisent nécessairement, comme d'ailleurs les fentes qu'ils séparent, leur disposition métamérique.

La tête d'un embryon de TÉLÉOSTÉEN est principalement constituée par une lame épaisse d'exoderme, dans laquelle se différencient le cerveau et la corde dorsale, et par une mince membrane entodermique sous laquelle se trouve immédiatement la couche limitante du vitellus (*périblaste*). L'entoderme forme la voûte de la cavité suborale, dont le vitellus lui-même représente le plancher. En arrière et au-dessous des capsules auditives, une grande aire ovale d'exoderme s'invagine de chaque côté et il se forme ainsi deux cavités qui se mettent en communication avec la cavité buccale primitive et s'ouvrent au dehors par deux orifices destinés à se fermer plus tard. Comme à ce moment l'œsophage est encore fermé, ces orifices ne peuvent être liés à l'alimentation de l'embryon; ils représentent les *évents* des Sélaciens; on les a aussi considérés comme des *orifices operculaires primitifs*; l'opercule ne se forme que plus tard et consiste d'abord en un repli du tégument qui s'étend peu à peu sur les fentes branchiales au-dessous du cerveau postérieur et des otocystes. Les cellules entodermiques grandissent beaucoup, de telle sorte qu'au moment où le contour du cœur se définit, on observe au-dessus de lui une épaisse plaque entodermique, au-dessous de laquelle se reploie de chaque côté le mésoderme céphalique encore massif. Les cellules des portions du mésoderme ainsi reployées deviennent colonnaires et se disposent en tractus transversaux symétriques, appuyés contre l'ébauche de l'œsophage; dans chaque tractus les éléments sont arrangés concentriquement autour de son axe; les fentes branchiales s'ouvriront plus tard entre ces tractus qui sont par conséquent les ébauches des arcs branchiaux. Au moment de l'éclosion les fentes ne sont pas encore ouvertes et le nombre des arcs est lui-même variable. Ces arcs se forment sans doute successivement d'avant en arrière, car on en compte deux de chaque côté, six jours après la fécondation chez les *Lepidosteus*, trois au moment de l'éclosion, chez beaucoup de Téléostéens; il s'en forme plus tard un quatrième et même, chez les GADIDÆ et quelques autres formes, un cinquième qui demeure rudimentaire; des indications d'une sixième ébauche se trouvent quelquefois (*Salmo*). En avant des quatre arcs branchiaux normaux les ébauches de l'*hyoïde* et de la *mandibule* sont représentées, de chaque côté, par deux bandes plus fortes, plus longues, qui se dirigent en avant, tendent à constituer rapidement un arc complet sur le plancher buccal et contiennent des cellules de cartilage. La partie supérieure de l'arc maxillaire se divise longitudinalement en deux lames; l'antérieure, qui est aussi la plus faible, représente le *palato-carré*; la postérieure, l'*hyomandibulaire*, qui se trouve ici indépendant d'emblée de l'hyoïde et en rapport direct avec la mandibule, avec qui elle ne contracte chez les Élasmobranches que des rapports secondaires; entre temps, la partie antérieure de l'arc s'est séparée de la région qui vient de se fendre, pour constituer la *mandibule* proprement dite. La partie ainsi isolée s'élargit en arrière, et fournit une surface articulaire aux cartilages suspenseurs, le *palato-carré* et l'*hyomandibulaire*. De la région proximale de la mandibule naît une apophyse dirigée en avant, tandis qu'un petit élément nouveau, l'*articulaire*, se développe au-dessous de la large et forte extrémité de l'hyomandibulaire. Le palato-carré s'allonge plus tard en avant. Les maxillaires et prémaxillaires apparaissent tardivement et d'une manière indépendante au-dessous des yeux, en avant de la région ethmoïdale, dans une même membrane très superficielle qui absorbe fortement les matières colorantes (*tissu générateur*, Pouchet; *bandes sous-oculaires*, Parker); ce sont des arcs symétriques de substance spiculaire. Plus tard se montrent dans le plafond oral deux stylets irrégulièrement sinueux qui sont probablement les ébauches des *palatins*.

Les épaississements mésodermiques solides qui représentent les premières ébauches des arcs viscéraux et dont le mode de formation par réflexion latérale du mésoderme au-dessous du pharynx a été décrit ci-dessus, se transforment en tractus cylindriques formés de couches concentriques de cellules colonnaires revêtues en dessus par l'entoderme pharyngien, en dessous par l'entoderme péricardique. Ces arcs, d'abord transversaux, deviennent obliques de haut en bas et d'arrière en avant, en même temps que leur extrémité inférieure s'infléchit elle-même en avant; les arcs mandibulaires et hyoïdien présentent d'emblée cette direction. A l'extrémité antérieure de ce dernier, le plancher buccal produit une expansion membraneuse qui est l'ébauche de la langue. Peu à peu les petites cellules primitives des arcs sont remplacées par de grands éléments aplatis, hyalins, disposés transversalement, de sorte que les arcs prennent l'aspect d'une colonne formée de disques transparents et revêtue par un mince périchondre; le mandibule et l'hyoïde subissent

les premiers cette transformation, qui ne s'effectue d'abord que sur la partie supérieure contigue au pharynx des quatre arcs branchiaux; la partie inférieure
demeure indifférente jusqu'à ce qu'une cavité tubulaire apparaisse dans toute la longueur de l'arc; cette cavité, d'abord simple, est plus tard divisée par une cloison
longitudinale, en deux autres, la *veine* et l'*artère branchiale*. En dehors et au-dessous
de ces canaux sanguins, l'épithélium de l'arc se couvre plus tard d'une double série
de papilles qui font saillie sur la face postérieure et ventrale de chaque arc et dans
lesquelles pénètre le mésoderme. Peu à peu les chondroplastes discoïdaux, disposés
en une série unique qui formaient le cartilage primitif, prennent d'abord la forme
de coins alternant dans leur orientation, puis finissent par se disposer en deux ou
plusieurs rangées longitudinales. Dans la mandibule, cette transformation commence dans la région articulaire, l'extrémité opposée, qui continue à croître jusqu'à
ce qu'elle rencontre sa symétrique, conservant sa structure primitive; quelquefois un
disque s'amincit dans sa région moyenne et se divise en deux disques cunéiformes,
Les articulations et les crêtes sont produites par des chondroplastes qui prennent
une forme irrégulière et une disposition que déterminent sans doute les mouvements
opérés par le cartilage en formation ou les tractions qu'il subit, ou les phénomènes de
nutrition dont il est le siège. En ces points, les éléments sont en voie de multiplication active, comme l'indique le nombre très grand des noyaux qui s'y pressent.
En trois semaines le squelette des branchies des jeunes Morues est entièrement
cartilagineux; les copules sont formées et chaque arc présente sa division normale
en quatre pièces. La mandibule prend généralement un développement énorme,
ce qui accroît singulièrement les dimensions de la bouche.

Colonne vertébrale. — Chez tous les Poissons le squelette du tronc présente un
stade embryonnaire analogue à l'état que conservent toute leur vie les Marsipobranches (p. 2409). Mais les pièces cartilagineuses dorsales de ces derniers, développées dans les sclérotomes au lieu de demeurer disjointes en formant des
arcs neuraux, embrassent complètement la moelle; les pièces ventrales appartenant
à la région antérieure du corps s'allongent à leur tour dans la paroi du cœlome,
tandis que, dans la région caudale, il se forme autour des vaisseaux des *arcs
hémaux* complets. En même temps, le tissu membraneux dans lequel ces pièces
cartilagineuses ont pris naissance s'atrophie et ne forme plus autour de chaque
cartilage qu'une sorte de *périchondre*. Les arcs neuraux et hémaux présentent la
même disposition métamérique que les myomères et l'on peut déjà considérer
comme un tout auquel on appliquera le nom de *vertèbre* l'ensemble formé par un
arc neural, un arc hémal et la région de la corde qui leur correspond. Chez les
Élasmobranches et les Dipnés la gaine élastique se résorbe à la base des arcs
vertébraux; par les lacunes ainsi produites les cellules de cartilages pénètrent au-
dessous d'elles [1]. Les cellules issues des arcs vertébraux sont d'abord réparties en
segments correspondant à ces arcs et par conséquent aux myomères; mais bientôt
elles forment une couche continue et finalement cette couche se divise de nouveau
en segments, les *corps vertébraux*, qui sont alternés avec les myomères, mais qui
n'en ont pas moins les arcs vertébraux pour origine. Les parties persistantes de la

---

[1] Klaatsch, *Beitrage zur Vergleichenden Anatomie Wirbelsäule*, Morphol. Jahrbuch,
t. XX, 1893.

gaine élastique s'épaississent, et dans leur substance se développent de nombreuses fibres élastiques entrecroisées. Par tachygénèse, au lieu de se faire par places, cette transformation de l'étui de la corde peut se faire simultanément dans toute son étendue. La corde dorsale persiste sur toute la longueur du corps; mais, chez les ÉLASMOBRANCHES, dès la première apparition du corps des vertèbres, elle cesse de s'accroître transversalement dans la région qui leur correspond, tandis qu'elle continue à croître dans leurs intervalles. Elle se trouve ainsi divisée en parties alternativement étranglées et renflées, et les parties étranglées sont celles qu'enveloppent les corps vertébraux. Ceux-ci ont, en conséquence, la forme de lentilles biconcaves et les corps de vertèbres ainsi constitués sont distingués sous le nom d'*amphicèles*. La partie la plus interne du corps des vertèbres dérive de l'étui de la corde, à la surface de laquelle se déposent successivement des couches cartilagineuses d'épaisseur variable issues d'un arc neural et hémal. Cette partie interne subit à son tour d'importantes différenciations. Sa région périphérique prend une structure fibreuse, tandis que les cellules qu'elle contient deviennent fusiformes; en même temps, dans la zone interne, les cellules de cartilage peuvent prendre une disposition rayonnante parfaitement régulière (*Pristiurus*, etc.).

Chez la plupart des GANOÏDES la corde dorsale demeure volumineuse, continue et sans étranglements; les cellules de cartilage des arcs ne pénètrent plus au-dessous de sa gaine, qui ne participe pas à la formation du corps des vertèbres, mais dont la substance fondamentale primitivement homogène se transforme toutefois en fibrilles obliquement entrecroisées. Chez le *Lepidosteus*, cette gaine peu épaisse est surmontée de rudiments d'arcs cartilagineux. Ces rudiments grandissent, se soudent entre eux, et finissent par envelopper complètement la corde. Dans les régions correspondantes aux arcs, la corde demeure longtemps sans modification; dans leur intervalle elle est, au contraire, étranglée par la croissance du cartilage; et dans celui-ci se dessinent des surfaces articulaires convexes en avant et délimitant ainsi des corps vertébraux *opisthocèles*. La corde dorsale est finalement résorbée en commençant par les étranglements intervertébraux et le cartilage, après avoir détruit la corde est à son tour envahi par les formations osseuses, en commençant par les mêmes régions; il subsiste seulement quelques parties cartilagineuses entre les arcs vertébraux. Cette structure de la colonne vertébrale demeure unique chez les Poissons actuels, mais on trouve chez des Poissons fossiles des dispositions qui la relient aux états primitifs.

La corde dorsale des TÉLÉOSTÉENS se caractérise d'abord dans la région moyenne du tronc et se développe peu à peu en avant, où elle se termine dans la région cardiaque, et en arrière, où ses éléments se fusionnent longtemps avec ceux des tissus voisins. Les cellules prennent d'abord un arrangement radiaire, et elles forment une colonne dans laquelle, de place en place, apparaissent des vacuoles qui deviennent de plus en plus nombreuses, et finissent par constituer des disques clairs séparés par des cloisons membraneuses, restes des parois des cellules, cloisons attachées elles-mêmes à une gaine continue formée par les parois des cellules superficielles qui ne sont pas entrées dans la constitution des cloisons. Les cloisons elles-mêmes se transforment en un fin tissu réticulé, rattaché à la gaine membraneuse dont l'origine vient d'être indiquée et qui est d'abord la seule enveloppe de la corde. Cette gaine s'amincit de plus en plus; mais les noyaux des cellules aux dépens desquelles elles s'est constituée y sont longtemps reconnaissables. La colonne vertébrale ne se forme en général qu'après l'éclosion; il peut se passer un mois avant l'apparition des arcs cartilagineux et trois (*Perca*) avant le commencement de leur ossification. Les sclérotomes commencent d'abord par former autour de la corde une gaine mésodermique analogue à la couche squelettogène des Plagiostomes, mais plus mince. La partie superficielle de cette enveloppe, au moment où se forment les arcs et les corps des vertèbres, se différencie en une lame externe qui leur forme un revêtement, mais, en raison de sa minceur, on n'y peut reconnaître d'autre formation. Dans les cas où le cartilage se développe de très bonne heure (*Cyclopterus*), on voit apparaître dans l'épaisseur de l'enveloppe de grandes cellules de cartilage; ces cellules émigrent au-dessus et au-dessous de la corde et forment ainsi des arcs neuraux et hémaux cartilagineux. Souvent, cependant, par tachygénèse, les arcs et les corps vertébraux sont directement constitués par de la substance osseuse (*Gasterosteus*); cette substance revêt alors au début un aspect chitineux; elle est claire, homogène, cassante, comme dans la portion claviculaire de la ceinture pectorale, ou dans les éléments maxillaires de la mâchoire supérieure; c'est la *substance spiculaire* de Pouchet, la *substance ostéoïde* de Kölliker. Il existe des passages entre ces deux modes de développement de l'os; le même arc vertébral est formé à sa base de cartilage avec des ostéoblastes et à son sommet de substance spiculaire. C'est dans tous les cas de la couche limitante de la gaine mésoblastique de la corde que procèdent les éléments squelettiques; il n'est d'ailleurs généralement pas possible de reconnaître ici la division en couche squelettogène externe, membrane élastique externe, couche squelettogène interne, membrane élastique interne et gaine proprement dite que l'on reconnaît autour de la corde des Plagiostomes.

Constitution graduelle et développement des tissus squelettiques des Poissons [1]. — En se reportant à ce qui a été dit p. 2371 et suivantes, il est assez facile de suivre les étapes successives du développement du squelette à mesure que les Poissons s'éloignent de leurs formes primitives, et de superposer, à ce schéma fourni par l'anatomie comparée, les modifications histologiques qu'il présente et les processus embryogéniques par lesquels il se constitue.

Le squelette des Marsipobranches se répartit déjà entre deux ordres de formations : les *formations épithéliales* et les *formations conjonctives*. Les premières sont exclusivement représentées par des productions cornées, les *odontoïdes*, qui recouvrent la muqueuse branchiale, les secondes prennent naissance dans deux régions distinctes : 1° au voisinage de la corde dorsale et des centres cérébro-spinaux, où elles forment le *squelette neuro-cordal* ou *squelette vertébral*; 2° autour de la région buccale et de la région branchiale du tube digestif; à ce squelette convient la dénomination de *squelette branchial*, puisque la bouche n'est en réalité qu'une fente branchiale. Ce squelette fondamental des Marsipobranches, autour duquel viendront se grouper d'autres parties, persistera chez tous les autres Vertébrés; il est exclusivement cartilagineux et ses cartilages sont eux-mêmes presque exclusivement formés de chondroplastes entourés de leur capsule; la substance fondamentale y fait

---

[1] P. STÉPHAN, *Recherches histologiques sur la structure du tissu osseux du Poisson*, Bulletin scientifique de la France et de la Belgique, t. XXXIV, 1902.

défaut. Ces cartilages cellulaires se retrouvent à l'état permanent dans les lamelles branchiales des *Trachypterus*; ils s'incrustent de calcaire chez l'*Acipenser ruthenus* et l'*Orthogoriscus mâle*.

Les formations squelettiques épithéliales changent de nature et s'étendent à toute la surface du corps chez les Élasmobranches; elles se développent, en général, autour de papilles saillantes qui, sur la muqueuse buccale, sont l'origine des dents et, sur le tégument, celle des épines. Elle se calcifient fortement et constituent l'*émail* qui conservera ses caractères primitifs sur les dents de tous les Vertébrés. Mais l'émail ne se développe jamais seul; la calcification qui lui a donné naissance envahit le tissu conjonctif de la papille d'abord, en formant ainsi un *protolépide*, puis celui du derme sous-jacent à la papille, et alors le *protolépide* est transformé en *plaque* ou *écaille placoïde*. Le tissu conjonctif qu'envahit ainsi la calcification occupe les cavités de la dent ou de la plaque dont il constitue la pulpe. Les cellules qui en sont les éléments actifs sont plongées dans une substance fondamentale traversée par des fibres plus ou moins nombreuses, souvent disposées en faisceaux. Les cellules de la pulpe sont de deux sortes encore peu différentes chez les Requins, mais très nettement distinctes chez les Raies : les *cellules nourricières* situées dans l'épaisseur même de la pulpe, les *odontoblastes* ou cellules formatrices de la dentine, disposés en épithélium à la surface de la pulpe. La première couche de dentine sécrétée est tout à fait dépourvue d'éléments, c'est la *vitrodentine*. Mais les éléments nourriciers contenus dans la pulpe envoient bientôt des prolongements protoplasmiques à l'intérieur de la vitrodentine et celle-ci prend de la sorte le caractère de l'*ivoire* ou *dentine* proprement dite. La plaque basale se montre entre les cellules qui accompagnent et débordent la papille, en continuité avec la dentine qui forme l'aiguillon; elle ne contient ni prolongements protoplasmiques, ni éléments d'aucune sorte, mais les fibres du tissu conjonctif dans lequel elle se développe y sont totalement incorporées. La calcification peut dans certains cas envahir la pulpe (*Lamna*, etc.), et la substance solide ainsi formée contient, comme la dentine proprement dite, les prolongements protoplasmiques. Il en est de même des travées solides qui traversent les cavités des grandes plaques dentaires des Chimères.

La calcification peut aussi gagner la région des cellules qui sont ainsi incorporées et se transforment en corpuscules osseux; ainsi se constitue une substance qui reste de la dentine par ses prolongements protoplasmiques et confine à l'os proprement dit par ses corpuscules. C'est le cas pour les écailles des Polyptéres et la couche la plus interne des dents de l'*Amia*. Dans la couche inférieure homogène des écailles de Dipnés, qui a reçu le nom d'*isopédine*, on trouve aussi des cellules osseuses fusiformes chez les *Ceratodus* et de forme toute particulière chez les *Protopterus*; de telles cellules sont localisées dans la région superficielle de la couche d'isopédine des écailles d'*Amia*; c'est donc seulement dans les premiers temps de la formation de l'écaille que des cellules sont englobées dans l'isopédine; plus tard, l'isopédine en est dépourvue, et cet état est réalisé d'emblée dans les écailles de TÉLÉOSTÉENS, dont la couche fibreuse ne contient jamais de cellules.

De même la couche de *ganoïne* des écailles de Ganoïdes est absolument dépourvue d'éléments. Les écailles des Dipnés, des Ganoïdes et des Téléostéens cessent d'ailleurs d'être des formations superficielles et se constituent dans une sorte de poche remplie de tissu conjonctif lâche, où elles apparaissent comme une lamelle homogène transparente d'une substance rappelant la vitrodentine.

Un grand nombre des os du squelette des Poissons, même parmi ceux qui recouvrent une ébauche cartilagineuse ou se substituent à elle, étant empruntés au système tégumentaire (p. 2401), on doit s'attendre à ce qu'il existe une certaine analogie entre les caractères histologiques des écailles et ceux des os. Effectivement on ne trouve de corpuscules osseux dans les os que chez les Poissons de type ancien : les Dipnés, les Ganoïdes et les Physostomes des familles des SILURIDÆ (sauf les *Trichomycterus*), SALMONIDÆ, MORMYRIDÆ, CYPRINIDÆ, CHARACINIDÆ, CLUPEIDÆ, MURÆNIDÆ, GYMNOTIDÆ. Déjà, chez le *Salmo salar* et les *Coregonus*, les cellules osseuses sont réduites et disparaissent de bonne heure; les os réalisent ainsi peu à peu un état qui, par tachygénèse, est réalisé d'emblée chez les Poissons où les os sont entièrement dépourvus de corpuscules et qui comptent parmi les plus différenciés; ce sont les SCOPELIDÆ, GALAXIIDÆ, ESOCIDÆ, CHAMBODONTIDÆ, CYPRINODONTIDÆ, SYMBRANCHIDÆ, HETEMPYGRIDÆ, parmi les PHYSOSTOMES et tous les PHYSOCLISTES. Cependant on trouve encore des corpuscules dans certains os d'*Esox*, *Gadus æglifinus*, *Lotta vulgaris*, *Mullus surmuletus*, *Perca fluviatilis*, *Lucioperca sandra*, *Cottus gobio*, *Entelurus anguineus*, TETRADONTIDÆ, et dans les os des *Thynnus* et des *Auscis*. De plus, les corpuscules sont énormes chez les PROTOPTERIDÆ et pourvus de prolongements nombreux, compliqués; ils sont si abondants dans les écailles de *Polypterus* qu'ils arrivent à masquer la cellule; les prolongements partent tous du bord de la cellule chez les *Acipenser*, *Lepidosteus*, *Amia*, et tendent à demeurer dans le même plan; cette disposition s'accentue chez les Physostomes, sauf dans la carapace et les rayons de nageoires de quelques SILURIDÆ comme le *Synodontis schal*, où les canalicules partent encore des deux faces du corpuscule, mais sont fins, isodiamétriques et peu ramifiés; ils sont déjà très petits et n'ont que des prolongements courts chez les *Salmo*, *Coregonus*, *Symenchelis*, *etc*. *La structure des pièces calcifiées du squelette va donc en se simplifiant chez les Poissons à mesure qu'on s'éloigne des formes primitives; ces pièces sont faites, chez les Poissons les plus éloignés de ces souches, non plus de substance osseuse proprement dite, mais d'une substance sans corpuscules qui a reçu le nom de substance ostéoide.* Cela tient simplement à ce que la substance conjonctive dans laquelle l'os se développe se calcifie de plus en plus tôt et arrive à s'imprégner de calcaire à un moment où les cellules sont encore rares dans la substance fondamentale. Cette transformation dans la structure de l'os est donc un fait de tachygénèse. Certains os peuvent d'ailleurs contenir des canalicules qui rapprochent leur substance de celle de la dentine. Les canalicules existent seuls dans les os d'*Exocœtus*, *Sparus*, *Scarus*, *Ephyppus*, *Chætodon*, *Fistularia*, et sont associés à des corpuscules osseux dans les os des GANOÏDES et des *Tétrodons*.

Les os des Téléostéens apparaissent chez les alevins sous forme d'une substance analogue à la vitrodentine, c'est la *substance spiculaire* de Pouchet.

Parmi les os d'origine tégumentaire, les uns demeurent dans le tégument; les autres pénètrent plus ou moins profondément dans l'intérieur. Il peut alors arriver qu'ils ne rencontrent pas au-dessous d'eux de formation cartilagineuse; tels sont, par exemple, certains os de la carapace céphalique, notamment les sous-orbitaires et les operculaires; ces os se forment directement dans le tissu dermique fibreux; il en est de même de ceux qui constituent la cuirasse des TRIGLIDÆ, des *Persithetus* ou des LOPHOBRANCHES, ou encore des os des rayons des nageoires qui se substituent aux filaments cornés primitifs, et forment alors des rayons pluri-articulés dont les éléments se soudent pour constituer les aiguillons, comme on le voit chez les CYPRI-NIDÆ (Vaillant). Les os au-dessous desquels il existe des formations cartilagineuses contractent avec les cartilages divers rapports. Il peut se faire que les pièces osseuses se superposent aux pièces cartilagineuses sans les toucher et sans épouser leurs contours (carapace céphalique des *Acipenser*); — 2° que l'os, tout en se mode-lant sur le cartilage, ne le touche pas (mandibule et cartilage de Meckel des *Mer-luccius*, *Lophius*, etc.); — 3° que l'os forme au cartilage un revêtement étroitement appliqué à sa surface (apophyse des vertèbres des *Protopterus*, arcs branchiaux des *Acipenser*; arcs branchiaux et nombreux os du crâne des *Esox* et des GADIDÆ). Dans ces divers cas, l'os se forme dans le tissu conjonctif loin du cartilage (supra-scapulaire du Brochet) ou tout près du périchondre, mais au-dessus de lui (*squa-mosum* du *Salmo salar*). Il apparaît sous forme d'une lamelle homogène, couverte d'une couche cellulaire en passant insensiblement au tissu fibreux, qui semble ainsi s'ossifier directement et constituent sa substance fondamentale; les cellules sont incorporées; les fibres du tissu qui s'ossifie pénètrent directement dans l'os.

Les doubles arcs des vertèbres qui n'appartiennent pas au système des os d'origine tégumentaire s'ossifient cependant de la même façon. Autour de la gaine élastique de la corde se trouve une couche de cellules embryonnaires qui s'épaissit sur les lignes médianes dorsale et ventrale pour former les ébauches des arcs neu-raux et ventraux. C'est la *gaine cellulaire externe*. L'os apparaît tout contre la corde comme une mince couche hyaline représentant le corps vertébral, et se constitue par l'ossification du tissu fibreux qui entoure la gaine élastique externe; en avant et en arrière sont les ébauches fibreuses des ligaments intervertébraux. La partie interne du ligament est constituée par une substance homogène, fine-ment fibrillaire, sans cellules; elle est, au cours du développement, enfermée dans le double cône et devient de la substance ostéoïde; de nombreuses cellules pres-sées à la surface en assurent l'accroissement en épaisseur; on ignore comment elle s'allonge. Les faisceaux fibrillaires des ligaments intervertébraux pénètrent *in toto* dans le double cône et en forment une grande partie; le double cône contient aussi des fibres circulaires. Le ligament intervertébral dans sa région périphérique con-tient de nombreuses cellules très allongées, particulièrement abondantes contre le double cône. Les apophyses vertébrales apparaissent sous forme d'aiguillon osseux, sans préformation cartilagineuse; leur pointe est couverte d'ostéoblastes qui sur les côtés sont moins nombreux et allongés. De la même façon se constituent les travées osseuses qui, dans de nombreuses pièces, se développent uniquement en longueur, sous l'action de cellules localisées à leur extrémité. Les arêtes se déve-loppent dans les ligaments intermédiaires dorsaux à l'état de substance ostéoïde.

Dans un assez grand nombre de cas, l'os se borne à former une gaine autour du cartilage qui persiste à son intérieur; mais le plus souvent il se substitue réel-lement au cartilage par des procédés divers. Chez l'*orthagoriscus mola*, la substance osseuse forme d'abord un revêtement au cartilage, puis il se forme dans celui-ci des canaux distants où la substance fondamentale ramollie et les éléments qu'elle contient constituent une sorte de moelle qui s'ossifie plus tard. Ce dernier pro-cessus se produit directement dans les vertèbres des *Lepidoptères*, la base des arcs inférieurs des doubles cônes vertébraux des Téléostéens physostomes. C'est ce qu'on peut appeler l'*ossification endochondrale*. Un os endochondral formé par ce procédé peut être à son tour remplacé par un os périchondral se développant par travées et qui prend graduellement sa place (tête articulaire de la mâchoire inférieure du *Tetrodon reticulatus*). Dans un os ainsi formé le cartilage peut subsister en plus ou moins grande proportion et constituer ainsi une sorte de tissu mixte; les passages entre le cartilage calcifié de l'os périostique sont d'ailleurs fréquents, mais le second ne peut remplacer le premier qu'à la suite d'une décalcification et d'un retour à l'état muqueux.

Quel que soit le mode de formation des os, dans la première période de leur constitution, les vaisseaux ne jouent dans leur développement qu'un rôle tout à fait secondaire. Seules les dents de GADIDÆ, dans la nature actuelle, et celles des *Brachyohyodes* et des *Empo* de la craie d'Amérique, sont d'emblée pénétrées par un réseau capillaire venant de la pulpe, traversant les odontoblastes et sur lequel la substance calcaire s'applique directement; ces dents, à leur apparition, sont formées de vitrodentine. Ce tissu spécial est la *vaso-dentine*. Dans la règle, l'os croit inégalement et sa surface d'accroissement présente des arêtes, limitant des gouttières qui peu à peu se ferment, englobant les parties du tissu conjonctif qui leur correspondent et les vaisseaux qu'elles contiennent (dents de Lépidostéens, os operculaire et carapace des Esturgeons, écailles et nombreux os des crânes de Protoptères et des Ganoïdes). Cette *vascularisation par plissement* est fréquente chez les Téléostéens. Au contraire, les os volumineux des Ganoïdes osseux, les os du crâne, de la ceinture scapulaire, la partie des corps vertébraux la plus rapprochée de la moelle, sont chez le Polyptère et le Thon plus ou moins remaniés par la formation autour des vaisseaux d'un système de lamelles concentriques séparées par un assis de corpuscules osseux et constituent des *systèmes de Havers*. Ces formations si répandues chez les Vertébrés supérieurs sont rares chez les Poissons ou isolées au milieu de la substance fondamentale. Il n'y a qu'une seule rangée dans les Vertèbres de *Truchurus*, moins mou chez les *Chætodus*, et un seul système central dans les aiguillons des Acanthoptères. L'ossification par travées prend chez les autres Poissons le pas sur le remaniement par les systèmes de Havers.

Développement des organes olfactifs. — Le développement de l'appareil olfactif des Lamproies s'accomplit après l'éclosion (p. 2586).

Les ébauches des fossettes olfactives des ÉLASMOBRANCHES sont aussi, au début, de simples épaississements exodermiques, au nombre de deux, symétriquement situés sur la face inférieure du corps, immédiatement en avant de la bouche. Chacun de ces épaississements s'invagine ensuite et forme une petite fossette dans laquelle il constitue l'*épithélium olfactif* ou *membrane de Schneider*, avec lequel le nerf olfactif se trouve en rapport dès sa formation. De très bonne heure, cet épithélium se plisse symétriquement dans chaque fossette dont la surface olfactive est ainsi singulièrement augmentée. Autour de chaque orifice olfactif, les téguments forment peu à peu un rebord saillant qui ne fait défaut que du côté de la bouche, d'où résulte la formation de la gouttière *naso-labiale*.

Chez les TÉLÉOSTÉENS, les ébauches des fossettes olfactives sont d'abord deux épaississements exodermiques, situés en avant de la partie supérieure des hémisphères. Ces épaississements se transforment en bourgeons pleins, aplatis, dans lesquels une dépression qui apparait d'abord sur le tégument s'enfonce peu à peu, transformant ainsi le bourgeon en une coupe. La couche cornée de l'épiderme disparait rapidement dans ces sacs, dont le fond arrive peu à peu à se mettre en contact avec de petites protubérances qui se forment sur le cerveau dans leur voisinage et sont les ébauches des nerfs olfactifs. Ces ébauches se forment avant que toute trace de lobe olfactif ait apparu, même chez les Élasmobranches (p. 2591).

Développement de l'œil. — L'œil des MARSIPOBRANCHES et celui des ÉLASMOBRANCHES présentent un mode de développement qui sera conservé, à quelques détails près, chez tous les autres Vertébrés. La tachygénèse intervient au contraire pour altérer ce mode probablement primitif de développement chez les GANOÏDES et les TÉLÉOSTÉENS. Dans tous les cas, prennent part à la formation de l'organe des parties émanées du thalamencéphale, d'autres qui proviennent des téguments, d'autres enfin qui sont fournies par le mésoderme; c'est par la façon dont se différencient ces parties aux dépens des parties préformées d'où elles dérivent que le développement de l'œil des Téléostéens se caractérise surtout.

Chez l'*Ammocœtes*, le thalamencéphale se dilate de chaque côté en une vésicule qui bientôt se pédiculise; c'est la *vésicule optique*, dont les dimensions sont relativement faibles. Au devant de cette vésicule se produit chez cette larve une invagination de l'exoderme, ici réduit à une assise cellulaire; c'est l'ébauche du *cristallin*, d'abord dépourvue de cavité. Cette ébauche refoule la vésicule optique, qui s'aplatit de manière que sa moitié extérieure vienne s'appliquer exactement contre sa moitié intérieure; il se forme ainsi une plaque légèrement concave à deux feuillets; le feuillet externe, plus épais, est l'ébauche de la *rétine*, le feuillet interne celle de la *choroïde*. A la vésicule optique ainsi invaginée, lors de la formation du cristallin, on peut donner le nom de *coupe optique*. Autour de cette coupe le mésoderme ne tarde pas à se charger de pigment; en même temps les parties de l'œil s'accroissent; la coupe optique se creuse d'une cavité comprise entre le feuillet rétinien et la vésicule, désormais creuse, elle aussi, qui représente le cristallin; cette cavité est la chambre postérieure de l'œil qu'occupera l'*humeur vitrée*. Une légère échancrure du bord ventral de la coupe, qui deviendra chez les autres Vertébrés la *fissure choroïdienne*, laisse pénétrer dans cette chambre un bourgeon mésodermique qui donne probablement naissance à l'humeur vitrée et qui disparait sans avoir jamais contenu de vaisseaux. Le cristallin conserve l'apparence d'une vésicule dont l'hémisphère, tourné vers la chambre de l'œil, est extrêmement épais, solide et constitué une véritable lentille, tandis que l'hémisphère externe est mince et coiffe, en quelque sorte, la surface externe de la lentille en lui formant un épithélium. Cet épithélium est appliqué exactement contre le tégument. Plus tard l'*iris* se forme par l'adjonction au pourtour de la coupe optique d'un anneau de mésoderme, et il s'établit au-dessous de la cornée, à peine distincte du tégument, une chambre antérieure; la sclérotique demeure rudimentaire.

L'œil se forme de la même façon chez les ÉLASMOBRANCHES[1], à cette différence près que toutes ces parties sont plus développées et que la vésicule cristalline présente dès le début une cavité qui communique pendant un certain temps avec

[1] H. DE WAELE, *Sur l'Embryologie de l'œil des Poissons*, Bulletin du Museum d'histoire naturelle, 1900, n° 7.

l'extérieur. Cette vésicule remplit d'abord toute la cavité de la coupe optique ; mais bientôt celle-ci s'accroit sur tout son pourtour, sauf du côté ventral, au point où elle s'unit avec son pédoncule ; pendant qu'elle s'accroit, ses bords emportent avec eux le cristallin et il se forme ainsi une cavité pour l'humeur vitrée. Par suite du défaut d'accroissement au point que nous venons d'indiquer, à l'échancrure du bord de la coupe qu'on observe chez les Marsipobranches s'est substituée une fente qui occupe toute la hauteur du méridien ventral de la coupe ; c'est la *fissure choroï-dienne*. Par cette fissure, le tissu mésodermique pénètre à l'intérieur de la coupe, accompagné d'une anse vasculaire dont les ramifications peuvent constituer une sorte de crête (*Mustelus*) en une petite pelote (*Torpedo*) ; il y forme une lame à bord un peu renflé qui se projette à une certaine distance dans la cavité de l'humeur vitrée ; celle-ci est d'abord représentée par des fibrilles parfois nucléées qui sont en continuité, d'une part, avec cette lame, d'autre part, tout autour du cristallin, avec le mésoderme périoculaire. Plus tard, lorsque le feuillet choroïdien de la coupe optique s'est chargé de pigment, les bords de la fissure choroïdienne se rejoignent au voisinage du cristallin et se soudent progressivement d'arrière en avant, refoulant les vaisseaux devant eux ; la crête vasculaire diminuant ainsi progressivement disparait et, à la naissance, le corps vitré ne contient plus de vaisseaux ; la mince paroi que forment par leur soudure les bords de la fente choroïdienne produit trois plis saillants à l'intérieur de l'humeur vitrée, un médian et deux latéraux. Le repli médian est en contact avec le cristallin, et le mésoderme vasculaire qui entoure l'œil pénètre entre ses deux lames ; en se rapprochant de la région d'insertion du nerf optique sur la rétine, les plis latéraux disparaissent peu à peu, le pli médian s'allonge ; au contraire, mais au-dessous de lui, en avant du nerf optique persiste un orifice par lequel le mésoderme, accompagné d'une grosse artère, continue à se projeter librement en lame dans l'humeur vitrée. Cette lame mésodermique libre disparait plus tard chez les Élasmobranches ; elle persiste, au contraire, chez les Téléostéens, dont elle constitue le *ligament falciforme*. Chez l'adulte, la fissure cho-roïdienne très réduite ne laisse plus passer que le nerf optique, mais il persiste toujours (*Scyllium*) des rudiments des formations que nous venons de décrire. Le nerf optique est constitué par le pédoncule d'abord creux des vésicules optiques cérébrales.

La première ébauche des vésicules optiques des TÉLÉOSTÉENS [1] est représentée par deux bulbes volumineux et pédonculés (fig. 1828, p. 2583 et 1778, p. 2494) qui se différencient au niveau du cerveau antérieur. Chez le *Lepidosteus* et peut-être chez quelques Téléostéens (SALMONIDÆ), ces ébauches pleines se creusent, de même que le thalamencéphale, d'une vaste cavité ; mais chez tous les Téléostéens marins, étu-diés à ce point de vue, on voit seulement apparaître dans la région centrale de ces bulbes une fente étroite qui représente la cavité de la vésicule primitive des Mar-sipobranches et des Élasmobranches, de la vésicule de formation secondaire des Ganoïdes, et peut-être de certains Téléostéens inférieurs. Les bulbes optiques ont la forme de corps piriformes comprimés dont le pédoncule est attaché au cerveau, tandis que la partie renflée est dirigée en arrière, dorsalement et extérieurement. Sur ces bulbes s'applique une mince couche de mésoderme qui gagne peu à peu en

---

[1] D' MARCUS GUNN, *Annals of natural history*, 1888.

avant, à partir de la région acoustique. A mesure que les bulbes optiques se transportent en arrière, leur orientation change notablement; des deux moitiés que sépare la fissure centrale, l'externe devient plus mince que l'interne. A ce moment l'exoderme s'épaissit à son tour pour former l'ébauche d'un cristallin en face de chaque vésicule, la refoule devant lui et lui impose la forme d'une coupe à double paroi. Les bords de cette coupe s'amincissent et remontent autour du cristallin, sauf en un point où, par arrêt du développement, comme chez les Élasmobranches, se constitue une *fente choroïdienne*. A travers cette fente, le mésoderme, qui a enveloppé la coupe optique et qui est l'ébauche de la sclérotique, pénètre entre sa paroi rétinienne et le cristallin; c'est l'ébauche du corps falciforme, elle envoie un prolongement pigmenté s'insérer au rebord de la cupule où se développera l'iris (de Waele), ce prolongement devient musculaire et formera la campanule de Haller, reliée au cristallin par un tendon. Le corps ainsi désigné est une lame musculaire *trapézoïdale* dont la petite base s'insère sur la fente choroïdienne et se prolonge au delà de cette fente en une sorte d'éperon, le *procès falciforme*. Ce procès est court chez les *Clupea*, *Merlangus*, *Gobius*, *Lepadogaster*, *Cyclopterus*, bien développé chez les *Crenilabrus*, *Gasterosteus*, *Plemona*, il fait défaut chez les SYNGNATIDÆ et des *Blennius*; avec le mésoderme périoculaire, il fournit sans doute des éléments fibrillaires mésodermiques à l'humeur vitrée et à la *capsule hyaloïde*, dans laquelle un riche réseau vasculaire se développera plus tard. La chambre postérieure de l'œil s'accroît; des taches pigmentaires non ramifiées apparaissent sur la face externe de la coupe optique et dans son revêtement; elles se pressent surtout des deux côtés du cristallin. Bientôt les cellules externes de la coupe optique qui sont en contact avec le pigment deviennent colonnaires et une délicate membrane (*limitante externe*?) se forme à leur surface. Les cellules recouvertes par cette couche colonnaire se groupent en deux assises séparées d'abord par une ligne indistincte; mais une couche moléculaire ne tarde pas à apparaître entre elles. Les cellules colonnaires donnent naissance aux cônes et aux bâtonnets [1]; les deux autres assises, séparées par la couche granuleuse, fournissent les autres parties de la rétine. A l'éclosion, les *Gadus morrhua* et *æglefinus* ont donc une rétine déjà décomposée en six couches; l'œil des formes à œufs démersaux est encore plus avancé. Plus tard, la couche ponctuée interne se développe beaucoup et sépare la couche granuleuse interne de la couche granuleuse externe; la couche moléculaire interne se développe lentement à la surface interne de la couche colonnaire; tandis que la couche granuleuse interne se divise obscurément en deux, puis en trois autres et que le pigment devient plus épais. Plus tard la couche granuleuse externe se divise en plusieurs couches séparées de la granuleuse interne par une épaisse couche moléculaire externe. L'iris est constitué par le bord libre de la choroïde, doublé d'une couche mésodermique issue du mésoderme qui est entrée dans l'œil par la fente choroïdienne.

Développement de la ligne latérale [2]. — D'après Allis, chez l'*Amia*, chaque organe de la ligne latérale se développe isolément aux dépens d'un cordon de cellules exodermiques qui forment d'abord un *organe en fossette* ou *pore primitif*. Cet organe ne tarde pas à se souder à ses voisins pour former avec eux une

---

[1] Les Élasmobranches n'ont pas de cônes.
[2] COLE, *loc. cit.*

bande continue. Il serait intéressant, après confirmation des données d'Allis, de rechercher si ce mode de développement ne se retrouve pas chez d'autres types à canaux simples, ce qui mettrait fin à toute discussion relativement à la disposition métaméridée primitive des organes sensitifs de la ligne latérale; mais cette discussion n'a pu être soulevée qu'en raison d'une méconnaissance trop générale des principes scientifiques de la morphologie. L'anatomie comparée nous montre en toute évidence que les organes de la ligne latérale sont métamériquement disposés; c'est un fait, et aucun argument embryogénique ne saurait lui être opposé. Que l'embryogénie réalise cette disposition par une voie rapide en formant d'un seul coup une ébauche qui se subdivise ensuite partiellement, c'est un mécanisme de formation qui se retrouve dans les séries d'organes les plus variés et les plus nettement métaméridés [1], qui rentre dans les règles générales de la tachygénèse et qu'on ne saurait en conséquence objecter aux données positives et précises de l'anatomie comparée. Dans la plupart des types de Poissons, la première trace du système acoustico-latéral est une ébauche d'organe sensoriel qui apparait au voisinage de la position définitive de l'organe auditif. Cette ébauche s'allonge en avant et en arrière, formant un cordon continu de cellules. En avant, le cordon se bifurque et produit ainsi les ébauches des canaux supra et infra-orbitaires, tandis que sa région postérieure forme le canal latéral du corps. Sur ce cordon bifurqué apparaissent les organes sensitifs, dans un ordre métamérique, sur le corps; par suite de la disparition de la métaméridation dans la région céphalique, on n'a pas de points de repère permettant de rechercher s'il en est ainsi dans les ébauches de cette région. Chaque organe sensitif s'enfonce, entraînant avec lui le tégument de la région voisine, de sorte que chaque organe finit par être situé au fond d'une petite gouttière. Les bords de la gouttière se ferment, et il se constitue ainsi autant de tubes courts, longitudinaux, métamériquement disposés, qu'il y a d'organes sensitifs. Ces tubes s'ouvrent au dehors, à chacune de leurs extrémités, par un pore; ils s'allongent à leurs deux bouts, se soudent aux tubes voisins par leur bord intérieur, les bords externes demeurent séparés et concourent à former le contour d'un des pores définitifs du canal. L'alternance assez régulière des pores et des organes sensitifs se trouve ainsi expliquée. Ces *pores primitifs* produisent, par une sorte de dichotomie, chez les Ganoïdes, ce qu'on appelle un système dendritique.

Les vésicules de Savi des Torpilles se développent d'une façon analogue et sont manifestement en rapport généalogique avec les organes de la ligne latérale.

Organes auditifs. — L'appareil de l'ouïe est représenté au début chez les Marsipobranches et les Élasmobranches par un épaississement de l'exoderme qui se produit au niveau de la deuxième fente branchiale et qui ne tarde pas à s'invaginer. L'orifice d'invagination ne se ferme pas chez les Élasmobranches, où la vésicule auditive s'éloigne cependant peu à peu de la surface, à laquelle elle demeure reliée par un conduit allongé s'ouvrant sur le côté dorsal de la tête. Chez les Ganoïdes (*Lepidosteus*) et les Téléostéens, où l'épiderme se divise de bonne heure en deux couches, la couche profonde ou couche nerveuse prend seule part à la formation

---

[1] Le mésoderme lui-même forme une lame continue de tissu dans toutes les formes supérieures avant de se diviser en segments qui sont cependant les métamérides fondamentaux eux-mêmes.

de la vésicule auditive; elle s'invagine encore en forme de coupe creuse chez les *Lepidosteus* et peut-être les Téléostéens inférieurs (*Salmo salar*), mais chez tous les Téléostéens marins le processus de l'invagination est remplacé par le processus tachygénétique de la prolifération sur place des éléments de la couche nerveuse de l'épiderme, prolifération qui donne naissance d'abord, comme pour les yeux, à deux bulbes *pleins*. Les éléments qui composent ces bulbes s'allongent, prennent une disposition radiée et bientôt un espace vide apparait autour de leur centre de convergence. Cet espace, d'abord sphérique, s'agrandit rapidement et la vésicule prend la forme d'un ellipsoïde comprimé, à parois minces, contigu d'une part à la corde dorsale, de l'autre à l'épiderme. La cavité de l'ellipsoïde est occupée par un liquide clair, homogène. Au bout d'une semaine, environ vingt-quatre heures après la formation de la cavité, un petit corpuscule calcaire arrondi apparait à chacune des extrémités de son grand axe. Ces corpuscules calcaires ne diffèrent en rien de ceux qui se forment dans les solutions gommeuses ou albumineuses des sels de chaux, dans divers liquides organiques (urine du Cheval), ou dans les tissus de nombreux animaux (téguments des Crevettes, etc.). Ils sont quelquefois unis deux à deux ou groupés en une masse mûriforme. Les parois de la vésicule auditive sont constituées par des cellules allongées, légèrement fusiformes disposées d'abord en plusieurs couches sur la plus grande partie de sa surface. Ces parois s'amincissent peu à peu ; la vésicule elle-même s'aplatit latéralement et son contour, quand on la regarde de côté, ressemble à celui d'une coquille de Lamellibranche dont le crochet serait tourné vers le bas; une crête saillante à son intérieur se forme le long de son petit axe, ainsi que des coussinets constitués par des cellules sensitives munies de cils raides, immobiles ou *palpocils*. Les canaux semi-circulaires sont aussi d'abord des épaississements de la paroi cellulaire de la vésicule qui font saillie à son intérieur, se creusent d'une cavité et ont d'abord la forme de tubercules allongés terminés par une extrémité libre.

Développement de l'appareil digestif [1]. — Des trois parties qui constituent le tube digestif : *stomodæum, mésentéron, proctodæum*, le mésentéron se constitue le premier par le reploiement en dessous du feuillet entodermique et sa transformation en un tube d'abord fermé aux deux bouts. Le long de sa ligne médiane il s'épaissit d'abord pour donner naissance à un organe transitoire, la *tige subnotocordale*. On peut diviser cette tige en deux parties chez les Élasmobranches : la *tige céphalique* et la *tige somatique*. La tige somatique se développe la première; sa région antérieure, de même que la tige céphalique, apparait sous forme d'un bourrelet dans lequel se creuse bientôt un étroit canal en communication avec la cavité digestive; on a pour cette raison comparé cette tige au *typhlosolis* des Vers annelés et notamment des Oligochètes terrestres (p. 1674 et 1680), mais le typhlosolis de ces animaux, au lieu de se trouver sur la ligne médiane neurale comme la tige subnotocordale, est placé sur la ligne médiane hémale, ce qui exclut toute assimilation morphologique. Cette objection ne subsiste pas si on compare la tige subnotocordale au typhlosolis ventral des CAPITELLIDÆ. Dans la région postérieure du mésentéron, l'hypoderme, très épais, ne subit, pour former la tige subnotocordale, qu'une décou-

---

[1] GIACOMO CATTANEO, *Istologie e sviluppo del tubo digerente dei pesci*, Atti della Societ. di Sc. Nat., vol. XXIX, 1886.

pure le long de la ligne médiane dorsale. L'aorte se forme entre l'intestin et la tige subnotocordale ; celle-ci se termine antérieurement un peu en arrière de la notocorde ; postérieurement elle s'étend à très peu près jusqu'à l'extrémité de la région post-anale du tube digestif, sans atteindre cependant la vésicule caudale. La notocorde ne saurait davantage exister sur toute la longueur de cette vésicule, puisque celle-ci se met directement en communication avec la cavité du tube neural par le *canal neurentérique*. A peine la tige subnotocordale a-t-elle atteint son plus grand développement qu'elle s'atrophie d'avant en arrière ; elle disparaît le plus souvent d'une manière complète ; elle semble persister cependant chez l'Esturgeon, où elle devient le *ligament sous-vertébral* de l'adulte. Elle paraît se développer chez tous les Poissons (*Petromyzon*, ÉLASMOBRANCHES, *Lepidosteus*, TÉLÉOSTÉENS) ; elle se retrouve également chez les Amphibiens ; elle paraît faire défaut chez les Vertébrés aériens.

Le *mésentéron* est d'abord réduit à un tube entodermique largement inséré sur la région dorsale du corps et compris entre les plaques latérales qui circonscrivent elles-mêmes chacune entre ses deux feuillets, *splanchnopleure* et *somatopleure*, une moitié de la cavité générale. La splanchnopleure s'applique sur le mésentéron et se différencie en une couche d'*épithélium péritonéal* et une couche de cellules non différenciées séparant cet épithélium de l'épithélium entodermique. Peu à peu le mésentéron s'éloigne des autres organes dorsaux auxquels il n'est plus finalement relié que par une lame formée par les feuillets adossés des splanchnopleures droite et gauche arrivées au contact. Cette lame est le *mésentère*. Cependant, les cellules indifférenciées comprises entre les épithéliums péritonéal et entodermique se sont transformées en fournissant d'abord du tissu conjonctif, puis une couche de fibres musculaires transversales, enfin une couche de muscles longitudinaux.

De très bonne heure l'intestin moyen se divise en trois régions : 1° la *région respiratoire* qui s'étend jusqu'à l'estomac ; 2° la *région intestinale* et *cloacale* ; 3° la *région post-anale*.

La région respiratoire produit les branchies et le corps thyroïde. Les fentes branchiales apparaissent de bonne heure, comme des diverticules de l'intestin chez les Marsipobranches et les Élasmobranches. Elles se forment successivement d'avant en arrière et après avoir atteint le nombre de trente-cinq paires, se réduisent environ au nombre de treize paires chez les *Bdellostoma Stouti*, de huit paires chez les autres Marsipobranches, où la première paire est transitoire ; il s'en forme probablement huit aussi chez les *Heptanchus*, sept chez les *Chlamydoselachus*, les *Hexanchus*, la *Raja batis*, six chez les Élasmobranches ordinaires et les Esturgeons. Les fentes de la première paire se ferment dans leur partie inférieure, ce qui en reste constitue l'évent. La septième fente de la *Raja batis* se ferme également de bonne heure ; elle indique simplement que les *Raja* ont dû avoir tout d'abord autant de fentes branchiales que les NOTIDANIDÆ. Les fentes branchiales apparaissent déjà chez les Élasmobranches lorsque dix-sept myomérides seulement sont distincts. Les quatre premières fentes s'ouvrent avant les deux autres chez les Sélaciens. La fente hyomandibulaire et la fente hyobranchiale apparaissent notablement avant les autres chez l'Esturgeon et le *Lepidosteus* ; en arrière, quatre paires de diverticules du pharynx représentent les ébauches de quatre autres fentes branchiales. Les choses se passent à peu près de même chez les TÉLÉOSTÉENS où, de même que chez le *Lepidosteus*, la fente hyomandibulaire se ferme complètement, sans laisser d'évent. Après sa fermeture un repli cutané se forme sur l'arc hyomandibulaire et s'étend en arrière, c'est le rudiment de l'opercule qui, à l'éclosion, couvre déjà toutes les fentes branchiales chez les *Salmo*, mais peut dans d'autres types les laisser plus ou moins à découvert.

Sur le bord antérieur des deuxième, troisième et quatrième fentes branchiales des ÉLASMOBRANCHES apparaissent de longs filaments qui constituent les branchies externes et se développent plus tard sur le bord antérieur de toutes les branchies. Des filaments analogues se montrent sur les arcs branchiaux de divers Téléostéens (*Cobitis*). Tandis qu'ils s'atrophient complètement chez les Sélaciens, leur extrémité seule disparaît chez les *Cobitis* et leur base forme les dents du peigne branchial. Les jeunes *Polypterus* ont une plume branchiale transitoire portée par l'opercule. Les *Protopterus* ont des filaments branchiaux externes persistants.

Au moment de l'éclosion, l'appareil digestif des TÉLÉOSTÉENS est représenté par un tube clos à ses deux extrémités, à parois épaisses, formées d'une couche stratifiée de longues cellules à tête saillante dans la cavité digestive et recouverte extérieurement d'une mince couche de cellules mésodermiques non stratifiées; dans l'œsophage tout au moins, les cellules de la couche interne sont ciliées. La paroi interne est d'abord lisse, mais il s'y forme rapidement des saillies et des plis particulièrement complexes dans l'intestin. Durant la première semaine après l'éclosion les diverses parties du tube digestif se caractérisent nettement; au bout du treizième jour un jeune Trigle, par exemple, présente : 1° une vaste chambre buccale déprimée dont le plancher laisse apparaître déjà les ébauches du squelette hyoïdien et des arcs branchiaux; 2° un large œsophage à lumière aplatie, duquel part un conduit aboutissant à la vessie natatoire; 3° la dilatation stomacale au-dessous de laquelle se trouve la masse hépatique, munie d'un canal cholédoque déjà ramifié; 4° une région à parois épaisses d'où naissent les cæcums pyloriques comme des évaginations prenant peu à peu une forme lancéolée; 5° la région intestinale à parois épaisses et glandulaires, à lumière étroite, mais présentant des dilatations locales; 6° la région rectale séparée de la précédente par un anneau valvulaire et qui se recourbe en-dessous en se rétrécissant pour former l'ouverture anale très petite.

La région intestinale du tube digestif est tout d'abord droite, quelles que soient les circonvolutions qu'elle décrira plus tard. Dans sa région postérieure, elle produit chez les ÉLASMOBRANCHES un diverticule qui se dirige vers le tégument et vient se mettre en contact avec lui; cette dilatation est la partie entodermique de l'ébauche du *cloaque* dans laquelle viendront s'ouvrir plus tard les conduits génitaux. Le cloaque s'ouvrira plus tard au dehors par le *proctodæum*. L'intestin se continue en arrière du cloaque sans démarcation entre la région préanale et la région postanale. Le diverticule cloacal de l'Esturgeon apparaît avant la fermeture du blastopore. De très bonne heure se forme le repli qui décrit chez l'*Ammocœtes* un demi-tour d'hélice à l'intérieur de l'intestin et dont les tours, d'abord très écartés, se rapprochent peu à peu chez les Élasmobranches et les Ganoïdes à mesure qu'il prend les caractères définitifs de la valvule spirale.

Il ne se produit pas d'involution exodermique buccale ou *stomodæum*. L'exoderme se fend simplement en demi-cercle au-dessous des yeux pour constituer la bouche. Des ponts de tissu exodermique qui unissent quelque temps encore les deux lèvres ont pu faire penser que la bouche résultait de la coalescence de deux fentes latérales

(*Gobius*, *Belone*, *Hippocampus*). Il n'y a pas non plus d'involution exodermique anale. L'anus est d'abord un orifice latéral qui se forme par rupture de l'exoderme à l'extrémité d'un diverticule rectal de l'intestin, à la surface de la membrane caudale; la résorption de cette membrane au-dessous de l'anus amène celui-ci à sa situation médiane définitive. La vessie natatoire se montre comme un diverticule dorsal du mésentéron, auquel elle demeure reliée chez les PHYSOSTOMES, mais dont elle se sépare déjà avant la fin de la période embryonnaire chez les PHYSOCLISTES.

Corps thyroïde [1]. — Dans la région pharyngienne qui correspond à celle où se développe l'endostyle chez l'*Amphioxus* et les Tuniciers, on observe chez l'*Ammocœtes*, sur le côté ventral du pharynx, un orifice situé entre la troisième et la quatrième fentes branchiales. Avec cet orifice sont en rapport deux canaux situés côte à côte et qui s'étendent en avant jusqu'à l'extrémité antérieure de la région branchiale du pharynx, en arrière jusqu'à l'intervalle entre la cinquième et la sixième fentes branchiales (fig. 1774, p. 2486). Ces deux canaux sont accompagnés de deux autres partant également de l'orifice et décrivant un tour et demi de spire. Sur tous ces canaux sont développés des diverticules glandulaires qui s'ouvrent entre les cellules épithéliales vibratiles dont ils sont revêtus. Chez les *Petromyzon*, les canaux perdent leur communication avec le pharynx, s'atrophient en partie et constituent, avec les diverticules glandulaires qui persistent aussi, une glande close, le *corps thyroïde*. Une glande analogue se retrouve chez tous les Vertébrés; elle apparaît toujours, par tachygénèse, comme une évagination de la paroi pharyngienne située au niveau de l'arc mandibulaire, en avant de la fente hyomandibulaire. Cette évagination se pédiculise, son pédoncule se rompt et la thyroïde, devenue solide, s'isole complètement. Elle grossit bientôt et se creuse de nouveau; puis le tissu mésodermique la pénètre et la divise en boyaux cellulaires qui s'étranglent à leur tour pour former les follicules, groupés par petits amas, de la glande.

Chez les *Pristiurus*, *Scylliorhinus* et probablement le *Squalus vulgaris*, le corps thyroïde prend naissance à peu près au niveau de l'arc mandibulaire, et au devant de la fente hyomandibulaire. En ce point l'épithélium de la paroi ventrale du pharynx forme un diverticule médian, dirigé un peu en arrière. Le fond de ce diverticule s'épaissit et constitue ainsi un petit corps solide qui ne tarde pas à se séparer par un étranglement de la paroi du pharynx. Le petit corps ainsi devenu libre est entouré étroitement par une enveloppe mésodermique, et ses cellules périphériques sont plus grandes et plus régulièrement disposées que les cellules centrales; sa section est triangulaire. La glande s'allonge longitudinalement, s'aplatit en disque, en même temps que le tissu mésodermique qui l'entoure devient plus lâche. Bientôt une cavité irrégulière apparaît à son intérieur; le tissu mésodermique enveloppant devient lacunaire et contient des globules sanguins. Plus tard cette couche conjonctive pénètre à son intérieur et y découpe des boyaux cellulaires qui, plus tard, donnent naissance aux follicules thyroïdes; entre ces boyaux les lacunes du tissu mésodermique sont gorgées de sang. La glande, comprise entre les insertions du sterno-hyoïdien sur l'hyoïde devient de plus en plus irrégulière et les follicules se réunissent par groupes plus ou moins séparés les uns des autres.

---

[1] DE MEURON, Recherches sur le développement du *thymus* et de la glande thyroïde, Recueil zoologique suisse, t. III, 1886.

La thyroïde des Téléostéens se forme d'une manière analogue [1].

Thymus [2]. — Le *thymus* est toujours une glande d'origine métamérique dont les premières ébauches ont la forme de bourgeons pleins, développés aux dépens de l'épithélium des fentes branchiales. Chaque fente produit deux bourgeons chez les

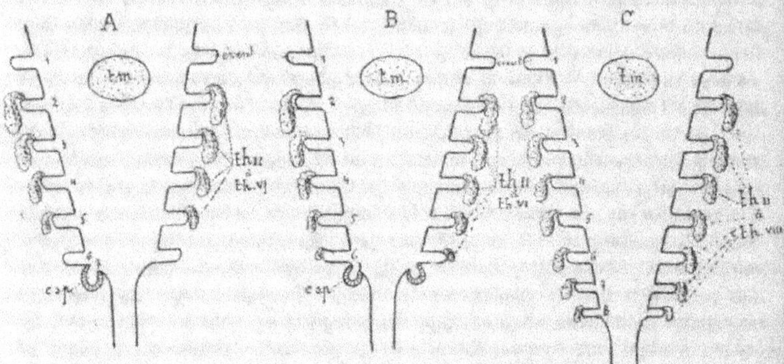

Fig. 1837. — Schéma des ébauches du corps thyroïde *tm*, du thymus (*th.u* à *th.vi*) et des corps suprapéricardiaux *csp* : A, chez les *Squalus* ; B, chez les Raies ; C, chez les *Heptanchus* (d'après Verdun).

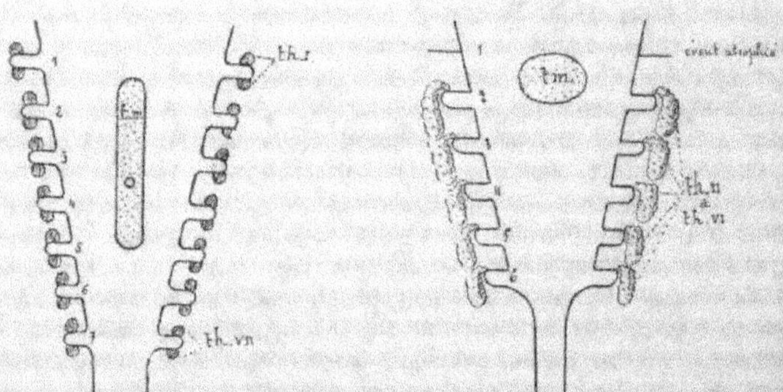

Fig. 1838. — Schéma des ébauches du corps thyroïde et du thymus chez les Marsipobranches (d'après Verdun).

Fig. 1839. — Schéma des ébauches du corps thyroïde, *tm*, et du thymus, *th*, chez les Ganoïdes et les Téléostéens (d'après Verdun).

Cyclostomes, de sorte que le nombre des bourgeons qui, de chaque côté, prennent part à la formation du *thymus* est de quatorze. Chez tous les autres Poissons, chaque fente branchiale ne fournit qu'un seul bourgeon. Contrairement à ce qui a lieu chez les Cyclostomes, la première fente branchiale, correspondant à l'évent, ne prend pas part à la formation du thymus ; toutes les autres, au nombre de sept

[1] F. Maurer, *Ueber Schilddrüse und Thymus der Knochenfische*, Jenaische Zeitschrift f. Naturgeschuzte, t. XIX, 1885.
[2] P. Verdun, *Contribution à l'étude des dérivés branchiaux chez les Vertébrés supérieurs*, Thèse Paris, 1898.

de chaque côté, fournissent un bourgeon chez les *Heptanchus*; il en existe au contraire un chez les Raies, où il y a par conséquent six bourgeons thymiques de chaque côté; chez les *Squalus*, *Mustelus*, *Pristiurus*, *Scylliorhinus*, l'évent et la cinquième fente branchiale sont exclus de la formation du thymus, qui ne comprend par conséquent que quatre bourgeons de chaque côté; il en existe cinq, au contraire, chez les Ganoïdes et les Téléostéens. Les bourgeons d'un même côté se réunissent en un corps fusiforme situé à l'extérieur des arcs branchiaux dorsaux, à la base du crâne, sur le rameau latéral du nerf vague, dans la région de la commissure tégumentaire qui unit l'opercule à la ceinture scapulaire, le long de l'omoplate. On a cru longtemps que des cellules lymphatiques émigrant à l'intérieur de l'organe constituaient, dans son parenchyme primitivement homogène, des follicules lymphatiques. Mais des recherches concordantes [1] ont montré récemment que les phénomènes devaient être tout autrement interprétés et que ce sont, au contraire, les cellules du thymus qui se transforment en corpuscules blancs et se détachent pour entrer dans le courant circulatoire. Les ébauches du thymus sont d'abord constituées par de petites plaques épaissies ou *placodes*, résultant d'un allongement colonnaire de cellules appartenant à une même plage des poches branchiales. Peu à peu les cellules des placodes se multiplient et arrivent à se disposer en plusieurs assises irrégulières. Dès le début de cette modification, un certain nombre d'éléments commencent à se transformer en leucocytes qui, lorsqu'ils sont suffisamment abondants, émigrent en masse dans le mésoderme sous-jacent et finissent par passer dans le sang. Les ébauches thymiques s'enveloppent finalement d'une membrane conjonctive; des capillaires se développent à leur intérieur, et, à partir de ce moment, les globules blancs passent directement dans le sang.

Corps suprapéricardiaux. — En arrière de la sixième paire de fentes branchiales, il se développe, du côté gauche seulement chez les *Squalus*, des deux côtés chez les Raies et les Chimères, un diverticule épithélial, le *diverticule suprapéricardial*, qui ne tarde pas à s'isoler et à former une vésicule close. Cette vésicule se divise en un certain nombre de follicules placés dans le tissu mésodermique de la partie antérieure du péricarde et constituant les *corps suprapéricardiaux*. Ils se retrouvent chez les Vertébrés supérieurs où ils constituent ce qu'on a nommé les *thyroïdes latérales* ou *thyroïdes accessoires*. Comme ils persistent chez les Chimères, bien que la sixième fente branchiale s'atrophie; comme, en outre, ils font défaut, en apparence, chez les Cyclostomes et les *Heptanchus* qui ont sept branchies, on peut se demander s'ils ne correspondent pas soit à un rudiment de branchie, soit à une ébauche complémentaire du thymus qui demeurerait indépendante; il serait en tout cas inexact de les assimiler à la thyroïde. Ces corps font défaut aux Téléostéens (P. Verdun).

Foie. — Le foie apparaît comme un diverticule *ventral*, simple, du tube digestif, entre les ébauches de l'estomac et de l'intestin proprement dit; ce diverticule donne naissance d'abord, chez les Elasmobranches, à deux lobes volumineux, à la surface desquels naissent des bourgeons creux qui deviennent de plus en plus nombreux et s'allongent en même temps en *cylindres hépatiques* qui s'anastomosent entre eux

[1] J. Beard, *The source of leucocytes and the true fonction of the Thymus*, Anatomischen Anzeiger, t. XVIII, 1900. — Id., *A Thymus elements of the spiracle of Raja bates*, ibid.

en même temps que leur lumière s'amoindrit; ils forment ainsi le *réseau hépatique*. Les veines vitelline et viscérales traversent ce réseau et s'y ramifient en formant un plexus qui donne naissance à un réseau secondaire autour des cylindres hépatiques. Les plus gros culs-de-sac des deux diverticules primitifs donnent naissance aux conduits biliaires; le diverticule médian primitif devient le *canal cholédoque* dont l'extrémité antérieure se renfle pour constituer la *vésicule biliaire*.

Pancréas[1]. — Le pancréas apparaît presque en même temps que le foie. Il serait au début constitué, chez les Élasmobranches et les Lepidosteus, par un diverticule *dorsal* de l'intestin situé un peu en arrière du diverticule hépatique; ce diverticule se dilaterait graduellement de sa base à son extrémité libre qui émet bientôt de nombreuses ramifications qui s'enfonceraient dans le mésoblaste splanchnique pendant que des vaisseaux se développeraient entre eux; le diverticule primitif deviendrait le canal excréteur.

Il est possible que ce ne soit là qu'une partie des ébauches pancréatiques, car chez les Esturgeons on ne compte pas moins de quatre de ces ébauches, dont deux naissent des canaux primitifs du foie, une troisième est située un peu plus loin et une quatrième au commencement de l'intestin moyen. Les deux premières de ces ébauches se développent seules, et la glande s'ouvre ainsi par deux canaux pancréatiques dans les appendices épiploïques. Chez les Poissons osseux, il y a trois ébauches pancréatiques, une dorsale qui naît directement de la paroi de l'intestin, un peu en arrière de l'orifice du foie, et deux ventrales qui naissent, comme celles de l'Esturgeon, des canaux primitifs du foie. Ces trois ébauches grandissent et se fusionnent en un organe unique qui conserve trois canaux excréteurs, l'un dorsal s'ouvrant dans l'intestin, immédiatement en arrière de l'orifice du foie, les deux autres s'ouvrant séparément à l'extrémité du canal cholédoque. Le premier s'atrophie; les deux derniers drainent peu à peu toute la sécrétion de la glande et se fusionnent en un canal unique, le *canal de Wirsung*, qui finit par s'isoler du canal cholédoque et s'ouvrir directement dans l'intestin.

Intestin post-anal. — Peu de temps après la formation de l'ébauche du cloaque, l'intestin post-anal des *Scyllium* et vraisemblablement des autres Élasmobranches se dilate en une vésicule qui demeure reliée au reste du tube digestif par un canal plus étroit et communique indirectement avec l'extérieur par le canal neurentérique (p. 2569), situé dans sa région antérieure; sa région postérieure se continue en deux cornes dans les protubérances caudales; entre ces deux cornes, les parois à cellules colonnaires de l'intestin perdent de leur netteté et se confondent avec les cellules mésodermiques voisines. L'intestin post-anal s'accroît avec la queue et peut atteindre le tiers de la longueur totale du tube digestif. Il s'atrophie peu après l'apparition des branchies externes et disparaît entièrement. L'intestin post-anal des Marsipobranches est bien développé; il est représenté chez les Téléostéens par la vésicule de Kupffer (p. 2576).

Développement de l'appareil circulatoire[2]. — Le développement du *cœur* s'accomplit de façon différente suivant qu'il s'ébauche *après* la transformation du

[1] Gœppert, *Die Entwickelung des Pankreas*, Morphologisches Jahrbuch, t. XV, 1893.
[2] Ziegler, *Die Entstehung der Bluter bei Knochenfischembryonen*, Arch. f. mikroskopische Anatomie, Bd. XXX, 1887.

pharynx en un tube complet (ÉLASMOBRANCHES, CYCLOSTOMES, GANOIDES?) ou lorsque le pharynx est encore largement ouvert en dessous (TÉLÉOSTÉENS), ce qui est manifestement une tachygonie.

Dans le premier cas, immédiatement en arrière de la région des fentes branchiales, au-dessous du pharynx, la splanchnopleure s'éloigne de la paroi du pharynx et se replie en une gouttière ouverte en dessus (comparer avec l'état permanent du cœur des Tuniciers, p. 2319). La paroi de la gouttière ainsi produite est formée de deux assises de cellules; l'assise interne est composée de délicates cellules aplaties qui deviennent l'endocarde; l'assise externe donne naissance à la paroi musculaire du cœur et à son revêtement péritonéal. Les deux bords de la gouttière se rejoignent peu à peu tout en demeurant en continuité avec la splanchnopleure pharyngienne; le cœur une fois transformé en tube est donc relié à la paroi ventrale du pharynx par un *mésocarde* formé par les parois adossées de la splanchnopleure.

Chez les TÉLÉOSTÉENS (GADIDÆ, etc.), où l'œsophage est constitué par un cordon cellulaire à l'intérieur duquel s'étend peu à peu la lumière de l'intestin moyen, le cœur apparaît comme dans le cas précédent sous la forme d'un organe médian, parce que l'œsophage n'est jamais ouvert en dessous et se constitue pour ainsi dire d'emblée. Le cœur est d'abord, dans ce cas (*Perca*), une masse cellulaire sphéroïdale attachée à la face inférieure de l'œsophage, reposant sur la plaque vitelline cicatriculaire et dérivée de la partie du mésoderme qui forme aussi les arcs branchiaux. Chez les Téléostéens où l'œsophage se présente sous la forme d'une lame qui doit se replier en dessous pour constituer le tube œsophagien (SALMONIDÆ, etc.), le cœur apparaît avant ce reploiement. Dans ce cas les lames latérales mésodermiques qui recouvrent l'entoderme sont naturellement séparées comme lui; il se forme sur chaque bord du disque embryonnaire une ébauche cardiaque, comme cela a lieu pour le vaisseau dorsal de divers Chétopodes dont le mésoderme ne se ferme que tardivement dans la région postérieure du corps (p. 1713). Les deux ébauches cardiaques sont, chez les *Salmo*, deux plis latéraux de la splanchnopleure qui passent au-dessous du pharynx, s'unissent le long des lignes médianes dorsale et ventrale et constituent ainsi le tube cardiaque. Avant que ce tube ne soit fermé en dessous, des cellules issues de la plaque vitelline cicatriculaire y pénètrent et forment l'endothélium du cœur. L'endothélium se forme évidemment aux dépens des éléments de l'ébauche même du cœur, lorsque cette ébauche est solide (*Gadus*); ce cas peut se présenter même lorsque l'origine du cœur est double. Le cœur est encore vermiforme et solide chez les embryons de *Belone* possédant 24 somites. Ce n'est guère qu'au bout de quatre ou cinq jours qu'il commence à battre, quoique encore en forme de simple tube; les pulsations, d'abord lentes et irrégulières, arrivent peu à peu jusqu'à 48 et peuvent s'élever (*Esox*) jusqu'à 104 par minute. La région postérieure du tube cardiaque ne tarde pas à se renfler, tandis que la région antérieure et supérieure qui doit constituer le ventricule demeure étroite; le cœur prend ainsi la forme d'un cône dont le sommet est en continuité avec le mésoderme sous-œsophagien, tandis que sa base est relativement libre; toutefois une mince membrane mésodermique s'attache au bord libre de l'oreillette, sépare le myocarde de l'extérieur et délimite autour du cœur un espace qui est la *chambre péricardique*. Cette chambre, qui, chez les Cyclostomes, communique avec la cavité générale, n'est probablement qu'une partie séparée de cette dernière.

En raison même de son mode de formation, le cœur est d'abord à peu près vertical; mais il s'accroît en avant au-dessous de la tête et en même temps se coude vers la droite, le ventricule demeurant médian tandis que l'oreillette se dévie peu à peu et, d'abord antérieure, finit par devenir postérieure au ventricule, par suite de l'accroissement graduel de sa flexion. Le ventricule devient bulbeux et nettement séparé par une constriction tandis qu'une autre constriction sépare de l'oreillette proprement dite le sinus veineux; le prolongement en cæcum du ventricule dans le mésoderme pharyngien représente le bulbe artériel; les quatre parties du cœur se trouvent ainsi définies au moment de l'éclosion, ou peu après. A ce moment le cœur exécute déjà des pulsations et quelques cellules suspendues à la paroi de l'oreillette près de son orifice externe sont balancées par ces pulsations, mais il y n'a encore aucune trace de corpuscules sanguins. Les contractions du cœur sont en quelque sorte vermiformes; l'oreillette se contracte progressivement et le ventricule se dilate au moment où la dernière partie de l'oreillette vient de se contracter.

Les *artères* sont d'abord représentées par un prolongement antérieur du tube cardiaque appliqué contre la face ventrale du pharynx. Ce tronc émet de chaque côté une branche pour chacun des arcs viscéraux (voir p. 2486 et 2493), y compris l'arc mandibulaire et l'arc hyoïdien; les deux premiers arcs branchiaux sont d'abord desservis, puis les deux suivants (*Perca*, GADIDÆ), les branches latérales se jettent de chaque côté dans un tronc collecteur qui se continue en avant et fournit à la tête un ou plusieurs rameaux. Les deux troncs se rapprochent au-dessous de la notocorde et s'unissent bientôt pour former un canal unique, l'*aorte dorsale*. Chaque tronc fournit une *artère sous-clavière* pour les membres antérieurs; ces artères peuvent aussi naitre de l'origine de l'aorte, de laquelle part une paire d'*artères vitellines* ou une artère unique (voir p. 2629), tandis qu'au niveau des membres postérieurs se détachent les *artères iliaques*. Les artères mandibulaires s'atrophient presque complètement, sauf dans la partie qui se rend à l'évent des ÉLASMOBRANCHES et reçoit du sang de la veine branchiale de l'arc hyoïdien; l'artère hyoïdienne s'atrophie également chez les TÉLÉOSTÉENS, sauf dans la partie qui correspond à la pseudo-branchie (p. 2493); elle persiste chez les *Protopterus* et les GANOÏDES.

Le système veineux consiste d'abord en une *veine sous-intestinale* ventrale, médiane, contenue dans le mésoderme qui entoure le tube digestif; au niveau du diverticule cloacal, elle se divise en deux branches inégales qui se réunissent de nouveau en un tronc unique en arrière du cloaque pour constituer la *veine caudale*; cette veine se termine un peu avant l'extrémité de la queue chez les ÉLASMOBRANCHES; elle se continue parfois en arrière avec l'aorte dorsale chez les TÉLÉOSTÉENS et les GANOÏDES. Le cœur, l'artère branchiale de tous les Poissons, le sinus *contractile* de la veine porte des *Myxine* n'en sont que des parties modifiées; cette veine est évidemment l'homologue de la veine sous-intestinale de l'*Amphioxus* et du *vaisseau dorsal* des Vers annelés (p. 2148). Une branche de la veine sous-intestinale parcourt le repli hélicoïdal de l'intestin des *Petromyzon*, et la valvule spirale des Élasmobranches au voisinage du foie; de la veine sous-intestinale part également ment une branche qui se ramifie dans le sac vitellin (fig. 1837 et 1838). A la veine sous-intestinale, d'abord unique, s'ajoutent bientôt les veines disposées par paires, qui ramènent au cœur la plus grande partie du sang revenant du tronc : les *veines jugulaires* et les *veines cardinales*. Le *canal de Cuvier*, auquel elles aboutissent, est contenu dans le mésentère latéral du cœur, dont le sinus veineux peut être considéré comme une dilatation médiane.

Chez les CYCLOSTOMES, les ÉLASMOBRANCHES, beaucoup de TÉLÉOSTÉENS, les veines cardinales postérieures s'unissent au prolongement antérieur de la veine caudale, un peu en avant de l'extrémité postérieure du mésonéphros; des deux branches par lesquelles cette veine est reliée à la veine sous-intestinale, la plus petite disparaît d'abord, puis la plus grande, et dès lors les veines cardinales postérieures sont le seul prolongement en avant de la veine caudale; lors de la disparition du segment post-anal de l'intestin, la veine caudale d'origine sous-intestinale prend ainsi tout à fait l'aspect d'un tronc sus-intestinal. Souvent, en traversant le mésonéphros, les branches qui relient les veines cardinales à la veine caudale se divisent en un réseau capillaire qui constitue la *veine porte rénale*. De même, la veine sous-intestinale dans la région hépatique est enveloppée par le foie et se résout dans cet organe en un système de capillaires qui devient la *veine porte hépatique*. Le système de la veine porte est complété par des veines viscérales qui se forment ultérieurement, quelquefois par des veines génitales et aussi, chez les MYXINOÏDES et beaucoup de TÉLÉOSTÉENS, des veines des parois abdominales antérieures représentant la *veine épigastrique* des Vertébrés supérieurs. Le plus souvent la veine sous-intestinale, après la jonction des veines cardinales postérieures avec la veine caudale, se résout en un grand nombre de vaisseaux secondaires dont le plus important est celui de la valvule spirale; la *veine hépatique*, qui ramène au cœur le sang élaboré dans le foie, n'est aussi qu'un reste la veine sous-intestinale primitive.

En résumé, au moment où l'artère caudale s'étend sur environ les deux tiers de la queue, l'appareil circulatoire peut être décrit de la manière suivante :

Il existe quatre artères branchiales; une artère sous-maxillaire passe au-dessous des yeux et le sang qu'elle transporte revient en arrière par une veine sus-oculaire. L'artère cœliaque née de l'aorte dans la région pectorale passe au-dessus du foie, le long de la surface ventrale de l'intestin, et unit en dessus une branche dont les bifurcations irriguent les parois intestinales, tandis que le tronc principal continue sa course sur la face ventrale et se relève seulement en avant de la vessie urinaire. Le sang qui se répand dans les parois de l'intestin se rassemble du côté dorsal dans la veine vertébrale. La veine sous-intestinale forme à la surface du foie un réseau complexe; elle est rejointe sur la face postérieure du foie par un grand tronc viscéral qui naît de la veine caudale à la base de la queue, passe ventralement en avant de la vessie urinaire et sur les parois du tube digestif jusqu'à la terminaison de l'intestin moyen. En ce point un large tronc veineux se ramifie dorsalement pour rejoindre les veines cardinales. Des veines plus petites partant des parois de l'estomac et de la portion pylorique de l'intestin sont la première ébauche de la veine porte; le sang qu'elles contiennent est finalement amené par les veines hépatiques. Le foie est divisé en deux lobes, l'un droit et dorsal qui passe au-dessus de l'intestin, en arrière de la vessie natatoire; l'autre, gauche et ventral, s'étend à la surface du vitellus et se trouve immédiatement en contact avec la paroi péricardique postérieure. Le voisinage du riche réseau vasculaire du foie et du grand canal de Cuvier semble indiquer que c'est dans cette région que l'assimilation du vitellus est la plus active.

Pendant que s'accroît le disque blastodermique, des vaisseaux se constituent dans son épaisseur et se modifient eux-mêmes peu à peu à mesure que le blastoderme s'étend et absorbent peu à peu la matière vitelline. Chez les *Élasmobranches*, l'un de ces vaisseaux emporte le sang du cœur et doit, en conséquence, être considéré

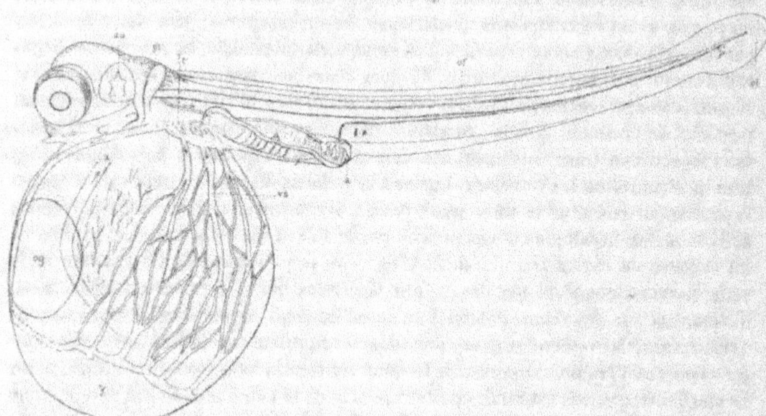

Fig. 1840. — Larve de Téléostéen (*Anarrhicas lupus*) venant d'éclore, vue du côté gauche. — *au*, vésicule auditive; *pf*, nageoire pectorale; *lr*, foie; *ef*, nageoire impaire embryonnaire continue; *cf*, nageoire caudale; *a*, anus; *vs*, vaisseaux de la vésicule embryonnaire; *y*, vitellus; *og*, globule oléagineux (d'après Mac Intosh et Prince).

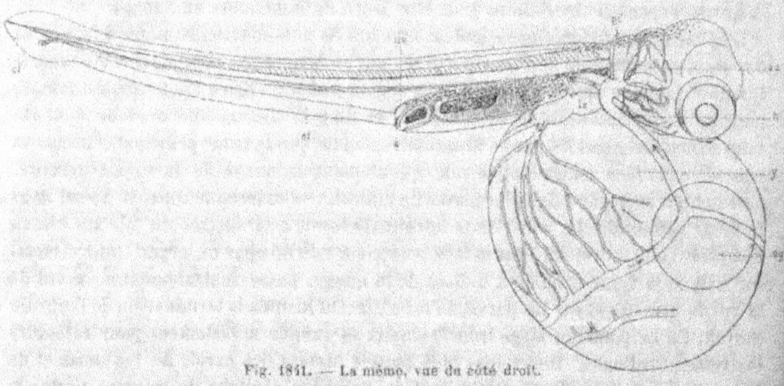

Fig. 1841. — La même, vue du côté droit.

comme une artère. Il est dirigé en avant, puis se bifurque, et ses deux branches se dirigent en arrière, en formant un cercle complet autour de l'embryon. Cependant, dans le mésoderme, sur tout le pourtour du blastoderme, s'est creusé un cercle vasculaire que des canaux relient à la région postérieure correspondante du cercle artériel; une veine née du cercle veineux sur le prolongement de l'artère ramène le sang au cœur. A mesure que le blastoderme s'étend, son ouverture et, avec elle, le cercle veineux se rétrécissent; finalement le blastoderme se ferme: le cercle se réduit à un point; le système veineux se réduit à une veine médiane, à l'artère médiane antérieure et au cercle artériel péri-embryonnaire qui fournit des branches vasculaires sur tout son pourtour, mais vers l'antérieur du cercle seulement.

A l'égard de la circulation vitelline il y a une différence frappante chez les Téléostéens entre l'importance de cette circulation chez les embryons qui se développent dans des œufs démersaux (*Salmo, Anarrhicas* [fig. 1840 et 1841], *Gasterosteus, Cottus, Liparis, Cyclopterus*) et sa réduction extérieure chez les embryons des œufs pélagiques (GADIDÆ, PLEURONECTIDÆ, TRIGLA). Dans le premier groupe, les veines périvitellines sont fournies par les veines cardinales postérieures et la veine sous-intestinale. Ces veines sont d'abord de simples lacunes creusées dans la substance de la couche corticale du vitellus; mais elles acquièrent ensuite des parois propres; elles se réunissent à la surface ventrale du vitellus dans une paire de grandes veines qui s'unissent en un grand canal méridien en continuité avec le sinus veineux de la chambre péricardique.

L'origine des corpuscules sanguins est encore fort douteuse. On les a fait naitre de la couche des cellules qui limite le vitellus au-dessous de l'entoderme (Hoffmann, Ryder), de la couche périvitelline sous-exodermique (*Salmo, Esox, Zoarces, Anarricas, Alosa, Gasterosteus, Cottus, Liparis, Cyclopterus*, Gensch), d'une couche mésodermique périvitelline (Kupffer), de l'ébauche vasculaire elle-même et surtout d'un cordon solide qui a été observé au-dessous de l'aorte chez les embryons des Téléostéens par Wenckebach et par Ziegler et qui existe également chez les Sélaciens où il a été désigné sous le nom d'*organe interrénal*. Ici l'organe en question est d'abord pair et segmenté; il résulte d'une prolifération de l'épithélium cœlomique au niveau du mésentère; deux ébauches se fusionnent bientôt en un organe impair (Van Vijhe). On a vu, p. 2502, le rôle de la rate dans la formation de ces globules. Il est bien probable, surtout pour les formes à circulation vitelline bien développée, que la couche périvitelline intervient activement dans la formation des globules; mais il s'en forme vraisemblablement aussi dans le tronc subnotocordal.

Au voisinage de l'ébauche des néphridies se trouve aussi celle des *organes suprarénaux* constituée par 32 amas cellulaires (*Pristiurus*), en rapport chacun avec un rameau de l'aorte, un rameau de la veine cardinale et un filet du sympathique.

Développement de l'appareil néphridien. Succession et constitution des appareils néphridiens chez les Vertébrés : pronéphros, mésonéphros, métanéphros. — Chez tous les Vertébrés, l'appareil néphridien présente, au cours du développement embryonnaire, des transformations successives, héritage ou reproduction de celles qu'il subit déjà chez les Vers annelés (p. 1581, 1684) et qui conduisent à distinguer dans son développement trois stades successifs : le stade de *rein précurseur* ou de *pronéphros*[1], le stade du *rein primitif* ou de *mésonéphros*[2], enfin le stade de *rein secondaire* ou *métanéphros*. Le développement du rein des Poissons et des Batraciens s'arrête au stade mésonéphros; le métanéphros est un organe propre aux Vertébrés allantoïdiens (Reptiles, Oiseaux, Mammifères). Le métanéphros succède au mésonéphros qui s'atrophie ou s'approprie à d'autres usages, comme celui-ci succède au pronéphros.

Ces formations ne sont cependant pas indépendantes. Dans les formes primitives (MARSIPOBRANCHES, ÉLASMOBRANCHES), le pronéphros comprend un certain nombre

[1] *Vorniere* des auteurs allemands.
[2] *Urniere* des auteurs allemands

de *canalicules pronéphridiens* transversaux qui s'ouvrent, d'une part, dans certaines
dépendances du cœlome primitif (*corps de Malpighi, splanchnocèle*), d'autre part,
dans un *canal collecteur* longitudinal. Les canalicules pronéphridiens sont métamériquement disposés; les premiers sont situés au voisinage du cœur; les autres se
forment successivement, de proche en proche, en arrière du premier, mais leur
nombre demeure restreint, de sorte qu'à part le canal collecteur qui s'étend jusqu'au cloaque, le pronéphros demeure limité à la région antérieure du tronc. Les
canalicules mésonéphridiens (fig. 1843) ont, en général, exactement la même structure et la même apparence que les canalicules pronéphridiens, mais ils se forment
plus tard et plus dorsalement que ces derniers (fig. 1844, n°s 3 et 4). Chez certains
Batraciens cependant, les premiers se produisent dans des segments qui contiennent
déjà des canalicules pronéphridiens; ils vont s'ouvrir comme eux dans le canal collecteur; les canalicules pronéphridiens s'atrophient ensuite, de sorte que *les canalicules mésonéphridiens ont toute l'allure, par rapport à eux, d'organe de remplacement*

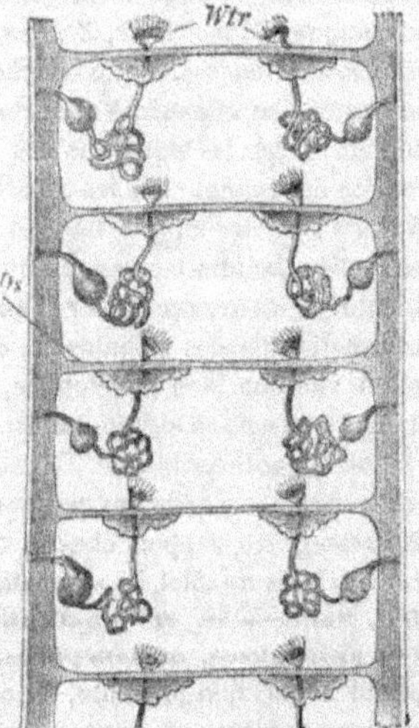

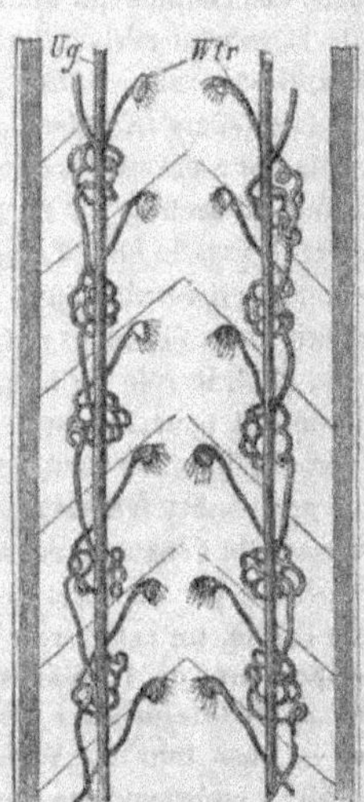

Fig. 1842. — Organes segmentaires d'un Ver
annelé. — *Ds*, cloisons qui séparent les anneaux; *Wtr*, pavillons ciliés, terminaisons
des canaux arrondis en peloton (d'après
C. Semper).

Fig. 1843. — Organes segmentaires d'un
embryon de Squale. — *Wtr*, pavillons ciliés; *Ug*, uretère primitif (d'après
C. Semper).

plus compliqués et destinés à jouer un rôle nouveau. Par tachygénèse, dans les segments qui suivent, les canalicules pronéphridiens, destinés à s'atrophier, cessent de
se produire, et les canalicules mésonéphridiens apparaissent d'emblée; le plus souvent les deux systèmes se forment à quelques segments de distance l'un de l'autre,
l'un dans la région antérieure du tronc, l'autre dans la région postérieure (fig. 1846),
de sorte que leurs rapports primitifs cessent d'apparaître. Nous avons déjà constaté
des faits tout semblables dans l'évolution de l'appareil néphridien et des canaux
vecteurs des produits génitaux chez les Vers annelés.

Marsipobranches, Élasmobranches et Ganoïdes. — Le développement de l'appareil rénal des Poissons a été surtout étudié chez les Sélaciens, mais le type de ce développement est conservé chez tous les Vertébrés, où il ne diffère que par des détails, chez les Marsipobranches [1], les Ganoïdes et les Téléostéens, de ce qui a été vu chez les Poissons élasmobranches. L'appareil rénal s'ébauche déjà dès la première phase du développement du mésoderme chez les *Pristiurus* [2], à un moment où les myomérides ne sont pas encore séparés des plaques latérales et où la cavité de la partie seg-

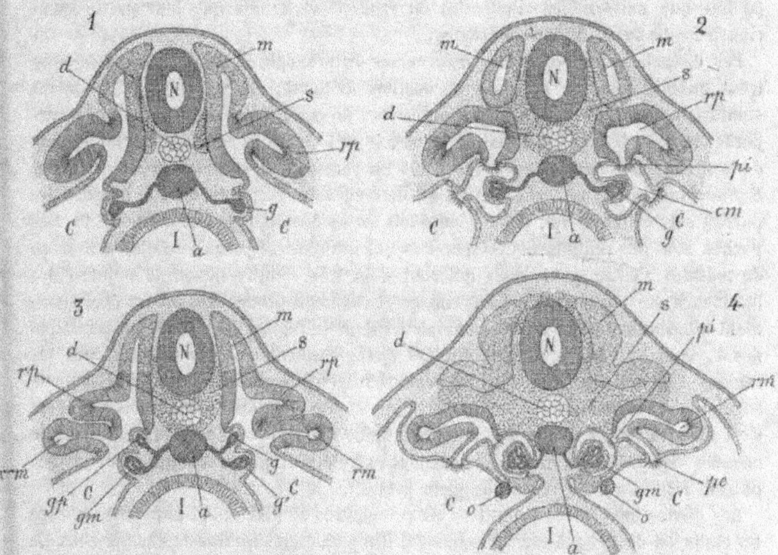

Fig. 1844. — Schémas représentant le développement de l'appareil génito-urinaire d'un Vertébré. — 1 et 2, coupes dans une région où le pronéphros se développe seul; dans la figure 2 le développement est plus avancé que dans la figure 1. — 3, coupe dans une région où le pronéphros et le mésonéphros coexistent, début du développement. — 4, coupe dans une région où le mésonéphros existe seul. — N, moelle épinière. — m, myotome; s, sclérotome; rp, ébauche du pronéphros; rm, ébauche du mésonéphros montrant l'ébauche du canal collecteur et celle du canalicule; ni, pavillon vibratile ou néphrostome interne; pe, pavillon vibratile ou néphrostome externe; gf, gm, glomérules de Malpighi correspondant respectivement au pro- et au mésonéphros; o, ébauche du cordon génital; d, corde dorsale; a, aorte; C, cœlome ou cavité générale; I, cavité digestive; g, gp, glomus du pronéphros (d'après Semon).

mentée et de la partie non segmentée du mésoderme communiquent encore largement entre elles. A ce moment, on peut distinguer dans chaque métaméride : 1° une région dorsale (fig. 1844, *m*), l'*épimère* (van Vijhe), *myoméride* ou *myotome* (Semon), qui formera la plaque musculaire; 2° une région moyenne, le *mésomère* (v. Wijhe), qui donnera naissance sur sa face interne au *scléroméride* (*s*, fig. 1844) et dont les deux lames contribueront, en outre, à former les canalicules du mésonéphros (*rm*);

[1] W. M. Wheeler, *The development of the Urogenital Organe of the Lamprey*, Zool. Jahrbuch, Abth. Anat. und Ontol., Bd. XIII, Heft 4. — Weldon, *On the Headkidney of Bdellostoma*, Q.-J. of micros. Science, vol. XXIV.

[2] J. W. van Wijhe, *Ueber den Mesodermsegmente des Rumpfes und die Entwickelung des xkretionssystem bei Selachiern*, Archiv f. Mikroskopisch Anatomie, t. XXXIII, 1889.

3° une région inférieure, l'*hypoméride*, par laquelle débutent les plaques latérales et dont la segmentation ne s'affirme plus que par la production métamérique des canalicules du pronéphros (*rp*) et par les ébauches segmentaires des glandes génitales (*o*); cette région, le mésomère et l'hypomère, pourraient recevoir la dénomination collective de *néphroméride* ou de *néphrotome*. Au moment où l'appareil rénal va se constituer, la cavité mésodermique s'élargit dans la région des mésomérides et des hypomérides pour constituer les *poches segmentaires*. C'est de la partie inférieure de ces poches que naissent les canalicules du pronéphros, tandis que leur partie supérieure forme ceux du mésonéphros.

Les ébauches des canalicules transverses du pronéphros des *Pristiurus* se montrent quand l'embryon présente 27 somites distincts, sur les 6ᵉ, 7ᵉ et 8ᵉ de ces somites; comme les trois somites antérieurs de cette série seront plus tard incorporés dans la tête, c'est donc sur les 3ᵉ, 4ᵉ et 5ᵉ mérides somatiques. Le nombre de ces ébauches peut s'élever jusqu'à 4 ou rarement 5 chez les *Pristiurus* et les *Scylliorhinus*; il est de 5 chez les Raies, de 6 chez les Torpilles; mais le nombre des poches segmentaires aux dépens desquels ils se développent est alors de 13. Ces poches sont des renflements temporaires qui grandissent jusqu'à ce que le nombre de mérides s'élève à 31, mais qui sont déjà très réduits quand le nombre des mérides a été porté à 35 [1]. La première ébauche du pronéphros est un épaississement longitudinal plein de la somatopleure dans la région des poches segmentaires des 3ᵉ, 4ᵉ et 5ᵉ mérides somatiques. Cet épaississement est plus marqué dans les régions segmentaires que dans les régions intersegmentaires; les épaississements segmentaires commencent à se creuser d'une cavité lorsque le nombre des segments s'est élevé à 45. Lorsque ce nombre atteint 55, ces cavités s'ouvrent dans le cœlome (fig. 1844, *rp*), mais ne présentent entre elles aucune communication; elles ne sont reliées que par le cordon plein primitif.

Les quatre ouvertures primitives du pronéphros se fusionnent plus tard, et, chez un embryon de *Pristiurus* à 90 segments, il n'y en a plus qu'une de chaque côté. Le pronéphros paraît alors comme l'ouverture antérieure d'un canal s'ouvrant dans la cavité générale, alors qu'il est en réalité formé de plusieurs canaux. Les deux orifices finissent d'ailleurs par se fusionner eux-mêmes sur la ligne médiane ventrale. Cet orifice recule en outre jusqu'au niveau de la 8ᵉ vertèbre (*Scylliorhinus*) ou même plus loin (*Pristiurus*). Les canalicules du pronéphros sont déjà en rapport avec une anse vasculaire allant de l'aorte à la veine cardinale du côté correspondant. Les segments correspondant au pronéphros contiennent encore, à droite, des vaisseaux métamériques qui vont de l'aorte à la veine sous-intestinale. Ces vaisseaux avortent plus tard, sauf celui qui est compris entre les segments correspondant aux 1ᵉʳ et 2ᵉ pronéphrotismes et qui devient l'artère vitelline; des vaisseaux également métamériques se montrent du côté gauche; mais sont destinés à la région tégumentaire; l'un d'eux forme le vaisseau du *glomus* dont le correspondant à droite naît de l'origine de l'artère vitelline [2].

---

[1] Il est possible que la formation de ces poches soit liée à l'accumulation des excrétions qui résultent du développement des muscles à un moment où il n'existe pas encore d'appareil néphridien, comme cela a lieu pour le liquide péricardique.

[2] C'est une trace de dissymétrie à ajouter à celles qui dans les premières phases du développement des Vertébrés inférieurs semblent rappeler la phase pleuronectique tra-

Le canal collecteur du pronéphros se montre chez les embryons à 35 somites, le 4ᵉʳ de ces somites étant le futur 6ᵉ somite céphalique. Il apparaît sous forme d'une saillie de l'un des canalicules pronéphridiens, généralement le second, qui se prolonge en arrière du pronéphros, dans le premier quart du 6ᵉ segment somatique, en pénétrant jusqu'au-dessous de l'épiderme, avec lequel il finit par se confondre. L'ébauche de ce canal continue à se prolonger en arrière, jusqu'à l'anus, avec la participation évidente des cellules épidermiques, mais sans qu'il ait été possible de démontrer que des cellules de pronéphros, en continuant à se diviser, ne prennent pas une certaine part à son élongation. On ne saurait trop remarquer que *les organes pronéphridiens originels sont les canalicules transversaux* et que le canal collecteur longitudinal, souvent considéré comme la partie fondamentale de l'organe, n'est, au contraire, qu'une formation secondaire. Le pronéphros et le mésonéphros sont donc, comme chez les Vers annelés et l'*Amphioxus*, des organes essentiellement métamériques (fig. 1843 et 1846).

Le canal collecteur, à son extrémité postérieure, est exactement intercalé entre l'épiderme, auquel il demeure accolé, et le cloaque, dans lequel il finit par s'ouvrir.

Il est vraisemblable — et c'est encore le cas chez les Batraciens primitifs [1] — que les canalicules du mésonéphros se formaient aux dépens de la paroi externe du mésoméride, exactement de la même façon que ceux du pronéphros, aux dépens de la paroi externe de l'hypoméride comme l'indique la figure 1844, n° 3. Par un effet de tachygénèse les choses se passent un peu autrement chez les Sélaciens. Lorsque le feuillet interne du mésoméride a produit le scléroméride, tout à la fois par suite du développement de ce dernier et par suite de l'élongation vers le bas du myoméride qui tend à se séparer de lui, il bascule en quelque sorte et forme un canal transversal qui communique d'une part avec la cavité de la plaque latérale, d'autre part avec celle du myomère. Le myoméride continue à s'accroître vers le bas, son extrémité inférieure dépasse bientôt le bord dorsal de la plaque latérale; la communication de sa cavité avec celle du mésoméride correspondant s'oblitère alors, et celui-ci se transforme ainsi en un cæcum qui continue à communiquer avec le cœlome, mais qui extérieurement se termine en cul-de-sac; ce cæcum n'est pas autre chose qu'un canalicule mésonéphridien qui ne tarde pas à s'ouvrir dans le canal collecteur du pronéphros situé de son côté. La cavité du mésoméride s'oblitère dans les notomérides occipitaux avant la séparation du myoméride, de sorte qu'il ne s'y forme pas de canalicules mésonéphridiens; les canalicules correspondant aux mésomérides antérieurs au pronéphros sont peu développés et ne tardent pas à s'oblitérer; ces canalicules sont, au contraire, bien développés dans la région du pronéphros et dans la région qui suit. Les mésonéphridies demeurent strictement métamériques jusqu'au moment où leur nombre atteint 36. A ce moment, il se produit, par suite de la croissance plus rapide des myomérides, une disjonction numérique de ces derniers et des tubes mésonéphridiens, de sorte que chez un embryon du *Pristiurus* de 26ᵐᵐ à plus de 104 somites, les 36 mésonéphridies ne correspondent plus qu'à 27 notamérides.

versée par l'embryon de l'*Amphioxus* et dont nous avons signalé, p. 2165, la haute signification relativement à l'origine des Vertébrés.

[1] Semon, *Bauplan der urogenital System der Vertebraten*, Jenaisch Zeitschrift, 1892.

Dans la région antérieure on peut dès lors trouver deux mésonéphridies pour un myoméride. Cette disjonction est l'origine de la disposition irrégulière qui devient la règle chez les Vertébrés supérieurs. De même, par suite de la courbure en avant de l'extrémité inférieure des myomérides à partir de la région anale et du remplissage de la cavité générale dans cette région par du mésenchyme, les dernières mésonéphridies formées ne peuvent plus avoir de communication avec la cavité générale, et par conséquent, les mésonéphridies, comme cela devient la règle chez les Vertébrés amniotes, se forment déjà tout à fait indépendamment de l'épithélium péritonéal. Entre le moment où il existe 92 notomérides et celui où il en existe 99, les mésonéphridies des *Pristiurus* se mettent nécessairement en communication avec le canal longitudinal, en commençant par les postérieures; les 36 néphridies ont acquis leur orifice chez les embryons de 26^{mm} de long. Chez les

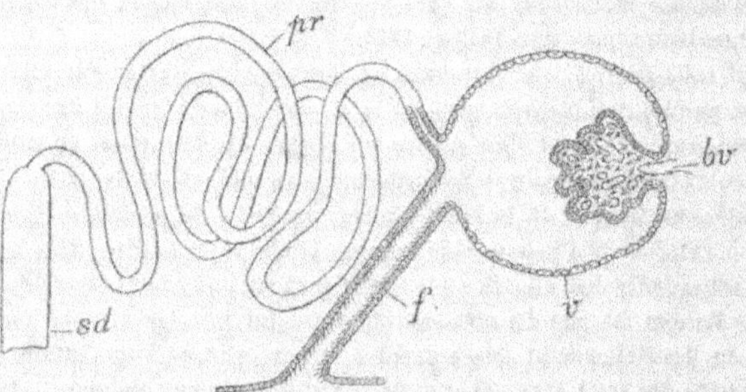

Fig. 1845. — Pronéphros de *Lepidosteus*. — *f*, pavillon externe; *v*, capsule du corpuscule de Malpighi; *bv*, peloton vasculin; *pr*, tube pelotine; *sd*, canal collecteur (d'après Parker).

Pristiurus et le *Scylliorhinus*, les mésonéphridies antérieures et postérieures perdent plus tard leur communication avec la cavité générale. Les canalicules du mésonéphros conservent chez tous les Poissons leur mode métamérique d'apparition. Le pronéphros et le mésonéphros sont accompagnés d'un sac particulier, qui s'étend sur toute leur longueur et s'appelle le *corps de Malpighi*. Ce corps de Malpighi n'est pas autre chose que l'angle supérieur de la cavité des plaques latérales dans lequel s'ouvrent les pavillons du pronéphros et a fortiori ceux du mésonéphros placés au-dessus d'eux. Dans ce sac font hernie les *glomus* du pronéphros (fig. 1844, *g*, *gp*), pelotons vasculaires formés par une ou plusieurs branches de l'aorte, continuées par des veinules se rendant aux veines cardinales. Ce sac ne se sépare pas de la cavité générale chez les Sélaciens; il n'en est qu'incomplètement séparé chez les *Petromyzon*; il s'en isole, au contraire, tout à fait complètement chez les GANOÏDES et TÉLÉOSTÉENS. Le sac de Malpighi (fig. 1844, n° 2, *cm*) communique avec la cavité générale par des entonnoirs vibratiles spéciaux, les pavillons externes (n° 2 et n° 4, *pe*) chez les *Lepidosteus*. Ces pavillons font défaut chez les TÉLÉOSTÉENS où le sac de Malpighi est dépourvu de toute communication avec la cavité générale. Le sac de Malpighi n'est complètement développé que sur un petit nombre de segments, il se transforme ensuite en un *rein accessoire* dont les rapports avec les canalicules transversaux et les glomérules rudimentaires indiquent clairement l'origine.

Le mésonéphros est également accompagné d'un corps de Malpighi dans lequel font hernie les *glomérules de Malpighi*, correspondant aux *glomus* du pronéphros, et toujours métamériquement disposés. Ces glomérules, en refoulant devant eux les parois du corps de Malpighi du mésonéphros, ont amené chez les Ganoïdes la division de ce corps en poches successives, dans chacune desquelles s'ouvre un canalicule dont l'orifice est le *pavillon interne*; chaque poche (*cm*) s'ouvre à son tour dans la cavité générale par un orifice plus ou moins éloigné (*pi*) du précédent (fig. 1844). Il suit de là que chaque canalicule a son corpuscule de Malpighi et le canal qui porte le pavillon externe semble ne constituer qu'un seul et même organe, alors que les diverses parties de cet organe ont une origine absolument différente.

Malgré la simplicité plus grande des Marsipobranches, le développement de leur appareil rénal est affecté à certains égards d'une tachygénèse plus intense. En raison de leur caractère primitif, les *Bdellostoma* et les *Myxine* sont, parmi eux, ceux dont il est le plus important de connaitre l'appareil néphridien dans sa structure et son développement. Le pronéphros persiste chez l'adulte associé à un mésonéphros bien développé. Les deux pronéphros du *B. Stouti*[1] sont symétriquement situés de chaque côté de la cavité péricardique, en arrière des dernières branchies. Chacun d'eux est constitué par un tissu vasculaire et par des artérioles venant de l'aorte, duquel partent extérieurement cinq ou six canaux dirigés vers le dos, plusieurs fois ramifiés et dont chaque rameau se termine par un pavillon vibratile s'ouvrant dans le péricarde. Ce pronéphros présente avec le système néphridien de l'Amphioxus une ressemblance générale qui est encore plus accusée aux premiers stades de son développement. Les deux mésonéphros commencent immédiatement en arrière de la cavité péricardique et s'étendent vers la queue jusqu'un peu au delà de l'extrémité de la cavité générale; chacun d'eux comprend un canal collecteur longitudinal fermé en avant, et portant de 26 à 31 tubules latéraux, et s'ouvrant en arrière l'un près de l'autre dans le sinus uro-génital; les tubules sont très courts, métamériquement disposés, absents sur l'extrémité postérieure des canaux collecteurs; leur extrémité fermée est en rapport avec un grand corpuscule de Malpighi. Il n'y a pas de communication entre les canaux collecteurs du pronéphros et du mésonéphros, de sorte que celui-ci est seul fonctionnel.

Chez les plus jeunes embryons de *Bdellostoma Stouti* qui avaient été observés, les ébauches de l'appareil néphridien s'étendent déjà du segment qui contient le 11e ganglion spinal jusqu'à celui qui contient le 80e. Dans le 11e segment l'ébauche est représentée par un simple épaississement d'une plage isolée de somatopleure, résultant de ce que les cellules ont pris dans cette plage une forme colonnaire. Les ébauches suivantes occupent une position correspondante dans leurs segments respectifs, mais les plages épaissies se trouvent dans leur région centrale de manière à se transformer peu à peu en tubules. En outre les plages sont réunies

[1] G.-C. Price, *Development of the excretory Organs of a Myxinoïd, Bdellostoma Stouti* Lockington. — Otto Maas, *Ueber Entwickelungsstadien der Vorniere und Urniere bei Myxine*; ces deux mémoires dans le Zoologische Jahrbücher, Abth. für Anat. und Ontogenese der Thiere, Bd. X, 1897. — Basford Dean, *On the embryology of Bdellostoma Stouti*, Festschrift von Carl Kupffer, Iéna, 1899.

entre elles par une bande longitudinale dans laquelle les cellules présentent aussi
un allongement colonnaire. Ce cordon est également interrompu entre les segments
qui contiennent les 14e et 15e ganglions spinaux. Les évaginations qui constituent
les tubules deviennent de plus en plus profondes et l'ébauche du canal longitudinal s'isole peu à peu de l'épithélium cœlomique pour former un cordon cellulaire
plein dans le tissu mésodermique. Jusqu'au 62e segment les choses se modifient

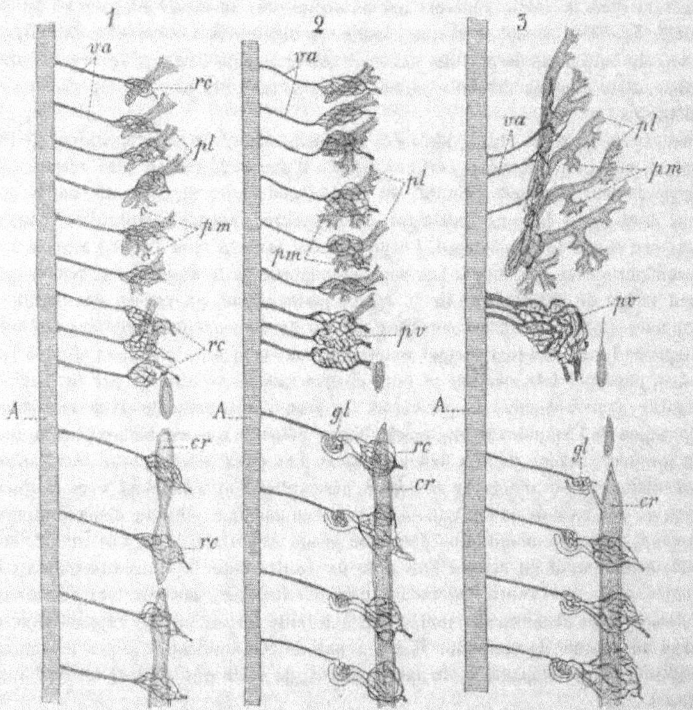

Fig. 1846. — Trois stades du développement du pro- et du mésonéphros chez la *Myxine glutinosa* (le
stade nº 1 est hypothétique). — *A*, aorte; *cr*, canal collecteur longitudinal; *pl*, pavillons latéro-dorsaux;
pm, pavillons médio-ventraux des canalicules pronéphridiens; *va*, vaisseaux efférents des réseaux capillaires *rc*; *gl*, glomus (d'après Maas).

peu, mais à partir de ce segment les tubules ont perdu leur communication avec
la cavité générale. L'extrémité postérieure du canal longitudinal qui se trouve
vers le 80e segment est aveugle et se cache dans un épais mésenchyme; dans
l'étendue des deux derniers segments, elle est dépourvue de tubules. En général,
la lumière des tubules gagne l'axe de l'ébauche du canal longitudinal, se prolonge
ensuite en arrière, rejoint la lumière du canalicule, et, le processus gagnant
de proche en proche, la lumière du canal longitudinal se trouve finalement
constituée.

　　Les myomérides étant déjà séparés des plaques latérales à l'âge où les embryons ont été observés, il est impossible de dire si les tubules dérivent des néphrostomes ou, comme cela paraît être, dérivent de la somatopleure. Bientôt, à mi-distance de deux tubules, la somatopleure et la splanchnopleure se soudent de manière que l'angle interne de la cavité générale s'éloigne de la ligne médiane et se reporte sous le canal longitudinal; dans l'intervalle ces deux couches demeurent écartées, de sorte qu'il se forme une série de pochettes de la face dorsale desquelles émergent les tubules; lorsque les tubules s'isolent de la cavité générale, les pochettes en sont du même coup isolées. Il résulte de l'étude des stades ultérieurs que la cavité de ces pochettes devient la cavité des corps de Malpighi, la portion de la somatopleure comprise entre l'angle interne de la pochette et le tubule forme le revêtement du glomérule et la somatopleure du plancher du corpuscule la capsule de Bowman. Il n'y a pas encore de glomérules.

Un peu plus tard de nouveaux tubules se forment en avant du 12ᵉ segment jusqu'au niveau du 6ᵉ ganglion spinal; ces nouvelles ébauches de tubules son complètement isolées les unes des autres; les poches cœlomiques s'avancent jusqu'au 15ᵉ segment. Les nouveaux tubules n'ont d'ailleurs qu'une existence temporaire en avant du 22ᵉ segment, c'est-à-dire à 8 ou 9 segments de distance du pronéphros de l'adulte; 17 tubules dégénèrent aussi en arrière, de sorte que le canal collecteur est dépourvu de tubules sur une assez grande longueur. D'ailleurs le pronéphros et le mésonéphros ne deviennent distincts l'un de l'autre qu'un peu plus tard.

Une réduction analogue est présentée par les fentes branchiales. Le nombre de ces fentes, chez les embryons de *Bdellostoma*, s'élève à trente-cinq; des tubules néphridiens correspondant manifestement par leur position à ceux de l'*Amphioxus* s'ébauchent dans toute la région branchiale avant la formation des fentes branchiales, mais ces ébauches qui se forment indépendamment les unes des autres disparaissent successivement au fur et à mesure que s'ouvent ces fentes. Les fentes branchiales elles-mêmes disparaissent d'avant en arrière et il ne reste finalement que les dernières des deux séries, au nombre de dix à quatorze. Ces formations sont réalisées de telle sorte qu'il n'y a jamais simultanément, dans un même segment, un tubule néphridien et une branchie.

Lorsque le nombre des tubules du mésonéphros s'est réduit à vingt-sept paires, le pronéphros n'occupe plus que l'étendue de deux segments; il est constitué par une masse dense de mésenchyme, dans laquelle sont contenus huit ou neuf tubules environ. La dissymétrie initiale que nous avons déjà signalée se retrouve ici, le nombre des tubules de droite étant généralement un peu inférieur à celui des tubules de gauche. Deux de ces tubules s'ouvrent seuls à ce moment dans la cavité générale, mais plus tard les orifices se reconstituent sur les tubules pronéphridiens définitifs.

On ne saurait trop remarquer que les tubules du pronéphros sont d'abord métamériquement disposés, qu'ils naissent indépendamment les uns des autres; qu'ils ne sont que secondairement unis par un cordon longitudinal qui est transformé en tube collecteur par la pénétration successive à son intérieur de la cavité des tubules. Au contraire, dans toute la région du mésonéphros, le tube collecteur et les tubules néphridiens sont d'emblée en connexion, ce qui est un résultat naturel de la tachygénèse et, par conséquent, ne saurait surprendre les embryogénistes

familiers avec cette notion. Il est intéressant d'ailleurs de voir la tachygénèse
s'accentuer dans les segments les plus jeunes, de sorte que l'appareil néphridien
semble se développer en sens inverse des segments, les tubules formés presque
simultanément étant à un certain moment plus développés dans les segments postérieurs que dans les segments antérieurs.

Chacun des canalicules du pronéphros est enveloppé, au début, chez les *Myxine*,
dans un réseau vasculaire formé par une artériole venant de l'aorte; dans la
région qui sépare le pronéphros du mésonéphros, plusieurs de ces réseaux se développent, bien qu'il n'y ait pas de canalicule correspondant; plus tard ces réseaux
se confondent en un gros peloton vasculaire constituant le *glomus* du pronéphros
(fig. 1846, *pv*). Il n'y a plus aucune continuité à partir d'un certain moment entre le

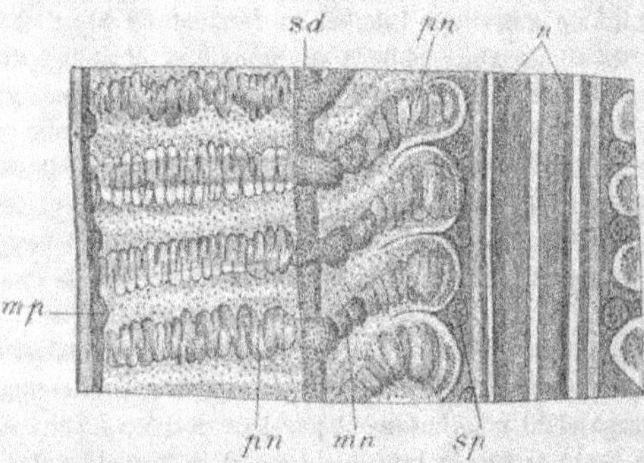

Fig. 1847. — Quatre pronéphridies du *Bdellostoma Stouti*. — *n*, moelle épinière; *pn*, tubules pronéphridiens; *mn*, conduits mésonéphridiens; *sd*, canal collecteur longitudinal; *mp*, poches muqueuses (d'après
Basford Dean).

méso- et le pronéphros, mais on trouve dans cette région les ébauches de un ou
deux canalicules rénaux. Plus récemment Basford Dean a considéré que le pronéphros s'étendait, chez le *Bdellostoma Stouti*, jusque dans la région de la queue et
que les tubules du mésonéphros se superposaient au moins pendant un certain
temps dans le tronc et dans la queue à ceux du pronéphros (fig. 1843).

Les canalicules mésonéphridiens sont très nombreux et demeurent métamériquement disposés, chez les *Bdellostoma Dombryi* (fig. 1844); ils sont aussi métaméridés, mais en nombre restreint, courts et dépourvus de pavillon vibratile
chez les *Myxine*. Les tubes s'allongent, se pelotonnent et se multiplient, chez les
Petromyzon, au point de perdre leur distribution métamérique; en avant du mésonéphros, le pronéphros persiste représenté par le canal longitudinal, terminé en
avant par un pavillon vibratile s'ouvrant dans le péricarde. D'autre part, les canalicules veineux, au lieu d'être en rapport avec de véritables corpuscules de Malpighi, comme chez les Myxines, s'ouvrent dans un diverticule cœlomique complètement clos (*corps de Malpighi*), dont la paroi est refoulée à l'intérieur à intervalles
réguliers par des pelotons antérieurs métamériques. Cette cavité présente ainsi une
sorte de cloisonnement incomplet sans qu'il se forme cependant de véritables corpuscules de Malpighi.

Chez les Sélaciens le canal collecteur ne tarde pas à se dédoubler en deux autres canaux : le *canal de Müller* et le *canal de Wolf* ou *canal de Leydig*. Le premier est complet chez la femelle où il se transforme en *oviducte*; il est plus ou moins incomplet chez le mâle et finit par s'atrophier presque entièrement, réduit qu'il est en un court canal rattaché au foie. Le canal de Müller, dans les deux sexes, reste seul en continuité avec le néphrostome unique du pronéphros. Le canal de Wolf reste seul, au contraire, en rapport avec les canalicules néphridiens.

Les canalicules du mésonéphros se modifient à leur tour : ils comprenaient d'abord, comme d'habitude, quatre parties : 1° le *pavillon vibratile*; 2° la vésicule *sous-infundibulaire*; 3° le *tube pelotonné*; 4° le *tube basilaire*, plus large que le précédent et droit. Bientôt la vésicule sous-infundibulaire de chaque canalicule envoie vers le tube basilaire du précédent un diverticule qui s'ouvre à son intérieur tout près du canal de Wolf; le reste de la vésicule se transforme en glomérule de Malpighi. Les canalicules du mésonéphros se trouvent donc à un certain moment tous unis entre eux, mais cette communication ne persiste pas chez l'adulte dans les régions antérieures et postérieures du système néphridien. Les tubes anastomotiques qui les unissent ainsi deux à deux donnent d'ailleurs également naissance chacun à un tube pelotonné sur le trajet duquel se trouve un certain nombre de corpuscules de Malpighi secondaires ou tertiaires nés sans doute du tube anastomotique; ce tube pelotonné demeure en connexion avec le canalicule rénal près de son embouchure et s'ouvre par conséquent en définitive dans le canal de Wolf. Les mésonéphridies complexes ainsi constituées sont toutes d'abord à peu près semblables; mais chez quelques espèces les tubes basilaires d'un certain nombre des néphridies postérieures (les 10 ou 11 dernières chez le *Scyllium canicula*) s'allongent, empiètent l'un sur l'autre et finissent par s'ouvrir après s'être unis plusieurs ou tous ensemble dans la partie postérieure du canal de Wolf chez la femelle, dans le sinus urogénital qui résulte chez les mâles de l'union de ces canaux. Les canaux terminaux de cette partie postérieure du système néphridien sont comparables aux uretères des Vertébrés aériens.

La partie de l'appareil néphridien qui n'a pas subi cette modification et qui est la partie antérieure ne présente chez les femelles aucune modification particulière et ne contracte aucune connexion avec l'ovaire que dessert, comme nous l'avons vu, le canal de Müller. Chez le mâle, au contraire, la partie antérieure du canal de Wolf devient très flexueuse; les premiers canalicules qu'il supporte sont reliés entre eux en dedans des corpuscules de Malpighi par un canal dit *canal collatéral* du corps de Wolf; de ce canal partent des canaux déférents en nombre égal à celui des néphridies qu'il unit; les canaux aboutissent au testicule. En y parvenant, ils sont unis entre eux par un nouveau canal longitudinal d'où part un réseau de canalicules dans lesquels se déverse le sperme; celui-ci arrive ensuite de proche en proche dans la partie commune du corps de Wolf, qui sert ainsi simultanément à évacuer la sécrétion des néphridies et celle des testicules.

Chez les GANOÏDES les deux canaux collecteurs sont d'abord soit des cordons solides (*Acipenser*), comme cela a lieu chez les MARSIPOBRANCHES et les ÉLASMOBRANCHES, soit des invaginations de la somatopleure (*Lepidosteus*), qui se transforment en un canal situé sous l'épiderme. Ces canaux se terminent en avant par un néphrostome suivi d'un glomérule (*Lepidosteus*). Ces deux canaux se jettent en arrière dans le cloaque. L'appareil néphridien demeure longtemps à cet état; plus tard, à une certaine distance du pronéphros apparaissent les mésonéphridies, qui semblent se développer comme celles des Élasmobranches (*Acipenser*). Les néphrostomes, grands chez les larves, ont disparu chez les adultes.

Téléostéens. — Le pavillon du pronéphros des Téléostéens consiste d'abord dans une évagination de la région proximale de la plaque latérale au niveau du troisième myomère; il persiste jusqu'à un stade avancé du développement. Le canal collecteur apparaît chez les Salmonidæ, comme chez les *Lepidosteus*, sous forme d'un repli longitudinal dorsal de la somatopleure qui se transforme en un canal. Mais ce mode de développement se modifie chez les autres Téléostéens. Chez les *Fundulus*, Gadidæ (fig. 1848, *prn*), Pleuronectidæ, la première ébauche du canal collecteur

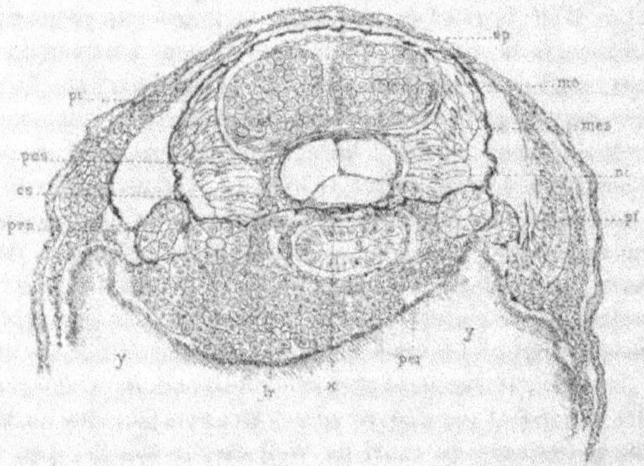

Fig. 1848. — Coupe transversale à travers un embryon de Téléostéen (*Gadus æglefinus*), 13 jours après la fécondation, 7 heures avant l'éclosion. — *ep*, exoderme; *mo*, moelle allongée; *mes*, mésoderme; *nc*, notocorde; *pf*, ébauche de la nageoire pectorale; *y*, vitellus; *per*, périblaste; *br*, foie; *pt*, corps pituitaire (??); *pcs*, étui mésodermique de la corde; *cs*, étui cuticulaire de la corde; *prn*, canal longitudinal du pronéphros (d'après Mac Intosh et Prince).

est un cordon cellulaire plein qui se détache de la bande intermédiaire mésodermique dans les segments qui suivent celui où se trouve le néphrostome. L'extrémité antérieure du cordon est encore pleine que, dans la région correspondante aux myomères suivants, les cellules se sont arrangées radiairement de manière à circonscrire la lumière du canal. Les deux canaux s'isolent complètement de la bande intermédiaire par suite du retrait de celle-ci sous la corde dorsale; ils demeurent en conséquence en contact avec la somatopleure, immédiatement audessus de son bord interne. Ces canaux se forment un peu plus tard dans la région postérieure du corps que dans la région moyenne. Les canaux collecteurs, une fois formés, se pelotonnent à leur extrémité antérieure et s'ouvrent par un pavillon vibratile dans la cavité générale. Un réseau trabéculaire se développe en avant de ce pronéphros (Gadidæ, Pleuronectidæ, Triglidæ). Les deux canaux, d'abord superficiels, passent peu à peu au-dessous de la notocorde et finissent par faire saillie dans la cavité générale; écartés en avant, ils se rapprochent en arrière et finissent par se réunir en un tube médian à parois épaisses qui se dilate pour former une vessie urinaire s'ouvrant par un canal dans l'intestin postérieur. Un glomérule vasculaire se développe au moment de l'éclosion en avant de chaque néphrostome (GADIDÆ, PLEURONECTIDÆ, TRIGLIDÆ). Le pronéphros, qui s'est lui-même compliqué, et le glomérule ne tardent pas à être tous deux entourés par une capsule fibreuse qui les sépare de la cavité générale et présente un réseau vasculaire sur sa face inférieure et interne, tandis que le néphrostome s'ouvre sur sa face externe. Ces parties se développent tardivement chez l'*Alosa vulgaris*; elles sont ébauchées avant l'éclosion chez les *Pleuronectes limanda* et *flexus*; elles sont à ce moment bien développées chez la *P. platessa* et surtout les *Gastrosteus* et les Poissons analogues.

Plus tard, le canal collecteur devient plus ou moins sinueux dans sa région moyenne, tandis que la région postérieure demeure à peu près rectiligne; il peut se produire dans sa région dorsale un (*Osmerus*) ou plusieurs tubules (*Esox, Lophius*) qui s'engagent dans un abondant tissu cellulaire développé dans son voisinage. Le système des conduits est diversement modifié à l'état adulte. Chez les *Fierasfer*, les *Zoarces*, toutes ces parties subsistent sans modification; des tubules avec glomérules apparaissent chez les *Blennius* et l'appareil rénal prend la structure d'un corps de Wolf chez le *Merlucius esculentus*; chez beaucoup d'autres Téléostéens (*Osmerus, Esox, Cyprinus, Rhodeus, Gastrosteus, Anguilla*), le peloton rénal s'atrophie en partie tout au moins et ce qui en reste se confond dans une certaine mesure avec un tissu lymphatique que quelques tubules rénaux traversent encore, ou demeure enveloppé par les veines cardinales. A l'état adulte, la partie antérieure du pronéphros ainsi transformé est suivie par une paire de corps rénaux allongés, renflés à leurs extrémités, fréquemment soudés, et sur le bord ventral desquels persiste le canal collecteur. Ces corps rénaux ne se constituent que plusieurs semaines après la naissance. Des cellules mésodermiques s'accumulent d'abord sur toutes les régions dorsales des deux canaux collecteurs, surtout dans leurs régions antérieure et postérieure. Ces cellules prennent un caractère glandulaire, et, parmi elles, se dessinent des tubules qui finissent par s'ouvrir dans les canaux collecteurs. Ces parties sont peu développées relativement à celles qui dérivent de la région pelotonnée voisine du néphrostome chez les *Lophius*. Les Téléostéens étant dans toutes les parties de leur organisation des animaux bien plus éloignés que les Sélaciens des formes primitives des Vertébrés, il est vraisemblable que la grande simplicité de leur pronéphros résulte de l'avortement des tubes néphridiens, dont le canal collecteur persiste seul. La disparition des tubules explique que le canal collecteur ne se subdivise pas en un canal de Wolf et un canal de Müller, puisque l'existence du premier est corrélative de celle des tubes néphridiens.

Développement des organes génitaux. — La première ébauche des organes génitaux des ÉLASMOBRANCHES, d'après les observations de Ruckert[1], est constituée par une série métamérique de masses cellulaires qui se forment par prolifération de l'épithélium péritonéal, immédiatement au niveau des corpuscules de Malpighi, entre les pavillons externes des mésonéphridiens et le mésentère (fig. 1844, n° 4, *o*). Ces

[1] RUCKERT, *Ueber die Entstehung der Excretionorgane der Selachier*, Archiv für Anat. und Physiologie, 1888. — MINOT (*Gegen den Gonaden*, Anat. Anz., IX, 1894) a mis en doute l'observation de Ruckert.

ébauches se fusionnent rapidement en deux bandes cellulaires continues. C'est sous cette dernière forme que les ébauches génitales apparaissent par tachygénèse chez les TÉLÉOSTÉENS. Là, aussitôt que les canaux collecteurs de l'appareil néphridien ont atteint leur position définitive, de chaque côté de l'aorte des cellules péritonéales issues de la splanchnopleure passent au-dessous d'eux et y forment de chaque côté du mésentère un cordon à contour irrégulier, surtout dans la région postérieure, où le canal alimentaire est plus éloigné de la notocorde et la membrane mésentérique plus développée; ils représentent l'*épithélium germinatif*. Quelques-unes de ces cellules grandissent rapidement et font saillie à la surface du mésentère; ce sont les *œufs primitifs*. Ils se montrent surtout un peu en avant de la vessie urinaire, au-dessus de la région de l'intestin grêle. Les œufs sont pressés les uns contre les autres sur le plafond de la cavité abdominale et surtout dans des mérides médians résultant de la saillie de la lame de suspension du mésentère; mais ils émigrent aussi sur le mésentère et jusque sur le revêtement péritonéal de l'intestin. Leur distribution est très variable et très irrégulière.

Des recherches récentes portant principalement sur les MARSIPOBRANCHES (*Petromyzon*) et les ÉLASMOBRANCHES (*Squalus, Scylliorhinus, Pristiurus, Raja, Torpedo*, etc. [1]) tendent à établir que l'origine des éléments génitaux remonterait beaucoup plus haut que la formation des bandelettes génitales et même des gonades métaméridées. Avant la fin de la période de segmentation du vitellus un certain nombre de blastomères se sépareraient de ceux qui continuent à se multiplier et à se différencier pour constituer le corps de l'animal. Ces blastomères constituent autant de *cellules-germes* qui conserveront longtemps des réserves vitellines et, après les disparitions de ces réserves, sont constitués par un protoplasme hyalin, incolore, sans affinité pour les substances colorantes ordinaires, mais brunissant légèrement sous l'action de l'acide osmique. Les noyaux sont, chez les embryons âgés, grands et transparents avec un nucléole bien net; chez les embryons jeunes, ils sont bilobés ou même divisés en deux moitiés accollées comme l'ont vu Ruckert et Häcker chez les Arthropodes (*Cyclops*). Ces cellules sont douées de mouvements amiboïdes actifs; elles émigrent de la cavité de segmentation dans l'embryon, se rassemblent peu à peu dans les gonades, les bandelettes germinatives, et sont même l'origine des nids d'éléments reproducteurs décrits p. 2555 et 2559. Les cellules-germes qui n'arrivent pas à gagner les bandelettes germinatives dégénèrent sur place. Cette migration des cellules-germes est un fait bien connu chez les Éponges, les Polypes, les Tuniciers; la formation précoce de l'ébauche génitale a été observée chez les Cladocères, les *Cyclops*, les *Cymatogaster*, les Rotifères, etc. Nous avons déjà expliqué qu'on ne pouvait voir là un caractère général des éléments reproducteurs, mais un simple fait de tachygénèse.

Métamorphoses. — L'éclosion des jeunes Poissons a lieu à une période de leur développement variable suivant l'abondance de leur vitellus. Ils ont d'ailleurs, en général, acquis tous leurs mérides, mais la plupart sont encore munis d'une vésicule vitelline volumineuse par rapport à eux (fig. 1840 et 1841) et dont le contenu subvient,

[1] J. BEARD, *The morphological continuity of the Germ-cells in Raja batis*, Anatomische Anzeiger, Bd. XVIII, 1900. — ID., *The Germ-cells of Pristiurus, ibid.*, t. XXI, 1902. — ID., *The numerical law of the Germ-cells. ibid.*, t. XXI, 1902.

dans une certaine mesure, à leur alimentation, en attendant qu'ils puissent se
suffire complètement à eux-mêmes. Après leur éclosion, beaucoup de jeunes Poissons ont à subir d'autres transformations que la résorption de la vésicule vitelline ;
comme ils possèdent déjà tous les segments de leur corps, ces transformations
doivent être considérées comme des métamorphoses. Les Poissons dont l'éclosion
est le plus précoce sont les *Petromyzon*. Dans l'œuf, en raison du volume de la
masse macromérique, l'embryon a la forme d'un sphéroïde duquel se dégage d'abord
l'extrémité antérieure quelque peu vermiforme du corps. A mesure que cette région
vermiforme s'allonge, la masse sphéroïdale s'amoindrit, et, au moment de l'éclosion,
de quinze à vingt jours après la fécondation, la jeune Lamproie a la forme d'un ver
légèrement renflé à son extrémité postérieure, en raison de la persistance d'une
petite quantité d'éléments nourriciers ; elle possède déjà tous ses orifices branchiaux.
Elle prend en trois ou quatre semaines sa forme définitive, mais elle a si peu les
caractères du *Petromyzon* adulte, qu'on avait autrefois créé pour elle le genre
Ammocœtes. La Lamproie atteint à l'état d'*Ammocœtes* sa taille définitive, qui, chez
les grandes espèces (*Petromyzon marinus, P. fluvialis*), varie de 0 m. 5 à 1 mètre de
long ; elle y emploie environ trois ou quatre années. La transformation de l'*Ammocœtes* en *Petromyzon* ne demande que quelques semaines ; elle a lieu à la fin de
l'automne et durant l'hiver, après quoi la Lamproie se reproduit et meurt d'habi-

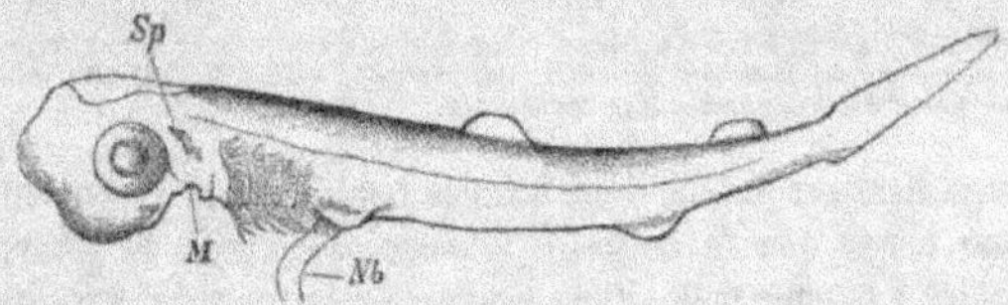

Fig. 1849. — Embryon de *Squalus*. — *Sp*, évent ; M, bouche, suivie des branchies externes ;
Nb, cordon ombilical.

tude au début de l'été. Le *Petromyzon marinus* vient pondre dans les fleuves où il
passe les premiers temps de sa vie. Les *Ammocœtes* vivent dans les cours d'eau,
enfoncées dans la vase ou dans le sable[1] ; elles ont une bouche en forme de croissant (fig. 1647, p. 2363), à lèvre antérieure saillante ; leur large vestibule buccal est
dépourvu de dents, mais est garni au fond d'un cercle de papilles ; leurs yeux sont
cachés sous la peau. Chez le *Petromyzon*, au contraire, la bouche est circulaire, le
vestibule est muni d'odontoïdes cornés ; les yeux deviennent superficiels et la
nageoire dorsale, primitivement continue, se divise en deux autres. Des changements internes importants (p. 2470) accompagnent ces modifications externes.

Les Sélaciens, à leur naissance, possèdent des branchies externes, représentées
par des filaments portés par le bord antérieur des fentes branchiales (fig. 1849).
Les Ganoïdes ont également des branchies de cet ordre ; chez l'*Acipenser* elles sont
représentées par des papilles vascularisées disposées en plusieurs rangées sur les
bords des fentes branchiales ; ces organes sont remplacés, chez les jeunes Polyptères,
par une longue branchie plumeuse, située de chaque côté.

Chez les jeunes Esturgeons, il existe en avant de la bouche quatre saillies cylin-

---

[1] On les trouve en été en grand nombre enfouies dans le sable des grèves desséchées
de la Loire, aux environs de Blois, à St-Dyé-sur-Loire, par exemple.

driques; à la place correspondante, on observe chez les larves des *Lepidosteus* un large disque chargé de papilles et formant un organe d'adhérence (fig. 1850, *ds*); un rudiment très caractérisé de ce disque et de ses papilles se retrouve chez les larves d'*Amia*. La nageoire impaire est continue; il n'y a pas encore de nageoires paires; la queue, d'abord diphycerque, devient hétérocerque par suite de l'atrophie de la partie de la nageoire dorsale située à l'extrémité de la queue, et du développement qu'atteint dans cette même région la nageoire impaire ventrale.

Les Téléostéens, au moment de leur naissance, ont, en général, une tête volumineuse, des yeux très grands, une grosse vésicule vitelline, une nageoire impaire continue aussi bien du côté dorsal que du côté ventral (fig. 1840 et 1841); la

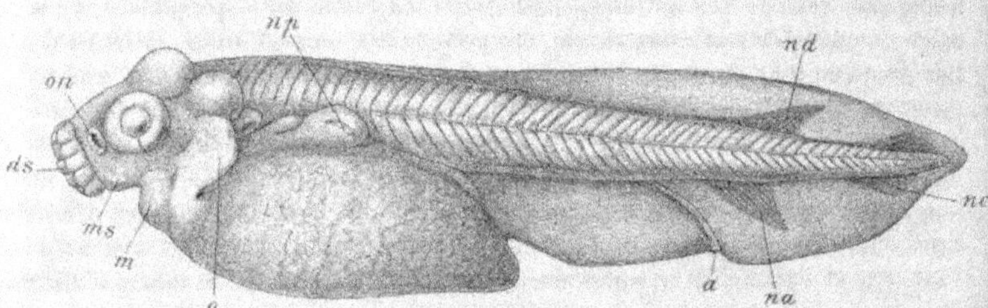

Fig. 1850. — Larve de *Lepidosteus*. — *ds*, disque suctoriel; *ms*, mâchoire supérieure; *m*, mâchoire inférieure; *on*, narine; *o*, opercule; *np*, nageoire pectorale; *nd*, nageoire anale; *nc*, nageoire caudale; *na*, nageoire anale; *a*, anus. La vitelline est encore bien développée.

queue, d'abord diphycerque, devient ensuite hétérocerque et finalement homocerque, en même temps que la nageoire impaire continue à se lober, quand il y a lieu, de manière à fournir trois, deux ou une seule ventrale, une anale et la caudale. Les nageoires paires sont d'abord insérées longitudinalement; ce n'est que graduellement que leur ligne d'insertion devient oblique ou même verticale; les ventrales n'apparaissent qu'après les pectorales, et, chez les embryons pélagiques, n'apparaissent même qu'au moment où la vésicule ombilicale étant presque résorbée, on peut considérer la période larvaire comme terminée. Le dernier reste de cette vésicule est un réseau vasculaire que les très jeunes poissons présentent encore longtemps près de leur extrémité caudale (fig. 1851, *vs*). L'opercule ne se développe souvent que tardivement; dès lors les fentes branchiales sont à nu et quelquefois pourvues de rudiments de branchies externes.

Le jeune animal peut éprouver longtemps encore des modifications plus ou moins importantes. Le jeune Saumon, par exemple, présente durant sa première période une teinte grise, avec bandes transversales plus foncées; il a des dents vomériennes, comme les Truites, et présente la même forme d'opercule et le même aspect général que celles-ci; peu à peu son opercule prend sa forme définitive caractéristique, et son dos se teinte de bleu; il descend alors à la mer et en revient deux ou trois mois après avec les caractères de l'adulte, qui s'accentuent encore l'année suivante après un second voyage à la mer.

Les Congeridæ et les Anguillidæ présentent des modifications plus importantes encore [1]. Les uns et les autres sont d'abord les larves marines si différentes des

---

[1] Gill avait soupçonné en 1864 que le *Leptocephalus Morrisii* était la larve du *Conger*

formes adultes qu'on avait créé pour elles le genre *Leptocephalus*, type d'une famille isolée. Les *Leptocephalus* sont des Poissons comprimés, transparents comme du cristal, pouvant atteindre sous cette forme 6 ou 7 centimètres de long et 2 centimètres dans leur plus grande hauteur; ils vivent probablement dans le sable, et c'est sans doute la raison pour laquelle ils sont très rarement capturés. Le *L. Morrisii* est la larve du Congre (*C. vulgaris*); le *L. brevirostris* est la larve de l'Auguille commune [1]; les *Hyoprorus* sont de jeunes *Nettastoma*. La longueur de l'animal diminue au cours de la métamorphose.

En raison de l'attitude particulière des Pleuronectes ou Poissons plats qui se tiennent toujours couchés sur un de leurs côtés, leur tête éprouve les plus curieuses transformations. Ces Poissons sont d'abord parfaitement symétriques, comme tous les autres, et nagent, pendant leur vie pélagique, gardant vertical leur plan de symétrie. Puis ils vivent au fond de l'eau, couchés sur un côté, le droit ou le gauche suivant

Fig. 1851. — Extrémité de la queue d'un embryon de l'*Anarrhichas lupus* montrant la striation radiale qui précède l'apparition des rayons, et le reste des vaisseaux vitellins. — *ne*, neurocorde; *f*, nageoire impaire embryonnaire; *my*, myomérides; *vs*, plexus vasculaire résiduel de la vésicule vitelline (d'après Mac Intosh et Prince).

les espèces (p. 2682-2684). L'œil situé de ce côté se trouve dès lors dans l'impossibilité de fonctionner, comme c'était le cas pour les branchies de l'*Amphioxus*. Tout se passe ici comme si l'animal faisait éprouver une torsion à la région antérieure de sa tête pour ramener sur la face éclairée l'œil de la face qui est soustraite à l'action de la lumière (p. 2367). L'animal le ramène alors peu à peu sur le côté tourné vers la lumière. Mais cette opération s'effectue, suivant deux procédés différents dans les diverses espèces. Le plus souvent (*Pleuronectes platessa*) l'œil effectue sa rotation en contournant la tête et sans cesser de fonctionner; la nageoire dorsale s'allonge au-dessous et en avant de lui. Chez les *Plagusia* et les *Arnoglossus*, au con-

---

vulgaris. Sans connaître la note de Gill, le Dr Émile Moreau montra vers 1872, en se basant sur l'identité de leurs caractères anatomiques, que les Leptocéphales étaient bien des larves de Congre (*Histoire naturelle des Poissons de France*). M. Delage a vu depuis cette transformation s'accomplir en aquarium. Grassi et Calandruccio ont récemment étendu ces conclusions à l'Anguille.

[1] Grassi et Calandruccio, *Reproduzione e metamorfosi delle Anguille*. Giornale italiano de pesca ed aquicultura, 1897.

traire, la nageoire prend d'emblée son extension avant le déplacement de l'œil;
dès lors, celui-ci est d'abord ramené en haut et, tout en gardant ses connexions
avec son nerf optique, qu'il entraîne avec lui, s'enfonce dans les téguments jusqu'au
niveau de l'os frontal; il traverse alors la base de la nageoire dorsale, en arrière du
frontal, et vient affleurer au voisinage de l'autre œil. L'orbite abandonné se ferme
rapidement. Pendant cette migration, la circulation devient très active dans la
région intéressée et des renflements contractiles, les *cœurs oculaires*, se développent
sur plusieurs de ses vaisseaux. La coloration des deux côtés du corps était d'abord
semblable, le côté aveugle devient blanc peu à peu; on a attribué la perte de sa
coloration au déplacement de l'œil; mais l'œil gardant ici ses fonctions, on ne voit
pas bien pourquoi il perdrait son action sur les chromatophores comme s'il avait
été enlevé [1]. Ce second mode de migration est évidemment une modification tachygénétique du premier. Il existe d'ailleurs un certain nombre d'intermédiaires entre
eux. La métamorphose indique ici nettement par quelle voie a été acquise la dissymétrie des Pleuronectes.

D'autres Poissons traversent des phases de développement qui indiquent de même
leur origine; ainsi les *Trigla*, *Trachina*, *Peristhetus* ressemblent quelque temps
à de jeunes *Scorpæna*; les *Dactylopterus* ont d'abord des nageoires pectorales normales; les *Histiophorus* n'acquièrent que tardivement leur museau prolongé en bec.
La métamorphose peut être aussi bien régressive que progressive; les jeunes
Nerophis ont des nageoires pectorales qu'ils perdent ensuite; les *Rhynchichthys*
perdent leur bec allongé et leurs nombreux aiguillons céphaliques pour se transformer en *Holocentrum* ou *Myripristis* et les *Orthagoriscus* sont d'abord pourvus
d'une queue normale qui s'atrophie plus tard. Les anciens genres *Astroderma* et
Diana avaient été créés pour les jeunes des *Ausonia* et des *Luvarus*.

I. SOUS-CLASSE

MARSIPOBRANCHIATA

I. ORDRE

CYCLOSTOMATA

*Pas d'écailles. Notocorde persistante; squelette cartilagineux, réduit à des
cartilages labiaux, un crâne continu avec la colonne vertébrale et des rayons
dans les nageoires médianes qui existent seules. Bouche antérieure, transformée
en une ventouse circulaire; une seule narine; six ou sept poches branchiales de
chaque côté; orifice génital péritonéal. Tube digestif droit, simple, sans appendices cæcaux. Cœur sans bulbe artériel.*

> FAM. **MYXINIDÆ**. — Tête pourvue de quatre paires de barbillons. Bouche sans lèvres,
> une dent médiane sur le palais et deux séries de dents linguales pectinées. Orifices
> branchiaux externes très éloignés de la bouche. Canaux branchiaux internes s'ou-
> vrant directement dans l'œsophage. Narine traversant le palais (HYPEROTRETA). Pas
> de valvule spirale.

[1] AL. AGASSIZ, *On the young stages of the Flounder*, Proc. of the American Academy,
vol. XIV, 1878. — STEPHEN R. WILLIAMS, *Changes accompaning the migration of the eye
and observations on the tractus opticus and tectum opticum in Pseudopleuronectes americanus*, Bulletin of the Museum of comparative zoology, May 1902.

Bdellostoma, J. Müller. — Au moins six orifices branchiaux externes correspondant à autant de branchies. *B. heptatrema*, *B. polytrema*, mers australes. — *Myxine*, Linné. Une seule ouverture branchiale de chaque côté d'où partent six canaux se rendant à autant de sacs branchiaux. *M. glutinosa*, parasites des Morues.

    Fam. **PETROMYZONTIDÆ**. — Bouche armée de trois groupes de dents cornées (dents maxillaires, dents mandibulaires, dents linguales) et d'un cercle de dents labiales Sept orifices branchiaux de chaque côté; canaux branchiaux internes s'ouvrant dans un canal commun chez l'adulte. Narine ne traversant pas le palais. (HYPERO-ARTIA). Une valvule spirale dans l'intestin. Des métamorphoses; jeune : *Ammocœtes*, sans dents, des yeux rudimentaires, canaux branchiaux internes s'ouvrant directement dans l'œsophage.

    Petromyzon, Duméril. Deux nageoires dorsales, la postérieure continue avec la caudale; deux dents maxillaires très rapprochées; dent linguale dentée en scie. *P. marinus*, Lamproie marine, trois pieds de long, Fr. *P. fluviatilis*, émigrent dans les rivières pour pondre, Fr. *P. branchialis*, petite Lamproie de rivière, Fr. — *Ichthyomyzon*, Girard. Une seule dent maxillaire tricuspide. *I. concolor*, États-Unis. — *Mordacia*, Gray. Deux groupes de dents maxillaires, formés chacun de trois pointes coniques; deux paires de dents linguales dentées en scie. *M. mordax*, côtes du Chili ou de Tasmanie. — *Geotria*, Gray. Nageoire dorsale séparée de la caudale; lame maxillaire aux quatre lobes tranchants; une paire de longues dents linguales pointues, *G. chilensis*, Chili.

II. SOUS-CLASSE

ELASMOBRANCHIATA

I. ORDRE

PLAGIOSTOMATA

Écailles constituées par des papilles calcifères ayant la constitution de la dentine. Des nageoires médianes et deux paires de nageoires latérales : la première pectorale; la deuxième abdominale; queue hétérocerque. Squelette cartilagineux. Bouche en forme de fente transversale arquée, ventrale. De cinq à sept fentes branchiales nues de chaque côté. Glandes annexes du tube digestif bien développées; une valvule spirale dans l'intestin. Pas de vessie natatoire. Un cône artériel muni d'au moins deux rangées de valvules. Nerfs optiques imparfaitement ou non décussés. Cartilages palatins non soudés au crâne. Des branchies externes caduques chez les embryons.

I. SOUS-ORDRE

SELACHOIDA (SÉLACIENS, REQUINS)

Corps allongé, fusiforme, terminé par une queue comprimée. Orifices branchiaux latéraux. — Les PLEURACANTHIDÆ (p. 2432) mériteraient de former un sous-ordre particulier.

A. **Disspondyli**. — *Une seule nageoire dorsale et une anale opposée; six ou sept paires de fentes branchiales; pas de membrane nictitante. Corps des vertèbres incomplètement développés; deux paires d'arcs vertébraux pour chaque segment, au moins dans la région caudale. Queue presque diphycerque.*

    Fam. **CHLAMYDOSELACHIDÆ**. — Corps extrêmement allongé, serpentiforme; six paires de fentes branchiales, dents semblables aux deux mâchoires, à pointes en forme de tête de serpent.

Chlamydoselachus, Garman. Genre unique, *C. anguineus*, Atl. prof.

    Fam. **NOTIDANIDÆ**. — Dents des deux mâchoires dissemblables; à la mâchoire supérieure, une ou deux paires de dents terminées en pointe, et six paires de dents à plusieurs pointes dont une prédominante. Mâchoire inférieure avec six paires de dents pectinées. Évents petits, de chaque côté du cou.

Heptanchus, Raf. Sept paires de fentes branchiales; corps vertébraux séparés, mais dans la région caudale seulement; propterygium moins développé que le reste de la nageoire. *H. cinereus*, Médit. — *Hexanchus*, Raf. Six paires de fentes branchiales; corps vertébraux tous incomplètement séparés; rayons latéraux des nageoires pectorales également ment développés. *H. griseus*, Médit.

B. **Cyclospondyli**. — *Deux nageoires dorsales; pas de nageoire anale. Cinq fentes branchiales de chaque côté. Pas de membrane nictitante. Des évents. Région moyenne des arcs vertébraux généralement ossifiée en double cône.*

Fam. **SCYMNORHINIDÆ**. — Première nageoire dorsale très en avant des abdominales. Écailles petites, uniformes. Dents à bords lisses, les supérieures étroites, coniques; les inférieures disposées en plusieurs rangées fonctionnelles, de telle façon que leur bord interne agisse comme un tranchant.

Somniosus, Lesueur (*Læmargus*, Müller). Écailles en forme de petits tubercules; narines près de l'extrémité du museau; évents moyens; dents inférieures nombreuses; une grande fente sur la peau de la lèvre inférieure. *S. borealis*, Grönland. — *Scymnorhinus*, Bonaparte (*Scymnus*, Cuvier). Écailles petites; narines à l'extrémité du museau; évents grands; dents inférieures peu nombreuses. *S. lichia*, Médit. — *Euprotomicrus*, Gill. Caractérisés par leur 2e dorsale plus grande que la 1re. *E. Labordii*, Océan Indien.

Fam. **ECHINORHINIDÆ**. — Première nageoire dorsale opposée aux abdominales. Narines à égale distance de la bouche et de l'extrémité du museau.

Isistius, Gill. Peau granuleuse; dents à bords lisses, les inférieures beaucoup plus grandes que les supérieures. *I. brasiliensis*, mers tropicales. — *Echinorhinus*, de Bl. Des tubercules épars sur la peau; dents semblables aux deux mâchoires, présentant de chaque côté de leur pointe plusieurs fortes dénticulations. *E. spinosus*, Atl., Médit.

Fam. **SQUALIDÆ**. — Diffèrent des Scymnorhinidæ et des Echinorhinidæ par la présence d'une épine en avant des nageoires dorsales, dont la première est antérieure aux abdominales. Narines ventrales voisines de l'extrémité du museau. Corps des vertèbres nettement délimité, amphicèle, à région externe cartilagineuse; arcs vertébraux cartilagineux soudés aux corps vertébraux.

Squalus, Linné (*Acanthias*, Bon.). Corps à section arrondie; dents supérieures et inférieures semblables, obliques, à bord interne, tranchant. *S. vulgaris*, mers tempérées. — *Etmopterus*, Raf. (*Spinax*, Cuv.). Dents supérieures bicuspides, les inférieures obliques, à bord tranchant. *E. spinax* (Aiguillat), Médit., Atl. N., Pacif. S. — *Centrophorus*, Müller et Henle. Dents supérieures simples, triangulaires, pointues; dents inférieures obliques à bord tranchant; épines des nageoires proéminentes. *C. granulosus*, Médit. — *Centroscymnus*, Bocage et Capello. Diffèrent des Centrophores par leurs dents supérieures coniques et leurs épines cachées. *C. cælolepis*, Madère. — *Scymnodon*, Boc. et Cap. Dents supérieures simples, pointues; les inférieures triangulaires plus ou moins dressées. *S. ringens*, Setubal. — *Paracentroscyllium*, Alcock. Dents supérieures de même; les inférieures simples, droites. *P. ornatum*, Golfe du Bengale. — *Centroscyllium*, Müller et Henle. Dents supérieures bicuspides, les inférieures tricuspides. *C. Fabricii*, Grönland. — *Oxynotus*, Raf. (*Centrina*, Cuv.). Caractérisé par son corps à section triangulaire avec repli cutané le long de ses trois arêtes; dents supérieures longues, groupées sur le bord antérieur de la mâchoire; dents inférieures petites, dressées, triangulaires, à bord denté en scie. *O. centrina* (Humantin), Médit.

C. **Asterospondyli**. — *Deux nageoires dorsales; une nageoire anale; propterygium et metapterygium rudimentaires; queue diphycerque. Corps vertébraux nettement séparés du tissu intervertébral, amphicèles, envoyant huit rayons osseux, quelquefois quatre (quelques Cestracions) dans la couche cartilagineuse périphérique.*

1. — Première nageoire dorsale placée au-dessus ou en arrière des abdominales.

Fam. **SCYLLIORHINIDÆ**. — Point d'épine en avant des nageoires dorsales; pas de membrane nictitante; cavités nasales et buccale séparées; dents petites; plusieurs séries simultanément fonctionnelles. Ovipares.

Scylliorhinus, de Bl. (*Scyllium*, Cuv.). Nageoire caudale à bord supérieur entier; 1re dorsale courte, haute; anale commençant en avant de la 2e dorsale. *S. canicula* (Roussette), mers d'Europe. — *Pseudotriacis*, Cap. *Scylliorhinus* à 1re dorsale longue et basse, et anale commençant en arrière de la 2e dorsale. *P. microdon*, Atl. — *Pristiurus*, Bonap. Cavités buccale et nasale séparées; nageoire caudale à bord supérieur denté. *P. melastomus*, Médit.

FAM. **SCYLLIOLAMNIDÆ**. Cavités nasales et buccale confondues; 4e et 5e fentes branchiales très rapprochées.

Ginglymostoma, Müller et Henle. 2e dorsale à peu près opposée à l'anale; dents en séries nombreuses avec une pointe médiane, et de chaque côté, une ou deux pointes plus petites. *G. cirratum*, Cayenne. — *Nebrius* Rüpp. *Ginglymostoma* à trois séries de dents présentant un bord convexe, finement denticulé. N. — *Stegostoma*, Müller et Henle. 2e dorsale nettement en avant de l'anale, qui est contiguë à la caudale; queue mesurant la moitié de la longueur totale du corps. *S. fasciatum*, Pacif. — *Chiloscyllium*, Müller et Henle; 2e dorsale très en avant de l'anale; celle-ci voisine de la caudale, qui est de forme ordinaire; un cirre nasal; dents petites triangulaires avec ou sans pointes latérales. *C. indicum*, du Japon au cap de Bonne-Espérance. — *Crossorhinus*, Müller et Henle. Diffèrent des *Chiloscyllium*, par leurs évents en forme de fente, au-dessus et en arrière des yeux, et par les appendices cutanés de leur tête; leurs dents dorsales antérieures sont longues et étroites sans lobes latéraux, tandis que les latérales sont plus petites, tricuspides, et ne forment qu'un petit nombre de rangées; leur couleur s'adapte à celle du fond. *C. barbatus*, Australie.

FAM. **RHINODONTIDÆ**. — Bouche et narines près de l'extrémité du museau.

Rhinodon, Smith. Genre unique. *R. typicus*, dépasse 15 mètres de long. Cap de Bonne-Espérance.

2. Première nageoire dorsale nettement en avant des abdominales.

FAM. **CESTRACIONIDÆ**. — Pas de membrane nictitante; cavités buccale et nasales confluentes; dents obtuses, propres seulement à capturer des Crustacés et des Mollusques à coquille; plusieurs séries simultanément en fonction. Rayons des corps vertébraux courts, quelquefois réduits à quatre. Nombreux genres fossiles à partir du dévonien.

Cestracion, Cuv. (*Heterodontus*, de Bl.). Seul genre vivant; une épine en avant de chaque dorsale. *C. Philippii*, mer des Indes.

FAM. **LAMNIDÆ**. — Pas de membrane nictitante; cavités buccale et nasales séparées; point de piquant en avant des dorsales. Évents petits ou nuls. Taille très grande.

Lamna, Cuv. Seconde dorsale et anale très petites; une fossette en avant de la caudale dont le lobe inférieur est très développé; dents grandes, lancéolées, à bords non denticulés, munies de pointes basales; a la mâchoire supérieure, à quelque distance de la symphyse, une ou deux dents plus petites que les autres. *L. cornubica* (Taupe, Nez). Médit., Atl. — *Oxyrhina*, L. Agass. *Lamna* à dents sans pointes basales. *O. Spallanzanii* (Lamie). Médit. et Atl. — *Carcharodon*, Smith. Diffèrent des *Lamna* par leurs dents grandes, aplaties, en triangle isocèle, dressées, à bords finement denticulés. *C. Rondeletii*, le plus redoutable des Requins, atteint 15 m. de long; mers tropicales, Médit. Des dents de 12 centimètres de long appartenant à une espèce inconnue se trouvent dans le limon des grandes profondeurs du Pacifique entre la Polynésie et l'Amérique. — *Cetorhinus*, de Bl. (*Selache*, Cuv.). Diffèrent des précédents par leurs dents très petites, nombreuses, coniques, sans dentelures, ni pointes basales; bord des fentes branchiales se prolongeant en longs replis superposés. *C. maximus* (Pèlerin), mers d'Europe. — *Alopecias*, Raf. (*Alopias*). Diffèrent des genres précédents par leur caudale extrêmement longue, l'absence de carène de chaque côté de la queue; leurs dents semblables aux deux mâchoires, plates, triangulaires, non dentées en scie. *A. vulpes*, 3 mètres de long, mers d'Europe. — *Odontaspis*, L. Ag. Seconde dorsale et anale pas beaucoup plus petites que la première dorsale; pas de fossette à la base de la caudale; dents en alène avec une ou deux petites pointes à leur base. *O. taurus, O. ferox*, Médit.

FAM. **GALEIDÆ**. — Une membrane nictitante; dents à bords lisses ou peu dentelés; des évents.

Galeocerdo, Müller et Henle. Dents grandes, triangulaires, obliques, denticulées sur leurs deux bords avec une encoche profonde sur leur bord externe; une fossette sur la queue, en dessus et en dessous à la base de la caudale, qui présente deux échancrures à son bord inférieur, dont l'une à l'extrémité de l'épine. *G. arcticus*, mers arctiques. — *Galeus*, Cuv. Dents médiocres, plates, triangulaires, obliques, denticulées et munies d'une encoche; pas de fossette à la base de la caudale qui ne présente qu'une échancrure. *G. canis* (Milandre, Has), côtes de Fr. — *Thalassinus*, Moreau. Dents de la mâchoire supérieure plus grandes que celles de l'inférieure; valvule intestinale enroulée sur elle-même. *T. Rondeletii*, Nice. — *Hemigaleus*, Bleek. Dents supérieures à bord denticulé; inférieures lisses. *H. microstoma*, Java. — *Loxodon*, Müller et Henle. Dents triangulaires, obliques, sans denticulations; évents petits. *L. macrorhinus*, Océan Indien. — *Mustelus*, Cuv. Dorsales presque égales; point de fossette à la base de la caudale dont le lobe inférieur est rudimentaire; museau allongé dans le prolongement du corps; dents petites, nombreuses, obtuses ou ne présentant que des pointes peu distinctes, disposées en pavé. *M. vulgaris* (Chien de mer, Emissole), côtes de Fr., golfe de Gascogne. — *Triænodon*, Müller et Henle. Dents petites, bi-tricuspides; une fossette de chaque côté de la bouche; une à la base de la queue. *T. obesus*, mer Rouge. — *Triakis*, Müller et Henle. Des plis labiaux bien développés; pas de fossette caudale; dents de *Triænodon*; de petits évents. *T. scyllium*, Japon. — *Leptocarcharias*, Günt. *Triakis* sans évents. *L. Smithii*, Sud de l'Afrique.

FAM. **CARCHARIIDÆ**. — Comme GALEIDÆ, mais pas d'évents.

Carcharias, Cuv. Museau allongé. Une seule rangée de grandes dents triangulaires, à tranchant lisse ou denticulé. *C. glaucus* (Requin peau bleue), côtes de Fr., dépasse 3 mètres, et peut porter jusqu'à 63 fœtus. — *Zygæna*, Cuv., Tête en forme de marteau, à prolongement latéraux portant les yeux. *Z. malleus* (Marteau), côtes de Fr., atteint 3 mètres.

D. **Tectospondyli**. — *Deux dorsales; pas de nageoire anale; pectorales grandes, prolongées en avant, mais non soudées à la tête, des évents; corps vertébraux nettement séparés, amphicèles avec des couches concentriques entourant le double cône central.*

FAM. **RHINIDÆ**. — Tête et corps déprimés, allongés; bouche antérieure; dorsales postérieures; dents coniques, pointues, distantes. Font le passage aux Raies.

Rhina, Klein (*Squatina*, Bell.). Genre unique, *R. Squatina* (*S. angelus*, Ange), se tient dans le sable; mers d'Europe.

FAM. **PRISTIOPHORIDÆ**. — Rostre prolongé en une longue lame plate portant des dents latérales; font le passage aux Scies, mais ont encore leurs fentes branchiales latérales.

Pristiophorus, Müller et Henle. Genre unique, *P. japonicus*, Japon.

2. SOUS-ORDRE

BATOIDA (RAIES)

Corps déprimé; orifices branchiaux au nombre de cinq de chaque côté situés à la face inférieure du corps. Nageoires dorsales, quand elles existent, placées sur la queue; point de nageoire anale. Vertèbres tectospondyles.

FAM. **PRISTIDÆ**. — Museau prolongé en une lame aplatie, à bords armés de fortes dents, parfois longues de 2 centimètres.

Pristis, Lam. Corps allongé; nageoires pectorales nettement séparées de la tête; première dorsale opposée aux abdominales. *P. antiquorum* (Scie); Océan et Médit.

FAM. **RHINOBATIDÆ**. — Corps allongé; queue longue et forte, portant deux nageoires dorsales et une caudale; un pli longitudinal de chaque côté de la queue.

Rhynchobatus, Müller et Henle. Dorsales sans épines; la première opposée aux abdominales; nageoire caudale avec un lobe inférieur bien développé; surface dentaire des mâchoires ondulée; dents obtuses, granuleuses. *R. ancylostomus*, Océan Indien (jusqu'à 2 m. 50 de long). — *Rhinobatus*, Bloch. Cartilages crâniens allongés en un long rostre; espace compris entre le rostre et les pectorales rempli par une membrane; dorsales sans épines, toutes deux très en arrière des abdominales; caudale, sans lobe inférieur; dents obtuses avec une ride transverse indistincte. *R. granulatus*, Océan Indien. — *Trygonorhina*, Müller et

Henle. Valvules nasales antérieures confluentes en une large lame à bord libre. *T. fasciata*, Sud de l'Australie.

Fam. **TORPEDINIDÆ**. — Tronc arrondi; une nageoire caudale et, en général, une dorsale munie de rayons. Un organe électrique (p. 279 et 2454).

Torpedo, Dum. Deux nageoires dorsales sans épines; ventrales séparées; évents à une courte distance en arrière des yeux. *T. marmorata*, Médit., Atl. — *Narcine*, Henle. *Torpedo* à évents immédiatement en arrière des yeux; queue plus longue que le disque. *N. brasiliensis*, Antilles. — *Hypnos*, Dum. *Narcine* à queue très courte. *H. subnigrum*, Australie. — *Discopyge* Tschudi. Ventrales soudées. *D. Tschudii*, Pérou. — *Astrape*, Müller et Henle. Une seule dorsale. *A. capensis*, Madagascar. — *Temera*, Gray. Pas de dorsale. *T. Hardwickii*, Inde.

Fam. **RAJIDÆ**. — Corps aplati en forme de losange, portant, en général, des aspérités ou des épines; pectorales soudées avec le museau; un pli longitudinal de chaque côté de la queue; point d'épine caudale dentée. Point d'organe électrique.

Raja, Arted. Pectorales n'atteignant pas le bout du museau; abdominales divisées chacune par une profonde encoche; deux nageoires dorsales sur la queue, sans épine; caudale rudimentaire ou nulle; valvules nasales séparées au milieu où elles sont sans bord libre. Sur nos côtes, 17 espèces; les plus connues sont : *R. clavata*, *R. macrorhynchus*, *R. batis*, *R. alba*, *R. punctata*. — *Psammobatis*, Günt. Pectorales confluentes en avant du museau; chaque ventrale profondément échancrée. *P. rudis*, Patagonie. — *Sympterygia*, Müller et Henle. *Psammobatis* à ventrales entières; caudale rudimentaire. *S. Bonapartii*. — *Platyrhina*, Müller et Henle. *Sympterygia* à caudale bien développée. *P. Sinensis*, Chine.

Fam. **TRYGONIDÆ**. — Pectorales confluentes à l'extrémité du museau; dorsales absentes ou remplacées par de fortes épines dentées. Queue longue et étroite sans plis latéraux.

Urogymnus, Müller et Henle. Corps densément couvert de tubercules osseux; ni dorsales, ni épines; queue longue présentant quelquefois un repli en dessous; dents aplaties. *U. asperrimus*, Océan Indien. — *Trygon*, Adans. Pas de tubercules; une longue épine barbelée sur la queue; valvules nasales coalescentes en une lame quadrangulaire. *T. vulgaris* (Pastenague), toutes nos côtes. — *Tæniura*, Müller et Henle. *Trygon* avec un pli longitudinal sans rayons, sous la queue. *T. lymma*, mer Rouge. — *Urolophus*, Müller et Henle. Queue médiane terminée par une nageoire à rayons distincts et portant une épine barbelée, avec ou sans dorsale rudimentaire; dents obtuses. — *Pteroplatea*, Müller et Henle. Corps au moins deux fois aussi large que long; queue très courte et très mince, muni d'une épine dentée, avec ou sans dorsale rudimentaire; dents uni- ou tricuspides. *P. altavella*, Médit.

Fam. **MYLIOBATIDÆ**. — Disque très large en raison du grand développement des nageoires pectorales, qui laissent libres cependant les côtés de la tête et reparaissent à l'extrémité du museau sous forme d'une paire de nageoires céphaliques. Vivipares.

Myliobatis, Dum. Queue très longue et très grêle portant à la base une nageoire dorsale, généralement suivie d'une épine dentée; dents hexagonales; les médianes beaucoup plus larges que longues, trois rangées de latérales hexagonales régulières. *M. aquila*, côtes de Fr. — *Aetobatis*, Müller et Henle. Différent des *Myliobatis* par l'absence des dents latérales; valvules nasales séparées, *A. narinari*, Atl. tropical. — *Dicerobatis*, Bl. (*Cephaloptera*, Dum.). Appendices céphaliques en forme de cornes dirigées en avant ou en dedans; narines largement séparées; bouche ventrale; de très nombreuses et très petites dents tuberculeuses sur les deux mâchoires; queue très étroite portant une petite dorsale entre les abdominales, avec ou sans épine dentelée; atteignant jusqu'à 7 mètres de large. *C. giorna*, Médit. — *Ceratoptera*, Müller et Henle. Différent des *Dicerobatis* par leur bouche antérieure et l'inégalité des dents aux mâchoires dont l'inférieure porte seule des dents très petites. *C. vampyrus*, Atl., atteint 20 pieds. — *Rhinoptera*, Kuhl. Appendices céphaliques courbés en dedans, et situés à la face inférieure du museau; valvules nasales confluentes; dents hexagonales; les centrales à peine plus larges que les autres. *R. quadriloba*, Atl., côtes des États-Unis.

3. SOUS-ORDRE

HOLOCEPHALA

Quatre fentes branchiales s'ouvrant dans une cavité recouverte par un repli de la peau et ne s'ouvrant elle-même à l'extérieur que par un orifice unique. Appareils maxillaire et palatin soudés avec le crâne. Des appendices copulateurs semblables à ceux des Plagiostomes, annexés aux nageoires abdominales des mâles. A chaque mâchoire, comme chez les Dipnés, une paire de larges plaques dentaires et, en outre, à la mâchoire supérieure, une paire de dents tranchantes plus petites.

Fam. **CHIMÆRIDÆ.** — Famille unique.

Chimæra, L. Museau mou, proéminent, sans appendices; mâle avec un appendice céphalique; nageoires dorsales occupant la plus grande partie de la longueur du dos; l'antérieure protégée par une très longue et très grosse épine; la queue dans le prolongement du tronc, entourée d'une étroite nageoire, *C. monstrosa*, Médit. — *Hydrolagus*, Gill. Chimère sans filament à l'extrémité de la queue et à appendices postérieurs bipartis. *H. Colliei*, Pacif. N. — *Callorhynchus*, Gronov. Museau muni d'une protubérance cartilagineuse se terminant dans un lobe cutané; deux nageoires dorsales, l'antérieure protégée par une forte épine; queue redressée en dessus avec une nageoire en dessous seulement, *C. antarcticus*. Océan austral tempéré. — *Harriotta*, Goode and Bean. Museau très allongé avec des appendices foliacés à sa base; mâle sans appendice céphalique; appendices postérieurs simples. *H. raleighana*, mer des Antilles, vers 1000 brasses.

III. SOUS-CLASSE

CTENOBRANCHIATA

I. ORDRE

DIPNOA

Écailles cycloïdes. Corde dorsale persistante; membres pourvus d'un squelette axial; des poumons et des branchies; point de branchiostèges. Deux paires de narines. Cœur à trois cavités muni d'un cône artériel avec plusieurs rangées de valvules; une valvule spirale dans l'intestin.

Fam. **PHANEROPLEURIDÆ.** — Nageoire verticale continue: diphycerques; des plaques jugulaires; mâchoires portant sur leur bord une série de petites dents coniques. Dévoniens.

Genre : *Phaneropleuron*, Huxley.

Fam. **CTENODODIPTERIDÆ.** — Deux nageoires dorsales situées très en arrière. Deux paires de molaires et une paire de dents vomériennes; des plaques jugulaires; hétérocerques. Fossiles dévoniens.

Principaux genres : *Dipterus*, Sedg. et Murch. (*Ctenodus*, Ag.). *Heliodus*, Newb.

Fam. **CERATODIDÆ.** — Nageoires verticales continues; diphycerques. Nageoires en forme de palettes avec leur région médiane écailleuse; pas de branchies externes; dents vomériennes en forme d'incisives; molaires avec une surface ondulée et des pointes latérales; un seul poumon; cône artériel avec des séries transverses de valvules; ovaires lamellés transversalement.

Neseratodus, L. Agassiz. Seul genre vivant. *N. Forsteri*, Queensland (Burnett, Dawson et Mary Rivers).

Fam. **LEPIDOSIRENIDÆ.** — Corps anguilliforme avec une nageoire verticale continue; molaires avec des pointes supportées par des côtes verticales. Deux poumons; cône artériel avec deux valvules longitudinales; ovaires en forme de sacs.

Protopterus, Owen. Membres allongés, coniques, présentant une bordure soutenue par des rayons; trois petits appendices branchiaux externes; six arcs branchiaux. *P. annectens*, rivières de la côte occidentale d'Afrique, peut atteindre 2 mètres de long. — *Lepidosiren*, Natterer. Pas de bordure aux membres; pas de branchies externes; cinq arcs branchiaux. *L. paradoxa*, Amazone et tributaires; dépasse 1 mètre de long.

II. ORDRE

CROSSOPTERYGIDA

Nageoires paires soutenues par un squelette axial, frangées; au moins deux nageoires dorsales; pas de branchiostèges; mais ordinairement des plaques jugulaires; queue diphycerque ou hétérocerque. Un sac pulmonaire et des branchies; cœur à deux cavités.

Fam. **CŒLACANTHIDÆ**. — Écailles cycloïdes. Deux dorsales supportées chacune par un seul os interépineux bifurqué; nageoires paires obtusément lobées; diphycerques; corde dorsale persistante. Vessie natatoire ossifiée. Fossiles du carbonifère à la craie.

Principaux genres : *Cœlacanthus*, Ag. *Undina*, Münst. *Graphiurus*, Kner. *Macropoma*, Ag. *Holophagus*, Eg. *Hoplopygus*, Ag. *Rhizodus*, Owen.

Fam. **SAURODIPTERIDÆ**. Écailles ganoïdes, lisses ainsi que le crâne; deux dorsales; nageoires paires obtusément lobées; hétérocerques; dents coniques. Fossiles dévoniens et carbonifères.

Principaux genres : *Diplopterus*, Ag. *Megalichthys*, Ag. *Osteolepis*, Ag.

Fam. **HOLOPTYCHIDÆ**. — Écailles, ganoïdes ou cycloïdes, sculptées; deux nageoires dorsales; pectorales étroites à lobes aigus; de grandes dents en forme de défense éparses et de petites dents disposées en rangées; canalicules dentaires rayonnant et se ramifiant à partir de l'axe de vaso-dentine.

Principaux genres : *Holoptychius*, Ag. *Saurichthys*, Ag. *Glyptolepis*, Ag. *Dendrodus*, Ow. *Glyptolæmus*, Hux. *Glyptopomus*, Ag. *Tristichopterus*, Eg. *Gyroptychius*, M'Coy. *Strepsodus*, Hux.

Fam. **POLYPTERIDÆ**. — Écailles ganoïdes; nageoires dorsales précédées chacune d'une épine articulée; mais point de fulcres; anale voisine de la caudale; anus très près de l'extrémité postérieure du corps. Eaux douces.

Polypterus, Geoff. S.-H. Des nageoires pectorales et abdominales; vessie natatoire double communiquant avec la paroi ventrale de l'œsophage. *P. bichir*, Égypte. — *Calamoichthys*, Smith. Corps très allongé; point d'abdominales. *C. calabaricus*, Vieux Calabar.

III. ORDRE

GANOIDEA

Branchies recouvertes par un opercule, contenues par suite dans une cavité branchiale ne présentant qu'un orifice externe. Écailles recouvertes d'émail; généralement des fulcres sur le bord des nageoires; des nageoires impaires, deux nageoires pectorales et deux abdominales. Une vessie natatoire avec un canal pneumatique. Œufs petits, fécondés après la ponte.

1. SOUS-ORDRE

ACANTHODINA.

Corps long, comprimé, couvert de petites écailles rhomboïdales rappelant le chagrin; de grandes épines, à base enfoncée dans les membres, sans articulation, en avant d'une partie des nageoires; crâne cartilagineux; hétérocerques. Alliés aux Plagiostomes; dévoniens ou carbonifères.

Principaux genres : *Acanthodes*, Ag. *Chiracanthus*, Ag. *Diplacanthus*, Ag.

2. SOUS-ORDRE

PLACODERMATA

Tête et région antérieure du corps enfermés dans une carapace de grandes plaques osseuses, sculptées, avec îlots d'émail; le reste du corps nu ou couvert d'écailles ganoïdes. Corde dorsale constituant toute la colonne vertébrale. Exclusivement dévoniens et carbonifères.

Principaux genres : *Coccosteus*, Ag. *Dinichthys*, Newb. (5 à 6 m. de long). *Cephalaspis*, Ag. *Auchenaspis*, Eg. *Didymaspis*, R. Lank. *Pteraspis*, Kner. *Scaphaspis*, R. Lank. *Asterolepis*, Eichw. (15 à 20 m.).

3. SOUS-ORDRE

CHONDROSTEIDA (STURIONIDA)

Téguments nus ou parsemés de boucles. Crâne cartilagineux avec ossifications dermiques; nageoire caudale hétérocerque munie de fulcres; corde dorsale représentant seule la colonne vertébrale. Deux narines en avant des yeux; dents petites ou absentes; rayons branchiostèges peu nombreux ou nuls.

FAM. **ACIPENSERIDÆ**. — Corps allongé subcylindrique avec cinq rangs de boucles osseuses; museau allongé, conique ou subspatulé, portant à sa face inférieure une bouche petite, transverse, protractile, sans dents; quatre barbillons en rangée transverse sous le museau; nageoires dorsale et anale rapprochées de la caudale; une seule série de fulcres sur le bord antérieur des nageoires verticales. Quatre branchies et deux branchies accessoires; membranes branchiales confluentes à la gorge et attachées à l'isthme; point de rayons branchiostèges. Vessie natatoire grande, simple, communiquant avec la paroi dorsale de l'œsophage.

Acipenser, Artédi. Rangées de boucles non confluentes sur la queue; des évents; rayons de la caudale entourant l'extrémité de la queue. *A. Sturio* (Esturgeon), côtes de Fr., remonte les fleuves pour pondre. *A. ruthenus* (Sterlet). — *Scaphirhynchus*, Heck. Museau spatulé; bandes de boucles confluentes sur la queue qu'elles enveloppent complètement; pas d'évents; rayons de la caudale n'atteignant pas l'extrémité de la queue qui se termine en filament. Exclusivement des eaux douces; formes communes à l'Asie et à l'Amérique sept. *S. platyrhynchus*, Mississipi.

FAM. **POLYODONTIDÆ**. — Corps nu ou avec de petits centres d'ossification étoilés. Bouche très grande, avec de petites dents aux deux mâchoires, au moins chez les jeunes; point de barbillons. Nageoires dorsale et anale rapprochées de la caudale. Quatre branchies et demie; point de branchie operculaire.

Polyodon, Lac. (*Spatularia*, Sh.). Museau prolongé en forme de pelle, à bords minces et flexibles; des évents; opercule bordé d'une longue membrane flottante; de nombreux fulcres étroits sur la caudale supérieure; chaque arc branchial avec une ou deux séries de nombreux, fins et longs tubercules cornés, les deux séries étant séparées par une membrane; un large branchiostège; vessie natatoire cellulaire. *P. folium*, Mississipi (atteint 2 m.). — *Psephurus*, Günt. *Polyodon* à fulcres caudaux énormes et réduits à six. *P. gladius*, Yantse-Kiang.

4. SOUS-ORDRE

PYCNODONTOIDA

Corps comprimé, haut et court ou ovale, couvert d'écailles rhombiques, émaillées, présentant un arrangement régulier et unies entre elles par des prolongements en forme de côte de leur bord interne antérieur; des branchiostèges; des dents sur le palais et la région postérieure de la mâchoire inférieure. Corde dorsale persistante; point de squelette axial dans les nageoires paires; homocerques. Fossiles du carbonifère au tertiaire inclusivement.

Fam. **PYCNODONTIDÆ**. — Nageoires paires non lobées; pas de fulcres; arcs neuraux
et côtes ossifiés; bases des côtes s'élargissant peu à peu des formes anciennes aux
formes tertiaires jusqu'à simuler des vertèbres; des incisives sur l'intermaxillaire
et le devant de la mandibule.

Principaux genres : *Gyrodus*, Ag. *Mesturus*, Wagn. *Microdon*, Ag. *Cœlodus*, Heck.
Pycnodus, Ag. *Mesodon*, Wagn.

Fam. **PLEUROLEPIDÆ**. — Point de fulcres aux nageoires.

Pleurolepis, Quenst. *Homœolepis*, Wagn.

5. SOUS-ORDRE

EUGANOÏDA

*Écailles ganoïdes, rhombiques; nageoires paires non lobées; ordinairement
des fulcres; un préopercule et un interopercule; généralement des branchiostèges; pas de plaques jugulaires.*

1. — *Notocorde persistante.*

Fam. **PLATYSOMIDÆ**. — Corps haut, comprimé, couvert d'écailles ganoïdes disposées
en bandes dorso-ventrales. Nageoires munies de fulcres; la dorsale longue, occupant la moitié postérieure du dos. Arcs vertébraux ossifiés; dents tuberculeuses ou
obtuses. Hétérocerques.

Principaux genres : *Eurynotus*, Ag. *Benedenius*, Traq. *Mesolepis*, Young. *Eurysomus*,
Young. *Wardichthys*, Traq. *Chirodus*, M'Coy. *Platysomus*, Ag.

Fam. **PALÆONISCIDÆ**. — Différent des PLATYSOMIDÆ par leur corps fusiforme, leur
dorsale courte, leurs dents petites, coniques ou cylindriques. Du dévonien au lias.

Principaux genres : *Chirolepis*, Ag. *Acrolepis*, Ag. *Cosmoptychius*, Traq. *Elonichthys*,
Giebel. *Nematoptychius*, Traq. *Cycloptychius*, Hüxley. *Microconodus*, Traq. *Gonatodus*,
Traq. *Rhadinichthys*, Traq. *Myriolepis*, Egerton. *Urosthenes*, Dana. — *Rhabdolepis*, Trös-
chel. *Palæoniscus*, Ag. *Amblypterus*, Ag. *Pygopterus*, Ag. *Centrolepis*, Egert. *Oxygnathus*,
Egert. *Cosmolepis*, Ag. *Thrissonotus*, Ag.

Fam. **ASPIDORHYNCHIDÆ**. — Corps allongé; mâchoires prolongées en bec. Une rangée
de grandes écailles le long des côtés du corps; des fulcres. Nageoire dorsale et
anale opposées; queue homocerque.

Principaux genres : *Aspidorhynchus*, Ag. *Belonostomus*, Ag.

2. *Vertèbres incomplétement ossifiées; queue homocerque; des fulcres; maxillaires
d'une seule pièce.*

Fam. **STYLODONTIDÆ**. — Corps rhombique ou ovale; mâchoires avec de nombreuses
rangées de dents, dont les extérieures sont égales et styliformes.

Genre : *Tetragonolepis*, Bronn., Lias.

Fam. **SAURIDÆ**. — Corps oblong; une seule rangée de dents coniques pointues.
Mésozoïques.

Principaux genres : *Semionotus*, Ag. *Eugnathus*, Ag. *Macrosemius*, Ag. *Propterus*, Ag.
Ophiopsis, Ag. *Pholidophorus*, Ag. *Pleuropholis*, Egert. *Pachycormus*, Ag. *Oxygnathus*,
Egert., etc.

Fam. **SPHÆRODONTIDÆ**. — Corps oblong; dorsale et anale courtes; vertèbres incomplétement formées, presque ossifiées; dents obtuses, en plusieurs rangées; celles
du palais globulaires.

Genre : *Lepidotus* Ag.

3. — *Tout le squelette ossifié; vertèbres opisthocèles; des fulcres; queue hétérocerque.*

Fam. **LEPIDOSTEIDÆ**. — Anale et dorsale opposées, voisines de la caudale, à rayons
sous-articulés.

Lepidosteus, Lacep. Seule genre vivant, propre à l'Amérique tempérée. *L. platystomus*,
L. osseus, *L. spatula*.

6. SOUS-ORDRE

AMIOIDA

Écailles cycloïdes; des rayons branchiostèges; hétérocerques ou homocerques; colonne vertébrale plus ou moins complètement ossifiée. Font le passage des Ganoïdes aux Téléostéens.

> Fam. **CATURIDÆ**. — Vertèbres partiellement ossifiées, mais laissant subsister la notocorde; nageoires pourvues de fulcres; hétérocerques. Dents en une seule série, petites, pointues.

Genre : *Caturus*, Ag., fossile de l'oolithe à la craie.

> Fam. **LEPTOLEPIDÆ**. — Vertèbres ossifiées; nageoires sans fulcres; dorsale courte; homocerques. Dents petites, en séries, avec des canines en avant.

Genres : *Thrissops*, Ag. *Leptolepis*, Ag., du Lias et de l'Oolite.

> Fam. **AMIDÆ**. — Squelette entièrement ossifié; une seule plaque jugulaire; nageoires sans fulcres; une longue dorsale molle. Homocerques.

Amia, Linn. Seul genre vivant, voisin des Clupéides. *A. calva*, eaux douces des États-Unis, atteint 6 décimètres de long.

IV. ORDRE

TELEOSTEA

Écailles nulles, cycloïdes ou cténoïdes. Squelette ossifié, à vertèbres bien formées. Membres soutenus par des rayons divergents, le plus souvent multiarticulés. Diphycerques ou homocerques. Arcs branchiaux libres protégés d'ordinaire par un opercule. Un bulbe artériel non contractile; point de valvule spirale dans l'intestin; nerfs optiques décussés. Pas de poumons; le plus souvent une vessie natatoire.

1. SOUS-ORDRE

PHYSOSTOMA (MALACOPTERYGIA ABDOMINALIA) GOODE AND BEAN

Tous les rayons des nageoires articulés, sauf quelquefois le premier de la dorsale et des pectorales; nageoires ventrales éloignées des pectorales; vessie natatoire communiquant avec l'œsophage. Un symplectique; point d'interclaviculaires; un arc mésocoracoïde; vertèbres antérieures simples; point d'ossicules de Weber; os pharyngiens supérieurs et inférieurs simples; les inférieurs non falciformes. Quatre branchies; une fente en arrière de la quatrième.

1er Groupe. — *SALMONIFORMES. Nageoire dorsale divisée en une portion antérieure soutenue par des rayons et une portion caudale sans rayons, la nageoire adipeuse généralement opposée à l'anale.*

> Fam. **SILURIDÆ**. — Peau nue ou avec des écussons osseux, mais sans écailles. Toujours des barbillons. Os maxillaire rudimentaire, servant presque toujours de support aux barbillons maxillaires; bord de la mâchoire supérieure formé seulement par les intermaxillaires; pas de sous-opercule. Vessie natatoire reliée à l'oreille par une chaîne d'osselets.

I. **Homalopteræ**. — Dorsale et anale très longues, presque égales dans l'étendue des régions correspondantes de la colonne vertébrale.

Trib. **CLARIINÆ**. Dorsale sans épine, continue ou divisée en deux parties, dont l'une adipeuse. — *Clarias*, Gronov. Anguilliformes; dorsale allant du cou à la caudale, sans portion adipeuse; ventrales à six rayons; fente buccale transverse, médiocre; huit barbillons; une branchie accessoire dendritique attachée au bord convexe des 2ᵉ et 4ᵉ arcs branchiaux et reçue dans une cavité postérieure à la cavité branchiale proprement dite. C. anguillaris, Nil. — Heterobranchus, Geoffr. Clarias, à région postérieure de la dorsale adipeuse. H. bidorsalis, Nil.

Trib. Plotosinæ. Deux dorsales; l'antérieure courte et munie d'un aiguillon; la postérieure coalescente avec la caudale et l'anale. Ventrales à cinq rayons. Dents vomériennes broyeuses. Huit ou dix barbillons; membranes branchiales non confluentes avec la peau. — Plotosus, Lac. Tête déprimée. P. anguillaris, eaux saumâtres de l'Inde. — Copidoglanis, Günt. Membranes branchiales unies en avant, mais indépendantes de l'isthme. C. tandanus, Australie. — Cnidoglanis, Günt. Membranes branchiales attachées à l'isthme. C. megastoma, Australie.

Trib. Chacinæ. Deux dorsales et deux anales; membranes branchiales confluentes avec la peau de l'isthme, qui est large. — Chaca, C. et V. Genre unique; narines sans barbillons. C. lophioides, Inde.

II. **Heteropteræ.** — Dorsale pourvue de rayons et adipeuse peu développées ou absentes; anale s'étendant sur presque toute la longueur de la queue. Membranes branchiales dépassant l'isthme, mais demeurant séparées.

Trib. Silurinæ. Saccobranchus, C. et V. Point de nageoire adipeuse; dorsale très courte, ventrales à six rayons, sans épine; huit barbillons; parties supérieure et latérales de la tête parfois membraneuses; cavité branchiale pourvue d'un sac accessoire contractile, qui peut se remplir d'eau et s'étend en arrière de chaque côté entre les muscles de l'abdomen et de la queue. S. fossilis, Inde. — Silurus, L. Point d'adipeuse; une très courte dorsale sans épine, placée en avant des ventrales, qui ont plus de huit rayons; caudale arrondie; quatre ou six barbillons; narines écartées, yeux au-dessus de l'angle buccal; peau nue. S. glanis, Doubs, Rhin, mais surtout rivières de l'Europe orientale, atteint 3 m. de long. — Silurichthys, Bleek. Silurus à nageoire caudale obliquement émarginée. S. lamghur, Cachemire. — Wallago, Bleek. Silurus à caudale fourchue; dents en velours. W. attu, Inde. — Belodonichthys, Bleek. Wallago à dents longues espacées. B. macrochir, îles de la Sonde. — Eutropichthys, Bleek. Pas de cavité respiratoire accessoire; yeux au-dessus de l'angle buccal; caudale fourchue; une petite adipeuse. E. vacha, Bengale. — Cryptopterus, Bleek. Pas de cavité respiratoire accessoire; yeux en arrière et en partie au moins au-dessous de l'angle buccal; barbillons mandibulaires souvent petits ou même absents; narines postérieures normales aussi éloignées l'une de l'autre que les antérieures; pas de cavités mucipares élargies sur les mandibules; dorsale rudimentaire ou absente; pas d'adipeuse. C. gangeticus, Gange. — Callichrous, Ham. Buch. Cryptopterus à nageoire dorsale pourvue de rayons mous seulement. C. bimaculatus, Bornéo. — Hemisilurus, Bleek. Cryptopterus, sans dorsale avec des grandes cavités mucipares sur les mandibules. H. heterorhynchus, Sumatra. — Siluranodon, Bleek. Pas de cavité branchiale accessoire; yeux comme Cryptopterus; quatre barbillons mandibulaires placés immédiatement en arrière de la symphyse; les antérieurs au bout du museau, plus écartés l'un de l'autre que les postérieurs; dorsale sans aiguillon; pas d'adipeuse. S. auritus, Nil. — Ailia, C. et V. Seulement une dorsale adipeuse. A. bengalensis, Bengale. — Schilbe, C. Callichrous avec un aiguillon à la dorsale. S. mystus, Nil. — Eutropius, M. et T. Schilbe pourvu d'une adipeuse. E. niloticus, Nil. — Schilbichthys, Bleek. Un aiguillon à la dorsale; pas d'adipeuse. S. garua, Bengale. — Laïs, Bleek. Un aiguillon à la dorsale; une adipeuse; pas de barbillons nasaux. L. hexanema, îles de la Sonde. — Pseudotropius, Bleek. Laïs avec deux barbillons nasaux. P. atherinoides, Bengale. — Pangasius, C. et V. Cavité branchiale accessoire, yeux et narines des Siluranodon; deux barbillons mandibulaires; dents palatines séparées de celles du vomer. P. Buchanani, Gange. — Helicophagus, Bleek. Pangasius avec seulement deux petits groupes de dents palatines. H. typus, Sumatra. — Silondia, C. et V. Cavité branchiale accessoire, yeux et narines des précédents; mais pas de barbillons mandibulaires. S. gangetica, Gange.

III. **Anomalopteræ.** — Nageoires dorsale et adipeuse très courtes; la première située dans la région caudale en arrière des ventrales; anale très longue; membranes branchiales entièrement séparées, couvrant l'isthme.

Trib. Hypophthalminæ. Tribu unique. — Hypophthalmus, Spix. Dorsale à sept rayons; ventrales à six; six barbillons; yeux au-dessous de l'angle de la mâchoire; point de dents;

intermaxillaires faibles; tête couverte par la peau. *H. edentatus*, Brésil. — *Helogenes*, Günt. *Hypophthalmus* à yeux très petits situés au-dessus du niveau de l'angle buccal; des dents aux mâchoires. *E. marmoratus*, Essequibo.

IV. **Proteropteræ.** — Dorsale courte, à moins de douze rayons, placée dans la région abdominale, en avant des ventrales; adipeuse bien développée, mais courte; anale beaucoup plus courte que la queue. Membranes branchiales non confluentes avec la peau de l'isthme, à bord postérieur libre alors mêmes qu'elles s'unissent l'une à l'autre.

Trib. Bagrinæ. Narines antérieures et postérieures écartées; les postérieures avec un barbillon. — *Bagrus*, Cuv. Dorsale courte, soutenue par un piquant et neuf ou dix rayons mous; adipeuse longue; caudale bifurquée; anale courte à moins de vingt rayons; ventrales à six rayons; huit barbillons, dont un est en rapport avec chaque narine postérieure qui est éloignée de l'antérieure; dents palatines formant une bande continue. *B. bayad*, Nil. Dépasse 1 m. 50 de long. — *Chrysichthys*, Bleek. Quatre barbillons mandibulaires; des dents palatines formant deux groupes; six rayons mous à la dorsale; moins de vingt à l'anale. — *Clarotes*, Knér. *Chrysichthys* à dents palatines formant quatre groupes. *C. laticeps*, Nil supérieur. — *Macrones*, Dum. *Chrysichthys* avec sept rayons à la dorsale et un groupe continu de dents palatines; pas de dents labiales mobiles; bord orbitaire libre. *M. gulio*, Inde. — *Pseudobagrus*, Bleek. *Macrones* avec cinq à sept rayons à la dorsale et au moins vingt à l'anale. *P. aurantiacus*, Japon. — *Liocassis*, Bleek. *Macrones* à bord orbitaire non libre; dents de l'aiguillon dorsal non dirigées en dessus. *L. longirostris*, Japon. — *Bagroïdes*, Bleek. *Liocassis* à dents de l'aiguillon dorsal dirigées en dessus. *B. melanopterus*, Bornéo. — *Bagrichthys*, Bleek. *Liocassis* à mâchoire inférieure pourvue en avant de longues dents mobiles. *B. hypselopterus*, Bornéo. — *Rita*, Bleek. Des dents palatines en forme de molaires; deux barbillons mandibulaires. *R. crucigera*, Bengale. — *Acrochordonichthys*, Bleek. Pas de dents palatines; caudale non émarginée. *A. platycephalus*, Sumatra. — *Akysis*, Bleek. *Acrochordonichthys* à caudale émarginée. *A. variegatus*, Java.

Trib. Ameiurinæ. Pas de dents palatines; ventrales à huit ou neuf rayons. — *Ameiurus*, Raf. Dorsale courte avec une épine et six rayons mous; adipeuse et anale de longueur moyenne; huit barbillons dont l'un sur chaque narine postérieure, qui est écartée de l'antérieure. *A. catus* (Cat-fish), Am. N. — *Hopladelus*, Raf. Adipeuse courte et mince. *H. olivaris*, Am. N. — *Noturus*, Raf. Adipeuse basse, longue, subcontiguë ou contiguë à la caudale. *N. lemniscatus*, Am. N.

Trib. Pimelodinæ. Narines antérieures et postérieures éloignées l'une de l'autre, sans barbillons. — *Platystoma*, Ag. Dorsale courte avec un aiguillon et six ou sept rayons mous et antérieure aux ventrales, qui ont six rayons; adipeuse de longueur moyenne; caudale fourchue; anale assez courte; museau très long, spatulé; mâchoire supérieure saillante; six barbillons sans rapport avec les narines qui sont écartées; crâne dégarni de peau; des dents palatines. *P. planiceps*, Amazone. — *Sorubim*, Spix. *Platystoma*, à yeux dirigés partiellement en dessous. *S. lima*, Brésil. — *Hemisorubim*, Bleek. Des dents palatines; museau allongé, spatulé; mâchoire inférieure plus longue que la supérieure. *H. platyrhynchus*, Rio Negro. — *Platystomatichthys*, Bleek. *Platystoma* à mâchoire supérieure très longue; ventrales au-dessous des derniers rayons de la dorsale. *P. sturio*, Rio Branco. — *Phractocephalus*, Ag. Museau court; adipeuse pourvue de rayons; des dents palatines. *P. hemiliopterus*, Brésil. — *Piramutana*, Bleek. *Phractocephalus* sans rayons dans l'adipeuse; tête granuleuse en dessus; dorsale avec une épine et six rayons mous. *P. Blochii*, Guyane. — *Platynematichthys*, Bleek. *Piramutana* à tête couverte de peau en dessus; barbillons aplatis. *P. punctulatus*, Brésil. — *Piratinga*, Bleek. *Platynematichthys* à barbillons filiformes. *P. filamentosa*, Brésil. — *Sciades*, M. et C. Des dents palatines; museau court; dorsale à dix ou onze rayons. *S. longibarbis*, Amazone. — *Bagropsis*, Lütk. Museau peu allongé; dorsale avec une épine et six rayons mous. *B. Rheinhardti*, Amér. Sud. — *Pimelodus*, Lac. Pas de dents palatines; de larges bandes de dents en velours sur les mâchoires; barbillons filiformes ou légèrement comprimés; membranes branchiales séparées l'une de l'autre par une échancrure profonde; moins de neuf rayons mous à la dorsale; adipeuse bien développée; anale courte. *P. maculatus*, Brésil. *P. platychir*, Afr. australe. — *Pirinampus*, Bleeker. *Pimelodus* à longs barbillons rubanés. *P. typus*, Brésil. — *Conorhynchus*, Bleek. *Pirinampus* à museau pointu; avec des dents en velours sur la mâchoire supérieure seulement. *C. conirostris*, Brésil. — *Notoglanis*, Günt. *Pimelodus* avec dix rayons à la dorsale. *N. multiradiatus*, Brésil. — *Callophysus*, M. et T. Pas de dents palatines; une ou deux séries de petites dents aplaties à chaque mâchoire; membranes branchiales des *Pimelodus*. *C. lateralis*. Amazone. — *Lophiosilurus*, Steind. Dents sur les intermaxillaires et la mâchoire inférieure. *L. Alexandri*, Amazone. — *Auchenoglanis*, Günt. Dorsale courte avec une épine et sept rayons; adipeuse assez longue, anale courte; ventrales à six rayons. Museau allongé, pointu; bouche petite; six barbillons; pas de dents palatines; une paire de plages elliptiques de dents sur chaque mâchoire. *A. biscutatus*, Afrique.

Trib. Ariinæ. Narines antérieures et postérieures très rapprochées sans barbillons; narines postérieures munies d'une valvule. — *Arius*, Bleek. Dorsale courte avec un aiguillon et sept rayons mous, antérieure aux ventrales qui ont six rayons; adipeuse courte ou médiocre; caudale fourchue; anale assez courte; tête revêtue de plaques osseuses; six barbillons; narines rapprochées; yeux pourvus d'un bord orbitaire libre; quelques espèces d'eau saumâtre ou franchement marine outre de nombreuses espèces des eaux douces tropicales. *A. thalassinus*, mer Rouge. — *Galeichthys*, C. et V. Quatre barbillons mandibulaires; des barbillons maxillaires; tégument céphalique nu et mou; sept rayons à la dorsale. *G. feliceps*, sud de l'Afrique. — *Genidens*, Gast. Barbillons des *Galeichthys*, deux plaques de dents palatines, mobiles. *G. Cuvieri*, Brésil. — *Paradiplomystax*, Günt. Seulement des barbillons rubannés. *P. coruscans*, Brésil. — *Diplomystax*, Günt. Barbillons maxillaires charnus, épais. *D. papillosus*, Chili. — *Ælurichthys*, Baird et Girard. Deux barbillons mandibulaires. *Æ. marinus*, côte Atlantique de l'Amérique du Sud. — *Hemipimelodus*, Bleek. Quatre barbillons mandibulaires; des barbillons maxillaires; pas de dents palatines; des dents en velours sur les mâchoires. *H. Peronii*, Inde. — *Ketengus*, Bleek. *Hemipimelodus* à dents des mâchoires unisériées. *K. typus*, îles de la Sonde. — *Osteogeniosus*, Bleek. Seulement des barbillons maxillaires osseux. *O. militaris*, Gange. — *Batrachocephalus*, Bleek. Seulement des barbillons mandibulaires. *A. mino*, Gange. — *Atopochilus*, Sauv. Un barbillon à l'union des lèvres supérieure et inférieure. *A. Savorgnani*, Ogowé.

Trib. Bagariinæ. Un barbillon entre les narines antérieures et postérieures qui sont très rapprochées. — *Bagarius*, Bleek. Une courte dorsale avec un aiguillon et six rayons; adipeuse assez courte; caudale fortement fourchue; anale médiocre; ventrales à six rayons; tête nue; narines antérieures et postérieures rapprochées; huit barbillons. *B. bagarius*, Inde et Java, dépasse 2 mètres. — *Euclyptosternum*, Günt. Diffèrent des *Bagarius* par la présence entre les pectorales, qui sont horizontales, d'un appareil adhésif constitué par des plis longitudinaux de la peau; deux plaques de dents palatines. *E. coum*, Syrie. — *Glyptosternum*, M. Clell. *Euclyptosternum* sans dents palatines. *G. trilineatum*, Inde.

V. **Stenobranchiæ**. — Diffèrent des Proteropteræ par leurs membranes branchiales confluentes avec la peau de l'isthme.

Trib. Doradinæ. Narines antérieures et postérieures éloignées les unes des autres; une dorsale avec des rayons.

1. — Point de boucliers osseux le long de la ligne latérale; adipeuse petite ou nulle. Tous de l'Amérique du Sud. — *Ageniosus*, Lac. Fente buccale atteignant les yeux ou passant au-dessous; deux barbillons; une adipeuse. *A. militaris*. La Plata. — *Tetranematichthys*, Bleek. *Ageniosus* à quatre petits barbillons. *T. quadrifilis*, Rio Guaporé. — *Euanemus*, M. et T. *Ageniosus* à six barbillons dont quatre mandibulaires placés transversalement sur une même ligne, en arrière de la symphyse. *E. nuchalis*, Brésil. — *Auchenipterus*, C. et V. *Ageniosus* dont les barbillons mandibulaires sont sur deux lignes; anale longue. *A. nodosus*, Guyane. — *Centromochlus*. Kner. *Auchenipterus* à anale courte. *C. Heckelii*, Bogota. — *Trachelyopterus*, C. et V. Bouche atteignant les yeux ou passant en dessous; tête osseuse en dessus; pas d'adipeuse. *T. coriaceus*, Cayenne. — *Cetopsis*, Ag. *Trachelyopterus* à tête couverte par une peau mince. *C. candira*, Brésil. — *Asterophysus*, Kner. Fente buccale dépassant beaucoup les yeux en arrière; une adipeuse. *A. batrachus*, Brésil.

2. — Une ligne de boucliers osseux le long de la ligne latérale. Émigrent par terre, durant la saison sèche, d'une pièce d'eau à une autre. — *Doras*, Lac. Adipeuse courte, très distincte, barbillons non frangés; dents en velours. *D. costatus*, Guyane. — *Rhinodoras*, Bleek. Adipeuse basse, longue. *R. niger*, Amazone. — *Oxydoras*, Kner. *Doras* à dents rudimentaires, à barbillons frangés. *O. carinatus*, Surinam.

3. — Pas de boucliers; mais adipeuse assez longue. — *Synodontis*, C. et V. Cou avec

de larges os dermiques; dents de la mâchoire inférieure mobiles; dorsale avec une épine et sept rayons. *S. xiphias*, Afrique occidentale.

TRIB. RHINOGLANINÆ. Narines antérieures et postérieures très rapprochées. — *Rhinoglanis*, Günt. Les deux nageoires dorsales pourvues de rayons: la 1re avec une forte épine; ventrales à sept rayons, placées au-dessous des rayons postérieurs de la 1re dorsale; six barbillons; narines antérieures et postérieures très rapprochées. De larges plaques osseuses cervicales. *R. typus*, Nil supérieur. — *Mochocus*, Joannis. Adipeuse remplacée par une nageoire à rayons; cou couvert par la peau. *M. Niloticus*, Nil. — *Callomystax*. Un barbillon nasal. *C. gagata*, Gange et Indes.

TRIB. MALOPTERURINÆ. *Malopterurus*, Lac. Point de dorsale; une adipeuse située immédiatement en avant de la caudale qui est arrondie; anale médiocre; ventrales à six rayons insérées vers le milieu du corps; pectorales sans épines; narines éloignées; pas de dents palatines; tête couverte d'une peau molle; fente branchiale très petite; six barbillons. Poissons électriques. *M. electricus*, Nil, dépasse 1 m. 30.

VI. **Proteropodæ.** — Diffèrent des STENOBRANCHIÆ par les insertions de leurs nageoires ventrales au-dessous ou même en avant de la dorsale. Anus vers le milieu de la longueur du corps.

TRIB. HYPOSTOMATINÆ. Dorsale, adipeuse et anale courtes; ventrales à six rayons; rayons externes des nageoires quelquefois épaissis et rugueux; un barbillon maxillaire de chaque côté; un court et large repli entre les narines de chaque côté; peau de la tête nue. Lacs et torrents des Andes. — *Arges*, Val. Pas d'écailles; des barbillons maxillaires seulement; adipeuse basse, allongée. *A. Sabalo*. — *Stygogenes*, Günt., *Arges* à adipeuse courte avec une épine mobile. — *Brontes*, Val. *Arges* sans adipeuse; des ventrales. *B. prenadilla*. — *Astroblepus*, Humb. *Brontes* sans ventrales. *A. Grixalvii*. — *Callichthys*, L. Dorsale à sept-huit rayons et adipeuse protégées par un aiguillon; anale courte; ventrales à six rayons; un couple de barbillons à chaque angle buccal; corps entièrement protégé par deux rangées latérales de larges boucliers imbriqués; tête couverte de plaques osseuses. *C. asper*, Brésil. — *Chætostomus*, Heck. *Callichtys* à dorsale présentant huit-dix rayons, à quatre ou cinq rangées de boucliers de chaque côté, à interopercule très mobile armé d'épines érectiles. *C. heteracanthus*, Amazone. — *Plecostomus*, Art. *Chætostomus* à dorsale avec huit rayons; interopercule sans armature érectile. *P. bicirrhosus*, Venezuela. — *Liposarcus*, Günt. *Plecostomus* à dorsale avec treize ou quatorze rayons. *L. pardalis*, Amazone. — *Pterygoplichthys*, Gill. *Liposarcus* à interopercule muni d'épines érectiles. *P. punctatus*, Brésil. — *Rhinelepis*, Spix. *Chætostomus* sans adipeuse; interopercule sans épines érectiles. *R. aspera*, San Francisco. — *Acanthicus*, Spix. *Rhinelepis* à épines érectiles sur l'interopercule. *A. hystrix*, Amazone. — *Xenomystus*, Lütk. Corps complètement cuirassé. *X. gobio*, Amérique Sud. — *Hypoptopoma*, Günt. *Chætostomus* à tête déprimée, spatulée avec les yeux tout à fait latéraux; opercule réduit à deux os sans épines. *H. thoracatum*, Amazone supérieur. — *Loricaria*, L. Premier rayon des nageoires épaissi, mais flexible; tête aplatie, à museau saillant quelquefois garni de soies chez les mâles, recouverte de plaques osseuses; bouche ventrale avec un barbillon de chaque côté; de nombreux écussons osseux imbriqués sur les côtés du corps; queue longue et comprimée. *L. lanceolata*, Amazone supérieur. — *Acestra*, Kner. *Loricaria* à museau très allongé. *A. amazonum*, Amazone. — *Sisor*, Ham. Buch, *Loricaria* déprimées à queue longue et mince avec une rangée d'écussons le long de la ligne médiane dorsale; pas de dents. *S. rhabdophorus*, Bengale. — *Erethistes*, M. et T. *Sisor* avec une adipeuse. *E. pusillus*, Assam. — *Pseudecheneis*, Blyth. Dorsale avec une épine et six rayons; adipeuse et anale assez courtes; caudale fourchue; ventrales à six rayons; tête déprimée à peau nue; un appareil adhésif formé de plis transverses de la peau entre les pectorales; huit barbillons. *P. sulcatus*, Khasya. — *Exostoma*, Blyth. *Pseudecheneis* sans appareil adhésif thoracique. *E. labiatum*, Inde.

TRIB. ASPREDININÆ. *Aspredo*, L. Dorsale courte sans aiguillon; pas d'adipeuse; anale très longue, mais séparée de la caudale; ventrales à six rayons; peau de la tête nue; narines antérieures et postérieures écartées, au moins six barbillons sans rapport avec les narines; tête large, très déprimée; queue longue et étroite; femelle portant ses œufs sous le ventre. *A. batrachus*, Guyane. — *Bunocephalus*, Kner. Tête plus haute que la partie postérieure de la queue; anale courte. *B. verrucosus*, Surinam. — *Bunocephalichthys*, Bleek. Tête plus basse que la partie postérieure de la queue; anale courte. *B. hypsiurus*, Rio Branco.

VII. **Opisthopterae**. — Différent des Proteropodæ par leurs membranes branchiales non confluentes avec la peau de l'isthme; ventrales quelquefois absentes. Narines antérieures et postérieures écartées; souvent un barbillon sur les premières; lèvre inférieure non retroussée. Des hautes altitudes de l'Amérique méridionale : y représentent les Loches (*Cobitis*) d'Europe et d'Asie.

Trib. Nematogenyinæ. Dorsale au-dessus des ventrales. — *Heptapterus*, Bleek. Une adipeuse. *H. surinamensis*, Surinam. — *Nematogenys*, Gir. Narine antérieure avec un barbillon. *N. inermis*, Chili.

Trib. Trichomycterinæ. Dorsale en arrière des ventrales quand elles existent. — *Trichomycterus*, Val. Des ventrales; narine antérieure avec un barbillon. *T. dispar*, Pérou. — *Eremophilus*, Humb. *Trichomycterus* sans ventrale. *E. mutisii*, Bogota. — *Pariodon*, Kner. Pas de barbillon nasal; dents des mâchoires unisériées. *P. microps*, Amazone.

VIII. **Branchicolæ**. — Dorsale courte, postérieure aux ventrales; opercule et interopercule armés de courtes épines; anus très en arrière du milieu du corps; membranes branchiales confluentes avec la peau de l'isthme. Corps étroit, cylindrique; parasites de la cavité branchiale des *Platystoma*. — *Stegophilus*, Reinh. Une large bande de petites dents sur les mâchoires. *S. insidiosus*, Brésil. — *Vandellia*, C. et V. Mâchoires édentées; une série de longues dents pointues sur le vomer. *V. cirrhosa*, Amazone.

Fam. **MYCTOPHIDÆ** (Scopelidæ). — Ordinairement pas de barbillons. Une adipeuse, ouverture branchiale grande; des pseudo-branchies. Bord de la mâchoire supérieure formé seulement par les intermaxillaires; mésocoracoïde absent ou atrophié. Pas de vessie natatoire; intestin très court; appendices pyloriques nuls ou peu nombreux. Œufs enfermés dans les sacs de l'ovaire et émis par des oviductes.

Trib. Synodontinæ. Corps écailleux; pas de photophores. Maxillaire étroit ou rudimentaire; hypocoracoïdales non divergentes; post-temporal uni à la base du crâne, de chaque côté. — *Synodus*, Gronov. (*Saurus*, Cuv.). Corps subcylindrique assez allongé; dorsale médiane à treize rayons au moins; ventrales très rapprochées des pectorales; museau conique; maxillaires étroits en arrière; bouche très grande; dents simples; les palatines disposées en une seule bande de chaque côté; des dents linguales. *S. saurus*, Médit., Canaries, Madère. — *Saurida*, C. et V. *Saurus* à dents palatines disposées sur deux rangs. *S. tombil*, Indo-Pacifique. — *Bathylaco*, G. et B. Différent des *Synodon* par leur dorsale à vingt rayons; leurs ventrales éloignées des pectorales; l'absence des dents linguales. *B. nigricans*, Antilles. — *Bathysaurus*, Gnth. Différent des *Synodus* par leur dorsale à dix-huit rayons; leur museau large, déprimé; leurs dents barbelées en forme de griffe. *B. ferox*, Maroc. — *Harpodon*, Lesueur. Corps allongé plutôt comprimé; plusieurs pectorales, petites, très hautes; ventrales éloignées des pectorales; tête épaisse; museau court; bouche énorme; dents cardiformes, inégales, les plus grandes de la mâchoire inférieure barbelées; langue petite, dentée. *H. squamosus*, O. Indien.

Trib. Aulopinæ. Différent des Synodontinæ par leurs maxillaires dilatés en arrière; pectorales normales. — *Chlorophthalmus*, Bonap. Dorsale prémédiane à rayons non filamenteux; une petite adipeuse; ventrales non en avant de la dorsale; museau conique; des dents palatines et linguales. *C. Agassizii*. Médit. et Atl. du sud des Açores. — *Aulopus*, C. Dorsale post-médiane à 2e et 3e rayons filamenteux, allongés. *A. filamentosus*, Médit.

Trib. Benthosaminæ. Aulopinæ à pectorales sub-humérales. — *Benthosaurus*, G. et B. Genre unique. *B. grallator*, Antilles.

Trib. Bathypteroinæ. Aulopinæ à rayon des pectorales allongés, distribués en deux groupes, le premier transformé en un long organe tactile. — *Bathypterois*, Gunther. Genre unique. *B. dubius*, Açores.

Trib. Myctophinæ. Corps écailleux; prémaxillaire formant le bord de la mâchoire; des photophores; post-temporal empiétant sur l'occiput. — *Myctophum*, Raf. (*Scopelus*, Cuv.). Corps long, comprimé; dorsale finissant au-dessus du point où l'anale commence, et dépassant à peine les pectorales; tête courte avec la branche du préopercule presque verticale; dents des mâchoires en bandes villeuses; ligne latérale à peine ou pas élargie; écailles cycloïdes lisses; point de glandes lumineuses sur la tête, ni sur la queue; deux photophores précaudaux; photophores supra-anaux en deux groupes. *M. punctatum*, Médit., Atl. chaud. — *Benthosema*, G. et B. *Myctophum* à dorsale empiétant sur l'anale, à photophores supra-anaux quelquefois en un seul groupe. *B. Mulleri*, Atl. nord prof. — *Lam-*

panyctus, Cocco. Tête longue; museau conique semblable à celui d'un serpent; dorsale égalant à peine l'anale et n'empiétant pas sur elle; point d'épines orbitaires; photophores supra-anaux 4 ou 2 + 1; le reste comme *Myctophum. L. crocodilus*, Médit. — *Ceratoscopelus*, Günt. *Lampanyctus* à épines orbitaires. *T. maderensis*, Madère, Médit., Antilles. — *Notoscopelus*, Gunth. Diffèrent des *Lampanyctus* et des *Ceratoscopelus* par leur dorsale beaucoup plus longue que l'anale et empiétant sur elle; pectorales placées normalement. *N. caudispinosus*, Madère. — *Catablemella*, Eig. *Notoscopelus* à pectorales placées très bas. *C. brachychir*, Californie. — *Lampadena*, G. et B. Corps, dents maxillaires, pectorales, ligne latérale et écailles des *Myctophum*; extrémité de la dorsale n'atteignant pas le commencement de l'anale; toutes deux presque de même dimension; une glande lumineuse sur les lignes médianes, dorsale et ventrale de la queue; tête un peu conique; branche du préopercule légèrement oblique. *L. speculigera*, Atl. est. — *Æthoprora*, G. et B. Caractérisés par la présence d'une glande lumineuse sur la queue et la présence sur la tête d'une glande lumineuse irrégulière qui en occupe presque toute la région antérieure; photophores super-anaux en deux groupes; quatre photophores précaudaux. *Æ. metopoclampa*, Médit. — *Collettia*, G. et B. Caractérisés par la présence d'une glande lumineuse en avant de chaque œil et d'une autre sur chaque infra-orbitaire. *C. Rafinesquii*, Médit. — *Diaphus*, Eigenmann. Une glande lumineuse en avant de chaque œil au-dessous de la narine; pas de photophores précaudaux; glandes céphaliques et photophores traversés chacun par une ligne horizontale de pigment noir. *C. theta*, Californie. — *Tarletonbeania*, Eigenm. Corps long, comprimé; des pectorales insérées très haut; dorsale plus courte que l'anale, mais empiétant sur elle; tête longue; branche du préopercule oblique; dents des mâchoires en bandes villeuses; ligne latérale indistincte; pas de glandes lumineuses; un photophore précaudal; pas de photophores céphaliques. *T. tenua*, Californie. — *Rhinoscopelus*, Lütk. Corps allongé, fusiforme; tête courte à museau saillant; écailles cycloïdes, fortes, persistantes; celles de la ligne latérale plus larges que les autres; anale beaucoup plus grande que la dorsale, n'empiétant pas sur elle, mais dépassant l'adipeuse; des pectorales; pédoncule caudal étroit, allongé, portant à son extrémité une glande ou des écailles lumineuses; un photophore postéro-latéral au-dessus et en dehors de la série super-anale. *R. Coccoi*, Médit., Atl. occidental. — *Electrona*, G. et B. *Rhinoscopelus* à corps ovale, comprimé, à tête courte et museau obtus, à pédoncule caudal court et large; pas de photophore postéro-latéral; photophores super-anaux en série ininterrompue. *E. Rissoi*, Médit. — *Dasyscopelus*. Günt. Corps haut, un peu comprimé; anale plus longue que la dorsale, mais n'empiétant que peu sur elle et se terminant au-dessous de l'adipeuse; pédoncule caudal assez étroit; écailles cténoïdes, le reste comme *Rhinoscopelus. D. asper*, Guinée. — *Neoscopelus*, Johns. Corps oblong, comprimé; anale et dorsale courtes, presque semblables, mais éloignées; milieu de la 1re correspondant à l'adipeuse; des pectorales; écailles grandes, épineuses, très caduques; pas de glandes lumineuses sur la tête, ni sur la queue; écailles ventrales avec le centre lumineux; photophores anormaux. *N. macrolepidotus*, Madère. — *Scopelogenys*, Alcock. *Neoscopelus* à écailles très caduques, à maxillaire très dilaté à l'extrémité. *S. tristis*, golfe Persique. — *Nannobrachium*, Günt. Corps oblong, comprimé; pectorales rudimentaires; dorsale et anale empiétant beaucoup l'une sur l'autre; tête longue à branche préoperculaire oblique; museau conique; bouche terminale, horizontale; des glandes lumineuses au dessus et au-dessous de la queue; photophores petits, irrégulièrement placés; dents maxillaires en bandes villeuses. *N. Macdonaldi*, Philippines. — *Scopelosaurus*, Bleeker. Corps allongé, cylindrique; dents de la mâchoire inférieure en plusieurs séries. *S. Hoedti*, Amboine.

Trib. ALEPISAURINÆ. Corps nu; dorsale occupant tout le dos; pas de photophores; des dents en forme de griffe sur les mandibules, le palais et un petit nombre sur le vomer. Vertèbres et post-temporal des MYCTOPHINÆ. — *Alepisaurus*, Lowe (*Plagyodus*, Günther). Ventrales à sept-dix rayons. *A. ferox*, Madère. — *Caulopus*, Gil. Ventrales à treize rayons. *C. altivelis*, Cuba, prof.

Trib. PARALEPIDINÆ. Diffèrent des ALEPISAURINÆ par leur dorsale courte, post-médiane; leurs écailles minces et caduques. — *Paralepis*, Risso. Dents inégales mais non en griffe. *P. coregonoïdes*, Médit., Atl. or. — *Sudis*, Raf. Trois ou cinq dents en griffe à la mâchoire inférieure. *S. hyalina*, Médit.

Trib. ODONTOSTOMINÆ. Diffèrent des ALEPISAURINÆ par leur dorsale courte et médiane. — *Odontostomus*, Cocco. Corps comprimé; tête large et épaisse; dorsale au milieu de la longueur du corps; ventrales et pectorales presque également développées. *O. hyalinus*, Médit.

— *Omosudis*, Gunth. Corps et tête comprimés; dorsale dans la région postérieure du corps; ventrales bien plus petites que les pectorales; adipeuse presque nulle. *O. Lowii*, Philippines.

Fam. **PERCOPSIDÆ**. — Corps écailleux sauf la tête; écailles cténoïdes; une adipeuse; bord de la mâchoire supérieure uniquement formé par les intermaxillaires; ouverture branchiale large; appareil operculaire complet.

Percopsis, Ag. Genre unique. *P. guttatus*, eaux douces du nord des États-Unis.

Fam. **HAPLOCHITONIDÆ**. — Diffèrent des Percopsidæ par leurs écailles cycloïdes ou nulles; des pseudo-branchies; vessie natatoire simple. Pas d'appendices pyloriques; ovaires en lame; aspect des Salmonidæ.

Prototroctes, Günt. Ressemblent à des *Coregonus* pourvus de petites dents. *P. moræna*, Australie méridionale. — *Haplochiton*. Ressemblent à des Truites à corps nu. *H. zebra*, affluents du détroit de Magellan.

Fam. **ASTRONESTHIDÆ**. — Corps nu; dorsale entre l'anus et l'anale; une adipeuse et des pectorales; un long barbillon à la mâchoire inférieure et des photophores. Post-temporal, mésocoracoïde et vertèbres comme les Myctophidæ; maxillaires formant les bords latéraux de la mâchoire supérieure.

Astronesthes, Richardson. Genre unique. *A. niger*, Atl. prof.

Fam. **CHAULIODONTIDÆ**. — Écailles caduques; dorsales en avant des ventrales; anale courte; une adipeuse; opercule incomplet; des canines immenses; prémaxillaires, mésocoracoïde absent ou atrophié, post-temporal empiétant sur l'occiput; pas de pseudo-branchies.

Chauliodus, Schn. Genre unique. — *C. Sloanii*, Médit., Atl. sud. prof.

Fam. **GONOSTOMIDÆ**. — Diffèrent des Chauliodontidæ par leur dorsale postérieure aux ventrales et leur opercule complet.

Gonostoma, Raf. Des écailles; dorsale dans la moitié postérieure du corps, opposée au rayon antérieur de l'anale; une adipeuse; nageoires verticales hautes et longues; taches lumineuses grandes et apparentes; intermaxillaire court; pas de vessie natatoire. *G. denudatum*, Atl. prof. — *Cyclothone*, Goode et Beau (*Neostoma*, Vaill). Ni écailles, ni adipeuse; nageoires verticales médianes; photophores petits. *C. microdon*, Cosmop. — *Bonapartia*, G. et B. Diffèrent des *Cyclothone* par leurs photophores grands et leur anale longue et haute. *B. pedaliota*, Atl. est; 500 mètres. — *Yarrella*, G. et B. Corps environ huit fois plus long que haut, écailleux; dorsale près du milieu du corps, un peu en avant de l'anale que ses derniers rayons dépassent en arrière; dents en double rang sur l'intermaxillaire et la mandibule; des dents en griffe sur le vomer; point de vessie natatoire. *Y. Blackfordi*, Atl. est, 500 mètres. — *Diplophos*, Gunth. *Yarrella* à corps douze à dix-huit fois plus long que haut, à écailles grandes, minces et caduques, à dents petites et inégales. *D. tænia*. Latitude nord 22° à 30°, long. 24° à 30°. — *Photichthys*, Hutton. Dorsale très en avant de l'anale, un peu en arrière des ventrales; dents des maxillaires égales; des griffes vomériennes; une vessie natatoire. *P. argenteus*, détroit de Cook.

Fam. **SALMONIDÆ**. — Corps écailleux, sauf la tête; pas de barbillons; bord supérieur de la mâchoire supérieure formé par les intermaxillaires et les maxillaires; ventre arrondi; des pseudo-branchies; vessie natatoire grande, simple; appendices pyloriques généralement nombreux; œufs tombant dans la cavité abdominale avant la ponte.

Trib. Salmoninæ. Huit à douze rayons branchiostèges. — *Salmo*, Art. Écailles petites; moins de quatorze rayons à l'anale; des dents coniques sur les mâchoires, le vomer, les palatins et la langue, point sur les ptérygoïdes; maxillaire supérieur pas plus long que l'espace préorbitaire; appendices pyloriques nombreux; œufs grands; jeunes avec des bandes transverses brunes (Tacons). *S. Salar*, riv. de Fr. — *Trutta*, Duham. *Salmo* à maxillaire supérieur d'au moins un septième plus long que l'espace préorbitaire. *T. marina* (Truite de mer), côtes de Fr. au nord de la Loire. *T. fario* (Truite commune) [1], riv. de Fr. — *Salvelinus*, Willughby (*Umbla*, Marsil). *Salmo* dont les dents vomériennes sont

---

[1] Le nom de *Truite saumonée* est donné à la Truite de mer, au jeune saumon qui fait sa 1re montée dans la rivière et aux truites de grande taille (Truite de rivière, Truite des lacs) dont la chair a pris une couleur rouge.

limitées au chevron du vomer seulement. *S. umbla* (Omble-chevalier), Meurthe, lacs de
Savoie et de Suisse. — *Oncorhynchus*, Suckley. *Salmo* à plus de quatorze rayons à l'anale.
O. quinnat, Californie. — *Brachymystax*, Günt. Écailles petites; dents assez faibles; maxillaires larges et courts; anale courte. *B. coregonoïdes*, Japon. — *Luciotrutta*, Günt. Écailles
moyennes; dentition très faible, incomplète; maxillaires longs; cæcums pyloriques nombreux. *L. Mackenzii*, R. Mackenzie. — *Plecoglossus*, Schleg. Diffèrent des Saumons par
leur dentition plus faible; dents des intermaxillaires peu nombreuses, petites, pointues;
dents des maxillaires larges, tronquées, lamelleuses et dentées, mobiles, insérées dans un
pli de la peau; extrémité de la langue et palatins sans dents; branches de la mandibule
terminées chacune par un petit tubercule, libres à la symphyse et circonscrivant un
organe spécial différencié aux dépens de la muqueuse. *P. altivelis*, Japon. Formose. —
Osmerus, Art. Pectorales modérément développées; bouche large; maxillaire s'étendant
presque jusqu'au bord postérieur de l'orbite; dents intermaxillaires et maxillaires beaucoup plus petites que les mandibulaires; vomer avec des séries transverses de dents dont
quelques-unes en forme de griffe; une série de dents coniques sur les palatins et les os ptérygoïdes; dents linguales en séries longitudinales, quelques-unes en forme de griffe; appendices
pyloriques, très courts, en petit nombre. *O. eperlanus* (Eperlan), côtes de l'Ouest, remonte
la Seine jusqu'à Rouen; acclimaté dans des lacs qui ne communiquent plus avec la mer.
— *Retropinna*, Gill. Écailles moyennes; dentition complète, faible; fente buccale normale;
dorsale postérieure aux ventrales; pas de cæcums pyloriques. *R. Richardsoni*, Nouvelle-
Zélande. — *Hypomesus*, Gill. Écailles petites; dentition incomplète, très faible; maxillaires minces et courts, *H. olidus*, Californie. — *Thaleichthys*, Gir. *Hypomesus* à longs maxillaires. *T. pacificus*, îles Vancouver. — *Mallotus*, Cuv. Écailles petites, un peu plus grandes
le long de la ligne latérale et de chaque côté du ventre; celles du mâle adulte allongées,
lancéolées, deviennent imbriquées avec les pointes libres saillantes formant des bandes villeuses; pectorales horizontales très grandes, à base large; bouche large; maxillaire très
mince lamelliforme, s'étendant jusqu'au-dessous du milieu des yeux; dents en séries
simples, celles de la langue un peu plus grandes et disposées en une plage elliptique;
appendices pyloriques très courts, peu nombreux; œufs petits. *M. villosus*, nourriture
ordinaire des indigènes du Kamchatka. — *Coregonus*, Art. Dorsale ordinaire, caudale fortement fourchue; bouche petite; maxillaire n'atteignant pas le bord postérieur de l'orbite; dents extrêmement petites, caduques ou absentes. *C. lavaretus* (Lavaret), lac du
Bourget, Guier, Rhône, Isère, Drac, Ain. *C. fera* (la Féra), Léman; acclimatée dans l'étang
des Settons (Nièvre) et le lac Chauvet (Puy-de-Dôme). *C. hiemalis* (Gravenche), lac de Cons-
tance, Léman. *C. oxyrhynchus* (Houting), Doubs. — *Thymallus*, Cuv. *Coregonus* à nageoire
dorsale aussi longue que la tête, soutenue par de nombreux rayons. *T. vulgaris* (Ombre),
Fr. rivières de l'Est et du Midi; Haute-Loire. — *Salanx*, C. Corps allongé, comprimé, à
écailles très fines, très caduques ou nulles; dorsale placée très en arrière des ventrales,
mais en avant de l'anale; caudale fourchue; tête allongée, déprimée, terminée par un
long museau aplati et pointu; bouche large; mâchoires et palatins avec des dents coniques; quelques-unes de celles des intermaxillaires et des maxillaires plus grandes; une
seule série de dents courbes sur la langue, pas de dents vomériennes; pas de vessie natatoire. *S. chinensis*, mers de Chine.

Trib. Argentininæ. Six rayons branchiostèges ne dépassant pas le bord postérieur de
l'orbite et formant les bords latéraux de la mâchoire supérieure; pas de dents sur les
mâchoires; membranes branchiales séparées, non confluentes avec la peau de l'isthme;
estomac en forme de cæcum. — *Argentina*, Artedi. Genre unique. *A. Sphyræna*, Médit.,
Cette, Marseille, Nice.

Trib. Microstominæ. Diffèrent des Argentininæ par le nombre de leurs branchiostèges
qui ne dépasse pas quatre. — *Microstoma*, Cuv. Genre unique. *M. rotundatum*, Médit., Nice.

Trib. Bathylaginæ. Diffèrent des Argentininæ et des Microstominæ parce que leurs membranes branchiales sont confluentes et forment un large pont à travers l'isthme. Ventrales
opposées à l'extrémité postérieure de la dorsale. — *Bathylagus*, Günth. Genre unique.
B. atlanticus. Atl. Sud.

Fam. CHARACINIDÆ. — Corps écailleux sauf la tête; une petite adipeuse; pas de
barbillons; bord de la mâchoire supérieure formé par les intermaxillaires et le
maxillaires; pas de pseudo-branchies; vessie natatoire divisée en deux poches dont
l'antérieure est reliée à l'oreille par une chaîne d'osselets; des appendices pyloriques.

Trib. Erythrininæ. Pas d'adipeuse; de l'Amérique tropicale. — *Erythrinus*, Gron. Ventrales au-dessous de la dorsale; dents maxillaires coniques; dents palatines en velours; partie antérieure de la vessie natatoire celluleuse. *E. unitæniatus*, Amérique méridionale. — *Macrodon*, M. et T. *Erythrinus* à dents de la rangée externe plus grandes que les autres. *M. trahira*, Guyane. — *Lebiasina*, C. et V. *Erythrinus* à dents des mâchoires unisériées, tricuspides. *L. bimaculata*, Pérou. — *Nannostomus*, Günt. Dents des mâchoires unisériées et crénelées. *N. Beckfordi*, Amér. trop. — *Pyrrhulina*. C. et V. Ventrales en avant de la dorsale; anale courte; dents mandibulaires plurisériées. *P. filamentosa*, Guyane. — *Corynopoma*, Gill. *Pyrrhulina* à anale longue, à dents mandibulaires bisériées. *C. albipinne*, Trinidad.

Trib. Curimatinæ. Une courte dorsale et une adipeuse; dentition imparfaite. Amérique tropicale. — *Curimatus*, C. Dorsale au-dessus des ventrales; pas de lèvres; pas de dents; bord des mâchoires tranchant; intestin très long et étroit. *C. cyprinoïdes*, Guyane. — *Prochilodus*, Ag. Chaque lèvre avec deux séries de petites dents mobiles, sétacées, la série postérieure coudée. *P. argenteus*, Brésil. — *Cænotropus*, M. et T. Dents rudimentaires, mobiles; 4° arc branchial dilaté, couvert par une membrane plissée. *C. labyrinthicus*, Amazone. — *Hemiodus*, Müll. Dents tranchantes et crénelées sur les intermaxillaires, absentes ailleurs. *H. notatus*, Guyane. — *Saccodon*, Kner. Une série de dents en forme de cuiller à la mâchoire supérieure; mâchoire inférieure édentée; lèvre inférieure trilobée. *S. Wagneri*, Equateur. — *Parodon*, C. et V. Dents mobiles, peu nombreuses, denticulées, absentes sur le devant de la mandibule. *P. suborbitalis*, Maracaïbo.

Trib. Citharininæ. Dorsale assez longue; une adipeuse; de petites dents labiales. — *Citharinus*, C. Genre unique. *C. latus*, Nil, atteint 1 mètre.

Trib. Anostomatinæ. Diffèrent des Citharininæ par leurs dents bien développées aux deux mâchoires; membranes branchiales atteignant l'isthme; narines écartées. — *Leporinus*, Spix. Dorsale au milieu de la longueur du corps, au-dessus des ventrales; anale courte; ventre arrondi; lèvres bien développées; dents peu nombreuses, aplaties, à sommet tronqué, sur les intermaxillaires et les mandibules, non denticulées; les moyennes de chaque mâchoire plus longues que les autres; pas de dents palatines. *L. megalepis*, Andes. — *Anostomus*, Gron. Dents plates, denticulées, sans carène antérieure. *A. salmoneus*, Guyane. — *Rhytiodus*, Kner. Chaque dent avec une ou deux carènes antérieures, se terminant en pointe. *R. microlepis*, Rio Negro.

Trib. Nannocharacinæ. Diffèrent des Anostomatinæ par leurs narines rapprochées; incisives échancrées. — *Nannocharax*, Günt. Genre unique. *N. fasciatus*, Gabon.

Trib. Tetragonopterinæ. Diffèrent des Nannocharacinæ par leurs membranes branchiales indépendantes de l'isthme. *Alestes*, M. et T. Dorsale au-dessus des ventrales; anale assez longue; ventre arrondi; bouche petite; pas de dents maxillaires; dents intermaxillaires et mandibulaires fortes, peu nombreuses, en deux séries de forme différente. *A. dentex*, Nil. — *Tetragonopterus*, C. Diffèrent des *Alestes* parce que leurs dents sont subsimilaires et en deux séries seulement sur l'intermaxillaire; dents des maxillaires limitées d'ordinaire au voisinage de l'articulation. *T. chalceus*, Guyane. — *Chirodon*, Gir. Dorsale en arrière des ventrales; anale longue en moyenne; ligne latérale non prolongée sur la queue; une seule série de dents denticulées sur les intermaxillaires et les mandibulaires; pas de dents maxillaires; petite taille. *C. alburnus*, Amazone sept. — *Megalobrycon*, Günt. Diffèrent des *Chirodon* par leurs dents crénelées en triple série sur les intermaxillaires, en double série sur les maxillaires, en série simple sur les mandibules; pas de dents palatines. *M. cephalus*, Amazone. — *Gastropelecus*, Gronov. Dorsale au-dessus de l'anale qui est longue; pectorales longues; ventrales très petites ou rudimentaires; corps très comprimé avec la région pectorale dilatée en un disque semi-annulaire; ligne latérale s'abaissant obliquement vers l'origine de l'anale; dents comprimées, tricuspides, en une ou deux séries sur les intermaxillaires, en une seule sur les mandibules; un petit nombre de dents coniques sur les maxillaires; pas sur les palatins; très petite taille. *G. sternicla*, Brésil. — *Piabucina*. C. et V. Anale courte. *P. unitæniata*, Guyane. — *Scissor*, Günt. *Alestes* sans dents mandibulaires coniques postérieures: tubercules branchiaux courts, lancéolés. *S. macrocephalus*, Am. S. — *Pseudochalceus*, Kner. *Alestes* à dents très inégales; ligne latérale interrompue. *P. lineatus*, Rep. Equateur. — *Aphyocharax*, Günt. *Chirodon* à dents maxillaires, *A. pusillus*, Amazone. — *Chalceus*, C. Anale assez longue; ventre arrondi en avant des ventrales; écailles grandes inégales; dents intermaxillaires trisériées. *C. macrolepidotus*, Guyane. — *Brycon*, M. et T. *Chalceus* à écailles égales; une paire de dents coniques derrière le milieu de la série antérieure des dents de la mandibule. *R. opalinus*, Brésil. — *Chalcinopsis*, Kner. *Brycon* à ventre comprimé en avant des ventrales; à rangées de dents irrégulières pouvant être au nombre de trois ou quatre. *C. dentex*, Guatémala. — *Bryconops*, Kner. *Brycon* sans dents coniques en arrière des dents mandibulaires; maxillaires sans dents. *B. alburnus*, Rio Guaporé. — *Creagrutus*. Günt. *Bryconops* à anale courte, à maxillaires pourvus d'un petit nombre de dents obtuses. *C. Mülleri*, Andes de l'Équateur. — *Chalcinus*, C. et V. Anale assez longue; ventre comprimé en avant des ventrales; pas de canines; dents intermaxillaires bisériées; une paire de dents coniques en arrière du milieu de la série antérieure des dents mandibulaires. *C. brachypomus*, Guyane. — *Piabuca*, C. *Chalcinus* à dents intermaxillaires unisériées; ventrales bien développées. *P. argentina*, Brésil. — *Paragoniates*. Günt. Dents maxillaires unisériées; dents intermaxillaires avec une ou deux courtes pointes accessoires. *P. alburnus*, Amazone. — *Agoniates*, M. et C. *Chalcinus* avec des canines à la mâchoire inférieure; une partie seulement des dents tricuspides. *A. halecinus*, Guyane. — *Nannæthiops*, Günt. *Tetragonopterus* africain. *N. unitaeniatus*, Gabon. — *Bryconæthiops*, Günt. *Brycon* africain. *B. microstoma*, Congo.

Trib. Hydrocyoninæ. Diffèrent des Tetragonopterinæ par leurs dents coniques bien développées sur les deux mâchoires; carnassiers, Sud de l'Amérique et Afrique. — *Hydrocyon* C. Dorsale au-dessus des ventrales; anale de longueur moyenne; ventre arrondi; des dents peu nombreuses, fortes et pointues, visibles quand la bouche est fermée seulement sur les intermaxillaires et les mandibules; des paupières: l'une antérieure, l'autre postérieure; intestin court. *H. Forskalii*, Nil, atteint 1 m. 30. — *Cynodon*, Spix. Dorsale en arrière des ventrales; anale longue; tête et corps comprimés; écailles petites; des dents unisériées, inégales, sur les intermaxillaires, les maxillaires et les mandibules; ces dernières portant deux grandes canines reçues dans des fossettes du palais; des plaques de petites dents granuleuses sur celui-ci. *C. Scomberoïdes*, Guyane, Brésil. — *Sarcodaces*, Günt. Anale courte; de chaque côté du palais une série de dents implantées non sur les palatins, mais sur un prolongement de l'intermaxillaire. *S. Odoë*, Afrique occidentale. — *Anacyrtus*, Günt. Écailles petites; anale longue; dorsale commençant en arrière des ventrales; pas de dents palatines. *A. gibbosus*, Guyane. — *Hystricodon*, Günt. *Anacyrtus* à dorsale au-dessus des ventrales. *H. paradoxus*, Guyane. — *Salminus*, M. et T. *Anacyrtus* à écailles de grandeur moyenne. *S. maxillosus*, Amazone. — *Oligosarcus*, Günt. Écailles de grandeur moyenne; dorsale occupant le milieu de la longueur du corps; anale longue; chaque palatin avec une série de dents coniques. *O. argenteus*, Brésil. — *Xiphorhamphus*, M. et T. *Oligosarcus* à écailles petites, à dorsale dans la région postérieure du corps. *X. falcatus*, Brésil. — *Xiphostoma*, Spix. *Cynodon* à anale courte, à ventre arrondi. *X. Cuvieri*, Brésil.

Trib. Distichodontinæ. Dorsale allongée; une adipeuse; membranes branchiales attachées à l'isthme; ventre arrondi. — *Distichodus*, M. et T. Genre unique. *D. niloticus*, Nil.

Trib. Ichthyborinæ. De douze à dix-sept rayons à la dorsale; une adipeuse; membranes branchiales indépendantes de l'isthme; dents canines. — *Ichthyborus*, Günt. Dents latérales des deux mâchoires comprimées, triangulaires. *I. besse*, Nil. — *Phago*, Günt. Écailles imbriquées; une série externe de fortes dents tricuspides et une série interne de petites dents. *P. loricatus*, Afrique occidentale.

Trib. Crenuchinæ. Diffèrent des précédents par l'absence de canines. — *Crenuchus*. Günt. Mâchoires à une seule série de dents tricuspides. *C. Spilurus*, Essequibo. — *Xenocharax*, Günt. Intermaxillaire et mandibule avec une double ou triple série de petites dents bicuspides; quelques dents au maxillaire. *X. Spilurus*, Afrique occidentale.

Trib. Serrasalmoninæ. Diffèrent des précédents par leur ventre caréné et denticulé. — *Mylesinus*, Cuv. Dents intermaxillaires, trilobées, bisériées. — *Serrasalmo*, Lac. Dents intermaxillaires avec des lobes latéraux, trisériées. *S. denticulatus*, Guyane. — *Myletes*, Cuv. Dents intermaxillaires bisériées à bord tranchant, plus ou moins oblique. *M. asterias*, Guyane. — *Catoprion*, M. et T. Dents intermaxillaires coniques, bisériées. *C. mento*, Guyane.

2° Groupe. — *ÉSOCIFORMES. Dorsale toujours située dans la région caudale, occupant la place de l'adipeuse et superposée, au moins dans une partie de son étendue, à l'anale, très souvent semblable à elle.*

Fam. **MALACOSTEIDÆ**. — Point d'écailles. Dorsale courte, opposée à l'anale; pectorales rudimentaires; opercule membraneux: pas de barbillon à la mâchoire inférieure; des photophores; bouche énorme; bord de la mâchoire supérieure formé par les primaxillaires; post-temporal, mésocoracoïde, vertèbres des MYCTOPHINÆ.

Malacosteus, Ayres. Des pectorales. *M. niger*, Atl. prof. — *Photostomias*, Collett. Pas de pectorales ni de dents palatines. *P. Guernei*, Açores, 1100 m. — *Thaumatostomias*, Alcock. Pas de pectorales; des dents palatines. *T. atrox*, Madras, 1900 m.

Fam. **STOMIATIDÆ**. — Corps nu ou revêtu de minces écailles caduques. Dorsale opposée à l'anale; pas d'adipeuse. Un long barbillon à la mâchoire inférieure, et des photophores. Post-temporal ampullaire, empiétant sur l'occiput; mésocoracoïde rudimentaire ou absent; vertèbres et épines neurales normales; maxillaires formant les bords latéraux de la mâchoire supérieure.

Stomias, Cuv. De fines écailles; des pectorales; ventrales très en arrière. *S. ferox*, Atl. N. — *Echiostoma*, Lowe. Point d'écailles; pectorales avec des rayons séparés; des dents vomériennes et palatines; dents maxillaires longues; dents mobiles. *E. barbatum*. Madère, mer des Antilles. — *Opostomias*, Günth. Différent des *Echiostoma*, par leurs dents immobiles, l'absence de dents palatines, le grand nombre de leurs organes lumineux. *O. micripnus*, Australie S. — *Grammatostomias*, G. et B. Corps nu. Pectorales normales; dorsale et anale semblables et opposées; yeux petits; des taches de pigment au lieu de ligne latérale; dents en forme de griffes; point de dents vomériennes. *G. dentatus*, Atl. E. — *Pachystomias*, Günth. *Grammatostomias* à yeux grands, à dents petites, subégales. *P. microdon*, N.-E. Australie. — *Bathophilus*, Giglioli. *Grammatostomias*, à dents robustes, à ventrales insérées sur la ligne qui joint le sommet de l'angle buccal au sommet de l'échancrure de la queue. *B. nigerrimus*, Messine. — *Eustomias*. Vaillant. Corps nu; des pectorales normales; anale beaucoup plus longue que la dorsale; dents vomériennes et palatines absentes. *E. obscurus*, Açores, 2792 m. — *Photonectes*, Gunth. Corps nu; pas de pectorales; dorsale en arrière de l'anus. *P. gracilis*, Martinique.

Fam. **ESOCIDÆ**. Des écailles; pas d'adipeuse; dorsale appartenant à la région caudale; pas d'adipeuse. Bord de la mâchoire supérieure formé par les intermaxillaires et les maxillaires. Ouverture branchiale très grande; pseudobranchies glandulaires, cachées; vessie natatoire simple. Estomac sans cæcum, ni appendices pyloriques. Très carnassiers. Eaux douces.

Esox, Art. Genre unique. *E. lucius* (Brochet). Régions tempérées d'Europe, d'Asie et d'Amérique.

Fam. **GALAXIIDÆ**. — Pas d'écailles; nageoires des ESOCIDÆ; intermaxillaires courts, continués par une lèvre épaisse, derrière laquelle sont les maxillaires. Pas de pseudobranchies. Des appendices pyloriques peu nombreux. Œufs tombant dans la cavité abdominale avant la ponte.

Galaxias, C. Des ventrales. *G. alepidotus*, Nouvelle-Zélande. — *Neochanna*, Günt. Pas de ventrales. *N. apoda*, Nouv.-Zélande.

Fam. **MORMYRIDÆ**. Corps écailleux sauf la tête. Pas d'adipeuse. Intermaxillaires soudés entre eux; maxillaires contribuant avec eux à former le bord de la mâchoire supérieure; un sous-opercule et un petit interopercule; de chaque côté de l'unique pariétal une cavité couverte par une mince lamelle osseuse et conduisant dans le crâne. Ouverture branchiale très petite; pas de pseudobranchies; vessie natatoire simple; deux cæcums pyloriques en arrière de l'estomac.

Mormyrus, L. (incl. *Hyperopisus*, Gill., et *Mormyrops*, J. Müller). Toutes les nageoires bien développées; sur les côtés un rudiment d'appareil électrique. *M. cyprinoïdes*, Nil. — *Gymnarchus*, Cuv. Caudale, anale et ventrale absentes. *G. niloticus*, Nil.

Fam. **MAUROLICIDÆ**. — Corps nu; bord de la mâchoire supérieure formé par les maxillaires; post-temporal empiétant sur l'occiput; mésocoracoïde absent ou atrophié. Appareil operculaire incomplet; adipeuse rudimentaire.

Ichthyococcus, Bonaparte. Nageoire dorsale au milieu de la longueur du corps. *I. ovatus*, Atl. occident., Médit. prof. — *Maurolicus*, Cocco. Nageoires ventrales en arrière du milieu du corps. *M. borealis*, côte d'Angleterre et de Norvège.

    Fam. **HYODONTIDÆ.** — Écailles cycloïdes laissant la tête à découvert; pas d'adipeuse; dorsale située dans la région caudale; bord de la mâchoire supérieure formé latéralement par les maxillaires et au milieu par les intermaxillaires qui s'articulent aux premiers par leur extrémité. Ouverture branchiale large; appareil operculaire complet; pas de pseudobranchies; vessie natatoire simple. Œufs tombant dans l'abdomen avant l'évacuation.

Hyodon, Lesueur. Genre unique. *H. tergisus*, fleuves et lacs de l'Amérique du N. occidentale.

    Fam. **PANTODONTIDÆ.** — De grandes écailles cycloïdes; côtés de la tête osseux; dorsale appartenant à la région caudale, opposée à l'anale et semblable à elle; pas d'adipeuse. Bord de la mâchoire supérieure formée par l'intermaxillaire unique et les maxillaires. Ouverture branchiale large; appareil operculaire ne comprenant qu'un préopercule et un opercule; pas de pseudo-branchies; vessie natatoire simple. Estomac sans cæcum; un appendice pylorique; organes génitaux munis de canaux excréteurs.

Pantodon, Peters. Genre unique. *P. Buchholzii*, côte occidentale d'Afrique.

    Fam. **OSTEOGLOSSIDÆ.** — Écailles grandes et robustes, subdivisées en pièces formant mosaïques; tête à revêtement osseux. Dorsale appartenant à la région caudale, opposée et semblable à l'anale, rejoignant presque toutes deux la caudale qui est arrondie. Bord de la mâchoire supérieure formé par les maxillaires et les intermaxillaires; ouverture branchiale large; pas de pseudobranchies; vessie natatoire simple ou cellulaire. Ligne latérale occupée par les orifices de canaux muqueux. Estomac sans cæcum; deux appendices pyloriques.

Osteoglossum, Vandelli. Abdomen tranchant, pectorales allongées; bouche très grande, oblique; mâchoire inférieure proéminente avec une paire de barbillons; des bandes de dents en râpe sur le vomer, les palatins, les os ptérygoïdes, la langue et l'hyoïde. *O. bicirhosum*, Guyane. — *Arapaima*, Müller (*Sudis*, C.). Diffèrent des *Osteoglossum* par leur abdomen arrondi; l'absence de barbillons; la forme conique des dents de la rangée externe des mâchoires; la présence de dents sur le sphénoïde. *A. gigas*, atteint 5 mètres de long, grandes rivières de la Guyane et du Brésil. — *Heterotis*, Ehr. Une seule série de dents sur les mâchoires; des plaques de petites dents coniques sur les ptérygoïdes et l'hyoïde; vomer et palatin édentés. *H. niloticus*, Nil et rivières de l'O. de l'Afrique.

    Fam. **ALEPOCEPHALIDÆ.** — Corps écailleux; point d'adipeuse; dorsale et anale opposées et semblables; point de vessie natatoire. Maxillaires formant le bord de la mâchoire supérieure; ni barbillons, ni photophores; mésocoracoïde bien développé intercalé entre l'hyper- et l'hypo-coracoïde.

Alepocephalus, Risso, corps oblong. Des écailles minces et cycloïdes; des ventrales; bouche de grandeur moyenne; maxillaires sans dents; dorsale et anale semblables presque égales. *A. rostratus*, Açores, prof. — *Conocara*, G. et B. Diffèrent des *Alépocephalus* par leur corps allongé, leur anale beaucoup plus longue que la dorsale. *C. macroptera*, des Canaries au banc d'Arguin de 800 à 2 500 mètres. — *Bathytroctes*, Günth. Des écailles; des ventrales; bouche grande; des dents maxillaires et mandibulaires unisériées; ouverture branchiale étroite. *B. melanocephalus*, côtes du Maroc de 1 600 à 2 500 mètres. *B.* (*Talismania* G. et B.) *homopterus*, banc d'Arguin, 1 100 mètres. — *Narcetes*, Alcock. *Bathytroctes* à dents plurisériées, à grande ouverture branchiale. *N. eremitas*, golfe Persique, prof. — *Platytroctes*, Günth. Corps raccourci, haut, comprimé; écailles petites, carénées; pas de ventrales. *P. apus*, Atl. trop., prof. — *Xenodermichthys*, Günth. Écailles remplacées par des nodules; dorsale normale, égale à l'anale; une ligne latérale. *X. nodulosus*, Japon, 700 m. — *Alepocomus*, Gill. *Xenodermichthys*, sans ligne latérale. *A. socialis*, banc d'Arguin, 700 à 1 400 mètres. — *Leptoderma*, Vaillant. Pas d'écailles; dorsale plus courte que l'anale. *L. macrops*, côte tropicale d'Afrique, 1000 à 2 400 mètres. — *Anomalopterus*, Vaillant. Pas d'écailles; dorsale précédée par un long pli adipeux. *A. pinguis*, Maroc, 1 400 mètres. — *Aulastomatomorpha*, Alcock. De très petites écailles, à peine imbriquées; os céphaliques prolongés en un long museau; pseudobranchies rudimentaires. *A. phosphorops*, golfe Persique.

    Fam. **PTEROTHRISSIDÆ** (**BATHYTRISSIDÆ**). — Diffèrent des ALEPOCEPHALIDÆ par la présence d'une vessie natatoire.

Pterothrissus, Hilg. Genre unique. *P. gissu*, Japon, 500 mètres.

FAM. **CHIROCENTRIDÆ**. Écailles minces, caduques; pas d'adipeuse; dorsale dans la
région caudale. Pas de barbillons. Bord de la mâchoire supérieure formé par les
intermaxillaires et les maxillaires fortement unis. Appareil operculaire incomplet;
ouverture branchiale grande; pas de pseudobranchies; vessie natatoire incomplètement divisée en cellules. Estomac pourvu d'un cæcum; une valvule spirale dans
l'intestin; pas d'appendices pyloriques.

Chirocentrus, Cuv. Genre unique. *C. dorab*, Océan Indien.

FAM. **IDIACANTHIDÆ**. — Corps nu, allongé; pas de pectorales, dorsale commençant
en avant de l'anus; vertèbres munies de prolongements qui font saillie hors de la
peau, en avant de la dorsale; post-temporal et mésocoracoïde des MYCTOPHIDÆ.

Idiacanthus, Peters. Genre unique. *I. ferox*, Atl. N., prof.

FAM. **NOTOPTERIDÆ**. Corps et tête écailleux; queue prolongée, se rétrécissant graduellement; pas d'adipeuse; dorsale courte, appartenant à la région caudale; anale
très longue. Pas de barbillons. De chaque côté, une cavité pariéto-mastoïde pénétrant dans l'intérieur du crâne; bord de la mâchoire supérieure formée par les
intermaxillaires; pas de pseudo-branchies; une vessie natatoire divisée à l'intérieur
et prolongée en quatre cornes. Estomac sans cæcum; deux appendices pyloriques.

Notopterus, Lac. Genre unique. *N. chitala*, eaux douces de l'Inde. N. (*Xenomystus*, Günt.).
Nigri, Niger.

3ᵉ GROUPE. — *CLUPÉIFORMES. Pas d'adipeuse; dorsale courte, placée très en
avant de l'anale, d'ordinaire dans la région abdominale du corps. Bord de la
mâchoire supérieure formé par les intermaxillaires et les maxillaires. Estomac
le plus souvent pourvu d'un cæcum et de nombreux appendices pyloriques.*

FAM. **CLUPEIDÆ**. — Corps écailleux, sauf la tête; abdomen fréquemment comprimé
en une carène dentée; anale quelquefois très longue; pas de barbillons. Maxillaires formés d'au moins trois pièces mobiles. Fentes branchiales très larges;
appareil branchial très développé; généralement des pseudo-branchies; vessie natatoire plus ou moins simple. Estomac pourvu d'un cæcum; de nombreux appendices pyloriques.

TRIB. ENGRAULINÆ. Bouche très grande; intermaxillaires très petits, solidement unis aux
maxillaires qui sont allongés et à peine protractiles; mâchoire supérieure saillante.
Engraulis, Cuv. Écailles grandes ou moyennes; carène ventrale lisse; museau plus ou
moins conique; anale moyenne ou longue; intermaxillaires très petits, cachés; maxillaires
longs attachés à la joue par une membrane extensible; dents petites ou rudimentaires;
neuf à quatorze courts branchiostèges. *E. encrasicholus* (Anchois), côtes de Fr., mais surtout Médit. — *Cetengraulis*, Günt. *Engraulis* à membranes branchiales très largement
unies. *C. edentulus*, Antilles. — *Coilia*, Gray. Diffèrent des Anchois par leur longue anale
confluente avec la caudale et par l'allongement en longs filaments des rayons supérieurs
de leurs pectorales. *C. clupeoïdes*, mer de Chine.

TRIB. CHATOESSINÆ. Bouche transverse, inférieure, étroite, sans dents; abdomen denté.
Chatoessus, C. Anale assez longue; dorsale opposée aux ventrales ou à l'espace qui les
sépare de l'anale; maxillaires unis à l'ethmoïde, leur portion supérieure passant derrière
les intermaxillaires; membranes branchiales entièrement séparées; arcs branchiaux formant deux angles, l'un dirigé en avant, l'autre en arrière; 4ᵉ arc branchial présentant
un organe accessoire; cinq ou six branchiostèges de moyenne longueur. *C. cepedianus*,
New York.

TRIB. CLUPEINÆ. Mâchoire supérieure ne dépassant pas l'inférieure; abdomen denté.
A. — *Moins de trente rayons à l'anale; dorsale opposée aux ventrales.* — *Clupea*,
Cuv. Caudale fourchue; dents rudimentaires, caduques ou absentes. Sg. *Clupea*, Vomer
denté. *C. harengus*, Manche et surtout mer du Nord, abondamment pêché. Sg. *Meletta*,
Val. Vomer non denté; dorsale commençant plus loin du museau que de la base
de la caudale. *M. vulgaris* (Esprot), Manche. Sg. *Harengula*, Val. Vomer non denté.

dorsale commençant plus près du museau que de la base de la caudale; opercule non strié. *H. latulus* (Blanquette), Manche et plus souvent Océan. Sg. *Sardinella*, Val. *Harengula* à bord antérieur de la ceinture scapulaire vertical. *S. aurita*, Cette, Nice. — *Alosa*, Cuv. Diffèrent des deux sous-genres précédents par leur opercule strié. *A. vulgaris* (Alose), atteint 80 centimètres; remonte pour pondre dans les rivières. *A. finta*, remonte les rivières. *A. sardina* (*A. pilchardus*, Sardine), toutes nos côtes. — *Clupeoïdes*, Bleek. Dents nulles ou rudimentaires; abdomen denté à partir des pectorales. *C. hypselosoma*, Bornéo. — *Pellonula*, Günt. Dents bien développées, de grandeur moyenne. *P. vorax*, Niger. — *Clupeichthys*, Bleek. Des canines sur les mâchoires. *C. goniognathus*, rivières de Sumatra.

B. — *Plus de trente rayons à l'anale; dorsale postérieure aux ventrales ou opposée à l'anale; ventrales très petites ou nulles.* — *Pellona*, Cuv. Des ventrales; dents en velours. *P. africana*, Atl. africain. — *Pristigaster*, C. *Pellona* sans ventrales. *P. mucronatus*, Guyane. — *Chirocentrodon*, Günt. Dents ventrales; des canines aux mâchoires. *C. tæniatus*, Antilles.

Trib. ALBULINÆ. — Bouche inférieure, dentée; mâchoire supérieure saillante; intermaxillaires contigus à l'angle supérieur des maxillaires. — *Albula*, Gronov. Corps oblong, modérément comprimé; abdomen plat; écailles adhérentes, moyennes; ligne latérale distincte; dorsale opposée aux ventrales, anale plus courte que la dorsale; dents en velours; yeux munis d'une paupière annulaire; membranes branchiales complètement séparées, avec de nombreux branchiostèges. *A. conorhynchus*, mers tropicales.

Trib. ELOPINÆ. Mâchoire inférieure saillante; abdomen arrondi; une plaque osseuse au menton. — *Elops*, L. Dents en velours sur les mâchoires, le vomer, les palatins, les os ptérygoïdes, la langue, et la base du crâne; écailles petites; des pseudobranchies; entre les deux branches de la mandibule une étroite lame osseuse attachée à la symphyse. *E. saurus*, mers tropicales, atteint 1 mètre. — *Megalops*, Lac. Diffèrent des *Elops* par leurs grandes écailles adhérentes, leur anale plus grande que la dorsale, qui peut être un peu postérieure aux ventrales; leur museau obtusément conique; l'absence de pseudobranchies. *M. thrissoïdes*, Atl., dépasse 1 m. 50.

Trib. CHANINÆ. Bouche petite, antérieure, sans dents; intermaxillaires des ALBULINÆ; abdomen aplati; membranes branchiales unies mais indépendantes de l'isthme. — *Chanos*, Lac. Écailles petites, striées, adhérentes; ligne latérale distincte; dorsale opposée aux ventrales; anale plus courte que la dorsale; caudale fortement fourchue; museau déprimé; un tubercule symphysaire à la mandibule; quatre longs branchiostèges; un organe branchial nécessaire dans une cavité située en arrière de la cavité branchiale proprement dite; vessie natatoire divisée en deux poches; un repli hélicoïdal dans l'œsophage, de nombreuses circonvolutions intestinales. *C. salmoneus*, Pacifique, entre dans les eaux douces, atteint 1 m. 30.

Trib. DUSSUMIERINÆ. Bouche antérieure et latérale; mâchoire supérieure non saillante; abdomen ni caréné, ni denté; pas de plaque osseuse sous le menton. — *Spratelloïdes*, Bleek; Dorsale opposée aux ventrales; dents caduques ou nulles. *S. delicatulus*, O. Indien. — *Dussumieria*, C. et V. *Spratelloïdes* à dents petites, mais persistantes. *D. acuta*, Poulo-Pinang. — *Etrumeus*, Bleek. Dorsale entièrement en avant des ventrales. *E. teres*, côte Atl. des États-Unis.

Fam. **SCOMBRESOCIDÆ**. — Corps écailleux; une ligne d'écailles carénées de chaque côté du corps; pas d'adipeuse; dorsale opposée à l'anale, appartenant à la région caudale du corps; bords de la mâchoire supérieure formés par les intermaxillaires et les maxillaires; pharyngiens inférieurs en un seul os; pseudo-branchies glandulaires, cachées; vessie natatoire sans pneumoducte, parfois absente (*Scombresox Rondeletii*). Estomac non différencié; intestin droit, sans appendices. Marins; quelques-uns d'eau douce et vivipares.

Belone, Cuv. (*Ramphistoma*, Swains). Les deux mâchoires prolongées en un bec étroit; rayons de l'anale et de la dorsale réunis par une membrane. *B. vulgaris* (Orphie), côtes de Fr. — *Scombresox*, Lac. *Belone* à rayons postérieurs des mâchoires impaires séparés. *S. saurus*, Atl. Fr. *S. Rondeletii*, Médit. — *Hemiramphus*, Cuv. Mâchoire inférieure seule prolongée en bec. *H. villatus*, côtes occidentales d'Afrique. — *Aramphus*, Günth. Les mâchoires non prolongées; pectorales ordinaires. *A. sclerolepis*, Queensland. — *Exocætus*, Art. Mâchoires courtes; dents rudimentaires ou nulles; pectorales développées en ailes pouvant servir au vol. *E. volitans*, côtes de Fr.

4ᵉ Groupe. — *CYPRINIFORMES. Pas d'adipeuse; dorsale généralement située dans la région abdominale du corps et s'étendant souvent jusqu'au-dessus de l'anale. Bord de la mâchoire supérieure uniquement formé par les intermaxillaires. Estomac simple, sans cæcum, sans appendices pyloriques ou avec un petit nombre de ces appendices.*

Fam. GONORHYNCHIDÆ. — Tête et corps à écailles épineuses; dorsale courte, ainsi que l'anale, et opposée aux ventrales; des barbillons; ouverture branchiale étroite; des pseudo-branchies; pas de vessie natatoire.

Gonorhynchus, Gronov. Genre unique. *G. Gregi*, du cap de Bonne-Espérance au Japon.

Fam. KNERIIDÆ. — Corps écailleux; tête nue; dorsale et anale courtes, la première abdominale; pas de barbillons; trois branchiostèges; pas de pseudo-branchies; vessie natatoire longue, non divisée; ovaires clos.

Kneria, Steind. Genre unique. *K. angolensis*, Afr. trop.

Fam. CYPRINIDÆ. — Corps généralement écailleux; tête sans revêtement osseux; ventre arrondi ou, s'il est tranchant, sans ossification; bouche sans dents; os pharyngiens inférieurs bien développés, falciformes, sub-parallèles aux arcs branchiaux, pourvus de dents arrangées en une, deux ou trois séries; vessie natatoire enfermée souvent dans une capsule osseuse, divisée en deux moitiés latérales ou en deux parties consécutives par une constriction transversale, sacs ovariens clos. Eaux douces de l'Ancien Monde et de l'Amérique du Nord.

I. — *Vessie natatoire divisée par une constriction transversale, non contenue dans une capsule osseuse.*

Trib. CATOSTOMINÆ. Dorsale longue opposée aux ventrales; anale médiocre ou courte pas de barbillons; dents pharyngiennes en une série, très nombreuses et très serrées. — *Catostomus*, Lesueur. Plus de dix-sept rayons à la dorsale; une ligne latérale. *C. hudsonius*, Am. N. — *Moxostoma*, Raf. *Catostomus* sans ligne latérale. *M. oblongum*, États-Unis. — *Sclerognathus*, C. et V. Plus de trente rayons à la dorsale; os pharyngiens en faucille avec des dents comprimées qui vont en croissant en arrière. *S. urus*, Ohio. — *Carpiodes*, Raf. *Sclerognathus* à pharyngiens minces et comprimés, avec une série de petites dents. *C. cyprinus*, États-Unis.

Trib. CYPRININÆ. Dorsale opposée aux ventrales; anale très courte, au plus à sept rayons; ligne latérale courant le long de la ligne médiane de la queue; abdomen non comprimé; souvent des barbillons; dents pharyngiennes en une, deux (formes américaines) ou trois rangées longitudinales; vessie natatoire sans capsule osseuse. — *Cyprinus*, Art. Écailles grandes; dorsale longue à premier rayon osseux, denté en scie; anale courte; museau arrondi, obtus; bouche antérieure, assez petite; quatre barbillons; dents pharyngiennes broyeuses : 3.1.1. *C. carpio* (Carpe), Fr., originaire d'Orient. — *Carassius*, Niles. *Cyprinus* sans barbillons, à dents unisériées, comprimées : 4. *C. carassius*, Italie. *C. auratus* (poisson rouge), importé de la Chine et du Japon. — *Catla*, C. et V. Écailles moyennes; dorsale commençant presque au-dessus des ventrales, à plus de neuf rayons; museau large, à tégument très mince; pas de lèvre supérieure; l'inférieure avec un bord libre continu postérieur; pas de barbillons; tubercules branchiaux très longs et fins; pas de barbillon; dents pharyngiennes : 5.3.2; symphyse des os mandibulaires lâche avec des tubercules saillants. *C. Buchanani*, Gange, dépasse 1 mètre. — *Labeo*, C. Écailles médiocres ou petites; dorsale commençant en avant des ventrales, sans rayons osseux, avec plus de neuf rayons mous. Museau obtusément arrondi; chaque lèvre présentant un repli interne couvert d'un revêtement corné, tranchant, caduc, mou. *L. niloticus*, Afrique tropicale. — *Cirrhina*, C. Museau déprimé; lèvres minces, la supérieure non frangée; bord de la mandibule tranchant; un tubercule symphysaire; trois séries de dents pharyngiennes non molaires, tubercules branchiaux courts, subconiques. *C. variegata*, Calcutta. — *Dangila*, C. et V. *Cirrhina* à lèvre supérieure frangée. *D. ocellata*, Bornéo. — *Osteochilus*, Günt. Diffèrent des *Cirrhina* par leurs lèvres épaissies et l'absence de tubercule symphysaire. *O. melanopleurus*, Bornéo. — *Barynotus*, Günt. *Cirrhina* à bouche normale, sans tubercule à la symphyse. *B. microlepis*, Bornéo. — *Discognathus*, Heck. (*Garra*, Ham.). Écailles médiocres; les anales non élargies; dorsale sans rayons épineux, avec au plus neuf rayons mous, commençant un peu en avant des ventrales; pectorales horizontales; deux ou quatre barbillons; dents pharyngiennes 5.4.2; bouche inférieure en croissant; lèvres larges, continues avec bord interne des mâchoires tranchant, couvertes d'une substance cornée sur la mâchoire inférieure; lèvre inférieure transformée en ventouse. *D. lamta*, torrents d'Abyssinie et de Syrie. — *Capoeta*, C. et V. Dorsale avec au plus neuf rayons; museau arrondi, bouche transversale ventrale; chaque mandibule courbée angulairement en dedans, en avant, et ayant son bord antérieur presque droit, tranchant et couvert d'une couche cornée brune; pas de pli labial inférieur; écailles anales non élargies; dents pharyngiennes comprimées, tronquées : 5 ou 4.3.2. *C. damascina*, Jourdain. — *Tylognathus*, Heck. Au plus neuf rayons ramifiés à la dorsale; joues très incomplètement ossifiées; pas de paupière adipeuse; dents pharyngiennes trisériées; bouche des *Labeo*; écailles moyennes. *T. ariza*, Inde. — *Abrostomus*, Smith. *Tylognathus* à petites écailles. *A. umbratus*, riv. Orange. — *Crossochilus*, V. Hass. Comme *Tylognathus*, mais mâchoire inférieure transverse avec une lèvre étroite, non continue avec la lèvre supérieure et ayant un bord tranchant. *C. latius*, Népaul. — *Epalzeorhynchus*, Bleek. *Crossochilus* à lèvre inférieure double, continue avec la supérieure; museau avec un lobe latéral mobile. *E. callopterus*, Sumatra. — *Barbus*, Cuv. Dorsale à moins de neuf rayons, commençant à la naissance de la ventrale; son troisième rayon généralement plus long que les autres et transformé en aiguillon souvent denté; anale généralement très haute; pas de paupières; bouche arquée sans plis internes; lèvre sans lame cornée; zéro à quatre barbillons; écailles anales non élargies; dents pharyngiennes 5.3.2. *B. vulgaris* (Barbeau), rivières d'Europe. *B. mosal*, des rivières, des montagnes de l'Inde, atteint 2 mètres. — *Thynnichthys*, Bleek. Écailles petites; dorsale commençant à l'opposé de la ventrale, avec moins de neuf rayons dont aucun n'est en épine; tête grande, fortement comprimée; pas de paupières; pas de lèvre supérieure, un mince pli labial de chaque côté de la mandibule; pas de pseudo-branchies ni de tubercules branchiaux; dents pharyngiennes : 5.3 ou 4.2. *T. thynnoïdes*, îles de la Sonde. — *Oreinus*, M'Clell. Écailles très petites; dorsale opposée aux ventrales avec un fort rayon osseux et denté; quatre barbillons; museau arrondi, portant la bouche à sa face inférieure; mandibules courtes, larges, aplaties, lâchement unies, avec une épaisse couche cornée; anus et anale dans une gaine couverte de grandes écailles imbriquées; dents pharyngiennes pointues, en crochet : 5.3.2. *O. plagiostomus*, Himalaya. — *Schizothorax*, Heck. *Oreinus* à mandibule normale. *S. planifrons*, Himalaya. — *Ptychobarbus*, Steind. Anus et nageoire anale enfermés dans une gaine à grandes écailles; bouche normale; corps écailleux. *P. conirostris*, Thibet. — *Gymnocypris*, Günt. *Ptychobarbus* sans écailles. *G. dobula*, Loc.? — *Schizopygopsis*, St. *Gymnocypris* avec le bord de la mâchoire inférieure transverse, tranchant, couvert d'une couche cornée; pas de barbillons. *S. stoliczkæ*, Thibet. — *Diptychus*, St. *Schizopygopsis* à corps partiellement écailleux; deux barbillons. *D. maculatus*, Thibet. — *Gobio*, Cuv. Écailles de grandeur moyenne; une ligne latérale; dorsale courte, sans épine; bouche ventrale avec un petit barbillon aux angles; mandibule n'avançant pas au delà de la mâchoire supérieure quand la bouche est ouverte; les deux mâchoires avec une lèvre simple; des pseudo-branchies; tubercules branchiaux courts; dents pharyngiennes crochues 5.3 ou 2. *G. fluviatilis* (Goujon), Fr. — *Ladislavia*, Dybowski. Dents pharyngiennes pointues : 5.2; bord de la mâchoire inférieure cartilagineux et tranchant; un court barbillon de chaque côté de la bouche. *L. Taczanowskii*, Transbaikalie. — *Pseudogobio*, Bleek. *Gobio* à dents pharyngiennes 5, à dorsale nettement en avant de la ventrale. *P. esocinus*, Japon. — *Ceratichthys*, Baird et Gir. Différent des *Gobio* par leur bouche moins nettement ventrale; leurs intermaxillaires protractiles; leurs dents 4 ou 4.1. *C. biguttatus*, lacs des États-Unis. — *Bungia*, Keys. *Pseudogobio* à bouche antérieure. *B. nigrescens*, Hérat. — *Pimephales*, Raf. Dorsale à moins de neuf rayons, avec un aiguillon en avant; dents pharyngiennes 4; pas de barbillons; ligne latérale incomplète. *P. promelas*, États-Unis. — *Hyborhynchus*, Ag. *Pimephales* à ligne latérale complète. *H. notatus*, États-Unis. — *Hybognathus*, Girard. *Campostoma* à bouche antérieure. — *Campostoma*, Ag. Dorsale sans aiguillon, avec huit à dix rayons; intermaxillaires protractiles; mâchoire inférieure à bord tranchant; vessie natatoire entourée par les circonvolutions intestinales; bouche inférieure; *C. dubium*, États-Unis. — *Ericymba*, Cope. Dorsale à neuf rayons et sans aiguillon; bouche inférieure; pas de barbillons; des cavités mucifères dans les os operculaires et mandibulaires. *E. buccata*, États-Unis. — *Cochlognathus*, Baird et Gir. Mâchoires à bord tranchant, munies d'expansions osseuses en cuilleron. *C. ornatus*, Texas. — *Exoglossum*, Raf. Mandibules unies par une large symphyse qui se prolonge en étroite expansion linguiforme. *E. maxillingua*, États-Unis. — *Rhinichthys*, Ag. Intermaxillaires non protractiles; dents pharyngiennes 4.1-2.4. *R. nasutus*, États-Unis. — *Barbichthys*, Bleek. Dorsale et dents pharyngiennes des précédents; joues entièrement ossifiées, pas de paupière adipeuse. *B. lævis*, Sumatra. — *Amblyrhynchichthys*, Bleek. *Barbichthys* avec une grande paupière adipeuse; caudale non écailleuse. *A. truncatus*, Bornéo. — *Albulichthys*, Bleek. *Amblyrhynchichthys* à caudale écailleuse à la base. *A. albuloides*, Bornéo. — *Aulopyge*, Heckel. Quatre courts barbillons; femelle avec un court tube cloacal. *A. Hügelii*, Dalmatie. — *Pseudorasbora*, Bleek. Diffèrent des *Gobio* par leur bouche très petite, transverse, dirigée en dessus; mandibules à bords tranchants. *P. parva*, Japon.

TRIB. ROHTEICHTHYINÆ. Dorsale en arrière des ventrales; anale très courte à six rayons au plus; abdomen comprimé; ligne latérale le long de la ligne médiane de la queue; dents pharyngiennes en triple série. — *Rohteichthys*, Bleeker. Genre unique. *R. microlepis*, Bornéo.

TRIB. LEPTOBARBINÆ. Diffèrent des précédents par leur dorsale opposée aux ventrales, leur abdomen non comprimé, la présence de barbillons. — *Leptobarbus*, Bleek. Genre unique. *L. hœvenii*, Bornéo.

TRIB. RASBORINÆ. Dorsale insérée en arrière de l'origine des ventrales; anale très courte, à six rayons au plus; ligne latérale dans la moitié inférieure de la queue, quand elle se prolonge; dents en triple série; vessie natatoire sans enveloppe osseuse. — *Rasbora*, Bleek. Mâchoire inférieure proéminente; dents en trois séries, crochues. *R. daniconius*, Inde. — *Luciosoma*, C. et V. Diffèrent des *Rasbora* par l'extension de leur fente buccale au delà du bord antérieur de l'orbite. *L. setigerum*, îles de la Sonde. — *Nuria*, C. et V. Dents pharyngiennes unisériées; quatre barbillons dont les supérieurs très longs. *N. danrica*, Gange. — *Aphiocypris*, Günt. Dents pharyngiennes bisériées; pas de barbillons; ligne latérale incomplète. *A. chinensis*, Chine. — *Amblypharyngodon*, Bleeker. Ligne latérale incomplète; dents pharyngiennes trisériées 3.2.1.; quelques-unes en forme de molaires; bouche petite; mâchoire inférieure proéminente. *A. melettinus*, Chine.

TRIB. SEMIPLOTINÆ. Dorsale allongée, munie d'un rayon osseux; anale courte à sept rayons divisés, commençant plus loin que l'extrémité de la dorsale; ligne latérale sur la ligne médiane de la queue. — *Cyprinion*, Heck. Aiguillon dorsal denté. *C. macrostomus*, rivières de Syrie, Perse. — *Semiplotus*, Bleeker. Aiguillon dorsal lisse. *S. M'Clellandi*, Assam.

TRIB. XENOCYPRINÆ. Comme SEMIPLOTINÆ, mais dorsale courte; anale à sept rayons au moins. — *Xenocypris*, Günt. Pas de barbillons; dents pharyngiennes trisériées; aiguillon dorsal lisse. *X. argentea*, Chine. — *Paracanthobrama*, Bleek. *Xenocypris* à deux barbillons, à dents pharyngiennes bisériées. *P. Guichenoti*, Chine. — *Mystacoleucus*, Bleek. Deux barbillons; dents pharyngiennes trisériées. *M. padangensis*, Sumatra.

TRIB. LEUCISCINÆ. Dorsale courte, sans aiguillon; anale n'arrivant pas jusqu'à la dorsale, présentant de huit à douze rayons; ligne latérale sur la ligne médiane de la queue; ordinairement des barbillons; dents pharyngiennes au plus en deux séries. — *Leuciscus*, Klein. Écailles imbriquées; dorsale commençant au-dessus, rarement en arrière des ventrales; de neuf à onze, rarement huit ou quatorze rayons à l'anale; pas de barbillons; dents coniques ou comprimées. *L. rutilus* (Gardon); dents pharyngiennes sur un seul rang; *L. (Idus*, Heck. dents pharyngiennes, 5.3) *Jeses*; *L. (Squalius*, Bonap., dents pharyngiennes, 5.2) *Souffia*; *L. (Squalius) cephalus* (Chevaine); *L. (Squalius) leuciscus* (Vandoise), rivières de France. — *Phoxinus*, Bel. *Leuciscus* à petites écailles, à ligne latérale incomplète, à dents pharyngiennes crochues, 5.2. *P. lævis* (Vairon), riv. de Fr. — *Tinca*, Cuv. Écailles petites, profondément enfoncées dans la peau; dorsale courte, naissant à la hauteur des ventrales; anale courte; caudale subtronquée; bouche antérieure avec un barbillon à chaque angle; lèvres modérément développées; pseudo-branchies rudimentaires; dents pharyngiennes 4 ou 5. *T. vulgaris* (Tanche), toute l'Europe. — *Chondrostoma*, Ag. Écailles médiocres; dorsale n'ayant pas plus de neuf rayons, commençant au niveau des ventrales; anale assez allongée avec au moins dix rayons; bouche inférieure, transverse, à mandibule tranchantes, cornées; des pseudo-branchies; de cinq à sept dents pharyngiennes unisériées, tranchantes, non denticulées. *C. nasus* (Nase), a émigré récemment du bassin du Rhône dans ceux de la Loire, de la Seine et du Rhône. *C. Genei*, indigène dans les bassins de la Garonne et du Rhône. — *Leucosomus*, Heckel. Écailles médiocres ou petites; dorsale commençant au niveau des ventrales; anale courte; bouche antérieure, à intermaxillaires protractiles; un très petit barbillon à l'extrémité du maxillaire; mâchoire inférieure à bord arrondi, avec une lèvre distincte surtout latéralement; des pseudo-branchies; dents pharyngiennes en double série. *L. pulchellus*, États-Unis. — *Myloleucus*, Cope. Écailles petites; anale courte; caudale fourchue; dents unisériées 4.5, avec surface broyeuse développée. *M. pulverulentus*, Utah. — *Ctenopharyngodon*, Stein. *Leuciscus* à molaires pharyngiennes profondément plissées. *C. idellus*, Chine. — *Paraphoxinus*, Bleek. Écailles rudimentaires ou nulles; dents pharyngiennes unisériées. — *Mylopharodon*, Ayres. Intermaxillaires non protractiles. *M. conocephalus*, Californie. — *Graodus*, Günt. Dents pharyngiennes remplacées par une saillie osseuse inégale. *G. nigrotæniatus*, Atlisco. — *Meda*, Gir. Pas d'écailles; dents pharyngiennes bisériées. *M. fulgida*, riv. Gila. — *Orthodon*, Gir. Bord de la mâchoire inférieure tranchant; rayons simples de la caudale et de l'anale très nombreux; un sillon profond entre la branche supérieure très dilatée des pharyngiens et leur portion dentigère. *O. microlepidosus*, Californie. — *Acrochilus*, Ag. *Orthodon*, sans dilatation des os pharyngiens. *A. alutaceus*, Colombie.

Trib. Rhodeinæ. Dorsale médiocre ou courte; anale s'étendant au-dessous de la dorsale, possédant de neuf à douze rayons; ligne latérale normale; bouche très petite; dents pharyngiennes unisériées. — *Achilognathus*, Bleeker. Ligne latérale incomplète. *A. limbatus*, Japon. — *Acanthorhodeus*, Bleek. *Rhodeus* avec une forte épine à la dorsale et à l'anale. *A. macropterus*, Yang-tsé-Kiang. — *Rhodeus*, Ag. Écailles grandes; ligne latérale très courte; caudale échancrée; dorsale et anale à douze rayons; cinq dents pharyngiennes comprimées de chaque côté. *R. amarus* (Bouvière), rivière de Fr., le plus petit de nos Cyprins. — *Pseudoperilampus*, Bleek. *Rhodeus*, à petites écailles. *P. typus*, Japon.

Trib. Danioninæ. Anale à huit rayons ou plus; ligne latérale se prolongeant au-dessous de la ligne médiane latérale de la queue; abdomen non tranchant; dents pharyngiennes en double ou triple série. — *Danio*, Ham. Buch. Bouche étroite; dorsale à neuf rayons ramifiés, au moins, dont les postérieurs sont opposés à l'anale. *D. devario*, Bengale. — *Pteropsarion*, Günt. *Danio* à bouche large. *P. Bakeri*, Travancore. — *Aspidoparia*, Heckel. Dorsale à moins de neuf rayons branchus, commençant en arrière des ventrales; bouche inférieure, étroite; dents pharyngiennes trisériées; suborbitaire large. *A. Sardina*, Bengale. — *Barilius*, Ham. Buch. *Aspidoparia* à bouche large, antérieure. *B. tileo*, Gange. — *Bola*, Günt. *Barilius* à dents pharyngiennes bisériées. *B. goha*, Gange. — *Schacra*, Günt. Bouche de longueur moyenne; dents pharyngiennes bisériées; suborbitaire non dilaté. *S. cirrata*, Gange. — *Opsariichthys*, Bleek. Dorsale à moins de neuf rayons ramifiés, naissant au niveau des ventrales; anale n'arrivant pas au niveau de la dorsale; bouche atteignant ou dépassant les orbites; pas de barbillons. *O. uncirostris*, Japon. — *Squaliobarbus*, Günt. *Opsariichthys* à bouche n'atteignant pas les orbites; deux barbillons. *S. curriculus*, Chine. — *Ochetobius*, Günt. *Squaliobarbus* sans barbillons. *O. elongatus*, Shangaï.

Trib. Hypophtalmichthyinæ. Anale allongée; dorsale sans épine; ligne latérale normale; abdomen non tranchant; dents pharyngiennes unisériées. — *Hypophtalmichthys*. Genre unique. *H. nobilis*, Chine.

Trib. Abramidinæ. Anale allongée; abdomen comprimé, au moins en partie. — *Abramis*, Cuv. Corps très comprimé, élevé ou oblong; écailles médiocres; dorsale courte, avec une épine, opposée à l'intervalle entre les ventrales et l'anale; lèvres simples, l'inférieure interrompue à la symphyse; mâchoire supérieure protractile; des pseudobranchies; tubercules branchiaux assez courts; dents pharyngiennes en une ou deux séries avec une encoche près de leur extrémité. *A. brama* (Brème); *A.* (*Blicca*, Hut.) *bjoerkna* (Bordelière), riv. de Fr. — *Aspius*, Ag. *Abramis* à dorsale sans épine, à anale allongée, à mâchoire inférieure saillante, à membranes branchiales s'attachant à l'isthme au-dessus du bord postérieure de l'orbite, à écailles couvrant la carène ventrale; dents pharyngiennes 3.3 — 3 ou 2.5 ou 4. *A. rapax*, Europe or. — *Alburnus*, Rond. Diffèrent des *Aspius* par leurs dents pharyngiennes 5.2 et leur carène ventrale sans écailles. *A. lucidus* (Ablette), riv. de Fr. — *Leucaspius*, v. Sieb. *Aspius* à ligne latérale incomplète. *L. delineatus*, Europe centrale. — *Pelecus*, Ag. Dorsale située au-dessus de la partie antérieure de l'anale; caudale fourchue; sans piquant; bouche dirigée en dessus; dents pharyngiennes, 5.2. *P. cultratus*, Eur. or. — *Pelotrophus*, Günt. Nageoires pectorales modérément longues; pas d'aiguillon dorsal; dents pharyngiennes trisériées; sous-orbitaires larges. *P. microlepis*, lac Nyassa. — *Rasborichthys*, Bleek. *Pelotrophus* à sous-orbitaires étroits; bouche n'arrivant pas au-dessous de l'œil. *R. Helfrichii*, Bornéo. — *Elopichthys*, Bleeker. *Pelotrophus* à bouche arrivant au-dessous de l'œil. *E. bambusa*, Chine. — *Acanthobrama*, Heckel. Pectorales normales; un aiguillon dorsal; dents pharyngiennes unisériées. *A. arrhada*, riv. Tigre. — *Osteobrama*, Heckel. Pectorales normales; un aiguillon dorsal lisse; dents pharyngiennes trisériées; écailles petites; vessie natatoire bipartite. *O. cotio*, Bengale. — *Chanodichthys*, Bleek. *Osteobrama* à écailles assez grandes, à vessie natatoire tripartite. *C. mongolicus*, Mandchourie. — *Hemiculter*, Bleek. Pectorales atteignant presque les ventrales; vessie natatoire bilobée. *H. leucisculus*, Chine. — *Smiliogaster*, Bleek. *Osteobrama* à aiguillon dorsal denté. *S. Belangeri*, Bengale. — *Toxobramis*, Günt. Pectorales longues; un aiguillon dorsal denté; anale longue multiradiée; dents pharygiennes en double série, 5.2. *T. swinhonis*, Shanghaï. — *Culter*, Basilewsky. Pectorales très longues; un aiguillon dorsal lisse. *C. recurviceps*, Chine. — *Eustira*, Günt. *Culter* sans aiguillon dorsal; dorsale au-dessus de l'anale; ventrales bien développées; ligne latérale brusquement courbée en dessous; dents pharyngiennes trisériées. *E. ceylonensis*, Ceylan. — *Chela*, Buch. Ham. *Eustira* à ligne latérale graduellement courbée en dessous. *C. gora*, Bengale. — *Pseudolaubuca*, Bleek. *Chila* à dorsale commençant en avant de l'anale. *P. sinensis*, Chine. — *Cachius*, Günt. Ventrales filiformes; pas d'aiguillon dorsal; pectorales très longues. *C. atpar*, Bengale.

II. — Pas de vessie natatoire.

Trib. Homalopterinæ. Anale et dorsale courtes, la dernière opposée aux ventrales; pectorales et ventrales horizontales, les premières avec les rayons externes simples; de dix à seize dents pharyngiennes en une seule série. — *Homaloptera*, V. Hasselt. Six barbillons. *H. pavonina*, Java. — *Gastromyzon*, Günt. Un grand nombre de rayons dans les ventrales qui sont réunies en un disque suceur. *G. borneensis*, Bornéo. — *Crossostoma*, Sauv. *Homaloptera* avec un cercle de barbillons autour de la bouche. *C. Davidi*, Chine. — *Psilorhynchus*, M. Cl. Pas de barbillons. *B. sucatio*, Bengale. — *Gyrinocheilus*, L. Voirel. Opercule avec une échancrure supérieure permettant l'entrée de l'eau dans la cavité branchiale, Bornéo.

III. — Vessie natatoire partiellement ou entièrement enfermée dans une capsule osseuse.

Trib. Cobitidinæ. Dorsale médiocre ou courte; anale courte. Écailles petites, rudimentaires ou absentes. Bouche entourée par six barbillons au moins; dents pharyngiennes sur une seule série, en nombre modéré. Des pseudobranchies. — *Misgurnus*, Lac. Corps allongé, comprimé; pas d'épine sous-orbitaire; dix ou douze barbillons dont quatre à la mandibule; dorsale opposée aux ventrales. *M. fossilis* (Loche d'étang), Toul; Maine-et-Loire, Nord, Gard. — *Nemachilus*, V. Hasselt. Point d'épine érectile sous-orbitaire; six barbillons tous à la mâchoire supérieure; dorsale opposée aux ventrales, caudale arrondie. *N. barbatulus* (Loche franche), Fr. — *Cobitis*, Artedi. Diffèrent des *Nemachilus* par la présence d'une petite épine érectile, bifide, sous-orbitaire. *C. tænia* (Loche de rivière), Fr. — *Botia*, Gray. Diffèrent des *Cobitis* par leur caudale bifurquée et leur dorsale commençant en avant des ventrales; vessie natatoire divisée en deux poches dont l'antérieure enfermée dans une capsule osseuse. *B. rostrata*, Bengale. — *Lepidocephalichthys*, Bleek. *Cobitis* à huit barbillons. *L. Hassellii*, Java. — *Acanthopsis*, V. Hasselt. L'épine érectile en avant des yeux. *A. dialyzona*, îles de la Sonde. — *Oreonectes*, Günt. Dorsale naissant un peu en arrière des ventrales; pas d'épine érectile sous-orbitaire; six barbillons. *O. platycephalus*, Chine. — *Paramisgurnus*, Sauv. Pas d'épine sous-orbitaire; deux barbillons à la mâchoire supérieure et six à l'inférieure. *P. Dabryanus*, Chine. — *Lepidocephalus*, Bleeker. *Oreonectes* avec une épine érectile sous-orbitaire; six barbillons dont quatre à l'extrémité du museau. *L. macrochir*, île de la Sonde. — *Acanthophthalmus*, V. Hasselt. *Lepidocephalus* à deux barbillons seulement au bout du museau. *A. pangia*, Bengale. — *Apua*, Blyth. *Acanthophtalmus* sans ventrales. *A. fusca*, Tennasserim.

Fam. CYPRINODONTIDÆ. — Tête et corps écailleux. Pas d'adipeuse; dorsale située dans la moitié postérieure du corps. Pas de barbillons; bord de la mâchoire supérieure uniquement formé par les intermaxillaires; des dents aux deux mâchoires; pharyngiens supérieurs et inférieurs avec des dents en velours. Pas de pseudobranchies; vessie natatoire simple, sans chaîne d'ossicules la reliant à l'oreille. Poissons d'eau douce; quelques-uns marins. Fréquemment vivipares; mâles souvent très petits, à nageoire anale souvent transformée en organe copulateur.

Trib. Cyprinodontinæ. Branches de la mandibule solidement unies; intestin court; dents comprimées, fixées; nageoire anale non modifiée chez le mâle. Petite taille; carnivores.

— *Cyprinodon*, Lacép. Corps élancé; écailles assez grandes; anale commençant plus en arrière que la dorsale; intestin assez long; bouche petite, horizontale; dents unisériées, en forme d'incisives tricuspides. *C. carpio*, Texas, Floride. — *Lebias*, C. *Cyprinodon* à corps allongé, à intestin de longueur moyenne. *L. calaritana*, Alpes-Maritimes. — *Characodon*, Günt. Une bande de dents en velours derrière la série des incisives, qui sont bicuspides. *C. lateralis*, Am. centrale. — *Tellia*, Gervais. *Lebias* sans ventrales. *T. apoda*, riv. Tell.

Trib. Haplochilinæ. Dents coniques; pupille entière; anale non modifiée chez les mâles; pelvis entier. — *Girardinichthys*, Bleeker (*Limnurgus*, Günt.). *Characodon* à intestin court; à anale et dorsale commençant au milieu du dos, à rayons nombreux; à dents internes peu nombreuses. *G. innominatus*, Mexico. — *Neolebias*, Steind. Dents bicuspides, bisériées. *N. unifasciatus*, Liberia. — *Haplochilus*, Mc. Cl. Anale commençant avant la dorsale; museau aplati; mâchoires armées d'une bande étroite de dents en velours; des ventrales; intermaxillaires saillants. *H. nuchimaculatus*, Madagascar. — *Fundulus*, Lacép. Anale commençant au même niveau que la dorsale ou en arrière; dents en une bande étroite, les externes coniques et plus grandes. *F. hispanicus*, rivières d'Espagne. — *Lucania*, Gir. Dents unisériées; des nageoires en nombre normal. *L. venusta*, Texas. — *Adinia*, Günt. Des ventrales; dents en bandes; intermaxillaires non saillants; dorsale petite, naissant avant l'anale; à rayons antérieurs de l'anale et de la dorsale en aiguillons. *A. multifasciata*, Texas. — *Fundulichthys*, Bleeker. *Fundulus* à caudale fourchue. *F. virescens*, Japon. — *Rivulus*, Poey. Dents en bandes, dorsale courte commençant plus en arrière que l'anale. *R. cylindraceus*, Havane. — *Cynolebias*, Steind. Des ventrales; dents en bandes; tête et corps comprimés. *C. porosus*, Pernambuco. — *Zygonectes*, Ag. *Fundulus* à dorsale petite, naissant en arrière de l'anale. *L. olivaceus*, Texas. — *Orestias*, Val. Dorsale et anale modérément développées, opposées; pas de ventrales; mâchoire inférieure proéminente; les deux mâchoires protractiles avec une bande étroite de petites dents coniques; dents pharyngiennes grêles; membranes branchiales des deux côtés unies sur une courte étendue, non attachées à l'isthme. *O. Cuvieri*, Titicaca. — *Empetrichthys*, Gilb. Pas de ventrales; dents pharyngiennes en forme de molaires. *E. Merriani*, Nevada. — *Pterolebias*, Garm. Diffère des *Rivulus* par la grande longueur de l'anale, la forte compression du corps entre les ventrales et la caudale; et des *Cynolebias* par la brièveté de la dorsale et sa position postérieure. *P. longipinnis*, Santarem. — *Haplochilichthys*, Bleeker. Des ventrales; des pseudobranchies; dents des mâchoires simples, unisériées. *H. spilauchen*, Gabon. — *Notobranchus*, Peters. *Haplochilichthys*, à dents des mâchoires plurisériées; les externes et les internes plus grandes. *N. orthonotus*, Mozambique.

Trib. Jenynsinæ. Anale du mâle modifiée avec un tube. — *Jenynsia*, Günt. Anale commençant après la dorsale; les deux mâchoires avec une seule série de dents tricuspides. *J. lineata*, Maldonado.

Trib. Gambusinæ. Dents coniques, en bandes; anale modifiée avec un tube. — *Gambusia*, Poey. Anale commençant en avant de la dorsale; toutes deux petites; mâchoire inférieure saillante; bouche grande; nuque basse; sur chaque mâchoire une bande de dents dont la série externe est formée de dents coniques, plus fortes. *G. nobilis*, Texas. — *Heterandria*, Ag. *Gambusia* à bouche étroite, à nuque élevée. *H. formosa*, République argentine. — *Pseudoxiphophorus*, Bleek. Dents pointues, en bandes; dorsale longue à rayons nombreux. *P. bimaculatus*, Mexico. — *Belonesox*, Kner. *Gambusia* à museau allongé. *B. belizanus*, Mexico.

Trib. Anablepinæ. Dents coniques, en bandes; anale modifiée en un tube écailleux chez le mâle; bassin droit; yeux saillants; pupille et cornée divisées en deux parties : la première par un repli saillant de l'iris; la seconde par une bande transverse formée de la conjonctive. — *Anableps*, Art. Tête large et déprimée ainsi que la région antérieure du corps qui est comprimé en arrière; dorsale et anale courtes. *A. tetrophtalmus*, Amérique tropicale; nagent en maintenant hors de l'eau une partie de la tête.

Trib. Poecilinæ. - Branches de la mandibule lâchement unies; dents en formes d'incisives; intestin avec de nombreuses circonvolutions; nageoire anale modifiée chez le mâle, sans tube. Limnophages. — *Pœcilia*, Bloch. (incl. *Lebistes*, Fil.). Corps court; dorsale et anale commençant au même niveau chez la femelle; l'anale commençant avant la dorsale chez le mâle; la dorsale courte avec onze rayons au plus; les deux mâchoires avec une bande étroite de petites dents. *P. vivipara*, Brésil. — *Mollienisia*, Lesueur. *Pœcilia* à dorsale présentant au moins douze rayons; mâle très vivement coloré, à nageoire

dorsale très grande. *M. latipinna*, Floride. — *Platypœcilus*. Günt. Dents pointues, mobiles,
unisériées; anale commençant plus en arrière que la dorsale. *P. maculatus*, Mexico. —
Girardinus, Poey. *Platypœcilus* dont l'anale commence plus en avant que la dorsale et
dont le processus anal est très allongé. *G. uninotatus*, Cuba. — *Xiphophorus*, Heckel.
Caudale du mâle en forme d'épée. *X. Hellerii*, Mexico.

FAM. **AMBLYOPSIDÆ**. — Diffèrent des CYPRINODONTIDÆ par l'absence d'écailles sur la
tête et la disposition des dents en velours sur les deux mâchoires. Dorsale et anale
opposées; ventrales rudimentaires ou absentes; vessie natatoire profondément
échancrée en avant. Anus en avant des pectorales.

Amblyopsis, Dekay. Pas d'yeux; des ventrales rudimentaires. *A. spelæus*, rivières souterraines des États-Unis. — *Typhlichthys*, Gir. Pas de nageoires ventrales; peut-être
simples variations individuelles des *Amblyopsis*. *T. subterraneus*, Kentucky. — *Cholo-
gaster*, Ag. De petits yeux externes; corps coloré; pas de ventrales. *C. cornutus*. Rivières
de la Caroline du Sud.

FAM. **UMBRIDÆ**. — Corps et tête écailleux; pas de barbillons. Pas d'adipeuse; dorsale
appartenant en partie à la région abdominale; bord de la mâchoire supérieure formé par
les maxillaires et les intermaxillaires. Pseudobranchies glandulaires, cachées; vessie
natatoire simple. Estomac en siphon; pas d'appendices pyloriques.

Umbra, Kramer. Genre unique. *U. Krameri*, Autriche.

FAM. **IPNOPSIDÆ**. — Mésocoracoïde absent ou atrophié près des côtes; ni photophores,
ni barbillons; post-temporal uni avec l'anneau du crâne.

TRIB. IPNOPSINÆ. Écailles grandes, minces, caduques. Une grande plaque lumineuse,
céphalique; maxillaires dilatés en arrière; pectorales et ventrales bien développées et
rapprochées. Dents villeuses ou en bandes; mésocoracoïde rudimentaire ou absent. —
Ipnops, Günther. Genre unique. *I. Murrayi*, Brésil, Tristan da Cunha, Célèbes, Bequia,
de 1 500 à 3 500 mètres de profondeur.

TRIB. RONDELETIINÆ. Point d'écailles; pectorales normales; des ventrales. Appareil operculaire incomplet; dents granuleuses, en bandes. — *Rondeletia*, Goode et Bean. Genre
unique. *R. bicolor*. Lat. N. 36°,17'. Long. O. 73°23', 2 500 mètres env.

TRIB. CETOMIMINÆ. Diffèrent des RONDELETIINÆ par l'absence des ventrales et par leur
appareil operculaire complet. — *Cetomimus*, Goode et Bean. Genre unique. *C. Gillii*,
Lat. N. 39°. Long. O. 70°, 2 000 mètres.

FAM. **STERNOPTYCHIDÆ**. — Corps comprimé, caréné; bouche oblique ou subverticale; épines neurales antérieures très longues, traversant la peau du dos en avant
de la dorsale; vertèbres et mésocoracoïde des MYCTOPHIDÆ.

TRIB. STERNOPTYCHINÆ. Corps nu; une seule épine neurale saillante, profil abdominal présentant une courbure sygmoïde continue. — *Sternoptyx*, Herm. Genre unique. *S. dia-
phana*, Atl.

TRIB. ARGYROPELECINÆ. Corps nu; plusieurs épines neurales saillantes en avant de la dorsale; profil de l'abdomen brusquement contracté en avant de l'anale. — *Argyropelecus*,
Cocco. Dents des mâchoires petites et unisériées. *A. hemigymnus*, Médit. Golfe de Gascogne,
prof. — *Sternoptychides*, Ogilby. Dents des mâchoires longues et recourbées. *S. amabilis*,
Lord Howe's Island.

TRIB. POLYIPNINÆ. Comme STERNOPTYCHINÆ, mais de larges et minces écailles caduques;
pas d'épine neurale saillante. — *Polyipnus*, Gunther. *P. spinosus*, Bengale.

2. SOUS-ORDRE

LYOPOMA

*Nageoires ventrales abdominales. Arc scapulaire formé par les proscapu-
laires, les postéro-temporaux et les post-temporaux, ces derniers séparés des
côtés du crâne et empiétant sur le supra-occipitaux; hypercoracoïde et hypocoracoïde lamelleux, avec foramen dans le bord supérieur de l'hypocoracoïde;*

*mésocoracoïde absent. Crâne avec condyle confiné au basi-occipital. Préoper-
cule entièrement détaché du suspenseur rudimentaire, et uni seulement à la
mâchoire inférieure; sous-opercule élargi et usurpant la place habituellement
dévolue au préopercule, concurremment avec la chaîne sous-orbitaire qui s'étend
en arrière vers le bord operculaire. Vertèbres antérieures séparées.*

FAM. **HALOSAURIDÆ.** — Écailles cycloïdes, développées même sur la tête. Dorsale
courte, appartenant à la région abdominale de la colonne vertébrale; pas d'adipeuse; anale très longue; pas de barbillons; bord de la mâchoire supérieure formé
par l'intermaxillaire et les maxillaires; appareil operculaire incomplet; ouverture
branchiale grande; pas de pseudo-branchies; vessie natatoire grande, simple.
Estomac pourvu d'un cæcum; appendices pyloriques en nombre moyen; intestin
court; ovaires clos.

Halosaurus, Johns. Vertex couvert d'écailles; tête sans crêtes angulaires; museau obtusément arrondi; écailles de la ligne latérale à peine élargies; pas de seconde dorsale;
anale relativement haute; ventrales normales. *H. Johnsonianus*, des Canaries au banc d'Arguin, 834 à 2 440 mètres. — *Aldrovandia*, G. et B. Vertex sans écailles; museau pointu;
tête avec des crêtes latérales proéminentes; écailles de la ligne latérale élargies, munies
de photophores; anale n'ayant que le tiers ou le quart de la hauteur de la dorsale. *A. pha-
lacrus*, Açores, de 1000 à 2 500 mètres. — *Halosaurichthys*, Alcock. Vertex écailleux; museau allongé; écailles de la ligne latérale non élargies; ventrales unies en une large membrane; une seconde dorsale rudimentaire. *H. carinicauda*, îles Andaman.

3. SOUS-ORDRE

APODA

*Nageoires verticales habituellement confluentes avec la caudale, sans épines;
ventrales absentes; écailles petites ou absentes. Intermaxillaires atrophiés ou
absents; supermaxillaires latéraux; appareil operculaire et arc palatoptérygoïde peu développés; symplectique absent. Ouvertures branchiales médiocres;
pas de pseudo-branchies; vessie natatoire, quand elle existe, pourvue d'un
canal pneumatique.*

FAM. **CONGERIDÆ.** — Pas d'écailles; mâchoires de même longueur; langue à bord
antérieur libre; orifices branchiaux latéraux; des pectorales; arc scapulaire libre
derrière le crâne.

Conger, Cuv. (incl. *Leptocephalus*, Gronov.). Cavités muqueuses céphaliques peu développées; dorsale commençant en arrière des pectorales; queue beaucoup plus longue que le
corps; dents de la rangée externe des mâchoires serrées, formant une bordure tranchante;
dents vomériennes uniformes, en bandes. *C. vulgaris*, cosmopolite. — *Congermuræna*,
Kaup. Os antérieurs de la tête creusés de grandes cavités muqueuses; dorsale commençant au-dessus des ouïes; mâchoires garnies de bandes de petites dents dont les
externes ne forment pas un bord tranchant; queue ne formant pas plus de la moitié
ou des deux tiers du corps. *C. mystax*, Médit. — *Uroconger*, Kaup. Dorsale commençant
au-dessus des pectorales; queue très longue et étroite; fente buccale s'étendant jusqu'au-
dessous des yeux; dents maxillaires bisériées; dents vomériennes unisériées, quelques-unes
allongées en canines. *U. vicinus*, côtes du Soudan, 600 à 1 500 mètres. — *Coloconger*,
Alcock. Queue très courte; dents en une seule rangée ininterrompue à chaque mâchoire;
pas de dents vomériennes. *C. raniceps*, îles Andaman. — *Promyllantor*, Alcock. Queue
aussi longue que le tronc; dents formant sur les mâchoires des bandes villeuses et une
large plaque continue sur le palais. *P. purpureus*, golfe Persique, 1 500 mètres. — *Pœci-
loconger*, Günt. Tête avec cavités mucipares; bouche s'étendant au-dessous des yeux;
toutes les dents en bandes villeuses. *P. fasciatus*, Manado. — *Heteroconger*, Bleek. Pas
de nageoires pectorales. *H. polyzona*, Amboine.

Fam. ANGUILLIDÆ. — Diffèrent des Congerideæ par leurs petites écailles; leur mâchoire inférieure saillante; leurs dents vomériennes; ouvertures branchiales étroites, à la base des pectorales; dorsale commençant loin de l'occiput.

Anguilla, L. Genre unique. *A. vulgaris*, toutes nos eaux; descend à la mer pour pondre.

Fam. SIMENCHELYIDÆ. — Museau obtus; bouche antérieure, transverse; mâchoires massives; dents obtuses, unisériées, exclusivement localisées sur les mâchoires; orifices branchiaux inférieurs, horizontaux, modérément séparés; des écailles.

Simenchelys, Gill. (*Conchognathus*, Collett). Genre unique. *S. parasiticus*, Açores.

Fam. ILYOPHIDÆ. — De petites écailles; museau étroit et conique; mâchoires modérément fortes, avec des dents tranchantes en bandes; des dents en bandes sur le vomer; ouvertures branchiales séparées, horizontales, inférieures; branchiostèges courbés, longs comme chez les Simenchelyidæ; langue peu développée.

Ilyophis, Gilbert. Genre unique. *I. brunneus*, Galapagos.

Fam. SYNAPHOBRANCHIDÆ. — Des pectorales; tête conique; langue petite, à bord libre; narines postérieures près des yeux; ouvertures branchiales inférieures et confluentes; branchiostèges raccourcis.

Synaphobranchus, Johns. Museau étroit, plus court que les pectorales; origine de la dorsale en arrière de l'anus; dents en une seule plaque sur le vomer. *S. pinnatus*, de 500 à 2 300 mètres, dans toutes les mers. — *Histiobranchus*, Gill. Museau obtus, aussi long au moins que les pectorales; dorsale commençant près de la tête; dents vomériennes en deux plaques. *H. infernalis*, Atl. or., Pacif., profondeurs.

Fam. MURÆNESOCIDÆ. — Pas d'écailles; peau épaisse; pectorales fortes; extrémité de la queue normalement entourée par les nageoires verticales; orifices branchiaux assez larges; langue étroite, pas libre; mâchoires modérément larges; des dents vomériennes.

Trib. MURÆNESOCINÆ. Dorsale et anale bien développées. — *Murænesox*, M. Clelland. Museau saillant; mâchoires avec plusieurs séries de petites dents sériées, et portant des canines en avant; dents vomériennes en plusieurs longues séries dont la région moyenne est formée de grandes dents coniques et comprimées; orifices branchiaux larges, rapprochés de l'abdomen; deux paires de narines, les postérieures opposées à la partie supérieure du milieu des yeux. *M. cinereus*, Océan Indien, atteint 2 mètres de long. — *Saurenchelys*, Peters. Pas de pectorales; narines postérieures latérales, en avant des orbites. *S. cancrivora*, Médit. — *Oxyconger*, Bleek. Des pectorales; dents des mâchoires trisériées avec des canines dans la série moyenne; vomer avec une série de très petites dents. *O. leptognathus*, Nangasaki. — *Xenomystax*, Gilbert. Toutes les dents coniques, étroites et tranchantes; celles des mâchoires en larges bandes; des maxillaires avec une fossette profonde courant dans toute la longueur de l'os et divisant la bande des dents en deux moitiés; sommet du vomer avec une série médiane de dents coniques. *X. atrarius*, Équateur. — *Hoplunnis*, Kaup. Dorsale commençant au-dessus de l'ouverture branchiale; narines postérieures en avant des yeux; museau modérément saillant; queue quatre fois aussi longue que le corps; huit petites dents bisériées à chaque mâchoire; une seule série de dents vomériennes pointues. *H. diomedianus*, Atl. occidental, 150 mètres. — *Sauromurænesox*, Alcock. Tronc élevé, bien distinct de la tête et de la queue, qui est longue et va en diminuant; dorsale commençant en avant des yeux; narines latérales; fente buccale s'étendant très en arrière des yeux; une rangée complète de dents à chaque mâchoire et une seconde rangée incomplète sur les maxillaires; dents du prémaxillaire, de la symphyse et du vomer en forme de griffe; dents vomériennes unisériées. *S. vorax*, Bengale, 300 mètres.

Trib. STILBISCINÆ. Nageoires impaires bien développées sur la queue seulement. — *Neoconger*, Girard. Des pectorales; dorsale commençant en avant de l'anus. *N. mucronatus*, côtes de Texas. — *Stilbiscus*, Jord et Bollm. Dorsale commençant derrière l'anus. *S. Edwardsi*, Bahamas.

Fam. SYMBRANCHIDÆ. — Pas de pectorales; ouvertures branchiales confluentes en une fente sur la face inférieure du corps; bord de la mâchoire supérieure uniquement formé par les intermaxillaires; pas de vessie natatoire; pas de cæcum stomacal ni d'appendices pyloriques; des oviductes.

Amphipnous, J. Müller. Des écailles; ceinture scapulaire non fixée au crâne; dents palatines sur un seul rang; trois arcs branchiaux seulement, séparés par des fentes peu développées; lamelles branchiales rudimentaires; un sac respiratoire accessoire communiquant avec la cavité branchiale; anus dans la moitié postérieure du corps. *A. cuchia*, Inde. — *Monopterus*, Lac. *Amphipnous* sans écailles, sans sac respiratoire. *M. javanicus*, Indes or., atteint 1 mètre. — *Symbranchus*, Bl. Ceinture scapulaire fixée au crâne; dents palatines en bande; quatre arcs branchiaux à lamelles bien développés. *S. marmoratus*, Am. trop. — *Chilobranchus*, Richards. Nageoires ventrales rudimentaires; corps nu; anus dans la moitié antérieure du corps. *C. dorsalis*, Australie occidentale, Tasmanie.

FAM. **OPHICHTHYIDÆ** [1]. — Langue étroite, adhérente; pas d'écailles; pectorales faibles, parfois absentes; narines postérieures labiales ou voisines des lèvres.

TRIB. OPHICHTHYINÆ. Des nageoires au moins sur le dos; extrémité de la queue non comprise dans les nageoires impaires. — *Pisoodonophis*, Kaup. Des petites pectorales; dents obtuses, granuleuses; des dents vomériennes. *P. boro*, Antilles, prof. — *Ophichthys*, Ahl. (*Ophisurus*, Lac.). Corps cylindrique; pas de caudale; narines postérieures s'ouvrant à la face interne du palais; dents intermaxillaires bisériées; les autres simples. *O. serpens*, Médit. — *Liuranus*, Bleek. Pas de dents vomériennes. *L. semicinctus*, O. Indien.

TRIB. SPHAGEBRANCHINÆ. Pas de nageoires. — *Sphagebranchus*, Schn. Orifices branchiaux inférieurs, très rapprochés. *S. imberbis*, *S. cæcus*, Nice, Cette.

TRIB. MYRINÆ. Extrémité de la queue arrondie, entourée par les nageoires dorsale et anale. — *Myrus*, Kaup (*Echelus*, Raf.). Dorsale commençant tout près du niveau des pectorales; narines antérieures tubulées; des dents en velours sur les mâchoires et le vomer. *M. myrus*, Médit. — *Myrophis*, Lütk. Dorsale commençant en avant de l'anus; pectorales courtes; dents vomériennes en deux ou trois séries. *M. longicollis*, Antilles. — *Muraenichthys*, Bleek. Pas de pectorales. *M. gymnopterus*, Java.

FAM. **NETTASTOMIDÆ**. — Pas de pectorales; dorsale et anale assez bien développées; queue terminée en filament; narines éloignées des lèvres; ouvertures branchiales petites, séparées, sub-inférieures; langue adhérente; mâchoires allongées, droites, étroites, armées ainsi que le vomer de bandes de dents aiguës, sériées, recourbées, subégales.

Nettastoma, Raf. Dorsale basse, commençant au-dessus des orifices branchiaux; museau non prolongé en trompe charnue; narines antérieures près de son extrémité; les postérieures supères en avant des yeux. *N. melanurum*, Médit., prof.; les *Hyoprorus* sont leur forme leptocéphalique. — *Venefica*, J. et D. *Nettastoma* pourvue d'une trompe portant à sa base les narines antérieures. *V. proboscidea*, côtes du Maroc. — *Chlopsis*, Raf. *Nettastoma* à narines latérales, les postérieures immédiatement en avant des yeux. *C. bicolor*, Médit. ou Atl.?

FAM. **NEMICHTHYIDÆ**. — Diffèrent des NETTASTOMIDÆ par leurs orifices branchiaux convergeant en avant et leurs longues mâchoires recourbées à l'extrémité.

TRIB. NEMICHTHYINÆ. Des pectorales; orifices branchiaux séparés et distincts; mâchoires excessivement atténuées, la supérieure plus longue et recourbée en dessus. — *Nemichthys*, Richardson. Rayons dorsaux grêles et presque libres; fentes branchiales latérales et verticales; ligne latérale avec trois rangées de pores. *N. scolopaceus*, Atl. prof. — *Labichthys*, Gill et Ryder. *Nemichthys* à une seule rangée de pores dans la ligne latérale. *L. curinatus*, Atl. or. — *Cyema*, Günth. Dorsale commençant en arrière des pectorales, au-dessus de l'anus, qui est très éloigné de la tête; orifices branchiaux inférieurs. *C. atrum*, côtes du Maroc, 2 210 mètres.

TRIB. SPINIVOMERINÆ. Des pectorales; orifices branchiaux en partie confluents; dents vomériennes grandes. — *Spinivomer*, G. et R. Mâchoires très longues, atténuées; dents vomériennes coniques. *S. Goodei*, Atl. or., prof. — *Serrivomer*, G. et R. Mâchoires pas plus longues que le reste de la tête; dents vomériennes lancéolées, serrées. *S. Richardii*, Açores.

TRIB. GAVIALICIPITINÆ. Pas de pectorales; museau spatulé. — *Gavialiceps*, Wood. Dents en double rang. *G. tæniola*, Bengale.

---

[1] JORDAN and DAVIS, *Apodal fishes of America and Europa*.

Fam. **MURÆNIDÆ**. — Orifices branchiaux dans le pharynx restreints à de petites fentes. *Muræna*, Artedi. Pas d'écailles; pas de pectorales; dorsale et anale bien développées; narines à la face supérieure du museau; les postérieures arrondies; les antérieure tubulaires; orifices branchiaux et fentes branchiales étroites; dents bien développées. *M. helena*, Médit., domestiquée par les Romains. — *Moringua*, Gray. *Muræna* à nageoires impaires limitées à la queue; narines postérieures en avant des yeux; dents unisériées; orifices branchiaux inférieurs. *M. lumbricoïdes*, Pacifique et eaux douces. — *Gymnomuræna*, Lac. *Muræna* à nageoires réduites à un rudiment près de l'extrémité de la queue. *G. vittata*, Cuba, dépasse 2 m. 50. — *Myroconger*, Günt. *Muræna* à nageoires pectorales. *M. compressus*, Sainte-Hélène. — *Enchelycore*, Kaup. *Muræna* à narines postérieures allongées en fentes. *E. nigricans*, Antilles.

Fam. **GYMNOTIDÆ**. — Corps anguilliforme; des pectorales; dorsale absente ou réduite à une saillie adipeuse; caudale habituellement absente; queue en pointe capable de régénération; anale très longue; intermaxillaires prenant part à la formation de la mâchoire supérieure; arc huméral attaché au crâne; des côtes bien développées; anus très rapproché de la gorge; vessie natatoire double; un cæcum stomacal et des appendices pyloriques; des oviductes; eaux douces de l'Amérique tropicale.

Sternarchus, Cuv. Une petite caudale et, dans la région caudale, un rudiment de dorsale représenté par un repli membraneux, implanté dans une gouttière; quatre branchiostèges, dents petites. *S. Bonaparti*, Amazone. — *Rhamphichthys*, Müll. Ni caudale, ni trace de dorsale, ni dents, ni bord orbitaire libre; museau souvent allongé. *R. rostratus*, Guyane. — *Sternopygus*, Müll. et Tr. Aucune trace de dorsale, ni de caudale; des dents en velours sur les deux mâchoires et de chaque côté du palais; des écailles. *S. carapus*, Amér. trop. — *Carapus*, C. Diffèrent des *Sternopygus* par leurs dents coniques, unisériées, limitées aux mâchoires; de grandes narines antérieures labiales. *C. fasciatus*, Brésil. — *Gymnotus*, Cuv. Diffèrent des *Carapus* par l'absence d'écailles et leur anale s'étendant jusqu'à l'extrémité de la queue; le plus puissant des poissons électriques. *G. electricus*, Amazone, atteint 2 mètres.

4. SOUS-ORDRE

LYOMERA

Cinq ou six arcs branchiaux, éloignés du crâne; aucun d'eux modifié en branchiostège ou pharyngien. Os nasaux et vomer mal ossifiés; crâne s'articulant par un condyle basi-occipital avec la 1ʳᵉ vertèbre; seulement deux arcs céphaliques : un antérieur dentaire; un postérieur formé de l'hyomandibulaire et du carré sans pièces operculaires; un scapulaire réduit à une plaque cartilagineuse; vertèbres incomplètes.

Fam. **SACCOPHARYNGIDÆ**. — Région branchio-anale beaucoup plus longue que la rostro-branchiale; maxillaires modérément développés en arrière; l'inférieur édenté; bouche ne pouvant se fermer.

Saccopharynx, Mitchiell. Genre unique. *S. flagellum*, Madère, prof.

Fam. **EURYPHARYNGIDÆ**. — Région branchio-anale beaucoup plus courte que la rostro-branchiale; mâchoires excessivement allongées en arrière; bouche gigantesque pouvant se fermer; une énorme poche sous-mandibulaire.

Eurypharynx, Vaill. Os dentifères très allongés, près de la moitié de la longueur du corps; une paire de dents plus grandes que les autres sur le devant de la mâchoire inférieure; orifices branchiaux éloignés de l'angle buccal. *E. pelecanoïdes*, Atl. prof. — *Gastrostomus*, Gill et Ryder. Pas de grandes dents; orifices branchiaux à l'angle des mâchoires. *G. Bairdii*, dét. de Davis.

5. SOUS-ORDRE

CARENCHELYA

Corps, nageoires et appareil branchial des Apodes. Intermaxillaires et supra-maxillaires développés, unis au crâne, dont l'arc scapulaire est éloigné.

Fam. **DERICHTHYDÆ**. — Famille unique.
Derichthys, Gill. Genre unique. *D. serpentinus*, Atl.

6. SOUS-ORDRE

HETEROMA

Nageoires ventrales abdominales. Arc scapulaire formé par les proscapulaires et les post-temporaux; ces derniers détachés des côtés du crâne, et empiétant sur les supra-occipitaux; hypercoracoïde et hypocoracoïde coalescents en une seule lamelle imperforée. Os des mâchoires complets et peu aberrants; vomer indistinct; exoccipitaux coalescents avec les épiotiques et les opisthotiques; sous-orbitaires absents; condyle limité au basi-occipital. Appareil operculaire complet, mais préopercule indépendant ou à peine attaché au suspenseur. Vertèbres antérieures séparées.

Fam. **NOTACANTHIDÆ**. — Bouche inférieure, transverse; mâchoire inférieure normale à branches unies en une symphyse. Dorsale représentée par de courtes épines indépendantes et quelquefois un rayon postérieur; anale longue assez haute. Des dents aux deux mâchoires.

Trib. Notacanthinæ. De six à douze piquants dorsaux; ventrales concrescentes ou confluentes; dents de la mâchoire supérieure comprimées et obliquement triangulaires. — *Notacanthus*, Bloch. Premiers piquants dorsaux très antérieurs à l'anus; bouche fendue obliquement avec une lèvre continue. *N. mediterraneus, N. Bonapartii*, Nice, très rare. — *Gigliolia*, G. et B. Premiers piquants dorsaux au niveau de l'anus; bouche subinférieure, en forme de croissant, à lèvre interrompue au milieu; 22 dents à chaque mâchoire. *G. Moseleyi*, côte S.-O. Amér. Sud.

Trib. Polyacanthonotinæ. De vingt-sept à vingt-huit piquants dorsaux; ventrales séparées; dents maxillaires fines, dressées. — *Polyacanthonotus*, Bleek. Museau en forme de trompe; piquants dorsaux et anaux longs et flexibles, les derniers ne dépassant pas le nombre de trente; ligne latérale fortement arquée. *P. rissoanus*, Nice. — *Macdonaldia*, G. et B. Museau peu allongé; piquants dorsaux et anaux courts et forts; les derniers ne dépassant pas le nombre de cinquante; ligne latérale droite. *M. rostrata*, Newfoundland.

Fam. **LIPOGENYIDÆ**. — Mâchoires modifiées pour former une bouche suceuse; piquants dorsaux rapprochés ou unis par une membrane de manière à former une haute nageoire dorsale.

Lipogenys, G. et B. Cinq piquants et cinq rayons dorsaux. *L. Gilli*, Atl. oriental.

7. SOUS-ORDRE

PHYSOCLISTA

Nageoires ventrales, quand elles existent, jugulaires ou thoraciques. Vessie natatoire close ou absente.

Iʳᵉ DIVISION

PHYSOCLISTA SUBBRACHEALIA

Nageoires médianes sans piquants. Nageoires ventrales très rapprochées des pectorales. Pharyngiens inférieurs séparés. Le plus souvent hypercoracoïde imperforé, mais séparé par une fontanelle de l'hypocoracoïde.

Iᵉʳ Groupe. — *GADOIDEA. Corps symétrique.*

Fam. **GADIDÆ**. — Tête grande, à bouche terminale; ventrales subjugulaires; nageoires impaires bien séparées; dorsale entière ou divisée en deux ou trois segments; queue isocerque; ouvertures branchiales larges; membranes branchiales, en général indépendantes de l'isthme; quatre branchies, une fente derrière la 4°; cæcums pyloriques habituellement nombreux.

Trib. Gadinæ. Trois dorsales et deux anales. Ventrales normales avec cinq à sept rayons. — *Gadus*, Art. Un barbillon; bouche grande; mâchoire inférieure plus courte; maxillaire atteignant au moins la ligne des yeux; des dents vomériennes; hypercoracoïde normal; ligne latérale pâle. *G. minutus* (Capelan), Médit. *G. luscus* (Gode), Manche, Océan. *G. morrhua* (Morue), mer du Nord, Manche. — *Melanogrammus*, Gill. Différent des *Gadus* par leur maxillaire n'atteignant pas les yeux, leur hypocoracoïde renflé, leur ligne latérale noire. *M. æglefinus* (Églefin), mer du Nord, Manche, Atl. N. — *Gadiculus*, Guichenot. *Gadus*, sans barbillons ni dents vomériennes. *G. argenteus*, Médit. — *Pollachius*, Günt. Nageoires des *Gadus*; mâchoire inférieure la plus longue; pas de barbillons; anus correspondant à l'intervalle entre la 1ʳᵉ et la 2ᵉ dorsales; dents de la mâchoire supérieure égales. *P. vulgaris* (Merlan), Manche, Atl. *P. pollachius* (Lieu), Manche, Atl. — *Boreogadus*, Günt. *Pollachius* à dents externes de la mâchoire supérieure plus grandes que les autres. *B. Fabricii*, O. Arctique. — *Micromesistius*, Gill. *Pollachius* à anus antérieur à la naissance de la 1ʳᵉ dorsale; 2ᵉ dorsale petite; 1ʳᵉ anale très longue. *M. poutassou*, Médit., Atl.

Trib. Phycinæ. Deux dorsales, une anale; ventrales étroites, filamenteuses bi- ou tri-rayonnées. — *Phycis*, Schn., 1ʳᵉ dorsale à huit ou dix rayons. *P. blennoïdes*. *P. mediterraneus*, Médit., commun. — *Læmonema*, Günth. 1ʳᵉ dorsale à cinq rayons. *L. robustum*, Madère.

Trib. Lotinæ. Différent des Phycinæ par leurs ventrales larges, avec cinq à huit rayons; anale entière; bouche terminale. — *Lota*, Cuv. Tête non comprimée; ventrales étroites; un barbillon; toutes les dents en velours; des dents vomériennes; pas de palatines. *L. vulgaris* (Lote), riv. du centre et de l'est de la Fr. — *Salilota*, Günt. *Lota* à ventrales larges, à tête un peu comprimée. *S. australis*, dét. de Magellan. — *Molva*, Nilsson. *Lota* présentant des dents plus grandes sur le vomer et les mandibules. *M. vulgaris* (Lingue), Manche. *M. elongata*, Nice. — *Physiculus*, Kaup. (*Pseudophycis* Günth.). *Lota* sans dents vomériennes ni palatines. *P. Dalwigkii*, Nice, Médit. — *Lotella*, Kaup. *Physiculus* à série externe de dents mandibulaires plus fortes que les autres. *L. phycis*, Japon. — *Uraleptus*, Costa. *Physiculus*, sans barbillons, avec les dents de la rangée externe de chaque mâchoire fortes et crochues. *U. Maraldi*, Nice.

Trib. Morinæ. Différent des Lotinæ par leur anale bipartite ou échancrée, et leur bouche inférieure ou subinférieure. — *Mora*, Risso. Anale bipartite; dents en carde, disposées en bande sur la mâchoire supérieure. *M. mediterranea*, Nice. — *Lepidion*, Swains. Anale simplement échancrée; un barbillon; museau obtus; os de la tête résistants; des dents vomériennes. *L. Rissoi*, Nice. — *Antimora*, Günth. *Lepidion* à museau allongé, à os céphaliques caverneux avec de grandes cavités mucifères. *A. viola*, Antilles. — *Halargyreus*, Günth. Museau obtusément conique; bouche large, presque terminale; ni barbillons, ni dents vomériennes. *H. brevipes*, côtes du Maroc, 1319 mètres. — *Eretmophorus*, Giglioli. Ventrales à cinq rayons, très allongés, les trois médians ayant chacun une extrémité lancéolée; un grand cône abdominal. *E. Kleinenbergi*, Messine. — *Hypsirhynchus*, Facciola. Ventrale à sept rayons, dont un certain nombre allongés et terminés en bouton; pas de cône abdominal. *H. hepaticus*, Naples, Messine.

Trib. Ranicepitinæ. Deux dorsales, la 1ʳᵉ très réduite; la 2ᵉ très longue comme l'anale; caudale libre; ventrales effilées; tête aplatie; un barbillon mandibulaire; dents en cardes, inégales sur les mâchoires et le vomer. — *Raniceps*, Cuv. Genre unique. *R. trifurcatus*, Manche, Saint-Vaast, rare.

Trib. Oninæ. Deux dorsales dont la 1ʳᵉ représentée par un piquant et une série de franges. — *Onos*, Risso (*Motella*, Cuv.). Trois barbillons; museau sans cirre. *O. tricirratus*, toutes nos côtes. — *Rhinonemus*, Gill. Quatre barbillons; museau avec un cirre. *R. cimbrius*, Atl. N. — *Motella*, Cuv. Cinq barbillons. *M. mustela*, Manche, commun.

Trib. Melanoninæ. Deuxième dorsale et anale continues avec la caudale; pas de barbillons. — *Strinsia*, Raf. Des bandes de petites dents et une rangée de dents plus grandes sur les mâchoires; pas de dents sur le vomer et le palais. *S. tinca*, Médit. (esp. douteuse, peut-être un *Halargyreus*). — *Melanonus*, Günth. Queue longue et graduellement atténuée; des dents en velours sur les mâchoires, en bandes étroites sur le vomer et les palatins. *M. gracilis*, Océan antarctique.

Trib. Brosminæ. Dorsale et anale simples, ventrales bien développées. — *Brosmius*, Cuv. Un barbillon; des dents sur le vomer et les palatins; dents de la mâchoire supérieure en une bande étroite. *B. brosme*, îles Feroë. — *Brosmiculus*, Vaillant. Pas de barbillons; vomer et palatins édentés; dents des mâchoires bisériées. *B. imberbis*, îles du Cap Vert.

Fam. **MERLUCIIDÆ.** — Région caudale moyennement développée et conique en arrière. Deux dorsales, l'antérieure courte, la postérieure longue et semblable à l'anale; queue prolongée au delà des premiers rayons de la caudale; ventrales subjugulaires. Bouche terminale; pas de barbillons; os frontaux excavés, avec des crêtes divergentes continues avec la crête fourchue de l'occipital; os sous-orbitaires médians; vertèbres modifiées d'une façon spéciale avec des épines neurales bien développées et reliées l'une à l'autre; côtes larges, rapprochées et canaliculées en dessous ou avec des côtés renflés.

Merlucius, Raf. Genre unique. *M. smiridus* (Merluche; Colin du marché de Paris), mers d'Europe, très commun.

Fam. **BREGMACEROTIDÆ.** — Région caudale robuste, tronquée ou arrondie en arrière; sans rayons caudaux procurrents; deux dorsales, l'antérieure réduite à un rayon occipital; la seconde très longue, semblable à l'anale, toutes deux très fortement développées à chacune de leurs extrémités, et simulant ainsi deux nageoires réunies par une partie basse; ventrales jugulaires, très longues, à cinq rayons. Anus antémédian.

Bregmaceros, Thompson. Genre unique. *B. atlanticus*, Antilles.

Fam. **ATELEOPODIDÆ.** — Corps allongé comprimé. Une dorsale antérieure courte placée au-dessus des pectorales; pas de dorsale postérieure; anale très longue; ventrales réduites à deux rayons, dont l'interne rudimentaire, insérées en arrière de la symphyse claviculaire.

Ateleopus, Schl. Genre unique. *A. japonicus*, Japon.

Fam. **OPHIOCEPHALIDÆ.** — Corps allongé, couvert d'écailles de grandeur moyenne. Dorsale et anale longues, distinctes de la caudale; une proéminence osseuse à la surface antérieure de l'hyomandibulaire; quatre branchies; pas de pseudobranchie; une cavité branchiale accessoire, sans organe respiratoire spécial, mais à orifice en partie fermé par un repli de la muqueuse. Poissons d'eau douce, obligés pour respirer, de venir chercher l'air à la surface même de l'eau, mais pouvant vivre dans le vase, et s'engourdir dans le limon desséché, pour revenir ensuite à la vie. Une vessie natatoire. Ventrales à six rayons, ou absentes.

Ophiocephalus, Bloch. Des ventrales. *O. striatus*, Inde. — *Channa*, Gronov. Pas de ventrales. *Ch. orientalis*, Ceylan.

Fam. **MACRURIDÆ.** — Corps terminé par une queue longue, comprimée, et se terminant graduellement en pointe. Écailles carénées et ornementées. 1re dorsale voisine de la tête, courte et distincte; la 2e soutenue par de faibles rayons, et semblable à l'anale; toutes deux comprenant entre elles la queue qui ne porte pas de caudale, et paraît ainsi diphycerque; ventrales thoraciques ou jugulaires, à plusieurs rayons. Dents en velours ou en carde, disposées en bandes sur les mâchoires; pas de pseudobranchies; une vessie natatoire.

Trib. MACRURINÆ. Un barbillon; quatre branchies, un pli de la membrane de la cavité branchiale à travers la portion terminale du 1er arc branchial. — *Macrurus*, Bloch. Bouche inférieure. Dents en bandes villeuses aux deux mâchoires; dents de la mâchoire inférieure toujours plus larges près de la symphyse, et arrivant parfois à être unisériées sur les côtes de la mâchoire; ligne infraorbitaire plus ou moins distincte; aiguillon dorsal denté en scie; écailles imbriquées, épineuses, plus grandes sur le dos. *M. sclerorhynchus*, Médit. — *Cœlorhynchus*, Giorna. *Macrurus* à région infraorbitaire divisée par une crête longitudinale en une portion verticale et une autre subhorizontale; à aiguillon dorsal lisse. *C. atlanticus*, Nice; golfe de Gascogne, 4 à 500 mètres. — *Coryphænoïdes*, Gunner. Bouche large, empiétant sur les côtés de la tête; aiguillon dorsal finement barbelé. *C. rupestris*, Atl. N. — *Hymenocephalus*, Giglioli. *Coryphænoïdes* à aiguillon dorsal lisse. *H. italicus*, Nice. — *Lionurus*, Günth. Dents des *Macrurus*, mais écailles lisses. *L. filicauda*, Oc. antarct. — *Trachonurus*, Günth. Dents des *Macrurus*, mais écailles indistinctes; toute la peau couverte de villosités. *T. sulcatus*, mer des Antilles. — *Cetonurus*,

Günth. *Trachonurus* à écailles lisses, plus grandes le long de la base des nageoires dorsale et anale. *G. globiceps*, golfe de Gascogne, 1 600 mètres. — *Chalinura*, G. et B. Intermaxillaires avec une série externe de dents fortes à large base et une bande interne villeuse; dents mandibulaires unisériées; aiguillon dorsal denté. *C. simula*, mer des Antilles. — *Optonurus*, Günth. *Chalinura* à aiguillon dorsal lisse. *O. denticulatus*, Nouvelle-Zélande. — *Malacocephalus*, Günth. Dents intermaxillaires uni- ou bisériées; écailles petites, sétifères; dorsale commençant au niveau de l'insertion des pectorales; celles-ci placées au niveau de l'angle supérieur des fentes branchiales d'où part la ligne latérale; ventrales courtes et faibles; cavités mucifères larges. *M. lævis*, Médit., Madère. — *Nematonurus*, Günth. Dents des *Malacocephalus*; dorsales très écartées; la 1re commençant en arrière des pectorales, la 2e de même hauteur et de même aspect que l'anale. *N. gigas*, golfe de Gascogne, 4 200 mètres. — *Moseleya*, G. et B. *Nematonurus* à dorsales subcontinues, la 2e beaucoup moins haute que l'anale. *M. longifilis*, Japon. — *Abyssicola*, G. et B. Dents intermaxillaires en velours, les mandibulaires unisériées; dorsale, ventrales et pectorales commençant sur la même verticale; pectorales très longues, spatulées. *A. macrochir*, Japon.

Trib. Trachyrynchinæ. Premier arc branchial libre. — *Trachyrhynchus*, Giorna. Museau allongé, pointu; dents en velours sur les mâchoires; un barbillon; opercule très petit; une fosse sans écailles de chaque côté de la nuque; une rangée d'écailles armées, au pied de la région antérieure des nageoires verticales. *T. scabrus*, Nice. Biarritz. — *Macruronus*, Günth. Museau allongé, pointu, bouche grande, dents bisériées, avec les dents externes plus grandes à la mâchoire supérieure, unisériées; pas de dents vomériennes, ni de barbillons; os de la tête fermes, à cavités petites; queue médiocre, *M. Novæ Zelandiæ*, Nouvelle-Zélande. — *Steindachneria*, G. et B. *Macruronus* pourvus de dents vomériennes; à os céphaliques mous et caverneux, à queue longue et flagelliforme; une portion de l'anale élevée; anus très en avant. *S. argentea*, mer des Antilles. — *Bathygadus*, Günth. Museau court et obtus; dents des mâchoires en velours; os de la tête mous et caverneux; trois branchies et demie. *B. melanobranchus*, Canaries, 800 m. — *Xenocephalus*, Kaup. Tête cuirassée de plaques et armée d'épines; petites dents sur les mâchoires; vomer et palatins sans dents. *X. armatus*, Nouvelle Irlande.

Fam. **LYCONIDÆ**. — Écailles petites; corps comprimé, terminé par une longue queue finissant en pointe; dorsale occupant toute la longueur du corps, à premiers rayons plus longs que les autres; anale longue, pas de caudale; ventrales thoraciques à plusieurs rayons; dents des mâchoires inégales; deux canines aux mâchoires et deux dents en griffe au vomer; membranes branchiales séparées.

Lyconus, Günth. Genre unique. *L. pinnatus*, Atl. austral.

2e Groupe. — *HETEROSOMATA. Corps comprimé, dissymétrique.*

Fam. **PLEURONECTIDÆ**. — Corps fortement comprimé, plus ou moins ovale ou rhomboïde, avec un côté moins coloré que l'autre. Écailles cténoïdes, cycloïdes ou absentes; ligne latérale se continuant dans la région postérieure du corps. Tête rhomboïde, à museau pointu, dissymétrique, portant les yeux sur un même côté à un niveau différent; bouche oblique. Dorsale et anale très allongées; caudale généralement distincte; ventrales jugulaires. Ouvertures branchiales continues en dessous; de cinq à huit branchiostèges. Vertèbres nombreuses. Cæcums pyloriques peu nombreux.

I. — *Opercules normaux, inermes, à bord antérieur nettement visible sous la peau ou sous les écailles.*

Trib. Psettinæ (Genre *Pleuronectes*, Moreau). Bouche grande; dents presque également développées des deux côtés de la bouche; ventrale du côté gauche insérée près du bord de l'abdomen; yeux situés à gauche. — *Psettodes*, Bennett. Dorsale commençant sur le cou. *P. erumei*, Inde. — *Tephritis*, Günt. Nageoire dorsale commençant au-dessus des yeux. *T. sinensis*, Chine. — *Arnoglossus*, Bleek. Moins de cent rayons à la dorsale, qui commence en avant des yeux; pectorales des deux côtés présentes; ventrales indépendantes de l'anale; caudale subsessile; ligne latérale nettement arquée en avant; écailles faiblement ciliées ou cycloïdes; une échancrure profonde près de l'isthme sur la ceinture scapulaire; cloison de la cavité branchiale entre les arcs branchiaux et la ceinture scapulaire sans foramen; aire interorbitaire étroite; angle inférieur des supra-maxillaires avec un prolongement postérieur; 10 + 28 vertèbres; pas de dents vomériennes; dents petites unisériées ou imparfaitement bisériées. *A. laterna*, Médit., le Havre. — *Citharus*, Bleek. Dents de la mâchoire supérieure en deux séries; des canines; des dents vomériennes. *C. linguatula*, Médit. — *Hemirhombus*, Bleek. *Citharus* sans dents vomériennes, à ligne latérale presque droite. *H. aramuca*, Jamaïque. — *Trichopsetta*, Gill. *Arnoglossus* à écailles fortement cténoïdes, adhérentes, à supramaxillaires obliquement tronqués en arrière. *T. ventralis*, golfe du Mexique. — *Platophrys*, Swainson. *Trichopsetta* à espace interorbitaire large, fortement concave; 9 + 30 vertèbres; pectorale gauche filiforme chez le mâle. *P. nebularis*, Antilles. — *Citharichthys*, Bleeker. Espace interorbitaire très étroit, de niveau avec les yeux; ligne latérale droite; écailles ciliées, minces, caduques; bouche de grandeur moyenne; maxillaires dépassant le tiers de la longueur de la tête; dents unisériées sur les deux mâchoires; septum branchial, échancrure infra-scapulaire et nageoires des *Arnoglossus*. *C. arctifrons*, Antilles. — *Etropus*, Jordan et Gilbert. *Citharichthys* à écailles cténoïdes sur le côté qui porte les yeux, cycloïdes sur l'autre; à bouche très petite, à maxillaires plus courts que le tiers de la tête. *E. rimosus*, Atl. américain. — *Cyclopsetta*, Gill. *Citharichthys* à bouche très grande, à écailles cycloïdes, à maxillaires égalant la moitié de la longueur de la tête. *C. fimbriata*, golfe du Mexique. — *Monolene*, Goode. Septum branchial et échancrure infra-scapulaire des précédents; nageoire pectorale du côté aveugle absente. *M. sessilicauda*, Antilles. — *Lepidorhombus*, Günth. Corps oblong, très comprimé; ventrales libres; écailles ciliées, caduques; ligne latérale fortement arquée en avant; dents en bandes; des dents vomériennes; cloison branchiale percée; point d'échancrure infra-scapulaire. *L. megastoma* (Limandier), mers de Fr. — *Zeugopterus*, Göttsche. *Lepidorhombus* à corps ovale, à écailles fortement rugueuses, à ventrale du côté oculifère unie à l'anale. *Z. hirtus* (Sole de roche), Manche, St-Vaast, très rare; Atl. — *Rhombus*, Klein. Écailles petites ou absentes; longueur du maxillaire dépassant le tiers de celle de la tête; une bande de dents en velours, sans canines, à chaque mâchoire; des dents vomériennes; pas de palatines; dorsale commençant sur le museau. *R. maximus* (Turbot; le côté gauche est tuberculé); toutes les côtes de Fr. *R. lævis* (Barbue; le côté gauche est écailleux), côtes de Fr. — *Pseudorhombus*, Bleeker. *Rhombus* à dents unisériées, inégales sur les mâchoires, absentes sur le vomer et les palatins; espace interorbitaire non concave. *P. oblongus*, New-York. — *Rhomboidichthys*, Bleek. Bouche de grandeur moyenne ou petite; yeux séparés par un espace concave assez large; écailles ciliées; ligne latérale avec une forte courbure antérieure; dents petites, en série unique ou double; vomer et palatins édentés. *R. mancus*, Médit. — *Bothus*, C. Bonap. Côté gauche couvert d'écailles pectinées; yeux très écartés; mâchoires à dents fines; vomer lisse. *B. rhomboides* (Rombou). Nice.

Trib. Samarinæ. *Psettinæ* à yeux situés à droite. — *Samaris*, Gray. Écailles petites; nageoires paires et partie postérieure de la dorsale allongées. *S. cristatus*, Chine. — *Brachypleura*, Günt. *Samaris* à écailles moyennes. *B. Novæ Zelandiæ*, Nouvelle-Zélande. — *Psettichthys*, Gir. *Samaris* à nageoires non allongées; ligne latérale droite. *P. melanostictus*, côtes oc. d'Amérique sept. — *Paralichthys*, Gir. *Psettichthys* à ligne latérale courbe. *P. maculosus*, San Diego.

Trib. Hippoglossinæ. Bouche grande; ventrales latérales; supramaxillaires finissant au-dessous des yeux; vomer et palatins édentés. — *Hippoglossus*, Cuv. Ligne latérale arquée en avant; écailles cycloïdes; caudale à bord postérieur concave. *H. vulgaris* (Flétan), Manche, Atl. rare. — *Platysomatichthys*, Bleeker. *Hippoglossus* à ligne latérale droite. *P. hippoglossoïdes*, mers arctiques. — *Paralichthys*, Girard. *Hippoglossus* à caudale ayant son bord postérieur convexe; dorsale continue; yeux à gauche. *P. oblongus*, Antilles. — *Notosema*, G. et B. *Paralichthys* à écailles cténoïdes; rayons antérieurs de la dorsale et de la ventrale gauche allongés. *N. dilecta*, Antilles. — *Hippoglossoïdes*, Göttsche. Caudale à bord postérieur convexe; ligne latérale non arquée; yeux à droite. *H. platessoïdes*, côtes des États-Unis.

Trib. Pleuronectinæ. Bouche petite; supramaxillaires atteignant à peine les yeux; dents plus grandes du côté aveugle, unisériées. — *Glyptocephalus*, Göttsche. Corps peu allongé; dorsale à plus de quatre-vingt-quinze rayons, anale à plus de quatre-vingts; une épine anale; yeux à droite; ligne latérale presque droite; côté gauche du crâne avec de fortes cavités muqueuses. *G. cynoglossus*, Manche et Océan, très rare. — *Pleuronectes*, Artedi (*Platessa*, Cuv.). Dorsale à moins de quatre-vingts rayons; anale à moins de soixante; yeux à droite; écailles cténoïdes chez le mâle; cycloïdes chez la femelle. *P. platessa* (Carrelet, Plie), côtes occ. Fr. *P. microcephalus* (Plie-Sole). Manche, Océan. *P. flesus* (Flet), entre dans la Loire jusqu'au delà de Blois. — *Limanda*, Gottsche. *Pleuronectes* à ligne latérale droite, à écailles cténoïdes. *L. vulgaris* (Limande), Manche et Océan. — *Rhombosolea*, Günt. Yeux à droite, l'inférieur en avant du supérieur; des dents en velours sur le côté aveugle seulement; vomer et palatins sans dents; dorsale commençant à l'extrémité antérieure du museau; anale continue avec la caudale; écailles très petites, cycloïdes; ligne latérale non arquée. *R. monopus*, Australie. — *Parophrys*, Gir. Dorsale commençant au-dessus des yeux; dents petites. *P. cornuta*, Japon. — *Psammodiscus*, Günt. Dorsale commençant sur le museau; ligne latérale courbée. *P. ocellatus*, loc.? — *Ammotretis*, Günt. Dorsale commençant tout au bout du museau; deux ventrales; dents en velours disposées en bandes, *A. rostratus*, baie de Norfolk. — *Peltorhamphus*, Günt. *Ammotretis* à dents bisériées. *P. Novæ Zelandiæ*, Nouvelle-Zélande. — *Nematops*, Günt. Dents petites, à peine quelques-unes sur le côté coloré; vomer sans dents; petites écailles ciliées; yeux à gauche, chacun avec un tentacule; dorsale commençant au-dessus de l'œil. *N. microstoma*, Nares Harbour. — *Læops*, Günt. Dents en velours disposées en bandes; vomer et palatins sans écailles minces et caduques; yeux à gauche; dorsale commençant en avant de l'œil. Représentent les *Pleuronectes* dans l'Hémisphère austral. *L. parviceps*, mer d'Arafura. — *Pœcilopsetta*, Günt. Dents en velours disposées en bandes; vomer et palatins sans dents; écailles très petites; dorsale commençant au-dessus du milieu de l'œil. *P. colorata*, île Ki.

II. — *Bord antérieur de l'opercule entièrement caché par la peau ou les écailles. Bouche petite, tordue.*

Trib. Soleinæ. Yeux à droite; ligne latérale marquée; des pectorales. — *Solea*, Cuv. Pectorales bien développées. *S. vulgaris*, toutes nos côtes. — *Microchirus*, Bnp. Pectorales petites. *M. variegatus*, Méd., Atl. — *Monochirus*, Raf. Pectorale gauche absente. *M. hispidus*, Médit. — *Synaptura*, Cant. Nageoires verticales confluentes. *S. Savignyi*, Naples. — *Pardachirus*, Günt. Écailles non ciliées; rayons de l'anale et de la dorsale écailleux. *P. marmoratus*, Madagascar. — *Liachirus*, Günt. *Pardachirus* à rayons écailleux. *L. nitidus*, Chine. — *Æsopia*, Kaup. *Synaptura* à écailles lisses. *Æ. cornuta*, Indes. — *Gymnachirus*, Kaup. Pas de dents; pas d'écailles; dorsale commençant sur le museau; caudale libre. *G. fasciatus*, Atl. trop. — *Soleotalpa*, Günt. Yeux rudimentaires; nageoires verticales non confluentes. *S. unicolor*, Antilles. — *Apionichthys*, Kaup. *Soleotalpa* à nageoires confluentes. *A. Dumerilii*, loc.?

Trib. Cynoglossinæ. Yeux à gauche; pas de pectorales. — *Arelia*, Kaup. Trois lignes latérales; museau crochu; dents à droite seulement, petites; nageoires verticales confluentes; deux narines du côté gauche. *A. Carpenteri*, golfe du Bengale. — *Cynoglossus*, Günth. Ligne latérale double ou triple; lèvres sans tentacules. *C. quadrilineatus*. O. Indien. — *Ammopleurops*, Gunth. Une ligne latérale. *A. lacteus*, golfe de Gascogne, 400 mètres. — *Aphoristia*, Kaup. Pas de ligne latérale. *A. marginata*, Antilles. — *Plagusia*, Brown. *Cynoglossus* à lèvres portant des tentacules. *P. japonica*, Japon.

2ᵉ DIVISION

TELEOCEPHALIA [1].

Squelette plus ou moins ossifié; crâne bien développé, formé des pièces osseuses suivantes : 1° os de cartilage : basi-occipital, exo-occipital, supra-occipital, basi-sphénoïde, alisphénoïde, opisthotique, prootique, post-frontal et préfontal; 2° os de membrane : pariétaux, frontaux, nasaux, vomer, parasphénoïde, supra-orbitaires, intermaxillaires et supra-maxillaires. Dans l'arc suspenseur de la mâchoire un os carré bien développé avec lequel sont articulés d'une part l'arc ptérygo-palatin, d'autre part l'hyomandibulaire et le sym-

[1] Gill, *Johnson's Cyclopædia*, IV, 763, 1877.

plectique. Appareil hyobranchial formé d'une série médiane d'os (glossohyal, basihyal, cératohyal, épihyal, stylohyal) avec le dernier desquels sont en connexion quatre arcs branchiaux et un pharyngien modifié. Mâchoire inférieure comprenant un dentaire, un articulaire, un angulaire, un surangulaire. Arc scapulaire ayant un proscapulaire indivis, au côté interne duquel sont appliqués au moins un hypercoracoïde et un hypocoracoïde, et uni au crâne par un os postéro-temporal et un post-temporal. Encéphale comprenant un cerveau (hémisphères, lobes optiques et petits lobes olfactifs) et un cervelet peu développé, couvert et simple.

        I. — *Pas de rayons épineux dans la nageoire dorsale* (**Anacanthinia**).

FAM. **ZOARCIDÆ** (LYCODIDÆ). — Corps allongé serpentiforme; écailles petites et cycloïdes quand elles existent; tête grande, inerme. Dorsale et anale longues, entourant la queue, à rayons mous au moins en avant; pectorales petites; ventrales jugulaires, rudimentaires ou absentes. Bouche grande avec des dents coniques sur les mâchoires et quelquefois sur le vomer et les palatins; membranes branchiales largement unies à l'isthme; fentes branchiales latérales, non confluentes; des pseudobranchies, quatre branchies avec une fente derrière la quatrième; tubercules branchiaux petits. Cæcums pyloriques rudimentaires; anus éloigné de la tête.

TRIB. ZOARCINÆ. Dorsale basse en arrière; quelques-uns de ses rayons postérieurs courts et en épine; ventrales courtes, formées par trois ou quatre rayons. — *Zoarces*, Cuv. Des écailles; dents fortes, coniques, uniquement sur les mâchoires. *Z. viviparus*, Dunkerque; Manche, rare.

TRIB. LYCODINÆ. Nageoire dorsale continue; des ventrales. — *Lycodes*, Reinhardt. Des écailles; des dents vomériennes et palatines; corps modérément allongé. *L. Vahlii*, Groenland. *L. latitans*, île Falkland. — *Lycenchelys*, Gill. Corps très allongé; aiguillons des nageoires verticales normaux. *L. muræna*, Norvège. — *Lycodonus*, G. et B. *Lycenchelys* à aiguillons des nageoires latéralement renforcés. *L. mirabilis*, Antilles. — *Lycodalepis*, Bleek. Des dents vomériennes et des dents palatines, mais pas d'écailles. *L. polaris*, Oc. arctique. — *Aprodon*, Gilb. Des écailles et des dents palatines; pas de dents vomériennes. *A. Corteziana*, Californie. — *Lycodopsis*, Coll. *Aprodon* sans dents palatines. *L. pacificus*, Californie.

TRIB. GYMNELINÆ. Dorsale continue; pas de ventrales. — *Maynea*, Bean. Des écailles; vomer et palatins dentés. *M. brunnea*, Californie. — *Bothrocara*, Bean. *Maynea* à vomer et palatins édentés. *B. mollis*, îles de la Reine Charlotte. — *Gymnelis*, Reinh. Pas d'écailles; mâchoires égales; dents médiocres. *G. imberbis*, côte S. d'Angleterre. *G. viridis*, mers arctiques. — *Lycocara*, Gill. (*Uronectes*, Günt.). *Gymnelis* à mâchoire inférieure allongée. *U. Parri*, baie de Baffin. — *Melanostigma*, Günt. Pas d'écailles; dents des mâchoires et du vomer unisériées et très proéminentes. *M. gelatinosum*, dét. de Magellan. — *Microdesmus*, Günt. Écailles rudimentaires; petites dents seulement sur les mâchoires; ventrales réduites à un seul rayon. *M. dipus*, Panama. — *Blennodesmus*, Günt. Écailles rudimentaires; petites dents coniques aux deux mâchoires; palatins lisses; ventrales réduites à deux petits filaments. *B. scapularis*, Australie.

FAM. **BROTULIDÆ** (OPHIDIIDÆ). — Corps anguilliforme ou serpentiforme; écailles petites ou nulles; dorsale et anale confluentes avec la caudale; ventrales jugulaires, réduites à un ou deux rayons; ouvertures branchiales larges; membranes branchiales libres; ligne latérale interrompue, partiellement ou complètement effacée; anus dans la moitié antérieure du corps.

    1. — *Des barbillons sur le museau et la mâchoire inférieure.*

Brotula, Cuv. Ventrales représentées par une paire de filaments bifides. *B. multibarbata*, Japon. — *Nematobrotula*, Gill. *Brotula* à filaments ventraux simples. *N. ensiformis*, mers tropicales.

    2. — *Barbillons remplacés par des cils ou des tubercules.*

Lucifuga, Poey. Yeux rudimentaires ou absents; des dents en velours sur les mâchoires; pas de dents palatines. *L. subterraneus*, eaux souterraines de Cuba. —

Stygicola, Gill. *Lucifuga* pourvus de fortes dents sur les palatins et le bord mandibulaire. *S. dentatus*, Cuba.

3. — *Ni barbillons, ni cils, ni tubercules; caudale différenciée avec un pédoncule distinct.*

Dinematichthys, Bleeker. Filaments ventraux simples; une épine operculaire; joue écailleuse. *D. iluocœteoides*, Goram. — *Brosmophycis*, Gill. *Dinematichthys* à tête sans écailles. *B. marginatus*, San Francisco.

4. — *Ni barbillons, ni cils, ni tubercules; caudale non différenciée ou tout au moins non pédiculée :*

a. — *Ventrales unisériées sur l'isthme, non loin de la symphyse humérale.*

Bythites, Reinh. Ventrales représentées par une paire de filaments constitués chacun par deux rayons intimement unis; pectorales simples; des yeux; ligne latérale interrompue au milieu de sa longueur; des dents palatines. *B. fuscus*, Groenland. — *Grammonus*, Gill (*Pteridium*, Scopoli). *Bythites* à rayons des ventrales simples et sans dents palatines. *G. ater*, Nice. — *Catœtyx*, Günth. *Grammonus* pourvus de dents palatines et à ligne latérale distincte seulement dans la région antérieure du corps; préopercule inerme; une seule épine operculaire; tête écailleuse; anus médian. *C. Messieri*, détroit de Messier. — *Saccogaster*, Alcock. *Catœtyx* sans écailles céphaliques, sans épine operculaire; à anus post-médian; ligne latérale distincte sur le tronc seulement. *S. maculatus*, Bengale. — *Diplacanthopoma*, Günther. *Saccogaster* avec deux épines operculaires et l'anus prémédian. *D. brachysoma*, Pernambouc. — *Dicromita*, G. et B. Diffèrent des *Catœtyx* par leur préopercule armé de trois ou quatre épines; une épine operculaire; tête en partie sans écailles. *D. Agassizii*, Antilles. — *Bassozetus*, Gill. Nageoires des précédents; tête lisse; yeux petits; une petite épine operculaire; ligne latérale presque effacée. *B. normalis*, Antilles. — *Glyptophidium*, Alcock. *Bassozetus* à grands yeux, à crêtes céphaliques. *G. argenteum*, îles Andaman. — *Dermatorus*, Alcock. *Bassozetus* à tête et opercule épineux; une longue queue finissant en pointe; pas de cæcums pyloriques. *D. trichiurus*, Atl. prof. — *Neobythites*, G. et B. Ventrales représentées par une paire de rayons bifides; rayons de la caudale distincts, mais confluents avec ceux de la dorsale et de l'anale; tête écailleuse; préopercule et opercule chacun avec une épine. *N. crassus*, Atl., prof. — *Benthocometes*, G. et B. *Neobythites* avec l'opercule inerme, deux épines au préopercule; les ventrales très rapprochées. *B. murænolepis*, côtes du Soudan. — *Bassoyigas*, Gill. *Benthocometes* à une seule forte épine sur l'opercule, à ventrales écartées. *B. Gillii*, Delaware bay. — *Alcockia*, G. et B. *Benthocometes* à préopercule portant un disque crénelé. *A. rostrata*, Célèbes. — *Celema*, G. et B. Nageoires des *Neobythites*; tête sans écailles, mais portant de fortes épines; pas de ligne latérale. *C. nuda*, banc d'Arguin. — *Mœbia*, G. et B. *Celema* à tête inerme, à ligne latérale représentée par un petit nombre de grandes écailles près des épaules; queue très atténuée. *M. gracilis*, Nouvelle Guinée. — *Barathrodemus*, G. et B. Caudale séparée des nageoires verticales; tête écailleuse; museau saillant et dilaté; préopercule inerme; une épine operculaire plate; dents maxillaires, vomériennes et palatines en velours; ligne latérale très peu distincte. *B. manatinus*, Antilles. — *Pycnocraspedum*, Alcock. *Barathrodemus* à caudale unie à sa base seulement aux nageoires verticales; à museau large, arrondi, aplati à son extrémité, non saillant, à opercule présentant une crête osseuse terminée par une pointe obtuse; ligne latérale effacée en arrière. *P. squammipinne*, baie de Bengale. — *Nematonus*, Günth. *Barathrodemus* à nageoires verticales confluentes; anale caudale, cependant reconnaissable; à opercule inerme; rayons inférieurs des pectorales allongés, le plus inférieur filamenteux. *N. pectoralis*, Antilles. — *Porogadus*, G. et B. Nageoires verticales entourant complètement la queue, qui est longue et pointue; chaque ventrale formée de deux rayons distincts; tête épineuse; une épine operculaire de grandeur moyenne et droite. *P. miles*, Antilles. — *Penopus*, G. et B. *Porogadus* à rayons des ventrales unis; à épine operculaire forte et courbe. *P. Macdonaldi*, côtes d'Am., Atl. — *Tauredophidium*, Alcock. Corps écailleux; point d'yeux; pectorales simples; deux filaments ventraux bifides; des dents maxillaires, vomériennes et palatines. *T. Hextii*, golfe du Bengale. — *Dicrolene*, G. et B. *Tauredophidium* à rayons inférieurs des pectorales différenciés; trois épines sur le préopercule, une sur l'opercule; ligne latérale effacée en arrière. *D. intronigra*, Soudan, prof. — *Pteroidonus*, Günth. *Dicrolene* à ventrales simples, écartées. *P. quinquarius*, Japon. — *Mixonus*, Günth. *Dicrolene* à préopercule inerme, à ventrales formées de deux rayons soudés. *M. laticeps*, Atl. trop., prof.

b. — *Ventrales insérées sur la symphyse humérale.*

Sirembo, Bleeker. Ventrales représentées par une paire de filaments simples; des pseudo-branchies; ligne latérale continue, indistincte. *S. inermis*, Japon. — *Monomitopus*, Alcock. *Sirembo* sans pseudo-branchies. *M. nigripinnis*, îles Andaman. — *Acanthonus*, Günth. *Sirembo* à filaments ventraux bifides, à ligne latérale obsolète; museau armé et yeux petits; dents en velours sur les mâchoires, le vomer et les palatins. *A. armatus*, Pacif. — *Typhlonus*, Günth. *Acanthonus* à filaments ventraux simples; pas de ligne latérale; yeux invisibles; écailles petites, caduques. *T. nasus*, Célèbes, 3 500 mètres. — *Barathronus*, G. et B. Diffèrent des *Typhlonus* par leurs yeux visibles à travers la peau qui est sans écailles; leurs dents en griffe peu nombreuses sur le vomer et la mandibule; corde dorsale persistante. *B. bicolor*, Guadeloupe, 1 200 mètres. — *Aphyonus*, Günth. Diffèrent des *Typhlonus* par leurs dents petites sur la mandibule, rudimentaires sur le vomer, nulles sur les mâchoires supérieures et les palatins. *A. gelatinosus*, Nouvelle-Guinée, 2 500 mètres.

c. — *Ventrales insérées sous la région hyoïde.*

Rhodichthys, Collett. Ventrales représentées par deux longs filaments bifides; dents faibles, sur les mâchoires seulement. *R. regina*, Atl. or.

d. *Ventrales représentées par une paire de barbillons bifides insérés sous le glosso-hyal.*

Ophidium, Artedi. Opercule inerme; dents externes des mâchoires fixées. *O. barbatum*, Médit. — *Otophidium*, Gill. (*Genypterus*, Phil.). *Ophidium* avec une épine operculaire aiguë et cachée. *O. omostigma*, Pensacola. — *Leptophidium*, Gill. Dents des mâchoires mobiles; sommet de la tête écailleux. *L. profundorum*, Floride.

e. — *Pas de ventrales.*

*. — *Anus éloigné de la région céphalique.*

Bellottia, Giglioli. Ligne latérale simple, légèrement arquée sur les pectorales; corps couvert de nombreux pores muqueux, particulièrement apparents sur la tête; deux plis cutanés parallèles à la base de la dorsale. *B. apoda*, Naples. — *Alexeterion*, Vaillant. Des yeux rudimentaires; pas d'écailles; bouche verticale; vomer et palatin sans dents. *A. Parfaiti*, golfe de Gascogne, 5 000 mètres. — *Congrogadus*, Günt. Yeux normaux; des écailles et une ligne latérale droite; nageoires verticales très développées, continues; membranes branchiales confluentes, mais non attachées à l'isthme. *C. subducens*, Australie. — *Haliophis*, Rüpp. *Congrogadus* à caudale distincte. *H. guttatus*, mer Rouge. — *Hephthocara*, Alcock. Yeux normaux; pas de crêtes céphaliques; pas de ligne latérale. *H. simum*, côte de Coromandel. — *Lamprogrammus*, Alcock. Yeux normaux; des crêtes céphaliques; écailles de la ligne latérale différentes des autres. *L. niger*, îles Andaman. — *Ammodytes*, Artedi. Yeux normaux; ouvertures branchiales très grandes; membranes branchiales non confluentes; écailles très petites; des plis cutanés longitudinaux sur le ventre. *A. tobianus* (Lançon), vit dans le sable, Manche. — *Bleekeria*, Günt. *Ammodytes* à écailles de grandeur moyenne. *B. callolepis*, Madras.

**. — *Anus immédiatement en arrière de la tête.*

Fierasfer, Cuv. Peau nue; commensaux des Méduses, des *Culcita*, des Holothuries, voire des Bivalves. *F. imberbis*, se loge dans les poumons de l'*Holothuria tubulosa*, Médit. — *Encheliophis*, J. Müll. Diffèrent des *Fierasfer* par l'absence de pectorales. *E. vermicularis*, Philippines.

Fam. **LOPHOTIDÆ**. — Corps allongé, comprimé en forme de feuille, sans écailles; tête très haute au-dessus de la bouche, et formant ainsi une sorte de crête que surmonte une longue et forte épine; dorsale s'étendant de cette épine jusqu'à la caudale, qui est distincte, mais qu'elle peut atteindre; anus situé tout près de l'extrémité du corps et suivi d'une courte anale; ventrales thoraciques, souvent rudimentaires; dents faibles sur les mâchoires, le vomer et les palatins; ouvertures branchiales grandes; des pseudo-branchies; six branchiostèges.

Lophotes, Giorna. Genre unique. *L. Cepedianus*, Nice, atteint 1 m. 40.

II. — *Des aiguillons dans la nageoire dorsale (Acanthoptera).*

1ᵉʳ Groupe. — *MUGILIFORMES. Deux dorsales plus ou moins éloignées l'une de l'autre; l'antérieure courte comme la postérieure ou soutenue par de faibles aiguillons; ventrales abdominales avec une épine et cinq rayons.*

Fam. **SPHYRÆNIDÆ**. — Corps allongé, subcylindrique; écailles cycloïdes; ligne latérale continue; deuxième dorsale correspondant à l'anale; caudale fourchue; dents fortes; yeux latéraux; vessie natatoire bifurquée en avant; vingt-quatre vertèbres.
Sphyræna. Klein. Genre unique. *S. spet*, Nice, Cette, atteint 1 mètre; les espèces tropicales dépassent 2 m. 30.

Fam. **MUGILIDÆ**. — Corps plus ou moins oblong et comprimé; écailles cycloïdes; pas de ligne latérale; dorsale antérieure soutenue par quatre épines rigides; orifice buccal étroit; dents faibles ou nulles; orifices branchiaux larges; vingt-quatre vertèbres.
Myxus, Günt. Dents assez développées. *M. harengus*, Am. trop., Pacif.—*Agonostoma*, Benn. Un museau allongé et charnu. *A. monticola*, riv. du Mexique et des Antilles. — *Mugil*, Artedi. Dents sétacées ou absentes. *M. chelo* (Mugon), côtes de Fr. commun. *M. cephalus*, Médit.

Fam. **ATHERINIDÆ**. — Corps plus ou moins allongé, subcylindrique; écailles de grandeur moyenne; ligne latérale indistincte; bouche étroite; dents faibles; vertèbres nombreuses; marins, lacustres.
Atherina. Art. Ecailles cycloïdes; museau obtus; fente buccale s'étendant jusqu'au bord antérieur de l'œil; 1ʳᵉ et 2ᵉ dorsales nettement séparées. *A. presbyter* (Prêtre, Éperlan), côtes de Fr. *A. hepsetus* (Cabassoe). Marseille. — *Atherinichthys*, Bleek. *Atherina* à museau saillant, à fente buccale n'atteignant pas les yeux. *A. brasiliensis*, côtes du Mexique et du Brésil.

2ᵉ Groupe. — *SCOMBRIFORMES. Dorsale continue ou divisée en deux lobes voisins; l'antérieur court, parfois remplacé par des tentacules ou par une ventouse; partie molle de la dorsale, toujours longue quand la partie épineuse est absente; anale semblable à cette région molle; pas de papille anale proéminente; marins.*

Fam. **STROMATEIDÆ**. — Corps plus ou moins oblong et comprimé; écailles petites; pas d'os de soutien préoperculaire; une longue dorsale sans région épineuse; dentition très faible; œsophage armé de nombreux processus cornés barbelés; plus de dix vertèbres abdominales et de quatorze caudales; marins.
Stromateus, Art. Pas de nageoires ventrales. *S. fiatola*, Cette, Nice (Lampuge); le jeune est le *S. microchirus*. — *Centrolophus*, Lac. Des nageoires ventrales. *C. pompilus*, Fécamp, Médit.

Fam. **CORYPHÆNIDÆ**. — Diffèrent des STROMATIDÆ par leurs dents coniques, quand elles existent, et leur œsophage lisse.
TRIB. CORYPHÆNINÆ. Ventrales thoraciques; dorsale multiradiée commençant sur la tête. — *Coryphæna*. Art. Corps allongé; une crête céphalique chez les adultes; dorsale allant de l'occiput à la caudale; caudale fourchue; ventrales rétractiles dans une fossette de l'abdomen; pas d'aiguillons dans les nageoires; pas de vessie natatoire; des dents en râpe sur les mâchoires, le vomer et les palatins. *C. hippurus*, Médit.
TRIB. BRAMINÆ. Ventrales thoraciques; dorsale commençant sur le dos. — *Brama*, Risso. Corps comprimé et plus ou moins élevé; écailles assez petites; dorsale et anale multiradiées, la 1ʳᵉ avec trois ou quatre aiguillons, la 2ᵉ avec deux ou trois; caudale profondément fourchue; ventrales avec une épine et cinq rayons; la rangée externe de dents des mâchoires plus fortes. *B. Raii* (Castagnôle), Caen, Nice, cosmopolite; les *Taractes* sont de jeunes *Brama*. — *Lampris*, Retz. Corps comprimé et élevé; écailles très petites,

caduques; une seule dorsale, sans aiguillons, relevée en faux en avant; anale semblable à la partie basse de la dorsale; nombreux rayons aux ventrales; pas de dents. *L. luna*, de Boulogne à Marseille.

Trib. Pteraclinæ. Ventrales jugulaires ou thoraciques; dorsale commençant sur la nuque ou le dos. — *Pteraclis*, Gronov. Corps comprimé, élevé; dorsale très élevée, développée sur toute la longueur du corps et soutenue par des piquants filiformes, inarticulés; ventrales jugulaires. *P. papilio*, Madère. — *Schedophilus*, Cocco. Corps oblong, comprimé; écailles petites; tête haute; dorsale unique, longue; caudale tronquée ou échancrée; ventrales situées en avant des pectorales. *S. medusophagus*, Marseille. — *Icosteus*, Lockington. Corps comprimé; tête assez épaisse, profil s'élevant rapidement de la tête à l'origine de la dorsale, puis présentant une courbure régulière; pas d'écailles; dorsale et anale plus larges en arrière qu'en avant, présentant des spinules le long de chaque rayon; rayons indivis ou ne se divisant qu'une fois; bord postérieur de la caudale convexe. *I. enigmaticus*, côtes de Californie. — *Schedophilopsis*, Steindachner. *Schedophilus* sans écailles, sauf le long de la ligne latérale, à rayons des nageoires couverts de petites épines. *S. spinosus*, côtes de Californie. — *Icichthys*, Jordan et Gilbert. Corps allongé, ni élevé, ni comprimé à la base des nageoires verticales; dorsale et anale longues et basses sans aiguillons; pectorales charnues à la base comme celles des *Icosteus*; membranes branchiales séparées, non soudées à l'isthme; une rangée de petites dents sur les mâchoires seulement. *I. Lockingtoni*, côtes de Californie. — *Diana*, Risso (*Astrodermus*, Bonelli). Corps oblong; tête haute, comprimée; une carène latérale sur le pédoncule caudal; anus avancé, recouvert par une sorte d'opercule formé par l'aiguillon des ventrales; dorsale unique soutenue par de fines aiguilles indivises, commençant sur la tête et finissant, ainsi que l'anale, près de la caudale; caudale échancrée; des dents très fines sur les mâchoires, les palatins, les vomers et la langue chez les jeunes, absentes sur les mâchoires chez l'adulte. *D. elegans*, Médit. — *Ausonia*, Risso (*Luvarus*, Raf.). *Diana* à dorsale commençant loin de la tête. *A. imperialis* (Louvarou), Cette. Atteint 1 m. 70. (Giglioli a démontré la transformation des *Astrodermus* ou *Diana* en *Ausonia* ou *Luvarus*). — *Mene*, Lac. Ventrales thoraciques avec une épine et cinq rayons mous; dorsale commençant sur le dos; pas d'écailles. *M. maculata*, O. Indien.

> Fam. **ACROTIDÆ** [1]. — Corps long, comprimé; pas d'écailles; une dorsale et une anale longues et basses; caudale grande à bord postérieur concave, portée par un étroit pédoncule; pas de ventrales; ni dents palatines, ni dents vomériennes; quatre branchies et une large fente derrière la quatrième; pas de pseudo-branchies, six branchiostèges; os mous et flexibles; environ soixante-dix vertèbres.

Acrotus, Bean. Genre unique. *A. Willoughbyi*, atteint 2 mètres, côtes des États-Unis.

> Fam. **ACRONURIDÆ**. — Corps comprimé, oblong ou élevé, à petites écailles; une dorsale avec plusieurs aiguillons en avant; une ou plusieurs épines osseuses de chaque côté de la queue chez les adultes; deux ou trois aiguillons à l'anale; une seule série d'incisives comprimées tronquées ou lobées à chaque mâchoire; pas de dents palatines; neuf vertèbres abdominales et treize caudales; vessie natatoire fourchue en arrière; poissons des récifs madréporiques.

Keris, C. et V. Pas d'épine caudale chez l'adulte. *K. anginosus*, Célèbes. — *Acanthurus*, Bl. Incisives lobées, un peu mobiles; une épine érectile de chaque côté de la queue; ventrales avec un aiguillon et cinq rayons; les jeunes sont les *Acronurus* à corps nu. *A. chirurgus*, Atl. tropical. — *Naseus*, Comm. De une à trois plaques, généralement deux, de chaque côté de la queue; six aiguillons à la dorsale et deux à l'anale; ventrales avec un aiguillon et trois rayons; quelquefois une corne ou une crête céphalique dirigée en avant. *N. unicornis*, mer Rouge, O. Indien. — *Prionurus*, Lac. Plusieurs plaques caudales latérales. *P. scalprum*, Japon.

> Fam. **CARANGIDÆ**. — Corps plus ou moins comprimé, oblong ou élevé; dorsale continue ou divisée en une courte région épineuse, parfois rudimentaire et une région molle, semblable à l'anale; ventrales quelquefois rudimentaires ou nulles; dix vertèbres abdominales et quatorze caudales; vessie natatoire s'ouvrant dans l'une des chambres branchiales.

---

[1] Les Coryphænidæ et les Acrotidæ conduisent peut-être aux Pleuronectes.

Caranx (incl. *Trachurus*), Cuv. et Val. Corps plus ou moins comprimé, quelquefois subcylindrique; bouche médiocre; dorsale continue avec environ huit aiguillons faibles; l'anale a deux aiguillons quelquefois séparés du reste de la nageoire; quelquefois des pinnules à la suite de la dorsale et de l'anale; ligne latérale courbe en avant, droite en arrière, marquée au moins postérieurement par de grandes écailles, dont un certain nombre sont carénées et terminées en pointe; vessie natatoire fourchue en arrière. *C. (Trachurus) trachurus* (Carangue, Saurel), Médit., Atl. *C. luna*, Médit. — *Argyreiosus*, Lac. *Caranx* sans écailles; pas de plaques latérales. *A. vomer*, C. Atl., États-Unis. — *Micropteryx*, Ag. Corps très comprimé, à abdomen tranchant; écailles petites; pas de plaques sur la ligne latérale; dorsale continue, à sept petits aiguillons; pas de pinnules; préorbitaire modérément large; préoperculaire entier; de petites dents sur les vomers et les palatins. *M. chrysurus*, toutes les mers tropicales. — *Seriola*, Cuv. Corps oblong, légèrement comprimé, avec un abdomen arrondi; écailles très petites; pas de plaques latérales; dorsale continue, à petits aiguillons; pas de pinnules; bord préoperculaire entier; des dents en velours sur les mâchoires, les vomers et les palatins. *S. Dumerilii*, Nice. — *Seriolichthys*, Bleeker. *Seriola*, munis d'une pinnule derrière la dorsale et l'anale. *S. bipinnulatus*, Nouvelle-Guinée. — *Seriolella*, Guichenot. Ligne latérale lisse; aiguillons de la 1re dorsale réunis par une membrane; préorbitaires normaux; préopercule denticulé; fente buccale moyenne; dents des mâchoires unisériées assez petites; pas de pinnules; deux aiguillons avant l'anale. *S. porosa*, Chili. — *Naucrates*, Raf. Corps oblong, subcylindrique; une carène de chaque côté de la queue; écailles petites; partie antérieure de la dorsale représentée par un petit nombre d'aiguillons libres; pas de pinnules; des dents en velours sur les mâchoires, les vomers et les palatins. *N. ductor* (Pilote), accompagne les Requins et les grands Poissons, se nourrit de leurs parasites et des débris qu'ils abandonnent, en même temps que sa sécurité s'accroît par la crainte qu'inspire son compagnon; toutes les mers de Fr., Médit., commun. — *Chorinemus*, C. et V. Corps comprimé; oblong; écailles petites, lancéolées, cachées sous la peau; 1re dorsale représentée par un petit nombre d'aiguillons libres; 2e dorsale suivie de pinnules; des petites dents sur les mâchoires, les vomers et les palatins. *C. lysan*, Australie, dépassent 1 mètre. Les jeunes, où les aiguillons et les pinnules sont reliés aux nageoires par une membrane, ont été décrits sous le nom de *Porthmeus*. — *Lichia*, Cuv. 1re dorsale en partie formée d'aiguillons libres, portant un lobe membraneux, le 1er fixe et dirigé en avant; 2e dorsale et anale longues, falciformes; caudale fourchue; des dents en velours sur les mâchoires, les palatins, les vomers et la langue. *L. glaycos*, Médit. — *Temnodon*, C. et V. Corps oblong, comprimé; écailles moyennes cycloïdes; 1re dorsale à huit petits aiguillons réunis par une membrane; 2e dorsale et anale couvertes de très petites écailles; pas de pinnules; de fortes dents unisériées sur des mâchoires; de plus petites sur les vomers et les palatins. *T. saltator*, Médit., rare, dépasse 1 m. 50. — *Trachynotus*, Lac. Corps plus ou moins élevé, comprimé, couvert de très petites écailles; bouche petite. *T. ovatus*, Atl., O. Indien. — *Pammelas*, Günt. Deux épines éloignées de la partie molle de la nageoire anale; museau proéminent; préopercule et interopercule dentés. *P. perciformis*, côtes de New York. — *Psettus*, Commers. Corps très comprimé et élevé; museau plutôt court; écailles petites, cténoïdes; une dorsale extrêmement couverte d'écailles, soutenue par sept ou huit aiguillons; trois aiguillons à l'anale; ventrales très petites, rudimentaires; dents en velours, absentes sur les palatins. *P. sebæ*, côte occidentale d'Afrique. — *Platax*, C. et V. Corps très comprimé et élevé; museau très court; écailles moyennes ou petites; portion épineuse de la dorsale presque entièrement cachée et soutenue par trois à sept aiguillons; trois aiguillons à l'anale; ventrales bien développées avec une épine et cinq rayons; dents sétiformes, celles de la rangée externe plus grandes et échancrées au sommet; palais édenté. *P. vespertilio*, O. Indien. — *Zanclus*, Comm. Corps très comprimé et élevé; museau allongé; écailles petites, veloutées; une dorsale à sept aiguillons dont le troisième est très long; pas de dents palatines. *Z. cornutus*, Indo-Pacifique. — *Anomalops*, Kner. Corps oblong; museau très court convexe; bouche grande; écailles petites, rugueuses; première dorsale courte avec un petit nombre d'aiguillons reliés par une membrane; yeux très grands, au-dessous de chacun d'eux une glande phosphorescente; des dents en velours sur les mâchoires et les palatins, non sur les vomers. *A. palpebratus*, Pacif., prof. — *Capros*, Lac. Corps comprimé et élevé; bouche très protractile; écailles petites, épineuses; neuf aiguillons à la dorsale, trois à l'anale; ventrales bien développées; de petites dents sur les mâchoires et le vomer; pas sur les palatins. *C. aper*, côtes de Fr. — *Antigonia*, Low. Pas de dents sur les palatins et les vomers. *A. capros*, Madère, Japon. — *Diretmus*, Johns. Corps comprimé en disque; préopercule prolongé en dessous et séparant l'opercule des autres os; supra-maxillaires larges en arrière; une longue dorsale sans région épineuse et une anale avec des rayons simples; ventrales thoraciques; des dents en bande étroite sur les mâchoires seulement. *D. argenteus*, Médit. — *Equula*, C. Corps plus ou moins comprimé, élevé ou oblong; écailles petites, cycloïdes, caduques; bouche très protractile; huit aiguillons à la dorsale et trois à l'anale; ventrales avec une épine et cinq rayons; dorsale continue; bord inférieur du préopercule denté; de petites dents sur les mâchoires; pas de dents palatines. *E. edentula*, Pacif. — *Gazza*, Rüpp. *Equula* à mâchoires armées de canines. *G. minuta*, O. Indien. — *Lactarius*, C. et V. Épines anales continues avec la partie molle de la nageoire; bord du préopercule entier; une ou deux paires de fortes canines. *L. delicatulus*, O. Indien. — *Paropsis*, Jenyns. Deux épines isolées en avant de l'anale; pas de ventrales. *P. signata*, Patagonie. — *Platystethus*, Günt. Trois épines anales. *P. cultratum*, I. Norfolk.

Fam. **CYTTIDÆ**. — Corps élevé, comprimé; écailles petites, ou remplacées par des boucles, ou nulles; dorsale présentant deux régions bien distinctes; pas d'os de soutien du préopercule; annexe branchiale large; dents coniques petites; pas de papille proéminente en avant de l'anus; plus de dix vertèbres abdomidales et plus de quatorze vertèbres caudales; marins.

Trib. ZEINÆ. Une série de plaques osseuses, le long de la dorsale et de l'anale; une autre série sur l'abdomen. — *Zeus*, Art. Plaques limitées à la base de la deuxième dorsale et de l'anale; quatre épines dans l'anale. *Zeus faber*, toutes les côtes de Fr. — *Zenopsis*, Gill. Des plaques à la base des deux dorsales; trois épines anales. *Z. ocellatus*, pélagique, Atl.

Trib. CYTTINÆ. Pas de plaques osseuses à la base des nageoires verticales. — *Cyttus*, Günth. Écailles très petites; pas de plaques osseuses sur la ligne ventrale; anale avec deux épines; ventrales avec une épine et six ou huit rayons mous. *C. hololepis*, Antilles. — *Cyttopsis*, Gill. Des plaques osseuses entre les ventrales et l'anale sur la ligne médiane du corps. *C. roseus*, Madère.

Trib. OREOSOMINÆ. De nombreuses protubérances osseuses coniques, symétriquement disposées. — *Oreosoma*, C. et V. Genre unique. *O. atlanticum*, Madère, Atl. pélagique (Goode et Bean placent ici les *Caproidæ*).

Fam. **NOMEIDÆ**. — Corps oblong, plus ou moins comprimé; écailles cycloïdes de grandeur moyenne; deux dorsales rapprochées, l'antérieure courte; ligne latérale inerme; caudale fourchue; plus de dix vertèbres abdominales et plus de quatorze caudales; Pélagiques.

Gastrochisma, Rich. Des pinnules derrière la dorsale et l'anale; ventrales extrêmement larges et longues pouvant se cacher dans un pli abdominal. *G. melampus*, Nouvelle-Zélande. — *Nomeus*, Cuv. Pas de pinnules; ventrales plus grandes que les pectorales, reliées à l'abdomen par une membrane, mais ne pouvant se cacher dans un pli abdominal; des dents sur les mâchoires, le vomer et les palatins. *N. Gronovii*, mer des Sargasses. — *Bathyseriola*, Alc. *Nomeus* à vomer et palatins édentés. *B. cyanea*, Madras. — *Psenes*, C. et V. Ventrales moins longues que les pectorales; museau renflé; dents petites. *P. pellucidus*, Atlant. — *Cubiceps*, Lowe. Corps oblong; tête forte; museau court; deux dorsales contiguës; anale opposée à la deuxième dorsale; caudale fourchue; ventrales beaucoup plus courtes que les pectorales, six branchiostèges. *C. gracilis*, Cette, Nice (Goode et Bean placent ici les *Seriolella* et les *Platystethus*).

Fam. **XIPHIIDÆ**. — Mâchoire supérieure allongée en forme d'épée.

Xiphias, Art. Pas de ventrales; une carène simple de chaque côté de la queue. *X. gladius* (Espadon), côtes de Fr., atteint 4 mètres de long. — *Makaira*, Lac. *Xiphias* à double carène latérale. *M. nigricans*, *M. velifera*, la Rochelle, île de Ré (sont peut-êtres des *Histiophorus* mal observés ou mal déterminés). — *Histiophorus*, Lac. Dorsale continue; les nageoires ventrales représentées par deux longs appendices styliformes. *H. pulchellus*, Pacif. — *Tetrapturus*, Raf. Deux crêtes caudales; deux dorsales et deux anales; ventrales à un seul rayon. *T. belone*, la Rochelle, Nice.

Fam. **SCOMBRIDÆ**. — Corps oblong, à peine comprimé; écailles petites ou nulles; deux dorsales; des pinnules ou une ventouse supracéphalique; ventrales à une épine et cinq rayons ou bien à quatre rayons; plus de dix vertèbres abdominales et de quatorze caudales.

Scomber, Art. Première dorsale continue, à aiguillons faibles; cinq ou six pinnules derrière la dorsale et l'anale; écailles très petites, couvrant tout le corps; une courte carène de chaque côté de la queue. *S. scomber* (Maquereau), toutes les côtes de Fr. — *Thynnus*, Cuv. *Scomber* avec six à neuf pinnules, à écailles de la région pectorale serrées de manière à figurer une sorte de corselet; dents assez petites. *T. vulgaris* (Thon), Médit. *T. alalonga* (Germon, Thon blanc), Morlaix et Médit. *T. pelamys* (Bonite), Médit. oc. — *Pelamys*, C. et V. *Thynnus* à dents plus fortes. *P. sarda*, Manche, rare; Médit. — *Auxis*, C. et V. *Thynnus* sans dents palatines; dents très petites. *A. bisus*, Concarneau à Nice. — *Cybium*, Cuv. *Thynnus* à écailles rudimentaires ou nulles; dents fortes; plus de sept pinnules. *C. guttatum*, Indes. — *Elacate*, C. Écailles très petites; tête déprimée; première dorsale remplacée par huit aiguillons libres; pas de pinnules; des dents en velours sur les mâchoires, les vomers et les palatins. *E. nigra*, Atl. trop. — *Echeneis*, Art. Dorsale transformée en un disque adhésif couvrant la tête et le cou. *E. remora*, s'attachant aux Requins, aux Tortues marines et aux vaisseaux. La Rochelle, Médit.

FAM. **THYRSITIDÆ**. — Deux dorsales (sauf *Epinnula*): la 1re très allongée, soutenue par des aiguillons pouvant se rabattre dans une fossette; la 2e soutenue par des rayons ramifiés dont les derniers peuvent s'isoler et soutenir autant de pinnules distinctes; anale semblable à la 2e dorsale; caudale fourchue; cæcums pyloriques peu nombreux.

TRIB. THYRSITINÆ. Pas d'épines isolées entre la 1re et la 2e dorsales.

a. — *Ventrales bien développées.*

Thyrsites, Cuv. et Val. Corps assez allongé; six pinnules dorsales et six anales; corps en grande partie nu; ligne latérale s'abaissant en arrière de la 1re dorsale; des dents palatines. *T. lepidopoides*, Brésil. — *Thyrsitops*, Gill. *Thyrsites* à cinq pinnules dorsales, quatre anales; ligne latérale presque droite. *T. violaceus*, Le Have Bank. — *Ruvettus*, Cocco. *Thyrsites* à pinnules peu nombreuses; sans ligne latérale; à peau épineuse; abdomen caréné. *R. pretiosus*, îles Glénans, Nice. — *Nesiarchus*, Johns. Deux dorsales; une longue épine post-anale; pas de pinnules, pas de dents palatines. *N. nasutus*, côtes du Portugal. — *Epinnula*, Poey. Dorsale continue; pas de pinnules; deux lignes latérales. *E. magistralis*, Antilles.

b. — *Ventrales réduites à une épine.*

Nealotus, Johns. Des pinnules; une épine post-anale; des dents palatines; pas de dents vomériennes. *N. tripes*, Madère. — *Promethichthys*, Gill. Des pinnules; pas d'épine post-anale; dents des *Nealotus*; ligne latérale s'abaissant en une ligne fortement oblique en avant de la dorsale épineuse. *P. prometheus*, Portugal, Madère, comestible (rabbit-fish). — *Dicrotus*, Günth. Pas de pinnules; épines ventrales longues et crénelées; préopercule spinigère; des dents sur les palatins et le vomer. *D. armatus*, Loc? (peut-être est-ce le jeune des *Promethichthys* ou des *Gempylus*).

TRIB. GEMPYLINÆ. De nombreuses épines isolées entre les deux dorsales; pas d'écailles ni de dents palatines. — *Gempylus*. Cuv. et Val. Genre unique. *G. serpens*, îles Canaries, Antilles.

FAM. **CHIASMODONTIDÆ**. — Corps allongé, subcylindrique ou légèrement aminci à l'extrémité; tête subconique; deux dorsales: la 1re avec des épines courtes et grêles; la 2e longue ainsi que l'anale; bouche grande avec des dents nombreuses, longues, aiguës et mobiles en avant; opercule très oblique et réduit. Estomac et tégument ventral très dilatables.

Chiasmodon, Johns. Ventre pendant, à parois membraneuses, susceptibles d'une énorme dilatation; deux séries de dents grandes et pointues sur les mâchoires; des dents semblables sur les palatins, pas sur le vomer; pas de pseudobranchies. *C. niger*, Madère. — *Pseudoscopelus*, Lütken. Des lignes proéminentes de pores le long de la mâchoire supérieure et des mandibules, en avant des ventrales et de l'une à l'autre de ces nageoires. *P. scriptus*, Atl. — *Ponerodon*, Alcock *Chiasmodon* pourvus de pseudobranchies; une petite épine à l'angle du préopercule; pas de cæcums pyloriques ni de vessie natatoire. *P. vastator*, Madras.

3° GROUPE. — *BERYCIFORMES. Corps comprimé, oblong ou élevé; tête présentant de grandes cavités mucifères, couvertes par une peau mince. Ventrales à plus de cinq rayons mous ou à deux seulement (Monocentris). Cæcums pyloriques nombreux; conduit pneumatique persistant.*

FAM. BERYCIDÆ. — Une seule dorsale; anale avec un petit nombre d'aiguillons : ventrales à six rayons mous au moins; maxillaires grands, prémaxillaires protractiles; dents en velours quelquefois mélangées d'un petit nombre de canines. Os operculaire épineux; les autres os de la tête d'ordinaire fortement dentés. Quatre branchies et une fente derrière la 4°; des pseudobranchies; membranes branchiales séparées; sept ou huit rayons branchiostèges. Poissons des profondeurs.

TRIB. BÉRYCINÆ. Écailles cténoïdes; des dents en velours sur les mâchoires, le vomer et les palatins; préopercule lisse; os operculaires dentés. Vessie natatoire simple. — *Beryx*, Cuv. Dorsale continue; ventrales à plus de sept rayons; anale à quatre aiguillons. *B. decadactylus*, Nice.

TRIB. MELAMPHAÏNÆ. Écailles cycloïdes; pas de dents palatines. — *Melamphaes*, Günth. Anale commençant très en arrière de la dorsale, à deux aiguillons et six rayons; dorsale à six aiguillons et onze rayons; ventrales à un aiguillon et sept rayons; dents en une seule rangée; dents en bandes, écailles grandes. *M. typhlops*, Madère. — *Polymixia*, Lowe. Écailles moyennes; une dorsale; anale à trois ou quatre aiguillons; caudale fourchue; ventrales à six ou sept rayons; deux barbillons sous la gorge; yeux grands. *P. nobilis*, Madère. — *Plectromus*, Gill. Anale commençant immédiatement en arrière de la dorsale; un aiguillon à l'anale et trois à la dorsale; ventrales à sept rayons; yeux normaux; dents quelquefois en doubles bandes. *P. suborbitalis*, Antilles. — *Scopelogadus*, Vaillant. *Plectromus* à yeux rudimentaires; anale et dorsale courtes; ventrales à dix rayons; dents en bandes simples sur les mâchoires. *S. cocles*, Cap Vert. — *Malacosarcus*, Günth; ventrales à cinq rayons; caudale émarginée avec plis basilaires; canaux latéraux distendus; écailles extrêmement minces, caduques; pas de dents palatines; dents en velours, en bande unique sur chaque mâchoire. *M. macrostoma*, Pacif., 5 600 mètres. — *Poromitra*, G. et B. Ventrales à sept ou huit rayons; écailles minces; dents petites, en carde, sur la mâchoire supérieure, uniquement portées par le court prémaxillaire; mâchoire inférieure saillante. *L. capito*, Antilles.

TRIB. ANOPLOGASTRINÆ. Écailles petites, irrégulières; dents irrégulières, absentes sur le palais; bouche très grande et oblique. — *Anoplogaster*, Günth. Écailles réduites à de menues aspérités; dents un peu inégales à la mâchoire inférieure. *A. cornutus*, Atl. — *Caulolepis*, Gill. Écailles petites, foliacées; deux paires de longues canines à la mâchoire inférieure et trois à la supérieure. *C. longidens*, Antilles.

FAM. STEPHANOBERYCIDÆ. — Écailles portant en leur centre une ou deux épines dressées. Une seule dorsale dépourvue, ainsi que l'anale, d'aiguillons; ventrales abdominales, plus en arrière chez l'adulte que chez les jeunes, avec un aiguillon et cinq rayons; os de la tête dentés et portant des crêtes saillantes dont une médiane en forme d'U sur le museau, deux latérales et une sigmoïde au-dessus des yeux; maxillaires grands; prémaxillaires protractiles; suborbitaires étroits; dents petites, en une seule bande sur les inter-maxillaires et les dentaires; pas de dents palatines. Sept ou huit branchiostèges; membranes branchiales séparées; quatre branchies et une fente derrière la 4°; des pseudo-branchies.

Stephanoberyx, Gill. Genre unique. *S. Monæ*, Antilles, 1 200 mètres.

FAM. TRACHICHTHYIDÆ. — Corps très comprimé, élevé, à écailles cténoïdes médiocres; abdomen protégé par un bouclier dermique, présentant un bord denté; tête grande, plus haute que longue, caverneuse, à cavités muqueuses très développées. Une seule dorsale avec quelques aiguillons antérieurs peu développés; ventrales à six rayons mous. Suborbitaires couvrant les joues. Dents en velours.

Trachichthys, Shaw. Des dents vomériennes, une épine operculaire; anale à 2 aiguillons. *T. Darwinii*, Madère. — *Hoplostethus*, Cuv. et Val. Pas de dents vomériennes; opercule entier; anale à trois aiguillons. *H. mediterraneus*, Nice.

Fam. **BATHYCLUPEIDÆ.** — Corps comprimé, tête à grandes cavités muqueuses. Écailles cycloïdes, caduques. Dorsale postmédiane avec une ou deux épines et huit ou dix rayons; pectorales grandes, pointues, à rayons supérieurs plus longs que les autres; ventrales subjugulaires, petites; caudale fourchue. Des dents en velours sur les mâchoires, les palatins et le vomer. De grandes pseudobranchies; sept branchiostèges; canal pneumatique persistant.

Bathyclupea, Alcock. Genre unique. *B. argentea*, Antilles.

Fam. **ANOMALOPIDÆ.** — Corps oblong; écailles petites, épineuses; tête caverneuse à tubes muqueux bien développés; une glande infraorbitaire, lumineuse; narines grandes, non séparées des yeux, qui sont très grands, par un espace osseux; deux dorsales; la 1ʳᵉ avec au plus cinq faibles aiguillons; la 2ᵉ et l'anale assez allongées non superposées; ventrales normales; sept branchiostèges.

Anomalops, Kner. Genre unique. *A. palpebratus*, Pacif., prof.

Fam. **MONOCENTRIDÆ.** — Écailles très grandes, osseuses, formant une carapace rigide; deux dorsales, l'épineuse formée de quatre aiguillons séparés, suivis de petites épines; ventrales réduites à un fort aiguillon et un petit nombre de rayons rudimentaires; os operculaires sans armature; vomer édenté.

Monocentris, Bl. Schn. Genre unique. *M. japonicus*, du Japon à l'île Maurice.

Fam. **HOLOCENTRIDÆ.** — Écailles cténoïdes; deux nageoires dorsales; la 1ʳᵉ avec dix à douze aiguillons; anale à quatre aiguillons; ventrales à sept rayons; caudale fourchue. Des dents en velours sur les vomers et les palatins.

Holocentrum, Art. Écailles de grandeur moyenne; os operculaires et préorbitaires dentés; deux épines à l'opercule, une grande à l'angle du préopercule; 1ʳᵉ dorsale à dix ou onze aiguillons. *H. unipunctatum*, mers Australes. — *Myripristis*, Cuv. Écailles grandes; os operculaires dentés, préopercule sans épine; 1ʳᵉ dorsale à douze aiguillons; vessie natatoire divisée par une constriction transversale en deux parties dont l'antérieure est reliée à l'organe de l'audition. *M. jacobus*, Antilles.

4ᵉ Groupe. — *KURTIFORMES. Une seule dorsale, beaucoup plus courte que l'anale, qui est longue et multiradiée. Pas d'organe superbranchial.*

Fam. **KURTIDÆ.** — Corps comprimé, oblong, élevé en avant, atténué en arrière; aiguillons de la dorsale peu nombreux ou nuls. Écailles moyennes. Dents en velours sur les mâchoires, les vomers et les palatins.

Pempheris, C. et V. Vingt-quatre vertèbres; vessie natatoire divisée en une moitié antérieure et une postérieure. *P. molucca*, mers de Chine. — *Kurtus*, Bloch. Vingt-trois vertèbres; vessie natatoire logée à l'intérieur des côtes qui sont dilatées, convexes, et forment des anneaux. *K. indicus*, O. Indien.

5ᵉ Groupe. — *SCIÆNIFORMES. Partie molle de la dorsale plus développée que la partie pourvue d'aiguillons et que l'anale; pas de filaments pectoraux; canaux mucipares de la tête bien développés.*

Fam. **SCIÆNIDÆ.** — Corps plutôt allongé et comprimé; écailles cténoïdes; ligne latérale continue, et s'étendant fréquemment jusque sur la caudale. Préopercule inerme et sans étai osseux. Ventrales thoraciques avec une épine et cinq rayons mous. Dents en velours, quelquefois mélangées de canines, mais sans molaires ni incisives; palais édenté. Vessie natatoire souvent pourvue d'appendices nombreux. Poissons côtiers et d'estuaires des tropiques.

Pogonias, Cuv. Museau convexe, à mâchoire supérieure saillante; mandibule portant de nombreux petits barbillons; première dorsale avec dix forts aiguillons; anale avec deux aiguillons, le second très fort; pas de canines; des pharyngiennes en pavé. *P. chromis* (Tambour), Am. sept. — *Micropogon*, Cuv. *Pogonias* à dents pharyngiennes pointues. *M. undulatus*, Atl. occid. — *Umbrina*, Cuv. Un seul court barbillon sur la mandibule; première dorsale à neuf ou dix aiguillons flexibles. *U. cirrosa*, toutes nos côtes. — *Sciæna*, Art. Pas de barbillons; pas de canines, mais dents de la rangée externe des mâchoires plus fortes que les autres. *S. aquila* (Maigre), toutes les côtes de Fr. — *Corvina*, Cuv. *Sciæna* à 2ᵉ aiguillon de l'anale très développé. *C. nigra* (Corbeau), Médit. — *Pachyurus*, Ag. *Sciæna* à nageoires verticales densément couvertes de petites écailles. *P. squammipinnis*, Atl. — *Otolithus*, Cuv. Mâchoire inférieure dépassant la supérieure; première dorsale à neuf ou dix faibles aiguillons; préopercule denticulé; des canines. *O. carolinensis*, Atl. — *Ancylodon*, Cuv. et Val. *Otolithus* à longues canines lancéolées ou sagittées. *A. jaculidens*, Antilles. — *Collichthys*, Günt. Tête très large à surface supérieure très convexe, queue pointue; deuxième dorsale très longue. *C. lucida*, mers de Chine. — *Larimus*, Cuv. Pas de barbillons; mâchoire inférieure dépassant la supérieure; pas de grandes canines; vessie natatoire simple. *L. auritus*, Niger. — *Eques*, de Bl. Pas de barbillons; dorsale et caudale couvertes d'écailles; première dorsale très élevée; aiguillon de l'anale faible. *E. lanceolatus*, Antilles. — *Nebris*, Cuv. Pas de barbillons; yeux petits; préopercule avec un espace sans écailles. *N. microps*, Sur. — *Lonchurus*, Bloch. Deux barbillons à la mâchoire inférieure; pectorales et caudale très allongées. *L. depressus*, Antilles.

6ᵉ GROUPE. — **PERCIFORMES.** *Corps plus ou moins comprimé, élevé ou oblong, jamais allongé. Nageoire dorsale occupant la plus grande partie de la longueur du dos, avec une partie antérieure soutenue par des aiguillons inarticulés et une région postérieure soutenue par des rayons multiarticulés, qui peut former une nageoire distincte; ventrales thoraciques, soutenues par un aiguillon et quatre ou cinq rayons ramifiés et multiarticulés, à pterygiums plus longs que larges et plus ou moins excavés; anale semblable à la partie molle de la dorsale assez courte. Anus en arrière des ventrales quand elles existent, mais éloigné de l'extrémité de la queue. Pas d'organe superbranchial. Pas de support osseux pour le préopercule.*

FAM. **PERCIDÆ.** — Nageoires verticales généralement tout à fait dépourvues d'écailles; deux nageoires dorsales; ligne latérale continue de la tête à la nageoire caudale. Pas de barbillons. Toutes les dents simples et coniques.

Trib. PERCINÆ. Deuxième sous-orbitaire sans lame interne supportant le globe de l'œil; anale avec un ou deux aiguillons. — *Perca*, Artedi. Deux dorsales, la première avec treize ou quatorze épines; anale avec deux épines; écailles petites; tête nue en dessus; préopercule et préorbitaire denticulés; sept branchiostèges; des dents sur les palatins et le vomer, non sur la langue, toutes les dents en velours, point de canines; plus de vingt vertèbres. *P. fluviatilis*, rivières de France. — *Acerina*, Cuv. Dorsale continue, dont les treize à dix-neuf premiers rayons sont transformés en aiguillons; deux aiguillons à l'anale; langue et palatins sans dents; toutes les dents en velours; maxillaires couverts par les préorbitaires; préopercule denticulé; os du crâne avec de larges cavités mucipares. *A. cernua* (Grémille), N. et N.-E. de la Fr.; bassins de la Seine et du Rhône. — *Lucioperca*, Cuv. *Perca* à canines parmi les dents en velours des mâchoires. *L. sandra* (Sandre), rivières de l'Europe orientale. — *Percina*, Haldem. *Perca* à préopercule non denticulé; à ventrales séparées par un espace égal à la largeur de leur base; à six branchiostèges. *P. caprodes*, Mississipi. — *Etheostoma*, Raf. Vaillant, V. N. A. M., 1873. *Percina* à neuf ou dix aiguillons seulement dans la dorsale, à ventrales séparées par un espace plus petit que la largeur de leur base. *E. aurantiacum*, Tennessee. — *Boleosoma*, Dekay. *Percina* à prémaxillaires protractiles, entièrement indépendants de la peau du museau. *B. nigrum*, Canada, États-Unis. — *Ulocentra*, Jord. *Etheostoma* à prémaxillaires protractiles. *U. stigmæa*, Tennessee. — *Ammocrypta*, Jord. Tête avec cavités muqueuses peu développées; corps cylindrique un peu comprimé; maxillaires visibles; prémaxillaires protractiles. *A. vigilis*, Mississipi. — *Crystallaria*, Jord. *Ammocrypta* à prémaxillaires libres sur les côtés seulement. *C. asprella*, États-Unis. — *Aspro*, Cuv. *Crystallaria* à maxillaires couverts par les préorbitaires qui sont entiers; neuf à onze aiguillons dorsaux. *A. vulgaris* (Apron), Rhône et affluents. — *Enoplosus*, Lac. Corps et nageoires impaires très élevés; des dents linguales; toutes les dents en velours; première dorsale avec sept épines; préopercule denticulé avec une épine à chaque angle. *E. armatus*, côtes d'Australie. — *Etelis*, Cuv. et Val. Sept branchiostèges; des canines dans la rangée externe des dents en velours; des dents palatines; langue lisse; huit aiguillons à la 1re dorsale et trois à l'anale; caudale très échancrée; opercule avec deux pointes; préopercule à bord simple, indistinctement denticulé; écailles moyennes; plaque sous-oculaire. *E. carbunculus*, îles de France. — *Diploprion*, Kuhl et v. Hass. Écailles petites; corps élevé; huit aiguillons à la dorsale et deux à l'anale; branche du préopercule doublement denticulée; des dents en velours sur les vomers et les palatins. *D. bifasciatum*, mers de l'Inde.

Trib. Chilodipterinæ. Corps oblong, plus ou moins élevé; écailles grandes, caduques; dorsales bien séparées; 1re dorsale avec six à neuf aiguillons; anale courte avec un à trois aiguillons; ventrales thoraciques avec un aiguillon et cinq rayons; des dents vomériennes; préopercule à deux bordures; des pseudobranchies. — *Ambassis*, Cuv. et Val. Une épine horizontale dirigée antérieurement en avant de la dorsale; branche inférieure du préopercule avec une double dentelure. *A. Commersoni*, mer Rouge. — *Apogon*, Lac. Cinq à sept aiguillons à la dorsale et deux à l'anale; dents des *Grammistes*; préopercule à bord double, denticulé; sept branchiostèges. *A. imberbis*, Nice, Marseille. — *Apogonichthys*, Bleek. *Apogon* à bord du préopercule entier; de 20 à 26 écailles sur la ligne latérale. *A. alutus*, Pensacola. — *Glossamia*, Gill. *Apogonichthys* à plus de 40 écailles le long de la ligne latérale. *G. pandionis*, baie de Chesapeake. — *Malacichthys*, Död. *Apogon* à anale pourvue de trois aiguillons; deux faibles épines sur l'opercule; 45 écailles le long de la ligne latérale. *M. griseus*, Japon, prof. — *Chilodipterus*, Lac. Des dents canines sur le côté externe des bandes de dents en velours des mâchoires; préopercule avec un bord doublement denté; opercule inerme; six aiguillons à la 1re dorsale et deux à l'anale. *C. affinis*, Cuba. — *Parascombrops*, Alc. *Chilodipterus* avec deux faibles épines à l'opercule, et neuf aiguillons à la dorsale. *P. pellucidus*, Bengale. — *Epigonus*, Raf. (*Pomatomus*, Risso). Yeux très grands, à opercule sans épines; anale à deux aiguillons; préopercule à angle strié; pas de canines; ligne latérale normale; sept branchiostèges. *E. telescopium*, Nice, atteint 60 centimètres. — *Pomatoichthys*, Gigl. *Epigonus* à dents des mâchoires rudimentaires et à préopercule pourvu d'une épine; quatre branchiostèges. *P. constanciæ*, Messine. — *Microichthys*, Rupp. Ligne latérale commençant sur la naissance de la deuxième dorsale; anale à deux aiguillons. *M. Coccoi*, Sicile. — *Brephostoma*, Alc. Tête grande, inerme; pas de dents; anale à un aiguillon. *B. Carpenteri*, Bengale.

Trib. Acropominæ. Corps élevé; tête grande; anus antérieur; des dents en velours mélangées de canines sur les mâchoires, sans canines sur les palatins; sept à huit aiguillons à la 1re dorsale et trois à l'anale; préopercule entier; opercule prolongé en une longue pointe dentée. — *Acropoma*, Temm. et Schlegel. Genre unique. *A. philippinense*, Philippines.

Trib. Scombropinæ. Écailles assez petites, très minces, lisses; os du crâne non denticulés; dents des *Acropominæ*. — *Scombrops*. T. et S. Des dents linguales; deuxième dorsale et anale écailleuses. *S. oculatus*, Japon. — *Hypoclidonia*, G. et B. *Scombrops*, sans dents linguales, à nageoires impaires sans écailles. *H. bella*, Floride.

Trib. Moronina. Deuxième sous-orbitaire portant une lame interne qui soutient le globe de l'œil; pectorales à rayons supérieurs plus longs que les autres; ventrales au-dessous ou un peu en arrière des pectorales; trois aiguillons à l'anale. — *Percichthys*, Girard. Un maxillaire supplémentaire; ventrales au-dessous des pectorales; écailles petites, ciliées; des dents sur les palatins; langue lisse; 1re dorsale à neuf ou dix aiguillons. *P. trucha*, Chili, eaux douces. — *Percilia*, Gir. *Percichthys* sans maxillaire supplémentaire, à ventrales un peu en arrière des pectorales; sans dents palatines. *P. Gillissii*, Chili, eaux douces. — *Lateolabrax*, Bleek. *Percilia* à dents palatines, à écailles petites. *L. japonicus*, mers du Japon. — *Niphon*, Cuv. et Val. *Lateolabrax* à ventrales sous les pectorales; une longue et forte épine à l'angle du préopercule. *N. spinosus*, côtes du Japon. — *Morone*, Mitchill (*Labrax*, Cuv.). *Percilia* avec des plaques de dents linguales, écailles assez grandes. *M. lupus* (Bar.), mers de France. — *Percalates*, Ramsay et Douglas. Langue lisse; écailles cycloïdes; un maxillaire supplémentaire. *P. colonorum*, Nouvelle-Galles du Sud.

Trib. Centropominæ. Maxillaire visible, ne passant pas sous le préorbitaire. Écailles non caduques; ligne latérale s'étendant sur la nageoire caudale; un processus écailleux à la base des ventrales; trois aiguillons à l'anale. Deuxième sous-orbitaire portant intérieu-

rement une lame sous-oculaire prolongée en pointe en arrière. — *Centropomus*, Lac.
Opercule sans épine; une double côte sur le préopercule; dorsales distantes. *C. unde-*
cimalis, Antilles. — *Psammoperca*, Rich. Opercule terminé en épine; dorsales contiguës;
langue avec une plaque de dents; bord inférieur de l'opercule entier. *P. waigiensis*,
O. Indien. — *Lates*, Cuv. et Val. *Psammoperca* à langue lisse, à bord operculaire inférieur
denté. *L. niloticus*, Nil. *L. calcarifer*, Gange, atteint 1 m. 60.

Trib. Grammistinæ. Les deux dorsales réunies à leur base; deuxième sous-orbitaire
pourvu d'une lame interne supportant le globe de l'œil; maxillaire visible, à bord antérieur ne passant pas entièrement sous le préorbitaire; écailles très petites, plus ou moins
cachées sous la peau. Aucune ou trois épines à l'anale; membrane operculaire attachée
à l'apophyse postérieure de la clavicule. — *Pogonoperca*, Günt. Sept ou huit épines à la
1re dorsale; épines de l'anale bien développées; menton avec un grand appendice dermique. *P. ocellata*, Maurice. — *Grammistes*, Artedi. Six ou sept épines à la 1re dorsale;
point d'épines à l'anale; appendice dermique du menton rudimentaire. *G. sexlineatus*,
Maurice. — *Rhypticus*, C. Deux à quatre épines à la dorsale; point d'appendice au menton, ni d'épines à l'anale. *R. saponaceus*, Atl. trop.

Fam. COMEPHORIDÆ. — Corps allongé, nu; yeux latéraux; dents petites; dorsale
molle et anale semblables; pas de ventrales; pas de papille anale; ouvertures branchiales grandes; six branchiostèges, quatre branchies; épines operculaires indistinctes. Ni cæcums pyloriques, ni vessie natatoire.

Comephorus, Lac. Genre unique. *C. baïkalensis*, lac Baïkal.

Fam. MULLIDÆ. — Corps peu élevé, légèrement comprimé, à grandes écailles lisses
ou très finement denticulées. Deux dorsales éloignées l'une de l'autre, la première
à faibles aiguillons; anale semblable à la deuxième dorsale; pectorales courtes,
ventrales avec une épine et cinq rayons. Bouche à l'extrémité du museau, assez
petite; dents très faibles. Yeux de grandeur moyenne, latéraux. Deux longs barbillons érectiles suspendus à l'hyoïde et reçus entre les branches de la mâchoire inférieure et les opercules. Quatre branchiostèges, des fausses branchies.

Upeneoïdes, Bleek. Des dents sur les deux mâchoires, le palais et le vomer. *U. vittatus*,
mer des Indes. — *Upeneichthys*, Bleek. Diffèrent des *Upeneoïdes* par l'absence de dents
palatines. *U. Vlamingii*, Nouvelle-Zélande. — *Mullus*, Linn. Mâchoire supérieure sans
dents; des dents sur le vomer, le palais et la mâchoire inférieure. *M. surmuletus* (Mulet),
toutes nos côtes. *M. barbatus*, surtout Médit. — *Mulloïdes*, Bleek. Pas de dents palatines;
plusieurs rangées de dents sur les mâchoires. *M. flavolineatus*, mer Rouge et Grand
Océan. — *Upeneus*, Cuv. *Mulloïdes* à une seule rangée de dents sur les mâchoires. *U.*
maculatus, Atl. américain.

Fam. GRAMMICOLEPIDÆ. — Corps comprimé, élevé; écailles très longues, linéaires,
verticales; deux dorsales, la première très courte; anale précédée de deux épines
isolées; tous les rayons des nageoires simples. Vertèbres 10 + 36.

Grammicolepis, Poey. Genre unique. *G. brachiusculus*, Cuba.

Fam. POLYNEMIDÆ. — Corps oblong, plutôt comprimé, à écailles lisses ou faiblement ciliées; museau saillant au-dessus de la bouche; ligne latérale continue. Ventrales thoraciques avec une épine et cinq rayons. Dents en velours sur les mâchoires
et le palais. Des filaments tactiles insérés sur l'arc scapulaire, mais indépendants
des pectorales.

Polynemus. Lac. Des dents vomériennes; dorsale molle et anale égales. *P. paradiseus*,
Indes. — *Pentanemus*, Artedi. Anale beaucoup plus longue que la dorsale molle. *P. quin-*
quarius, Atl. trop. — *Galeoïdes*, Günt. *Polynemus* sans dents vomériennes. *G. polydactylus*,
côtes or. d'Afrique.

Fam. CENTRARCHIDÆ. — Partie épineuse et partie molle de la nageoire dorsale continues ou au moins contiguës; partie molle de la dorsale moins développée que
l'anale; celle-ci avec trois aiguillons au moins. Deuxième sous-orbitaire sans lame
interne supportant l'œil; un entoptérygoïde; vertèbres précaudales pourvues d'apophyses transverses à partir de la 3e ou de la 4e; toutes les côtes, sauf les deux
dernières au plus insérées sur les apophyses; os pharyngiens séparés.

Pomoxis, Raf. Longueur de la dorsale égalant presque celle de l'anale, sans la dépasser; six à huit épines anales; bouche grande; un maxillaire supplémentaire; des dents sur les palatins et les entoptérygoïdes, point sur les ectoptérygoïdes. *P. sparoïdes*, Am. N.-E. — *Centrarchus*, Cuv. *Pomoxis* à dorsale un peu plus longue que l'anale; des dents sur les ectoptérygoïdes; bouche moyenne. *C. macropterus*, Mississipi. — *Ambloplites*, Raf. *Centrarchus* à dorsale beaucoup plus longue que l'anale; cinq à huit épines anales. *A. rupestris*, Am. N.-E. — *Chænobryttus*, Gill. *Ambloplites* avec trois ou quatre épines anales; corps court; une ligne latérale. *C. gulosus*, États-Unis or. — *Micropterus*, Lac. (*Huro*, Cuv. et Val., *Grystes*, C. pars.). *Chænobryttus* à corps allongé, à ptérygoïdes tous édentés, *M. Dolomiei*, Am. Sept. — *Apomotis*, Raf. (*Bryttus*, pars., Cuv.). *Micropterus* à bouche petite; à maxillaire supplémentaire petit; nageoires pectorales obtuses. *A. obesus*, États-Unis. — *Lepomis*, Raf. *Apomotis* à maxillaire supplémentaire rudimentaire ou nul. *L. megalotis*, États-Unis or. — *Eupomotis*, Gill. *Lepomis* à pectorales pointues. *E. pallidus*, États-Unis or. — *Elassoma*, Jordan. Diffèrent des deux genres précédents par leurs membranes branchiales largement unies à travers l'isthme, et par l'absence de ligne latérale. *E. zonatum*, États-Unis. — *Dules*, Cuv. (*Kuhlia*, Gill). De grandes pseudobranchies; pas de maxillaire supplémentaire; palatins et ptérygoïdes dentés; trois aiguillons à l'anale. *D. rupestris*, côtes de Madagascar et mers voisines.

> Fam. **NANDIDÆ.** — Corps oblong, comprimé, écailleux. Les deux régions de la dorsale comprenant un nombre à peu près égal de rayons; anale à trois aiguillons et une partie molle semblable à la région molle de la dorsale; ventrales à une épine et quatre ou cinq rayons. Ligne latérale double interrompue. Dentition complète, mais faible.

Trib. Plesiopinæ. Ventrales à quatre rayons, des pseudobranchies. Marins. — *Plesiops*, Cuv. Un maxillaire supplémentaire, langue lisse. *P. nigricans*, Pacifique. — *Paraplesiops*, Bleek. *Plesiops* à langue dentifère. *P. Bleekeri*, récifs de coraux du Pacifique. — *Trachinops*, Günth. *Plesiops* sans maxillaire supplémentaire. *T. tæniatus*, Nouvelle-Galles du Sud.

Trib. Nandinæ. Ventrales à cinq rayons; pas de pseudobranchies. Rivières de l'Inde. — *Badis*, Bleek. Point d'os dentés à la tête. *B. dario*, rivières du Bengale. — *Nandus*, Cuv. et Val. Préopercule seul denté. *N. marmoratus*, riv. de l'Inde. — *Catopra*, Bleek. Préopercule et préorbitaire dentés. *C. fasciata*, riv. de Bornéo.

Trib. Acharninæ. Cinq rayons aux ventrales; pseudobranchies cachées; os céphaliques inermes; pas de dents palatines. — *Acharnes*, Müller et Troschel. Genre unique. *A. speciosus*, embouchure de l'Essequibo.

> Fam. **SERRANIDÆ.** — Partie épineuse et partie molle de la dorsale continues; cette dernière à peine plus étendue que l'anale; trois épines anales. Membranes branchiales indépendantes de l'isthme; six ou sept branchiostèges; quatre branchies et une fente en arrière de la quatrième; des pseudo-branchies Une lame interne supportant l'œil fixée au second sous-orbitaire; un entoptérygoïde; vertèbres antérieures sans apophyses transverses; côtes fixées à des apophyses presque partout où celles-ci existent; os pharyngiens habituellement séparés; ligne latérale simple.

Trib. Serraninæ. Maxillaires visibles, non rétractiles; les deux régions de la dorsale presque égales; écailles non caduques; pas de processus écailleux à la base de la ventrale; membrane operculaire entièrement libre en arrière. — *Ctenolates*, Günth. Écailles petites; tête sans ossifications dermiques rugueuses; opercule spinifère; de grandes cavités mucifères sur la tête; bouche moyenne ou petite; maxillaire visible; un maxillaire supplémentaire; pas de canines; dents des mâchoires non mobiles; ventrales au-dessous ou un peu en arrière des pectorales, à cinq rayons; portion épineuse de la dorsale plus longue que la portion molle; plus de vingt-cinq vertèbres. *C. ambiguus*, r. Australie. — *Macquaria*, C. et V. *Ctenolates* à maxillaires entièrement rétractiles sous les préorbitaires; écailles assez grandes. *M. australasica*, r. Australie. — *Siniperca*, Gill. *Ctenolates* à grande bouche pourvue de canines; écailles cycloïdes; joues et opercules écailleux; reste de la tête nu. *S. chuatsi*, riv. Chine et Japon. — *Acanthistius*, Gill. *Siniperca* à écailles ciliées au moins en partie, à tête entièremeut écailleuse. *A. sebastoïdes*, mers du Cap. — *Pomodon*, Boul. *Acanthistius* sans canines, à langue lisse; pas de tentacule nasal frangé; nageoires verticales écailleuses à la base. *P. macrophthalmus*, Chili. — *Parascorpis*, Bleek. *Pomodon* à nageoires verticales presque entièrement écailleuses. *P. typus*, mers du Cap. — *Trachypoma*, Günth. *Pomodon* à narine antérieure pourvue d'un tentacule frangé; écailles petites, cycloïdes. *C. macracanthus*, île Norfolk. — *Centrogenys*, C. et V. *Trachypoma* à grandes écailles ciliées; pharyngiens inférieurs soudés. *C. vaigiensis*, O. Indien. — *Polyprion*, Cuv. *Pomodon* à langue dentifère; une forte crête horizontale sur l'opercule. *P. cernium* (Cernier), Médit., g. de Gasc. — *Oligorus*, Günt. Ligne latérale opercule, maxillaire supplémentaire, ossifications dermiques de la tête, portion épineuse de la dorsale comme *Ctenolates*; ventrales un peu en avant des pectorales qui sont arrondies; trente-cinq vertèbres. *O. macquariensis*, riv. Australie. — *Stereolepis*, Ayres. *Oligorus* à pectorales obtusément pointues; vingt-six vertèbres. *S. gigas*, Japon, Calif. — *Dinoperca*, Boul. Maxillaire supplémentaire; dents maxillaires des précédents; dorsale à portions épineuse et molle presque égales; tête pourvue d'ossifications dermiques moyennes; pectorales obtusément pointues; dents inégales. *D. Petersii*, Beloutchistan. — *Liopropoma*, Gill. *Dinoperca* à pectorales pointues, à dents uniformes en velours. *L. lunulatum*, Antilles. — *Aulacocephalus*, Temm. et Schleg. *Liopropoma* à pectorales arrondies, à portion épineuse de la dorsale plus longue que la molle; vingt-quatre vertèbres. *A. Temmincki*, mer de Chine. — *Gonioplectrus*, Gill. Narines postérieures non en forme de fentes; un maxillaire supplémentaire; des dents internes dépressibles, articulées; des canines; pectorales arrondies; huit épines à la dorsale; épines de l'anale fortes. *G. hispanus*, Antilles. — *Plectropoma*, Cuv. *Gonioplectrus* à six ou huit épines à la dorsale, à épines de l'anale faibles. *P. maculatum*, O. Indien. — *Epinephelus*, Bloch. *Gonioplectrus* à dorsale avec neuf à douze épines; palatins dentés. *E. alexandrinus*, *E. ruber*, Médit. — *Anhyperodon*, Günt. *Epinephelus* à palatins sans dents. *A. leucogrammicus*, O. Indien. — *Cromileptes*, Swains. Un maxillaire supplémentaire; des dents internes articulées; pas de canines; narine postérieure en forme de longue fente; dix épines à la dorsale. *C. altivelis*, O. Pacifique. — *Paranthias*, Guichenot. Maxillaire supplémentaire rudimentaire ou nul; écailles spinulées et ciliées; tubes de la ligne latérale droits ou avec un tubule ascendant et s'étendant sur presque toute la longueur de l'écaille; ventrales un peu en arrière des pectorales avec un processus écailleux au-dessus de l'aisselle. *P. furcifer*, Antilles. — *Serranus*, Cuv. *Paranthias* à ventrales au-dessous des pectorales; huit à douze épines à la dorsale. *S. cabrilla*, Médit., Atl. — *Centropristes*, Cuv. *Paranthias* à ventrales en avant des pectorales; celles-ci avec leur moitié supérieure verticalement tronquée; pas de dents articulées. *C. atrarius*, Floride. — *Chelidoperca*, Günt. *Centropristes* à pectorales obtusément pointues; quelques dents articulées à la mâchoire supérieure. *C. investigatoris*, côtes du Japon. — *Gilbertia*, J. et E. Maxillaire supplémentaire rudimentaire ou nul; écailles spinulées et ciliées; tubes de la ligne latérale très courts, bifurqués ou ramifiés; entoptérygoïdes et langue sans dents; maxillaires et mandibule nus; de petites canines; vingt-six ou vingt-sept vertèbres. *G. semicincta*, Pacifique. — *Colpognathus*, Klünz. *Gilbertia* à tête entièrement écailleuse et à grandes canines. *C. denter*, Australie. — *Caesioperca*, Casteln. *Gilbertia* à tête entièrement écailleuse, mais à petites canines. *C. lepidoptera*, côtes de Nouvelle-Zélande. — *Caprodon*, T. et S. Diffèrent des *Gilbertia* et des genres suivants par leurs entoptérygoïdes et leur langue dentés. *C. Schlegeli*, côtes du Japon. — *Holanthias*, Günt. Maxillaire supplémentaire rudimentaire ou nul; tubes de la ligne latérale simples et s'étendant sur presque toute la longueur de l'écaille; des dents sur les entoptérygoïdes et sur la langue. *H. martinicensis*, Antilles. — *Odontanthias*, Bleek. *Holanthias* à entoptérygoïdes édentés. *O. rhodopeplus*, Célèbes. — *Anthias*, Schn. *Odontanthias* à langue lisse ou ne portant qu'un très petit groupe de dents; rayons des pectorales ramifiés; tubercules branchiaux longs et étroits. *A. sacer* (Barbier), Nice, Cette. — *Plectranthias*, Bleek. *Anthias* à tubercules branchiaux courts. *P. anthioïdes*, Célèbes. — *Dactylanthias*, Bleek. *Anthias* à rayons des pectorales simples. *D. haplodactylus*, Amboine. — *Callanthias*, Lowe. Ligne latérale simple, disparaissant dans la région supérieure du pédoncule caudal ou au-dessous des derniers rayons de la dorsale; écailles lisses, ciliées; opercule à deux épines; préopercule lisse; cinq rayons mous aux ventrales; six branchiostèges; vingt-quatre vertèbres. *C. peloritanus*, Nice. — *Pseudoplesiops*, Bleek. *Callanthias* à opercules inermes, à écailles cycloïdes. *P. typus*, Amboine.

Trib. Priacanthinæ. Corps très comprimé; maxillaires visibles, non masqués par le préorbitaire qui est très étroit; fente buccale presque verticale; région post-orbitaire de la tête très courte; écailles très minces avec une plaque scléreuse plus ou moins développée sur leur bord postérieur; pas de processus écailleux à la base des ventrales; pseudo-branchie s'étendant sur presque toute la longueur de l'opercule. — *Priacanthus*, C. Écailles petites; hauteur du corps moindre que la moitié de sa longueur. *P. arenatus*,

Madère. — *Pseudopriacanthus*, Bleek. Écailles grandes; hauteur du corps dépassant la moitié de sa longueur. *P. altus*, Antilles.

FAM. **ARRIPIDÆ.** — Sept branchiostèges; toutes les dents en velours ou en carde; pas de canines; des dents sur les palatins; langue lisse; une dorsale avec neuf aiguillons; anale à trois aiguillons; opercule avec deux épines plates; préopercule denticulé; dix-sept à cinquante appendices pyloriques; écailles médiocres; préorbitaire petit; sous-orbitaire avec une plaque interne soutenant l'œil; maxillaire à style basal étroit, s'élargissant en arrière; un maxillaire supplémentaire.

Arripis, Jenyns. Genre unique. *A. salar*, côtes sud d'Australie.

FAM. **APHREDODERIDÆ.** — Corps oblong; yeux latéraux; fente buccale horizontale; anus jugulaire, en avant des ventrales; écailles cténoïdes; quelques os du crâne armés; six branchiostèges; une seule dorsale à région épineuse peu développée; nageoires ventrales thoraciques à plus de cinq rayons; cæcums pyloriques peu nombreux.

Aphredoderus, C. et V. Genre unique. *A. sayanus*, rivières de l'Amérique du Nord.

FAM. **MESOPRIONIDÆ.** — Sept à huit branchiostèges; dorsale continue à huit et le plus souvent dix-douze aiguillons; anale à trois aiguillons; de une à trois pointes à l'opercule; préopercule crénelé.

Mesoprion, C. et V. Sept branchiostèges; dix-onze aiguillons à la dorsale qui est continue; trois à l'anale; généralement deux ou trois épines à l'opercule; préopercule finement denté; des dents en velours et des canines sur les mâchoires; des dents sur le vomer et les palatins. *M. uninotatus*, Antilles. — *Genyoroge*, Cantor. *Mesoprion* à préopercule présentant une encoche profonde recevant un tubercule de l'interopercule. *G. nigra*, mer Rouge. — *Glaucosoma*, T. et S. *Mesoprion* sans canines; à palatins dentés; dorsale à huit aiguillons; deux épines operculaires aplaties; tête entièrement écailleuse. *G. Burgeri*, Abrohlos.

FAM. **PRISTIPOMATIDÆ.** — Corps comprimé, oblong; écailles à dentelures parfois très fines ou absentes; ligne latérale continue, mais ne dépassant pas la base de la nageoire caudale; quatre à sept branchiostèges; dents en velours disposées par bandes, quelquefois mélangées de canines; pas de dents incisives, ni de molaires sur les mâchoires; palatins sans dents, ainsi que le plus souvent les vomers; portion épineuse et portion molle de la dorsale de même étendue; anale semblable à cette dernière; rayons inférieurs des pectorales ramifiés; ventrales thoraciques, avec un aiguillon et cinq rayons; système mucifère des os céphaliques peu développé; des pseudo-branchies; un estomac cæcal; des cæcums pyloriques peu nombreux.

Therapon, C. Écailles moyennes; douze ou treize aiguillons dorsaux; trois aiguillons à l'anale; des dents vomériennes en velours; toutes les dents coniques; dents palatines rudimentaires ou nulles; six branchiostèges; vessie natatoire divisée en deux par une constriction. *Th. theraps*, Pacif. trop. — *Helotes*, C. *Therapon* à dents de la rangée externe portant chacune un petit lobe. *H. sexlineatus*, côtes d'Australie. — *Pristipoma*, C. Bouche modérément protractile; écailles cténoïdes; onze à quatorze aiguillons à la dorsale; toutes les dents en velours; pas de dents palatines; mâchoires de même longueur; préopercule denticulé; sept branchiostèges; une fossette sous le menton; vessie natatoire non contractée. *P. Bennettii*, Médit. — *Conodon*, C. *Pristipoma* avec une série externe de très fortes dents coniques à chaque mâchoire; une fossette centrale en arrière de la symphyse de la mâchoire inférieure. *C. Plumieri*, Jamaïque. — *Hæmulon*, C. *Conodon* sans canines, à parties molles des nageoires écailleuses à leur bord. *H. formosum*, Antilles. — *Hapalogenys*, Rich. Des papilles en forme de barbillons sur le menton; sept branchiostèges. *H. nigripinnis*, mers de Chine. — *Diagramma*, C. Comme *Pristipoma*, mais écailles petites; neuf à quatorze aiguillons dorsaux; de quatre à six pores, mais pas de fossette médiane sous le menton; six ou sept branchiostèges. *D. mediterraneum*, côte d'Algérie. — *Hyperoglyphe*, Günt. Sept branchiostèges; partie épineuse de la dorsale à huit aiguillons, très basse, à peine continue avec la partie molle. *H. porosa*, côtes d'Australie. — *Lobotes*, C. *Pristipoma* à mâchoire inférieure dépassant la supérieure, à douze aiguillons dorsaux et six branchiostèges; menton sans fossette. *L. auctorum*, Médit., rare. — *Histiopterus*.

Schl. Corps élevé, comprimé; écailles très petites; museau très allongé, à profil concave en dessus, terminé par une bouche petite; quelques rayons ou aiguillons des nageoires verticales et pectorales très longs, au moins dix aiguillons dorsaux; le reste comme *Lobotes*. *H. recurvirostris*, Melbourne, atteint 0 m. 50. — *Datnioïdes*, Bleek. Bouche très protractile; douze aiguillons très forts à la dorsale; anale à trois aiguillons; vessie natatoire non contractée; préopercule denté; opercule avec de courtes épines; six branchiostèges; des pseudo-branchies; caudale arrondie. *D. polota*, Inde. — *Lanioperca*. Günt. Minces écailles caduques; mâchoires, vomer et palatins avec bandes étroites de dents en velours et une série externe de fortes dents; une paire de très fortes canines à la mâchoire supérieure; quelques faibles aiguillons à la dorsale et deux à l'anale. *L. mordax*, Tasmanie. — *Gerres*, C. Corps oblong; écailles moyennes, lisses ou ciliées; neuf aiguillons à la dorsale et trois à l'anale; deux parties de la dorsale très inégales, la partie molle plus haute que l'épineuse; caudale fourchue; bouche protractile; pharyngiens souvent soudés [1]. *G. aprion*, Antilles; *G. oyena*, mer Rouge. — *Chætopterus*, T. et S. Préopercule entier; quatre branchiostèges; mâchoires dentées, mais sans canines; anale à trois aiguillons; bouche peu protractile; vessie natatoire non contractée. *C. dubius*, Japon. — *Aphareus*, C. et V. *Chætopterus* à sept branchiostèges. *A. rutilans*, mer Rouge. — *Mæna* [2], Cuv. Écailles ciliées; bouche très protractile; onze aiguillons faibles à la dorsale non écailleuse et trois à l'anale; caudale fourchue; préopercule lisse; dents en velours; de petites dents vomériennes; six branchiostèges. *M. vulgaris* (Mendole), Médit. — *Smaris*, C. *Mæna* sans dents vomériennes. *S. vulgaris* (Picarel), Médit. — *Cæsio*, C. Écailles ciliées; fente buccale oblique; mâchoire inférieure souvent proéminente; dorsale avec de neuf à treize faibles épines, à partie antérieure plus haute que la postérieure, qui est écailleuse; préopercule lisse ou très finement denticulé. *C. cœrulaureus*, mer Rouge. — *Erythrichthys*, T. et S. Corps allongé, à petites écailles ciliées; bouche très protractile; deux dorsales entre lesquelles se trouvent de courts aiguillons; dentition rudimentaire ou nulle; préopercule à bord lisse. *E. nitidus*, Australie. *E. Schlegeli*, Japon. — *Scolopsis*, C. Écailles moyennes, finement dentées; dix aiguillons à la dorsale et trois à l'anale; caudale fourchue; mâchoires presque égales; préopercule denté; arc infra-orbitaire (préorbitaire) avec une épine dirigée en arrière; cinq branchiostèges; toutes les dents en velours; pas de palatines. *S. japonicus*, mer Rouge, Japon. — *Heterognathodon*, Blecker. *Scolopsis* sans épine infra-orbitaire, à queue fortement fourchue. *H. macrurus*, Batavia. — *Dentex*, C. Écailles moyennes, cténoïdes; mâchoires égales; dix à treize aiguillons à la dorsale et trois à l'anale; caudale fourchue; préopercule à bord lisse; préorbitaire inerme et large; des canines aux deux mâchoires; pas de palatines; six branchiostèges; *D. vulgaris*, Médit., golfe de Gascogne [3]. — *Symphorus*, Günt. *Dentex* à préopercule finement denticulé. *S. taeniolatus*, Macassar. — *Synagris*, C. Écailles moyennes, ciliées; dix aiguillons à la dorsale et trois à l'anale; caudale fourchue; préopercule à denticulation rudimentaire ou nulle; infra-orbitaire inerme; des canines au moins à la mâchoire supérieure; six branchiostèges; joues à trois rangées d'écailles. *S. variabilis*, mer Rouge. — *Pentapus*, C. Bouche modérément protractile; préopercule entier; yeux très éloignés de l'angle buccal; trois rangées d'écailles entre eux et l'angle du préopercule; dorsale sans écailles; anale à trois aiguillons; des canines. *P. aurolineatus*, île de France.

    Fam. LUTJANIDÆ. — Tête et corps comprimés; pectorales à rayons inférieurs ramifiés; préopercule denté; supramaxillaires passant sous le préorbitaire; dents coniques et pointues, présentes sur le vomer; des canines plus ou moins développées sur les mâchoires; pas de cæcums pyloriques.

Aprion, G. et V. Des dents en velours sur le vomer, aiguës sur les mâchoires; dorsale molle et anale sans écailles. *A. macrophthalmus*, Am. — *Verilus*, Poey. Corps comparativement court et élevé; deuxième dorsale et anale écailleuses à leur base; os frontaux caverneux comme ceux des Sciænidæ, avec des bandes osseuses longitudinales, laissant des espaces en avant de la crête transverse de chaque côté du front; préfrontaux avec de simples trous pour les nerfs olfactifs. *V. sordidus*, Cuba, prof. (Goode et Bean placent

---

[1] Pour cette raison, les *Gerres* sont quelquefois transportés à titre de famille distincte parmi les Pharyngognathes.

[2] Type de la famille des Mænidæ pour Moreau.

[3] Moreau en fait un Sparidé.

dans cette famille les *Dentex*). — *Apsilus*, C. et V. Une dorsale à dix aiguillons; anale à trois aiguillons; sept branchiostèges; os du crâne sans épines, ni denticulation; opercule sans crête osseuse; des dents palatines. *A. fuscus*, Cap Vert. — *Lutjanus*, Bloch. Crête fronto-occipitale cessant loin de la pointe du frontal; ptérygoïdes édentés. *L. lutjanus*, Am.

Fam. **PENTACEROTIDÆ**. — Corps haut, triangulaire, écailles quelquefois osseuses, fortement adhérentes; dessus de la tête sans téguments mous; opercule arrondi; préopercule denticulé; toutes les dents en velours, présentes sur le vomer. Une anale avec quatre ou cinq aiguillons; dorsale à douze ou quatorze aiguillons; sept branchiostèges.

Pentaceros, Cuv. et Val. Genre unique. *P. capensis*, cap de Bonne-Espérance.

Fam. **SPARIDÆ**. — Corps oblong, comprimé, à écailles lisses ou très finement dentées. Une seule dorsale dont la région à aiguillons et la région à rayons mous sont également développées; anale à trois aiguillons; rayons inférieurs des pectorales en général ramifiés; ventrales thoraciques avec un aiguillon et cinq rayons. Yeux moyens, latéraux. Des dents tranchantes sur le devant des mâchoires ou des molaires sur les côtés; palais généralement édenté.

Trib. CANTHARININÆ. Des dents en velours, mêlées de dents tranchantes, quelquefois lobées sur le devant des mâchoires; rayons inférieurs des pectorales ramifiés.

a. — *Joues et opercules écailleux; nageoires verticales sans écailles.*

Cantharus, Cuv. Toutes les dents en velours; dorsale à dix ou onze épines et onze rayons; *C. griseus* (Brème), toutes nos côtes. — *Box*, Cuv. Dents sur une seule rangée, plates, tranchantes et échancrées à la mâchoire supérieure, pointues avec ou sans talon à la mâchoire inférieure. *B. boops* (Bogne), de plus en plus fréquent de la Manche à la Médit. *B. salpa*, Médit. — *Scatharus*, Cuv. et Val. *Box*, à dents lancéolées. *S. græcus*, Médit. — *Oblata*, Cuv. Incisives antérieures aplaties, échancrées, suivies de séries de très petites dents; dents latérales pointues, unisériées. *O. melanura*, Médit. — *Crenidens* Cuv. Une ou deux séries de larges dents tranchantes et, en arrière, une bande de dents granuleuses; pas de dents pointues latéralement. *C. Forskalii*, mer Rouge.

b. — *Joues, opercules et nageoires verticales écailleux.*

Tripterodon, Playfair. Pectorales courtes; trois épines anales; dents tricuspides en plusieurs séries sur les mâchoires; vomer et palatins édentés. *T. orbis*, Zanzibar. — *Pachymetopon*, Günt. Onze aiguillons à la dorsale; toutes les dents lancéolées. *P. grande*, Loc.? — *Dipterodon*, C. et V. Dix aiguillons à la dorsale qui est profondément échancrée. *D. capensis*, Cap. — *Proteracanthus*, Günt. Une épine récombante avant la dorsale. *P. sarissophorus*, Malaisie.

c. — *Joues écailleuses ou nues; opercule nu.*

Girella, Gray. Quatorze ou quinze aiguillons à la dorsale; écailles moyennes, *G. punctata*, mers de Chine. — *Tephræops*, Günt. Quatorze aiguillons à la dorsale; écailles moyennes. *T. Richardsoni*, détroit du Roi-Georges. — *Doydixodon*, Val. Écailles petites. *D. Freminvillei*, Galapagos. — *Gymnocrotaphus*, Günt. Joues nues; écailles moyennes. *G. curvidens*, Le Cap.

Trib. HAPLODACTYLINÆ. Sur les deux mâchoires des dents plates, généralement tricuspides; des dents vomériennes; pas de molaires; rayons inférieurs des pectorales simples. — *Haplodactylus*, Cuv. et Val. Genre unique. *H. punctatus*, Chili.

Trib. SARGINÆ. Une seule rangée d'incisives sur le devant des mâchoires; plusieurs rangées de molaires arrondies sur les côtés. — *Sargus*, Cuv. Genre unique. *S. vulgaris*, Médit.

Trib. PAGRINÆ. Des dents coniques sur le devant des mâchoires, des molaires sur les côtés. Vivent de Mollusques et de Crustacés. — *Lethrinus*, Cuv. Joues sans écailles; des dents canines sur le devant des mâchoires; des dents largement coniques ou molaires, unisériées sur les côtés; dorsale à dix aiguillons. *L. ramak*, mer Rouge. — *Sphærodon*, Rüpp. *Lethrinus* à joues écailleuses. *S. grandoculis*, mer Rouge. — *Pagrus*, Cuv. Joues écailleuses; plusieurs paires de fortes canines sur les deux mâchoires; molaires bisériées; dorsale à onze aiguillons. *P. vulgaris*, de Nice à Concarneau. — *Pagellus*, Cuv. Mâchoires sans canines; molaires latérales plurisériées. *P. erythrinus*, Manche (Brème de mer); Médit., commun. — *Chrysophrys*, Cuv. *Pagrus* avec quatre à six canines sur le devant des mâchoires; au moins trois séries de molaires de chaque côté. *C. aurata* (Daurade), Manche, rare; Médit., commun.

Trib. Pimelepterinæ. A chaque mâchoire une série antérieure de dents tranchantes implantées par un processus horizontal postérieur et suivies par une bande de dents en velours. — *Pimelepterus*, Cuv. Genre unique. *P. Boscii*, Atl. trop.

Fam. **HOPLOGNATHIDÆ**. — Corps comprimé et élevé, couvert de très petites écailles cténoïdes. Une seule dorsale, dont la portion épineuse est la plus développée; épines fortes; anale et partie molle de la dorsale semblables; ventrales thoraciques avec une épine et cinq rayons mous. Mâchoires avec un bord dentigère tranchant; pas de dents palatines.

Hoplognathus, Rich. Genre unique. *H. fasciatus*, Japon.

Fam. **CIRRHITIDÆ**. — Corps oblong, comprimé, couvert d'écailles cycloïdes. Une dorsale à régions égales; anale à trois aiguillons, généralement moins développée que la partie molle de la dorsale; pectorales avec un de leurs rayons inférieurs simple et allongé. Bouche antérieure; joues sans pièce osseuse en avant du préopercule. Dents pointues, quelquefois mélangées de canines. De trois à cinq, ordinairement six branchiostèges.

Chilodactylus, Cuv. Dorsale avec seize à dix-neuf aiguillons; un des rayons simples des pectorales très allongé; anale médiocre; caudale fourchue; préopercule non denté; dents en velours, sans canines, exclusivement sur les mâchoires; vessie natatoire multilobée. *C. macropterus*, Australie. — *Nematodactylus*, Richards. Anale moyenne; trois branchiostèges; dents des mâchoires unisériées; pas de dents vomériennes. *N. concinnus*, Tasmanie. — *Mendosoma*, Gay. Anale moyenne; dents absentes sur la mâchoire inférieure et sur le vomer. *M. lineatum*, Chili. — *Cirrhites*, Comm. Dorsale à dix aiguillons; des dents préhensiles parmi les dents en velours des mâchoires; des dents vomériennes; pas de dents palatines. *C. Forsteri*, Pac. — *Cirrhitichthys*, Bleek. *Cirrhites* pourvus de dents palatines. *C. maculatus*, mer Rouge. — *Oxycirrhites*, Bleek. Anale non allongée; pas de dents palatines; des dents intermaxillaires et vomériennes; dorsale à dix aiguillons. *O. typus*, Ile de France. — *Chironemus*, C. et V. *Oxycirrhites* à dorsale à quinze aiguillons. *C. marmoratus*, Australie. — *Latris*, Rich. Dorsale à dix-sept aiguillons; anale prolongée; rayons des pectorales ne dépassant pas le bord de la nageoire; préopercule finement denté. *L. hecateia*, Tasmanie, grande taille; alimentaire.

Fam. **POLYCENTRIDÆ**. — Corps comprimé, écailleux. Dorsale et anale longues, toutes deux avec une région épineuse plus développée que la région molle; ventrales avec une épine et cinq rayons mous. Pas de ligne latérale; pseudobranchies rudimentaires.

Polycentrus, Müller et Troschel. Mandibule sans barbillon. *P. Schomburgkii*, riv. de l'Amérique tropicale. — *Monocirrhus*, Heckel. Un barbillon à la mandibule. *M. polyacanthus*, tributaires de l'Amazone.

Fam. **TEUTHIDIDÆ**. — Corps fortement comprimé, à très petites écailles. Dorsale à région épineuse plus développée que la région molle; anale à sept épines; ventrales avec une épine externe et une interne, séparées par trois rayons mous. Une série unique d'incisives à chaque mâchoire; pas de dents palatines. Ligne latérale continue.

Teuthis, L. Genre unique. Cavité abdominale entourée d'un anneau osseux complet; dix vertèbres abdominales et treize caudales. *T. stellata*, mer Rouge.

Fam. **CHÆTODONTIDÆ**. — Corps très comprimé et élevé; à écailles finement cténoïdes. Bouche antérieure, petite; yeux latéraux, moyens. Dorsale unique; anale semblable à la partie molle de la dorsale, ayant comme elle de nombreux rayons; nageoires verticales plus ou moins écailleuses (Squammipinnes); rayons inférieurs des pectorales ramifiés; ventrales thoraciques avec une épine et cinq rayons mous. Un cæcum stomacal. Vivent aux voisinages des récifs de coraux, et sont brillamment colorés.

1. *Pas de dents vomériennes.* — *Chætodon*, Cuv. Écailles grandes, museau court ou moyen; partie épineuse et partie molle de la dorsale également développées; pas d'aiguillons allongés; préopercule sans épine angulaire. *C. ephippium*, Océan Indien. — *Chelmo*, Cuv. *Chætodon* à museau très allongé. *C. marginalis*, côte O. d'Australie. — *Heniochus*, Cuv. et Val. *Chætodon* avec onze à treize aiguillons à la dorsale, dont le 4e allongé et filiforme. *H. macrolepidotus*, Indo-Pacifique. — *Holacanthus*, Lac. Douze ou quinze aiguillons à la dorsale; une forte épine à l'angle du préopercule. *H. diacan-*

thus, Pacifique trop. — *Pomacanthus*, Lac. *Holacanthus* à dorsale avec huit à dix aiguillons. *P. paru*, Antilles. — *Scatophagus*, C. et V. Écailles très petites; une échancrure entre les deux parties de la dorsale; dix ou onze aiguillons à la dorsale, quatre à l'anale; une épine récombante, dirigée en avant, précédant la dorsale; préopercule sans épine. *S. argus*, côtes de l'Inde. — *Ephippus*, Cuv. Une échancrure entre les deux parties de la dorsale neuf aiguillons à la dorsale, le 3ᵉ long et flexible, trois à l'anale; préopercule sans épine. *E. faber*, Atl. — *Drepane*, Cuv. *Ephippus* à longues pectorales falciformes. *D. costata*, O. Indien. — *Hypsinotus*, Schl. Anale avec trois épines; portion épineuse de la dorsale non écailleuse, séparée de la portion molle par une échancrure, à huit épines, dont la 2ᵉ est la plus longue; pectorales de grandeur moyenne. *H. rubescens*, Japon.

2. *Des dents vomériennes.* — *Scorpis*, C. et V. Dorsale placée au milieu du dos avec neuf ou dix rayons épineux, dont le 1ᵉʳ est le plus long. *S. georgianus*, Australie. — *Atypichthys*, Günt. Dorsale occupant le milieu de la longueur du dos, à onze épines dont la médiane est la plus longue; des dents palatines. *A. strigatus*, Australie. — *Toxotes*, Cuv. Dorsale dans la région postérieure du dos avec cinq aiguillons, anale à trois aiguillons. *T. jaculator* (Archer), lance des gouttes d'eau sur les Insectes, côte N. d'Australie.

7ᵉ GROUPE. — *LABYRINTHIBRANCHEA. Corps comprimé, oblong ou élevé. Écailles de grandeur moyenne; ligne latérale plus ou moins interrompue ou absente. Un organe respiratoire accessoire dans une cavité suprabranchiale.*

FAM. ANABASIDÆ (LABYRINTHICI). — Des aiguillons en nombre variable dans la dorsale et dans l'anale; ouvertures branchiales étroites; membranes branchiales confluentes au travers de l'isthme; quatre branchies; pseudobranchies rudimentaires; une grande vessie natatoire. Peuvent vivre hors de l'eau.

Anabas, Cuv. Corps oblong, comprimé; orbitaire et préorbitaire dentés; nombreux aiguillons dans la dorsale et dans l'anale; ligne latérale interrompue; de petites dents sur les mâchoires et le vomer; pas sur les palatines. *A. scandens*, eaux douces de l'Inde; peuvent grimper sur les arbres en s'aidant de leurs épines préoperculaires et des aiguillons de leur anale. — *Spirobranchus*, Cuv. et Val. Opercule non denté; des dents sur le vomer et le palatin. *S. capensis*, Le Cap. — *Ctenopoma*, Pet. *Spirobranchus* à opercule denté. *C. multispine*, étang près Quellimane (Afr. tropicale). — *Polyacanthus*, Cuv. (*Macropus*, Lac.). Corps comprimé, oblong, opercule lisse; de nombreux aiguillons dans la dorsale et dans l'anale; dorsale molle, anale, caudale et ventrales très grandes dans les adultes; de petites dents fixées uniquement sur les mâchoires. *P. viridi-auratus* (Macropode, Poisson de paradis), domestiqué à cause de ses belles couleurs; le mâle acquiert une robe de noces et fait un nid de bulles d'air; îles de l'Océan Indien. — *Osphromenus*, Lac. *Polyacanthus* à aiguillons peu nombreux dans les nageoires impaires, deux à treize dans la dorsale, sept à quatorze dans l'anale; ventrales avec une épine et quatre rayons, dont un externe très long et filiforme; ligne latérale continue ou absente. *O. olfax* (Gourami), îles de la Sonde, de Bourbon; très recherché pour sa chair. — *Trichogaster*, Bl. Schn. *Osphromenus* à ventrales réduites à leur filament. *T. fasciatus*, Bengale. — *Betta*, Bleek. *Osphromenus* à dorsale courte, sans aiguillons, placée au milieu du dos; à anale longue. *B. pugnax*, élevé à Siam à cause des spectacles auxquels donne lieu son humeur batailleuse. — *Micracanthus*, Sauv. *Osphromenus* africain à corps allongé. *M. Marchii*, riv. tributaires de l'Ogooué.

FAM. LUCIOCEPHALIDÆ. — Une dorsale courte; pas d'aiguillons dans les nageoires impaires; ventrales à un aiguillon et cinq rayons. Organe suprabranchial formé par deux arcs branchiaux dilatés en membrane; pas de vessie natatoire.

Luciocephalus, Bleek. Genre unique. *L. pulcher*, archipel indien.

8ᵉ GROUPE. — *PHARYNGOGNATHIA. Une partie des rayons de la dorsale, de l'anale et des ventrales sont des aiguillons inarticulés; os pharyngiens coalescents. Vessie aérienne sans canal pneumatique.*

FAM. CHROMIDÆ. — Corps élevé, oblong ou allongé. Écailles généralement cténoïdes; ligne latérale interrompue. Une dorsale avec une région épineuse et une région molle semblable à celle de l'anale qui présente au moins trois aiguillons; ventrales avec un aiguillon et cinq rayons. Dents petites, limitées aux mâchoires. Pas de pseudobranchies; un cæcum stomacal; pas d'appendices pyloriques. Des eaux douces.

Etroplus, C. Ligne latérale indistincte; région épineuse de la dorsale de longueur égale ou supérieure à celle de la région molle; de nombreux aiguillons dans la dorsale et dans l'anale; pas d'écailles à la base de la dorsale; proéminences antérieures des arcs branchiaux peu nombreuses, courtes, coniques, solides; dents comprimées, lobées, en une ou deux séries. *E. suratensis*, Ceylan. — *Chromis*, Cuv. *Etroplus* à écailles cycloïdes, à trois aiguillons dans l'anale, à proéminences antérieures des arcs branchiaux courtes, minces, lamelliformes, non dentées. *C. Andreæ*, lac de Galilée. — *Hemichromis*, Peters. *Chromis* à dents coniques. *H. sacra*, lac de Galilée. — *Paretroplus*, Bleek. *Hemichromis*, à neuf aiguillons dans l'anale. *H. fasciatus*, Gabon. — *Acara*, Heck. Corps comprimé, oblong; écailles cténoïdes de grandeur moyenne; dorsale à aiguillons nombreux, nue ou à peine écailleuse à sa base; trois ou quatre aiguillons à l'anale; fente buccale étroite; extrémité de la mâchoire inférieure atteignant ou dépassant celle de la supérieure; dents petites, coniques, en une bande étroite; proéminences antérieures du 1ᵉʳ arc branchial en forme de courts tubercules. *A. bimaculata*, Am. trop., très commun. — *Theraps*, Günt. *Acara* à mâchoire supérieure dépassant l'inférieure. *T. irregularis*, Guatemala. — *Heros*, Heck. *Acara* avec plus de cinq aiguillons à l'anale; naissance des ventrales et de la dorsale sur le même plan vertical. *H. parma*, Mexique, Am. trop. — *Neetroplus*, Günt. *Heros* avec une rangée externe de dents aplaties, en forme d'incisives. *N. nematopus*, lac de Managua. — *Mesonauta*, Günt. *Heros* dont les ventrales naissent plus en avant que la dorsale; huit ou neuf aiguillons à l'anale. *M. insignis*, Rio Negro. — *Petenia*, Günt. Cinq aiguillons à l'anale; fente buccale grande. *P. splendida*, lacs de Guatemala. — *Uaru*, Heck. Huit aiguillons à l'anale; écailles petites. *U. amphiacanthoïdes*, Rio Negro. — *Hygrogonus*, Günt. Trois aiguillons à l'anale; dorsale couverte de petites écailles. *H. ocellatus*, Brésil. — *Cichla*, Cuv. En forme de Perche; écailles petites; une échancrure entre la région épineuse et la région molle de la dorsale qui sont d'égale longueur; trois aiguillons à l'anale; dorsale et anale écailleuses; une large bande de dents en velours à chaque mâchoire; des proéminences lancéolées, crénelées, le long du côté concave de l'arc branchial extérieur. *C. ocellaris*, Guyane. — *Crenicichla*, Heck. Corps bas, subcylindrique, écailles petites; portion épineuse de la dorsale beaucoup plus longue que la portion molle, sans séparation; deux aiguillons à l'anale; dorsale et anale nues; une bande de dents coniques à chaque mâchoire; préopercule crénelé; de courts tubercules sur l'arc branchial externe. *C. johanna*, Guyane et Brésil. — *Chætobranchus*, Heck. Dorsale des précédents; proéminences antérieures de l'arc branchial interne longues, sétacées, serrées les unes contre les autres; deux aiguillons à l'anale. *C. robustus*, Guyane. — *Mesops*, Heck. Dorsale de même, arc branchial externe présentant un lobe comprimé lamelliforme à son extrémité supérieure; yeux situés dans la moitié antérieure de la tête. *M. cupido*, Rio Negro. — *Satanoperca*, Günt. *Mesops* à yeux situés dans la moitié postérieure de la tête; dorsale entièrement nue. *S. acuticeps*, Rio Negro. — *Geophagus*, Heck. *Satanoperca* à dorsale écailleuse à la base. *G. surinamensis*, Guyane. — *Symphysodon*, Heck. Région molle de la dorsale plus longue que la région épineuse; proéminences de l'arc branchial antérieur peu apparentes. *S. discus*, Brésil. — *Pterophyllum*, Heck. Dorsale des *Symphysodon*; proéminences de l'arc branchial externe sétiformes; six aiguillons à l'anale. *P. scalara*, Brésil.

Fam. **EMBIOTOCIDÆ**. — Corps comprimé, élevé ou oblong. Écailles cycloïdes, formant à la base de la dorsale un revêtement isolé des autres écailles par un sillon; ligne latérale continue. Dorsale unique avec une région épineuse; anale avec trois épines et de nombreux rayons; ventrales thoraciques avec une épine et cinq rayons; dents petites, limitées aux mâchoires. Des pseudobranchies. Estomac siphonal; pas d'appendices pyloriques. Vivipares; marins.

Ditrema, Schleg. Dorsale avec avec sept à onze aiguillons. *D. Johnsoni*. Californie. — *Hysterocarpus*, Gibb. Dorsale avec seize à dix-huit aiguillons. *H. Traskii*, Californie. — *Hyperprosopon*, Gibbons. — *Holconotus*, Ag. — *Amphisticus*, Ag. — *Embiotoca*, Ag. — *Tæniotoca*, Al. Ag. — *Phanerodon*, Girard. — *Rhacochilus*, Ag. — *Hypsurus*, Al. Ag. — *Damalichthys*, Girard, tous de l'Amérique Septentrionale.

Fam. **POMACENTRIDÆ**. — Corps court, comprimé, écailles cténoïdes; ligne latérale interrompue ou ne s'étendant pas jusqu'à la caudale. Dorsale unique, à région épineuse au moins aussi dévelopée que la région molle; anale avec deux ou trois aiguillons, d'ailleurs semblable à la partie molle de la dorsale; ventrale avec une épine et cinq rayons. Dentition faible; palais lisse. Trois branchies et demie; des pseudobranchies; une vessie natatoire; 12 + 14 vertèbres. Aspect des Chétodontes; poissons des récifs de madrépores.

Amphiprion, Bl. Schn. Os operculaires et préorbitaires dentelés; dents coniques, unisériées. *A. bifasciatus*, Nouvelle-Guinée. — *Premnas*, C. Préorbitaires se terminant en une très longue épine. *P. biaculeatus*, archipel de l'Inde. — *Dascyllus*, Cuv. Préopercule et quelquefois les préorbitaires seuls dentelés; dents en velours. *D. aruanus*, côte occ. d'Afrique. — *Lepidozygus*, Günt. Préopercule denté; infraorbitaires cachés; plus de 30 écailles à la ligne latérale. *L. tapeinosoma*, Ternate. — *Pomacentrus*, Cuv. *Dascyllus* à dents petites, unisériées. *P. fasciatus*, Inde. — *Glyphidodon*, Lac. Os operculaires non dentés; dents comprimées unisériées; moins de 30 écailles à la ligne latérale. *G. saxatilis*, Antilles. — *Parma*, Günt. *Glyphidodon* à plus de 30 écailles à la ligne latérale. *P. rubicunda*, Californie. — *Heliastes*, C. et V. Pièces operculaires sans dentelures; dents coniques. *H. chromis*, Cannes.

Fam. **LABRIDÆ.** — Corps oblong ou allongé; écailles cycloïdes; ligne latérale interrompue, ou s'étendant jusqu'à la caudale; d'ailleurs semblables aux Pomacentridæ. Ni appendices pyloriques, ni cæcum stomacal. Poissons littoraux, vivant de crustacés, de mollusques.

Trib. Labrinæ. Plus de vingt rayons à la dorsale dont treize aiguillons au moins; dents des mâchoires toutes coniques, sans canines postérieures. — *Labrus*, Art. Corps comprimé; plus de 40 écailles dans une rangée transversale, des écailles imbriquées sur les joues, les opercules et quelquefois un petit nombre sur les interopercules; ligne latérale ininterrompue; de treize à vingt et un aiguillons dorsaux; trois aiguillons à l'anale; dents unisériées. *L. bergylta* (Vieille), Manche. — *Lachnolaimus*, C. et V. *Labrus* à épines antérieures de la dorsale prolongées. *L. falcatus*, Antilles. — *Malacopterus*, C. et V. *Labrus* à opercules ne portant qu'une seule rangée d'écailles sur leur bord inférieur. *M. reticulatus*, Juan Fernandez. — *Ctenolabrus*, Cuv. *Labrus* à dents maxillaires en bande avec une rangée extérieure de dents coniques, plus fortes; seize à dix-huit aiguillons dorsaux; à préopercule dentelé. *C. rupestris*, côtes de Fr. — *Crenilabrus*, Cuv. *Labrus* à préopercule dentelé; à moins de 40 écailles dans une rangée transverse. *C. melops*, toutes les côtes de Fr. — *Tautoga*, Mitch. Corps comprimé; écailles petites; une double rangée de dents coniques aux mâchoires; écailles des joues rudimentaires; opercules nus. *T. onitis*, côtes atl. Am. N. — *Acantholabrus*, Val. Cinq ou six aiguillons à l'anale; dents en bande. *A. Palloni*, Nice, Cette. — *Centrolabrus*, C. et V. *Acantholabrus* à dents unisériées. *C. trutta*, Madère.

Trib. Julidinæ. — Moins de treize aiguillons à la dorsale; dents antérieures libres, coniques ou comprimées; dents des pharyngiens inférieurs non confluentes. — *Cossyphus*, Cuv. et V. *Labrus* à base des nageoires verticales écailleuse; dents unisériées; quatre canines à chaque mâchoire en avant; une canine postérieure; douze aiguillons à la dorsale, trois à l'anale. *C. scrofa*, Madère. *C. Gouldii*, Tasmanie, dépasse 1 mètre. — *Xiphochilus*, Bleek. Dorsale à onze ou douze aiguillons; membrane de la dorsale molle, sans écailles; joues et opercules écailleux sauf les deux branches du préopercule; une canine postérieure et quatre antérieures. *X. robustus*, Maurice. — *Semicossyphus*, Günt. *Xiphochilus* à nageoire molle écailleuse; pas de canine postérieure. *S. reticulatus*, Japon. — *Trochocopus*, Günt. *Xiphochilus* à dorsale molle, écailleuse à sa base. *T. Darwini*, I. Galapagos. — *Decodon*, Günt. *Xiphochilus* à branche inférieure du préopercule écailleuse, à branche postérieure dentée. *D. puellaris*, Antilles. — *Pteragogus*, Günt. Dix ou onze aiguillons à la dorsale, trois à l'anale; préopercule denté. *P. opercularis*, Mozambique. — *Clepticus*, C. et V. Dorsale molle entièrement écailleuse; dents très petites, sans canines; dorsale à douze aiguillons. *C. genisarra*, Jamaïque. — *Labrichthys*, Bleek. Dorsale à neuf aiguillons; ligne latérale continue; joues et opercules écailleux; préopercule non denté; écailles grandes; dents des mâchoires unisériées. *L. rubiginosa*, Japon. — *Labroïdes*, Bleek. *Labrichtys* à écailles de grandeur moyenne; à dents en bande avec une paire de canines courbes à chaque mâchoire. *L. dimidiatus*, mer Rouge. — *Duymæria*, Bleek. *Labrichthys* à préopercule denté. *D. spilogaster*, Japon. — *Cheilinus*, Lac. Corps comprimé, oblong; écailles grandes, formant deux séries sur les joues; ligne latérale interrompue; neuf ou dix aiguillons à la dorsale, trois à l'anale; dents unisériées; deux canines à chaque mâchoire; pas de canine postérieure; mâchoire inférieure non prolongée en arrière. *C. fasciatus*, mer Rouge. — *Cirrhilabrus*, Schleg. Dorsale à onze aiguillons; ligne latérale interrompue; joues et opercules écailleux. *C. Temminckii*, Japon. — *Doratonotus*, Günt. Dorsale à neuf aiguillons fortement abaissée au milieu; le reste comme *Cirrhilabrus*. *D. megalepis*, Antilles. — *Pseudocheilinus*, Bleek. *Cheilinus* à 2ᵉ aiguillon anal plus long que les autres. *P. hexatænia*, Amboine. — *Epibulus*, C. *Cheilinus* à bouche très protractile, la branche ascendante des intermaxillaires, les mandibules et le tympanique étant très allongés. *E. insidiator*, Indo-Pacifique. — *Anampses*, Cuv. Joues et opercules sans écailles; les deux dents antérieures de chaque mâchoire proéminentes, dirigées en avant, comprimées et à bord tranchant; neuf aiguillons à la dorsale, trois à l'anale. *A. cæruleo-punctatus*, mer Rouge, Maurice. — *Hemigymnus*, Günt. *Anampses* avec une petite bande d'écailles sur les joues. *H. sexfasciatus*, mer Rouge. — *Gomphosus*, Lac. Joues et opercules nus; dorsale à huit aiguillons; museau très allongé. *G. varius*, I. Maurice. — *Cheilio*, Lac. Une bande de petites écailles sur les opercules; corps allongé; tête déprimée. *C. inermis*, Mozambique. — *Cymolutes*, Günt. Écailles petites; ligne latérale interrompue; corps comprimé; joues nues; dorsale à neuf aiguillons. *C. prætextatus*, Maurice. — *Platyglossus*, Klein. Moins de 30 écailles dans une rangée transverse; neuf aiguillons à la dorsale; une dent canine postérieure. *P. cyanostigma*, Antilles. — *Stethojulis*, Günt. Dorsale à neuf aiguillons; écailles assez grandes, celles du dos au moins aussi grandes que celles des côtés. *S. albovittata*, Madagascar. — *Leptojulis*, Bleek. Dorsale à neuf aiguillons; écailles dorsales plus petites que les latérales; une canine postérieure. *L. pyrrhogrammatoïdes*, Batavia. — *Pseudojulis*, Bleek. *Leptojulis* sans canines, à écailles thoraciques plus petites que celles du corps. *P. Girardi*, Boleling. — *Xyrichthys*, Cuv. (*Novacula* C. et V.). Corps comprimé en lame de couteau, oblong, à écailles de grandeur moyenne; profil antéro-supérieur de la tête parabolique; ligne latérale interrompue; neuf aiguillons à la dorsale, trois à l'anale; pas de canine postérieure. *X. novacula* (Rason), Cette, Nice. — *Julis*, Val. Écailles de grandeur moyenne; tête entièrement nue; museau non saillant; ligne latérale continue; huit aiguillons dorsaux; pas de canine postérieure. *J. lunaris*, Indo-Pacifique. — *Coris*, Lac. *Julis* à plus de 40 écailles dans une série transverse; dorsale à neuf aiguillons. *C. julis*, *C. Giofredi* (Girelle), côtes de Fr.

Trib. Chœropinæ. Dorsale avec treize aiguillons et sept rayons; dents antérieures libres, coniques; les latérales plus ou moins confluentes en une lame osseuse obtuse. — *Chœrops*, Rüppel. Genre unique. *C. japonicus*, Japon.

Trib. Pseudodacinæ. Chaque mâchoire munie de deux paires d'incisives et présentant un bord tranchant; dents des pharyngiens inférieurs confluentes, formant pavé. — *Pseudodax*, Bleek. Écailles de moyenne grandeur, couvrant les joues et les opercules; onze aiguillons dorsaux, *P. moluccensis*, Archipel indien.

Trib. Scarinæ. Dents des mâchoires entièrement soudées en une lame osseuse tranchante; dents pharyngiennes en pavé; écailles grandes; dorsale avec huit à dix aiguillons. — *Scarus*, Forsk. Une seule série d'écailles sur les joues; plaque dentigère des pharyngiens inférieurs plus large que longue; lèvre supérieure double sur toute son étendue; mâchoire inférieure saillante; aiguillons dorsaux rigides, pointus. *S. cretensis*, Nice, herbivore. — *Scarichthys*, Bleek. *Scarus* à aiguillons dorsaux flexibles. *S. auritus*, O. Indien. — *Callyodon*, Gronov. *Scarichthys* à lèvre supérieure double seulement en arrière; dents antérieures des mâchoires distinctes, imbriquées. *C. viridescens*, mer Rouge. — *Callyodontichthys*, Bleek. *Callyodon* à dents distinctes et disposées en séries obliques sur la mâchoire inférieure seulement. *C. flavescens* (peut-être un jeune *Scarus*), Atl. trop. — *Pseudoscarus*, Bleek. *Scarus* à mâchoire supérieure saillante; à deux ou plusieurs séries d'écailles sur les joues, à plaque dentifère pharyngienne inférieure plus longue que large. *P. superbus*, Antilles.

Trib. Odacinæ. Dents antérieures jamais distinctes; écailles petites; aiguillons de la dorsale nombreux et flexibles. — *Odax*, C. et V. Museau conique; écailles petites s'étendant sur les joues et l'opercule; plaque dentigère des pharyngiens inférieurs triangulaire, beaucoup plus large que longue. *O. radiatus*, Australie occ. — *Coridodax*, Günt. Tête sans écailles; mâchoires d'*Odax*. *C. pullus*, os verts, Nouvelle-Zélande. — *Olistherops*, Rich. *Coridodax* à écailles de grandeur moyenne. *O. cyanomelas*, détroit du Roi-Georges. — *Siphonognathus*, Rich. Tête et corps très allongés; museau des *Fistularia*; mâchoire supérieure terminée par un long appendice charnu; écailles de grandeur moyenne couvrant les joues et les opercules; mâchoires des *Odax*; plaque dentigère des pharyngiens inférieurs très étroite; aiguillons dorsaux nombreux et flexibles. *S. argyrophanes*, détroit du Roi-Georges.

9ᵉ GROUPE. — *PLECTOGNATHA. Poissons téléostéens à peau nue, ou contenant soit des écailles rugueuses, soit des ossifications en forme de plaques ou d'épines; bouche étroite; os de la mâchoire supérieure, en général, solidement unis. Dorsale épineuse et ventrales réduites à des aiguillons isolés, ou nulles; une dorsale molle opposée et semblable à l'anale; toutes deux sur la région caudale. Orifice branchial étroit; branchies pectinées; vessie natatoire sans canal pneumatique. Squelette incomplètement ossifié et formé d'un petit nombre de vertèbres.*

FAM. BALISTIDÆ (SCLERODERMI). — Museau un peu allongé; peau rugueuse ou soutenue par des plaques; des rudiments de dorsale et de ventrales; mâchoires armées de dents distinctes, en petit nombre, propres à briser les coraux et les coquilles des Mollusques.

TRIB. TRIACANTHINÆ. Peau rugueuse ou contenant des plaques en forme d'écailles; une première dorsale soutenue par quatre à six aiguillons; ventrales représentées par une paire de fortes épines mobiles, attachées aux os pelviens. — *Triacanthodes*, Bleek. Dents petites, coniques, bisériées. *T. anomalus*, Japon. — *Hollardia*, Poey. Dents petites, coniques, unisériées. *H. Hollardi*, Cuba. — *Triacanthus*, Cuv. Corps comprimé; dorsale antérieure à trois ou cinq petits aiguillons et précédée d'un fort aiguillon; dents bisériées, les externes tranchantes. *T. brevirostris*, O. Indien.

TRIB. BALISTINÆ. Peau rugueuse ou soutenue par des plaques mobiles; une première dorsale à deux ou trois aiguillons; ventrales réduites à une proéminence pelvienne impaire ou nulle. — *Balistes*, L. Huit incisives obliquement tronquées; trois aiguillons dorsaux. *B. capriscus, B. maculatus*, remontant jusque sur les côtes d'Angleterre. — *Monacanthus*, Cuv. *Balistes* à un seul aiguillon dorsal; peau veloutée. *M. hippocrepis*, Australie. — *Anacanthus*, Gray. Un petit aiguillon; un barbillon. *A. barbatus*, îles de la Sonde.

TRIB. OSTRACIONTINÆ. Une carapace osseuse, formée de plaques hexagonales disposées en mosaïque; première dorsale et ventrales représentées par de simples protubérances ou totalement absentes. — *Ostracion*, L. Genre unique. *O. nasus, O. trigonus*, Nice, très rare.

FAM. TETRODONTIDÆ (GYMNODONTA). — Corps plus ou moins raccourci, ni dorsale épineuse, ni ventrales; os des deux mâchoires respectivement confluents et formant un bec à bords tranchants, sans dents, avec ou sans suture médiane.

TRIB. TRIODONTINÆ. Une suture à la mâchoire supérieure; pas à l'inférieure; queue assez longue; une caudale distincte; abdomen dilatable en un vaste sac comprimé, soutenu en partie par des os pelviens très allongés. — *Triodon*, Cuv. Genre unique. *T. bursarius*, O. Indien.

TRIB. TETRODONTINÆ. Une partie de l'œsophage très extensible et capable de se remplir d'air, de manière à gonfler en boule le corps lui-même; pas d'os pelviens; peau épineuse; chair souvent vénéneuse.

a. — *Une suture à la mâchoire inférieure comme à la supérieure. Épines petites.*

Tetrodon, L. Dorsale et anale très courtes. *T. cutaneus*, Sainte-Hélène. Plusieurs espèces vivent dans les fleuves: le *T. psittacus* au Brésil; le *T. fahaka* dans le Nil et ses affluents; le *T. fluviatilis* dans les rivières de l'Inde. — *Promecocephalus*, Bibron. Des épines sur la tête, le dos et le ventre, ou le ventre seulement; dorsale et anale courtes et pointues; caudale à rayons externes plus longs que les autres. *P. lagocephalus*, Arcachon, Noirmoutiers. — *Xenopterus*, Bibron. Dorsale et anale à rayons nombreux. *X. naritus*, riv. de Sumatra et Bornéo.

b. — *Pas de suture médiane aux mâchoires; épines grandes.*

1. *Épines érectiles.* — *Diodon*, L. Tentacule nasal simple avec une paire d'orifices latéraux. *D. hystrix*, O. Indien et Atl. — *Atopomycterus*, Bleek. Tentacule nasal bifide sans

narines. *A. nychthemerus*, Tasmanie. — *Trichodiodon*, Bleek. Un tentacule; ossifications dermiques très petites, à deux racines avec une épine. *T. pilosus*, Atl. N. — *Trichocyclus*, Günt. Pas de tentacule nasal; corps couvert de soies. *T. erinaceus*, Loë (?).

2. *Épines immobiles fortes.* — *Chilomycterus*, Kaup. Tentacule nasal simple avec une paire d'orifices latéraux. *C. Calorii*, Zanzibar. — *Dicotylichthys*, Kaup. Tentacule nasal bifide sans narines. *D. punctulatus*, cap de Bonne-Espérance.

Trib. ORTHAGORISCINÆ. Corps très court; queue extrêmement courte tronquée; nageoires verticales confluentes. — *Orthagoriscus*, Bl. Schn. Genre unique. *O. mola* (Poisson-Lune, Môle), côtes de Fr., atteint 2 mètres de diamètre.

10° Groupe. — *LORICATA. Une pièce de soutien allant de l'arc
sous-orbitaire au préopercule.*

Fam. **SCORPÆNIDÆ**. — Corps oblong, plus ou moins comprimé, écailleux ou nu; régions de la dorsale à peu près de même étendue; anale de même étendue que la partie molle; ventrales avec une épine et cinq rayons mous; quelques os de la tête armés; angle du préopercule relié à l'anneau sous-orbitaire par une pièce osseuse spéciale (*Joues cuirassées*). Dents en velours, faibles, sans canines. Marins.

Sebastes, Cuv. Tête et corps comprimés; pas de fossette transverse à l'occiput; une échancrure entre les deux régions de la dorsale; dorsale à quinze épines; anale à trois épines et sept ou huit rayons mous; pas de rayons allongés des nageoires, ni d'appendices pectoraux; ventrales postérieures aux pectorales; 12 + 19 vertèbres. *S. marinus*, Norvège. — *Sebastolobus*, Gill. Diffèrent des *Sebastes* par leur anale à cinq rayons mous seulement; les rayons inférieurs de leurs pectorales prolongés et soutenant un lobe linguiforme, leurs ventrales situées sous les pectorales. *S. macrochir*, Inosima. — *Sebastodes*, Gill. Dorsale continue avec treize épines; anale à neuf rayons; écailles petites, 90 à 100 sur la ligne latérale; tête plus ou moins écailleuse; crêtes céphaliques basses; mâchoire inférieure saillante. *S. paucispinis*, g. de Californie, prof. — *Sebastichthys*, Gill. *Sebastodes* à anale avec cinq à neuf rayons, et 45-80 écailles seulement sur la ligne latérale. *S. serriceps*, côte N.-O. d'Amérique. — *Scorpæna*, L. Tête grande, nue, légèrement comprimée, généralement avec une dépression occipitale transverse, carrée; os céphaliques avec plusieurs séries de crêtes épineuses et portant des tentacules dermiques; dorsale à douze épines et neuf rayons; anale à trois épines et cinq rayons; pectorales grandes, arrondies, à rayons inférieurs simples et épaissis, mais sans rayons isolés; pas de vessie natatoire; 10 + 14 vertèbres. *S. scrofa, S. porcus*, Médit. Oc. r. — *Bathysebastes*, St. et Död. *Scorpæna* à os du crâne creusés de larges cavités muqueuses; des écailles cachées sous la peau sur les parties latérales de la tête; bouche très grande. *B. albescens*, Japon. — *Helicolenus*, G. et B. Tête écailleuse en dessus; des écailles cténoïdes sur les joues et sur l'opercule, comme sur le reste du corps; dorsale à dix épines; anale avec trois épines et six rayons; rayons médians des pectorales divisés; les autres simples; une épine au plus sur la carène sous-orbitaire. *H. dactylopterus*, Médit., La Rochelle. — *Pontinus*, Poey, *Helicolenus* à rayons des pectorales tous simples, à trois fortes épines sur la carène sous-orbitaire. *P. Bibroni*, Sicile. — *Glyptauchen*, Günt. Écailles bien distinctes; une fossette occipitale; dorsale à dix-sept épines; pas d'appendices pectoraux. *G. panduratus*, détroit du Roi-Georges. — *Lioscorpius*, Günther. Dorsale fortement échancrée; à 10 + 1 épines; anale à trois épines et cinq ou six rayons mous; rayons médians des pectorales simples; vertex lisse. *L. longiceps*, Australie. — *Setarches*, Johns. *Lioscorpius* à rayons médians des pectorales divisés, à vertex muni de courtes épines. *S. Güntheri*, Madère. — *Pterois*, Cuv. Tête et corps comprimés; os de la tête armés de nombreuses épines, parmi lesquelles des tentacules dermiques; rayons de la dorsale et des pectorales plus ou moins allongés et dépassant le bord de la membrane; dorsale à douze ou treize épines; des dents vomériennes. *P. volitans*, Indo-Pacifique. — *Apistus*, C. et V. Écailles petites, cténoïdes; quinze épines à la dorsale, trois à l'anale; pectorales allongées avec leurs rayons isolés; des dents vomériennes et palatines; une fente derrière le quatrième arc branchial; sont peut-être capables de vol. *A. alatus*, mer des Indes. — *Agriopus*, C. et V. Pas d'écailles; dorsale commençant à la tête, avec dix-sept à vingt et une épines; anale courte; museau allongé; armature céphalique faible; pas de dents vomériennes. *A. torvus*, e Cap. — *Synanceia*, Bl. Schn. Pas d'écailles; mais de nombreuses saillies verruqueuses ou filamenteuses sur la peau; forme très aberrante; bouche grande; dorsale avec treize à seize épines; pectorales très grandes. *S. horrida*, Indo-Pacifique. — *Micropus*, Gray. Tête et corps fortement comprimés, courts et élevés; profil du museau presque vertical; pas d'écailles; peau tuberculeuse; préorbitaire, pré- et interopercule épineux sur leur bord; huit ou neuf épines à la dorsale, deux à l'anale; pectorales courtes; ventrales rudimentaires. *M. maculatus*, Owaihi. — *Chorismodactylus*, Günt. Tête et corps un peu comprimés, avec de nombreux appendices dermiques; préorbitaire, préopercule et opercule armés; une dépression occipitale; treize épines à la dorsale, deux à l'anale; trois appendices pectoraux de chaque côté. *C. multibarbis*, Chine. — *Enneapterygius*, Rüpp. Des écailles; trois dorsales séparées; ligne latérale interrompue. *E. pusillus*, mer Rouge. — *Tænianotus*, Lac. Écailles bien distinctes; dorsale continue avec la caudale. *T. triacanthus*, Amboine. — *Centropogon*, Günt. Écailles bien distinctes; pas de fossette occipitale; préorbitaire spinifère; dorsale à quatorze ou quinze aiguillons; pas d'appendices pectoraux. *C. australis*, Australie S.-E. — *Pentaroge*, Günt. Écailles rudimentaires ou nulles; une épine aiguë sur le préorbitaire; dorsale à douze ou treize aiguillons; pas d'appendices pectoraux; une fente derrière la quatrième branchie. *P. marmorata*, Timor. — *Tetraroge*, Günt. *Pentaroge* sans fente derrière la quatrième branchie; dorsale continue avec douze à dix-sept aiguillons. *T. rubripinnis*, Japon. — *Prosopodasys*, Caut. *Tetraroge* dont les trois aiguillons dorsaux antérieurs constituent une région distincte de la nageoire. *P. sinensis*, Chine. — *Aploactis*, Tem. et Schleg. *Prosopodasys* sans épine préorbitaire, à tête comprimée avec des rides obtuses. *A. aspera*, Japon. — *Trichopleura*, Kaup. *Aploactis* à tête lisse. *T. mollis*, Chine. — *Hemitripterus*, C. et V. *Trichopleura* à deux dorsales séparées dont l'antérieure présente une division. *H. americanus*, côte de New York. — *Minous*, C. et V. Écailles rudimentaires ou nulles; un appendice pectoral de chaque côté. *M. monodactylus*, mers de Chine. — *Pelor*, C. et V. Écailles rudimentaires ou nulles; deux appendices pectoraux de chaque côté. *P. filamentosum*, île de France.

Fam. **COTTIDÆ**. — Corps oblong, subcylindrique; habituellement deux dorsales; l'antérieure moins développée que la postérieure et que l'anale; ventrales thoraciques, à cinq rayons au plus; quelques os de la tête armés; fente buccale latérale; dents en velours. Poissons littoraux.

Cottus, Art. Corps subcylindrique, comprimé en arrière; tête large, déprimée, arrondie en avant; pas d'écailles; une ligne latérale; aiguillons de la dorsale non cachés; pectorales arrondies, avec un certain nombre de rayons simples, sinon tous; des dents en velours sur le vomer et les mâchoires; pas de dents palatines; pas de fente derrière la dernière branchie. *C. gobio* (Chabot), eaux douces d'Europe; *C. scorpius*, *C. bubalis*, toutes les mers de Fr. — *Centridermichthys*, Rich. *Cottus* pourvus de dents palatines. *C. fasciatus*, Japon. — *Triglops*, Reinh. Aiguillons de la dorsale non cachés; pas de dents palatines; des séries de plaques sur le dos et les lignes latérales, pas de plaques céphaliques. *T. pingelii*, Norvège. — *Prionistius*, Bean (*Radulinus*, Gilb). *Triglops* à plaques sur le museau et les opercules. *P. macellus*, Carter Bay. — *Icelus*, Krôyer. Tête large, très déprimée, plus ou moins armée d'épines; pas de filaments pectoraux; ventrales thoraciques à moins de cinq rayons; une série dorsale de plaques osseuses du cou à la base de la caudale; ligne latérale avec des tubercules osseux. *I. hamatus*, Spitzberg. — *Artedirllus*, Jord. *Icelus* sans écailles. *A. uncinatus*, Grœnland. — *Icelinus*, Jord. *Icelus* à épine préoperculaire supérieure munie de 3 à 5 processus en crochet. *I. quadriseriatus*, Californie. — *Psychrolutes*, Günt. Dorsale épineuse peu développée, continue avec la partie molle; à aiguillons grêles, cachés dans la peau flottante et nue; pas de fente post-branchiale; membranes branchiales largement attachées à l'isthme; vomer et palatins sans dents. *P. paradoxus*, Vancouver. — *Cottunculus*, Collett. *Psychrolutes* avec dents vomériennes et palatines. *C. microps*, Norvège. — *Malacocottus*, Bean, *Psychrolutes* à deux dorsales. *M. zonerus*, îles de la Trinité. — *Dasycottus*, Bean. *Malacocottus* à dents vomériennes, sans dents palatines; à membranes branchiales détachées de l'isthme. *D. setiger*, États-Unis. — *Platycephalus*, Bl. Schn. Tête large, très déprimée, plus ou moins épineuse; corps déprimé derrière la tête, sub-cylindrique vers la queue; écailles cténoïdes; 1ᵉʳ aiguillon de la 1ʳᵉ dorsale isolé; ventrales un peu éloignées de la base des pectorales; des dents en velours sur les mâchoires, le vomer et les palatins. *P. insidiator*, O. Indien. — *Hoplichthys*, C. et V. *Platycephalus* sans aiguillon dorsal isolé, à plaques osseuses, épineuses, couvrant le dos et les côtés du corps. *H. Langsdorffii*, Japon, Chine. — *Trigla*, Art. Tête parallélépipédique, à surface supérieure et côtés entièrement osseux; infra-orbitaire élargi, couvrant le cou; deux dorsales; les trois premiers rayons des pectorales libres; vessie natatoire généralement à deux lobes et pourvue de muscles latéraux; pas de dents palatines; écailles très petites sauf celles de la ligne latérale. *T. gurnardus* (Grondin gris), *T. pini* (Grondin rouge ou Rouget), toutes les côtes de Fr. — *Lepidotrigla*, Günt. *Trigla* à écailles de grandeur moyenne. *L. aspera*, Médit. — *Prionotus*, Lac. *Trigla* à dents palatines. *P. palmipes*, Antilles.

> **FAM. AGONIDÆ** (CATAPHRACTI). — Corps allongé, subcylindrique complètement cuirassé par des séries longitudinales de plaques osseuses; petites dents sur les mâchoires et souvent aussi sur le vomer et les palatins. Marins.

Agonus, Bl. Schn. Tête et corps anguleux, couverts de plaques osseuses lisses; deux dorsales; pas d'appendices thoraciques; de petites dents sur les mâchoires; pas de dents vomériennes. *A. cataphractus*, Angleterre. — *Podothecus*, Gill. *Agonus* à plaques osseuses du corps épineuses. *P. decagonus*, Norvège. — *Bathyagonus*, Gilb. *Podothecus* avec dents vomériennes; pectorales non échancrées. *B. nigripinnis*, côte de Californie. — *Xenochirus*, Gilb. *Bathyagonus* à pectorales divisées par une profonde échancrure. *X. triacanthus*, côte de Californie. — *Aspidophoroïdes*, Lac. *Agonus* à une seule courte dorsale. *A. monopterygius*, baie du Massachusetts. — *Siphagonus*, Steind. Museau tubulaire allongé; menton proéminent, pourvu d'un barbillon. *S. barbatus*, dét. de Behring.

> **FAM. PERISTHETIDÆ.** — Corps complètement cuirassé par des écailles carénées ou des plaques; dents absentes ou n'existant que sur les mâchoires.

Peristedion, Günth. (*Peristhetus*, Lac). Tête parallélépipédique, à surfaces dorsale et latérale entièrement osseuses; chaque préorbitaire prolongé en un long processus passant au-dessus du museau; corps cuirassé de larges plaques osseuses; une dorsale continue ou deux dorsales; deux appendices pectoraux libres; pas de dents; un barbillon à la mâchoire inférieure. *P. cataphractus* (Malarmat), Boulogne, Nice. — *Dactylopterus*, Lac. Tête des *Peristhetus*; opercule et angle du préopercule épineux; corps à écailles fortement carénées; deux dorsales presque égales; pectorales assez développées pour servir au vol; à portion supérieure courte et détachée; vessie natatoire en deux moitiés fortement musculaires; des dents granuleuses sur les mâchoires seulement. *D. volitans* (Poisson volant; le jeune est le *Cephalacanthus spinarella*. Médit.).

> **FAM. PEGASIDÆ.** — Corps entièrement couvert de plaques osseuses, ankylosées sur le tronc, moins sur la queue; une courte dorsale et une anale opposée; bord de la mâchoire supérieure formé par les intermaxillaires et leurs prolongements cutanés; opercule formé par une seule grande plaque (équivalente à l'opercule, l'interopercule et le sous-opercule), cachant le préopercule; plaque branchiale unie à l'isthme par une courte membrane; quatre branchies lamelleuses; des ventrales; sacs ovariens clos.

Pegasus, L. Genre unique. *P. natans*, *P. lancifer*, Japon.

11ᵉ GROUPE. — *GASTROSTÉIFORMES. Corps allongé, comprimé; pas d'écailles, mais généralement une série longitudinale de grandes plaques latérales. Des aiguillons isolés en avant de la dorsale molle; ventrales, soutenues par une épine et un petit rayon, abdominales et unies au pubis. Os operculaires inermes; infra-orbitaires couvrant les joues; une partie du squelette formant une incomplète armature externe. Des dents en velours sur les mâchoires. Poissons indigènes.*

> **FAM. GASTROSTEIDÆ.** Famille unique.

Gastrosteus, Art. De deux à quatre aiguillons avant la dorsale. *G. aculeatus* (Epinoche), Fr. eaux douces. — *Gastrostea*, Sauv. Une dizaine d'épines avant la dorsale. *G. pungitia* (Epinochette), riv. de la Fr. sept. — *Spinachia*, Cuv. Quinze épines avant la dorsale. *S. vulgaris* (Epinoche de mer), Saint-Vaast, Roscoff.

12ᵉ GROUPE. — *HEMIBRANCHEA. Os pharyngiens et arcs branchiaux réduits ou avortés; un seul os unissant la ceinture scapulaire au crâne.*

FAM. **FISTULARIIDÆ.** — Corps très allongé; os antérieurs du crâne étirés en avant et formant un long tube que termine une étroite bouche; écailles nulles ou petites; région épineuse de la dorsale remplacée par faibles épines isolées ou entièrement absentes; partie molle de la dorsale et anale de longueur moyenne; ventrales abdominales ou thoraciques à cinq ou six rayons, sans épines; pubis demeurant attaché à l'arc huméral, même si les ventrales sont abdominales; cinq branchiostèges; dents petites.

Fistularia, L. Pas d'écailles; pas d'aiguillons dorsaux; caudale fourchue à rayons médians prolongés en filament. *F. tabaccaria*, Atl. trop., atteint 2 mètres. — *Aulostoma*, Lac. Des petites écailles; une série de petits aiguillons dorsaux; caudale en losange sans rayons prolongés; dents rudimentaires. *A. longipes*, côte du Maroc, 1163 mètres. — *Aulorhynchus*, Gill. (*Auliscops*, Péters.). Pas d'écailles; une série de petites plaques de chaque côté de la ligne latérale; de nombreux aiguillons en avant de la dorsale; ventrales thoraciques. *A. flavidus*, Am. N. occ. — *Aulichthys*, Brevoost, Gill. Diffèrent des *Aulorhynchus* par la présence de crêtes sur les plaques de la ligne latérale. *A. japonicus*, Japon.

FAM. **MACRORHAMPHOSIDÆ** (CENTRISCIDÆ). — Deux dorsales; l'épineuse courte; la molle et l'anale de moyenne longueur; ventrales abdominales; tête des FISTULARIIDÆ.

Macrorhamphosus, Lac. (*Centriscus*, L.; Cuv.). Corps oblong ou élevé, comprimé, couvert de petites écailles rugueuses; quelques bandelettes osseuses sur les côtés du dos et à la limite du thorax et de l'abdomen; un fort aiguillon à la dorsale; ventrale à cinq rayons mous. *M. scolopax* (Trompette, Bécasse), Atl., au S. de la Loire, et Médit. — *Amphisile*, Klein. Corps allongé, comprimé, avec une cuirasse osseuse dorsale, formée par des épines squelettiques modifiées; pas d'écailles; dorsales dans la région postérieure du dos; ventrales rudimentaires; axe de la queue différent de celui du corps; pas de dents. *A. punctulata*, mer Rouge.

13ᵉ GROUPE. — *LOPHOBRANCHEA. Museau allongé; bouche terminale, petite, sans dents, du type acanthoptérygien; un squelette dermique formé de nombreuses pièces arrangées en segments; système musculaire peu développé; branchies formées de petites massues feuilletées, attachées aux arcs branchiaux; opercule réduit à une simple plaque. Vessie natatoire simple, sans canal pneumatique.*

FAM. **SOLENOSTOMIDÆ.** — Deux dorsales; la 1ʳᵉ soutenue par des aiguillons; les autres nageoires bien développées; orifices branchiaux larges; pas de vessie natatoire.

Solenostoma, Lac. Genre unique. *S. paradoxa*, Amboine.

FAM. **SYNGNATHIDÆ.** — Une seule dorsale molle; pas de ventrales; ouverture branchiale très petite, à l'angle postéro-supérieur de l'opercule.

TRIB. SYNGNATHINÆ. Queue non préhensile; ordinairement une caudale. — *Siphonostoma*. Kp. Corps avec des rides distinctes; rides dorsales du tronc non continues avec les rides supérieures de la queue qui prolongent la ligne latérale; pectorales et caudale bien développées, dorsale opposée à l'anus; os de l'épaule mobiles, non réunis en ceinture scapulaire; mâles pourvus d'une poche à œufs caudale. *S. typhle*, côtes de Fr. — *Syngnathus*, Art. *Siphonostoma* à rides plus ou moins apparentes, à os scapulaires fermement unis en ceinture. *S. acus*, côtes de Fr. commun. — *Doryichthys*, Kp. *Syngnathus* à poche marsupiale incomplète : les œufs simplement accolés à la face ventrale du mâle. *D. brachyurus*, Polynésie. — *Nerophis*, Kp. Pas de rides; pas de pectorales; caudale molle; marsupium rudimentaire. *N. ophidion*, *N. lumbricoïdes*, Manche, Atl. — *Entelurus*, Dum. Pas de caudale. *E. æquoræus*, Manche, Atl. — *Protocampus*, Günt. Squelette couvert par la peau; un large pli cutané en avant, en arrière de la dorsale et le long de l'abdomen;

pas de pectorales; caudale très petite. *P. hymenolomus*, îles Falkland. — *Ichthyocampus*, Kp. Des pectorales; dorsale opposée à l'anus; bords dorsaux du tronc continus avec la queue. *I. carce*, Bengale. — *Nannocampus*, Günt. Pas de pectorales. *N. subosseus*, Australie. — *Urocampus*, Günth. Dorsale placée très en arrière de l'anus. *U. nanus*, Mandchourie. — *Leptoichthys*, Kaup. Os de l'épaule unis; des pectorales; une caudale très longue; mâle avec un marsupium sous l'abdomen. *L. fistularius*, dét. du Roi Georges. — *Cœlonotus*. Peters. Rides transversales visibles seulement sur le dos. *C. liapsis*, Java. — *Stigmatophora*, Kp. Pas de nageoire caudale, ni de marsupium. *S. argus*, Australie.

Trib. Hippocampinæ. Queue préhensile; sans caudale; des pectorales. — *Gastrotokeus*, Heck. Corps déprimé; ligne latérale courant le long des bords de l'abdomen; queue plus courte que le corps; pas de marsupium. *C. biaculeatus*, côtes d'Australie. — *Solenognathus*, Sw. Corps comprimé, plus haut que large; boucliers solides, rugueux avec des plaques interannulaires ovales ou arrondies; queue plus courte que le corps. *S. Harwickii*, mers de Chine, atteint 70 cent. de long. — *Hippocampus*, Cuv. Corps comprimé; boucliers tuberculeux ou épineux; occiput comprimé en une crête terminée par un tubercule proéminent; un marsupium à la base de la queue. *H. guttulatus*, *H. brevirostris*, côtes de Fr. — *Acentronura*, Kaup. *Hippocampus* sans tubercule occipital. *A. gracillima*, Japon. — *Phyllopteryx*, Sw. Corps comprimé; boucliers lisses, mais quelques-uns pourvus d'appendices prolongés en filaments cutanés sur les bords du corps de manière à simuler des algues découpées; une paire d'épines sur le museau et les orbites; pas de marsupium. *P. eques*, côtes d'Australie.

14ᵉ Groupe. — *TRACHINIFORMES. Commencent une nouvelle série se rattachant aux SCOMBRIFORMES, dont ils diffèrent par leur tête généralement élargie ou épaisse, mais aplatie en dessus. Pas de support orbito-operculaire. Poissons de fond, sédentaires.*

Fam. TRACHINIDÆ. — Corps allongé, bas, nu ou couvert d'écailles; dents petites, coniques; portion épineuse de la dorsale plus courte que la portion molle, qui est semblable à l'anale; pas de pinnules; ventrales avec une épine et cinq rayons. Plus de 10 vertèbres abdominales et de 14 caudales. Poissons côtiers.

Trib. Uranoscopinæ. Yeux dirigés en dessus; ligne latérale continue. — *Uranoscopus*, L. Tête grande, large, épaisse, en partie couverte par des plaques osseuses; deux dorsales, la 1ʳᵉ avec trois à cinq aiguillons; rayons de pectorales branchus; fente buccale verticale; des dents en velours sur les mâchoires, les palatins et les vomers; d'ordinaire un long filament en avant et en dessous de la langue; opercule armé. *U. scaber*, Médit. — *Leptoscopus*, Gill. Une seule dorsale continue; pas de filament oral; tête revêtue d'une peau mince, le reste comme *Uranoscopus*. *L. macropygus*, port Jackson. — *Agnus* Günt. Pas d'écailles; deux dorsales. *A. anoplus*, côtes Atl., Amérique sept. — *Anema*, Günt. Écailles très petites; tête cuirassée de plaques osseuses; une dorsale. *A. monopterygium*, Nouvelle-Zélande. — *Kathetostoma*, C. et V. Pas d'écailles; une dorsale. *K. lœve*, Australie.

Trib. Trachininæ. Yeux plus ou moins latéraux; intermaxillaires sans dent plus grande en arrière. — *Trachinus*, Art. Fente buccale très oblique; yeux latéraux, mais dirigés en dessus; deux dorsales; l'antérieure courte à six ou sept aiguillons; rayons inférieurs des pectorales simples; préorbitaire et préopercule armés. *T. vipera* (Petite Vive), *T. draco* (Vive), toutes les côtes de Fr. — *Champsodon*. Günther. Écailles très petites, granuleuses; deux lignes latérales avec de nombreuses branches verticales; deux dorsales; rayons des pectorales ramifiés; yeux latéraux, mais dirigés en dessus; préopercule avec une épine angulaire et une fine dentelure le long de son bord postérieur; bouche grande, oblique; des dents sur les vomers et les palatins; celles des mâchoires unisériées, mais inégales. *C. vorax*, mers de Chine. — *Percis*, Bl. Schn. Corps cylindrique; écailles cténoïdes, petites; dorsale plus ou moins continue, avec quatre ou cinq courts aiguillons; ventrales un peu en avant des pectorales; yeux latéraux, mais dirigés en dessus; opercule faiblement armé; des dents en velours mêlées de canines sur les mâchoires; des dents palatines; pas de dents vomériennes. *P. tetracanthus*, Indo-Pacif. — *Sillago*, Cuv. Écailles cténoïdes, plutôt petites; deux dorsales, l'antérieure avec neuf à onze aiguillons; os céphaliques avec de larges canaux mucifères; opercule inerme; préopercule denté; yeux latéraux, grands; bouche grande, à mâchoire supérieure saillante; des dents en velours sur les mâchoires et le vomer, non sur les palatins. *S. sihama*, mer Rouge. — *Bovichthys*, C. et V. Pas d'écailles; tête large et épaisse; deux dorsales séparées, la 1re avec huit aiguillons; ventrales jugulaires; rayons inférieurs des pectorales simples; yeux latéraux plus ou moins dirigés en dessus; opercule avec une forte épine; préorbitaire et préopercule inermes; des dents en velours sur les mâchoires, les vomers et les palatins. *B. variegatus*, Nouvelle-Zélande. — *Bathydraco*, Günth. Corps allongé, subcylindrique; tête déprimée avec un museau très allongé, spatulé; écailles très petites, sous-cutanées; ligne latérale large, continue; une seule dorsale; ventrales jugulaires; rayons inférieurs des pectorales branchus; yeux très grands, latéraux, presque contigus; opercules inermes; dix branchiostèges; bouche grande, horizontale, à mâchoire inférieure proéminente; des dents en velours et sur les mâchoires seulement; pas de vessie natatoire. *B. antarcticus*, île Heard, 3000 mètres. — *Chænichthys*, Rich. Tête très grande, à museau spatulé; pas d'écailles; quelquefois des plaques granuleuses sur la ligne latérale; deux dorsales, la 1re avec sept aiguillons; 2e dorsale et anale longues et semblables; ventrales jugulaires; yeux latéraux; bouche très grande; des dents en râpe sur les mâchoires seulement. *C. esox*, détroit de Magellan. — *Hypsicometes*, Goode. *Chænichthys* pourvus d'écailles avec une ligne latérale qui descend en courbe de l'extrémité de la lame operculaire jusqu'à mi-distance des pectorales et de la caudale; espace interorbitaire étroit; des dents sur les vomers et les palatins. *H. gobioides*, Antilles. — *Aphritis*, C. et V. Corps cylindrique, allongé; à écailles moyennes, finement ciliées; une épine plate sur l'opercule; deux dorsales, la 1re courte à six aiguillons; rayons inférieurs des pectorales divisés; ventrales jugulaires; des dents en velours sur les mâchoires et le vomer; pas de canines; six branchiostèges; pas de vessie natatoire; appendices pyloriques peu nombreux. *A. gobio*, Patagonie. — *Acanthaphritis*, Günther. *Aphritis* à grandes écailles, à opercule inerme, mais avec une épine horizontale dirigée en avant sur chaque préorbitaire. *A. grandisquamis*, île Ki, Pacif. sud. — *Eleginus*, C. et V. Des écailles; deux dorsales; ventrales jugulaires; pas de dents palatines. *E. maclovinus*, île Falkland. — *Chimarrhichthys*, Haast. Écailles cténoïdes; dents en velours sur les mâchoires et le vomer; deux dorsales, la 1re avec trois petites épines; rayons des pectorales branchus; ventrales jugulaires. *C. Fosteri*, Otira River. — *Cottoperca*, Steind. *Bovichthys* à tête et corps couverts d'écailles cténoïdes. *C. Rosenbergi*, Patagonie occidentale — *Percophis*, C. et V. Des écailles; deux dorsales; ventrales jugulaires; des dents palatines; canines très fortes; fente buccale horizontale; mandibule très proéminente. *P. brasilianus*, côte du Brésil. — *Trichodon*, Steller. Pas d'écailles; museau court; préorbitaire et préopercule armés. *T. Stelleri*, Kamtchatka.

Trib. Pinguepedinæ. Écailles petites; ligne latérale continue; yeux latéraux; portion postérieure des intermaxillaires armée de grandes dents; dorsale longue et basse, à partie épineuse beaucoup plus courte que la partie molle; anale longue, à épines faibles et peu nombreuses; ventrales thoraciques ou subjugulaires, bien développées; 35-50 vertèbres. — *Pinguipes*, C. et V. Des dents palatines. *P. brasilianus*, Brésil. — *Latilus*, C. et V. Pas de dents palatines; préopercule denté. *L. argentatus*, Japon. — *Lopholatilus*, G. et B. *Latilus* portant un grand appendice adipeux sur la nuque et un prolongement charnu dirigé en arrière de chaque côté du pli labial. *L. chamæleonticeps*, côte Atl., Amér.

Trib. Pseudochrominæ. Dorsale continue; ligne latérale interrompue ou n'allant pas jusqu'à la nageoire caudale; poissons côtiers ou des récifs madréporiques. — *Opisthognathus*, Rüpp. Fente buccale grande; maxillaire supérieur saillant en arrière. *O. nigromarginatus*, mer Rouge. — *Pseudochromis*, Rüpp. Ligne latérale interrompue; des dents vomériennes et palatines, *P. olivaceus*, mer Rouge. — *Cichlops*, M. et T. *Pseudochromis* sans dents palatines; des aiguillons dorsaux peu nombreux. *C. cyclophthalmus*, O. Indien. — *Pseudoplesiops*, Bleek. Ligne latérale interrompue; dorsale, anale et ventrales sans aiguillons. *P. typus*, Goram.

Trib. Notothenixæ. Deux dorsales; ligne latérale interrompue. — *Notothenia*, Richardson. Écailles cténoïdes; os céphaliques inermes. *N. tessellata*, mers Antarctiques, O. Austral. — *Harpagifer*, Rich. Pas d'écailles; opercule et sous-opercule armés de longues épines. *H. bispinis*, cap Horn.

Fam. MALACANTHIDÆ. — Corps allongé; écailles très petites; dorsale et anale très longues; la 1re avec un petit nombre d'aiguillons en avant; ventrales thoraciques avec une épine et cinq rayons; bouche à lèvres épaisses; une forte dent en arrière sur les intermaxillaires; ouvertures branchiales très larges; membranes branchiales unies sous la gorge; 10 vertèbres abdominales et 14 caudales.

Malacanthus, Cuv. Genre unique. *M. Plumieri*, côte Atl., Amér. trop.

FAM. **BATRACHIDÆ**. — Corps allongé, comprimé en arrière; écailles très petites ou nulles; tête longue et épaisse; deux dorsales, l'antérieure avec deux ou trois aiguillons seulement, la postérieure semblable à l'anale et très longue; ventrales jugulaires avec deux rayons mous; pectorales non pédiculées; pas d'os de soutien pour le préopercule; fentes branchiales verticales, petites.

Batrachus, Bl. Schn. Trois aiguillons à la dorsale; des tentacules péribuccaux et céphaliques; des épines operculaires; une glande en arrière des pectorales. *B. didactylus*, Nice. — *Thalassophryne*, Günt. Deux aiguillons dorsaux creux, de même que les épines operculaires, tous les aiguillons venimeux; pas de canines. *T. reticulata*, Panama. — *Porichthys*, Gir. *Thalassophryne* avec une canine de chaque côté du vomer. *P. porosissimus*, côtes O. trop., Amér.

FAM. **LOPHIIDÆ** (PÉDICULÉS). — Pas d'écailles; tête et région antérieure du corps très larges. Première dorsale ramenée très en avant, composée d'un petit nombre d'aiguillons, plus ou moins isolés, souvent transformés en tentacules, ou entièrement absente; os du carpe allongés, formant une sorte de bras terminé par la pectorale; ventrales jugulaires, à quatre ou cinq rayons, quelquefois absentes. Pas d'os de soutien du préopercule. Orifices branchiaux réduits à un petit trou axillaire; deux ou trois branchies et une demi-branchie; ordinairement pas de pseudobranchies. Dents en velours ou en râpe.

TRIB. LOPHIINÆ. Bouche grande, terminale; ouvertures branchiales en arrière ou au-dessus de l'aisselle inférieure des pectorales; pédoncules brachiaux avec deux actinostes; des pseudobranchies. — *Lophius*, Art. Tête extrêmement grande, large, déprimée, avec des yeux sur sa face dorsale; les trois premiers aiguillons dorsaux isolés, situés sur la tête et transformés en longs tentacules; les trois suivants formant une nageoire continue; deuxième dorsale et anale courtes; os de la tête armés de nombreuses épines; dents inégales, en râpe. Les jeunes individus ont les tentacules pourvus de filaments foliacés et presque tous les rayons des nageoires prolongés au delà de la membrane. *L. piscatorius* (Baudroie), toutes les côtes de Fr., atteint 2 mètres.

TRIB. CERATIINÆ. Orifices branchiaux en arrière et au-dessus de l'aisselle inférieure des pectorales; pédoncules brachiaux médiocres, non géniculés, à trois actinostes; pas de ventrales, ni de pseudobranchies. — *Ceratias*, Kr. Tête et corps très comprimés et élevés, yeux très petits; peau épineuse; deux aiguillons dorsaux seulement, dont un céphalique; deuxième dorsale et anale courtes; caudale longue; pectorales très courtes; fente buccale subverticale; dents en râpe, mobiles, absentes sur le vomer; deux branchies et demie; squelette mou et fibreux. *C. Holbölli*, Groënland. — *Diceratias*, Günt. *Ceratias* avec deux aiguillons céphaliques; pas d'aiguillon dorsal ni de caroncules; des dents vomériennes. *D. bispinosus*, îles Banda. — *Mancalias*, Gill. *Ceratias* avec un seul aiguillon céphalique, sans aiguillon dorsal; des caroncules éloignées de la deuxième dorsale. *M. uranoscopus*, Canaries. — *Cryptopsaras*, Gill. *Mancalias* à caroncules rapprochées de la deuxième dorsale. *C. Couesii*, Amér. — *Himantolophus*, Reinh. Tête comprimée. *Ceratias* à un seul tentacule sur la tête, et à trois branchies et demie; corps orné de scutelles tuberculeuses éparses, dorsale à neuf rayons environ, pectorales à douze; yeux rudimentaires. *H. groënlandicus*, Groënland. — *Corynolophus*, Gill. *Himantolophus* avec quatre rayons à la dorsale et dix-sept aux pectorales. *C. Reinhardti*, Groënland. — *Melanocetus*, Günther. *Himantolophus* pourvus de dents vomériennes et à peau lisse; deux branchies et demie. *M. Johnsoni*, Atl. prof. — *Ægeonichthys*, Clarke. *Himantholophus* à tête déprimée, avec articulation mandibulaire sous le museau ou en avant. *Æ. Appelii*, Nouv. Zélande. — *Liocetus*, Günt. *Melanocetus* sans dents vomériennes. *L. Murrayi*, Atl. — *Linophryne*, Coll. *Liocetus* avec un tentacule sous la gorge et une seule dent vomérienne. *L. lucifer*, Madère. — *Caulophryne*, G. et B. Trois branchies et demie; pectorales postmédianes, en arrière de l'orifice branchial, dorsale et anale très hautes; de nombreux filaments sur la tête et le corps. *C. Jordani*, Antilles. — *Oneirodes*, Ltk. *Melanocetus* avec un aiguillon céphalique et un aiguillon dorsal. *O. Eschrichtii*, Groënl. — *Paroneirodes*, Alc. Les deux aiguillons céphaliques. *P. glomerosus*, Bengale.

deux mâchoires. *C. sanguineus*, Valparaiso. — *Gobiesox*, Lac. Des incisives à la mâchoire inférieure. *G. cephalus*, Antilles.

Trib. Lepadogastrinæ. Portion postérieure du disque limitée antérieurement par un bord libre. — *Diplocrepis*, Richardson. Des incisives; trois branchies; membranes branchiales libres. *D. puniceus*, Nouvelle-Zélande. — *Crepidogaster*, Günt. *Diplocrepis* avec toutes les dents petites, en velours. *C. tasmaniensis*, Tasmanie. — *Trachelochismus*, Brisout de Barneville. Membranes branchiales libres; trois branchies et demie; de très petites dents aux deux mâchoires. *T. guttulatus*, Nouvelle-Zélande. — *Lepadogaster*, Gouan. *Trachelochismus* à membranes branchiales attachées à l'isthme; dorsale et anale à rayons très distincts; pas de dents palatines. *L. Gouanii*, côtes de Fr. — *Gouania*, Nardo. Rayons de la dorsale et de l'anale peu distincts; acetabulum peu développé. *G. Wildenowii*, Nice.

Fam. **CYCLOPTERIDÆ** (Discoboli). — Corps épais ou oblong, nu ou tuberculeux; ventrales constituées par un aiguillon et cinq rayons, tous rudimentaires, et formant le support osseux d'un disque arrondi, entouré par un repli dermique; ouverture branchiale étroite; membranes branchiales attachées à l'isthme; dents petites.

Trib. Cyclopterinæ. Cavité du corps allongée, région caudale courte; un disque adhésif; dents simples; deux dorsales; peau tuberculeuse. — *Cyclopterus*, L. Tubercules en rangées; pas de barbillons. *C. lumpus*, Manche. — *Eumicrotremus*, Gill. *Cyclopterus* à tubercules non disposés en rangées. *E. spinosus*, baie de Massachusetts. — *Cyclopteroides*, Garm. Des barbillons. *C. gyrinops*, Alaska.

Trib. Liparopsinæ. Cyclopterinæ à une seule dorsale. *Cyclopterichthys*, St. — Peau lisse, dorsale courte. *C. ventricosus*, Kamtschatka. — *Liparops*, Garm. Peau tuberculeuse; dorsale longue. *L. Stelleri*, Kamtschatka.

Trib. Liparidinæ. Cavité du corps courte; région caudale longue. — *Liparis*, C. Un disque; dents tricuspides; caudale plus ou moins distincte; moins de 40 vertèbres. *L. vulgaris*, Manche. — *Careliparis*, Garm. *Liparis* à plus de 45 vertèbres. *C. pulchellus*, Californie. — *Careproctus*, Krey (*Gymnolycodes*, Vaill.). *Liparis* à caudale indistincte, grêle; dents simples chez les individus âgés. *C. micropus, Atl. — *Paraliparis*, Collett. *Careproctus* sans ventrales ni disque. *P. rosaceus*, côte Pac. États-Unis.

16° Groupe. — *BLENNIIFORMES. Corps bas, allongé, subcylindrique ou comprimé; dorsale très longue à région épineuse, quand elle est distincte, au moins aussi longue que la partie molle, à qui elle se substitue parfois entièrement; ventrales thoraciques ou jugulaires; caudale arrondie ou sub-tronquée.*

Fam. **CEPOLIDÆ**. — Corps très allongé, comprimé; écailles petites, cycloïdes; yeux assez grands et latéraux; une très longue dorsale à rayons mous ainsi que ceux de l'anale; ventrales thoraciques, avec une épine et cinq rayons; dents médiocres; nombreuses vertèbres caudales.

Cepola, L. Genre unique. *C. rubescens*, toutes les côtes de Fr.

Fam. **TRICHONOTIDÆ**. — Corps subcylindrique; écailles cycloïdes; yeux élargis en dessus; une longue dorsale, à rayons simples, articulés, sans région épineuse; anale longue; ventrales jugulaires avec une épine et cinq rayons; ouverture branchiale très large; nombre des vertèbres caudales dépassant celui des abdominales.

Trichonotus, Bl. Schn. Quelques-uns des rayons antérieurs de la nageoire dorsale prolongés en filaments; des dents palatines. *T. setigerus*, mer des Indes. — *Hemerocœtes*, C. et V. Pas de dents palatines. *H. acanthorhynchus*, côtes de la Nouvelle-Zélande.

Fam. **HETEROLEPIDOTIDÆ**. — Corps comprimé, écailleux; angle du préopercule relié à l'anneau sous-orbitaire par un soutien osseux; dorsale longue, à région épineuse et région molle également développées; anale allongée; ventrales thoraciques avec une épine et cinq rayons.

Ophiodon, Girard. Une ligne latérale; des écailles cycloïdes; un préopercule légèrement armé. *O. elongatus*, côte Pacif. États-Unis. — *Agrammus*, Günt. Une ligne latérale; des

écailles cténoïdes; opercule inerme. *A. Schlegeli*, Japon. — *Zaniolepis*, Gir. Une ligne
latérale; de petites écailles pectinées. *Z. latipinnis*, côte Pacif. des États-Unis. — *Chirus*,
Pall. Plusieurs lignes latérales. *C. hexagrammus*, Japon.

    Fam. **BLENNIIDÆ**. — De une à trois dorsales occupant toute la longueur du dos,
entièrement épineuses ou à partie épineuse plus longue que la partie molle; anale
longue; ventrales jugulaires à moins de cinq rayons, parfois réduites à un stylet
ou absentes; des pseudo-branchies. Poissons littoraux.

  Blenniops, Nilsson. Corps modérément allongé; écailles très petites; pas de ligne latérale; dorsale longue; tous ses rayons en aiguillons; caudale séparée; ventrales à une
épine et trois rayons; dents petites, uniquement maxillaires; ouverture branchiale assez
grande; membranes branchiales coalescentes à travers l'isthme. *B. Ascanii*, côtes d'Angleterre et de Norvège. — *Stichæus*, Günt. Corps allongé; écailles petites; ligne latérale plus
ou moins distincte, souvent multiple; dorsale longue, uniquement soutenue par des
aiguillons; deux ou trois rayons aux ventrales; ordinairement des dents palatines.
S. maculatus, Norvège. — *Clinus*, Cuv. *Stichæus* à dorsale continue, mais divisée en régions
et en partie soutenue en arrière par des rayons articulés; un tentacule sus-orbitaire.
C. argentatus, Port-Vendres, Nice. — *Cristiceps*, Günt. *Clinus* avec les trois aiguillons
antérieurs de la dorsale séparés du reste de la nageoire. *C. roseus*, Australie. — *Cremno-
bates*, Günt. *Cristiceps* à grandes écailles et à dorsale n'ayant qu'un rayon mou. *C. monoph-
thalmus*, Panama. — *Tripterygium*, Risso. *Clinus* à dorsale divisée en trois parties,
dont les deux premières épineuses. *T. nasus*, Marseille, Nice. — *Salarias*, C. *Clinus* à
dents mobiles implantées dans la gencive et à mâchoire inférieure portant une canine
de chaque côté. *S. atlanticus*, Madère. — *Pteroscirtes*, Rüpp. *Salarias* présentant ordinairement à chaque mâchoire, de chaque côté, une grande canine en arrière des petites
dents qui sont immobiles et sur une seule rangée; ouverture branchiale très petite,
derrière la naissance des pectorales. *P. filamentosus*, Indo-Pacifique. — *Chasmodes*, C.
Pteroscirtes à canine petite ou nulle. *C. boscianus*, côtes des États-Unis. — *Blennius*, Art.
Pteroscirtes à ouverture branchiale grande; ventrales à une épine et deux rayons. *B. pavo*,
Saint-Vaast, Méditerranée. *B. gattorugine*, atteint 2 dcm., toutes les côtes de Fr. *B. pholis*
(Baveuse), Manche, commun. — *Centronotus*. Bl. Schn. Corps allongé, écailles petites;
museau court; dorsale longue, uniquement soutenue par des aiguillons; ventrales rudimentaires ou nulles; caudale séparée; ouverture branchiale moyenne; membranes branchiales coalescentes; dents petites, uniquement sur les mâchoires. *C. gunellus* (Gonelle),
Manche, Océan, commun. — *Apodichthys*, Gir. *Centronotus* à nageoires verticales confluentes; une très grande épine en forme de plume, cachée dans une poche, en avant de
l'anale. *A. flavidus*, N. Pacif. Amérique. — *Xiphidion*, Gir. Pas de ventrales; caudale
distincte; corps nu ou à écailles rudimentaires; plusieurs lignes latérales. *X. mucosum*,
Californie. — *Cryptacanthodes*, Storer. Corps très allongé, nu; une seule ligne latérale;
dorsale, uniquement soutenue par des aiguillons, confluente avec la caudale; pas de ventrales; des dents coniques sur les mâchoires, les palatins et le vomer. *C. maculatus*, côte
Atl., Amér. N. — *Pataecus*, Richardson. Corps oblong, élevé antérieurement; museau à
profil oblique de haut en bas et d'avant en arrière; dorsale continue, confluente avec la
caudale, à rayons antérieurs longs et forts; pas de ventrales. *P. fronto*, S. et O. Australie.
— *Anarrhichas*, Art. Corps allongé; écailles rudimentaires; dorsale longue, à aiguillons
flexibles; caudale séparée; pas de ventrales; de fortes dents coniques, les latérales à plusieurs pointes, sur les mâchoires; une bande bisériée de grosses molaires sur le palais.
A. lupus (Loup), Manche, Atl., atteint 1 m. 50. — *Anarrhichthys*, Ayres. *Anarrhichas* à caudale non séparée. *A. felis*, côte de Californie. — *Blennophis*, Val. Ventrales jugulaires à
deux rayons; caudale distincte; quatre dents en crochet près de la symphyse de chaque
mâchoire. *B. Webbii*, Canaries. — *Nemophis*. Kaup. Pas de caudale; ni de ventrales; pas
de molaires. *N. Lessoni*, Loc. (?) — *Plagiotremus*, Gill. Corps nu, dents unisériées; de chaque
côté de la mâchoire inférieure une forte canine courbe; dorsale continue de la nuque à
la caudale, bien développée; pas de ventrales. *P. spilistius*, Chine. — *Neoclinus*, Gir. Ventrales jugulaires soutenues par un petit aiguillon contenu dans la peau et trois rayons;
caudale distincte; maxillaire s'étendant au delà de l'orifice branchial. *N. Blanchardi*, côte
de Californie. — *Cebidichthys*, Ayres. Pas de ventrales, ni de molaires; parties épineuse
et molle de la dorsale à peu près d'égale étendue; caudale distincte. *C. violaceus*, côte occ.
d'Amérique. — *Myxodes*, C. La plus grande partie de la nageoire dorsale supportée par

des aiguillons; des ventrales jugulaires; une série de petites dents sur les mâchoires; palais lisse. *M. viridis*, c. du Chili. — *Heterostichus*, Gir. *Myxodes* avec dents palatines et vomériennes; museau allongé. *H. rostratus*, c. de Californie. — *Dictyosoma*, Schleg. *Myxodes* sans ventrales. *D. Temminckii*, c. du Japon. — *Lepidoblennius*, Steind. Corps écailleux; deux dorsales, la 1re formée d'épines flexibles; ventrales jugulaires; une rangée de fortes dents; une paire de dents crochues en avant de la symphyse mandibulaire. *L. haplodactylus*, Queensland. *L. caledonicus*, Nouv.-Calédonie. — *Dactyloscopus*, Gill. Dorsale uniquement soutenue par des aiguillons; caudale distincte; des ventrales; écailles grandes; pas de molaires. *D. tridigitatus*, Antilles. — *Gunellichthys*, Bleek. Dorsale et caudale des précédents; ventrales à peine antérieures aux pectorales; un appendice cutané au menton. *G. pleurotænia*, Manado. — *Urocentrus*, Kner. Dents sur les mâchoires et le vomer unisériées; ventrales petites et réunies. *U. pictus*, Singapour. — *Stichæopsis*, Kner. Pas d'écailles; dents pointues sur les mâchoires, absentes sur les palatins; dorsale composée seulement d'aiguillons; ventrales jugulaires, à cinq rayons. *S. nana*, Decastris Bay. — *Sticharium*, Günt. Corps nu; mâchoires à dents petites et sans canines; palatins édentés; dorsale longue formée, seulement d'aiguillons; ventrales jugulaires, à deux rayons; membranes branchiales indépendantes de l'isthme. *S. dorsale*. Port Jackson. — *Notagrapius*, Günt. Petites écailles; un court barbillon à la symphyse de la mâchoire inférieure; dents en velours sur les mâchoires et les palatins, pas sur le vomer; ventrales jugulaires réduites à un simple rayon bifide; membranes branchiales attachées à l'isthme. *N. guttatus*, Cape York. — *Pholidichthys*, Bleek. Corps nu; dorsale, anale et caudale réunies par une membrane; ventrales à deux rayons, à peine antérieures aux pectorales. *P. anguilliformis*, Basse-Californie. — *Pseudoblennius*, Schleg. Ventrales thoraciques; deux dorsales. *P. percoïdes*, baie de Oomura.

FAM. **ACANTHOCLINIDÆ**. — Diffèrent des BLENNIIDÆ par la transformation en aiguillons d'un grand nombre des rayons de l'anale.

Acanthoclinus, Jenyns. Genre unique. *A. littoreus*, Nouvelle-Zélande.

FAM. **MASTACEMBELIDÆ**. — Anguilliformes; mandibules longues, mais peu mobiles; mâchoire supérieure terminée par un appendice mobile; région antérieure de la dorsale composée de nombreux aiguillons isolés; rayons antérieurs de l'anale transformés en aiguillons; pas de ventrales; arc huméral non suspendu au crâne; ouverture branchiale réduite à une simple fente à la partie inférieure des côtés de la tête. Poissons d'eau douce de l'Inde.

Rhynchobdella, Bl. Schn. Appendice de la mâchoire supérieure concave et strié transversalement en dessous. *R. aculeata*, Inde. — *Mastacembelus*, Gronov. Pas de stries transversales sous l'appendice. *M. armatus*, Inde, dépasse 60 cent. *M. aleppensis*, Syrie.

17e GROUPE. — *TRICHIURIFORMES. Corps très allongé, comprimé ou en ruban; régions épineuse et molle de la dorsale et anale à peu près d'égale étendue, longues, multiradiées et quelquefois prolongées par une série de pinnules; caudale fourchue quand elle n'est pas englobée par les autres impaires; ventrales nulles ou rudimentaires; plusieurs fortes dents sur les mâchoires et le palais.*

FAM. **TRICHIURIDÆ** [1]. — Dorsale confluente avec la caudale, qui paraît ainsi manquer; anale représentée par une nombreuse série de courtes épines à peine saillantes; de longues canines sur les mâchoires; des dents palatines; vomer édenté.

Trichiurus, L. Pas de ventrales. *T. lepturus*, Atl., atteint 1 m., Océan. — *Eupleurogrammus*, Gill. Ventrales représentées par deux écailles. *E. muticus*, Chine.

FAM. **LEPIDOPIDÆ**. — Corps rubanné; dorsale continue ou sub-continue; anale courte, précédée d'un nombre relativement grand de courtes épines séparées; caudale fourchue; les rayons inférieurs des pectorales allongés; ventrales rudimentaires ou absentes; pas d'écailles; ligne latérale s'abaissant rapidement en avant; une épine,

[1] Ce sont les représentants des Apodes et des Macrurides parmi les Acanthoptères.

une plaque ou deux paires de plaques derrière l'anus; dents lancéolées sur les mâchoires, quelquefois plus grandes en avant; pas de dents palatines; membranes branchiales séparées, indépendantes de l'isthme; quatre branchies et une fente derrière la 4ᵉ; une vessie natatoire; de nombreux cæcums pyloriques; vertèbres abdominales et caudales nombreuses.

Trib. Lepidopinæ. Dorsale continue; ventrales rudimentaires; pas d'épine post-anale; de dents palatines. — *Lepidopus*, Gouan. Corps élevé; deux crêtes céphaliques, occipitales, convergeant en avant; pectorales larges, à bord postérieur concave; ventrales rudimentaires, assez éloignées des pectorales; maxillaires courbes et mâchoire supérieure plus courte que l'inférieure. *L. argenteus*, Ouessant, Nice. — *Evoxymetopon*, Poey. *Lepidopus* à tête courte, élevée, comprimée en dessus en un bord tranchant, à maxillaires droits, à mâchoires égales. *E. tæniatus*, Antilles. — *Benthodesmus*, G. et B. Corps peu élevé, sans crêtes céphaliques, à pectorales étroites, arrondies, à ventrales rapprochées des pectorales; dents antérieures longues, comprimées; quelques-unes des postérieures aciculaires; quelques petites dents à l'extérieur des longues antérieures; mâchoires des *Lepidopus*, *B. atlanticus*, Antilles.

Trib. Aphanopinæ. Deux dorsales contiguës; pas de ventrales; une forte épine post-anale; pas de dents palatines. — *Aphanopus*, Lowe. Tête longue, pointue; mâchoires des *Lepidopus*. *A. carbo*, Madère, côte de Portugal.

18ᵉ Groupe. — *TRACHYPTERIFORMES. Arc scapulaire subnormal; post-temporal indivis et étroitement appliqué à l'arrière du crâne, entre l'épiotique et le ptérotique ou sur le pariétal; épiotiques élargis, s'étendant en arrière, en se juxtaposant, entre les exoccipitaux et les supra-occipitaux; prootique élargi aux dépens de l'opisthotique; chaîne sous-orbitaire imparfaite. Hypercoracoïdes perforés sur leur bord ou près de leur bord; os scapulaires séparés par des éléments cartilagineux. Hypopharyngiens styliformes et parallèles aux arcs branchiaux; quatre paires d'épipharyngiens très comprimés. Tous les rayons de la dorsale inarticulés et séparables en deux moitiés latérales. Ventrales sub-brachiales ou absentes.*

Fam. **TRACHYPTERIDÆ**. — Corps assez allongé et très comprimé; dorsale unique, aussi longue que le corps, quelquefois avec un lobe antérieur très allongé; anale absente, caudale déjetée en dehors du corps; ventrales atrophiées chez l'adulte, pauciradiées chez les jeunes; appareil operculaire raccourci; squelette mou.

Trachypterus, Gouan. Genre unique. *T. falx*, atteint 1 m. 50, Médit.

Fam. **REGALECIDÆ**. — Corps très allongé et comprimé; dorsale des *Trachypterus*; ventrales réduites à un long filament dilaté à son extrémité; appareil operculaire normal.

Regalecus, Brünnich. Genre unique. *R. gladius*, atteint 3 m. 40 de long, Nice, Palavas.

Fam. **STYLOPHORIDÆ**. — Corps très allongé et comprimé; dorsale s'étendant sur toute la longueur du corps; pas d'anale, ni de ventrales; queue prolongée en un long filament en avant duquel se dresse une caudale soutenue par des aiguillons.

Stylophorus, Shaw. Genre unique. *S. cordatus*, Antilles

TABLE DES MATIÈRES

Coulommiers. — Imp. PAUL BRODARD.

TRAITÉ

DE

ZOOLOGIE

PAR

EDMOND PERRIER

MEMBRE DE L'INSTITUT ET DE L'ACADÉMIE DE MÉDECINE
PROFESSEUR AU MUSÉUM D'HISTOIRE NATURELLE DE PARIS

FASCICULE V

AMPHIOXUS — TUNICIERS

AVEC 97 FIGURES

Ce fascicule contient une table provisoire. Le titre et la table complète de la 2ᵉ partie seront donnés avec le fascicule VI (actuellement sous presse), qui sera consacré aux Vertébrés et terminera l'ouvrage

PARIS

MASSON ET Cⁱᵉ, ÉDITEURS

LIBRAIRES DE L'ACADÉMIE DE MÉDECINE
120, BOULEVARD SAINT-GERMAIN

1899

TRAITÉ

DE

ZOOLOGIE

PAR

EDMOND PERRIER

MEMBRE DE L'ACADÉMIE DES SCIENCES ET DE L'ACADÉMIE DE MÉDECINE
DIRECTEUR DU MUSÉUM D'HISTOIRE NATURELLE DE PARIS

FASCICULE VI

POISSONS

AVEC 206 FIGURES

Ce fascicule contient une table provisoire. Le titre et la table complète de la 2ᵉ partie seront donnés avec le dernier fascicule de l'ouvrage.

PARIS

MASSON ET Cⁱᵉ, ÉDITEURS

LIBRAIRES DE L'ACADÉMIE DE MÉDECINE
120, BOULEVARD SAINT-GERMAIN

1903

A LA MÊME LIBRAIRIE

Les colonies animales et la formation des organismes, par Edmond PERRIER, membre de l'Institut, professeur au Muséum. 2ᵉ édition. 1 vol. gr. in-8, avec 2 planches et 158 figures. . . . . 18 fr.

Annales des sciences naturelles, comprenant la zoologie, la botanique, l'anatomie et la physiologie comparées des deux règnes et l'histoire des corps organisés fossiles : 8ᵉ série, dirigée pour la zoologie par M. E. PERRIER, et pour la botanique par M. VAN TIEGHEM. Il paraît chaque année, de chacune des parties, 2 vol. gr. in-8, avec figures et planches. Chaque volume est publié en 6 cahiers. Abonnement à chacune des parties : Paris, 30 fr. — Départements et Union postale. . . . . 32 fr.

Nouvelles archives du Muséum d'histoire naturelle. Il paraît chaque année 1 vol. gr. in-8, publié en 2 fasc., avec pl. en noir et en coul. Le volume. 40 fr.

Bulletin du Muséum d'histoire naturelle, comprenant 8 numéros par an, avec figures. France : 15 fr. — Union postale. . . . . 16 fr.

L'Anthropologie. — Rédacteurs en chef : MM. BOULE et VERNEAU. Fondée en 1890 par la réunion des *Matériaux pour l'histoire de l'homme*, *Revue d'Anthropologie*, *Revue d'Ethnographie*. — *L'Anthropologie* paraît tous les deux mois, avec planches et figures, et forme chaque année 1 vol. gr. in-8. Paris, 25 fr. ; Départements, 27 fr. ; Union postale. . . . . 28 fr.

La Géographie, *Bulletin de la Société de Géographie*, publié tous les mois par le Bᵒⁿ HULOT, Secrétaire général de la Société et M. Charles RABOT, Secrétaire de la Rédaction. — *Abonnement* : Paris, 24 fr. ; Départements, 26 fr. ; Étranger. . . . . 28 fr.

Expéditions scientifiques du « Travailleur » et du « Talisman », pendant les années 1880-1881-1882-1883. — Ouvrage publié sous la direction de A. MILNE-EDWARDS, continué sous la direction de M. Edmond PERRIER, de l'Institut, membre de la commission des dragages sous-marins, Directeur du Muséum.

Poissons, par M. L. VAILLANT. 1 fort volume in-4 avec 28 pl. . . . . 50 fr.
Brachiopodes, par P. FISCHER et D. P. OEHLERT. 1 vol. in-4 avec 8 pl. 20 fr.
Échinodermes, par Edm. PERRIER. 1 vol. in-4, avec pl. . . . . 50 fr.
Mollusques testacés, par ARNOULD LOCARD. Tome I, 1 vol. in-4 avec 24 pl. 50 fr.
Tome II. 1 vol. in-4 avec 18 pl. . . . . 50 fr.
Crustacés décapodes : tome I, *Brachyures et Anomoures*, par A. MILNE-EDWARDS et E.-L. BOUVIER. 1 vol. in-4 avec 32 planches hors texte. 50 fr.
Cirrhipèdes, par M. GRUVEL ; *Némertiens*, par L. JOUBIN ; *Opistobranches*, par A. VAYSSIÈRE ; *Holothuries*, par R. PERRIER. 1 vol. in-4 avec 22 pl. hors texte. . . . . 50 fr.

Les enchaînements du monde animal dans les temps géologiques, par M. Albert GAUDRY, membre de l'Institut, professeur au Muséum d'histoire naturelle : I. *Fossiles primaires*. — II. *Fossiles secondaires*. — III. *Mammifères tertiaires*. Chaque vol. gr. in-8, avec figures dans le texte, dessinées par M. FORMANT. . . . . 10 fr.

Traité de botanique, par Ph. VAN TIEGHEM, membre de l'Institut, professeur au Muséum. Deuxième édition entièrement refondue. 2 vol. gr. in-8 avec 1213 figures. . . . . 30 fr.

Coulommiers. — Imp. PAUL BRODARD. — 8-03.